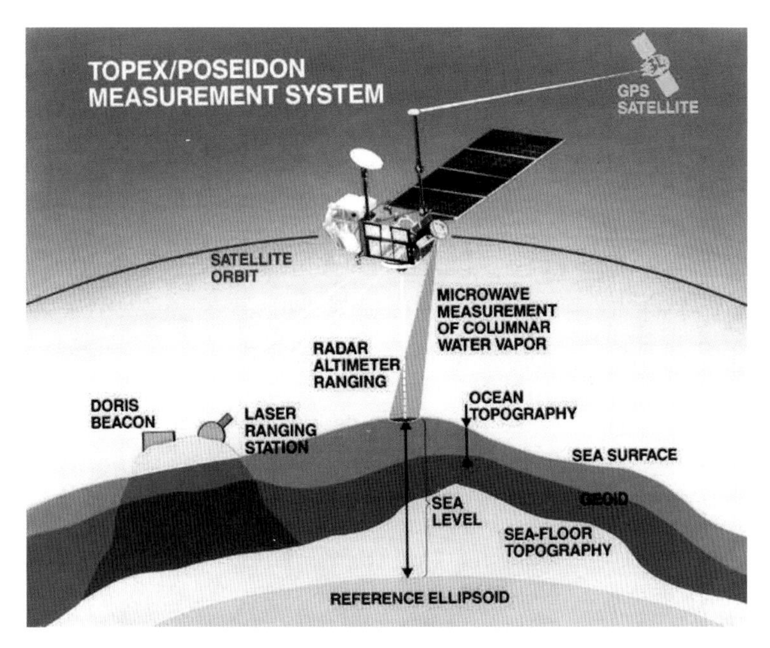

그림 2-5 TOPEX/Poseidon 위성에 장착된 고도계를 이용한 대양 표면의 높낮이 측정; 위성의 정확한 궤도 측정에 사용되는 세 가지 수신기(DORIS, SLR, GPS)를 탑재함.

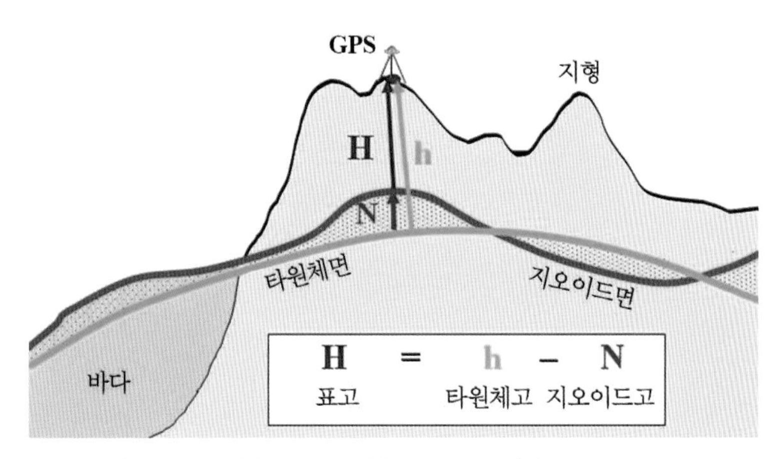

그림 2-6 표고(H), 타원체고(h), 지오이드고(N)의 정의 및 관계

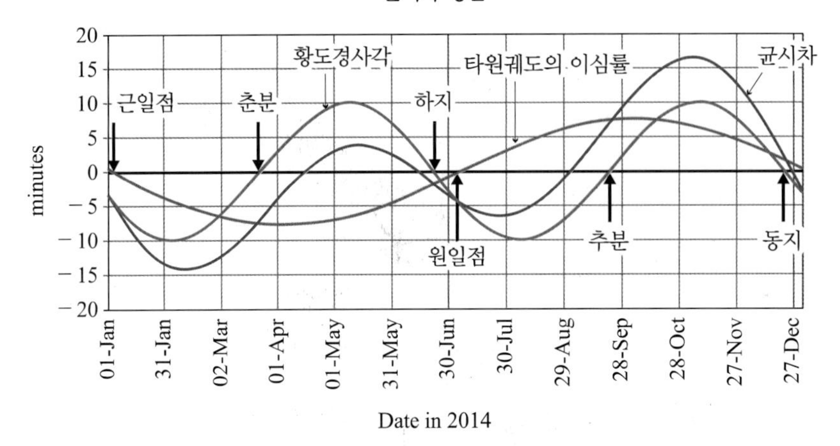

그림 3-4 균시차를 만드는 두 가지 성분: 황도경사각과 타원궤도의 이심률. 이것이 합해져서 균시차를 만든다. (출처: USNO 홈페이지)

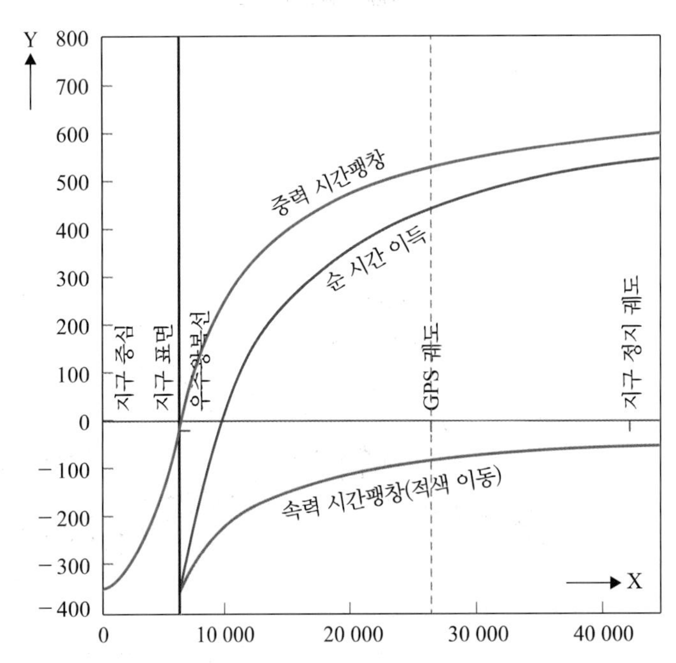

그림 4-6 X축은 지구의 중심에서부터 거리(단위: km), Y축은 위성 시계의 시간팽창(지오이드 기준)을 상대주파수(10^{12}분의 얼마)로 나타냄. 위성 속력에 의한 시간팽창은 항상 적색이동임. 중력퍼텐셜에 의한 시간팽창은 지오이드보다 높은 고도에서는 청색이동임. 고도 X=9545 km(Y=0과 만나는 점)에서 이 두 효과는 상쇄됨.

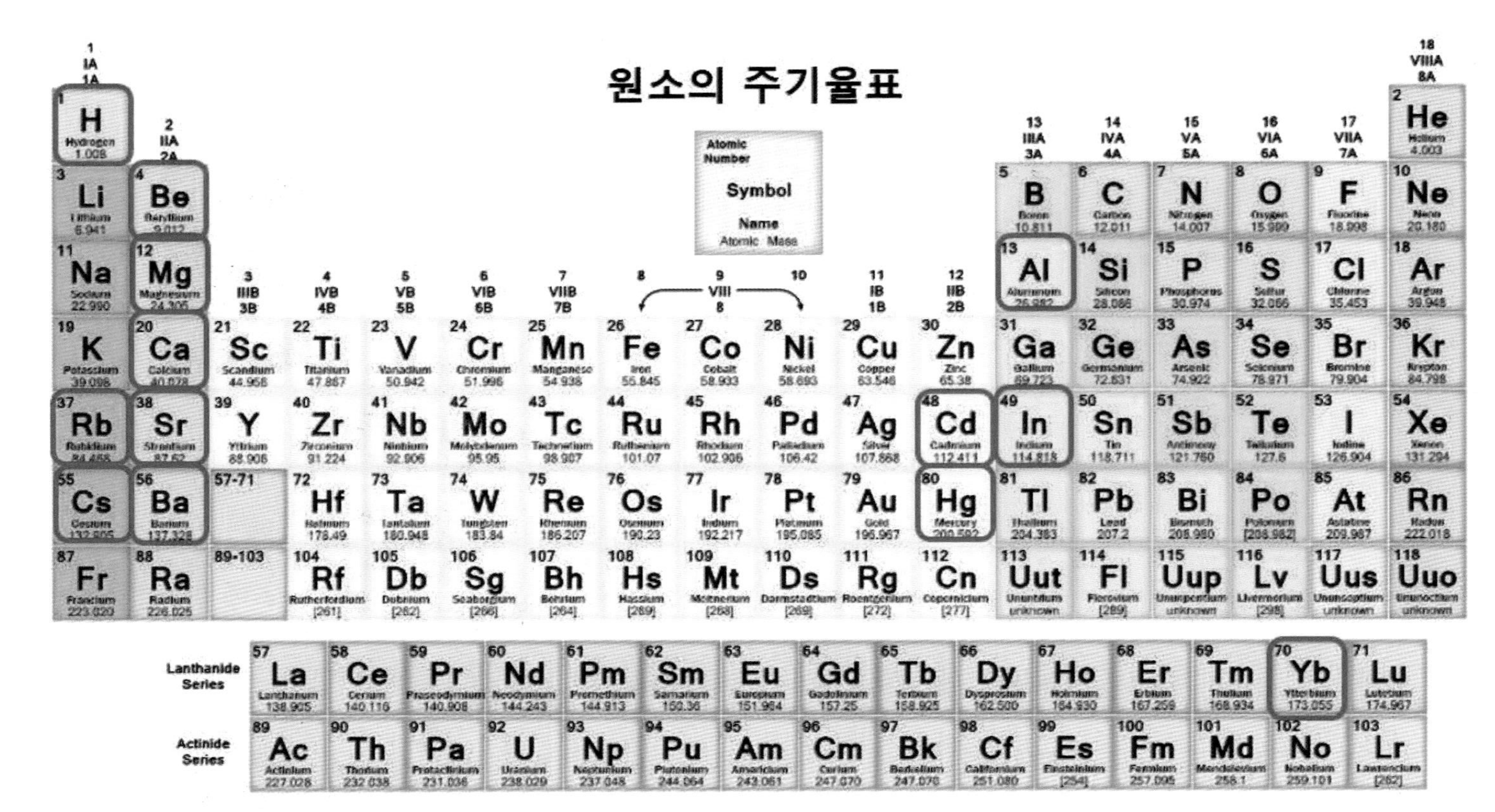

그림 6-12 원소의 주기율표: 마이크로파 원자시계에 사용되는 원소는 주로 IA족에 있고, 광원자시계에 사용되는 것은 주로 IIA 및 IIIA족에 있다. 사각 테두리로 표시한 원소들이 원자시계에 주로 이용된다.

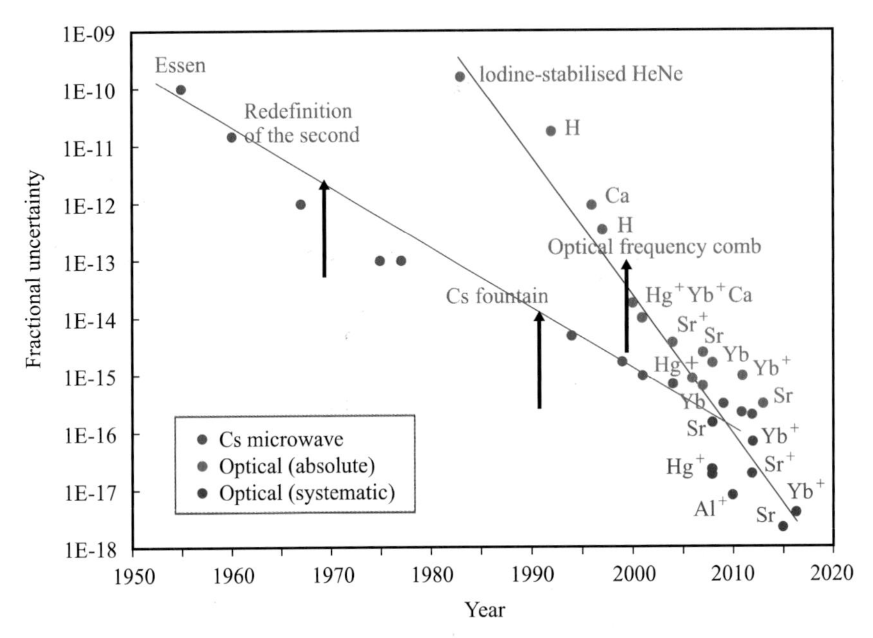

그림 6-13 연도에 따른 원자시계들의 상대불확도 감소: 화살표는 SI 초의 재정의(1968), 세슘원자분수시계(1991) 및 광주파수 빗(1999)의 등장 시점을 나타냄

(출처: Patrick Gill, "The Quantum Revolution in Metrology," BIPM, 28th September 2017.).

그림 6-22 광펌핑 세슘원자시계 KRISS-1: 레이저 시스템(맨 오른쪽), 세슘빔 튜브(가운데), 신호측정 및 분석 시스템(맨 왼쪽)

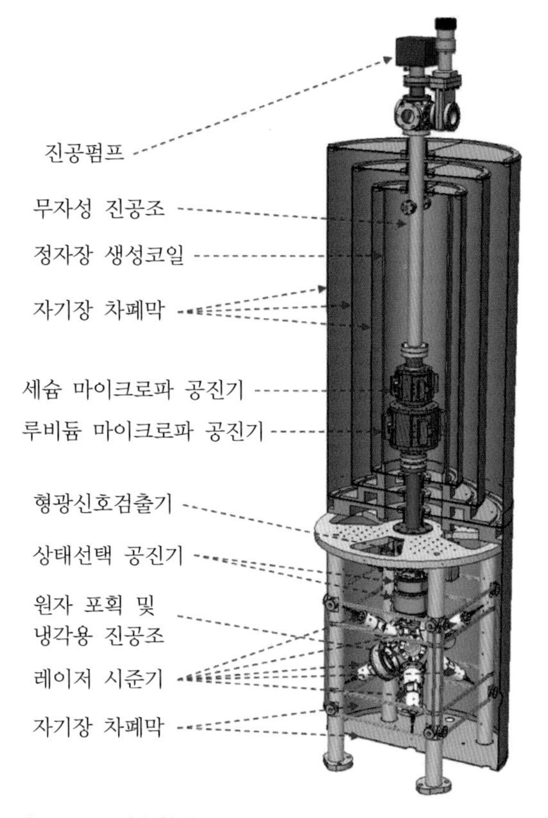

그림 6-31 세슘원자분수시계 KRISS-F1 물리부의 구조

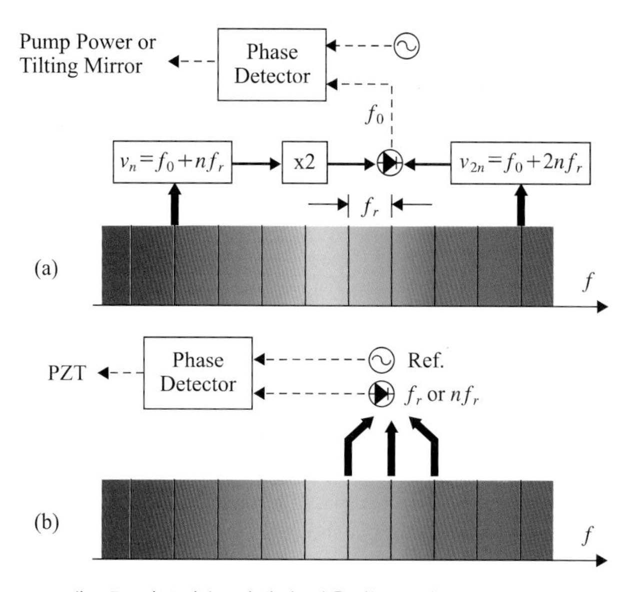

그림 6-40 펨토초 광주파수 빗에서 사용되는 2개의 서보루프 설명도:
(a) f_0 서보, (b) f_r 서보. (출처: 그림 6-39와 동일, p.245.)

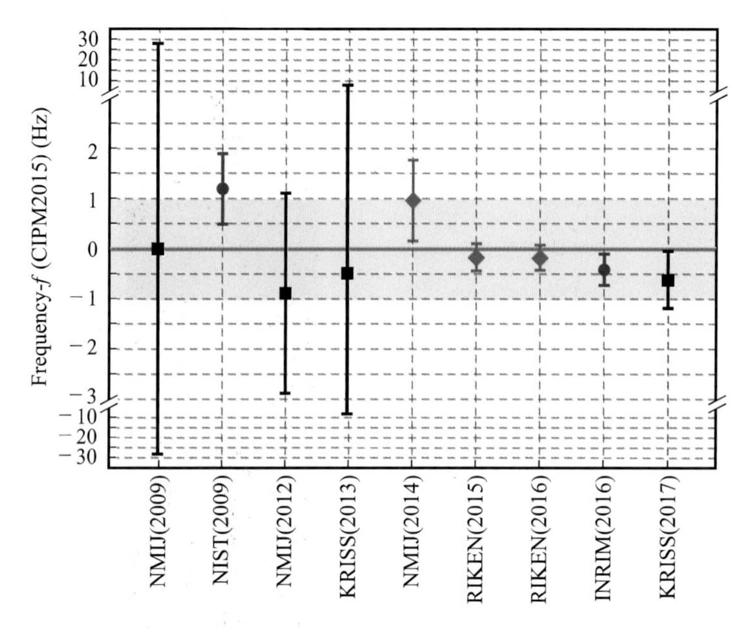

그림 6-47 ^{171}Yb 시계전이($^1S_0$–$^3P_0$) 주파수 측정값의 비교

(출처: H. Kim, et. al., Japan. J. Appl. Phys. 56, 050302 (2017).)

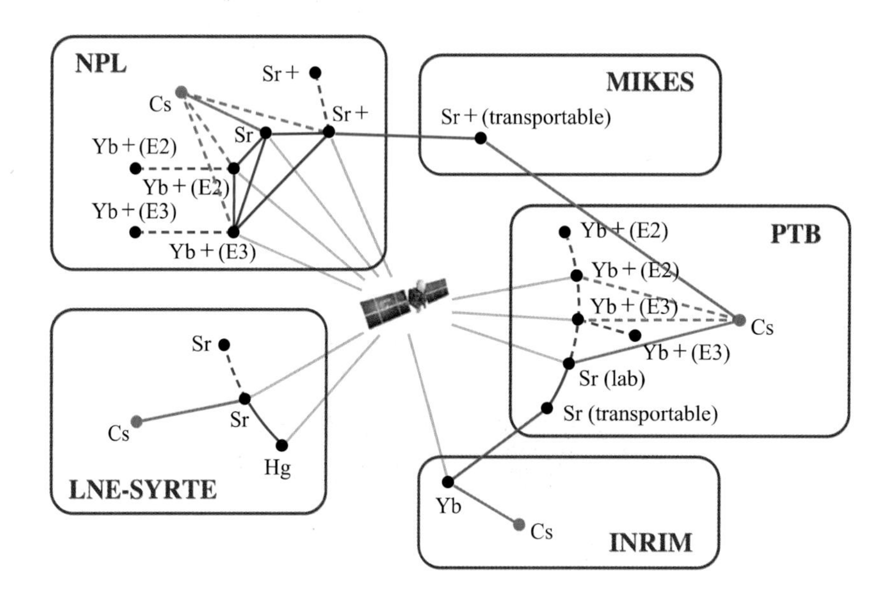

그림 8-3 유럽의 ITOC 프로젝트를 통해 구성된 광시계 네트워크: 영국 NPL, 프랑스 LNE-SYRTE, 이탈리아 INRIM, 독일 PTB, 그리고 핀란드 MIKES.

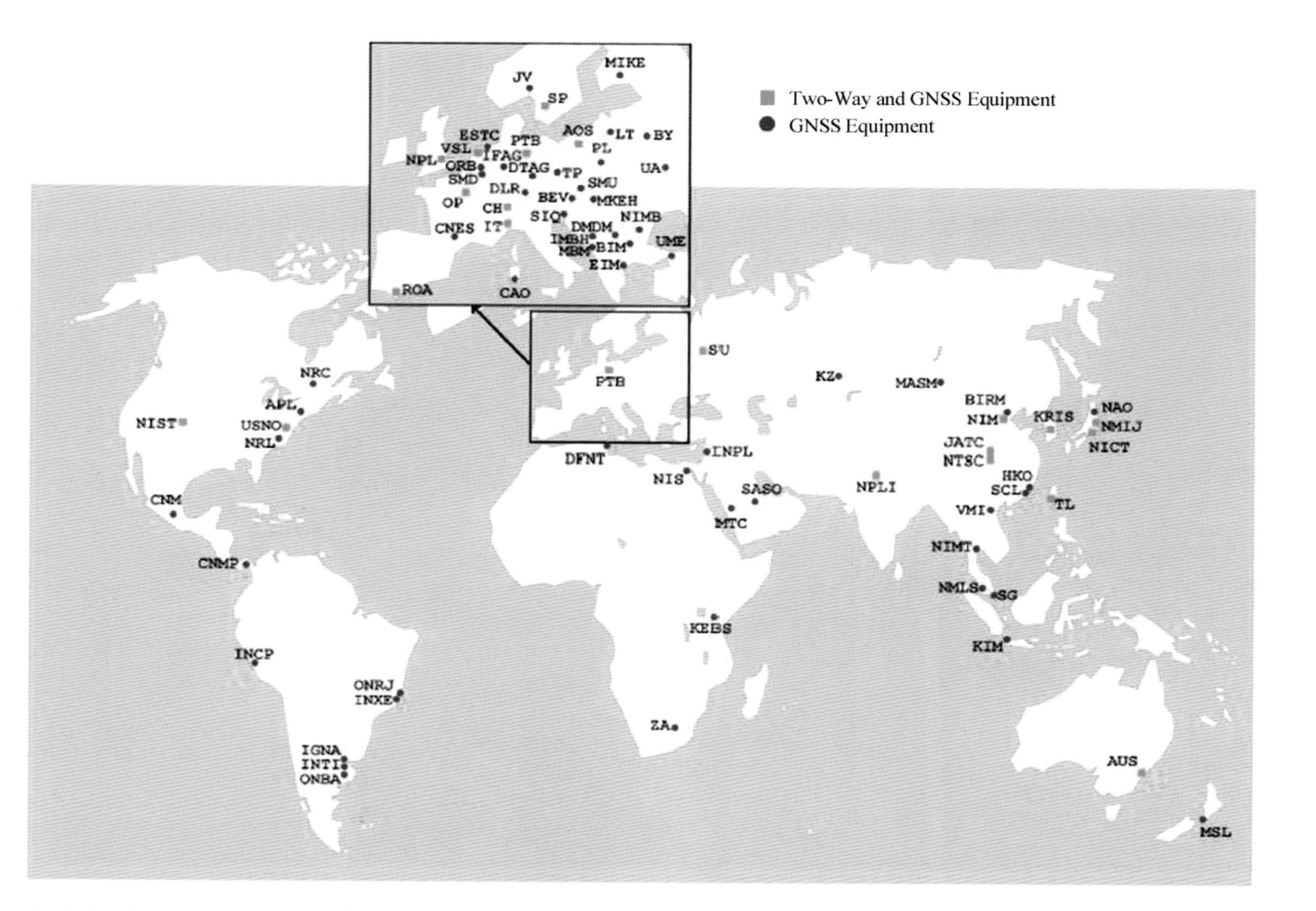

그림 7-12 Time Link: TAI 및 UTC 생성에 기여하는 세계 각국 표준연구기관과 그들이 보유한 시간 및 주파수 전송 장비: 원은 GNSS 수신기를, 네모는 GNSS와 TWSTFT 장비를 동시에 보유한 곳을 나타냄

(출처: BIPM Annual Report on Time Activities 2016.)

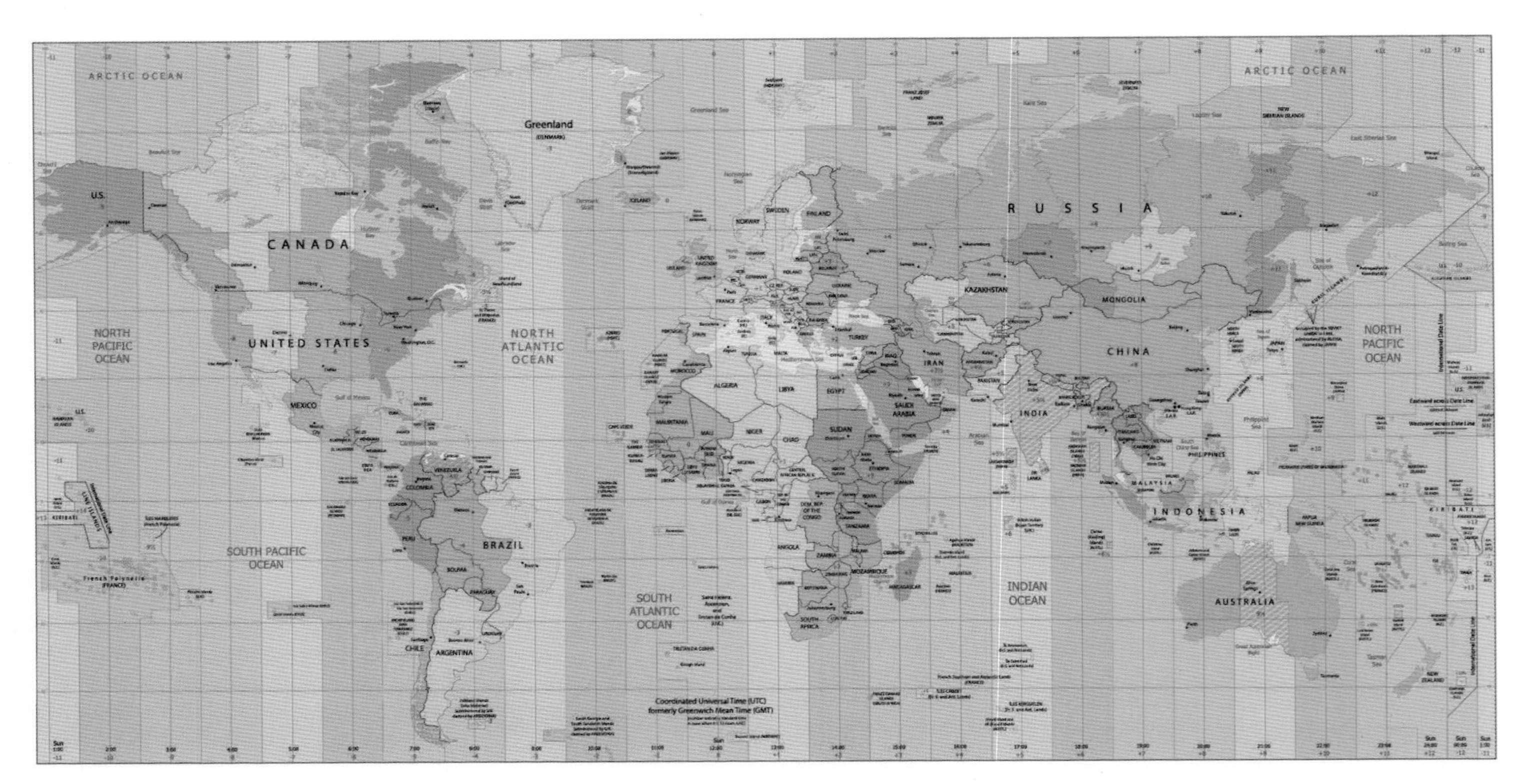

그림 9-1 전 세계의 표준 시간대역: 그리니치를 지나는 경도 0도 선이 기준이고, 한국은 이보다 9시간 이른 동경 135도 시간대역을 선택했다.

시간눈금과 원자시계

Time Scales and Atomic Clocks

이호성 지음

청문각

머리말

우리나라에서 원자시계 연구가 시작된 것은 1980년대 말이다. 그 당시 우리나라에는 원자시계에 관한 전문가가 없었을 뿐 아니라 그런 연구를 할 수 있는 기반시설과 장비도 전무했다. 그런 상황이다 보니 많은 사람들이 이 연구를 시작하는 것에 대해 무척 걱정했고, 또 일부는 반대했다. 연구가 실패할 것이 불 보듯 뻔했기 때문이다.

수많은 시행착오를 겪으며 30여 년이 지나면서, 후배들은 두 번째와 세 번째 세대의 시계를 개발했으며, 그 정확도는 선진국과 대등한 수준에 이르게 되었다. 1세대는 광펌핑 세슘원자시계였고, 2세대는 세슘원자분수시계이며, 3세대는 이트븀 광시계이다. 그와 더불어 여러 분야에서 응용하기 위해 칩스케일 원자시계도 개발하고 있다. 정말 꿈같은 일이고, 꿈이 이루어진 것이다.

원자시계는 현대 첨단 과학기술이 집적된 장치이다. 원자물리와 레이저 기술이 기본이고, 전자기학, 고진공, 전자회로, 기계 구조 및 설계, 컴퓨터 프로그래밍 등 다양한 분야가 포함되어 있다. 그래서 여러 전문가들과의 협력연구는 필수적이다. 무엇보다 중요한 것은 수많은 실패로 인해 좌절감을 느끼더라도 포기하지 않고 끝까지 해내겠다는 마음가짐이다. 그런 일을 표준(연)의 후배들은 잘 해내고 있다.

오랜 숙원이었으며 숙제로 남아있던 문제를 이 책을 통해 어느 정도 해소하게 되었다. 연구 초기에는 매일 발생하는 현안문제(연구과제와 연구비 문제) 때문에 원자시계 외에는 그 주변을 둘러볼 여유가 없었다. 그러다보니 시계를 만드는 근본 이유인 시간눈금의 생성과 그 역사적 배경을 충분히 이해하지 못하고 있었다. 이 책은 바로 그런 내용을 다루었다. 시간에 눈금을 매기는 방법은 역사적으로 시계 제작기술의 발전과 밀접하게 연관되어 있다. 그리고 상대성이론은 시간이 지구상에서 고도에 따라 얼마나 다른 속도로 가는지, 또 항법위성에 탑재된 원자시계가 얼마나 빨리 가는지 계산해 내는데 필수적이다. 이런 내용을 자세히 알아야만 미래에 한국형 위성항법시스템(KPS)을 만들고, 화성에 우리의 탐사선을 자력으로 보내는 것이 가능하다.

KRISS 학술총서 집필프로그램을 통해 이 책을 쓸 수 있도록 지원해준 표준(연)에 감사드린다. 그리고 책 집필에 시간과 노력을 쏟을 수 있도록 직간접적으로 도와준 시간표준센터원들에게 감사드린다. 원고를 검토해준 표준(연)의 검토위원들과 천문연구원의 박필호 박사님과 이영웅 박사님께 감사드린다.

마지막으로, 아침의 커피와 점심의 산책은 이 책을 쓰는데 각성과 동력을 제공했음을 밝힌다.

2018년 가을

표준(연) 205동 연구실에서

차례

oh right ascension
equator 0° dec
ecliptic

Chapter 5 상대론적 기준좌표계와 시간눈금

Chapter 6 원자시계의 발명과 발달

Chapter 7 원자시간눈금

Chapter 8 시간 및 주파수의 응용

Chapter 9 한국표준시

0h right ascension
equator 0° dec
ecliptic

Apen. 부록

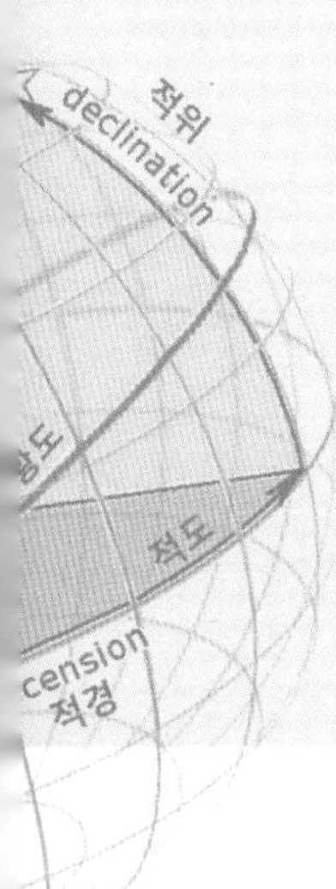

Chapter 1

개념 이해하기

1 들어가면서

"당신은 지금 어디에 있고, 어디로 가고 있습니까?"

이 질문은 사람이 처한 상황에 따라 전혀 다르게 받아들여질 수 있다. 인생에 대해 고민하는 사람이라면 철학적인 질문으로 받아들일 것이다. 그러나 실제로 길을 가고 있는 사람이라면 말 그대로 현재의 위치와 방향을 묻는 것으로 이해할 것이다. 어떤 경우든 내가 지금 어디에 있는지, 또 어디로 가고 있는지를 정확히 아는 것은 삶과 일에서 매우 중요하다. 그 답을 찾기 위해선 내가 있는 곳보다 한 단계 위에서 내 주변을 내려다 볼 수 있는 혜안이나 조감도가 필요하다.

이 책에서는 물리적인 시간과 공간에 대해 이야기하려고 한다. 시간을 들이지 않고 이룰 수 있는 일은 없고, 공간 없이 어떤 일도 이루어지지 않는다. 생각이라는 것도 뇌라는 공간 속에서 시간을 들일 때 떠오른다. 이처럼 시간과 공간은 인간과 물질의 존재에서 떼려야 뗄 수 없는 관계를 가진다. 이 책에서는 시간과 공간을 정의하는 기준은 무엇이며, 어떻게 정해졌고, 어떻게 발전해 왔는지, 또 어디에 사용되고 있는지 알아볼 것이다. 단, 공간에 대한 것은 시간을 이해하는데 필요한 최소한의 내용만 다룰 것이다. 지금부터 그 길을 떠나보자.

길눈이 어두운 사람이 낯선 곳을 찾아가려면 20년 전만 하더라도 지도가 반드시 필요했다. 그런데 요즘에는 GNSS 항법신호[1] 수신기가 널리 보급된 덕분에 길을 나서는 것이 그다지 어렵지 않다. 자동차 내비게이션 장치뿐 아니라 스마트폰에도 길 찾기 기능이 있을 만큼 GNSS는 우리 생활 깊숙이 들어와 있다.

이것이 가능한 근본 원리는 "빛(또는 전파)의 속력이 일정하다"는데 있다. GNSS 위성에서 오는 전파 신호에는 위성의 위치를 나타내는 정보와 함께 그 전파가 위성을 출발한 시각에 관한 정보도 가지고 있다. 그래서 위성을 떠난 전파 신호가 GNSS 수신기에 도착하는데 걸린 시간을 계산하면 그 위성과 수신기 사이의 거리를 알 수 있다. 이런 식으로, 적어도 4대의 위성에서 오는 신호를 동시에 받으면 수신기의 현재 위치와 시간을 알아낼 수 있다. 이것은 전파라는 잣대를 사용하여 삼각측량을 하는 것과 같은 원리다. 이처럼 공간은 속력이 일정한 전파를 매개로 시간과 밀접하게 연결되어 있다.

---

1) GNSS(Global Navigation Satellite System)는 전지구위성항법시스템을 의미하는데, 대표적인 것으로 미국에서 운영하는 GPS(Global Positioning System)가 있다. 항법 또는 내비게이션(navigation)이란 움직이는 물체의 위치 및 속도를 알아내는 것을 의미한다. 항법신호는 그 위치와 속도를 알아내는데 필요한 정보를 가진 신호를 뜻한다. 여기서 '속도'(velocity)는 벡터 양으로, '속력'(speed)과 '방향'을 말한다.

여기서 위치를 안다는 것은 그 지점의 좌표를 안다는 것이다. 좌표란 어떤 지점에 고유하게 주어진 위도, 경도, 고도를 말한다. 좌표를 나타나기 위해선 이미 정해진 좌표계가 있어야 한다. 우리가 흔히 사용하는 3차원 좌표계는 원점과 세 개의 축으로 정해진다. 예를 들어, GPS에서 사용되는 좌표계는 WGS 84라는 것이다. GPS 수신기는 이 좌표계에서 자기가 있는 위치를 지도와 함께 표시한다.

가만히 정지해 있는 사람이 있다고 하자. 그런데 '정지해 있다'라는 것은 상대적 개념으로 어느 기준좌표계에서 보느냐에 따라 정지해 있지 않을 수 있다. 우리는 자전과 공전으로 빠르게 움직이고 있는 지구라는 행성 위에 있다. 지구상에 정지해 있더라도 지구를 벗어나 우주에서 봤을 때 그 사람은 지구와 함께 움직이고 있는 것이다. 이것은 마치 자동차 안에 가만히 앉아 있는 사람을 도로에 서있는 사람이 봤을 때는 움직이고 있는 것과 같은 이치다. 우리가 사용하는 지도는 지구상에 고정되어 있는 좌표계에 그린 것이다. 이 좌표계는 지구와 같이 자전하고 공전하는 '지구중심, 지구고정좌표계'이다.[2)]

현대는 우주시대다. 여러 나라들이 우주에 인공위성을 띄우고, 우주정거장을 만들고, 다른 행성으로 탐사선을 보내고 있다. 우리나라도 미래에 달과 화성으로 우주선을 보낼 계획이 있다. 그런데 화성으로 가는 우주선의 궤도를 나타내기 위해선 '태양 중심 좌표계'[3)]가 필요하다. 지구와 화성이 태양을 중심으로 돌고 있으므로, 태양 중심 좌표계에서 이 행성들의 위치와 속도(회전 속도)를 나타내어야 우주선을 쏘아 올릴 최적의 시간과 방향, 경로를 구할 수 있다. 공간에서 위치를 나타내는 좌표계는 이처럼 그 용도에 따라 선택해서 쓴다.

천문관측으로 하루라는 시간의 길이를 정의하고, 이를 바탕으로 달력을 만들어 사용하기 시작한 것은 메소포타미아와 고대 이집트 시대로 알려져 있다. 고대 이집트에서는 아침에 해가 뜬 시점부터 다음 날 해가 뜰 때까지(또는 아침 해가 뜨기 직전 시리우스별이 뜬 시점부터 다음 날 그 별이 뜰 때까지)를 하루라고 정의했다. 그런데 오늘날 달력의 근간이 된 율리우스력[4)]에서는 태양이 (북반구에서) 남중한 시점에서 다음날 남중할 때까지를 하루로 정의했다. 태양이 남중한 정오가 하루가 시작되는 시점이었다.[5)] 이처럼 하루라는 시간의

---

2) '지구중심, 지구고정'을 간략히 'ECEF'(Earth Centered, Earth Fixed)라고도 표현한다.

3) '태양 중심 좌표계'는 엄밀히 말하면 '태양계 질량중심 좌표계'(barycentric coordinate system)를 뜻한다.

4) 율리우스력(Julian calendar)은 고대 로마의 정치가이며 장군인 율리우스 카이사르가 기원전 45년부터 시행한 양력 역법이다.

5) 정오가 하루의 시작이므로 정오에 날짜가 바뀐다. 이것이 오늘날처럼 자정에 날짜가 바뀌게 된 것은 20세기에 들어와 세계시(UT)를 사용하면서부터다.

길이를 먼저 정하고, 이 시간을 등간격으로 24개로 나누어 그 중 하나를 한 시간으로 정했다. 태양을 기준으로 이렇게 정의된 하루를 '태양일'이라고 한다. 이것을 나누어 만든 시간눈금(time scale)을 '태양시'라고 한다. 그런데 태양시를 결정하기 위해 태양을 관측하는 것보다는 별을 관측하는 것이 더 쉽고 정확하다. 별을 기준으로 정한 하루를 '항성일'(恒星日)이라고 부르는데, 태양일보다 하루의 길이가 약 4분 짧다. 항성일을 24등분하여 만들어진 시간눈금을 '항성시'(恒星時)라고 한다.[6]

매일 정오에 태양의 남중 고도를 관측하면 계절에 따라 달라지는 것을 알 수 있다. 북반구에서는 봄에서 여름으로 접어들면서 고도가 점차 높아지다가 하지에 가장 높고, 가을이 되면서 고도가 낮아지다가 동지에 가장 낮다. 다음 해 봄이 되면서 다시 높아지는데 이렇듯 계절을 한 바퀴 순환하여 태양이 처음 지점으로 돌아오는데 걸린 1년을 '태양년' 또는 '회귀년'(回歸年)이라고 한다.[7] 이에 비해 '항성년'은 지구가 태양 주위를 한 바퀴 돌되 아주 멀리 있는 별(항성)을 기준으로 잰 1년을 뜻한다.

어느 천체(행성 또는 달과 별)가 어느 시간에 하늘의 어느 위치에 있는지 아는 것은 바다를 항해하던 옛날 뱃사람들에게는 배의 위치를 알아내는데 중요한 정보였다. 17세기에 이런 내용을 포함한 표(table)를 천문대에서 발간하여 배포했는데, 이것을 '역표'(曆表) 또는 '역표천체력'(曆表天體曆)이라고 부른다.[8] 이 표는 별자리를 보고 점을 치는 점성술사들에게도 필수적인 자료였다. 영국 그리니치 천문대에서 발간한 역표들이 항해자들에게 널리 배포되어 사용되었고, 그 덕분에 그리니치를 통과하는 자오선이 1884년에 국제자오선회의에서 '본초자오선'으로 선정되었다. 오늘날 GPS 위성의 위치를 나타내는데 'ephemeris'라는 말이 사용되고 있다.

아이작 뉴턴 경(1643～1727)은 시간과 공간은 절대적이라고 생각했었다. 이 말은 시간과 공간은 물질의 존재 유무와 상관없이 일정하다는 뜻이다. 즉 지구상에서 흐른 시간의 양은 우주 다른 곳에서 흐른 시간의 양과 같고, 지구상에서 잰 길이는 우주 다른 곳에서 잰 길이와 같다는 뜻이다. 뉴턴은 만유인력 법칙과 운동 법칙으로 그때까지 설명하지 못했던 천체현상, 예를 들면 혜성의 궤도, 조석 운동, 분점(分點)의 세차(歲差) 운동을 설명할 수 있었

6) '항성일'에는 두 가지가 있다. 하나는 sidereal day이고 다른 하나는 stellar day이다. 이 둘의 차이는 제3장에서 설명한다.

7) 회귀년(回歸年)은 tropical year의 우리말 번역으로, '돌아오다'라는 의미로 '回歸'를 쓴다. 'tropical'의 어원에도 'turn'이란 의미가 있다.

8) 역표 또는 역표천체력은 영어 ephemeris(복수형: ephemerides)의 우리말 번역이다. 역표시(ET; Ephemeris Time)라는 말이 여기서 유래했다.

다. 이런 내용을 포함한 '자연철학의 수학적 원리'(일명, 프린키피아)라는 제목의 책을 1687년에 출판했다.

뉴턴의 운동방정식을 이용하여 행성의 운동을 수학적으로 표현하는 연구는 아인슈타인의 상대론이 등장할 때까지 절대적인 방법이라고 믿었다. 특히 1846년에 해왕성의 발견은 뉴턴의 만유인력의 법칙의 유용성을 확인하는 좋은 예로서, 19세기 과학의 눈부신 성과로 인정받고 있다. 구체적으로 말하면, 프랑스의 위르뱅 르베리에[9]는 천왕성의 관측 결과가 뉴턴의 법칙으로 계산한 결과와 일치하지 않는다는 것을 알았다. 그래서 주변에 다른 행성이 있을 것으로 예측했었는데, 해왕성이 관측되었던 것이다.

알버트 아인슈타인(1879～1955)은 1905년과 1915년에 각각 특수상대성이론과 일반상대성이론을 발표했다. 상대성이론이란 시간과 공간은 절대적이지 않고 물질에 의해, 또 움직이는 속력에 따라 변한다는 것이다. 시간은 텅 빈 공간에서보다 물질이 있는 곳에서 더 느리게 간다는 것이 일반상대성이론이다. 다른 말로 하면, 중력이 강한 곳일수록 시간은 더 느리게 간다. 그리고 기준좌표계에서 정지해 있는 것보다 움직이는 물체의 길이가 짧아지고, 또 시간도 느리게 간다는 것이 특수상대성이론이다. 그러므로 지구에서 잰 시간이 우주 다른 곳에서 잰 시간과 같지 않고, 지구에서 잰 길이가 우주 다른 곳에서 잰 길이와 같지 않다. 다른 말로 하면, 시간과 공간은 독립적이지 않다. 상호 의존적인 시간과 공간을 연결시켜주는 매개체가 바로 빛이다. 진공에서의 빛의 속력은 일정하다는 원리가 빛으로 하여금 이 역할을 할 수 있게 한다. 그 결과로 시간과 공간이 결합된 시공간(spacetime)이 만들어졌다.

아인슈타인은 일반상대성이론으로 뉴턴 역학이 설명하지 못했던 수성의 세차운동을 설명할 수 있었다. 그렇지만 상대성이론이 천문학에 공식적으로 반영되기까지는 꽤 긴 시간이 소요되었다. 그 이유는 미세한 상대론 효과를 측정할 수 있는 정확한 시계가 없었기 때문이다. 그러다가 1955년에 영국에서 최초의 세슘원자시계가 만들어진 후 천문학에서도 획기적인 발전이 이루어졌다. 세슘원자시계가 만들어내는 1초가 아주 균일하고 안정적이기 때문에 시간의 단위 '초'의 정의가 1967년에 역표시(ET)에서 원자시(Atomic Time)로 바뀌었다.

원자시계 덕분에 천체망원경으로 관찰한 별이 같은 시각에 항상 같은 자오선 상에 있지 않다는 것을 알게 되었다. 지구가 일정하게 회전하지 않고 흔들거리면서 돌기 때문이다. 지구의 자전축인 극(pole)은 달과 태양의 조석력에 의해 움직이고 흔들린다. 이로 인해 지구

9) Urbain J. J. Le Verrier(1811～1877)는 프랑스의 수학자로서 천체역학을 연구했는데, 해왕성의 존재를 예측한 것으로 유명하다.

상에서 별을 관측하면 움직이고 흔들리는 것처럼 보인다. 그렇기 때문에 지구의 극운동을 자세히 관측하고 분석하여 천체의 겉보기 운동을 보정하는 것은 기준좌표계를 설정하고 천문시간[10]을 결정하는데 있어서 중요한 일이다.

상대론을 천문학에 반영하기 위해 국제천문연맹(IAU)[11]은 결의안을 채택하여 공표했다. 1991년에 IAU는 '일반상대론 체제 내에서 시공간 좌표계의 정의'를 포함하여 상대론 효과가 반영된 여러 좌표시간과 시간눈금에 관한 권고안을 발표했다. 2000년과 2006년에는 상대론이 더욱 정교하게 반영된 여러 결의안을 발표했다.

상대론이 우리 생활에 직접적으로 간여하기 시작한 것은 GPS 항법신호 수신기가 널리 보급되면서부터다. GPS 위성에는 원자시계들이 탑재되어 있다. 이 원자시계들은 약 2만 km 고도에서 궤도 운동을 하는데, 이로 인해 특수상대론 효과와 일반상대론 효과가 복합적으로 나타난다. 그 결과, GPS에 탑재된 시계는 지상의 시계보다 하루에 약 38.6 μs(마이크로초)만큼 빨리 간다(단, 1 마이크로초는 100만분의 1초). 이 시간차이를 보정해야만 GPS 수신기는 지상에서 현재 위치를 정확히 나타낼 수 있다. 만약 GPS에 탑재된 원자시계가 10 μs(=10만분의 1초) 틀리면(또는 수신기에서 이 오차를 보정하지 않으면) 지상에서 위치는 약 3 km 틀린다. 이런 GPS 내비게이션 수신기를 장착한 자동차는 목적지를 제대로 찾아갈 수 없을 것이다.

지상에 있는 천문관측소의 위치를 정확하게 측정하는 것은 천체 관측의 정확도를 높이는데 필수적 요소다. 이를 위해 VLBI[12](초장기선 전파간섭계)가 이용되는데, 여기에 정확한 원자시계(수소메이저)가 사용된다. 그 위치를 정확히 알고 안정적인 관측소에서 관측한 천체 자료는 우주 공간을 구분하는 기준좌표계를 만드는데 사용된다. 기준좌표계가 정확하고 안정되어야만 우주를 항행하는 탐사선의 위치와 방향을 정확히 나타낼 수 있다. 이것이 가능했기에 화성과 목성, 또 그보다 더 먼 행성까지 탐사선을 보낼 수 있게 된 것이다.

오늘날 전 세계에서 공통으로 사용하고 있는 시간눈금은 세계협정시(UTC)이다. 이것은 세슘원자시계에 의해 만들어진 시간눈금인 국제원자시(TAI)와 태양에 의해 결정된 시간눈금인 세계시(UT1)를 결합하여 만들어진다. 원자시계에 의해 1초의 시간간격은 정확히 정해진다. 하지만 그 시각은 천문시를 따라 가도록 시간눈금을 조정한 것이 UTC이다. 지구의

10) 천문시간이란 태양시, 항성시, 역표시 등과 같이 천체 관측으로 결정된 시간을 말한다(참조: 제3장).

11) 국제천문연맹(IAU)은 1919년에 설립되었으며, 2016년 현재 74개국이 회원으로 참여하고 있다.

12) Very Long Baseline Interferometry의 약자이다. 외계 은하에서 오는 전파를 지구상에서 멀리 떨어진 두 곳에 위치한 전파망원경으로 동시에 수신하고 분석하여 외계 전파원의 위치와 영상을 알아내거나 전파망원경이 있는 위치의 변화를 알아내는데 사용된다(참조: 제2장 4절).

자전 속도는 세월이 흐름에 따라 점점 느려지기 때문에 천문시는 원자시보다 점점 느리게 간다. 그래서 원자시계를 천문시에 맞추기 위해 천문관측 결과를 바탕으로 1초를 더하는데, 이것을 '윤초'(閏秒, leap second)라고 한다. 윤초는 1972년 처음 도입된 이후 지금까지(2018년 1월 1일 기준) 총 37초가 추가되었다.[13] 그런데 국제사회에서 이 윤초 제도를 없애자는 요구가 있고, 이에 대해 국제회의에서 많은 논의가 진행되고 있다. 일반인을 위한 상용시[14]를 결정할 때 원자시계에 의한 시간눈금만을 사용하자는 것이다. 만약 그렇게 된다면 고대 바빌로니아 시대부터 수천 년 동안 사람들에게 시간을 알려주던 천문시계가 원자시계에게 그 역할을 완전히 넘기게 된다. 원자시계의 성능은 과학기술이 발전함에 따라 계속 향상되고 있다. 미래에는 현재 시간의 표준으로 사용되고 있는 세슘원자시계보다 더 정확한 광원자시계가 시간의 단위인 초를 정의하는 새 기준이 될 것이다. 시계의 발달은 그 끝을 알 수 없는 깊은 우주를 향해 날아가는 것 같다.

2 시간, 달력, 좌표계

시간이란 말 속에는 '시간간격'이란 의미와 '시각'이란 의미가 같이 포함되어 있다. 마라톤을 완주하는데 걸린 시간이 2시간 30분이라고 할 때는 시간간격을 의미하고, 약속 시간은 오전 11시라고 할 때는 시각을 뜻한다. 시각을 결정하기 위해선 시간이 시작된 시점이 있어야 한다. 태양일에서 하루의 시작점은 정오였다. 정오를 시작점으로 하여 다음 날 정오까지를 하루로 정했다. 이처럼 최초의 시간의 단위는 '하루', 즉 '일'(日, day)이었다. 그래서 고대의 시간은 바로 달력과 연결되어 있었다. 하루의 시간을 등간격으로 나누는 일은 시계가 했다. 해시계는 해가 나와 있는 동안에만 시간을 알려주므로, 이를 보완하기 위해 물시계, 모래시계, 양초시계 등이 걸린 시간(즉, 시간간격)을 재는데 사용되었다. 하루 내내 현재 시각을 알려주려면 적어도 하루 이상 일정하게 반복되는 시계장치가 있어야 가능하다. 이를 위해 초기에는 주로 물시계가 사용되었다. 매일 정오에 이 시계 바늘을 12시에 맞추면 그 순간에 시계는 정확하다. 그 후 시간이 경과할수록 시계의 오차는 점점 커지는데, 다

---

13) 1972년에 윤초가 처음 도입될 당시에 10초가 추가되었다(참조: 제7장 표 7-3).

14) 일반 사람들이 일상생활에서 사용하는 시간을 영어로는 civil time이라 하고, 우리말로는 상용시(常用時)라고 한다. UTC가 대표적인 상용시이고, 우리나라에서는 한국표준시(KST)이다.

음 날 정오가 되었을 때 다시 맞춘다. 이런 식으로 운용하기 위해 정밀한 물시계는 천문관측 장비와 같이 사용되었다. 밤에는 별을 관측하여 시계를 맞추었다. 중국에서 11세기에 제작한 물시계는 높이가 9미터에 이를 만큼 컸고, 사람이 지속적으로 물을 보충함으로써 연속 동작시켰다. 이런 시계는 왕실이나 국가 차원에서 관리했다.

지구가 태양을 한 바퀴 도는데 걸린 시간을 1년이라고 한다. 지구 입장에서 보면 태양이 춘분점에서 시작하여 황도를 따라 한 바퀴 돈 후(즉, 계절을 순환한 후) 다시 춘분점에 도착하기까지 걸린 시간을 회귀년(태양년)이라고 한다. 그런데 달력에서 1년의 시작점은 춘분점이 아니다. 즉 1월 1일은 천문관측과 무관하게 정해졌다. 고대 로마의 율리우스 카이사르가 기원전 45년부터 시행한 율리우스력에서 정해진 1월 1일이 그 기원이다. 1회귀년은 하루 단위와 딱 맞아 떨어지지 않고 소수점 아래 여러 자리를 갖는다. 그런데 달력은 1년이 365일(또는 366일)로 되어 있다. 그래서 해가 지날수록 처음 해의 시작점(하늘에서 태양의 위치)에서 점점 벗어난 지점에서 새해가 시작된다. 이 문제를 해결하기 위해 윤년이라는 제도가 도입되었다. 율리우스력에서 1년의 길이를 365.25일로 잡았다. 그래서 4년에 한번씩 1년의 날 수를 366일로 함으로써 이것을 맞추었다. 그럼에도 불구하고 율리우스력이 만들어진 지 약 1600여 년이 지나고 나니 처음 해의 시작점과 10일 이상 차이가 났다. 그래서 윤년을 새로 조정하여 만든 달력이 1582년에 제정된 그레고리력(Gregorian calendar)이고, 현재 우리가 사용하는 달력이다. 그레고리력에 의한 1년의 길이는 365.2425일이다. 그레고리력도 약 3226년이 지나면(지금부터 약 1200년 후) 하루의 오차가 생기게 된다. 이런 문제가 있기 때문에 해(year)를 세지 않고 일(day)을 세는 천문학용 달력이 1583년에 만들어졌다. 이것을 '율리우스일'(Julian Day)이라고 한다. 그 시작점[15]은 기원전 4713년 1월 1일 정오이다. 이 해가 시작점이 된 것은 율리우스일을 발명한 프랑스 학자가 이 세상의 기록 역사를 전부 포함할 수 있을 만큼 충분히 옛날로 거슬러 올라간 해가 그 때라고 생각했었기 때문이다.

천문관측을 위해서는 하늘에서 천체의 위치를 나타내는 좌표계가 필요하다. 이를 위해 전통적으로 사용되어온 좌표계는 '적도좌표계'와 '황도좌표계'이다. 적도좌표계에서 지구의 북극을 연장하여 천구[16]와 만나는 지점을 '천구의 북극'이라 하고, 지구의 적도를 투영하여 천구에 그려진 선을 '천구의 적도'라고 한다. 천구 상에서 태양이 지나는 길을 '황도'(黃道,

---

15) 이 시작점(또는 원점)을 영어로는 'epoch'라고 하는데, 우리말로 '역기점'(歷起點)으로 번역한다(참조: 제2장 2절).

16) 천구(天球, celestial sphere)란 지구에서 하늘을 관측할 때 지구를 중심으로 하늘에 거대한 구가 있고, 거기에 별들이 박혀있다고 생각하는, 가상의 구이다(참조: 제2장 3절).

ecliptic)라고 한다. 황도와 천구의 적도는 두 지점에서 만나는 데, 그 점들을 '분점'(分點, equinox)이라고 한다. 그 중에서 봄에 만나는 점이 '춘분점'(春分點, vernal equinox)이고 가을에 만나는 점이 '추분점'(秋分點, autumnal equinox)이다. 황도와 천구의 적도는 두 분점을 기준으로 약 23.4도 기울어져 있다. 지구의 중심에서 춘분점을 연결한 선이 적도좌표계의 한 축이다. 그리고 적도를 포함한 면이 기준면이다. 이에 비해 황도좌표계는 적도좌표계와 마찬가지로 지구의 중심에서 춘분점을 연결한 선이 한 축이다. 기준면은 황도를 포함한 면(황도면)이다. 황도면에 수직인 극이 '황극'(黃極, ecliptic pole)이다.

천문관측기술이 발달함에 따라 분점이 한 방향으로 지속적으로 느리게 변할 뿐만 아니라, 임의적으로 흔들린다는 것을 알게 되었다. 그래서 현대천문학에서는 특정 연도(예: 2000년)에서의 분점의 위치를 기준으로 사용한다. 천구좌표계에서 천체의 위치 변화는 결국 지구의 운동 때문에 생긴다. 그러므로 우선 지구의 운동을 자세히 관찰하는 것이 필요하다.

지구상에서 위치를 나타내는 기준으로는 지구의 북극, 적도, 그리고 그리니치를 통과하는 본초자오선이 있다. 이 기준들의 위치가 조금씩 변하는데, 정확한 위치를 아는 것은 현대천문학과 천문시간 결정에서 필수적인 요소다. 이를 위해 국제기구가 만들어졌는데 국제지구자전국(IERS)[17]이 바로 그것이다. 지구 및 천체의 운동을 나타내기 위해선 기준좌표계가 필요하다. 국제적으로 널리 사용되고 있는 지구기준계는 '국제지구기준계'(ITRS)이다. 이에 비해 우주에서의 위치를 나타내기 위한 천구기준계는 '국제천구기준계'(ICRS)이다.

3 지구의 운동

인간이 천체를 관측한 이래로 오랜 세월동안 지구가 우주의 중심이라고 믿었다. 즉, 지구를 중심으로 해와 달, 그리고 별들이 도는 것으로 생각했다. 이 천동설(지구 중심설)을 반대하는 지동설(태양 중심설)은 지금부터 약 500년 전, 16세기에 코페르니쿠스가 제기했다. 그 후 케플러는 지구의 공전궤도가 타원이라는 것을 주장하는 등, 천문학자들은 지동설을 받아들였지만 일반인들은 그 이후 100여 년 지난 갈릴레이 시대에도 지구는 여전히 고정되고

17) IERS는 International Earth Rotation and Reference Systems Service의 약어이다. 2003년에 지금의 이름으로 바뀌었고, 그 전에는 Reference System이 빠져 있었지만 약어는 동일하다. IERS는 1987년에 국제천문연맹(IAU)과 국제측지학 및 지구물리학 연합(IUGG)이 공동으로 설립했다.

하늘이 도는 것으로 믿었다. 그런데 1838년에 프리드리히 베셀[18]이 연주시차[19]를 관측함으로써 지구 공전의 결정적인 증거를 보였다.

지구의 자전축이 공전 궤도면에 수직인 축(공전축 또는 황극)에 대해 약 23.4도 기울어져 있다는 사실은 지구의 장기적 운동에 영향을 미친다. 그리고 지구는 적도의 반지름이 남북극을 지나는 대원의 반지름보다 약 21 km가 더 긴 불룩한 모양[20]을 하고 있다. 지구의 운동에 미치는 외부의 힘은 태양, 달, 그리고 다른 행성들의 중력이다. 그리고 지구 표면의 대양과 대기의 흐름, 지구 내부에 있는 핵의 유동성 등도 지구의 운동에 영향을 미친다. 이런 것에 의해 지구는 자전과 공전 외에도 다음 세 가지 미세한 운동을 한다. 즉, 세차(歲差, precession), 장동(章動, nutation), 극운동(極運動, polar motion)이다.

세차란 지구의 자전축이 공전축에 대해 느리게 회전하는 것을 말하는데, 자전의 방향(서→동)과는 반대 방향(동→서)으로 약 26 000년의 주기로 회전한다. 회전축이 돈다고 해서 세차를 다른 말로 '축돌기'라고도 한다. 주기가 이렇게 길기 때문에 관찰자가 평생 동안 관측해도 아주 작은 변화가 나타날 뿐이다. 이런 장기적이고 지속적인 변화를 '영년변화'(永年變化, secular change)라고 한다. 세차는 무엇을 관찰하느냐에 따라 아래와 같이 그 명칭이 조금씩 다르다.

'분점의 세차'는 분점이 1년에 약 50.3아크초[21]만큼 황도를 따라 서쪽으로 이동하는 것을 말한다. 이 이동 현상 때문에 분점을 기준으로 정의되는 회귀년은 항성년에 비해 1년에 약 20분 짧다. 다시 말하면, 태양이 분점을 출발하여 황도를 따라 돌아서 다시 분점으로 돌아오는 동안에 분점은 태양이 도는 방향에 대해 거꾸로 이동했기 때문에 그 만큼 거리가 짧아진 것이다. 세차로 인해 나타나는 또 다른 현상은 북극이 가리키는 별자리가 변하는 것이다. 오늘날 우리가 북극성이라고 부르는 별은 작은곰자리의 알파별인 폴라리스다. 그런데 기원전 2700년경에는 용자리의 알파별인 투반이 북극성이었다. 그리고 서기 3200년경에는 세페우스 자리의 감마별이 북극에 제일 가까운 별이 될 것으로 예측된다. '근일점(또는 원

18) Friedrich W. Bessel(1784~1846)은 독일의 천문학자이자 수학자이다. 그는 처음으로 연주시차를 측정했고, 별까지의 거리를 정확히 구했다. 수학에서 특별한 형태의 함수인 '베셀 함수'와 역기점(epoch)의 하나인 '베셀년'에 그의 이름이 붙어 있다.

19) 연주시차(年周視差, annual parallax)란 지구가 공전 궤도 상에서 가장 멀리 떨어져 있는 여름과 겨울(또는 봄과 가을)에 6개월의 시간차를 두고 하나의 별을 각각 관찰하면 별이 보이는 방향에서 일정한 각도차이가 생기는 현상을 말한다. 이것은 지구가 태양 주위를 공전한다는 것을 뜻한다.

20) 적도 반지름은 약 6378 km이고, 극 반지름은 약 6357 km이다. 적도는 약 0.3 %만큼 불룩하다.

21) 아크초(기호: as 또는 ″)는 천문학에서 평면각을 나타내는 단위로, 1아크초=(1/60)분=(1/3600)도이다. 밀리아크초(mas)는 아크초(as)의 1000분의 1이다.

일점) 세차'는 지구의 공전 궤도가 같은 궤도를 반복해서 도는 것이 아니라 세차로 인해 조금씩 이동한 타원 궤도를 도는 것을 말한다. 그 궤적을 이어서 그리면 태양을 중심으로 타원들이 꽃잎처럼 펼쳐진 모양으로 보인다.

세차를 일으키는 주된 힘은 달과 태양의 중력이지만 19세기에 들어 행성들의 중력에 의해서도 세차가 발생한다는 것을 알게 되었다. 행성 중에서도 가장 무거운 목성에 의한 영향이 가장 크다. 행성들에 의한 세차를 '행성 세차'라고 부른다. '일월 세차'는 태양과 달에 의한 세차를 말하는데, 행성 세차에 비해 약 500배 더 크다.

장동은 세차와 동일한 힘의 근원에 의해 나타나는 지구의 운동이지만 그 주기가 훨씬 짧다. 장동은 세차 운동에서 작은 흔들림과 끄덕임으로 나타난다. 장동 중에서 주기가 제일 긴 것은 18.6년인데, 흔들리는 정도도 가장 크다. 이 보다 작은 것으로는 주기가 183일인 것이 있고, 또 더 짧은 것으로는 5일인 것도 있다. 장동을 두 가지 운동 성분으로 나누기도 한다. 즉 황도에 나란한 운동과 수직인 운동이다. 세차와 장동 때문에 춘분점의 위치는 변하고, 천체는 흔들려 보인다. 그림 1-1은 지구 자전축이 공전 궤도면에 수직인 축에 대해 세차와 장동 운동하는 것을 보여준다.

장동은 지구의 북회귀선과 남회귀선이 23.4도 부근에서 매년 조금씩 이동하는 한 가지 원인이다. 이것은 지구상에서 하지나 동지 때 태양이 머리 꼭대기(천정)에 오는 위도가 조

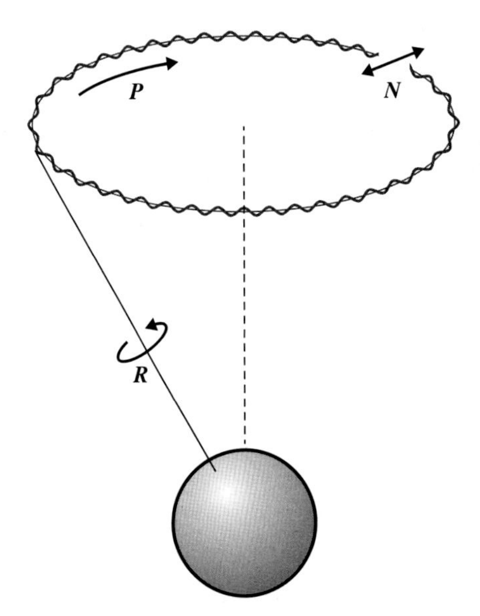

그림 1-1 지구의 자전(R), 세차(P)와 장동(N) 운동. 가운데 점선은 지구의 공전 궤도면에 수직인 축(공전축)을 나타냄.

금씩 변하는 것이다. 북위 23.4도 부근에 위치한 멕시코나 인도, 타이완 등에서는 북회귀선이 매년 변한 위치를 표지판으로 나타내기도 한다.

지구상에는 위도로 나타내는 5개의 주요 선이 있다. 북회귀선과 남회귀선, 북극권과 남극권, 그리고 적도이다. 북극권과 남극권은 각각 북위 또는 남위 66도 33분 부근으로서, 그 선을 넘어 북쪽 또는 남쪽에서는 하지와 동지 때 해가 지평선 부근에 24시간 계속 머물러 있다. 예를 들면, 북반구에서 북극권에 속한 나라(노르웨이, 스웨덴 등)에서는 여름철에 해가 밤에도 지지 않고 남쪽 지평선에 떠있는데, 이를 '백야'(白夜)라고 한다. 이때 남반구의 남극권에 속한 지역에서는 낮에도 어두운데 이를 '극야'(極夜)라고 한다.

장동은 1728년에 제임스 브래들리[22]에 의해 처음 발견되었다. 이 현상은 그 후 20년 뒤에 레온하르트 오일러[23]가 이론적으로 설명했다. 장동을 설명하는 수학 이론을 장동 이론이라고 부르는데, 여기에 그의 이름을 딴 오일러 각도(Euler angle)가 매개변수로 들어 있다. 세차와 장동에 대한 이론은 관측된 현상을 설명하기 위해 지속적으로 발전되어 왔다. 그런데 IAU와 IUGG는 2000년에 '비 강체 지구 장동이론'에 관한 작업반이 연구한 결과를 수용하고, 그 이전에 사용하던 세차장동이론 대신에 이것을 사용할 것을 권고하는 결의안을 채택했다.[24]

극운동은 앞에서 설명한 세차나 장동과는 달리 지구에 고정된 좌표계에서 나타나는 현상으로, 지구자전축의 움직임을 말한다. 다시 말하면, 지각 위에서 북극을 나타내는 좌표 (x, y)가 이동하는 것을 일컫는다. 이것은 1900년도 평균극(mean pole)의 위치를 기준으로 나타낸 것이다. 이 극운동은 세 가지 주요 요소로 나누어 분석한다. 약 435일의 주기를 가지는 챈들러 운동[25], 연주 진동 그리고 서경 80도를 향한 불규칙한 이동이다. 이 중에서 1900년 이후 2000년까지 서경 80도 방향으로의 변위는 약 10미터에 달하는데 다른 두 가지 요소(직경 약 6미터의 원형 운동)보다 크다. 극운동의 원인으로 여러 가지가 추정되고 있다. 먼저, 지구의 핵과 맨틀의 운동이다. 또 그린란드(Greenland)의 얼음이 녹아서 바닷물의 질량이 지구상에 재분포 되고, 이로 인해 빙하에 눌려있던 육지가 상승하기 때문이다. 큰 지진도

---

22) James Bradley(1693~1762)는 영국의 천문학자로서 광행차와 지구 장동을 발견함으로써 천문관측의 정확성을 높이는데 크게 기여했다.

23) Leonhard Euler(1707~1783)는 스위스의 수학자, 천문학자, 물리학자로서 많은 업적을 남겼다. 수학에서 허수와 복소수를 처음 도입했으며, 18세기에 가장 훌륭한 수학자로 칭송받는다.

24) 'Non-rigid Earth Nutation Theory'는 정확도에 따라 두 가지 모델이 있는데, IAU 2000A 모델은 IAU 2000B보다 정확도가 더 높다(참고: IAU 2000, Resolution B1.6: *IAU precession-nutation model*).

25) 챈들러 운동(Chandler wobble)은 미국의 천문학자 Seth Carlo Chandler(1846~1913)가 1891년에 발견한 현상으로, 북극이 지각을 기준으로 수 미터 이내에서 주기적으로 변하는 것을 말한다.

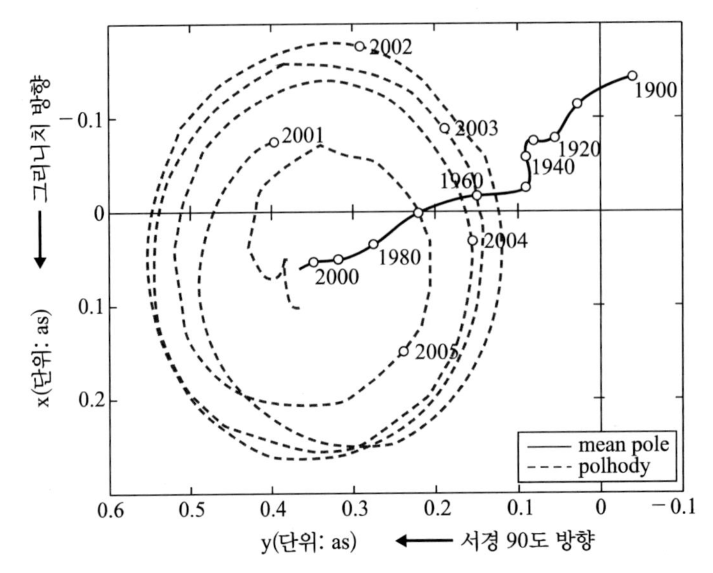

그림 1-2 1900년부터 2000년까지 평균극의 이동(실선) 및 2001년부터 2005년까지 매년 극운동(대시) (출처: IERS 홈페이지)

갑작스런 극운동의 원인이지만, 핵과 맨틀의 느린 변화에 비하면 그 크기는 작다.

IERS는 지구 자전의 불규칙성 또는 지구 방향의 변화를 나타내는 다음 매개변수들을 EOP[26]라고 부르며, 일상적으로 측정하고 있다. 그것은 UT1, 극의 좌표, 그리고 천구 극운동(세차와 장동)이다. 이것들을 측정하기 위한 지상관측소가 별도로 설치되어 있고, 측정결과는 시계열(time series) 형태로 나타난다. 관측방법으로는 VLBI, LLR, SLR 등이 사용된다.[27] 단기적 변화의 극운동과 UT1은 GNSS, SLR, DORIS[28] 등을 사용하여 측정하고, 그 결과를 매일 약 0.5 mas(밀리아크초) 정확도로 알 수 있다. 천구 극운동은 VLBI로 관측하는데 5∼7일마다 약 0.2∼0.5 mas의 정확도로 알 수 있다.

26) EOP는 Earth Orientation Parameters의 약어이며, '지구 방향 매개변수'로 번역한다(참조: 제2장 5.5절).

27) LLR(Lunar Laser Ranging)과 SLR(Satellite Laser Ranging)은 레이저를 이용하여 달 또는 인공위성까지 거리를 측정하는 방법이다.

28) DORIS는 Doppler Orbitography and Radiopositioning Integrated by Satellite의 약어이다(참조: 제2장 4.4절).

4 조석력

바다에서 간조와 만조(또는 썰물과 밀물)를 일으키는 힘을 우리는 조석력(潮汐力) 또는 기조력(起潮力)이라고 부른다. 이 조석력은 지구의 자전에 영향을 미친다. 이로 인해 하루의 길이(LOD)[29]가 변하고 천문시간이 일정하지 않게 된다. 그런데 천문학에서는 주된 운동에 작은 교란을 일으키는 힘을 섭동력(perturbing force)이라고 부른다. 조석력과 섭동력은 영향을 받는 대상이 바닷물 또는 천체로 다를 뿐, 힘의 근원과 작용 원리는 비슷하다.

조석력은 중력의 2차적 효과이다. 바다의 간만은 외부 천체(달이나 태양)가 지구에 미치는 중력이 지구상의 위치에 따라 다르기 때문에 발생한다. 즉, 외부 천체에 가까운 쪽과 먼 쪽에 미치는 중력의 크기가 다르기 때문이다. 조석력을 이해하기 위해 달과 태양이 지구상에 있는 물체에 미치는 중력을 계산해보자. 계산에 필요한 천체의 질량 및 거리 등은 표 1-1에 정리되어 있다.

질량이 M_1, M_2인 두 물체가 거리 r만큼 떨어져 있을 때, 두 물체 사이에 작용하는 중력의 크기 F는 뉴턴의 만유인력의 법칙에 따라 두 물체의 질량의 곱에 비례하고, 두 물체 사이의 거리의 제곱에 반비례한다.

$$F = G\frac{M_1 \cdot M_2}{r^2}$$

여기서 G는 뉴턴의 중력상수인데, $G = 6.674\ 08 \times 10^{-11}\ \mathrm{m^3\,kg^{-1}\,s^{-2}}$이다.

표 1-1 지구, 달, 태양의 질량 및 거리

지구의 질량 M_e	5.9722×10^{24} kg	
달의 질량 M_m	7.353×10^{22} kg	$M_e / M_m = 81.300\ 568$
태양의 질량 M_s	1.9884×10^{30} kg	$M_s / M_e = 332\ 946.0487$
지구의 평균 반지름 r_e	6.3710×10^{6} m	
지구-달 평균 거리 R_{e-m}	3.84401×10^{8} m	$R_{e-m} / (2r_e) = 30.17$
지구-태양 평균 거리 R_{e-s}	1.49598×10^{11} m	$R_{e-s} / R_{e-m} = 389.17$

(출처: “2016 역서”, 한국천문연구원, p.216.)

29) LOD(Length of Day)는 하루의 길이가 86 400초를 초과하는 시간을 의미하는데, 보통 수 밀리초(ms) 수준에서 변한다.

지구표면에 있는 질량 1 kg의 물체가 지구로부터 받는 중력을 지구의 중력가속도라 하고, g로 표기하는데 그 값은 다음과 같다.

$$g = \frac{GM_e}{r_e^2} = 9.80 \text{ N/kg} = 9.80 \text{ m/s}^2$$

이와 같은 방식으로, 지구-태양 사이의 거리만큼 떨어져 있는 1 kg의 물체가 태양에 의해 끌어당겨지는 힘, 즉 태양에 의한 중력가속도 a_s는 다음과 같다.

$$a_s = \frac{GM_s}{R_{e-s}^2} = 5.93 \times 10^{-3} \text{ m/s}^2 = 6.05 \times 10^{-4} \ g$$

그리고 지구-달 사이의 거리만큼 떨어져 있는 1 kg의 물체가 달에 의해 끌어당겨지는 힘, 즉 달에 의한 중력가속도 a_m은 다음과 같다.

$$a_m = \frac{GM_m}{R_{e-m}^2} = 3.32 \times 10^{-5} \text{ m/s}^2 = 3.39 \times 10^{-6} \ g$$

따라서 $g/a_s = 1653$, $g/a_m = 295\ 000$이다. 즉 지구표면에서 지구의 중력가속도는 태양 또는 달에 의한 중력가속도보다 각각 1653배, 295 000배 더 크다. 그리고 지구에 미치는 태양의 중력이 달보다 178(=295 000/1653)배 더 크다.

조석력이란 태양과 달의 중력이 지구의 표면에서 위치(거리)에 따라 달라지는 중력의 차이에 의해 생긴다. 태양이 지구의 중심(거리$=R_{e-s}$)과 태양에서 가장 먼 쪽(거리$=R_{e-s}+r_e$)에 미치는 중력의 차이, 즉 조석력(단위: N/kg) Δa_s는 다음과 같다.[30)]

$$\Delta a_s = \frac{GM_s}{R_{e-s}^2} - \frac{GM_s}{(R_{e-s}+r_e)^2} \approx \frac{2GM_s r_e}{R_{e-s}^3}$$

$$= a_s \cdot \frac{2r_e}{R_{e-s}} = 0.52 \times 10^{-7} \ g$$

위 식에서 두 번째 등호($\approx$)에는 분모를 다음과 같이 시리즈 전개했으며, 2차항 이상은 무시했다: $1/(1 \pm x)^2 = 1 \mp 2x \pm 3x^2 \cdots$ 단, 이것은 $|x| < 1$일 때 성립한다. x에 해당하는

30) 태양에 의한 지구표면에서의 조석력은 뉴턴이 맨 처음 계산하여 발표했다. 여기서는 다음 논문에 실린 내용을 참고했다: M. Sawichi, "Myths about Gravity and Tides," The Physics Teacher, **37**, October 1999, pp.438~441, retrieved in 2005.

것은 $r_e/R_{e\text{-}s} \approx 4.3\times 10^{-5}$이므로 조건을 만족한다.

위 식에서 보는 것처럼 태양에 의한 조석력 Δa_s는 지구-태양 사이의 거리($R_{e\text{-}s}$)의 세제곱에 반비례한다는 것을 알 수 있다. 태양에 가까운 쪽의 지표면은 지구의 중심이 태양에서 받는 중력 a_s보다 Δa_s만큼 큰 힘을 받는다.

한편, 달에 의한 조석력은 위와 같은 방식으로 다음과 같이 구할 수 있다.

$$\Delta a_m = a_m \cdot \frac{2r_e}{R_{e-m}} = 1.12\times 10^{-7}\ g$$

달에 의한 조석력이 태양에 의한 조석력보다 2.2배(=1.12/0.52) 더 크다. 그리고 달, 지구, 태양이 일직선으로 있을 때 달과 태양이 지구에 미치는 조석력의 합에서 달이 미치는 영향은 약 68 %이다. 달이 지구에 미치는 중력은 태양보다 작지만(≃1/178), 조석력은 거리의 세제곱에 반비례하기 때문에 달의 조석력이 더 크다.

달이나 태양이 지구에 미치는 중력은 그들에 가까운 쪽이 더 크고 먼 쪽은 작다. 그래서 그것들에 가까운 쪽 바닷물이 만조가 되고 먼 쪽은 간조가 되어야 할 것처럼 보인다. 그런데 지구의 중심도 달이나 태양 쪽으로 끌어 당겨진다. 지구상의 위치에 따라 받는 중력의 크기와 방향은 그림 1-3의 왼쪽과 같다. 이때 달 또는 태양은 그림의 오른쪽에 있다고 가정한다. 그런데 지구 입장에서 보면 지구중심도 달이나 태양 쪽으로 끌려가기 때문에 이 힘을 뺀 나머지 조석력이 남게 되고 이것에 의해 바닷물(또는 지각)이 영향을 받게 된다. 그 결과, 오른쪽 그림과 같이 달이나 태양에서 먼 쪽의 바닷물도 지구중심에서 바깥쪽으로 힘을 받아 만조가 된다. 그에 수직 방향은 지구중심으로 힘을 받아서 간조가 된다.

달과 태양, 지구가 일직선상에 있을 때(보름이나 그믐)는 달과 태양의 조석력이 합쳐져서 간만(干滿)의 차는 더 커진다. 이것을 '사리'(또는 큰사리)라고 한다. 반면에 상현이나 하현과 같이 반달일 때는 달과 태양이 서로 수직으로 있기 때문에 간만의 차는 줄어들고 이것을 '조금'(또는 작은사리)이라고 한다.

달과 태양에 의한 조석 현상은 지구의 회전을 방해하는 저항으로 작용한다. 그 결과 지구의 자전 속도는 점점 느려지고, 하루의 길이는 길어지고 있다. 기원전 700년부터 기원후 1600년까지 바빌로니아, 중국, 아랍, 유럽 등지에서 관찰된 일식과 월식에 관한 기록과 1600년부터 1955.5년까지 달의 엄폐[31]에 관한 기록, 그리고 1955.5년부터 1990년까지 고정밀 측정 결과 등을 분석하여 지구 자전에 관한 다음과 같은 결과가 보고되어 있다.[32]

31) 지구에서 볼 때 달이 다른 행성이나 별을 가리는 현상을 말하는데, '달가림'이라고도 한다.

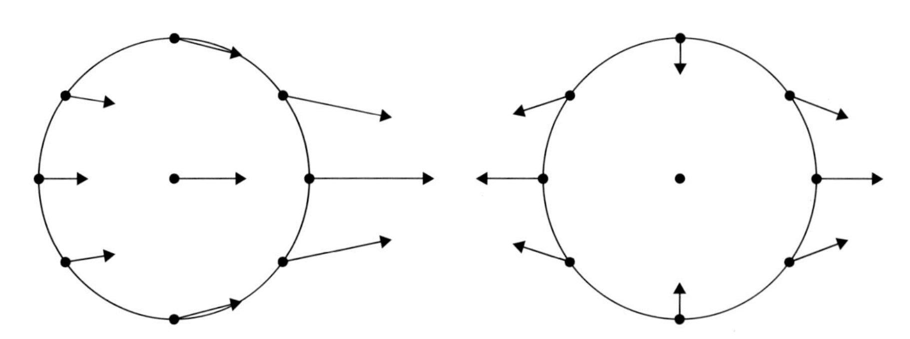

그림 1-3 (왼쪽) 지구상의 위치에 따라 태양 또는 달로부터 받는 중력의 크기와 방향 (단, 태양 또는 달은 지구의 오른쪽에 있다고 가정); (오른쪽) 지구 입장에서 볼 때 지구 중심이 받는 중력을 뺀 나머지 조석력의 크기와 방향

"평균 태양일의 길이(LOD)는 지난 2700년 동안 평균적으로 한 세기(100년) 당 약 1.7 ms(밀리초) 비율로 늘어났다. 이것의 첫 번째 원인은 지구의 조석현상인데, 이것에 의해 LOD는 한 세기 당 약 2.3 ms씩 늘어났다. 두 번째 원인은 지구상의 빙하가 녹음으로 인해 대륙이 상승한 효과 때문인데, 이것으로 인해 LOD는 한 세기 당 약 0.6 ms씩 줄어들었다. 이것 외에도 지구 핵과 맨틀의 결합효과로 인해 LOD는 약 4 ms의 진폭으로 1500년 주기를 가지고 장기적으로 변한다."

지금까지는 달과 태양에 의해 지구가 받는 조석력을 이야기했다. 그런데 달이나 태양도 지구에 의해 조석력을 받는다. 태양은 워낙 무겁고 또 멀리 떨어져 있기 때문에 지구에 의한 영향은 무시할 수 있다. 그렇지만 달은 지구에 의해 큰 영향을 받는다. 달-지구 계에서 운동량 보존 법칙이 적용되어 지구가 잃어버린 운동량(LOD가 길어지는 현상으로 나타남) 만큼 달이 운동량을 얻는다. 그로 인해 달은 점점 지구로부터 멀어진다. 그리고 달은 지구의 조석력에 의해 공전주기와 자전주기가 같은 상태, 즉 '조석 고정'(tidal locking)이 이미 이루어진 상태이다. 그 때문에 지구에서는 항상 달의 앞면만을 볼 수 있다. 이런 현상은 크기가 비슷한 명왕성과 그의 위성인 카론 사이에서도 일어났고, 그 둘은 항상 같은 면을 보면서 서로 돌고 있다. 크기가 작고 질량이 큰 중성자별이나 블랙홀에서 조석력은 더 크게 일어난다. 심지어 비슷한 크기의 두 개의 은하가 조석력으로 인해 서로 합쳐지기도 한다.

32) F.R. Stephenson and L.V. Morrison, "Long-term fluctuations in the Earth's rotation: 700 BS to AD 1990," Phil. Trans. R. Soc. Lond. A, 351, 165-202(1995).

5 이 책의 목적과 구성

이 책은 시간눈금을 이해하고 응용하기 위해서 작성되었다. 시간눈금이란 시간을 측정하거나 표시할 때 사용하는 기준 잣대를 말한다. 그래서 시간눈금을 '시간척도'라고도 부른다. 시간눈금에서 중요한 것은 눈금 단위와 원점이다. 눈금 단위는 현재 '초'인데, 세슘원자의 전이주파수로 정의되어 있다. 우수한 원자시계를 개발한다는 것은 이 눈금 단위인 초의 정의를 안정적이고 정확하게 구현하는 것을 뜻한다. 이를 통해 균일하고 안정된 시간눈금을 생성할 수 있다. 시간눈금의 원점은 국제적 합의로 정한다. 원점(또는 역기점)에는 하루의 시작점도 있었고, 기준이 되는 어떤 해(기준기원년)도 있다.

우주에서 시간은 지상에서와 다르게 흐른다. 아인슈타인의 상대성이론에 따라 중력이 클수록 또 속도가 빠를수록 시간은 느리게 간다. 지구 주위를 도는 인공위성이나, 화성 또는 토성 등에서는 그 시간이 지구의 표면에서와 다르게 간다. GPS를 이용한 항법이나 우주여행을 위해서는 이런 상대론적 시간눈금을 이해하는 것이 필요하다. 아주 멀리 있는 별들은 옛날 대항해 시대 때와 마찬가지로 오늘날 우주여행 시대에도 항법을 위한 길잡이 노릇을 하고 있다. 이런 별들을 이용하여 우주에 고정된 기준좌표계를 만든다. 이것은 태양계에서 현재 지구가 있는 위치뿐 아니라 여러 행성들을 탐사하는 우주선의 위치를 정확히 나타내는데 필요하다.

이런 목적을 위해 이 책은 그림 1-4와 같은 내용적인 흐름으로 작성했다. 즉 4개의 주제를 각각 설명한 후 제5장에서 하나로 모이는 형태이다.

제1장 개념 이해하기에서는 시간 및 공간에 대한 가장 기본적인 내용을 알아본다. 그리고 시간 및 좌표계를 결정하는데 큰 영향을 미치는 지구의 운동과 조석에 대해 알아본다. 4개 주제 중 첫 번째는 제2장 기준좌표계이다. 여기서는 천구기준계, 지구기준계, 그리고 이런 기준계를 실제로 실현하는데 중요한 역할을 하는 우주측지기술에 대해 알아본다. 두 번째 주제는 제3장 천문시간눈금으로 태양시, 항성시, 세계시, 역표시에 대해 알아본다. 이들은 역사적으로 오래되었지만 여전히 사용되고 있거나 기술이 발전하면서 다른 형태로 변한 것도 있다. 세 번째 주제는 제4장 시간에 대한 상대론 효과이다. 특수상대론과 일반상대론을 이해하고, 시간팽창을 계산하는데 필요한 수식 등을 소개한다.

마지막 네 번째 주제는 제6장 원자시계의 발명과 발달이다. 이 장은 앞의 세 장과 독립적이어서 앞의 내용을 몰라도 읽을 수 있다. 원자시계의 등장은 천문시간눈금에 엄청난 변화

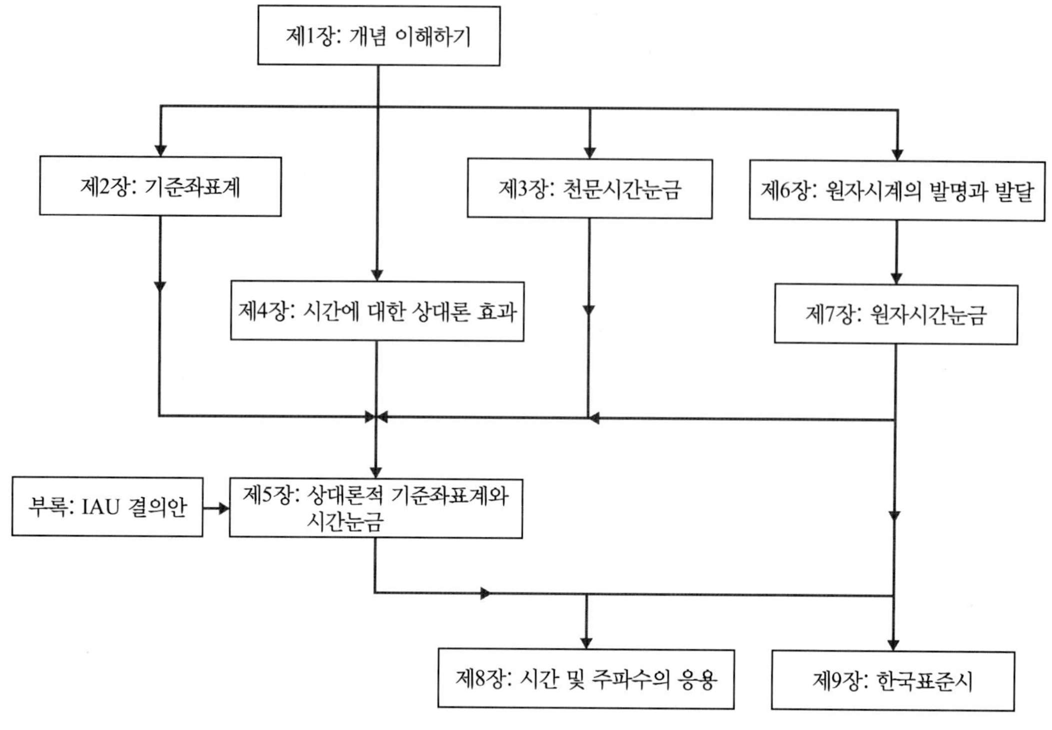

그림 1-4 이 책의 내용 및 흐름도

를 불러일으켰다. 천체를 관측하여 시간을 결정하던 것으로부터 원자시계가 알려주는 시간에 천체를 관측하는 것으로 바뀌게 되었다. 이 장에서는 시계와 주파수 발생기의 성능을 평가하는데 필요한 주파수 잡음과 주파수 안정도에 대해 알아본다. 그리고 현재 널리 사용되고 있는 마이크로파 원자시계와 미래 새 시간표준이 될 광원자시계(optical atomic clocks)의 구조와 작동 원리에 대해 알아본다. 이 주제는 제7장 원자시간눈금으로 이어진다. 오늘날 널리 사용하고 있는 UTC와 그 근간이 되는 TAI, 그리고 여러 나라의 표준시와 연결되는 UTC(k)에 대해 알아본다. 또한 이런 시간눈금을 계산하는 수학적 모델과 알고리듬 등을 소개한다.

제5장 상대론적 기준좌표계와 시간눈금은 앞에서 나온 4개 주제가 모두 연관된다. 그런데 원자시계 및 원자시간눈금을 뒷부분(제6장과 제7장)에 배치한 이유는, 현재 지속적으로 발전하고 있고, 미래에 더욱 중요해질 것으로 예측되는 주제이기 때문이다. 장 번호는 대체적으로 역사적인 발전 순서에 따라 붙였다. 그러므로 제1장부터 순서대로 읽어나가는 것이 가장 무난하다.

원자시간눈금과 상대론적 시간눈금이 실제로 응용되고 있는 분야를 제8장에서 소개한다. 제9장에서는 한국표준시가 법적으로 어떻게 정의되어 있으며 실제로 어떻게 유지 및 관리되는지 소개한다. 한국표준시는 현재 국내의 산업계 및 과학기술계에서 요구하는 시간 및 주파수를 공급하기엔 충분히 안정적이고 정확하다. 그렇지만 우리나라가 한국형 위성항법시스템을 구축하고, 또 우주선을 우리 자체 기술로써 달이나 화성에 보내려면 지금보다 더욱 안정되고 정확한 한국표준시가 필요하다.

Chapter 2

기준좌표계

1 개요

하늘에서 천체의 위치와 운동을 관측하고 표현하기 위해서는 기준좌표계가 필요하다. 그런데 기준좌표계라는 말에는 두 가지 의미가 있다. 하나는 '표준좌표계'이고, 다른 하나는 '기준계'와 '좌표계'가 결합된 의미이다.[1] 물리학에서 사용하는 기준계는 주로 '관찰기준계'라는 뜻으로, 관찰자의 운동 상태와 관련된 개념이다. 관찰기준계에는 관성기준계(또는 관성계)와 비관성기준계(또는 비관성계)가 있다. 이에 비해 '좌표계'는 주로 수학에서 사용하는 용어로서 기준계에서 관찰한 것을 수학적으로 표현하는데 필요하다. 예를 들면, 직각좌표계, 구면좌표계 등이다. 그런데 일반적으로 기준계라는 단어만으로 좌표계가 포함된 의미로 사용하기도 한다.

표준좌표계는 천체측량학(astrometry)에서 표준적인 좌표계와 관측 방법 등을 제시함으로써 관측 결과들을 비교, 공유, 변환하기 쉽도록 국제적 협의에 의해 채택된 것을 말한다. 이것은 주로 국제천문연맹(IAU)의 주도하에 결의안으로 공표된다. 이 책에서는 앞의 두 가지 개념이 모두 사용된다.

기준계(reference system)는 좌표계의 구성에 관한 자세한 내용, 즉 좌표계의 원점과 기본평면(또는 축), 이론적 모델과 표준 등을 포함한다. 이에 비해 기준좌표계(reference frame)는 관측과 기준을 통해 기준계를 실제로 구현한 것을 뜻한다. 따라서 기준계가 기준좌표계보다 더 넓은 개념이다.

지구 표면에 고정되어 있고 지구와 같이 회전하는 좌표계에서 천체를 관찰하는 경우를 생각해보자(대부분의 천체 관측은 지구상에서 이루어지므로 여기에 속한다). 이 좌표계는 물리학적인 기준계 개념에서는 비관성계이다. 다시 말하면, 이 좌표계는 우주에서 볼 때 지구와 같이 회전(가속)하는 비관성계이다. 뒤에서 설명할 '지구기준계'(TRS)가 여기에 속한다.[2] 지구기준계는 천문학에서뿐만 아니라 측지학에서도 중요하게 사용된다. 지구 주변을 도는 인공위성의 궤도 운동을 나타낼 때도 지구기준계가 사용된다.

'천구기준계'(CRS)는 지구를 포함한 천체의 운동을 나타내는 기준계이다.[3] 이것은 다시

---

1) 기준계(reference system)와 좌표계(coordinate system)는 다른 개념이지만, 일반적으로 '기준계'만으로 좌표계의 의미가 포함된 것으로 간주한다.

2) TRS는 Terrestrial Reference System의 약어로 '지구기준계'로 번역한다.

3) CRS는 Celestial Reference System의 약어로 '천구기준계'로 번역한다.

'지구중심(=지심) 기준계'와 '태양계 질량중심 기준계'로 나눌 수 있다. 지심천구기준계에서 지구는 움직이지 않는 하나의 점으로 가정한다. 즉, 지구의 자전과 공전을 표현하지 않고 대신에 천구 상에서 천체가 운동하는 것으로 표현한다. 따라서 천구기준계는 관성기준계에 속한다. 그렇지만 지구는 자전과 공전 외에 실제로 미세하게 흔들리거나 움직이기 때문에 엄밀히 말하면 준관성(quasi inertial) 기준계이다.

지구는 자전과 공전 외에 영년(永年) 운동과 주기적 운동 및 임의적(비주기적) 운동을 한다. 천체 관측 결과를 여러 사람들이 공유하기 위해서는 이런 운동 효과를 고려한 기준이 필요하다. 그래서 도입된 것이 역기점과 평균이다. '역기점'[4)]은 '기준기원년'이라고도 하는데, 그 시점을 기준으로 관측한 결과를 나타낸다. 그리고 '평균극'이나 '평균분점' 등은 모두 해당 지점이 흔들리는 효과를 평균하여 고정된 기준으로 잡은 것이다. 이 경우에도 평균하기 위해 채택한 기준 시점을 나타내는 것이 필요하다.

2 역기점

역기점(歷起點, epoch)은 천문학에서 시간에 따라 변하는 천문학적인 양을 나타내기 위해 기준으로 사용하는 어떤 시점을 말한다. 역기점은 주로 '베셀년' 또는 '율리우스년' 또는 '율리우스일'로 나타낸다. 이 중에서 베셀년은 최근에는 잘 사용하지 않지만 옛날 자료를 이해하기 위해서는 알아두는 것이 필요하다.

베셀년은 회귀년(태양년)의 하나이다. 즉 태양이 황도를 따라 한 바퀴 도는 것을 기준으로 1년이 정해진다. 태양의 평균 경도가 황도좌표계에서 정확히 280도인 순간에 베셀년이 시작된다. 따라서 베셀년으로 1년은 태양이 황경 280도에서 시작하여 다음 280도가 될 때까지 걸린 시간이다. 황경 280도는 그레고리력으로 대략 1월 1일 경에 해당한다. 그래서 우리가 사용하는 그레고리력과 비슷하게 1년이 시작되고 끝나지만 정확하게 일치하진 않는다. 그레고리력에서는 1년의 길이가 365.2425일로 고정되어 있지만 베셀년은 매년 그 길이가 조금씩 줄어든다. 그 이유는 지구 자전축의 세차 때문에 황경의 원점(즉, 분점)이 조금씩 이동하기 때문이다. 그래서 1900년도의 1년의 길이를 기준으로 '베셀기원년'을 정의한다. 그 해의 베셀년의 길이는 365.242 198 781 일이었다. 베셀년을 율리우스년과 구분하기 위

4) 역기점과 관련된 계산 공식은 한국천문연구원에서 발행한 "2015 역서"의 p.222에 나와 있다.

해 연도 앞에 접두어 'B'를 붙인다.

율리우스일(JD)은 기원전 4713년 1월 1일 정오부터 하루씩 세어서 누적된 날짜를 말한다(참조: 제1장 2절). JD의 단위는 일(day)이지만 소수점 이하까지 표시하여 시, 분, 초까지 나타낸다. 예를 들어, 베셀기원년 B1900.0을 율리우스일로 나타내면 JD 2 415 020.313 52 TT이다. 이 날짜의 소수점 이하 숫자(0.313 52)에 24를 곱하면 시(h)가 되고, 시(h)의 소수점 이하에 60을 곱하면 분(min)이 되고, 분의 소수점 이하에 60을 곱하면 초(s)가 된다. JD 숫자 맨 뒤의 TT는 '지구시'를 의미하는 시간눈금이다(참조: 제5장 4.1절). 임의의 율리우스일(JD)에 해당하는 베셀년(B)은 아래와 같은 관계식으로 표현된다.[5] 단, JD는 TT 시간눈금으로 표현한다.

$$B = 1900.0 + (JD - 2\ 415\ 020.313\ 52) / 365.242\ 198\ 781$$

위 식을 이용하여 베셀년으로 나타낸 기준기원년의 예를 들면 다음과 같다. 각 베셀년의 소수점 아래가 모두 0이지만, 그레고리력으로 나타내면 1월 1일 부근(전년도 12월 31일 오후)임을 알 수 있다.

B1900.0 = JD 2 415 020.313 52 TT = 1900년 1월 0.813 52일 TT
B1950.0 = JD 2 433 282.423 TT = 1950년 1월 0.923일 TT
B2015.0 = JD 2 457 023.166 TT = 2015년 1월 0.666일 TT

율리우스년은 베셀년과 달리 1년의 길이가 365.25일로 고정되어 있다. 율리우스년을 나타내기 위해 연도 앞에 접두어 'J'를 붙인다. 예를 들어, J2000.0은 2000년 1월 1일 12시(정오)를 의미한다. 소수점 아래가 0이지만 정오 12시를 나타내는 것이 베셀년과 다르다. 시간을 나타낼 때 어떤 시간눈금을 사용했는지 표시하는데, 오늘날에는 지구시(TT)를 주로 사용한다. 옛날 자료에는 역표시(ET)나 세계시(UT1)로 나타낸 것도 있다. 율리우스일(JD)로부터 율리우스년(J)을 구하는 식은 다음과 같다.

$$J = 2000.0 + (JD - 2\ 451\ 545.0) / 365.25$$

위 식을 이용하여 율리우스년으로 나타낸 기준기원년의 예는 다음과 같다. 단, 연도 및 날짜는 그레고리력으로 나타낸 것이다.

---

5) Lieske, J.H., Astronomy & Astrophysics, **73**, pp.282~284(1979).

J2000.0 = JD 2 451 545.0 TT = 2000년 1월 1일 12:00:00 TT
J2015.5 = JD 2 457 206.375 TT = 2015년 7월 2.875일 TT

IAU는 1976년 총회에서 J2000.0의 분점을 1984년부터 표준으로 사용할 것을 결정했다. 그 이전에는 B1950.0의 분점이 천문학에서 주로 사용되었다. 표준 분점과 기준기원년을 정하는 것은 천문관측 자료를 천문학자들 사이에서 공유하기 위해서다. 각자 다른 기준으로 자료를 만들면 보정 과정을 거쳐야 하는 불편함이 있기 때문이다. J2000.0을 국제원자시(TAI)와 세계협정시(UTC)로 나타내면 다음과 같다.

J2000.0 = 2000년 1월 1일 11:59:27.816 TAI = 11:58:55.816 UTC

위에서 TAI로 표시된 시각은 12:00:00보다 32.184초만큼 작은 값이다. 이것은 TT = TAI + 32.184초의 관계에서 나왔다(참조: 제5장 4.1절). 그리고 UTC로 표시된 시각은 12:00:00보다 64.184초만큼 작다. 다시 말하면, UTC는 TAI보다 32초 늦은 시간을 나타내는데, 이것은 2000년 1월 1일 시점에서 UTC에 적용된 윤초가 32초이기 때문이다. 즉 UTC − TAI = −32초이다(참조: 제7장 표 7-3).

역표시(ET)의 경우 기준기원년으로 J1900.0을 다음과 같이 정의하여 사용하고 있다.

J1900.0 = 1900년 1월 0.5일 = 1900년 1월 0일 12시 ET
= 1899년 12월 31일 12시 ET

율리우스일(JD)의 숫자가 백만 단위이고 소수점 이하까지 포함하면 자리 수가 10개 이상이다. 그래서 최근에는 앞의 높은 자리 숫자를 뺀, 이른바 '수정 율리우스일'(MJD)을 다음과 같이 정의하여 사용하고 있다.[6)]

MJD = JD − 2 400 000.5

위 식에서 오른쪽 숫자는 1858년 11월 17일 0시(자정)에 해당하는 JD이다. 따라서 이때부터 MJD 0일이 시작된다. 위 식에서 소수점 이하 0.5일을 뺌으로써 MJD는 자정에서 시작하는 날짜가 되었다. 예를 들어, 2017년 1월 1일 0시는 율리우스일로는 JD 2 457 754.5이지만 수정 율리우스일로는 MJD 57 754가 된다.

---

6) MJD는 Modified Julian Date를 의미하며 우리말로 '개량 율리우스일' 또는 '수정 율리우스일'이라고 부른다. MJD는 국제도량형국(BIPM)에서 TAI 계산에 사용하고 있다.

하루가 시작되는 순간도 역기점이란 용어를 사용한다. 천문학에서는 오랫동안 정오를 하루의 역기점으로 사용했다. 1925년 이전에는 시, 분, 초를 나타내는 00:00:00은 정오를 의미했다. 그러나 그 무렵 일반인들이 사용하는 상용시(常用時)에서는 그 시간이 자정을 의미했다. 이런 혼란을 없애기 위해 IAU는 1928년에, 자정부터 하루가 시작되는 세계시(UT)를 도입했다. 그리고 1935년에는 그 당시 주로 사용되던 그리니치평균시간(GMT) 대신에 UT를 사용할 것을 권고했다. 그렇지만 UT는 1952년 이후에서야 비로소 여러 나라에서 채택하기 시작했다. 영국 등 일부 국가에서는 오늘날에도 여전히 GMT를 사용하고 있지만 국제적으로 통용되는 정식 명칭은 UT이다. 오늘날 UT는 UT1 또는 UTC를 의미하는데, 1962년 이전에는 UT1을, 그 이후부터는 UTC를 의미한다(참조: 제3장 3절).

3 천구기준계(CRS)

3.1 적도좌표계와 황도좌표계

천구좌표계는 별, 행성, 위성과 같은 천체의 위치를 나타내는 좌표계로서 지심(geocentric) 천구좌표계와 태양계 질량중심(barycentric) 천구좌표계로 나뉜다. 천체 관측은 주로 지구상에서 수행하기 때문에 옛날부터 지심천구좌표계가 주로 사용되어 왔다. 그러나 오늘날 태양계의 여러 행성을 여행하는 우주선의 위치를 나타낼 때, 또는 우주에 고정된 기준좌표계 설정을 위해 별들의 좌표를 나타낼 때 태양계 질량중심 천구좌표계가 사용되고 있다.

천구좌표계는 원점에서 세 축을 따라 해당 지점까지의 거리인 (x, y, z) 좌표로써 그 위치를 나타낸다. 천체까지의 거리가 중요하지 않거나 거리를 모르는 경우에는 각도로써 방향만을 나타낸다. 이를 위해 각각 직각좌표계와 구형좌표계가 주로 사용된다. 태양계의 행성이나 위성들은 대부분 직각좌표계에서 (x, y, z) 좌표로 나타낸다. 이에 비해 멀리 있는 별이나 외계은하의 퀘이사 등은 구형좌표계에서 각도로 나타낸다. 여기서 각도는 평면각인데 단위는 아크초를 의미하는 as 또는 ″로 표기한다. 아크초는 천문학에서 주로 사용하는 단위로, 일반적인 각도 단위인 초(″)와 그 크기는 동일하다. 아크초의 1000분의 1은 밀리아크초(기호: mas)이고, 밀리아크초의 1000분의 1은 마이크로아크초(기호: μas)이다. 1 mas는 관측지점에서 대략 1000 km 떨어진 곳에 있는 길이 4.8 mm의 막대를 정면에서 바라볼 때 막대의 양쪽 끝이 관측지점과 이루는 각도에 해당한다.

구형좌표계는 천구를 두 개의 똑같은 반구로 나누는 '기본평면'(fundamental plane)과 이 면에 수직인 극, 그리고 좌표계의 원점으로 구성된다. 대표적인 천구좌표계인 적도좌표계와 황도좌표계를 구형좌표계로 나타낸 것이 그림 2-1과 2-2에 나와 있다. 적도좌표계의 원점은 지구의 질량중심이고, 기본평면은 지구의 적도를 무한 거리로 투영할 때 천구 상에 나타나는 적도면이다. 천구의 극은 지구의 극을 천구로 연장한 것으로 적도면에 수직이다. 이때 천구의 적도와 극은 역기점으로서 주로 J2000.0을 사용한다. 그렇지만 우주선이나 행성의 위치를 나타낼 때 최근의 적도와 극이 사용되기도 한다. 현대에 만들어지는 별 지도는 대부분 이 적도좌표계를 사용하여 나타낸다.

그림 2-1의 적도좌표계에서 천체의 위치는 '적경'(赤經, right ascension)과 '적위'(赤緯, declination)로 표시한다. 적경은 천구의 적도와 황도가 만나는 춘분점을 기준으로 동쪽(반시계 방향)으로 0시(h)에서 24시(h)로 표시한다. 적위는 지구의 위도와 같은 개념으로, 천구의 적도를 0도, 천구의 북극과 남극을 각각 +90도와 −90도로 표시한다. 천구의 북극과 남극을 지나는 큰 원(대원)을 '시간권'(時間圈, hour circle)이라고 부르는데, 이것은 천구의 적도와 수직으로 만난다. 같은 시간권에 속한 천체는 고도와 상관없이 같은 시각에 같은 자오선 상에 나타난다. 관측자가 있는 곳을 지나는 자오선에서 관측하고자 하는 천체가 속한 시간권까지 천구의 적도를 따라 시계 방향(서쪽)으로 잰 각을 시간(h) 또는 각도(°) 단위로

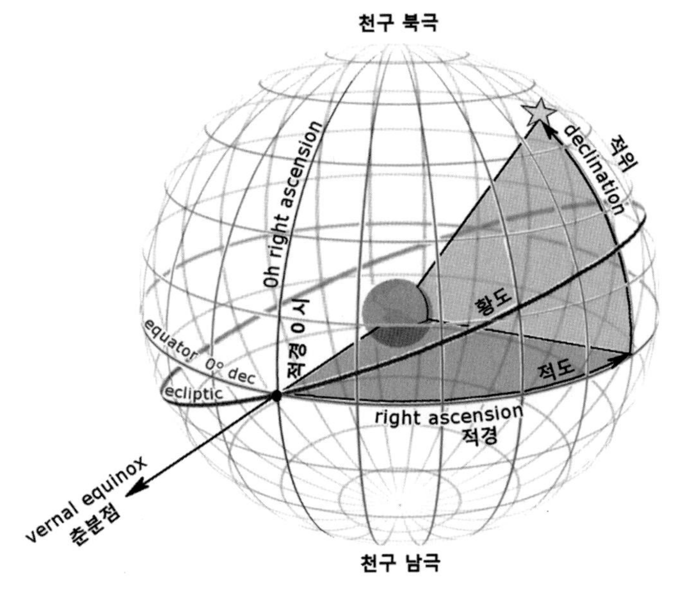

그림 2-1 지심적도좌표계: 기본평면은 천구의 적도면이고, 적경과 적위로 별의 위치를 나타냄.

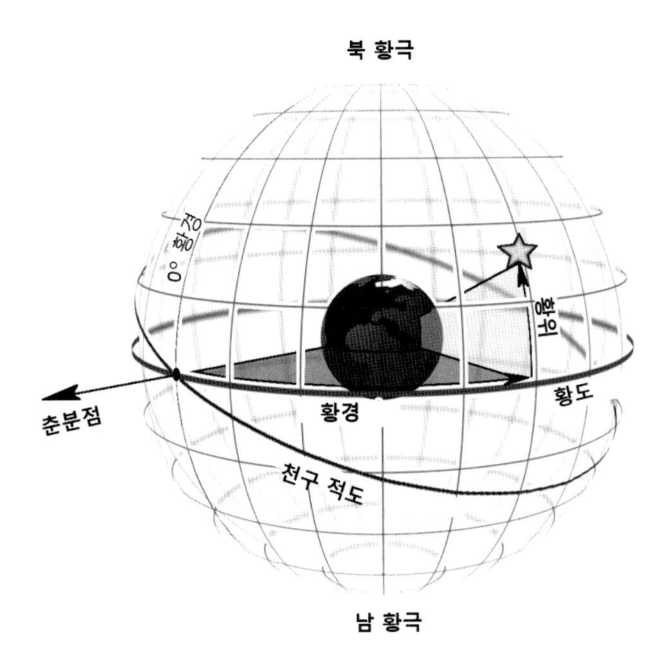

그림 2-2 지심황도좌표계: 기본평면은 황도면이고, 황경과 황위로 별의 위치를 나타냄.

나타낸 것을 '시간각'(hour angle)이라고 부른다. 관측자가 있는 자오선보다 서쪽에 있는 천체의 시간각은 (+) 부호로 나타내는데, 해당 천체가 관측자의 자오선에 남중한 후 경과된 시간을 뜻한다. 관측자보다 동쪽에 있는 천체의 시간각은 (−) 부호로 나타내는데, 관측자의 자오선에 남중하기까지 남은 시간을 나타낸다. 현재 남중한 천체의 시간각은 0시이다.

그림 2-2의 황도좌표계의 기본평면은 지구의 공전 궤도면인 황도면이다. 따라서 천구의 적도면은 황도면에 대해 약 23.4도 기울어져 있다. 황도좌표계에서 천체의 위치는 '황경'(黃經, ecliptic longitude)과 '황위'(黃緯, ecliptic latitude)로 나타낸다. 황경은 춘분점에서 동쪽으로 0도에서 360도로 표시한다. 어떤 천체의 황경은 춘분점에서 시작하여 그 천체를 지나는 자오선이 황도와 만나는 지점까지의 각도이다. 황위는 천체의 고도를 나타내는 것으로, 황도면에서 시작하여 천체까지의 각도이다. 이것은 북 황극 +90도와 남 황극 −90도 사이의 값으로 나타난다. 태양은 황도를 따라 움직이므로 태양의 황위는 항상 0도이다. 그렇지만 황경은 계절에 따라 달라진다. 즉, 춘분점과 추분점의 황경은 각각 0도와 180도이다. 하지점과 동지점의 황경은 각각 90도와 270도이다. 황도좌표계는 고대 천문학에서 주로 사용되었다. 황도를 따라 그 주변에 있는 많은 별들이 관측되었으며, 이른바 황도대의 열두 별자리들은 각각 이름을 가지고 있다. 이 별자리들은 천문학에서뿐 아니라 점성술

에서도 많이 언급되는 것으로 오늘날에도 사람들의 생일과 연관시켜서 대중들에게 회자되고 있다. 달이나 행성의 이동 경로를 황도대 별자리를 배경으로 나타내기도 한다. 왜냐하면 태양계에 있는 행성들은 수성을 제외하고 그 궤도면이 황도면과 비슷하기 때문이다.

두 가지 천구좌표계에서 본 것처럼 춘분점은 적경이나 황경이 시작되는 원점이다. 춘분점은 '분점'의 하나이지만 천문학에서는 대부분 춘분점이 원점으로 사용되고 추분점은 거의 사용되지 않는다. 그래서 춘분점을 분점이라고 줄여서 부르기도 한다. 역기점 J2000.0에서의 분점이 실제로 천문학에서 많이 사용되고 있다.

3.2 ICRS (국제천구기준계)

IAU는 1991년 총회에서 천구기준계의 원점으로 지구중심 대신에 태양계 질량중심을 사용할 것과, 기준계 축의 방향이 외계은하 전파원인 퀘이사(quasar)에 대해 고정되도록 할 것을 권고했다. 또 천구기준계의 주평면[7]이 J2000.0에서 평균적도에 가깝도록 할 것과 주축이 J2000.0에서 동역학적 분점[8](dynamical equinox)에 가깝게 할 것을 권고했다. 이에 따라 국제기구인 IERS는 이 권고안을 만족시키는 천구기준계를 준비했으며, 1997년 IAU 총회에서 ICRS로 채택되었다.

ICRS는 우주에 고정되어, 운동학적으로 회전하지 않는 기준계이다. 이를 구현하기 위한 ICRF[9]는 별이나 외계은하 전파원들의 정밀 좌표가 포함된 별 목록(star catalog)으로 구성된다. 이 별 목록에 있는 임의 천체의 위치는 IAU 권고안에 따라 태양계 질량중심 좌표계의 좌표로 나타낸다. 좌표는 적경과 적위로 표현되므로 두 개 천체의 좌표가 있으면 별 목록에서 사용된 기준좌표계의 방향(즉, 목록 분점[10]과 목록 적도)을 알 수 있다. 그런데 별 목록에는 수많은 천체의 위치가 포함되어 있다. 이것들을 위해 사용된 기준좌표계의 질적 우수성은 이 좌표들로부터 환산된 기준좌표계들이 서로 얼마나 잘 일치하느냐에 달려있다. 그런데 별 목록은 항상 계통오차를 가지고 있다. 이것은 하늘의 같은 구역에 있으며 방향과 밝기가 비슷한 천체들의 위치 오차를 뜻한다. 계통오차는 기준좌표계를 왜곡시키므로 이것

7) 주평면은 principal plane의 번역으로, 3.1절의 기본평면(fundamental plane)과 같은 것이다.

8) '동역학적 분점'이란 천체관측에 의해 결정된 천구의 적도와 황도와의 교점(춘분점)을 말하는 것으로 시간이 흐르면 느리게 움직인다. 그래서 역기점을 명시한다. 이에 비해 '목록 분점'(catalog equinox)은 어떤 별 목록에서 적경의 원점으로 사용된 분점을 뜻한다. 둘 다 춘분점을 의미하지만 똑같지는 않다.

9) ICRF는 International Celestial Reference Frame의 약어이며, '국제천구기준좌표계'로 번역한다.

10) '목록 분점'(catalog equinox)은 별 목록에서 원점으로 사용된 분점을 뜻하는데, 요즘에는 이 용어 대신에 '목록 적경의 원점'(catalog's RA origin)이라고 한다.

을 줄이는 것이 천체 관측의 정확도를 높이는데 특히 중요하다. 관측기술의 발달에 따라 계통오차는 점점 줄어들고 있다. 특히 1980년대 초부터 활용되는 VLBI 기술 덕분에 외계은하 전파원의 위치를 1 mas($\simeq 4.8 \times 10^{-9}$라디안)보다 작은 불확도로 알아내는 것이 가능해졌다. VLBI를 포함한 현대 천체관측기술에 대해서는 다음 절에서 설명한다.

ICRF를 정의하기 위해 외계 전파원들을 충분히 긴 시간동안 관찰하여 위치의 안정도를 확보해야 한다. 이렇게 정의되는 ICRF는 적도, 분점, 황도, 역기점과는 무관하게 즉, 독립적으로 정해진다. ICRF가 도입되기 전에 사용되던 기준좌표계로는 FK5가 있었다. 이것은 1535개의 밝은 별의 목록으로, 눈에 보이는 가시광 파장에서 관찰한 별의 위치를 나타낸다. 그런데 FK5는 ICRF와 달리 J2000.0에서의 분점과 적도를 기준으로 만들어졌다. 1988년에 발표된 FK5의 별 위치의 불확도는 약 30～40 mas였다.

첫 번째 ICRF(ICRF1이라 부름)는 1995년에 만들어졌다. 이것은 VLBI로써 관측한 212개의 외계은하 전파원들의 위치에 의해 정의되었다. 이 퀘이사들은 강한 라디오파(파장 13 cm의 S 밴드와 3.6 cm의 X 밴드)를 방사하는데, 이 파장이 별 주위에 있는 가스에 의해 덜 흡수되기 때문에 관측이 용이하다. 이것들의 위치는 적경에서 0.35 mas의 불확도를, 적위에서 0.4 mas의 불확도를 가졌다. ICRF1의 축의 방향은 이 별들의 집합에 의해 결정되는데, 그 불확도는 약 0.02 mas이다. 이 축들은 천구의 분점이나 적도면을 기준으로 결정된 것은 아니지만 J2000.0의 분점과 적도에 아주 가깝도록 조정된 것이다.

두 번째 ICRF(이하 ICRF2)는 2009년에 만들어졌는데, 295개 퀘이사의 위치에 의해 정의되었다. 이 중 97개만이 ICRF1에서 사용된 것이고 나머지는 전부 새로 찾은 것이다. 이것들의 위치 불확도는 0.1 mas를 넘지 않는다. 그리고 ICRF2의 축은 ICRF1보다 약 2배 더 좋은 10 μas(마이크로아크초) 이내에서 안정되어 있다. 이와 함께 ICRF2의 전파원들은 ICRF1보다 하늘에서 더 균일하게 분포되어 있어서 ICRF1의 단점을 보강한다. ICRF2는 295개의 퀘이사 외에도 3119개의 퀘이사의 정밀 위치를 포함한다.[11] 이것은 ICRF1의 확장 버전에서 사용한 퀘이사 개수보다 거의 5배에 이른다. 이런 노력의 결과로 ICRF2의 바닥 잡음은 약 40 μas로서 ICRF1에 비해 5～6배 개선되었다.

VLBI는 퀘이사의 위치를 정밀하게 관측하는데 가장 우수한 기술이지만 사용자들이 쉽게 사용할 수 있는 기술은 아니다. 그래서 VLBI가 일차(primary) 방법으로 ICRF를 유지하는데 주로 사용되고, 사용자들은 다른 방법으로 그들의 기준좌표계를 ICRF와 연결시킨다. 그 중 하나인 히파르코스(Hipparcos)[12] 목록은 가시광 영역에서 관측한 약 11만 개의 별 목록

11) ICRF에 관한 내용은 IERS가 2010년에 발행한 Technical Note No.36의 제2장을 참고했다.

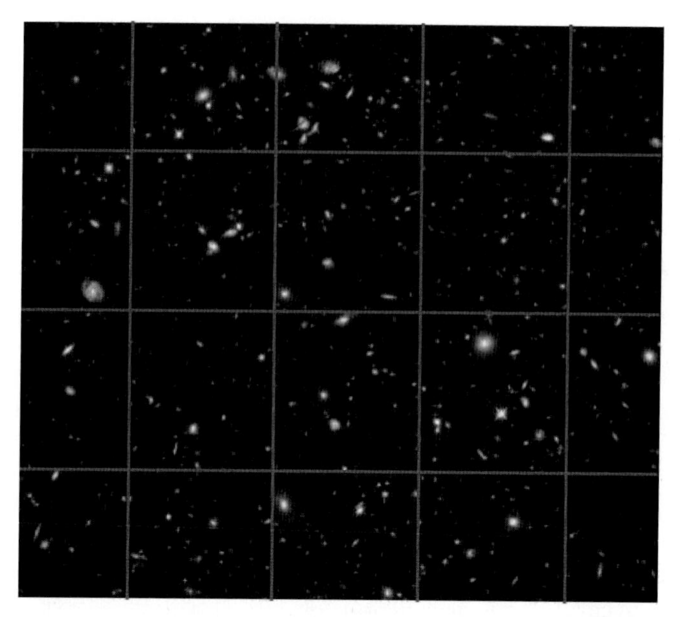

그림 2-3 외계은하 전파원들의 위치를 이용하여 만든 천구기준좌표계(격자선으로 표시)와 그것을 기준으로 관측한 가시광 성단과 은하들 (출처: USNO 홈페이지)

이다. 여기에는 별의 위치와 고유운동(proper motion)이 포함되어 있다. 이것을 '히파르코스 천구기준좌표계(HCRF)'라고 부르는데, 역기점 J1991.25(1991년 4월 2일)을 기준으로 만들어진 것이다. 이 역기점에서 히파르코스 밝은 별들의 위치와 고유운동에 대한 불확도는 각각 1 mas와 1 mas/년 보다 좋다. 그런데 이것을 역기점 2010년으로 환산했을 때 위치의 불확도는 대략 20 mas로 커진다.

가시광 영역의 별 목록으로 히파르코스 외에도 Tycho-2 목록이 있다. 이것은 250만 개 이상의 별을 포함하고 있고, 별의 고유운동은 거의 1세기 동안의 별의 좌표로부터 구했다. 미국 USNO에서 만든 CCD 천체사진 목록(UCAC)은 약 1억 개 별의 위치와 고유운동을 포함하고 있다.[13] 근적외선 영역에서 관측한 별 목록인 2MASS는 약 4억 7천만 개 별의 위치를 포함한다.[14]

---

12) Hipparcos는 **Hi**gh **p**recision **par**allax **co**llecting **s**atellite의 약어로서 1989년부터 1993년까지 유럽우주국(ESA)이 운용했던 별 관측 인공위성이다. 이 명칭은 고대 그리스 천문학자인 히파르코스와 비슷하게 지었다.

13) http://aa.usno.navy.mil/faq/docs/ICRS_doc.php

14) Zacharias, N., et. al., (2005): "Extending the ICRF into the Infrared: 2MASS-UCAC

IAU는 2000년 총회에서 천구기준계를 태양계 질량중심 천구기준계(BCRS)와 지심천구기준계(GCRS)로 구분해서 다시 정의했다. BCRS는 앞에서 설명한 ICRS와 그 방향이 일치한다. 다른 점은 BCRS 및 GCRS의 정의에는 일반상대론을 반영했다는 것이다(참조: 제5장 3절).

4 현대적 우주측지기술

천구기준좌표계(CRF)의 축과 방향을 잡는데 사용되는 외계은하 전파원(=퀘이사)은 지구에서 너무 멀리 있기 때문에 VLBI로써도 그 운동을 감지하지 못해서 정지해 있는 것처럼 보인다. 그래서 관성좌표계를 설정하는 기준으로 아주 적합하다. VLBI는 퀘이사 관측을 위해 만들어졌지만 이제는 지구의 세밀한 운동과 변화를 감지하는 데에도 사용되고 있다. 이처럼 우주를 관측하거나 우주에서 지구를 관측하여 지구 모양의 변화, 지구 회전운동의 불규칙성, 지구 중력의 변화 등을 알아내는 기술을 '우주측지기술'이라 부른다. 이외에도 GNSS, 인공위성 레이저 거리측정(SLR), 고도 측정용 위성 등이 이런 목적으로 사용된다. 이런 기술들은 지구상에서 측지 및 측량의 기준이 되는 지구기준좌표계(TRF)를 설정하는 데 사용된다. TRF는 지구의 질량중심을 원점으로 하고, 지구에 고정되어 있는 좌표계이다.

지상 천문관측소에서 광학망원경만으로 천체 관측을 하던 옛날에는 국지적으로 지오이드에 수직 방향(즉 중력의 방향)을 좌표계의 기준 축으로 사용했었다. 그런데 인공위성은 지구의 질량중심을 중심으로 지구 주위를 돈다. 그래서 이제는 기준 축의 방향이 지구의 질량중심 방향으로 바뀌었다. 이에 따라 세계시(UT1)와 경도의 기준이 되는 경도 0도 선(본초자오선)이 그리니치 천문대에서 동쪽으로 이동하게 되었다. 지구의 운동과 변화에 대한 연구는 지구를 구성하는 고체 지구, 대양, 대기를 포함하여 지구를 하나의 시스템으로 보고 종합적으로 접근하는 것이 필요하다. 그래서 우주측지기술은 천문학과 측지학(geodesy)뿐 아니라, 지구물리학(geophysics), 해양학, 기상학 등과도 밀접한 관계가 있다.

astrometry," Proceedings of IAU General Assembly XXV, Joint Discussion 16, July 2003, ed. R. Gaume, D. D. McCarthy, & J. Souchay (Washington: USNO), pp.52~59.

4.1 VLBI (초장기선 전파간섭계)

VLBI는 전파천문학기술로서 하늘에서 퀘이사들의 위치(방향)에 대한 고분해능 지도를 만들기 위해 1960년대 후반부터 개발되기 시작했다. 그 후 지구에 관한 측지학 연구에 사용되고 있다. 그림 2-4는 VLBI의 동작 원리를 설명하기 위한 것으로, 기본적으로 두 군데 이상의 전파관측소가 필요하다. 이 관측소들은 초장기선(very long baseline)이 되도록 지구상에서 멀리 떨어진 곳에 위치해 있다. 두 관측소는 하나의 퀘이사에서 방사하는 라디오파를 동시에 수신하는데, 이를 위해 다음 세 가지 장치를 구비하고 있다. 전파수신안테나, 라디오파 도착 시간을 정밀하게 측정하는 수소메이저 원자시계, 그리고 수신 데이터를 기록하는 컴퓨터이다. 데이터 기록 장치로서 초창기에는 자기 테이프가 사용되었다. 두 개의 자기 테이프에 시간에 따라 기록된 두 신호 사이의 상관관계를 분석하면 라디오파 신호의 도착 시간 차이를 알 수 있고, 이것으로부터 두 관측소 사이의 거리(기선의 길이)와 퀘이사의 영상을 얻을 수 있다. 만약 전파안테나가 설치되어 있는 지각에 변동이 생기면 기선의 길이가 달라진 것으로 나타날 것이다. 이를 이용해서 대륙의 이동량을 구할 수 있다.

미국의 NASA는 1979년부터 1991년까지 지각 동역학 프로젝트(crustal dynamics project)를 수행하면서 정확도가 높은 측지기술로 VLBI와 SLR을 채택하여 연구했다. 그 결과, 일반

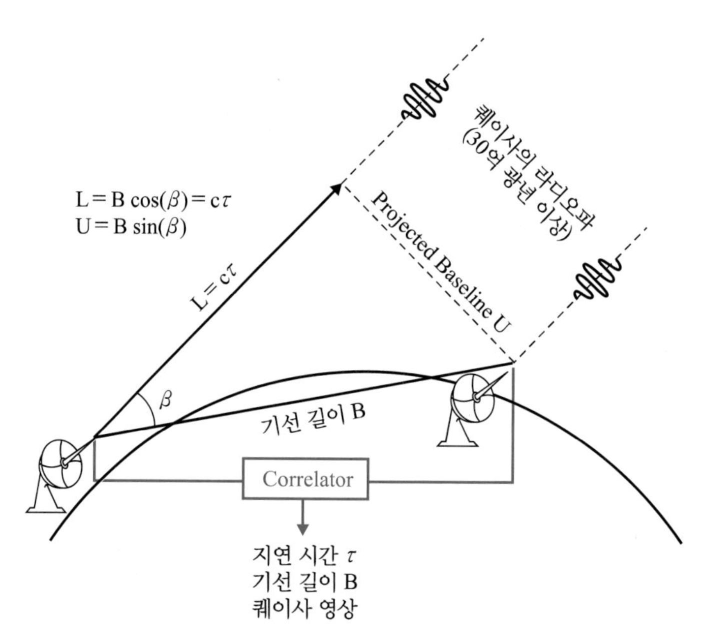

그림 2-4 VLBI 동작 원리: 두 관측소 안테나에 도착한 라디오파 신호를 상관기로 분석하여 두 신호의 도착시간 차이 τ, 기선 길이 B 및 퀘이사의 영상을 얻을 수 있다.

적인 방법으로 관측하면 오랜 세월이 걸리는 지구 구조판(tectonic plate)의 운동을 이 방법으로 당대에 관측할 수 있었다. 이때 관측소들의 상대적 위치의 정확도(불확도)는 수평 방향에서는 1 cm보다 작고, 수직 방향에서는 2 cm보다 작으며, 수평 속도는 2 mm/년이었다.

오늘날 VLBI는 전 지구적인 네트워크를 구성하여 운영되고 있다. 이 네트워크에는 전 세계적으로 40개가 넘는 기관들이 참여하고 있다. 이 참여기관들 간의 국제적 협력과 연구를 조정하고 지원하는 국제기구로서 IVS[15]가 있다. 우리나라는 한국천문연구원(KASI)과 국토지리정보원(NGII)이 IVS의 회원기관으로 활동하고 있다.

전 지구적으로 분포해 있는 VLBI 안테나의 정확한 위치는 일 년에 적어도 두 번 측정되고 있다. 위치 측정의 불확도는 하루 동안에 수평 방향에서는 1 mm, 수직 방향에서는 3 mm이다. 그동안 기록된 데이터베이스는 전 세계 123개 지점에 대한 위치 자료를 가지고 있는데, 수평 방향에서는 대략 1 mm, 수직 방향에서는 1~2 mm의 불확도를 가진다. 또한 수평 방향 속도의 불확도는 1 mm/년보다 작고, 수직 방향 속도의 불확도는 이보다 2~3배 더 크다.

세계 여러 지역에 VLBI 네트워크가 구성되어 있다. 유럽에는 EVN[16]이 있는데, 1980년에 구성되었으며 서유럽 8개국의 12개 전파망원경을 주축으로 2014년 현재 21개의 전파망원경이 포함되어 있다. 여기에 비유럽 국가인 중국과 남아프리카공화국도 참여하고 있고, 우리나라는 2014년에 준회원이 되었다. 미국에는 VLBA[17]가 있다. 이것은 미국 전역에 분포해 있는 직경 25 m 전파망원경 10개로 구성되는데, 1986년에 건설하기 시작하여 1993년에 완성되었다. 가장 긴 기선은 8611 km에 이르며, 천문학과 측지학 연구를 위해 1년 내내 동작한다. 이 외에도 일본, 호주, 러시아, 멕시코, 캐나다 등에 지역 네트워크가 있다.

우리나라는 한국천문연구원이 주도하여 서울, 울산, 제주도에 설치된 직경 21 m 전파망원경 3대로 한국우주전파관측망 KVN[18]을 구성하였는데, 최대 기선 길이는 476 km이다. 그리고 일본의 우주전파관측망인 VERA와 통합하여 지름 2300 km의 전파망원경의 효과를 낼 수 있게 되었다. 또한 미래에는 중국의 CVN을 포함하는 동아시아 지역 VLBI 네트워크를 구축할 계획인데, 이를 통해 지름 6000 km가 넘는 거대 전파망원경의 성능을 갖게 될 것이다.

---

15) IVS는 **I**nternational **V**LBI **S**ervice for Geodesy and Astronomy의 약어인데, 직역하면 "측지학과 천문학을 위한 국제 VLBI 서비스"이다(http://ivscc.gsfc.nasa.gov/about/index.html).

16) **E**uropean **V**LBI **N**etwork의 약어이다(www.evlbi.org).

17) **V**ery **L**ong **B**aseline **A**rray의 약어이다(https://science.nrao.edu).

18) KVN은 **K**orean **V**LBI **N**etwork의 약어이다(https://radio.kasi.re.kr/kvn/).

광파이버를 통한 데이터 전송 속도가 빨라짐에 따라 최근에는 VLBI 관측 신호를 자기 테이프나 디스크에 저장하지 않고, 바로 데이터 처리 센터로 보내어 실시간으로 전파원의 영상신호를 보는 것이 가능해졌다. EVN에 속한 6개 전파망원경을 Gbit/s의 전송률로 연결하는 것이 2011년에 처음으로 성공했다. 이것을 e-VLBI라고 부른다.

VLBI는 모두 지상에 전파망원경이 설치되어 있다. 그런데 VLBI 전용 인공위성을 지구 궤도에 올려서 지상의 VLBI와 같이 사용하는데, 이렇게 구성된 것을 SVLBI(Space VLBI)라고 부른다. 일본의 HALCA[19] 위성은 이런 목적으로 처음 발사된 것으로 1997년부터 2003년까지 동작했다. 이 위성은 직경 8 m의 전파망원경을 장착하고 있었다. 이와 같은 목적으로 러시아가 2011년에 발사한 Spektr-R이 있는데 이 위성은 10 m 전파망원경을 가지고 있다. 이것은 지상의 VLBI 안테나와 결합하여 기선의 길이가 무려 35만 km에 이른다.

기존의 VLBI를 개선하는 연구도 진행되고 있다. 이 차세대 VLBI를 VGOS(VLBI Global Observing System)라고 부른다. 이 시스템의 가장 큰 특징은 디지털 전자회로와 빠르고 작은 안테나를 이용하여 광대역(2∼14 GHz) 신호를 획득할 수 있다는 것이다. 라디오파 간섭현상을 줄이는 것은 관측 정밀도를 높이는데 필수적인데 이를 위해 2∼14 GHz 영역에서 4개의 RF 밴드를 잘 선택해야 한다. 작고 빠른 안테나를 사용하면 관측 기회가 많아지면서 시간과 공간의 분해능을 높일 수 있다. 이를 통해 가장 큰 잡음원이 될 것으로 예상되는 대류권의 영향과 효과를 알아낼 수 있다. VLBI 지연 시간 측정의 정밀도는 4 ps ($=10^{-12}$ s)가 될 것으로 예상하는데, 이 시간은 빛이 약 1 mm 진행하는데 걸린 시간과 같다. NASA는 2018년에 10개 이상의 VGOS 관측소에서 시험 관측을 실시하는 것을 목표로 추진하고 있다.

VLBI 네트워크를 이용하여 지금까지 얻은 과학적 성과를 요약하면 다음과 같다.

- 퀘이사의 위치 관측에 의한 CRF(천구기준좌표계) 정의
- 지상에 있는 전파망원경의 위치 측정에 의한 TRF(지구기준좌표계) 유지
- 퀘이사의 고분해능 영상
- 지구의 방향(EOP)과 하루의 길이(LOD)[20] 변화 측정
- 태양과 달의 중력이 지구와 지구 내부 구조에 미치는 영향 측정
- 지구 구조판 운동

19) Highly Advanced Laboratory for Communications and Astronomy의 약어이다.

20) LOD(Length Of Day)는 천체 관측에 의한 하루의 길이가 원자시에 의한 하루(86 400 SI 초)를 초과한 시간을 의미한다.

- 지역적 융기 또는 침하
- 지구 대기 모델의 개선
- 토성의 위성인 타이탄에 2005년에 착륙한 탐사선 하이겐스의 추적

4.2 GNSS (전지구 위성항법시스템)

GNSS의 대표적인 것으로 미국 국방성(DoD)이 운용하는 GPS가 있다. GPS는 주목적인 군사적인 용도뿐 아니라 측지학과 같은 학술분야와 일반인들의 생활에도 큰 영향을 끼치고 있다. GPS가 이렇게 널리 활용될 수 있게 된 이유는 위성에 탑재된 원자시계에서 나오는 시간 신호를 이용함으로써 수신기에서 알아낼 수 있는 위치의 정확도가 높고, 또 수신기의 가격이 싸기 때문이다.

GPS를 포함한 GNSS는 대개 세 개 부문(segment)으로 구성된다. 우주 부문, 통제 부문, 그리고 사용자 부문이다. 우주 부문은 인공위성으로 구성되는데, 지상 관측소에서 보내는 데이터를 위성에서 수신하여 저장하고 또 신호를 송출하는 기능을 갖고 있다. 그리고 세슘 원자시계 또는 루비듐원자시계를 탑재하고 있다. 통제 부문은 지상 관측소들로 구성되며, 위성에 탑재된 원자시계를 포함한 위성의 건강상태를 감시하고, 위성에 데이터를 보내고 또 제어한다. 관측소는 지구 전역에 퍼져 있는 기지국 및 데이터 전송국 등으로 구성되는데, 이들은 모두 주관측소(master station)와 연결되어 있다. 사용자 부문은 GNSS를 실제로 사용하는 기관들로 구성된다. 사용자들을 위한 국제기구로 IGS[21]가 있다. 여기에는 전 세계적으로 100개 이상의 나라에서 200개 이상의 기관 및 대학, 연구소들이 참여하고 있다. IGS의 주요 임무는 위치측정, 항법, 시간측정, 그리고 ITRF를 위한 고품질의 GNSS 데이터 및 산출물 등을 사용자들에게 제공하는 것이다.

GPS 위성들은 매 30초 마다 자기의 정확한 위치 및 속도, 시간 보정값 등에 관한 정보를 방송한다.[22] 그리고 전체 위성들에 관한 대략적 궤도 정보 및 매개변수들을 방송하는데 이 정보는 몇 달마다 업데이트 된다.[23] GPS는 지상에서뿐 아니라 우주에서도 사용된다. 예를 들면, 로켓으로 발사된 우주선의 위치 추적을 위해 GPS 수신 장치를 우주선에 장착함으로써 추적용 레이더를 대체하거나 보완한다. 또한 원자시계를 별도로 탑재하지 않더라도

21) IGS는 International GNSS Service의 약어인데, 처음에는 GNSS가 아니고 GPS였으나 다른 항법 위성들도 포함하여 이름이 바뀌었다(홈페이지: www.igs.org).

22) 이 정보를 ephemeris라고 한다.

23) 이 정보를 almanac이라고 한다.

GPS 수신기로써 정확한 시간측정이 가능하다. 그리고 지구 주위에 있는 통신위성을 포함한 여러 위성들에 GPS 수신기를 장착하여 위성의 궤도를 파악하고 조정하는데 사용된다.

GPS의 성공적인 활용은 여러 나라에서 별도의 위성항법시스템을 개발하게 하는 원동력이 되었다. 현재 GNSS로 동작되고 있거나 개발되고 있는 시스템이 표 2-1에 정리되어 있다.

표 2-1 전지구 위성항법시스템(GNSS)과 지역 위성항법시스템(RNSS), (2017년 기준)

<table>
<tr><th rowspan="2">시스템</th><th colspan="4">GNSS</th><th colspan="2">RNSS</th></tr>
<tr><th>GPS</th><th>GLONASS</th><th>Galileo</th><th>BDS</th><th>NAVIC</th><th>QZSS</th></tr>
<tr><td>운용 국가</td><td>미국</td><td>러시아</td><td>유럽연합</td><td>중국</td><td>인도</td><td>일본</td></tr>
<tr><td>첫 위성
발사년도</td><td>1978</td><td>1982</td><td>2011</td><td>2007</td><td>2013</td><td>2010</td></tr>
<tr><td>완성 년도</td><td>1995</td><td>2011</td><td>2020(계획)</td><td>2020(계획)</td><td>2016</td><td>2023(계획)</td></tr>
<tr><td>현재
위성의 수</td><td>30
(24+spare)</td><td>27
(23+spare)</td><td>4(IOV)+
14(FOC)</td><td>20</td><td>7</td><td>2</td></tr>
<tr><td>궤도면의 수</td><td>6</td><td>3</td><td>3</td><td>3</td><td colspan="2" rowspan="3">정지궤도의 고도
: 35 786 km
경사궤도의 고도
• 원지점: 약 7만 km
• 근지점: 약 1천 km</td></tr>
<tr><td>위성의 고도</td><td>20 180 km</td><td>19 130 km</td><td>23 222 km</td><td>21 150 km</td></tr>
<tr><td>위성의
회전 주기</td><td>11시간 58분</td><td>11시간 16분</td><td>14시간 5분</td><td>12시간 38분</td></tr>
<tr><td>현황</td><td>정상 동작 중</td><td>정상 동작 중</td><td>테스트 중</td><td>아-태 지역
서비스 중</td><td>정상 동작 중</td><td>테스트 중</td></tr>
</table>

러시아는 현재 GLONASS를 운용하고 있다. 소비에트 연방이 붕괴된 후 경제적인 문제로 한동안 위성을 띄우지 못해 정상 운영되지 못했지만, 2011년부터 정상적으로 운용되고 있다. GLONASS 위성 통신은 GPS와 달리 주파수가 다른 15개 채널의 FDMA(Frequency Division Multiple Access)를 사용하고 있다. 하지만 2008년부터 CDMA(Code Division Multiple Access)를 적용하는 연구를 수행하여 일부 위성에서 서비스하고 있다.

유럽연합의 Galileo는 예산 문제로 인해 위성 발사 계획이 계속 지연되고 있는데, 2016년 11월 현재 4대의 테스트용 위성(IOV)과 14대의 정상 운용 가능한 위성(FOC)이 궤도를 돌고 있다.[24] 2020년까지 24개의 FOC를 포함하여 총 30대의 위성으로 구성된 위성항법시스템을 완성할 예정이다.

24) IOV는 **I**n-**O**rbit **V**alidation의 약어이고, FOC는 **F**ull **O**perational **C**apability의 약어이다.

중국은 2000년부터 BeiDou(北斗) 항법시스템을 구성하여 중국 및 인근 지역에서 운용하고 있다. 제2세대 항법시스템인 BeiDou-2(BDS[25]라고도 함)는 총 35개 위성으로 구성될 예정인데 2007년부터 쏘아 올리고 있다. 2012년부터 아시아-태평양 지역에 한해 항법 서비스를 실시하고 있으며, 2017년 현재 20대가 궤도를 돌고 있고, 2020년까지 GNSS로 완성할 예정이다. BDS의 특이한 점은 5대의 정지궤도위성이 포함되어 있다는 것이다. 이 위성은 적도 상공 35 786 km에서 지구의 자전을 따라 도는(지상에서 보면 정지해 있는 것처럼 보이는) 위성이다. 제3세대 항법시스템인 BDS-3을 위해 2015년 3월에 첫 번째 위성을 쏘아 올렸으며 2016년 2월 현재 총 5대가 궤도를 돌고 있다.[26]

한정된 지역에서만 사용가능한 위성항법시스템인 RNSS(Regional Navigation Satellite System)도 개발되고 있다. IRNSS[27]는 인도를 중심으로 약 1500 km 지역에서 항법용으로 사용하기 위해 개발된 것이다. 총 7대의 위성으로 구성되는데 그 중 3대는 정지궤도위성이고, 4대는 경사궤도위성이다. 2016년 4월에 7번째 위성을 쏘아 올려서 항법시스템을 완성했고, 시스템 명칭이 NAVIC[28]으로 바뀌었다.

일본은 QZSS[29]라는 RNSS를 개발하고 있다. 이것은 4대의 위성으로 구성되며, 일본의 대도시에서 고층 건물들로 인해 GNSS 신호를 정상적으로 수신하지 못하는 문제점을 보완하는 차원에서 개발하는 것이다. 이처럼 기존의 GNSS의 성능을 개선하거나 보완하는 인공위성 시스템을 SBAS[30]라고 한다. 2010년에 QZSS의 첫 번째 위성을 쏘아 올렸고, 2023년에 완성하는 것을 목표로 하고 있다. 이 위성에는 당초 루비듐원자시계와 수소메이저를 탑재할 계획이었으나 2006년에 수소메이저의 개발을 포기하는 것으로 결정했다. QZSS 위성에 원자시계 없이 수정시계만을 탑재하고 원격으로 제어하는 가능성을 연구하고 있다.

우리나라는 '우주개발진흥법'에 따라 2018년에 제3차 우주개발진흥기본계획을 수립하였다. 이 계획에 의하면 한국형 위성항법시스템(KPS: Korea Positioning System)을 2020년부터 단계적으로 구축하여 2035년에 항법 서비스를 시작할 예정이다. KPS는 인도의 NAVIC처럼 정지궤도위성 3대와 경사궤도위성 4대로 구성된다. 그리고 SBAS를 운용하여

---

25) BDS는 **B**ei**D**ou **S**atellite Navigation System의 약어이다.

26) GNSS에 속하는 위성들의 현황을 자세히 알려주는 웹사이트는 www.mgex.igs.org이다.

27) IRNSS는 Indian RNSS의 약어이고, 홈페이지는 www.isro.gov.in이다.

28) NAVIC은 **NAV**igation with **I**ndian **C**onstellation의 약어인데, 힌두어로 '항해자'라는 뜻이다.

29) QZSS는 **Q**uasi-**Z**enith **S**atellite **S**ystem의 약어로 우리말로는 "준천정 위성시스템"으로 번역한다. '준천정'이란 위성들이 거의 머리 위를 지나도록 궤도를 설계함으로써 고층 건물에 의한 신호 수신에서의 방해 문제를 해결하려는 것이다(참조: www.qzss.go.jp/eu/index.html).

30) SBAS는 **S**atellite **B**ased **A**ugmentation **S**ystem의 약어이다.

위치 정확도를 높이는 계획도 가지고 있다.

4.3 SLR / LLR (인공위성 레이저거리측정 / 달 레이저거리측정)

SLR은 특별한 반사장치를 부착한 인공위성에 지상 관측소에서 레이저 펄스를 쏘아 그 빛이 되돌아오는데 걸리는 시간을 측정함으로써 위성까지의 거리를 알아내는 기술이다. SLR은 현재 밀리미터(mm)의 정밀도로 거리 측정이 가능한데, 전 지구적 네트워크를 이용하면 위성의 궤도를 정확히 알 수 있다. 또한 장기간 지속적으로 측정하면 관측소의 위치 변화(운동)를 알 수 있으며, 많은 지구물리학적 매개변수를 구할 수 있다. SLR은 거리를 직접 측정하는 유일한 우주측지기술이다. 고도 300 km에서 시작하여 정지궤도 위성까지 측정 가능하고, 거의 실시간으로 사용자에게 데이터를 제공할 수 있다. 지구 주위를 회전하는 인공위성의 궤도는 그 중심이 지구의 질량중심이다. 그래서 SLR은 다음 절에서 설명할 ITRF(국제지구기준좌표계)를 만드는데 가장 중요한 역할을 한다.

전 지구적 네트워크를 관리하는 국제레이저관측기구가 ILRS[31)]인데, 여기에 40개가 넘는 관측소가 포함되어 있다. 우리나라는 한국천문연구원이 운영하는 SLR이 세종시와 경남 거창군에 각각 설치되어 있고, ILRS의 회원기관이다.

몇몇 관측소는 달까지의 거리측정을 위한 LLR(Lunar Laser Ranging)을 갖추고 있다. 이것은 레이저로써 달 표면에 설치된 반사판까지의 거리를 주기적으로 측정한다. 이 반사판은 아폴로 우주선이 달에 착륙했을 때 설치한 것으로 1969년부터 측정이 시작되었다. 현재는 mm 수준의 불확도로 정밀 측정이 가능하며, 이를 통해 아인슈타인의 일반상대성이론과 등가 원리의 검증, 중력 상수의 시간적 변화와 같은 기초 물리학 연구들이 수행되었다.[32)]

SLR을 이용하는 측지 전용 위성이 1975년에 처음으로 발사되어 현재 지구주위를 돌고 있다. 이 위성의 이름은 LAGEOS[33)]이고, 현재 두 대가 운용되고 있는데 2호기는 1992년에 발사되었다. 이 위성은 직경 60 cm의 동그란 공 모양의 표면에 코너 큐브[34)]라는 반사 프리즘 426개가 골고루 박혀있어서 마치 거대한 골프공처럼 보인다. 무게는 약 400 kg이고, 전자장치나 움직이는 부분이 전혀 없는, 완전 수동형 위성이다. 고도 5900 km 상공에

---

31) **I**nternational **L**aser **R**anging **S**ervice의 약어로, ILRS는 국제측지학협회(IAG: International Association of Geodesy)에 속해 있고, IERS와도 밀접한 관련이 있다.

32) T.W. Murphy, "Lunar laser ranging: the millimeter challenge", Rep. Prog. Phys. **76** (2013), 076901.

33) LAGEOS는 **La**ser **Geo**dynamics **S**atellite의 약어이다.

34) corner cube는 빛이 들어온 방향과 정반대 방향으로 반사해 나가도록 만든 광학 부품이다.

서 극에서 극으로 안정된 원형 궤도를 돈다. 기능과 모양이 단순하고 대기가 아주 희박한 공간을 돌고 있어서 이 위성은 840만 년 가량 지구 주위를 회전한 후 대기권으로 재진입할 것으로 예측된다. 이 위성에는 미국의 유명한 천문학자이자 과학 해설가인 칼 세이건(1934~1996)이 디자인한, 지구 대륙의 위치와 이동이 그려진 명판이 미래 인류를 위해 실려 있다고 한다.

LAGEOS를 처음 발사할 당시의 목표는 지각을 구성하는 판의 운동을 정확히 측정하는 것이었다. 그 당시 지구의 판구조론이 처음 나왔었고 지각의 자장 분포나 해저 분포로부터 그 이론은 일부 지지를 받고 있었다. 이를 확인하기 위해서 당시에 약 1 cm의 정확도로써 지각의 변동을 측정했다.

전 세계적으로 183개의 관측소에서 여러 해에 걸쳐 LAGEOS까지의 거리를 측정했고, 현재도 수십 개가 여전히 측정하고 있다. 시간에 따라 지속적으로 측정하면 지구중심에 대한 관측소의 절대 위치를 결정할 수 있다. 또한 관측소들 간의 미세한 위치 변화를 알 수 있다. 이런 과정을 통해 SLR의 정확도는 현재 1 mm 이하로 향상되었다. 이러한 정밀 측정은 대기나 대양에서 질량의 재분포에 의해 유발된 지구 회전의 미세한 불규칙성과 지구 질량중심의 미세한 이동을 감지해낼 수 있다. 특히 스칸디나비아 반도와 핀란드를 덮고 있던 빙하가 녹음으로 인해 지각이 융기하는 것을 감지해냈다. 이 위성 덕분에 지구의 모양(지오이드), 지구의 회전, 대기, 대양, 중력장, 대륙의 이동 등이 모두 연결되어 있다는 사실을 확인하게 되었다.

LAGEOS는 지구의 질량중심에 기반한 TRF(지구기준좌표계)의 원점(중심점)을 정의하는 전용 위성이다. 그리고 TRF를 유지하는 일군의 인공위성들 중 하나이다. 잘 만들어진 TRF는 지구 항법위성들의 궤도를 보정하고, 전지구 위성항법시스템을 서로 연결시킬 수 있다. 나아가 행성 간 탐사선의 항법을 위한 기준으로 사용된다. 앞으로 SLR을 위한 반사 프리즘을 장착한 위성들이 더 늘어날 전망이다.[35] 그런데 이 위성들은 SLR 전용이 아니라 다른 목적으로도 사용될 것이다.

NASA는 차세대 SLR 지상 관측소를 위한 연구 개발을 진행하고 있다. 이것은 장기간 동작하는 고출력 레이저를 만들되 눈에 안전한 파장을 사용하고, 레이저 펄스의 반복률을 현재 10 Hz 수준에서 2~10 kHz로 높이는 것을 포함한다. 또한 광학 부품 조정 등을 완전 자동화하여 24시간 연속 동작하도록 하고, 시스템을 현장에서 자체 교정할 수 있도록 한다. 반사되어 돌아오는 레이저 펄스의 시간 측정의 정밀도를 현재 10 ps 수준에서 1 ps 이하로

35) 참고: http://ilrs.gsfc.nasa.gov/missions/satellite_missions/future_missions/index.html

낮춘다. 또한 단일 광자 계수기를 사용하여 빛 감지 효율을 높이는 것 등이 목표이다.

4.4 DORIS와 TOPEX / Poseidon

DORIS[36]는 지상에 설치된 비콘(beacon)에서 방사하는 라디오파의 도플러 이동을 측정하여 인공위성의 궤도와 지상 비콘의 정확한 위치를 알아내는 위치 측정 시스템이다. 이 시스템은 프랑스가 개발하고 관리하는 것으로 GNSS와는 반대의 배치를 가진다. 즉, 신호를 보내는 송신기(비콘)는 지상에 설치되고 인공위성에는 수신기가 탑재된다. 위성에서 수신된 신호는 지상국으로 보내어져 그곳에서 신호를 처리한 후 배포된다. 위성의 궤도 결정을 정확히 할 수 있도록 지상에 50~60개의 송신기가 지역적으로 골고루 배치되어 있고, 두 개의 라디오파 주파수(401.25 MHz, 2036.25 MHz)를 방사한다.

DORIS 수신기를 탑재한 위성으로는 고도 측량 위성인 TOPEX/Poseidon와 Jason-1 및 Jason-2 등이 있다. DORIS는 이 위성들의 궤도를 약 2 cm의 정확도로 알아낼 수 있다. 이것은 GNSS의 정확도보다 낮지만 ITRF의 유지에 여전히 활용된다.

TOPEX/Poseidon은 미국과 프랑스가 공동으로 개발한 고도계(altimeter)의 이름이면서 동시에 인공위성의 이름이다. 이 위성의 주 임무는 위성에 장착된 고도계를 이용하여 전 지구적으로 대양의 표면 지형을 그리는 것이다. TOPEX는 미국이 만든 고도계로서 해수면 높이 측정을 위해 5.3 GHz와 13.6 GHz 마이크로파 두 개를 사용한다. 이에 비해 프랑스가 만든 Poseidon은 13.6 GHz만을 사용한다. 이 고도계는 마이크로파 펄스를 바다를 향해 쏘고 수면에서 반사되어 되돌아오는데 걸린 시간을 측정하여 거리를 알아낸다. 두 개 주파수를 사용하는 것은 마이크로파가 이온층을 통과하면서 발생하는 지연효과를 보상하기 위한 것이다.

이 위성은 고도 1330 km 상공에서 대양의 표면 높이를 약 3.3 cm의 정확도로 측정할 수 있다. 파도의 언덕과 계곡을 관측함으로써 해류의 순환을 이해하고, 해류가 기후에 미치는 영향을 알 수 있게 되었다. 왜냐하면 태양에서 오는 열의 대부분은 바다에 저장되고 이 열에 의해 발생하는 해류의 순환이 기후를 결정하는 주요인이기 때문이다. 또한 대양의 순환 모델과 실제 관측 결과를 비교하면서 모델을 개선할 수 있었고, 엘니뇨나 라니냐, 태풍이나 허리케인을 더 잘 예측할 수 있게 되었다. 이 위성은 1992년에 발사되었는데 당초 3년 간 운행하는 것이 목표였으나 10년 넘게 동작한 후 2006년에 작동을 멈추었다. 같은 목적으로 2001년에는 Jason-1이, 2008년에는 Jason-2가 발사되었다.

36) **D**oppler **O**rbitopography by **R**adiopositioning **I**ntegrated on **S**atellite의 약어이다.

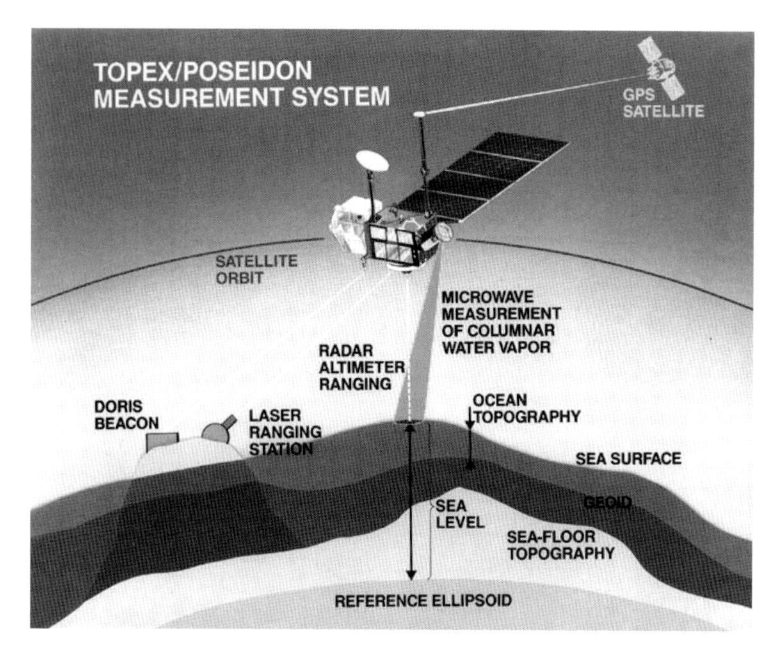

그림 2-5 TOPEX/Poseidon 위성에 장착된 고도계를 이용한 대양 표면의 높낮이 측정; 위성의 정확한 궤도 측정에 사용되는 세 가지 수신기(DORIS, SLR, GPS)를 탑재함.

그림 2-5는 고도계와 DORIS 수신기, SLR용 반사 프리즘, GPS 수신기가 장착된 TOPEX/Poseidon 위성이 대양 표면을 스캔하는 것을 보여준다. SLR은 정확도가 가장 높지만 맑은 날에만 사용할 수 있다는 단점이 있다. 이에 비해 DORIS는 전천후로 사용 가능하다.

5 지구기준계 (TRS)

TRS(지구기준계)는 지구에 고정되어 있으며 지구와 같이 회전한다. TRS는 지구의 표면이나 지구 주변 공간에서 어떤 지점의 위치를 나타내기 위한 것으로, 지도 제작, 측지, 인공위성 궤도 결정 등에 널리 사용된다. TRS는 3차원 직각좌표계로 나타내는데, 이 좌표계는 원점과 세 축의 방향에 의해 정의된다. TRS의 원점은 대기와 대양을 포함한 지구의 질량중심이다. 그런데 지구의 질량중심은 우리가 직접 관찰할 수 있는 점이 아니다. 그렇지만 인공위성의 궤도를 정확히 측정하고, 동역학 이론으로 계산하면 그 중심의 위치를 알아낼 수 있다. 좌표계의 세 축 중 Z축은 북극 방향이다. 그런데 북극은 지각에 대해 고정되어 있지 않고 조금씩 움직인다. 그렇기 때문에 Z축의 방향을 정의하는데 약속이 필요하다. 예를 들면, 옛날 한 동안 좌표계의 Z축으로 1900년부터 1905년까지 극의 평균 위치를 선택했다. 이것을 협정국제원점(CIO)[37]이라고 불렀다. 그 후 국제시간국 BIH[38]는 역기점 J1984.0에서의 극 위치를 협정지구극(CTP)이라고 불렀다. IERS는 CTP라는 명칭 대신에 '국제기준극' 또는 'IERS 기준극'으로 바꾸었는데, 약칭으로 'IRP'라고 한다.

좌표계의 X축은 지구의 중심에서 경도 0도 선이 적도와 만나는 지점으로의 방향을 말한다. 그런데 인공위성이 등장하면서 지구의 중심 위치가 이전과는 조금 다르다는 것을 알게 되었고 이에 따라 경도 0도 선의 위치도 조금 이동했다. 이 새 기준선을 '국제기준자오선'이라 하고, 약칭으로 'IRM'이라고 한다.

1980년대 이후, GPS가 출현하면서 지구상에서 위치를 나타내는 새로운 방법이 나오게 되었다. TRS를 구현하는 좌표계인 지심좌표계가 바로 그것이다. 이에 비해 옛날부터 사용하고 있는 지리좌표계가 있다. 이 두 좌표계는 용도와, 좌표를 표현하는 방법이 다르다. 지리 좌표계는 가장 널리 사용되는 3차원 지구 좌표계로서, 지표상의 어떤 지점의 위치를 경도, 위도, 타원체고(또는 표고)로 나타낸다. 이 좌표계에서는 국제기준자오선과 적도가 각각 경도와 위도의 기준선이고, 고도의 기준은 지구의 타원체면 또는 지오이드이다. 이에 비해 지심좌표계에서 어떤 지점의 위치는 원점(지구중심)으로부터 거리인 (x, y, z) 좌표로 나타낸다. 이 좌표계는 위성 측지나 대륙 간 측지 측량에 유용하게 사용되지만 지표면의 형상과는 무관하여 지역 삼각망의 계산에는 적합하지 않다. 그런데 GPS 위성을 위한 기준계인 WGS 84는 이 두 좌표계를 모두 표현한다.

TRS는 추상적인 개념이고, 이를 실제 사용할 수 있도록 구체화한 것이 TRF(지구기준좌표계)이다.[39] 예를 들면, 우주측지기술인 VLBI나 SLR 관측소의 위치는 그 좌표가 잘 알려져 있고 국제적인 네트워크를 구성하고 있으므로 TRF의 기준점으로 사용된다. 이 지점들을 기준으로 측량 기구를 사용하여 임의 지점의 좌표를 알아낼 수 있다. 그리고 GPS 위성의 배열은 하늘에 있는 위치의 기준점들이다. 그 위치가 시간에 따라 변하므로 특정 시점에서 위성들의 위치가 그 시점에서 기준점이 된다. GPS 수신기를 이용하여 이 위성들로부터 오는 신호를 수신하면 임의 지점의 좌표를 알아낼 수 있다.

---

37) CIO, CTP는 각각 Conventional International Origin, Conventional Terrestrial Pole의 약어이다.

38) BIH는 Bureau international de l'heure의 약어로서, 영어로는 International Time Bureau이다. 우리말로는 국제시간국으로 한다. 이 기구는 1988년에 IERS(국제자전국)으로 바뀌었다.

39) TRS와 TRF라는 용어가 나오기 전에 측량학에서는 이것들을 각각 Datum과 Datum realization라고 불렀다.

이 장에서는 우선 지구의 모양을 나타내는 지구 타원체와 지오이드에 대해서 알아본다. 다음으로 TRF에서 X축의 방향을 결정하는 기준이며, 또 경도의 기준이 되는 국제기준자오선의 역사적 배경과 현재의 위치를 알아본다. 그리고 지구기준계의 실제적인 응용인, 세계측지계 WGS 84와 국제지구기준계 ITRS에 대해 알아본다.

5.1 지구 타원체와 지오이드

지구는 적도의 반지름이 극의 반지름보다 약 0.3 %가 긴 타원체이다. 지구의 모양을 수학적으로 표현하기 위해 지구 모양에 근접한 타원체를 선택하여 사용한다. 이 타원체 모양을 결정하는 상수가 표 2-2에서 편평도 f이다. 지구 타원체 모델로서 GPS 위성이 등장하면서 '측지기준계' 모델인 GRS 80이 나왔다.[40] 이 모델은 IUGG와 IAG[41]가 1979년 총회에서 채택했다. 그러나 지역별로 해당 지역에 잘맞는 타원체를 선택하여 사용하기도 한다.[42] 그렇지만 현재 추세는 전 지구적 호환성을 갖는 GRS 80을 여러 나라들이 채택하고 있다. 이 모델은 5.3절에서 설명할 WGS 84의 근간이 되는 지구 타원체 모델이다. GRS 80에서 채택하고 있는 일부 지구물리 상수는 표 2-2와 같다. 처음 3개는 정의 상수(defining constants)이고, 나머지 4개는 유도 상수(derived constants)이다. 정의 상수는 불확도가 없

표 2-2 GRS 80 모델에서 사용하는 지구물리 상수들의 값

	양	기호 및 값
정의 상수	지구 적도의 반지름	$a = 6\ 378\ 137$ m
	지구 중력상수(대기 포함)	$GM = 3\ 986\ 005 \times 10^{8}$ m^3/s^2
	지구의 자전 각속도	$\omega = 7\ 292\ 115 \times 10^{-11}$ s^{-1}
유도 상수	지구의 극 반지름	$b \simeq 6\ 356\ 752$ m
	편평도	$f = (a-b)/a \simeq 0.003\ 352$
	편평도의 역수	$1/f \simeq 298.25$
	이심률	$e = \{(a^2-b^2)/a^2\}^{1/2} \simeq 0.081\ 81$

40) GRS 80은 Geodetic Reference System 1980의 약어이다.

41) IUGG는 International Union of Geodesy and Geophysics의 약어로 '국제측지학 및 지구물리학 연합'으로 번역하고, IAG는 International Association of Geodesy의 약어로 '국제측지학협회'로 번역한다.

42) 유럽에서 채택한 타원체 모델로는 ED50(European Datum 1950)과 ETRS89(European Terrestrial Reference System 1989)가 있고, 중국에서는 GCJ-02(Chinese encrypted datum 2002)가 있으며, 북미 대륙에서는 NAD83(North American Datum 1983)이 있다.

이 고정된 값을 가진다. 이에 비해 유도 상수는 정의 상수로부터 계산된 값이다.

측지학에서 고도의 기준점으로 이전부터 사용해온 것은 중력 방향에 대해 수직인 수평면이다. 그런데 이 수평면은 지구 지형의 안팎을 따라 양파 껍질처럼 여러 겹이 있을 수 있다. 여기서 말하는 껍질들은 중력 퍼텐셜이 동일한 면을 의미한다(단, 중력은 해당 지점의 지하에 어떤 중량을 가진 물질이 있느냐에 따라 달라지기 때문에 지형의 모양을 반드시 따라가지 않는다). 이 등퍼텐셜면 중에서 전 세계 바다의 평균 수면에 가장 가까운 수평면을 '지오이드'(geoid)라고 부르고, 전 지구적 고도의 기준면으로 사용한다. 지오이드는 지구 타원체와 달리 지구에 단 하나만 있는 유일한 것으로 울퉁불퉁하고 불규칙한 면이다. 그리고 지오이드는 대륙에서는 측정으로 알아내기 어렵다. 그래서 지역별로(또는 나라별로) 정한 평균 해수면을 육지로 연장하여 고도의 기준으로 사용한다. 이렇게 지역별로 정한 것을 '지역 지오이드'(local geoid)라고 부른다.

그림 2-6은 어떤 지역의 지형과 지오이드, 타원체, 그리고 그것을 기준으로 정한 고도를 보여준다. 우리가 일반적으로 '해발고도' 또는 '표고'라고 부르는 것은 지오이드로부터 지표면에 있는 특정 지점(그림에서 GPS 수신기 하단)까지 수직방향의 높이를 말한다. 그림에서 H로 표시했다. 타원체면에서 수직으로 해당 지점까지의 높이를 '타원체고'라 하는데, h로 표시했다. 지구 타원체 모델로서 GRS 80을 사용하는 경우 타원체고(h)는 GPS 인공위성의 궤도로부터 알아낼 수 있다. 그런데 H와 h는 그 기준면이 다르기 때문에 그 방향도 다르다. 다시 말하면, 두 방향은 일반적으로 나란하지 않다. 타원체에서 지오이드까지의 높이를 '지오이드고'라 하는데, N으로 표시했다. 지오이드는 타원체면의 위(+) 또는 아래(−)에 있을 수 있다. 표고(H)는 타원체고(h) 및 지오이드고(N)와 대략적으로 H = h − N의 관계

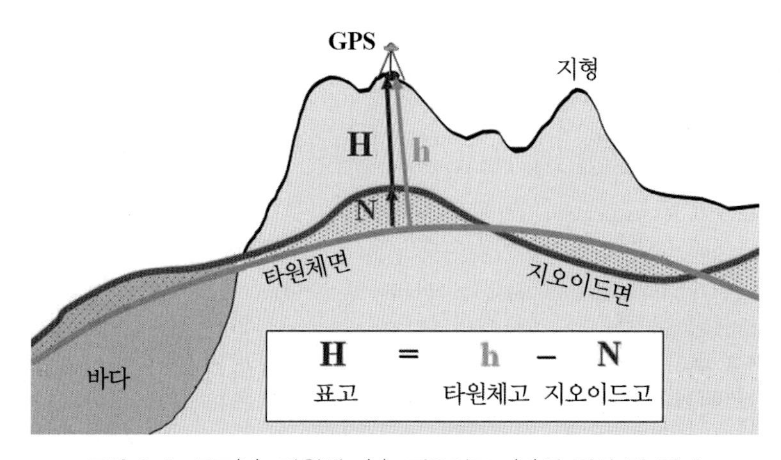

그림 2-6 표고(H), 타원체고(h), 지오이드고(N)의 정의 및 관계

를 갖는다.

지오이드면은 타원체면에 비하면 많이 울퉁불퉁하지만 실제 지구의 외형에 비하면 훨씬 매끄럽다. 실제 지구는 제일 높은 에베레스트 산(해발 +8848 m)과 제일 낮은 사해(해발 −429 m)의 높낮이 차이가 9 km를 넘는다. 이에 비해 지오이드는 −106 m에서 +85 m로 그 차이는 200 m를 넘지 않는다. 지오이드면은 중력의 방향에 수직이므로 지오이드면에서는 어느 지점에서나 수준기(spirit level)는 수평을 가리킨다. 육지에서 지오이드는 해당 지역에서 기준으로 설정한 평균 해수면을 연장하여 정한다.[43]

대양의 경우, 해류나 조석, 기압에 의해 해수면의 변화가 없다고 가정하고, 또 바닷물의 밀도가 균일하다고 가정하는 경우에 평균 해수면은 지오이드와 거의 비슷하다. 그러나 실제 대양의 평균 해수면은 지오이드와 항상 차이가 난다. 대양의 지오이드로부터 해수면까지의 높이를 그린 것을 대양 표면 지형도(ocean surface topography)라고 부른다. 앞 절에서 설명한 TOPEX/Poseidon이 이것을 관측하는데 사용되는 인공위성이다.

지오이드면을 수학적으로 표현하기 위해 구면조화함수(spherical harmonics)를 사용한다. 지구중력모델은 구면조화계수로 표현되는데, 현재 가장 널리 사용되는 것은 EGM 96이다.[44] 이 모델은 경도와 위도에 따라 중력 퍼텐셜을 구하는 것으로, 공간 분해능은 적도부근에서 약 100 km이다. 이 모델은 GRACE[45]라는 중력 측정용 인공위성을 이용하여 관측한 데이터를 포함하여 2004년에 개정되었다. GOCE[46]라는 인공위성은 중력 기울기 측정기(gravity gradiometer)를 탑재하여 1 mGal[47]의 정확도로 지구 중력장 비정상량(gravity-field anomaly)을 측정했으며, 이를 통해 지오이드의 정확도를 1~2 cm로 높였다. EGM 96보다 더 우수한 공간 분해능을 가진 새 모델이 EGM 2008이다.[48] 이것의 공간분해능은 약 10 km인데, 이를 위해 사용되는 구면조화계수의 개수는 400만 개가 넘는다. 이에 비해 EGM 96에서는 약 13만 개의 계수가 사용되었다.

---

43) 우리나라의 경우, 인천 앞바다의 평균 해수면이 기준이다(해발 0 m).

44) **E**arth **G**ravitational **M**odel 1996의 약어로서, 1996년에 만들어졌고 2004년에 개정되었다.

45) GRACE는 **G**ravity **R**ecovery **A**nd **C**limate **E**xperiment의 약어로서, 미국과 독일이 공동으로 지구 중력장 측정을 위해 2002년에 발사하여 2017년에 임무를 종료한 인공위성이다.

46) GOCE는 **G**ravity Field and Steady-State **O**cean **C**irculation **E**xplorer의 약어로서, 유럽 우주국이 2009년에 발사하여 55개월 동안 운용한 인공위성이다.

47) Gal은 측지학이나 지구물리학에서 중력가속도를 나타내는 비 SI 단위이다. 1 Gal = 1 cm/s^{2}에 해당하며, 지구의 중력가속도는 대략 980 Gal(=9.8 m/s^2)이다. mGal은 Gal의 1000분의 1이다.

48) 미국의 NGA(National Geospatial-Intelligence Agency)가 EGM 2008의 구면조화계수 등을 일반에게 공개했다.

5.2 경도 0도 선의 결정

본초자오선 또는 국제기준자오선(IRM)이라고도 하는 경도 0도 선은 세계시 UT1을 결정하는 기준선이다. UT1은 지구의 회전 각도를 정의할 때 사용되는데, 개념적으로는 경도 0도에서의 평균태양시이다. 그러므로 경도 0도 선의 위치를 정확히 결정하는 것은 경도뿐 아니라 지구의 회전과 시간을 결정하는데 있어서도 중요하다. GPS가 등장한 후, 뒤에서 설명할 WGS 84와 ITRF의 경도 0도 선의 위치는 원래 있던 곳에서 동쪽으로 102 m 이동했다. 이 절에서는 경도 0도 선이 정해진 역사적 배경과 그것이 이동하게 된 이유를 알아본다.

1884년 미국 워싱턴 D.C.에서 개최된 국제자오선회의(International Meridian Conference)에 전 세계 25개국의 대표들이 참석하여 영국 그리니치 천문대를 지나는 자오선을 공식적인 본초자오선으로 정했다. 그런데 이에 앞서 1851년에 영국의 조지 에어리 경[49]은 그리니치 천문대에서 에어리 자오환(Airy transit circle) 망원경을 통과하는 자오선을 본초자오선으로 설정했었다. 그 이후 30여년이 지나는 동안에 항해자들이 사용하는 해도의 3분의 2가량에서 그리니치 자오선이 본초자오선으로 사용되고 있었다. 이런 상황에서 국제자오선회의는 그리니치 천문대를 지나는 자오선을 국제적으로 공인하는 절차였다.

자오환(子午環, transit circle)이란 자오선 상에 있는 천체를 관찰할 수 있게 만든 망원경이다. 이것은 동서 방향으로 고정된 축에 설치되어 자오선을 따라(남북 방향으로) 관찰할 수 있다. 이 망원경은 특정 천체가 통과(transit)하는 시간을 알아내는데(결정하는데) 사용되었다. 1884년의 국제자오선회의는 이 망원경으로 결정된 평균태양시를 '그리니치평균시'(GMT)로 정하고, 전 지구적 시간측정과 항법을 위한 국제표준으로 사용할 것을 권고했다.

자오환은 다른 지역에서도 그 지방의 항성시를 결정하는데 사용되었다. 관측된 항성시로부터 정해진 관계식에 의해 그 지방의 평균태양시는 결정된다. 어떤 지방의 평균시(t, 단위: 시)는 그 지방의 경도(Λ, 단위: 도)와 다음과 같은 관계식을 가진다: $t - t_0 = (\Lambda - \Lambda_0)/15$. 여기서, Λ_0와 t_0는 본초자오선의 경도와 시간을 나타내는데, 그리니치의 에어리 자오환을 통과하는 자오선이 $\Lambda_0 = 0$이다. 분모의 15는 지구가 한 시간에 경도 15도를 회전한다는 것을 의미한다.

자오환이 설치된 지점의 경도와 위도는 천문관측에 의해 결정되는데, 이때 기준선은 중력의 방향이다. 이를 알아내기 위해 수은이 담긴 수반에서 수은의 평평한 면에 수직 방향을

49) Sir George B. Airy(1801~1892)는 영국의 수학자이며 천문학자로서 행성의 궤도와 지구의 밀도 측정 등의 연구를 수행했다. 에어리 자오환(Airy transit circle)은 그의 이름에서 유래했다.

중력의 방향으로 잡았다. 에어리 자오환이 설치된 그리니치 천문대에서도 중력의 방향을 기준으로 위치와 방향이 결정되었다.

GPS를 포함한 인공위성들은 지구의 질량중심을 중심으로 지구 주위를 돈다. 따라서 위성들의 궤도를 정밀하게 측정하고 분석하면 지구의 질량중심(위치와 방향)을 알아낼 수 있다. 이 연구를 통해 그리니치에서 지금껏 지구의 중심으로 여겼던 지점이 인공위성의 궤도 분석에 의한 지구의 중심과 일치하지 않는다는 것을 알게 되었다. 그래서 GPS용 기준좌표계를 위해서 지구의 중심을 이동시키는 것이 필요했다. 그런데 중심의 이동은 위치뿐 아니라 방향도 바뀌게 되는데, 방향이 변하면 천체 관측으로 결정되는 시간(천문시간)이 달라진다. 그래서 천문학자들은 천문시간의 연속성을 유지하기 위해 방향은 유지하고 위치만 옮기도록 했다. 즉, 방향은 에어리 자오환에서의 중력 방향과 나란하되, 위치는 지구의 질량중심으로 자오면(meridian plane)을 평행이동시켰다. 이렇게 옮긴 자오면이 그리니치에서 지표면과 만나는 선(자오선)이 새로운 경도 0도 선이다. 이것은 에어리 자오환에서 동쪽 방향으로 102 m 떨어진 곳에 있다.[50] 에어리 자오환을 지나는 자오선은 이제 더 이상 본초자오선이 아니다. 그것은 서쪽으로 5.3″ 떨어져 있기에 서경 00°00′05.3″이다.

경도 0도 선의 이동에 지구의 극운동은 거의 영향을 주지 않은 것으로 알려져 있다. WGS 84에서 영국을 포함한 대부분의 유럽 국가들은 북동 방향으로 연간 약 3 cm(경도 변화는 0.1 아크초/세기)로 움직이고 있다. 1884년에 본초자오선으로 지정된 이후 100여 년이 지나는 동안 극운동에 의한 자오선의 이동 효과는 모두 합쳐서 2~3 m에 불과한데, 이는 새로 이동한 102 m보다 훨씬 작다.

그리니치 천문대가 세계 표준시간을 결정하는 기관으로서 누렸던 독점적 지위는 약 50년 만에 바뀌게 되었다. 천문관측에 있어서 그리니치 천문대와 쌍벽을 이루었던 파리 천문대는 국제자오선회의에서 그리니치 자오선을 본초자오선으로 결정하는 투표에서 기권하였다. 그 이후 수십 년 동안 프랑스는 그리니치가 아니라 파리 천문대를 지나는 자오선을 기준으로 지도를 제작했었다. 그런데 1912년에 BIH가 파리 천문대 안에 설립되면서 그리니치의 지위는 약화되었고, 파리 천문대는 부상하게 되었다. 전 지구적 시간을 결정할 때 하나의 관측소에 의존하는 것보다 여러 관측소들로 구성된 "평균 관측소"라는 통계적 개념을 도입하면 좀 더 안정적인 시간 결정이 가능하다는 것이 BIH를 설립하게 된 이유였다. 이에 따라 1929년에 그리니치 천문대는 평균 관측소를 구성하는 여러 관측소 중 하나로 전락했다.

50) 참고문헌: Stephen Malys, et. al., "Why the Greenwich meridian moved," J. Geod. (2015) 89:1263-1272.

또한 그리니치평균시(GMT) 대신에 평균 관측소에 의해 만들어지는 세계시(UT)가 사용되기 시작했다. 그 후 인공위성이 등장하고 우주시대가 열리면서 그리니치 천문대는 더 이상 세계 표준시간 결정에 참여하지 않게 되었다. 현재는 박물관으로 사용되고 있으며 UNESCO가 지정한 세계 유산이다.

지속적이고 일관성 있는 UT를 생성하고 유지하기 위해 지구 기준좌표계를 확립하고 개선하는 책임을 BIH가 맡았다. BIH에 참여하는 여러 관측소들이 각각 천체 관측으로 결정한 시간을 UT0라고 명명했다. 이 데이터를 모아서 가중평균하고 지구의 극운동에 의한 효과를 보정한 후 배포한 시간눈금을 UT1이라고 불렀다. 그런데 국제위도서비스(ILS)[51]에서 극운동을 해석하는데 시간이 너무 오래 걸리는 바람에 UT1의 생성과 보급이 현실의 필요를 충족시키지 못했고, 이 문제는 20세기 중반까지 지속되었다. BIH는 극운동 보정을 위해 1960년대까지는 역기점이 다른 여러 기준 극을 채택했었다. 그 후에는 1900년부터 1905년 사이의 평균극인 CIO(협정국제원점)를 표준으로 채택하고, 천구 및 지구 기준좌표계에 사용했다.

BIH는 1973년부터 미국 해군의 TRANSIT 항법시스템[52]을 포함하여 극운동을 통합적으로 계산하기 시작했다. 그와 동시에 UT1 생성에 그 당시의 실험적인 우주측지기술인 VLBI, LLR 등을 도입하기 시작했다. 1984년에는 이 기술들이 전통적인 광학 천문관측을 완전히 대체했다. 이때 만들어진 새로운 지구기준계를 BIH는 'BTS 84'라고 명명했다.[53] 그 후 1988년에 BIH는 ILS의 후속기관인 '국제극운동서비스'와 기능을 합쳐서 IERS로 바뀌었다. IERS가 극운동에 대한 관측과 해석을 맡음으로써 UT1의 결정과 보급을 더욱 빠르게 할 수 있게 되었다.

새로 정한 경도 0도 선을 IRM이라 부른다. IERS 규정(IERS 2010)에 의하면 경도 0도 선을 'ITRF 0도 자오선'이란 공식명칭을 사용할 것을 권고하고 있지만, IRM이란 용어가 널리 사용되고 있다. IRM은 지구의 특정 지점에 고정되어 있지 않다. 이것은 IERS 네트워크에 참여하는 수백 개의 지상 관측소의 기준자오선들을 가중 평균함으로써 계산되어 나온다. 이 네트워크에는 GNSS 관측소, SLR 관측소, LLR 관측소, VLBI 관측소가 포함되어

51) International Latitude Service(ILS)는 International Polar Motion Service(국제극운동서비스)로 바뀌었다가 1988년에 IERS에 그 기능이 포함되었다.

52) TRANSIT 항법시스템은 총 10개의 인공위성으로 구성되었다. 첫 번째 위성은 1959년에, 마지막 위성은 1988년에 발사되었다. 1964년부터 미 해군에서 항법용으로 사용했지만 나중에는 일반인도 사용할 수 있게 했다. 1996년에 GPS에게 역할을 물려주고 항법 서비스를 중단했다.

53) BTS 84는 **B**IH **T**errestrial **S**ystem 1984의 약어인데, 이것은 이전의 광학 천문관측 네트워크와는 독립적인 VLBI, SLR, LLR 관측소들의 네트워크에 기반을 둔 지구기준계이다.

있다. 이 모든 관측소들의 좌표는 매년 조정되는데, 그 위치가 주요 지각판에 대해 회전하지 않도록 조정된다.

5.3 WGS 84 (세계측지계 84)

WGS(세계측지계)는 지구 타원체 모델과 지오이드 모델을 포함하여 지도 제작, 측지학 및 GNSS에 사용되는 표준좌표계이다. WGS는 역사적으로 발전되면서 여러 버전이 있는데,[54] 가장 최신 버전은 1984년에 만들어지고 2004년에 개정된 WGS 84이다. WGS 84를 위한 기준 타원체 모델은 5.1절에서 설명한 GRS 80이지만 미세 조정을 했다. 즉 WGS 84의 타원체에서 적도 반지름(a)의 값은 표 2-2에 나와 있는 GRS 80과 동일하다. 차이가 나는 부분은 극의 반지름(b)인데, WGS 84가 GRS 80보다 0.105 mm 더 길다. 이 차이는 지형학에서는 영향이 없지만 인공위성의 고정밀 궤도 계산에서는 차이가 생긴다. WGS 84에서 채택한 지오이드 모델은 EGM 96인데 이것 역시 2004년에 개정되었다. EGM 96 지오이드를 WGS 84 타원체와 겹쳤을 때 지구 전체적으로 벗어난 정도는 −105 m에서 +85 m 사이에 있다. 다시 말하면, EGM 96 지오이드와 WGS 84 타원체는 불확도 200 m 이내에서 서로 일치한다.

WGS 84의 좌표 원점은 지구의 질량중심인데 그 불확도는 2 cm보다 작은 것으로 추정된다. WGS 84의 Z축은 원점에서 국제기준극 IRP 방향이고, 경도 0도 선은 국제기준자오선 IRM이다. X축은 원점에서 IRM과 적도의 교점 방향이고, Y축은 이 두 축에 수직인 방향이다. WGS 84에서 위치를 나타낼 때 지심좌표 (x, y, z) 또는 지리좌표(경도, 위도, 고도)로 나타낸다. 고도는 그림 2-6처럼 표고 또는 타원체고로 나타낸다.

WGS 84의 축들과 이것을 기준으로 설정된 경도 및 위도는 특정 국가나 지역에 대해 정지해 있지 않다. 지각판의 운동 등으로 인해 세계의 여러 지역들은 매년 10 cm 정도씩 서로 움직이고 있다. 그렇지만 이 전체 운동의 평균에 대해서 WGS 84의 기준이 되는 IRP, IRM 등은 정지해 있다. 엄밀히 말하면, 매년 IRP나 IRM의 위치를 조정하여 정지 상태가 되도록 만든다.

이론적으로 정의된 WGS 84를 실제로 구현하는 것은 GPS 위성에 의해 이루어진다. GPS 위성은 자신의 위치 정보를 지속적으로 송출한다. 방송으로 알려주는 이 위성들의 배치 정보가 하나의 TRF(지구기준좌표계)이고, WGS 84를 실제로 사용할 수 있게 하는 수단이다. GPS 위성들의 위치는 미국 국방성이 위성추적 관측소들의 네트워크를 이용하여 결

---

54) 이전 버전에는 WGS 72, WGS 66, WGS 60 등이 있다.

정한다. 이 관측소들에 의해 위성들의 위치(즉 WGS 84의 좌표)가 결정된다. 그 결과로 나온 위성 좌표의 정확도는 관측소들의 위치 좌표의 정확도에 의존한다. 이것은 초기에는 대략 10 m이었지만 여러 차례 개선되어 현재는 대략 수 cm의 정확도를 가진다. 앞 절에서 언급한 여러 종류의 관측소들의 위치 좌표들로부터 IRM의 위치를 결정하는데, GPS 관측소의 위치 정확도가 높아졌다는 것은 IRM 결정에 기여하는 영향력이 커졌다는 것을 뜻한다. 관측소들의 위치 정확도가 GPS 위성들의 위치 정확도에 영향을 미치므로, 관측소들의 네트워크가 사실상 WGS 84의 TRF라고 말할 수 있다. 위성들의 위치는 이것에서 유도된 TRF인 것이다.

그런데 2000년 5월 이전에는 WGS 84의 TRF의 정확도가 일반인들에게는 허용되지 않았다. GPS 위성에서 이 TRF를 송출할 때 SA(선택적 유용성)를 추가하여 위치 정확도를 고의적으로 나쁘게 만들었던 것이다. 이로 인해 단일 GPS 수신기를 가진 일반인들은 WGS 84의 위치 정확도를 대략 100 m 수준에서 결정할 수 있었다. 그렇지만 두 개의 수신기를 이용하되, 그 중 하나는 좌표가 잘 알려진 지점에 설치하면 나머지 하나의 위치를 정확히 구할 수 있다. 이 기술을 DGPS라고 한다. 이 방법이 널리 알려지고 또 다른 나라에서도 GNSS를 만들면서 미 국방성은 GPS에서 SA를 없앴다. 그 덕분에 GPS에 의한 위치 정확도는 10배 이상 개선되었다. 그 무렵 러시아의 GLONASS가 위성을 대부분 갖춤으로써 널리 사용할 수 있게 되었고, 유럽은 Galileo 계획을 발표했었다.

5.4 ITRS (국제지구기준계)

당초 군사적인 목적을 위해 만들어진 WGS 84에 비해 ITRS는 일반인들을 위해 만들어진 지구기준계이다. ITRS와 3.2절의 ICRS(국제천구기준계)는 모두 IERS가 확립하고 유지하는 책임을 맡고 있다. ITRS는 다음 정의에서 보는 것처럼 기준좌표계를 만드는 절차이다.

"우주에서 일주운동을 하는 지구와 함께 회전하는 세계적인 공간 기준계, 또는 지구 표면이나 그 주변 공간을 표현하는데 적합한 기준좌표계를 만드는 절차이다."

ITRS를 구현한 것을 ITRF(국제지구기준좌표계)라고 한다. 이것은 1988년부터 시작하여 업데이트되고 있는데, 연도로 구분한다. 가장 최신의 것은 ITRF 2014이고 그 직전 버전은 ITRF 2008이다. 이것들에 관한 자세한 내용과 버전들 사이의 차이점은 ITRF 웹사이트에서 확인할 수 있다.[55)]

55) http://itrf.ign.fr/news.php

ITRF를 만드는데 사용되는 입력 데이터에는 네 가지 우주측지기술(VLBI, SLR, GNSS, DORIS) 관측소가 제공하는 지구방향 매개변수(EOP), 관측소의 좌표 (x, y, z) 및 이동 속도(dx, dy, dz)(단위: 미터/년)가 있다. 이와 함께 이 값들의 추정 불확도도 포함된다. 이 좌표 및 이동 속도는 특정 시점(예: ITRF 2014의 경우 2014.0 시점)의 값이므로 다른 시점에서의 좌표는 속도를 적절히 적용하여 구할 수 있다. 이 중 EOP에 관한 내용은 다음 절에서 자세히 설명한다.

ITRF에 참여하는 관측소의 개수가 전 세계적으로 500개 이상으로, WGS 84에 참여하는 개수보다 많다. 또한 ITRF는 더 자주 업데이트 된다. 그래서 ITRF가 WGS 84의 TRF보다 더 우수하다. 이것이 가능한 것은 GPS 수신기를 영구적으로 갖춘 ITRF 관측소들의 정밀 좌표가 일반 사용자들에게 공개되어 사용자들이 기준점으로 사용할 수 있기 때문이다. 또한 GPS 위성이 직접 방송하는 위성의 위치보다 더 정확한 위성 좌표를 ITRF 2014 등에서 쉽게 구할 수 있기 때문이다. 이런 중요한 측지 정보들을 국제기구인 IGS가 인터넷을 통해서 무료로 제공하고 있다. IGS가 제공하는 산출물들 중에서 GPS 위성 좌표, 위성에 탑재된 원자시계의 상태에 관한 정보, EOP 등은 관측 시간 이후 2일이 지나야 정확한 값을 알 수 있다. 관측 전에 알려주는 것은 그 정확도가 떨어진다. ITRF 2014 관측소들의 좌표와 이중 주파수(dual frequency) GPS 데이터를 함께 사용하면 사용자가 가진 측지용 GPS 수신기의 위치를 수 mm 이내의 정확도로 알아낼 수 있다.

5.5 EOP (지구방향 매개변수)

지구의 방향이란 우주에 고정된 GCRS(지심천구기준계)에 대해 지구의 지각에 고정된 ITRS(지구기준계)의 회전 각도를 의미한다. 지구의 극을 연장하여 천구와 만나는 점을 천구의 극이라고 한다. 만약 지구의 극이 움직이지 않고 고정되어 있다면 천구의 극도 고정되어 있을 것이다. 지구가 고정된 축을 중심으로 일정한 속도로 회전한다면 지구의 방향은 한 개의 매개변수만으로 표현할 수 있다. 즉 회전각도는 시간에 따라 선형적으로 변하므로 시간만으로 지구의 방향을 표현할 수 있다. 이런 용도로 사용되는 시간눈금이 UT1이다. 하지만 지구의 극은 지속적으로 움직이고 있다. 세차라는 영년변화뿐 아니라 장동이라는 주기적 변화를 하고 있고, 이외에도 예측할 수 없는 극운동을 하고 있다. 그래서 지구의 방향을 나타내는 매개변수는 다음과 같은 요소로 나눈다.

- 천구의 극 오프셋 : $(d\psi,\ d\epsilon)$ 또는 $(dX,\ dY)$
- (UT1-UTC) 또는 (UT1-TAI)

- LOD (Length of Day)
- 극의 좌표 (x, y)

천구의 극 오프셋(celestial pole offset)이란 극의 세차-장동 운동에 관한 것이다. 이것은 세차-장동 이론 모델에서 채택한 '협정천구극'에 대해 VLBI 관측에 의한 보정값을 말한다. $d\psi$는 황경에서 보정값이고 $d\epsilon$는 황도 경사각에서의 보정값으로 극 좌표계에서 각도로 표시된다. 이 값을 직각좌표계에서 길이로 나타낸 것이 $(dX,\ dY)$이다. 여기서 세차-장동 모델이란 IAU가 권고하는 것으로 역사적으로 계속 발전되고 있다. 현재는 IAU 2000A 장동 이론과 IAU 2006 세차이론이 합쳐진 IAU 2000A/2006 모델을 사용한다.

천구의 극 오프셋을 보정하여 만든 극, 즉 IAU 세차-장동 모델의 극을 관측결과로써 보정한 가상의 극을 '천구중간극'(CIP)이라고 한다.[56] CIP는 기준 극으로 사용하기 위해 만들어진 극으로, 관측된 극에 가장 가깝도록 만들어졌다. 그래서 CIP를 지구 자전의 '실제 극' 또는 '순간회전축'이라고도 한다.

(UT1−UTC) 또는 (UT1−TAI)는 CIP를 기준으로 회전하는 지구의 회전각도의 변화를 보정하는 항이다. 만약 지구가 일정한 회전각속도(ω)로 회전한다면 지구의 회전각도는 $\omega \cdot$ UT1으로 표현될 것이다. 그렇지만 지구의 실제 회전속도는 불규칙하기 때문에 이것을 보정하기 위해 원자시간눈금(TAI 또는 UTC)과의 차이를 보정한다. UT1은 제3장 3절에서 자세히 설명한다.

LOD는 관측된 평균태양일의 하루가 명목 하루(=86 400 SI초)를 초과한 시간을 말한다. LOD는 앞의 (UT1−TAI)와 연관된 값이지만 추후 기준좌표계 변환에서 독립적으로 사용되므로 여기서도 별도로 취급한다. 지구의 회전속도는 세월이 흐름에 따라 점점 느려지고 있기 때문에 하루의 길이는 점점 길어져서 LOD는 항상 양(+)의 값을 가진다. UT1이나 LOD는 다음과 같은 원인에 의해 영향을 받는 것으로 알려져 있다: 고체 지구의 조석[57]에 의한 영향(2.5 ms 이하), 대양의 조석에 의한 영향 (0.03 ms 이하), 그리고 그 값을 정확히 알 수 없지만 대기 순환이나 지구 내부 운동 효과 등이다.

극의 좌표 (x, y)는 ITRS에서 IRP에 대한 CIP의 좌표를 나타낸다. 여기서 IRP는 협의하여 정한 지구의 극이고, CIP는 실제 지구의 극이다. 앞에서 언급한 EOP의 여러 요소들, 즉

56) CIP는 Celestial Intermediate Pole의 약어이다(참조: IAU 2000 Resolution No. B1.7).

57) 지구 조석(Earth tide 또는 zonal tide)은 달과 태양의 중력에 의해 지각이 움직이는 현상으로 하루에 대략 두 번 일어난다. 조석에 의해 적도 부근에서 지각은 최대 55 cm만큼 고도 차이가 발생한다. 일상생활에서는 잘 느끼지 못하지만 GNSS나 VLBI 측정에는 중대한 영향을 미친다.

천구 극의 오프셋, (UT1−UTC) 및 LOD를 보정하더라도 작은 회전 요소가 기준좌표계에 남아 있을 수 있는데, 이것이 바로 '극운동'이다. 이 극운동은 ITRF의 z축에 대해 극의 좌표 (x, y)를 제1장 그림 1-2처럼 아크초(as) 단위로 표시한다. 극운동의 원인은 대부분 계절에 따른 대기와 대양에서 질량의 재분포 때문인 것으로 알려져 있다.

지구의 불규칙한 회전과 진동을 설명하기 위해 과학자들은 고체 지구의 조석, 대양의 조석, 지구의 편평도, 맨틀의 탄성, 핵-맨틀 경계의 구조와 특성, 대기와 대양의 변화, 빙하의 녹음 등 여러 가지 이론적 모델을 도입하여 설명하고 있다.

IERS는 EOP를 지속적으로 모니터링하고 매일 측정한 값을 홈페이지를 통해 발표한다.[58] EOP 값들은 지구 표면에서 위치를 결정하거나 인공위성들의 위치를 결정하는데 있어서 정확도에 영향을 미친다. 앞에서 살펴본 4가지 EOP 중에 위치 결정에 가장 큰 영향을 미치는 것은 (UT1−TAI) 또는 (UT1−UTC)이다. 이것은 전체 EOP들이 미치는 영향의 99.6 %를 차지한다.[59]

58) IERS 홈페이지: https://www.iers.org/IERS/EN/Home/home_node.html

59) Ben K. Bradley, et. al., "Earth Orientation Parameter Considerations for Precise Spacecraft Operations," AAS/AIAA Astrodynamics Specialist Conference, AAS 11-529, Girdwood, AK, July 31 - August 4, 2011.

Chapter

3

천문시간눈금

시간눈금(또는 시간척도)은 시간을 재고 표시하는데 사용되는 눈금을 말한다. 길이를 재는 자에 눈금이 있고 온도를 재는 온도계에 눈금이 있듯이, 시간을 표시하는 데에도 눈금이 필요하다. 자나 온도계의 눈금에는 영(0)점이 있고, 거기서 시작하여 단위의 배수에 숫자를 표시한다. 이와 마찬가지로 시간눈금도 영점(또는 원점)과 시간단위로 구성된다. 시간단위란 시간을 재는 기준이 되는 '시간간격'으로, 오늘날에는 '초'이고 세슘원자시계에 의해 만들어진다. 그런데 태양시에서는 태양이(또는 별이) 어떤 지점에 남중한 후 다음 남중까지의 하루가 기준이다. 다시 말해 태양시에서 시간단위는 '일'(day)이다. 원점(또는 역기점)이란 시각을 나타내는 기준점을 말하는데, 겉보기 태양시에서는 태양이 남중하는 시점이 하루가 시작되는 원점이었다. 그렇지만 평균태양시에서는 하루의 시작이 태양의 남중과 완전히 일치하지는 않는다. 더군다나 세계시(UT)를 채택하면서 하루는 자정에 시작하는 것으로 바뀌었다.

천문시간이란 천체의 관측으로 정해지는 시간을 말한다. 인간은 오랜 옛날부터 태양이나 달이 뜨고, 남중하고, 지는 것을 관측하여 시간을 정했다. 현대에서도 표준시간의 결정에서 천체의 운동을 고려하고 있다. 매일 일어나는 천체의 겉보기 운동을 일주운동(diurnal motion)이라 하는데, 이것은 지구의 자전 때문에 생기는 현상이다. 20세기에 들어 지구의 자전운동이 규칙적이지 않다는 것이 밝혀졌다. 오늘날 VLBI를 이용하여 아주 멀리 있는 퀘이사의 일주운동을 관측하여(퀘이사를 기준으로 지구의 회전각을 측정하여) 시간을 정하는데 사용한다. 이런 현대적 기술을 이용함으로써 좀 더 균일한(안정적인) 천문시간눈금(예: UT1)을 갖게 되었다.

이 장에서는 천문시간인 태양시, 항성시, 세계시, 역표시에 대해서 알아본다. 이들은 각각 특성과 용도가 다르다. 항성시는 별을 관측하는 천문학자들에게 아주 유용한 시간눈금이다. 세계시는 오늘날에도 여전히 사용되고 있고, 역표시는 그 시간단위를 원자시에게 유산으로 물려주었다. 여기서 다루는 시간눈금은 아인슈타인의 상대론을 고려하지 않은 것이다. 상대론을 고려한 시간눈금은 제5장에서 다룬다.

1 태양시

1.1 겉보기 태양, 진태양, 평균태양

겉보기 태양(또는 視태양)이란 관찰자에게 보이는 태양을 말한다. 이에 비해 진태양(眞태양)은 진짜 태양을 뜻한다. 겉보기 태양에 의해 결정되는 시간을 '겉보기 태양시'라고 한다. 태양에서 빛이 지구에 도달하는데 걸리는 시간이 대략 8분이므로 겉보기 태양시는 진태양시보다 이 시간만큼 늦다.

겉보기 태양으로 정오에서 다음 정오까지를 '겉보기 태양일'이라고 한다. 겉보기 태양일을 정확한 시계로 재어보면 매일 하루의 길이가 조금씩 달라지는 것을 알 수 있다. 이것은 곧 겉보기 태양일을 균등 분할하여 만든 시, 분, 초가 매일 변한다는 것을 의미한다. 따라서 겉보기 태양시는 시간눈금으로서는 부적합하다. 그러나 대략적인(15분 이내에서 정확한) 시간을 알고 싶을 때 겉보기 태양은 편리한 시간눈금이다. 실제로 해시계는 19세기에 정밀 기계시계가 사용되던 시기에도 시간의 기준을 제공하는데 사용되었다.

평균태양은 겉보기 태양의 위치와 운동 속도에서의 변화를 1년 동안 평균한 것이다. 그렇기 때문에 이 가상의 평균태양은 하늘에서 항상 일정한 궤도를 따라 일정한 속도로 움직이는 한 점이라고 생각할 수 있다. 이 평균태양에 의한 하루를 '평균태양일'이라고 한다. 또 평균태양에 의해 정해지는 시간눈금을 '평균태양시'라고 부른다. 평균태양시는 태양의 관측에 의해 정해지는 것이 아니라 시계(clock)에 의해 구현되는 시간, 즉 '시계 시간'(clock time)이다. 그리니치 본초자오선에서의 평균태양시를 GMT라고 부른다. GMT는 한동안 국제적인 표준시로 사용되었었지만 지금은 UTC에게 그 역할을 물려주었다.

평균태양시로 정오에 태양을 1년 동안 같은 장소에서 촬영하면 태양은 어떤 궤적을 보일까? 이 궤적을 아날렘마(analemma)라고 하는데, 관측자의 위도와 경도에 따라 달라지지만 공통적으로 8자 모양을 그린다. 영국 그리니치 천문대(위도: 북위 51.48도, 경도: 서경 0.0015도)에서 2006년 1월 1일부터 12월 31일까지 한 해 동안 관측한 태양의 궤적이 그림 3-1에 나와 있다. 그림의 x축은 방위각을 나타내는데, 180°는 정남방을 가리킨다. y축은 태양의 고도를 나타내는데, 관측자의 위도에 의해 결정되며 계절에 따라 달라진다. 8자의 윗부분에 하지가 있고, 아래쪽에 동지가 있다. 그림 오른쪽의 Φ는 분점(춘분과 추분)이 발생하는 태양의 고도를 나타낸다. 그리니치의 위도에서는 $\Phi = 90° - 51.48° = 38.52°$이다. 한편 $\Phi \pm \varepsilon$에 해당하는 고도에서 지점(至點: 하지와 동지)이 발생하는데, ε은 지구 자전축의 기울기에

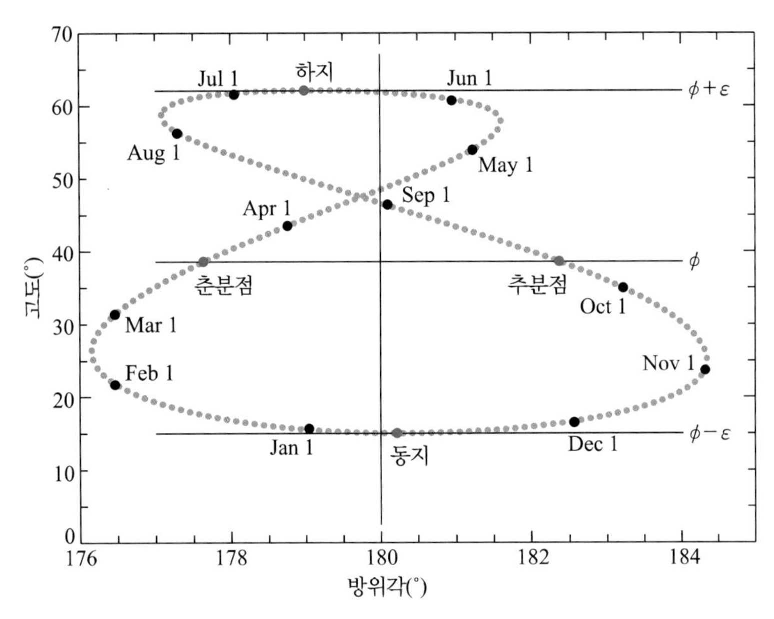

그림 3-1 영국 그리니치 천문대에서 2006년에 관측한 아날렘마

해당하는 23.439°이다. 아날렘마는 적도 상에서는 8자의 아래와 위가 동일한 크기를 나타낸다. 그렇지만 북반구에서는 위가 작고, 남반구에서는 아래가 작다. 그림에서 x축의 180°를 중심으로 동서 방향(방위각)으로 퍼져 있는 것은 겉보기 태양이 평균태양보다 앞서거나 뒤쳐진 것을 나타낸다. 이것을 '균시차'(均時差, equation of time)라고 한다.

평균태양일의 길이는 겉보기 태양일과 달리 거의 일정하다. 원자시계를 기준으로 평균태양일을 재어보면 현재 약 86 400.002 SI 초이다.[1] 그렇지만 세월이 흐르면 점점 길어질 것인데, 이것은 곧 지구의 자전이 점점 느려진다는 것을 뜻한다.

1.2 균시차

겉보기 태양일의 하루(태양의 남중에서 남중까지)를 원자시계로 재어보면 1년 중 9월과 3월에 평균태양일보다 약 20초 짧다. 그리고 12월에는 약 30초, 6월에는 약 13초 길다. 이 길거나 짧은 날은 연달아 일어난다. 그래서 그 차이가 누적되어 겉보기 태양시(즉, 해시계로 읽은 시간)와 평균태양시의 차이는 훨씬 크게 나타난다. 여기서 (겉보기 태양시 − 평균태

1) 'SI 초'는 국제단위계(SI)의 초를 의미하는 것으로, 세슘원자시계에 의해 결정된 초를 뜻한다. 오늘날은 하루의 길이를 86400 SI 초로 고정시켰는데, 윤초가 도입된 날은 86401 SI 초가 된다.

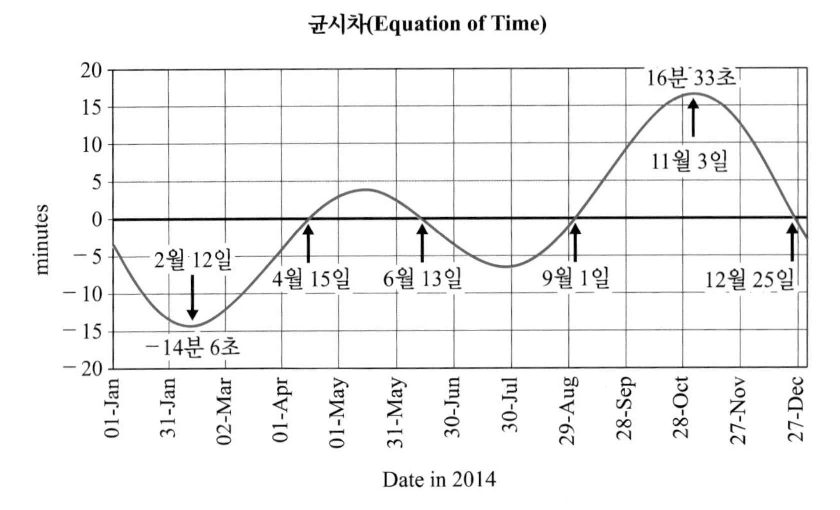

그림 3-2 2014년도 균시차(=겉보기 태양시−평균태양시) 그래프 (출처: USNO 홈페이지).

양시)를 '균시차'라고 한다.[2)]

그림 3-2는 그리니치 본초자오선에서 2014년도의 균시차를 날짜별로 나타낸 것이다. 이 균시차는 지구상 어느 자오선에서든 동일하게 나타나고, 해가 바뀌어도 거의 같은 날에 같은 값이 반복된다. 그림에서 1년 중 4일(4월 15일, 6월 13일, 9월 1일, 12월 25일)은 균시차가 0이다. 그리고 균시차가 가장 큰 날은 11월 3일 경에 16분 33초이다. 이 날에 겉보기 태양시가 평균태양시보다 가장 많이 앞서 간다. (−)쪽에서는 2월 12일 경에 14분 6초이다. 이 날은 겉보기 태양시가 평균태양시보다 가장 많이 뒤쳐져 있다. 따라서 이 날 해시계는 일반 시계에 비해 약 14분 늦은 시간을 가리킨다.

영국의 항해역서(nautical almanac)에 의하면 1833년까지 기준시간으로 겉보기 태양시를 사용했었다. 그런데 그 무렵 대부분의 선박들이 항법용 해상시계(크로노미터)를 장착하고 있었기에, 1834년부터 평균태양시를 기준시간으로 사용하기 시작했다. 그 당시 해상시계는 평균태양시를 구현할 수 있을 만큼(즉, 평균태양일을 균등 배분하여 시간을 나타낼 수 있을 만큼) 정확했다. 이때 균시차 그래프는 겉보기 태양시를 평균태양시로, 또는 그 반대로 시간눈금을 전환하는데 사용되었다. 오늘날 균시차는 태양과 달 등의 중력 및 상대론 효과를 고려한 운동 방정식을 컴퓨터로써 수치 계산하여 구하는데, 그 정확도는 약 1초이다. 이 결과는 현대 역서(almanac)를 위한 기초자료로 사용된다.

2) USNO 홈페이지 참조: www.aa.usno.navy.mil/faq/index.php

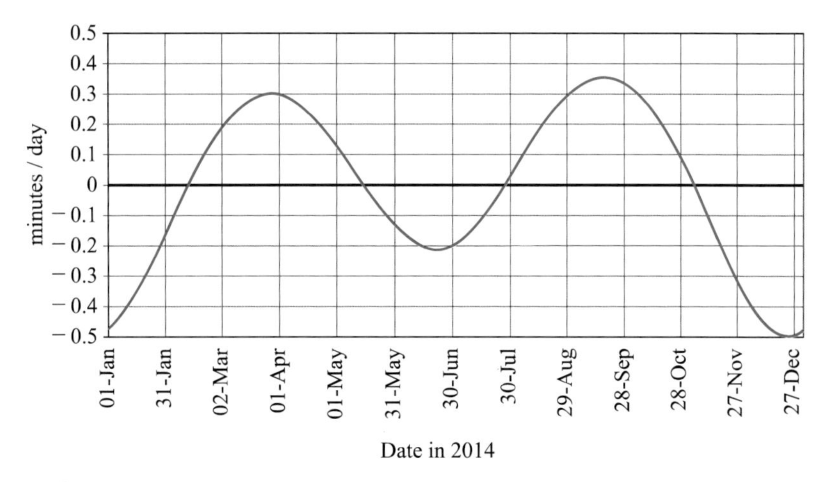

그림 3-3 2014년도 균시차 변화율 그래프 (출처: USNO 홈페이지)

균시차 그래프를 시간(일)으로 미분하면 '균시차 변화율'(단위: min/day)이 되는데, 그림 3-3과 같다. 이 그래프는 하늘에서 태양이 동→서 방향으로 움직이는 속도를 나타내는 것으로, 겉보기 태양이 평균태양보다 얼마나 빠른지(+) 또는 느린지(−)를 보여준다. 그림에서 3월 말과 9월 하순 경에 극댓값을 가지고, 6월 하순과 12월 말경에 극솟값을 가진다는 것을 알 수 있다. 겉보기 태양은 9월 하순에 동→서 방향으로 이동 속도가 가장 빠르고, 12월 말경에 가장 느리다. 또한 이 그래프는 겉보기 태양일의 길이 변화를 의미한다. 9월과 3월에 겉보기 태양이 대략 +(0.3～0.35) min/day만큼 빠르므로 겉보기 태양일의 길이가 평균태양일보다 약 20초 짧다. 이에 비해 12월 말에는 약 30초 길다.

동지는 12월 21일 경인데, 1년 중 밤이 가장 긴 날이다. 그래서 흔히 동짓날에 일출이 가장 늦고 일몰이 가장 이르다고 생각하기 쉽다. 그런데 사실은 일출이 가장 늦은 날은 동지 후에 있고, 일몰이 가장 이른 날은 동지 전에 있다. 이것은 이 무렵에 균시차에 의한 효과와 태양궤도의 기하학적 효과가 복합적으로 작용해서 나타나는 현상이다. 우리나라의 경우 2015년의 동지는 12월 22일이었고, 이 날의 일출과 일몰시각은 각각 7시 43분과 17시 17분이었다. 그런데 그해에 가장 늦은 일출 시각은 7시 47분이었는데, 12월 31일부터 다음 해 1월 13일 사이에 일어났다. 그리고 가장 이른 일몰 시각은 17시 14분이었는데, 11월 30일부터 12월 14일 사이에 일어났다.[3)]

그런데 균시차는 왜 생기는 것일까?

3) 참고문헌: 한국천문연구원 역서 2015 및 2016.

하늘을 가로지르는 태양의 일주운동은 지구의 자전 때문에 생기는 현상이지만 공전에 의해 영향을 받는다. 그래서 일주운동을 지구의 자전과 공전에 의한 요소로 나누어 분석할 수 있다. 지구가 서쪽에서 동쪽으로 자전하므로 태양은 동쪽에서 서쪽으로 시간 당 15.04°씩 움직인다. 이 운동은 하루 동안에 밀리초(ms) 이내에서 일정하다. 이에 비해 지구의 공전에 의한 태양의 일주운동은 하루에 1°씩(시간 당 0.04°씩) 서쪽에서 동쪽으로 움직이는데, 자전에 비해 훨씬 느리고 그 방향도 반대다. 그런데 이 요소는 1년 중 공전 궤도상에서 지구의 위치에 따라 변화가 약 ±12 %로 심하다. 이것이 균시차가 생기는 주요인이다. 이 요인을 다음 두 가지 성분으로 나누어 설명할 수 있다. 하나는 지구가 23.4도 기울어진 채로 공전하기(황도경사각) 때문이고, 다른 하나는 공전궤도가 타원이기(이심률) 때문이다.

그림 3-4에서 황도경사각 곡선이 x축(균시차=0)과 만나는 점들은 순서대로 춘분, 하지, 추분, 동지에 해당한다. 북반구에서 계절이 겨울에서 봄으로 바뀌어 가면 태양은 매일 조금씩 북쪽으로 고도가 높아진다. 3월 춘분 무렵에 정오마다 태양의 고도를 측정해보면 매일 약 0.4°씩 높아진다. 이처럼 태양의 일주운동에는 동→서 방향의 운동만 있는 것이 아니라 북쪽으로 향하는 요소도 포함되어 있다. 이로 인해 지평선에 태양이 지는 방향도 태양이 뜰 때보다 조금 더 북쪽이다. 그런데 하반기에는 이와 반대로 태양의 일주운동에는 남쪽으로 향하는 요소가 포함되어 있다. 태양이 북→남으로 움직이는 속도가 클 때는 동→서로 움직이는 속도는 느려지고, 북→남 속도가 작을 때는 동→서 속도가 빨라진다. 이 두 방향의 속도를 합한 속도는 일정하다. 그런데 겉보기 태양시에서 중요한 것은 동→서 방향의

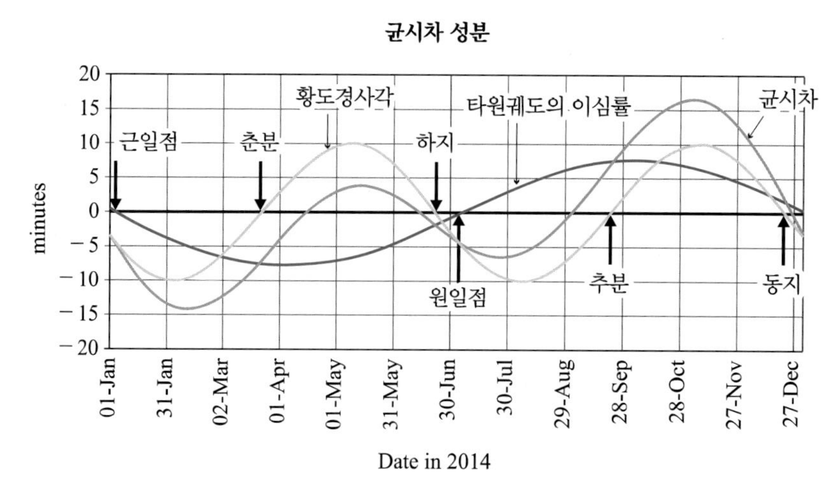

그림 3-4 균시차를 만드는 두 가지 성분: 황도경사각과 타원궤도의 이심률. 이것이 합해져서 균시차를 만든다. (출처: USNO 홈페이지)

운동이다. 이 방향의 속도 변화가 누적되어 겉보기 태양은 평균태양보다 늦게 지거나 빨리 지는 현상이 생긴다. 그렇지만 분점(춘분 및 추분)과 지점(동지 및 하지)에서는 그 영향은 0이다. 이것을 제외한 1년의 나머지 기간에는 ±10분의 균시차가 발생한다. 만약 지구의 자전축이 공전궤도면에 수직이라면 이 효과는 사라질 것이다.

그림 3-4에서 타원궤도의 이심률 곡선은 지구 공전궤도의 이심률이 균시차에 미치는 영향을 나타낸다. 공전궤도 타원의 편평도는 0.014 %이고 이심률은 0.0167이다.[4] 이에 비해 지구 모양의 편평도는 0.335 %이고 이심률은 0.0818이다. 지구의 공전궤도가 지구의 모양보다 더 완전한 원에 가깝다. 태양은 타원의 두 초점 중 하나에 위치해 있다. 지구가 태양에 가장 가까이 있는 지점을 근일점(近日點, perihelion)이라 하는데 1월 초에 해당한다. 가장 멀리 떨어진 지점을 원일점(遠日點, aphelion)이라 하는데 7월 초에 해당한다. 케플러의 제3법칙인 면적속도 일정의 법칙에 의하면 지구와 태양을 연결한 선이 단위 시간 당 쓸고 지나는 면적은 항상 일정하다. 따라서 근일점에서 지구의 속력은 가장 빠르고(30.287 km/s), 원일점에서 가장 느리다(29.291 km/s). 나머지 날들은 이 사이의 궤도 속력을 가지는데, 이 속력의 변화가 누적되어 그림에서와 같이 사인파 형태로 나타난다. 4월 초에 −7.5분으로 가장 작고, 10월 초에 +7.5분으로 가장 크다. 이 균시차 성분이 0인 지점은 근일점과 원일점에 해당하는 1월 초와 7월 초에 있다. 만약 지구의 공전궤도가 완전한 원이면 궤도 속력은 항상 일정할 것이고, 이 성분은 사라질 것이다.

황도경사각 성분과 궤도이심률 성분은 각각 주기는 다르지만 크기는 거의 비슷하다. 즉, 두 성분이 거의 대등하게 균시차에 영향을 미친다. 아주 먼 미래에 지구의 공전궤도나 지구 자전축의 기울기가 현재와 달라지면 균시차도 달라질 것이다.

미국과 영국은 공동으로, 매년 발생할 천문현상에 관한 자료를 해당 연도 몇 년 전에 발간하고 있다.[5] 이 자료에는 균시차, 일출과 일몰 시간을 포함하여 태양, 달, 태양계 행성들에 관한 천문현상과 항성시 등에 관한 내용이 실려 있다.

---

4) 제2장 5.1절에 정의한 것처럼 타원의 장반경(a)과 단반경(b)으로부터 편평도는 $f=(a-b)/a$, 이심률은 $e=\{(a^2-b^2)/a^2\}^{1/2}$ 식으로 구한다.

5) "Astronomical Phenomena for the year 2016", prepared jointly by The Nautical Almanac Office, USNO and Her Majesty's Nautical Almanac Office, UK Hydrographic Office, Washington, U.S. Government Printing Office, 2013.

1.3 회귀년

회귀년(또는 태양년)의 정의는 다음과 같다.

"회귀년은 태양의 평균경도가 360°만큼 증가하는데 걸리는 시간이다."

태양의 경도(황경)는 춘분점을 기준으로 측정한다. 그런데 위 정의에서 사용된 춘분점은 지구 자전축의 세차로 인해 아주 작지만 조금씩 움직인다. 움직이는 춘분점을 '동역학적 춘분점' 또는 '그 날의 춘분점'(equinox of date)이라고 한다. 태양의 평균경도가 360°만큼 증가한 순간이란 평균태양이 춘분점과 만나는 순간이다. 그 순간에 새 회귀년이 다시 시작된다. 세차로 인해 춘분점이 이동하는 속력은 세월이 흐름에 따라 점점 증가한다. 이 때문에 회귀년의 길이는 세월이 흐름에 따라 점점 짧아지고 있다.

회귀년에 대한 관측은 기원전 2세기 히파르코스 시절부터 이루어져 왔다. 춘분점이 이동한다는 사실도 그 당시에 이미 알고 있었다. 그가 관측한 결과를 현대적으로 해석하면 회귀년의 길이는 365일 5시간 55분 12초이다. 그 이후, AD 1∼2세기에 활동한 고대 그리스의 프톨레마이오스, 16세기의 코페르니쿠스와 티코 브라헤, 17세기의 케플러, 17∼18세기의 뉴턴 등 역사적으로 유명한 천문학자들은 대부분 회귀년을 측정했다.[6)]

18세기에 라플라스[7)]와 라그랑주[8)] 등은 천체역학에 근간을 둔, 태양의 운동을 나타내는 정교한 이론을 개발했다. 그들은 태양의 평균 경도(L)를 다음과 같이 시간에 대한 다항식 형태로 표현했다.

$$L = A_0 + A_1 T + A_2 T^2 \quad \text{(식 1)}$$

여기서 T의 단위는 율리우스 세기(=36 525일)이고, A_i는 계수인데 각도 또는 일(day)로 나타낸다.

1896년에 처음으로 태양의 평균경도에 관한 수식이 국제적으로 합의되었다. 시몬 뉴콤[9)]

6) Jean Meeus and Denis Savoie, "The history of the tropical year," J. Br. Astron. Assoc. **102** (1), pp.40∼42, 1992.

7) Pierre-Simon Laplace(1749∼1827)는 프랑스의 수학자이며 천문학자로서, 5권의 Celestial Mechanics(천체역학)를 저술했다. 그는 '프랑스의 뉴턴'이라고 불릴 만큼 고전역학, 통계학, 수리물리 등 과학 전반에 큰 영향을 끼쳤다.

8) Joseph-Louis Lagrange(1736∼1813)는 이탈리아 태생의 프랑스의 수학자이며 천문학자로서, 해석학, 정수론, 천체역학에 중대한 기여를 했다. 특히, 고전역학을 새로운 수학적 방식으로 표현한 해석역학은 이론 물리학의 새로운 지평을 열었다.

9) Simon Newcomb(1835∼1909)은 캐나다 출생 미국인으로 수학자이며 천문학자이다. 그는 태양의 평균

이 제시했는데 다음과 같다.

$$L = 279°41'48''.04 + 129\ 602\ 768''.13\ T + 1''.089\ T^2 \qquad \text{(뉴콤의 식)}$$

단, T의 단위는 (식 1)과 같이 율리우스 세기이다. 그리고 T는 1900년 1월 0일 12시 UT를 역기점으로 하여 경과된 시간을 뜻한다. 이 식은 1983년까지 미-영 합작 천체역서에 사용될 만큼 정확했다.

뉴콤의 식을 이용하여 1900년도 회귀년의 길이를 초 단위로 계산한 결과를 1955년 IAU 총회에서 채택했다. 위 식 두 번째 항에서 T의 일차 비례 계수로써 360°를 나누고, 거기에 율리우스 세기의 날 수(=36 525일)와 하루의 길이(=86 400초)를 곱하면 아래와 같이 초(s) 단위로 1년의 길이(=31 556 925.975초)가 된다.

$$[(360° \times 60' \times 60'')/129\ 602\ 768''.13] \times 36\ 525^{d} \times 86\ 400^{s}$$
$$= 31\ 556\ 925.975$$

뉴콤의 식을 T에 대해 미분하고 그 역수(dT/dL)로부터 일반적인 회귀년의 길이를 구할 수 있다. 이렇게 구한 회귀년의 길이 Y를 시간 단위(일, 시, 분, 초)로 나타내면 다음과 같다.

$$Y = 365^{d}\ 05^{h}\ 48^{min}\ 46^{s}.0 - 0^{s}.530\ T \qquad \text{(회귀년의 길이 식)}$$

위 식에서 보는 것처럼 회귀년의 길이 Y는 시간 T가 경과할수록 짧아지는데, 1세기 동안에 0.53초씩 줄어든다.

1986년에 프랑스의 라스카[10]는 태양계 주요 행성들의 평균경도를 나타내는 더욱 정밀한 해를 구했다. 그의 해는 (식 1)처럼 여러 차수의 섭동항으로 구성되어 있는데, 점점 더 높은 차수의 계수를 구하는 방식으로 개선되었다. 그가 구한 태양의 평균 경도 L은 다음 식으로 표현된다.[11]

$$L = 280°27'59''.2146 + 129\ 602\ 771''.363\ 29\ T + 1''.093\ 241\ T^2$$
$$+ 0''.000\ 076\ 2\ T^3$$

경도 및 평균태양의 적경 등을 나타내는 공식을 구했다.

10) Jacques Laskar, Astron. Astrophys., **157**, 59 (1986).

11) K.M. Borkowski, "The Tropical year and solar calendar," J. Roy. Astron. Soc. Can., Vol.85, No.3, pp.121~130, 1991.

프랑스에서 개발한 태양계 주요 행성들의 운동에 관한 현대적인 이론인 VSOP87은 2000년도를 전후한 4000년 동안에 1아크초의 정밀도로 지구-달을 포함한 태양계 내의 여러 행성들의 위치를 계산해낼 수 있다. 이것에 의하면 회귀년의 길이 Y(단위: 일)는 다음과 같이 표현된다.[12)]

$$Y = 365.242\ 189\ 623 - 0.000\ 061\ 522\ T - 0.000\ 000\ 0609\ T^2 + 0.000\ 000\ 265\ 25\ T^3$$

단, T의 단위는 J2000.0에서 경과한 율리우스 천년(=365 250일)이다. 여기서 사용한 단위 '일'은 '역표일'[13)](曆表日, ephemeris day)인데, 이것은 1900년의 평균태양일과 같다.

위 식을 이용하여 기원전 2세기 히파르코스 시대의 회귀년의 길이를 계산해보면 365일 5시간 48분 56초가 나온다. 히파르코스 본인이 그 당시 관측한 결과는 이것과 단지 6분 16초만큼 차이가 난다. 망원경이 없던 시절에 맨 눈으로 이 정도로 정확하게 관측했다는 것은 정말 놀라운 일이다.

회귀년의 길이는 아주 느리지만 (1세기에 0.53초씩) 점점 짧아지고 있다. 이에 반해 하루의 길이는 점점 길어지고 있다. 미래 언젠가에는 1년의 길이가 365.242…일이 아니라 정확히 365일이 될 수도 있고, 그 이하가 될 수도 있다. 그렇지만 이런 일은 아주 먼 훗날에 일어날 것이다.

2 항성시

2.1 항성일

회귀년(태양년), 태양일, 태양시는 모두 태양을 기준으로 정해진 것이다. 이에 비해 항성년, 항성일, 항성시는 모두 태양보다 훨씬 멀리 있어서, 그 위치가 고정된 것처럼 보이는 별(항성)을 기준으로 정해진다. 그림 3-5는 항성일과 태양일이 어떻게 다른지를 보여주는데, 멀리 있는 별은 평행한 두 직선 방향에 있다. 낮에는 별을 관측할 수 없지만, 항성일을 이

12) Jean Meeus and Denis Savoie(1992)의 논문에서 p.42.

13) 역표일이란 86 400 SI초로 구성된 하루를 뜻하며, 오늘날 우리가 사용하는 하루의 길이와 같다.

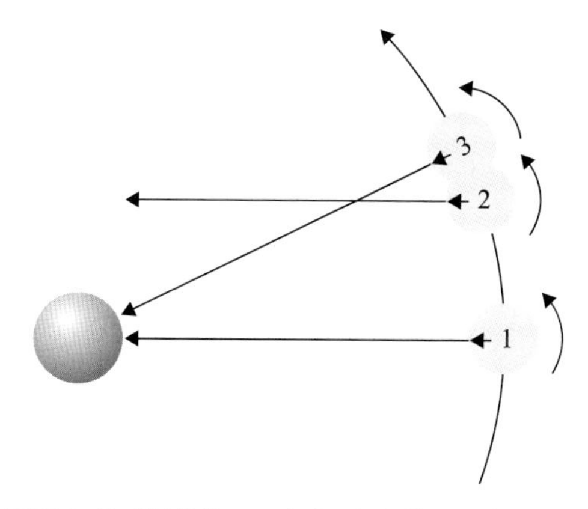

그림 3-5 항성일(1 → 2)과 태양일(1 → 3)의 차이

해하기 위해서 관측할 수 있는 것처럼 설명한다.

지구의 공전궤도면을 천구의 황극에서 아래 방향(남쪽)으로 내려다보면 지구는 그림에서처럼 반시계 방향으로 자전하면서 공전한다. 첫째 날 정오(1번)에 태양과 멀리 있는 항성이 둘 다 지구상의 관측자(화살표)에게 남중하고 있다. 지구가 한번 자전하고 둘째 날이 되면 별이 먼저 남중한다(2번). 그 후에 태양이 남중하는데(3번) 그 시간 차이는 약 4분이다. 다시 말하면, 항성일이 태양일보다 4분 짧다.

지구가 태양을 기준으로 한 바퀴 도는데 걸리는 1년(회귀년)과 별을 기준으로 한 1년(항성년)을 비교해보자. 그림 3-5에서 1번 위치에 있던 지구는 약 6개월 후에 태양 반대쪽에 있을 것이다. 그 지점에서도 별이 먼저 관찰자에게 남중하고, 태양은 그보다 반 바퀴(약 12시간) 더 돌아야만 남중한다. 1년이 지나 현 위치에 다시 왔을 때는 한 바퀴(하루) 차이가 난다. 그러므로 회귀년이 365태양일이라면 이 1년의 길이는 366항성일과 같다. 즉 365태양일=366항성일이다. 태양일은 24시간이므로 항성일을 태양시로 나타내려면 24시간에 365/366를 곱하면 된다. 결국, 항성일은 23시간 56분으로 태양일보다 약 4분 짧다.

천문학에는 두 종류의 항성일이 있다. 그림 3-5처럼 멀리 있는 항성을 기준으로 하는 경우, IERS는 'stellar day'라고 부른다.[14] 이에 비해 천문학에서 전통적으로 사용해온 춘분점을 기준으로 하는 경우에는 'sidereal day'라고 부른다. 그런데 춘분점은 세차운동을 하는데 아주 느리게 서쪽으로 회전한다(26 000년에 한 바퀴). 반면에 지구는 동쪽으로 회전하므로 지구가 한 바퀴 자전하는 동안(하루 동안) 춘분점은 아주 작지만 지구의 자전방향과 반대방향으로 움직인다. 이 때문에 sidereal day는 stellar day보다 약 0.0084초 짧다. stellar day는

14) 참조: IERS convention(2003)

세차운동의 영향을 받지 않으므로 ICRS(국제천구기준계)와 같이 우주에 고정된 좌표계에서 볼 때 지구의 실제 자전주기를 나타낸다. 이 두 항성일을 구분할 한글 번역이 필요한데, 이 책에서는 천문학용어집[15]에 따라 sidereal day를 항성일로 번역하고, stellar day는 그냥 영어로 쓴다.

표 3-1은 몇몇 지구 회전 상수들을 평균태양일과 비교한 것이다. 평균태양일의 지속시간 D는 86 400초로 정의되어 있는데, 이 값은 19세기 초중반의 평균태양일의 길이에 해당한다. 2016년 실제 평균태양일은 86 400초 보다 약 0.2 ms 더 길다.

표 3-1 지구 회전 상수들[16](단, 여기서 항성일은 sidereal day를 뜻함)

상수	기호	값	단위	상대 불확도
평균태양일의 지속시간	D	86 400	s	0 (exact)
평균태양일/항성일의 비	k	1.002 737 909 350 795	없음	0 (exact)
항성일의 지속시간	D_S=D/k	86 164.090 530 832 88	s	0 (exact)
평균태양일/stellar day 의 비	k′	1.002 737 811 911 354 48	없음	0 (exact)
stellar day	D/k′	86 164.098 903 691	s	0 (exact)
지구의 명목 각속도	Ω_N	7.292 115 146 706 4	10^{-5} rad/s	0 (exact)
항성년(J2000 기준)	-	365.256 363 004 (365일 6시간 9분 9.76초)	평균태양일 (D=86 400 s)	
회귀년(J2000 기준)	-	365.242 190 402 (365일 5시간 48분 45.25초)	평균태양일 (D=86 400 s)	
그레고리력의 1년		365.2425 (365일 5시간 49분 12초)	평균태양일 (D=86 400 s)	

15) 천문학용어집, 서울대학교출판문화원(2013)

16) http://hpiers.obspm.fr/eop-pc/models/constants.html

항성일의 지속시간 D_S도 불확도가 0인 값으로 정해져 있다. 초 단위로 나타난 항성일을 시, 분, 초로 나타내면 대략 23시간 56분 4.09초이다. stellar day는 1820년의 지구 자전 주기에 해당하는 것으로 협약에 의해 불확도가 0인 값을 가진다. 하루의 길이는 앞에서 말한 것처럼 항성일보다 약 0.0084초(=8.4 ms) 길다. stellar day의 역수에 2π라디안(rad)을 곱하면 '지구의 명목 각속도'(nominal angular velocity) Ω_N가 되는데, 불확도가 0인 값을 가진다.

춘분점은 세차 외에도 장동운동을 한다. 그래서 진춘분점(true equinox)을 기준으로 결정되는 항성일의 길이는 조금씩 변한다. 이 문제를 해결하기 위해 평균춘분점을 정하고, 그것을 기준으로 하는 항성일을 '평균항성일'이라고 한다.

항성일과 항성시가 춘분점을 기준으로 정해지는 것과 달리 항성년은 우주에 고정된 별을 기준으로 정한다. 앞에서 설명한 것처럼, 춘분점을 기준으로 하는 항성일은 stellar day 보다 짧다. 그리고 춘분점을 기준으로 하는 회귀년은 항성년보다 짧다. 표 3-1에서 보는 것처럼 항성년은 회귀년보다 20분 24.51초만큼 더 길다. 한편 우리가 사용하는 그레고리력에서는 1년의 길이를 365.2425일(=365일 5시간 49분 12초)로 정하고 있다. 따라서 항성년은 이보다 19분 57.76초 더 길다.

2.2 항성시와 시간각

항성시는 춘분점을 기준으로 항성의 위치에 의해 결정되는 시간눈금이다. 좀 더 구체적으로 말하면, 지구상의 어떤 지점(자오선)의 항성시는 그 자오선에 있는 항성과 춘분점 사이의 시간각(hour angle)을 의미한다. 단, 적도를 따라 서쪽 방향이 (+)방향이다. 항성시는 사용된 춘분점의 종류(겉보기 춘분점, 평균춘분점)에 따라 겉보기 항성시와 평균항성시로 나뉜다. 이 두 시간눈금에 의한 하루(항성일)의 시간차이를 '분점차'(分點差, equation of the equinoxes)라고 하는데, 이 값은 ±1.2초를 넘지 않는다.

시간각에 대해서 좀 더 자세히 알아보자. 시간각은 지심 적도좌표계에서 정의된다(참조: 제2장 그림 2-1). 그림 3-6은 천구의 북극에서 지구를 내려다 볼 때 춘분점(γ)과 임의의 별(β)의 방향, 영국의 그리니치(G), 관측자 위치(ob)를 나타낸다. 지구는 반시계 방향으로 돌고 있다. 이때 β별의 적경(RA)은 춘분점을 기준으로 동쪽(반시계 방향)으로 잰 각도를 말한다. 그런데 이 별의 '항성시간각'(SHA)은 춘분점을 기준으로 서쪽(시계 방향)으로 잰 각도이다. 따라서 별의 적경과 항성시간각을 더한 값은 항상 360도가 된다.

그림에서 관측자를 기준으로 β별의 시간각은 다음과 같이 정의된다. 관측자의 머리 위를

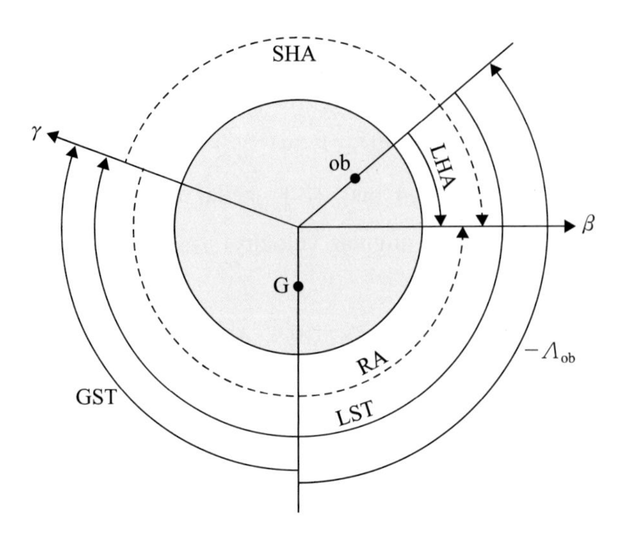

그림 3-6 천구의 북극에서 지구를 내려다 볼 때 기준점과 방향: 춘분점(γ)과 임의의 별(β)의 방향, 그리니치 본초자오선(G), 관측자(ob)의 위치를 기준으로 별의 적경(RA), 항성시간각(SHA), 그리니치 항성시(GST), 관측자의 경도(Λ_{ob}), 별의 지방시간각(LHA), 관측자의 지방항성시(LST)의 관계도

지나는 자오선이 적도와 만나는 지점에서 시작하여 별이 있는 자오선이 적도와 만나는 지점까지의 각도를 말한다. 이 각도를 '지방시간각'(LHA)이라고 부르는데, 단위는 '시간' 또는 '도'로 나타낸다. 별이 관측자보다 서쪽에 있으면 (+) 부호, 동쪽에 있으면 (−) 부호를 가진다. (−) 부호의 별은 그 시간각만큼 시간이 경과하면 그 별이 관측자 머리 위에 도착한다는 의미다. (+) 부호의 별은 관측자에게 남중한 후 그 시간각만큼 시간이 지났다는 것을 뜻한다.

그림에서 관측자가 있는 곳의 '지방항성시'(LST)는 그 지점에서 시작하여 서쪽 방향으로 춘분점까지의 각도를 말한다. 여기서 관측자 입장에서 β별의 시간각(LHA_{β}) 및 적경(RA_{β}), 그리고 관측자의 지방항성시(LST_{ob})는 다음 관계식을 만족시킨다.

$$LHA_{\beta} = LST_{ob} - RA_{\beta}$$

그런데 그리니치항성시를 GST(Greenwich Sidereal Time)라고 하는데, 이것은 그리니치에서 서쪽으로 춘분점까지의 각도이다. 관측자의 경도(Λ_{ob})는 그리니치의 본초자오선을 기준으로 잰 각도를 말하며, 서쪽이 (+) 부호를, 동쪽이 (−) 부호를 가진다. 따라서 지방항성시(LST)를 그리니치항성시(GST) 및 관측자의 경도(Λ_{ob})로 나타내면 다음과 같다.

$$LST_{ob} = GST - \Lambda_{ob}$$

이 식에서 보는 것처럼 지방항성시를 정확히 알기 위해선 관측자의 경도를 정확히 아는 것이 필요하다. 위 식을 이용하면 β별의 시간각 LHA_{β}는 다음과 같이 된다.

$$LHA_{\beta} = GST - \Lambda_{ob} - RA_{\beta}$$

단, 위 식들에서 LHA나 LST는 모두 0~360도 사이의 값을 가진다. 그러므로 그 값이 (−)가 나오는 경우에는 360도를 더하고, 360도를 넘는 경우에는 360도를 뺀다.

그리니치 본초자오선에서 평균춘분점까지의 시간각을 '그리니치평균항성시'(GMST)[17]라고 한다. 그리니치에서 그날의 춘분점을 기준으로 항성시를 측정했다면 그것은 '그리니치 겉보기 항성시'(GAST)[18]이다. GMST의 변화율은 일정하기 때문에 역기점 J2000.0에서 경과한 날 수를 이용하여 다음 공식으로 구할 수 있다.[19] 여기서 GMST의 단위는 시간(0~24 h)이다. 단, 이 식은 2000년에 ERA(UT1)로 바뀐다(참조: 3.2절).

$$GMST(UT1) = 18.697\ 374\ 558 + 24.065\ 709\ 824\ 419\ 08\ D$$

단, $D = JD - 2451545.0$

이 식에서 D는 2000년 1월 1일 12시 UT1에서 시작하여 경과한 날 수를 나타낸다. JD는 율리우스 일을 나타내고, 2 451 545.0는 2000년 1월 1일 12시에 해당하는 율리우스 일이다. 위 식으로 구한 GMST는 0시에서 24시 사이에서 표시되어야 하므로, 24를 넘는 경우에는 24의 배수를 빼고 나머지 숫자로 시간을 표시한다.

위 식에서 D 앞의 숫자 24.065 709…는 UT1의 하루(=24시간 UT1)에 해당하는 평균항성일의 지속시간(단위: 평균항성시)을 의미한다. 그러므로 평균항성시로 한 시간은 UT1의 한 시간보다 짧고, 평균항성시로 1초는 UT1의 1초보다 짧다. 그 비는 24.065 709…/24 = 1.002 737 909…이다. 다시 말하면, 평균항성시의 1.002 737 909…초가 UT1의 1초와 같다. 이 값은 표 3-1의 k값(평균태양일/항성일의 비)과 비슷한 값을 가진다. 이 비율은 일정하지 않고 세월이 흐름에 따라 달라진다.

위 식에서 D=0인 날은 J2000.0에서의 GMST를 나타내는데, 대략 18시 41분이 나온다. 이것은 그리니치에서 항성시가 태양시(12시)보다 앞서 간다는 것을 말한다. 또한 춘분점이

17) GMST는 **G**reenwich **M**ean **S**idereal **T**ime의 약어이다.
18) GAST는 **G**reenwich **A**pparent **S**idereal **T**ime의 약어이다.
19) USNO Circular No. 163, 1981.

그리니치에서 서쪽 방향으로 이 시간각(≈18시간 41분)만큼 떨어져 있다는 것을 의미한다. 따라서 2000년 1월 1일 정오에 춘분점은 동경 79.8도 방향에 있다는 것을 알 수 있다.

GAST는 GMST와 분점차로부터 다음 식으로 계산할 수 있다.

$$\mathrm{GAST} = \mathrm{GMST} + \mathrm{eqeq}$$

단, $\mathrm{eqeq} = \Delta\Psi\cos\varepsilon$

이 식에서 eqeq는 분점차를 뜻한다. $\Delta\Psi$는 황경의 장동을 나타내고, ε은 황도경사각을 나타내는데 단위는 도(degree)이다. $\Delta\Psi$는 달과 태양의 위치에 따라 주기성을 갖고 변한다. 이에 비해 ε은 D가 증가하면 선형적으로 감소한다. 그런데 eqeq의 최댓값은 약 1.2초이므로, 이 정도의 오차가 중요하지 않은 경우에는 GAST는 GMST와 같다고 보면 된다. 만약 GAST를 0.1초 이내의 정확도로 계산하는 것이 필요한 경우에는 USNO에서 제공하는 MICA[20] 소프트웨어를 사용하면 된다.

3 세계시 (UT)

UT는 태양시와 마찬가지로 지구 자전을 기반으로 만들어지는 시간눈금이다. 구체적으로 말하면, UT는 경도 0도 선을 기준으로 결정되는 평균태양시이다. UT는 GMT(그리니치 평균시)의 현대판인데, 전 지구적인 표준 시간으로 사용하기 위해 만들어졌다. 지구상 어디에 있든(경도가 다르더라도) UT는 같은 시간을 나타낸다. 그러므로 UT는 경도 0도 선을 제외한 다른 지역에서는 태양의 위치와 무관하다.

UT라는 용어는 1884년 10월에 미국 워싱턴에서 개최된 국제자오선회의[21]에서 처음 등장하였다. 그런데 IAU는 1948년에서야 이것을 사용하도록 권고안을 채택했다. 그 당시 GMT는 두 가지 용도로 사용되고 있었다. 하나는 천문학에서 사용하는 시간으로 하루의 시작점이 정오였고, 다른 하나는 일반인들이 사용하는 시간으로 자정에 하루가 시작되었다.

---

20) MICA는 **M**ultiyear **I**nteractive **C**omputer **A**lmanac의 약어로서 PC용 계산 프로그램이다(참조: http://aa.usno.navy.mil/software/mica/micainfo.php).

21) 국제자오선회의의 정식 명칭은 다음과 같다: 'International Conference for the adoption of a unique prime meridian and of a universal day'

이런 혼동을 피하기 위해 자정에 하루가 시작되는 UT를 만든 것이다. UT에는 여러 버전이 있는데, 현재 가장 널리 사용되는 것은 UTC(세계협정시)와 UT1이다. UTC는 원자시와 관련된 시간눈금이므로 제7장에서 설명한다.

3.1 UT의 여러 버전

UT0는 천문관측소에서 결정되는 평균태양시이다. 천문관측소에서는 태양이 아니라 별의 일주운동이나 외계 은하 전파원을 관측하여 시간을 정한다. 1910년 경 천문관측소에는 시간 측정을 위해 두 가지 중요한 장치를 갖추고 있었다. 그것은 시간별(timing star)이 자오선을 통과하는 것을 관측하기 위한 반사망원경과 그 통과 시각을 표시하는 시계이다. 그 당시 천문관측에 의한 시간 결정에서 임의 불확도는 수백 분의 1초 수준이었다. 이 두 장치 외에 시간을 방송하기 위한 라디오 송신장치나 수신장치를 보유한 관측소도 있었다. 이 장치들로써 유럽과 북미대륙 사이에서 시간신호를 서로 주고받을 때 시간의 오차가 1~2초만큼 난다는 것이 밝혀졌다. 이 시간 오차를 일으키는 원인은 크게 세 가지였다: 별의 위치에 대한 부정확성, 관측 장치에서의 오차, 그리고 관측소 경도에서의 오차이다. 이 중 관측소의 경도가 부정확하여 발생하는 오차가 시간차이를 일으키는 가장 큰 원인이었다. 그 당시 천문관측소의 위치(경도 및 위도)는 지구에 고정되어 있는 것으로 가정했다. 현대에 와서 지구측지위성 등의 도움을 받아 그 위치를 더 정확히 알게 되었고, 또한 지구의 극운동으로 인해 그 위치가 조금씩 변한다는 것도 알게 되었다. UT0는 극운동에 의한 관측소의 위치 변화를 보정하지 않은 UT를 말한다. UT0에서 극운동 효과를 보정한 것이 UT1이다. UT0과 UT1의 시간차이는 수십 밀리초(ms) 수준이다. 오늘날 UT0는 더 이상 사용되지 않으며, 역사적 유물로 남아있다.

UT1은 UT 중에서 가장 널리 사용되고 있으며 가장 중요한 버전이다. 개념적으로는 경도 0도에서의 평균태양시이지만 태양의 위치를 정밀하게 측정하는 것은 어렵다. 그래서 VLBI로써 외계 은하 전파원(퀘이사)을 관측하여 구한 지구회전각, 레이저로 측정한 달과 인공위성까지의 거리, 그리고 GNSS 위성의 궤도 데이터 등을 이용하여 계산으로 구한다. '지구회전각'(ERA)은 '그리니치평균항성시'(GMST)의 현대판으로, 우주에 고정되어 있는 ICRF(국제천구기준좌표계)에서 나타낸다. ERA와 UT1 사이의 관계는 다음 절에서 자세히 설명한다.

UT1에서 조석(tide)에 의한 시간의 주기적 항을 제거함으로써 좀 더 매끄러운 시간눈금을 얻을 수 있다. 주기가 35일보다 짧은 항을 보정한 것을 UT1R이라고 한다. 이때 보정값은 2 ms 이내이다. 조석에 의한 모든 주기적 변화 요소를 보정한 것을 UT1R′이라고 한다.[22] 그 중 가장 크게 영향을 미치는 것은 18.6년의 주기를 갖는 것으로 진폭은 0.16초이다.

오일러는 1737년에 지구의 자전을 처음으로 수학적으로 표현했다. 그는 지구를 변형되지 않는 고체로 가정하고, 일정한 속도로 회전하는 것을 수학적으로 나타냈었다. 그 이후 200여 년이 지나는 동안, 지구의 회전속도는 일정하지 않고, 자전에 관한 정밀한 수학적 모델을 유도한다는 것은 극히 어렵다는 것이 밝혀졌다. 단지 경험적으로 알아낸, 매년 반복되는 현상에 대해서만 보정할 수 있었다. 1955년부터 이 보정을 적용했다. 즉 UT1에서 지구의 계절적 변화에 의한 주기적 항을 제거하여 만든 것이 UT2이다. UT2와 UT1의 차이는 ±30 ms 이내에 있다. UT2는 현재 더 이상 사용되지 않는다. 왜냐하면 UT2는 지구의 자전을 정확히 나타내는 것이 아니기 때문이다.

3.2 UT1의 새 정의

대략 1970년 이전까지 UT1의 결정은 천문관측으로 결정된 관측소의 경도와 위도를 기준으로 이루어졌다. 그런데 이 경도와 위도는 그 지점에서 연직선(鉛直線, plumb line)의 방향을 기준으로 결정된 것이었다. 우주측지기술이 등장하면서 연직선이 아니라 실제 지구 모양을 기준으로 관측소의 위치가 결정되기 시작했다.[23] 현재의 경도 0도 선은 1884년의 국제자오선회의에서 정해졌던 그 위치가 아니다. 또한 대륙은 매년 1.5 cm씩 동쪽으로 이동하고 있다. 뿐만 아니라 지구의 극운동은 예측하기 어렵고, 극운동에 따라 적도도 움직이고 있다. 이처럼 경도 0도 선은 고정되어 있지 않기 때문에 UT1 결정을 위한 기준선으로 바람직하지 않다.

IAU는 1955년에, 움직이는 적도 위에 임의의 지점을 경도의 원점으로 선택하고, 그 점을 기준으로 경도, 즉 UT1을 결정하기로 했다. 그 이후 적도상에서 비회전 원점(non-rotating origin)에 기반한 개념은 더 개선되어 더 정확한 정의를 내리게 되었다. 이 원점을 지나는 자오선은 지구의 극이 이동하더라도 지구에 대해 회전하지 않는다. 2000년에 개최된 IAU 총회에서 이 원점을 기준점으로 채택했으며, ‘지구중간원점’(TIO)[24]이라는 이름을 붙였다.

22) C. Audoin and B. Guinot Translated by S. Lyle, “The Measurement of Time,” Cambridge University Press, 2001, p.269.

23) 제2장 4절 및 5절 참조

24) TIO는 **T**errestrial **I**ntermediate **O**rigin의 약어이다.

이것에 대응되는 천구에서의 원점을 '천구중간원점'(CIO)이라고 한다.

TIO와 CIO는 ERA(지구회전각)를 결정하는데 사용된다.[25] 이것들과 CIP(천구중간 극) 및 CIP적도를 합쳐서 '중간계'(intermediate system)라고 한다. 중간계는 TRF(지구기준좌표계)와 CRF(천구기준좌표계)의 중간에서 좌표 변환을 쉽게 하도록 매개 역할을 한다. 그런데 TIO와 CIO는 분점과 달리 적도상에서 특별한 위치가 정해진 것이 아니다. 단지 지구의 극운동에 의해 움직이지 않는다는 특성을 갖는다. 그 위치가 특별히 고정되어 있지 않지만 분점을 기준으로 측정하던 옛날 시스템과 연속성을 유지하도록 선택되었다. TRF와 CRF의 상대적 방향을 나타내는 매개변수가 바로 EOP(지구방향 매개변수)이다. UT1은 4개의 EOP들 중에서 지표면에서나 인공위성 궤도상에서 위치 결정의 정확도에 미치는 영향이 가장 크다(참조: 제2장 5.5절).

IAU는 2000년에, "UT1은 ERA의 선형 함수"라고 재정의했다.[26] 이 정의에는 그리니치 또는 경도 0도라는 표현은 전혀 들어있지 않고, 단지 ERA만이 UT1을 정의하는데 사용되고 있다. ERA와 UT1 사이의 관계는 다음 식과 같다.

$$\begin{aligned} \mathrm{ERA(UT1)} = 2\pi\ [&0.779\ 057\ 273\ 2640 + 1.002\ 737\ 811\ 911\ 354\ 48 \\ &\times (\mathrm{JD\_UT1} - 2\ 451\ 545.0)] \end{aligned}$$

여기서 괄호 속의 숫자 0.779 057⋯ 및 1.002 737⋯의 단위는 rev/day로서, 하루 당 회전수를 나타낸다. 이 숫자들은 정의 상수(defining constant)로서 고정된 값을 가진다. 또한 'JD_UT1'은 UT1으로 계산한 율리우스 일을 의미하는 것으로, 환산에 의해 UT1으로 시, 분, 초 단위까지 나타낸다.

ERA(UT1)은 앞 절에서 춘분점을 기준으로 지구의 시간각을 나타내는 GMST(UT1)을 대체하는 식이다. ERA(UT1)을 시간에 대해 미분하면 지구의 회전각속도가 나온다. 다시 말하면, 위 식에서 1.002 737⋯ rev/day가 나오고, 이것을 rad/s 단위로 환산하면 지구의 평균각속도 $\omega = 7.292\ 115 \times 10^{-5}$ rad/s가 된다. ERA(UT1)의 식은 "가상의 평균태양"의 시간각을 의미한다. 이것은 평균태양시를 나타내는 평균태양의 개념과 같은 것이다.

UT1이 이렇게 발전되어 오면서 UT1과 관련된 여러 결정들은 옛날과 연속성을 유지하는 방향으로 이루어졌다. 예를 들면, 우주측지기술에 의해 천문학적 지구중심점과 측지학적 지

25) IAU Division 1 Working Group: Nomenclature for Fundamental Astronomy, Final recommendations (August 2006), (http://syrte.obspm.fr/iauWGnfa/)

26) N. Capitaine, P.T. Wallace, and D.D. McCarthy, "Expression to implement the AU 2000 definition of UT1", Astronomy & Astrophysics **406**, pp.1135~1149(2003).

구중심점이 일치하지 않다는 것이 밝혀졌다. 그런데 지구의 중심점만 바꾸게 되면 지구중심에서 그리니치의 자오선을 연결하는 각도가 연직선을 기준으로 하던 것과 달라진다. 이에 따라 UT1을 결정하던 별의 위치가 달라진다. 그래서 그 방향(즉 UT1)을 유지하면서 지구중심점을 측지학적 지구중심으로 바꾸기 위해 경도 0도 선을 평행 이동시킨 것이다. 현재의 경도 0도 선은 그리니치 천문대의 에어리 자오환(Airy transit circle)에서 약 100미터 동쪽에 위치한다(참조: 제2장 5.2절). 이런 노력의 결과, 자오선 회의가 개최되었던 1884년 당시의 그리니치평균시(GMT)와 현재의 UT1은 1～2초 차이가 날 뿐이다.

3.3 UT1의 불규칙성[27)]

UT1의 장기적 불규칙성에 대한 연구는 UT1보다 더욱 균일한 시간눈금인 역표시(ET)가 20세기 중반에 등장한 후, 그 둘을 비교하면서 시작되었다. ET는 UT와 달리 지구의 공전을 기반으로 만들어진 것으로, 자세한 내용은 다음 절에서 설명한다. 1955년에 세슘원자시계가 처음으로 개발되었고, 그것을 기반으로 만들어진 시간눈금인 국제원자시(TAI)가 나타나면서 더욱 정확하게 UT1의 변화를 알 수 있게 되었다. 이런 연구를 통해 UT1의 불규칙성의 종류 및 원인은 다음 몇 가지 요소로 나눌 수 있다.

- 지구의 자전은 지속적으로 조금씩 느려지고 있다. 그 원인은 지구의 회전 에너지의 일부가 대양의 조석에 의해 소산되고, 또 일부는 달의 궤도 운동에 빼앗기기 때문이다. 이로 인해 UT1의 하루의 지속시간은 세기 당 2.06 ms의 비율로 일정하게 길어진다. 이 요소는 UT1 관측 이래 지속적으로 일어나고 있기 때문에 영년항(永年項)이라고 부른다. 그런데 원자시계에 의해 정의되는 SI 초의 지속시간은 역사적으로 볼 때 19세기 평균태양시의 1초(=평균태양초)와 근사적으로 같도록 만들어졌다. 그리고 TAI 시간눈금의 원점을 1958년 1월 1일 0시 UT로 정했다.[28)] 이 순간에 TAI와 UT1의 눈금을 일치시킴으로써 그 시점을 영년항의 0점으로 사용하려는 의도가 있었다. 그런데 1958년 당시에 UT1을 측정할 때 수 밀리초(ms)의 계통오차가 있었는데 이를 보정하지 않았고, 또 실제 사용한 눈금은 UT1이 아니라 UT2였다. 그렇기 때문에 TAI는 UT1과 상당한 불확도를 가지면서 근사적으로 일치한다.

27) 다음 논문을 많이 참고했음: Bernard Guinot, "Solar time, legal time, time in use", Metrologia **48**(2011), S181-S185.

28) 이 당시 사용된 UT는 UT1이 아니라 UT2였다고 한다(참고: C.Audoin and B. Guinot(2001), p.237).

- UT1은 수 초의 진폭으로 30~40년의 주기를 갖는 변동이 있다. 이 현상은 이론적으로 예측할 수 없지만 지금까지의 데이터를 기반으로 경험적으로 3년 동안에 대략 ±1초 이내로 예측하는 것은 가능하다. 이것의 원인은 지구 내부의 핵과 맨틀과의 상호작용 때문으로 여겨진다. 앞에서 언급한 영년항을 제거한 (UT1−TAI)의 변화가 그림 3-7에 나와 있는데, 주기적 변화가 있다는 것을 알 수 있다.
- 이 그림을 자세히 보면 매년 일어나는 작은 기복이 있다. 이것은 약 60 ms의 진폭을 가지는데, 그것의 주원인은 대기의 흐름 때문이다.
- 이 외에도 수 ms의 진폭을 가지며 1년에 한번 이상 발생하는 요소들이 있는데, 그 원인은 조석, 대양의 해류, 대기 때문인 것으로 여겨진다.

(UT1−TAI)의 예측 결과의 정확도는 현재까지 관측결과를 바탕으로 대략 1초 이내이다. (UT1−TAI) 또는 (UT1−UTC)의 매일의 값은 IERS 홈페이지에서 알 수 있다.[29]

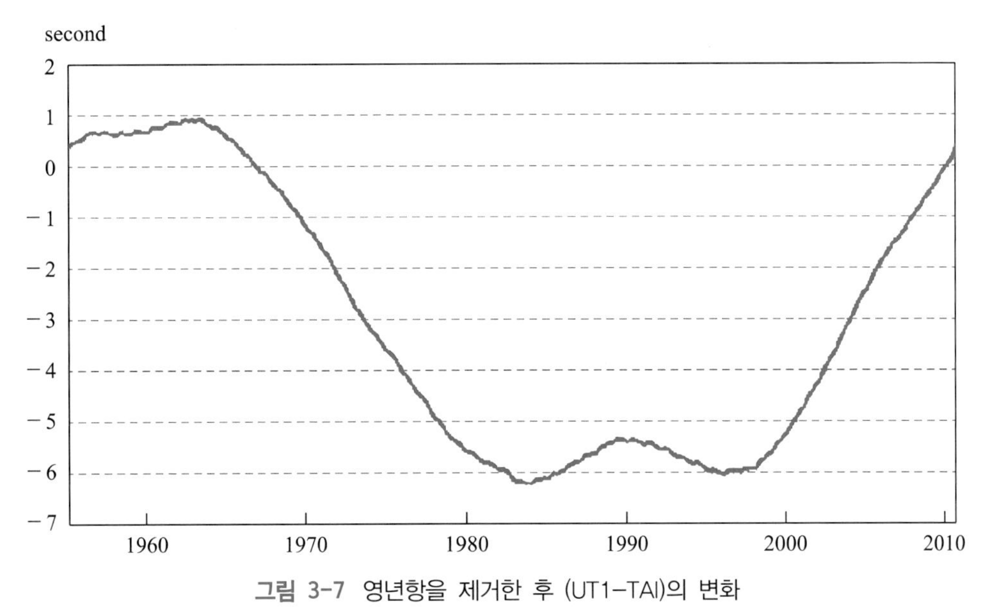

그림 3-7 영년항을 제거한 후 (UT1−TAI)의 변화

(출처: B. Guinot, Metrologia 48 (2011), S181-S185.)

29) IERS 홈페이지: http://www.iers.org/

4 역표시 (ET)

4.1 역표

'역표'는 영어 ephemeris(복수형: ephemerides)의 우리말 번역으로, '역표천체력'이라고도 한다. 역표는 원래 하늘에 있는 태양, 달, 행성들이 특정 시간에 어느 위치에 있는지를 알려주는 것으로, 표(table)의 형태로 인쇄되었었다. 천구기준좌표계가 확립되기 전에, 또는 확립된 후에도 천문학자가 아닌 일반인들은 달이나 행성의 위치를 그것들의 배경에 보이는 별자리를 기준으로 나타내었다. 태양이 지나는 길 주변, 즉 황도대에 있는 12개의 별자리들이 주로 사용되었다. 왜냐하면 지구를 포함한 태양계의 행성들은 대부분 비슷한 궤도면에 있기 때문이다. 이런 역표는 별이나 달을 관찰하면서 바다를 항해하던 뱃사람들에게 배의 위치를 알아내는데 유용하게 사용되었다. 그리고 별을 보고 점을 치는 점성술에서도 널리 사용되었다. 서양에서는 오늘날에도 역표를 이용한 점성술이 널리 퍼져 있는데, 이 덕분에 일반사람들이 천문현상에 더 많은 관심을 기울이게 된 것인지도 모른다. 역표와 비슷한 '역서'(almanac)는 역표의 일부 내용을 포함할 뿐 아니라, 일출 및 일몰 시간, 조석(간조와 만조) 시간, 일식 및 월식 등, 매년 발생하는 여러 천문현상에 관한 내용을 책의 형태로 발간한 것을 말한다.

현대적 역표는 천체 역학의 동역학 이론을 이용하여 행성과 그들의 위성, 혜성, 소행성들이, 사용자가 알고자 하는 임의의 시간(과거 또는 미래)에 어느 위치에서 어느 속도로 움직이는지 알아낼 수 있는 컴퓨터 소프트웨어로 제공된다. 이와 함께 전통적인 방식대로 인쇄된 역표로도 발행되는데 컴퓨터가 없는 곳에서 유용하기 때문이다.

미국 NASA 산하의 JPL은 1981년에 행성들의 동역학 이론의 미분방정식을 수치 적분으로 구한 DE200이라고 부르는 역표를 발행했다. 이 역표는 1987년에 DE202로, 1993년에 DE403으로 업데이트 되었다. 이때 우주관측기술로써 새롭게 관측된 결과를 반영하고, 또 새 기준좌표계 또는 이론을 도입했다. 예를 들면, DE403에는 처음으로 국제천구기준좌표계(ICRF)를 적용하였고, 달 레이저 거리측정(LLR) 데이터가 사용되었다. DE432는 현 시점에서 가장 최신 버전으로 2014년에 만들어졌다. 각 버전들이 다루는 과거와 미래의 범위와 정확도가 다르다. 예를 들면, DE431은 기원전 13200년부터 기원후 17191년까지 가장 긴 기간을 포함한다.[30]

---

30) 참조 웹사이트: https://ssd.jpl.nasa.gov/?planet_eph_export

이 역표들에서 수성, 금성, 화성의 위치 정확도는 100∼200 m이고, 지구-태양-행성 사이의 상대적 각도의 정확도는 0.001″ 수준이다.[31] 지구의 내행성(수성, 금성) 역표는 주로 전파거리측정(radiometric ranging) 결과에 기반하여 만들어졌다. 외행성(화성, 목성, 토성 등) 역표의 정확도는 이보다 훨씬 떨어진다. 행성들의 위치 계산에서 가장 큰 불확도는 소행성들 때문에 생긴다. 많은 소행성들의 질량이나 궤도에 관한 정보가 아직 잘 알려져 있지 않기 때문이다. 태양계의 역표는 행성 및 그들의 위성, 별과 은하 등 모든 종류의 우주관측에서 중요하게 사용된다. 특히 태양계 탐사를 위한 우주 탐사선의 항행을 위해 필수적인 자료이다.

행성의 역표를 정확하게 계산하기 위해서는 그 행성에 대한 정확한 데이터가 있어야 한다. 또한 그 행성에 영향을 미치는 중력을 계산하려면 태양계의 천문상수들이 필요하다. 그림 3-8은 태양계 행성의 역표를 계산하는 JPL의 'HORIZONS' 프로그램에서 화성(Mars)의 역표를 계산하는데 필요한 데이터를 보여준다. 화성의 평균 반지름, 질량, 밀도, 부피, 편평도, 장축 반지름, 회전 속도, 평균태양일, 중력가속도, 대기압, 평균기온 등에 관한 정보가 나와 있다.

```
Revised: Sep 28, 2012                  Mars                           499 / 4

GEOPHYSICAL DATA (updated 2009-May-26):
 Mean radius (km)        = 3389.9(2+-4)    Density (g cm^-3)       =  3.933(5+-4)
 Mass (10^23 kg )        =    6.4185       Flattening, f           =  1/154.409
 Volume (x10^10 km^3)    =   16.318        Semi-major axis         =  3397+-4
 Sidereal rot. period    =   24.622962 hr  Rot. Rate (x10^5 s)     =  7.088218
 Mean solar day          =    1.0274907 d  Polar gravity ms^-2     =  3.758
 Mom. of Inertia         =    0.366        Equ. gravity  ms^-2     =  3.71
 Core radius (km)        =  ~1700          Potential Love # k2     =  0.153 +-.017

 Grav spectral fact u    =   14 (x10^5)    Topo. spectral fact t = 96 (x10^5)
 Fig. offset (Rcf-Rcm) = 2.50+-0.07 km     Offset (lat./long.)   = 62d / 88d
 GM (km^3 s^-2)          = 42828.3         Equatorial Radius, Re = 3394.0 km
 GM 1-sigma (km^3 s^-2)= +- 0.1            Mass ratio (Sun/Mars) = 3098708+-9

 Atmos. pressure (bar) =    0.0056         Max. angular diam.      =  17.9"
 Mean Temperature (K)  =  210              Visual mag. V(1,0)      =  -1.52
 Geometric albedo      =    0.150          Obliquity to orbit      =  25.19 deg
 Mean sidereal orb per =    1.88081578 y   Orbit vel.  km/s        =  24.1309
 Mean sidereal orb per =  686.98 d         Escape vel. km/s        =   5.027
 Hill's sphere rad. Rp =  319.8            Mag. mom (gauss Rp^3) = < 1x10^-4
```

그림 3-8 JPL의 웹 기반 태양계 행성들의 역표 계산 프로그램인 HORIZONS에서 화성의 데이터 페이지에 수록된 내용

31) D.D. McCarthy and P.K. Seidelmann, "TIME-From Earth Rotation to Atomic Physics", Wiley-VCH Verlag GmhH & Co. KGaA, 2009, p.29.

```
*******************************************************************************
Ephemeris / WWW_USER Wed Feb  8 15:07:50 2017 Pasadena, USA      / Horizons
*******************************************************************************
Target body name: Mars (499)                      {source: mar097}
Center body name: Earth (399)                     {source: mar097}
Center-site name: GEOCENTRIC
*******************************************************************************
Start time      : A.D. 2017-Feb-08 00:00:00.0000 UT
Stop  time      : A.D. 2017-Mar-10 00:00:00.0000 UT
Step-size       : 1440 minutes
*******************************************************************************
Target pole/equ : IAU_MARS                        {East-longitude -}
Target radii    : 3396.2 x 3396.2 x 3376.2 km     {Equator, meridian, pole}
Center geodetic : 0.00000000,0.00000000,0.0000000 {E-lon(deg),Lat(deg),Alt(km)}
Center cylindric: 0.00000000,0.00000000,0.0000000 {E-lon(deg),Dxy(km),Dz(km)}
Center pole/equ : High-precision EOP model        {East-longitude +}
Center radii    : 6378.1 x 6378.1 x 6356.8 km     {Equator, meridian, pole}
Target primary  : Sun
Vis. interferer : MOON (R_eq= 1737.400) km        {source: mar097}
Rel. light bend : Sun, EARTH                      {source: mar097}
Rel. lght bnd GM: 1.3271E+11, 3.9860E+05 km^3/s^2
Atmos refraction: NO (AIRLESS)
RA format       : HMS
Time format     : CAL
EOP file        : eop.170208.p170502
EOP coverage    : DATA-BASED 1962-JAN-20 TO 2017-FEB-08. PREDICTS-> 2017-MAY-01
Units conversion: 1 au= 149597870.700 km, c= 299792.458 km/s, 1 day= 86400.0 s
Table cut-offs 1: Elevation (-90.0deg=NO ),Airmass (>38.000=NO), Daylight (NO )
Table cut-offs 2: Solar Elongation (  0.0,180.0=NO ),Local Hour Angle( 0.0=NO )
*************************************************************************************************************
 Date__(UT)__HR:MN     R.A._(ICRF/J2000.0)_DEC  APmag  S-brt            delta      deldot    S-O-T /r    S-T-O
*************************************************************************************************************
$$SOE
 2017-Feb-08 00:00     00 29 00.31 +02 50 24.9   1.16   4.29 1.89643568127506  11.6344990  48.6047 /T  30.7410
 2017-Feb-09 00:00     00 31 42.62 +03 08 45.5   1.17   4.29 1.90315307748725  11.6263985  48.3336 /T  30.5771
 2017-Feb-10 00:00     00 34 24.89 +03 27 03.2   1.18   4.29 1.90986578722983  11.6182659  48.0622 /T  30.4130
 2017-Feb-11 00:00     00 37 07.15 +03 45 18.0   1.18   4.29 1.91657376824201  11.6100127  47.7907 /T  30.2485
 2017-Feb-12 00:00     00 39 49.40 +04 03 29.7   1.19   4.29 1.92327691744752  11.6015194  47.5189 /T  30.0837
 2017-Feb-13 00:00     00 42 31.65 +04 21 38.1   1.20   4.29 1.92997506801759  11.5926528  47.2468 /T  29.9186
 2017-Feb-14 00:00     00 45 13.90 +04 39 43.1   1.21   4.29 1.93666793590001  11.5832812  46.9745 /T  29.7531
 2017-Feb-15 00:00     00 47 56.18 +04 57 44.6   1.21   4.29 1.94335522416949  11.5732852  46.7020 /T  29.5873
 2017-Feb-16 00:00     00 50 38.48 +05 15 42.3   1.22   4.29 1.95003653210087  11.5625637  46.4292 /T  29.4211
```

그림 3-9 JPL의 HORIZONS 프로그램으로 화성의 역표를 계산한 결과: 맨 아래에 시간(UT)에 따라 화성의 적경(R.A.)과 적위(DEC) 등이 나타나 있다.

그림 3-9는 앞의 데이터를 이용하여 화성의 역표를 계산한 결과의 일부이다. 하단에 날짜와 시간(UT)이 나와 있는데, 여기서 UT는 1962년 이전 것은 UT1을 의미하고, 그 이후는 UTC를 의미한다. 날짜(date)의 경우, 1582년 10월 15일 이전은 율리우스력이고, 그 이후는 그레고리력이다. R.A.는 화성의 적경을 뜻한다. 역기점은 J2000.0을, 기준좌표계는 ICRF를 사용한 것으로 나와 있다. DEC는 화성의 적위를 나타낸다. 이 내용은 JPL의 웹사이트에 수록되어 있다.[32)]

32) https://ssd.jpl.nasa.gov/?horizons

현대적 역표 및 역서의 또 다른 사용처는 전지구 위성항법시스템 GNSS이다. 그 중 GPS 위성의 경우, 전파 신호 형태로 송출하는 항법 메시지에는 각 위성들의 위치 정보 등을 담은 두 종류의 정보를 포함하고 있다. 하나(ephemeris)는 해당 위성에 관한 자세한 궤도 정보를 담고 있다. 이 정보의 유효 시간은 4시간 이내로서 자주 업데이트된다. 다른 하나(almanac)는 GPS 전체 위성들의 궤도 및 상태에 관한 정보를 담고 있으며, 180일간 유효하다.

4.2 ET의 개념 및 정의

ET란 역표에서 사용되는 시간을 의미한다. 역표는 뉴턴의 중력법칙을 기반으로 한 동역학 이론에서 계산되어 나온 것이므로, 역표시를 '뉴턴 시간' 또는 '동역학 시간'(dynamical time)이라고도 불렀다. 동역학 이론에서 독립변수인 시간은 일정하게 흐른다고 가정했다. 그런데 실제로 천문학자들이 관측에 사용한 시간 UT는 지구 자전의 불규칙성으로 인해 균일하지 않았다. 이런 문제를 인식한 프랑스의 천문학자 A. Danjon은 1929년에 UT보다 균일한 ET의 필요성을 처음으로 제기했다. 그 후 1948년에 미국의 천문학자 G.M. Clemence는 천문학자들과 과학자들의 편리성을 위한 시간눈금으로 ET를 제안했다. 그는 일반인들은 평균태양시를 계속 사용하는 것이 합리적이라고 말했다.

영국의 천문학자인 H.S. Jones는 1939년에, 1.3절의 (뉴콤의 식)에서 계산되어 나온 태양의 기하학적 평균경도와 실제 관측된 태양의 경도를 비교한 결과, 다음에 나오는 ΔL 만큼 보정이 필요하다는 것을 밝혔다.

여기서 '기하학적'이란 말은 광행차(aberration) 문제와 관련되어 있다. 즉 우리가 현재 보는 태양의 겉보기 위치는 실제 태양이 약 8분 전에 있던 위치이다. 기하학적 위치란 이 지연시간을 보정한, 태양의 실제 위치를 의미한다. 그리고 '평균경도'에서 평균의 의미는 태양의 운동에서 주기적 요소를 제거했다는 뜻이다.[33] 좀 더 구체적으로 말하면, 태양의 경도(=황경)는 춘분점에서 시작하여 황도를 따라 측정한다. 그런데 춘분점은 우주에서 고정되어 있지 않고 조금씩 움직이는데, 전통적으로 다음 두 가지 항으로 표현한다. 지속적으로 증가 또는 감소하는 영년항과 주기적으로 변하는 항이다. 이로 인해 지구에서 볼 때 황도를 따라가는 태양의 운동은 지구의 궤도 운동에서 이심률 등에 의한 주기적 항과, 또 아주 작지만 지속적인 영년항을 가진다. 태양의 평균경도에는 주기적 항이 제거되고 영년항만 남

33) C. Audoin and B. Guinot, "The Measurement of Time", Cambridge University Press, 2001, p.278.

아 있다.

$$L = 279°41'48''.04 + 129\ 602\ 768''.13\ T + 1''.089\ T^2 \quad \text{(뉴콤의 식)}$$
$$\Delta L = +1''.00 + 2''.97\ T + 1''.23\ T^2 + 0.0748B \quad \text{(보정항)}$$

여기서 T의 단위는 UT로 표현되는 율리우스 세기이다. 그리고 $0.0748B$항은 달의 관측으로 계산된 경도의 불규칙한 요동을 나타낸다. 그러므로 평균태양시(UT)는 위 두 식을 더한 아래 식으로 계산되어야 한다.

$$L' = 279°41'49''.04 + 129\ 602\ 771''.10T + 2''.32T^2 + 0.0748B$$

그런데 Clemence는 1948년에 UT 시간눈금을 보정하는 대신에 뉴콤의 식에서 시간의 변수 T 대신에 새로운 시간눈금인 ET(아래 식에서 E로 표기함)를 도입함으로써 뉴콤의 식의 형태를 그대로 유지하되 결과는 $L' = L + \Delta L$의 관계를 만족시키도록 했다.

$$L' = 279°41'48''.04 + 129\ 602\ 768''.13\ E + 1''.089\ E^2$$

여기서 첫 번째 항(=279°41′48″.04)은 ET의 역기점을 나타내는데, 뉴콤의 식과 마찬가지로 1900년 1월 0일 12시 ET이다. 이 각도는 역기점에서의 태양의 평균경도이다. 이렇게 함으로써 ET 시간눈금이 UT와 연속성을 유지하도록 했다. 위의 식에서 E의 단위는 역표세기(ephemeris century)인데, 이것은 36 525 역표일이다. 그리고 역표일은 86 400 역표초이다.

위 식에서 시간이 가는 비율(=황경이 움직이는 각속도)은 L'을 시간(E)으로 미분했을 때, $E=0$인 점에서의 값을 말한다. 이것은 곧 E의 1차항의 계수이다. 이 각속도로 황경이 360도 회전하는데 걸리는 시간(=회귀년의 길이)은 31 556 925.975초이다(참조: 1.3절 회귀년).

그런데 Danjon은 ET의 정의 식이 뉴콤의 식과 수치적으로 완전히 일치하기 위해선 소수점 아래 수치가 조금 더 정밀하게 표현되어야 한다는 것을 밝혔다. 그 결과, 1956년에 개최된 CIPM에서 역표초에 대한 아래 정의가 채택되었고, 1960년에 개최된 제11차 CGPM에서 이것을 공식적으로 승인했다.

"역표초는 ET로 1900년 1월 0일 12시에 대한 회귀년의 1/31 556 925.9747 이다."

이 말은 1900년 1월 0일 12시 ET에 정한 회귀년의 길이는 31 556 925.9747 역표초라는 말과 동일하다.

한편 1958년 IAU 총회에서는 역표시(ET)에 대해 다음 정의를 채택했다.[34)]

"ET는 달력으로 서기 1900년도가 시작될 무렵인, 태양의 기하학적 평균경도가 279°41′48″.04인 순간, 즉 ET로 1900년 1월 0일 12시 정각에 시작한다."

ET가 뉴콤의 식과 동일한 형태를 유지함으로써 뉴콤이 만든, 태양계 행성 및 달에 관한 공식과 표에서 ET를 독립변수로 사용하는 것이 가능해졌다. 다시 말하면, ET를 독립변수로 사용하면 보정항을 도입하지 않아도 정확한 위치를 알 수 있다. 그 결과, 수성, 금성 및 화성에 대한 뉴콤의 표는 1983년까지 미국-영국 합작의 천체 역서에 사용될 만큼 잘 맞았다. ET의 역표초는 국제 사회에서 처음으로 공식적으로 정의된 시간의 단위이다. ET를 공식적으로 채택하기 위해 천문학자들과, 원자시간을 연구하는 물리학자들의 의견을 조정하는 CCDS(초정의자문위원회)가 1956년에 CIPM 산하에 설립되었다. 이 위원회의 이름은 1997년에 CCTF(시간주파수자문위원회)로 바뀌었다.

4.3 ET의 구현

앞 절에서 나온 ET 정의를 실제로 구현하기 위해서는 황경을 측정하는 것이 필요하다. 황경은 특정 시각에 지심천구기준좌표계에서 측정한다. 이를 위해 실제로는 태양과 별이 관측자의 자오선을 통과하는 시각을 시계로 측정하고, 지구의 각속도를 이용하여 태양과 별의 적경 차이를 계산해 낸다. 이때 시각 측정에 사용되는 시계는 천문관측자가 보유한 시계를 말하는데, 일반적으로 UT1에 맞추어져 있었다. 왜냐하면 UT1의 관측이 ET보다 훨씬 쉽고 측정불확도도 작기 때문이다. 태양이 황도대에서 특정한 별과 이루는 각도(시간각)는 오랜 세월에 걸쳐 관측되었기 때문에 대체적으로 잘 알려져 있었다. 그러므로 태양을 직접 관측하지 않더라도 그 별이 통과하는 시각으로부터 그 순간의 태양의 경도를 계산해낼 수 있다. 그런데 이 방법으로 ET를 정확히 결정하는 것은 어렵다. 실제 정확한 경도 결정을 위해서는 태양의 경도뿐 아니라 태양의 위도와 고도 등을 모두 측정하여 보정하는 것이 필요하다. 또한 광행차 및 시차를 보정하는 것도 필요하다. 만약 황경 L'의 측정불확도가 0.5″라면, 이로 인한 ET의 불확도는 10초에 이른다. 만약 황경 관측을 두 번 실시하여 ET의 상대측정불확도를 10^{-8} 수준에서 얻으려면 두 관측 사이의 시간간격이 50년 이상 벌어져야 한다.[35)]

34) 앞에서 참조한 D.D. McCarthy and P.K. Seidelmann (2009)의 책 p.83.

이런 문제를 해결하기 위해 천문학자들은 좀 더 빨리 움직이는 천체를 관측하여 ET를 구현하는 방법을 찾았다. 태양이 황도대 별자리를 배경으로 1년에 한 바퀴 도는 반면, 달은 약 13바퀴를 돈다. 달은 훨씬 자주 관측할 수 있기에 이를 이용하면 ET의 측정 정밀도를 높일 수 있다. 이것이 가능한 이유는 ET가 천체의 운동, 즉 동역학에 기반한 시간눈금이므로 태양뿐 아니라 행성이나 달에도 같은 시간눈금을 사용할 수 있기 때문이다. 달의 관측에 의한 시간 결정은 ET의 정의를 구현하는 2차(secondary) 시계라고 말할 수 있다. IAU는 달의 역표에 의해 결정된 ET를 버전에 따라 ETj(단, $j=0$, 1, 2)로 표현했다. 이것들은 1960년부터 1984년까지 사용되었다. ETj는 실제 태양의 운동으로 구한 ET로써 교정하는 것이 필요하다. 하지만 교정하는데 십여 년 이상이 소용되고, 그 사이에 ETj의 계통오차는 점점 커진다. ETj의 결정을 위해 달에 의한 별의 엄폐를 관측하거나 달과 별을 함께 촬영한 사진을 이용한다. 그런데 달의 운동은 지구에 의해 강한 섭동을 받고, 평균 운동 속도는 점점 느려진다. 이런 여러 이유 때문에 달을 관측하여 1년간 평균해서 구한 ETj는 수백 분의 1초의 불확도를 가진다.

ET와 UT는 각각 지구의 공전과 자전에 의해 결정되는, 천문시간을 대표하는 시간눈금이다. 이 두 시간의 차이 ΔT는 다음과 같이 정의된다(단, TT가 만들어진 이후에는 아래 식에서 ET 대신 TT가 사용됨. 참조: 제5장 4.1절).

$$\Delta T = ET - UT$$

ΔT의 변화에 대해 역사적인 천문자료를 바탕으로 아래와 같이 분석한 결과가 나와 있다. ΔT 변화의 주된 원인은 그림 3-7의 [UT1−TAI]의 변화 원인과 마찬가지로 결국 지구 자체의 운동 특성 때문이다.

Morrison과 Stephenson은 기원전 1000년부터 기원후 2000년까지 세계 각 지역에서 관찰된 일식 및 월식에 관한 고대 천문관측 기록과 현대적인 관측기록을 모아서 분석했다.[36] 이 데이터들 중에서 서기 1600년을 기준으로 그 이전의 것은 망원경 없이 눈으로 관찰한 것이고, 그 이후 것은 망원경으로 관찰한 것이다. 특히 1969년 이후에는 VLBI 및 LLR을 이용하여 관측한 결과도 포함되어 있다. 그들의 분석에 의하면 지구 자전속도가 점점 느려짐에 따라 하루의 길이(LOD)는 점점 길어지는데, 그 값은 한 세기 당 1.75 ms/d 비율로 늘

35) C. Audoin and B. Guinot (2001), p.279.

36) L.V. Morrison and F.R. Stephenson, "Historical values of the earth' s clock error ΔT and the calculation of eclipses", J. His. Astron., **35**, pp.327~336 (2004).

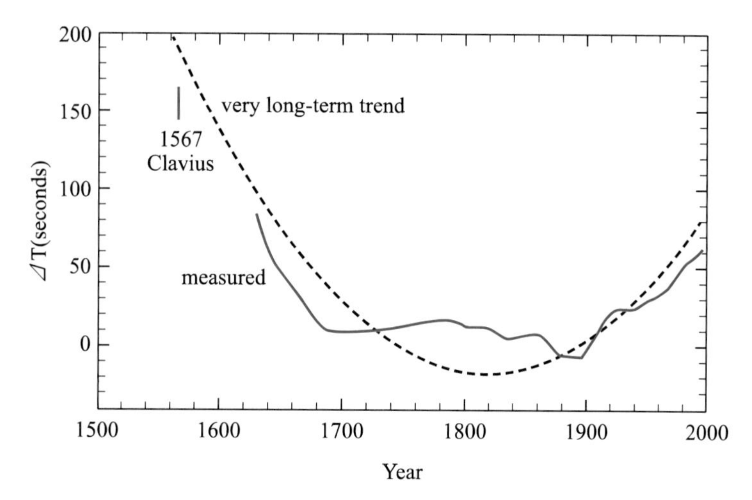

그림 3-10 서기 1600년 이후 망원경으로 관측된 결과에서 유도된 ΔT(실선)와 모든 관측 데이터를 최적화하여 얻은 쌍곡선의 일부(점선)

(출처: L.V. Morrison and F.R. Stephenson, J. His. Astron., 35 (2004) p.329.)

어난다. 이것은 아주 작은 값 같아 보이지만 기원전 1000년에는 ΔT가 7시간에 이른다고 설명하고 있다.

한편 1620년부터 1955.5년까지 주로 달에 의한 별의 엄폐를 관측한 결과를 바탕으로 구한 ΔT가 그림 3-10에 나와 있다. 그림 왼쪽 편에 있는 막대기는 1567년에 로마에서 관측한 일식으로부터 계산된 값을 나타낸다. 그리고 점선은 기원전 1000년부터 모은 데이터를 최적화하는 공식에서 나온 것인데, 장기적인 경향은 쌍곡선 모양을 나타낸다. 이것에 의하면 1820년에 최저치를 가진다. 측정된 ΔT는 ±20초 이내의 불규칙적인 요동을 보이는데 이것을 지구회전비율에서의 '10년 변화'(decade variation)라고 부른다. 이것의 원인은 지구 내부의 핵과 맨틀 사이의 상호작용과 같은 지구물리학적인 변화 때문인 것으로 알려져 있다.

4.4 ET의 문제점

지구자전의 불규칙성으로 인한 UT의 불균일성 문제를 해결하기 위해 만들어진 ET는 또 다른 문제점들을 가지고 있었다. 그 문제점들은 ET가 정의되었던 무렵에 발명된 세슘원자 시계에 의해 대부분 해소된다. 그렇지만 ET는 여전히 우주천문학자들, 특히 우주탐사선을 이용하여 태양계에서 항행할 때 필요한 시간눈금이다. 이 절에서는 ET가 가진 문제점들을 알아본다.

ET의 탄생은 1896년에 국제적으로 채택된, 태양에 관한 뉴콤의 이론에서 시작되었다. 그 이론은 대략 1700년대부터 1800년대 사이에 관측된 태양의 운동에 관한 자료를 근간으로 최적화된 것이었다. 좀 더 구체적으로 말하면, 역표초는 1820년도의 평균태양초(=평균태양일의 1/86 400)에 근사적으로 일치한다.[37] 그렇기 때문에 1900년의 회귀년을 기준으로 한 역표초의 정의와 실제로 차이가 난다. 1900년은 정의를 위해 가상으로 잡은 해일뿐 실제 회귀년의 길이를 재거나 모델을 만든 적은 없었다. 그래서 역표초가 1960년에 CGPM에서 공식적으로 채택되었을 때 그 해의 평균태양초보다 1.4×10^{-8}초만큼 짧았다.[38]

어떤 행성이나 달의 역표를 계산해내기 위해서는 그림 3-8에서 본 것처럼 그 천체에 관한 천문학적인 데이터와 천문상수가 필요하다. 이와 함께 천체의 위치를 나타내기 위한 천구기준좌표계가 필요하다. 천문관측기술이 발전해 감에 따라 이런 데이터들과 기준좌표계의 정확도는 점점 높아져 갔다. 새로운 데이터를 적용해서 동역학 이론에서 역표를 구한다는 것은 4.2절에서 나온 ET의 정의 식이 달라진다는 것을 뜻한다. 이에 따라 ET 시간눈금에서 불연속이 발생할 수 있다. 예를 들면, IAU가 1968년에 권고한 천문상수 값을 이용하여 계산한 결과, ET에서 0.6초의 점프가 발생했다. 이것은 ET가 정의에서부터 불확실한 요소를 포함하고 있다는 것을 의미한다.

ET의 가장 큰 문제점은 ET가 가리키는 시간을 당장 알기 어렵다는 것이다. ET에 의한 시간을 알기 위해서는 천문관측, 자료 분석, 역표와의 비교 과정을 거쳐야 한다. 이것은 마치 아주 잘 작동하는 거대하고 아름다운 시계를 만들었는데, 시계판 위에 시침이나 분침의 위치를 나타내는 눈금이 없는 것과 마찬가지다. 천문학자들에게는 유용한 시간눈금이지만 일반인이나 다른 분야의 과학자들에게는 평균태양시보다 나을 게 없다는 것이다. 그럼에도 불구하고 1960년 제11차 CGPM에서 국제적으로 공식적인 시간눈금으로 채택되었다.

아인슈타인은 1915년에 일반상대성이론을 발표했다. 그 이론에 의하면 시간과 공간은 독립적이지 않다. 즉 공간에 있는 물질에 의해 시간이 영향을 받는다. 그런데 1960년대 이전까지 천문학계는 역표와 공간좌표계 설정에 필요한 별 목록 등을 만들면서 상대성이론을 전혀 고려하지 않았다. 또한 기준좌표계의 변환에서도 상대성이론을 고려하지 않았다.

역표초의 정의가 공식적으로 채택된 1960년은 우주시대가 시작되고, 디지털 컴퓨터가 만들어져 나오기 시작하던 때이다. 새로운 우주관측기술은 천문관측데이터의 정확도를 획기적으로 높이는 계기가 되었다. 그리고 컴퓨터를 이용한 수치적분 방법은 해석적 이론보다

37) D.D. McCarthy and P.K. Seidelmann (2009), p.90.

38) C. Audoin and B. Guinot (2001), p.50.

더욱 정확한 역표를 만들 수 있게 했다. 더욱이 1955년에 처음 등장한 세슘원자시계는 그 때까지 시간 유지에 사용되었던 진자시계나 수정시계와는 획기적으로 다른, 장시간 안정된 시간 측정을 가능하게 했다. 이런 과학기술의 발전은 천문학에도 큰 영향을 미쳤다. 특히 시간 및 주파수 표준분야에서 큰 변화와 발전을 이루는 계기가 되었다.

원자시계의 발명에 따라 새로운 원자시간눈금이 만들어졌다. 원자시계는 1초의 시간간격이 다른 시계에 비해 월등히 안정되어 있기 때문에 새로 만들어지는 모든 천문시간눈금에서 눈금 단위로 사용되기 시작했다. 또한 ET는 상대성이론을 반영한 새로운 동역학적 시간눈금(dynamical time scale)으로 다분화되면서 발전하였다. 오늘날 일반인들의 실생활과 천문학, 우주측지, 항법 등에서 널리 사용되고 있는, 현대화된(즉, 원자시간눈금이 반영된) 여러 종류의 시간눈금에 대해 제5장과 7장에서 설명한다.

Chapter 4

시간에 대한 상대론 효과

1 기본 개념

물리학 또는 천체물리학에서 좋은 이론이란 기존의 이론이 설명하지 못하던 현상을 설명할 수 있어야 하고, 또 아직 관찰되지 않은 현상을 예측할 수 있어야 한다. 이와 더불어 이론은 단순한 수식으로 표현되어야 한다. 이런 조건을 가장 잘 만족시킨 이론이 바로 아인슈타인의 상대성이론이다. 물리학자들은 일반상대성이론에서 나온 아인슈타인의 장방정식(field equation)을 20세기에 가장 아름다운 공식이라고 격찬하고 있다. 아인슈타인 이전에는 뉴턴의 만유인력의 법칙이 천체의 운동을 잘 설명해 왔다. 단 하나 예외가 있으니 그것은 수성의 근일점이 계속 변하는 것이었는데, 그 운동의 미세한 부분에 대해서 뉴턴 방정식으로는 설명할 수 없었다. 이런 사실을 아인슈타인은 그 당시에 이미 알고 있었다. 그가 장방정식을 발표한 후 제일 먼저 적용하여 계산한 것도 바로 수성의 궤도 문제였으며 완벽하게 해결했다.[1] 아인슈타인은 또 빛이 태양 곁을 지나오면서 휘어질 것이라는 것을 예측했다. 그것을 관측하는 방법에 대해서도 아이디어를 냈는데, 일식 때 태양 뒤 멀리 있는 별의 위치가 일식 전과 달라지는 것을 관측하는 것이었다. 이 관측을 위해 영국의 천문학자인 아서 스탠리 에딩턴은 1919년에 일식 탐사에 나섰고, 별 사진을 찍었다. 그러나 그 사진은 상대성이론을 증명하기에는 충분하지 않았다. 상대성이론, 특히 일반상대성이론에 대한 실험적 확인은 아인슈타인이 살아있는 동안(1879～1955)에 이루어지지 못했다. 상대성이론으로 유명해진 아인슈타인이지만 그는 광전효과의 발견에 기여한 공로로 1921년에 노벨물리학상을 받았다.

특수상대론이란 시간이 가는 속도(=비율)가 운동 여부 또는 운동 상태에 따라 다르다는 것이다. 그런데 운동이란 어떤 좌표계에서 보느냐에 따라 달라진다. 똑같은 운동을 정지 좌표계에서 볼 때와 움직이는 좌표계에서 볼 때 운동의 속도와 방향은 다르다. 속도가 빠를수록 시간이 느리게 가는 현상을 특수상대론에서는 '시간팽창'(time dilatation)이라고 부른다. 시간팽창이란, 예를 들면, 운동 속도가 빨라지면 1초의 길이가 길어지는 것이다. 그러므로 시간팽창이 생기는 곳에서 시계는 느리게 간다. 시간팽창은 그것을 관찰하는 좌표계에 따라 다르게 나타난다.

'동시'(simultaneity)라는 것은 어떤 사건이 똑같은 순간에 일어나는 것을 말한다. 이것 역시 어떤 좌표계에서 보느냐에 따라 달라진다는 것이 '동시의 상대성'이다. 그렇기 때문에

1) 이종필, "물리학 클래식", 사이언스북스, 2012, pp.83~134.

여러 시계들을 '동기'(synchronization)시킬 때는 사용된 좌표계에 유의해야 한다. 예를 들면, '사냑 효과'는 관성좌표계에서는 나타나지 않지만 비관성좌표계(예: 회전좌표계)에서 나타나는 특수상대론적 현상이다. 그러므로 시간에 관한 상대론적 효과를 이해하기 위해서는 사용된 좌표계(=공간)에 관해서 먼저 알아야 한다.

일반상대론은 중력에 관한 이론이다. 중력은 뉴턴에 의하면 질량이 있는 물체 사이에서 서로 끌어당기는 힘이다. 그런데 아인슈타인은 이 중력을 '중력장'이라는 개념으로, 공간이 휘어지는 것으로 설명했다. 중력이 강한 곳(=중력퍼텐셜이 낮은 곳)에서는 약한 곳보다 시간이 더 느리게 가는데, 이 현상을 '중력 시간팽창'이라 부른다. 시간팽창에 의해 주기가 늘어나면 주파수는 낮아지므로(=빨간색 쪽으로 이동) 중력 시간팽창을 '중력 적색이동'이라고도 한다. 이에 비해 상대적으로 중력이 약한 곳(=중력퍼텐셜이 높은 곳)에서는 강한 곳에 비해 '중력 청색이동'이 발생한다.

GPS 위성은 원자시계를 탑재하고 있어서 상대론 효과를 검증하거나 실험하는데 아주 좋은 실험실이다. GPS는 고도 약 2만 km 상공에서 하루에 두 번 지구 주위를 회전하고 있다. 그래서 위성에 탑재된 시계에서는 위성의 궤도 운동에 의한 특수상대론 효과와 지구의 중력에 의한 일반상대론 효과가 동시에 발생한다. 이 두 상대론 효과에 의해 시간이 지상에 있는 시계보다 빨리 가는데, 그 비율은 대략 10^{-10} 수준이다. 이것은 아주 작은 양 같아 보이지만 원자시계에서는 아주 큰 양이다. 왜냐하면 원자시계는 하루 동안에 대략 10^{-14} 수준의 주파수안정도를 가지는데, 상대론 효과는 이에 비해 약 10000배 더 크기 때문이다. GPS 시계에서 이 상대론 효과를 보정하지 않으면 항법시스템으로 사용할 수 없을 정도로 거리에서 큰 오차를 만든다. 이 장의 제4절에서는 GPS 원자시계에서 일어나는 상대론적 현상에 대해 자세히 알아볼 것이다.

우리가 공간에서 어떤 지점의 위치를 나타낼 때 흔히 3차원 직각좌표계를 사용한다. 즉 원점을 기준으로 세 축의 성분 (x, y, z)으로 위치를 나타낸다. 이런 식으로 표현되는 공간을 수학에서는 유클리드[2] 공간이라고 부른다. 유클리드 공간에서는 원점에서 해당 지점까지의 거리(s)를 $s^2 = x^2 + y^2 + z^2$의 식으로 표현한다. 다시 말하면, 각 좌표 성분의 제곱의 합이 거리의 제곱이 된다. 유클리드 공간은 이처럼 순전히 공간적인 차원만 가진다.

공간에서 물체의 운동을 표현하기 위해서는 그 물체의 위치를 나타내는 좌표와 함께 시간이라는 변수가 필요하다. 즉 시간에 따라 위치의 변화를 나타내야 한다. 이를 위해 시간

2) Euclid는 기원전 4세기에서 3세기 사이에 고대 그리스의 알렉산드리아에서 활동한 수학자이다. '기하학의 아버지'라고 불릴 만큼 기하학에서 많은 업적을 남겼다.

(t) 또는 시간간격(Δt), 변위(Δx, Δy, Δz), 속도, 가속도 등으로써 운동을 표현한다. 뉴턴은 힘과 운동 사이의 관계를 정립하여 뉴턴의 운동 법칙을 만들었다. 그런데 그는 시간(t)과 공간(x, y, z)은 서로 독립적이라고 생각했다. 그는 유클리드 공간에서 운동을 기술했는데, 시간과 공간은 서로에게 영향을 미치지 않는 것으로 간주했다. 뉴턴 역학은 천체의 운동을 기술하는데 널리 사용되었고, 오늘날에도 태양계 외행성(=지구 바깥쪽 행성)들의 운동을 나타내는데 유용하게 사용되고 있다.

아인슈타인은 뉴턴과 달리 시간과 공간은 독립적이지 않으며 상호 연관관계를 갖고 있다고 생각했다. 특수상대론에서 시간팽창이 일어나는 공간에서는 길이가 짧아지는 현상도 생긴다. 일반상대론에서 중력에 의해 공간이 휘고, 시간이 느리게 간다. 이처럼 서로 독립적이지 않은 시간과 공간을 표현하기 위해 시간과 공간이 통합된 시공간(spacetime)이라는 개념이 만들어졌다.

민코프스키[3]는 1908년에 특수상대론을 수학적으로 표현하기 위해 이른바 '민코프스키 시공간'을 만들었다. 이것은 공간을 나타내는 3차원과 시간을 나타내는 1차원이 결합된 것이다. 이 4차원을 동시에 나타내기 위해 시간에 빛의 속력 c를 곱하여 길이 차원으로 바꾸었다. 시공간에서는 어떤 지점 또는 위치라는 표현 대신에 '사건'(event)이라고 표현한다. 그리고 두 개의 사건 사이의 간격(또는 거리)을 '메트릭'(metric)이라고 부른다. 민코프스키 메트릭은 4차원을 나타낼 때 다음과 같이 쓴다: $(x^0, x^1, x^2, x^3)=(ct, x, y, z)$. 이때 두 사건 사이의 간격($s$), 즉 '시공간격' 또는 메트릭은 $s^2=-c^2t^2+x^2+y^2+z^2$으로 주어진다. 여기서 $(ct)^2$항은 공간 좌표와 달리 음의 부호를 가진다는 것에 주의해야 한다(단, 전체 부호를 다음과 같이 반대로 나타내기도 한다: $-s^2=-c^2t^2+x^2+y^2+z^2$).

그림 4-1은 민코프스키 시공간에서 과거와 미래의 빛 원뿔(light cone) 및 현재의 초곡면(hypersurface)을 보여준다. 단, 평면에 4차원을 모두 표현할 수 없기 때문에 공간은 2차원(x, y)으로만 나타낸다. 시공간의 원점은 관찰자가 현재($t=0$) 있는 지점($x=y=0$)이다. 원점을 기준으로 아래 위 방향은 시간 축을 나타내는데, 아래는 과거($t<0$)를, 위는 미래($t>0$)를 나타낸다. 우리가 밤하늘에 있는 별을 보는 것은 현 시점에서 과거의 별 빛을 보는 것이므로 빛 원뿔의 아래쪽을 보는 것이다. 태양의 빛도 지구에 도달하기까지 약 8분이 걸리므로 과거의 빛을 보는 것이다.

빛은 그 속력이 일정하므로 민코프스키 시공간의 공간과 시간 축에서 일정 기울기를 가

3) Hermann Minkowski(1864~1909)는 독일의 수학자인데, 취리히 연방공대에서 학생 아인슈타인을 가르쳤다고 한다.

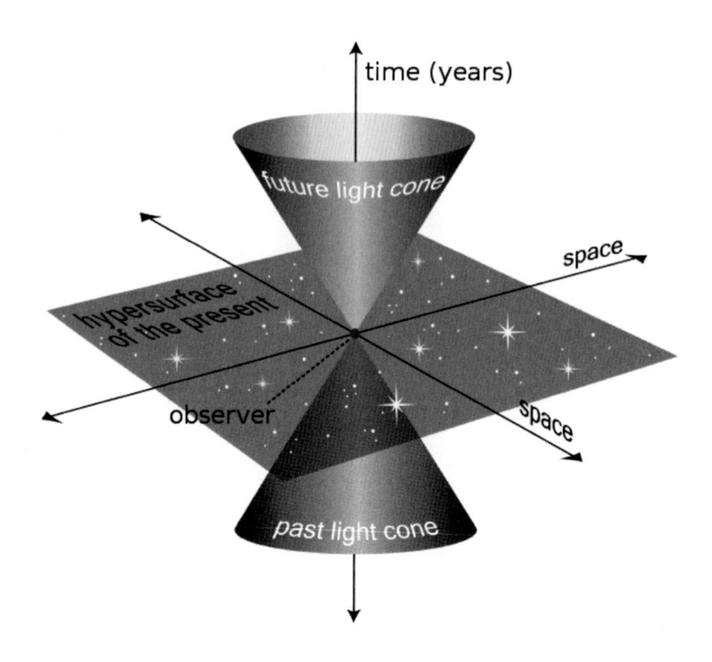

그림 4-1 민코프스키 시공간에 나타낸 과거와 미래의 빛 원뿔. 두 원뿔이 만나는 꼭짓점이 현재다.

진 직선으로 나타난다. 그 직선들이 모여 공간상에서 원뿔 형태를 이루는데, 이것을 빛 원뿔이라고 한다. 이 빛 원뿔은 $x^2+y^2=c^2t^2$의 관계를 만족시키므로 메트릭이 0인 점들($s^2=-c^2t^2+x^2+y^2=0$ 성립되는 점들)이 모인 것이다. 즉 두 사건 사이의 공간적 거리가 두 사건 사이에서 빛이 지나는데 걸린 시간과 정확히 일치한다. 빛에 의해 시작되었거나 일어난 사건은 모두 이 관계를 만족시킨다.

그런데 빛보다 빠른 물체는 없으므로 세상의 모든 물체의 운동은 빛 원뿔 안에서 일어난다. 즉 $s^2<0$의 관계를 갖는다. 따라서 $c^2t^2>x^2+y^2$의 관계가 성립된다. 이처럼 시간 간격이 공간 간격보다 큰 경우의 s를 '시간꼴 간격'(time-like interval)이라고 부른다. 시간꼴 간격으로 분리된 두 사건은 시간이 흐르면 두 사건 사이에 '인과관계', 즉 원인과 결과의 전후 관계가 성립한다. 과거 어느 시점에서 시작된 물체의 운동은 시공간의 원점 아래에서 하나의 점으로 표시되고, 현재를 거쳐 미래로 진행되면 빛 원뿔 내에서 궤적을 남겨서 하나의 고유한 선으로 나타난다. 이 선을 '세계선'(world line)이라고 부른다.

한편, 빛 원뿔 바깥쪽은 빛의 속력보다 빠른 영역으로서 우리가 살고 있는 물리적 세계와 상관이 없다. 즉 인과관계가 성립되지 않는다. 이 영역에서는 $s^2>0$이므로 $x^2+y^2>c^2t^2$

의 관계가 성립된다. 이처럼 공간 간격이 시간 간격보다 큰 경우를 '공간꼴 간격'(space-like interval)이라고 부른다.

민코프스키 시공간 및 메트릭은 특수상대론을 쉽게 설명하기 위해 도입되었지만 여러 물리이론을 단순하게 만드는데 큰 역할을 했다. 또한 중력이 있는 시공간, 즉 일반상대론의 곡률을 가진 시공간을 이해하고 기술하는데도 중요하게 사용되었다.

상대론은 등장한 이후 50여 년 동안 활용되지 못하고 사장되어 있었다. 가장 쉽게 적용될 것으로 예상되는 천체물리학에서도 상대론 효과는 오랫동안 반영되지 않았다. 가장 큰 이유는 상대론 효과가 아주 작아서 그것을 측정할 수 있는 기술과 방법이 없었기 때문이었다. 태양계 천체의 운동은 태양에 가장 가까운 수성을 제외하면 그 당시 관측결과를 뉴턴의 동역학으로 충분히 설명할 수 있었다. 그런데 1970년대에 들어 우주시대가 본격적으로 열리면서 상대론에 대한 관심은 급격히 커지게 되었다.

국제천문연맹(IAU)은 1976년에 상대론 효과를 반영한 두 개의 시간눈금을 도입할 것을 권고했다. 그 이후 1991년에 일반상대론을 고려한 기준좌표계 및 시간눈금에 관한 결의안들을 채택했다.

2 특수상대론 효과

2.1 시간팽창과 적색이동

특수상대론이 상정하는 공간에는 아무 질량이 없다. 즉, 중력이 없는 텅 빈 공간이라고 가정한다. 우주공간에서 우주선이 속력 v로 날아가고 있다고 상상해보자. 이 우주선에는 그림 4-2(a)와 같이 특수한(가장 단순하고 이상적인) 시계가 우주선이 날아가는 방향에 수직으로 설치되어 있다(이렇게 가정한 이유는, 길이 방향으로 날아가는 경우 길이수축 현상이 발생하여 거울 사이의 거리가 짧아지기 때문이다). 마주 보는 두 개의 거울이 L만큼 떨어져 있고, 아래쪽 광원에서 나온 빛이 위쪽 거울로 갔다가 반사되어 돌아와 아래쪽 센서에서 검출된다. 이때 빛이 거울을 왕복하는데 걸린 시간을 T_a라고 하자. 빛의 속력 c는 광원이나 관찰자의 운동에 무관하게 일정하므로 $T_a = 2L/c$의 관계가 성립한다. 이때 빛이 위쪽 거울에 반사된 후 아래쪽 거울에 도착할 때 '똑딱'하면서 초침이 한 칸 이동한다고 생각하자. 그런데 우주선 밖에 정지해 있는 관찰자에게 이 시계는 그림 4-2(b)처럼 움직이는 것으

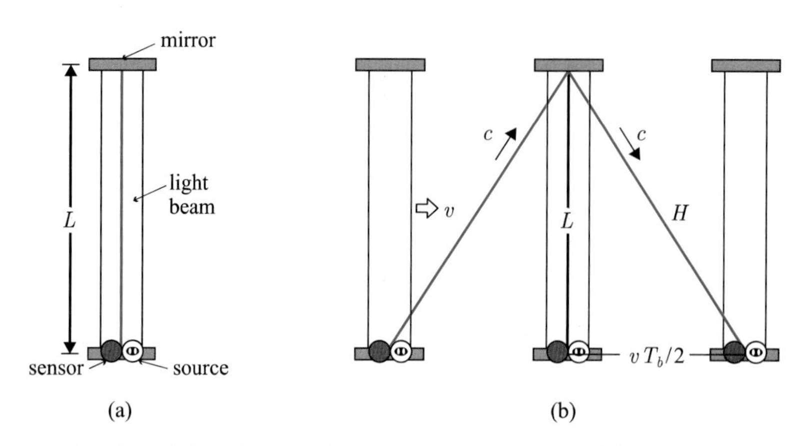

그림 4-2 우주선은 길이 L에 수직 방향으로 속도 v로 움직인다. (a) 우주선에 타고 있는 관찰자가 볼 때 빛이 두 거울 사이를 왕복하는데 걸린 시간 T_a, (b) 우주선 밖에서 정지한 관찰자가 볼 때 빛이 거울 사이를 진행하는 경로와 걸린 시간 T_b.

로 보일 것이다. 이 관찰자에게 빛은 경사면을 따라 올라갔다가 다시 경사면을 따라 내려오는 것처럼 보일 것이다. 이때 빛의 경로는 $2H$이므로 빛이 두 거울을 왕복하는데 걸린 시간은 $T_b = 2H/c$의 관계가 성립한다. 이 시간 동안 우주선은 vT_b만큼 이동했으므로, 피타고라스 정리에 의해 $H^2 = L^2 + (vT_b/2)^2$의 관계가 성립한다.

따라서 다음 관계식을 구할 수 있다.

$$T_b = \frac{T_a}{\sqrt{1-\left(\frac{v}{c}\right)^2}} = \gamma T_a \qquad \text{(시간팽창)}$$

$$\text{단, } \gamma = \frac{1}{\sqrt{1-\left(\frac{v}{c}\right)^2}}$$

그런데 항상 $\gamma \geq 1$이므로 $T_b \geq T_a$이다. 이것은 우주선 밖의 관찰자에 대해 움직이는 시계의 주기(T_b)가 우주선 안의 관찰자에 대해 정지해 있는 시계의 주기(T_a)보다 더 길다는 것이다. 만약 우주선의 속력 v가 빨라져 c에 가까워지면 γ는 무한대에 가까워지고 이에 따라 T_b도 무한대에 가까워진다. 이것은 시간이 흐르지 않고 정지 상태에 이른다는 뜻이다.

우주선에 타고 있는 관찰자에게 시계는 '똑딱'하면서 가는데 비해, 우주선 밖에 있는 관찰자에게는 '또옥따악'하면서 가는 것과 같다. 그림의 시계는 물리학적으로 가장 기본적이고 이상적인 시계이다. 이 시계가 느리게 간다는 것은 곧 시간이 느리게 간다는 것을 뜻한다. 시간이 느리게 간다는 것은 경과한 시간이 상대적으로 짧다는 뜻이다. 결국 '시간팽창'이란 움직이는 시계가 정지한 시계보다 느리게 간다는 것을 말한다.

시간팽창을 주파수 관점에서 보면 주파수가 낮아지는 '적색이동'(red shift)에 해당한다. 그림 4-2(a)에서 시계의 주파수(=주기의 역수)를 f_a라 하면 $f_a = 1/T_a$이다. 그림 4-2(b)의 경우에 측정한 주파수를 f_b라 하면 $f_b = 1/T_b$이다. $T_b = \gamma T_a$이므로 $f_b = f_a/\gamma$의 관계($f_b \leq f_a$)가 성립한다. 다시 말하면, 움직이는 시계에서 발생하는 주파수는 정지 상태의 시계의 주파수보다 낮다. 즉, 적색이동이 발생한다.

그림 4-2에서 우주선의 진행방향과 빛의 진행방향이 서로 수직이므로 1차 도플러 효과는 발생하지 않는다. 특수상대론 효과에 의한 적색이동은 '2차 도플러 효과'라고 부른다. 이 효과를 좀 더 일반적으로 나타내기 위해 우주선 밖에 있는 관찰자가 측정한 시계의 주파수를 f_O, 우주선 안에서 동작되고 있는 시계의 주파수를 f_S라고 하자. 시간팽창 식에서 v가 c보다 훨씬 작은 경우에 $\gamma^{-1} = (1-v^2/c^2)^{1/2} \approx 1 - v^2/2c^2$로 전개할 수 있다. 따라서 $f_O \approx f_S(1-v^2/2c^2)$이다. 주파수 이동량($\Delta f \equiv f_O - f_S$)의 상대적인 값은 $\Delta f/f_S = -(v^2/2c^2)$으로 음의 부호를 가진다. 즉, 관측된 주파수는 적색이동이 발생했다. 이 값이 속력의 제곱에 비례하기 때문에 2차 도플러 효과이다.

고전적인 1차 도플러 효과는 광원(또는 음원)과 관찰자의 상대적인 운동방향이 일정 각도(θ)를 이루고 있는 경우에 발생한다. 이때 도플러 주파수 이동량은 $\Delta f/f_S = v\cos\theta/c$로서 속력의 1차에 비례한다. 만약 $\theta = 90$도, 즉 그림 4-2처럼 광원과 관찰자의 운동방향이 서로 수직인 경우에는 $\cos 90° = 0$이므로 1차 도플러 효과는 없어진다.

앞에서 나온 시간팽창 식은 아인슈타인의 특수상대론이 나오기 전에 로렌츠[4]가 먼저 유도하였다. 그가 활동하던 당시에는 빛이 파동이라는 주장이 우세했다. 그런데 파동이 공간에서 전파되기 위해서는 매질이 필요하다. 그래서 그 당시 과학자들은 '에테르'라는 매질이 우주공간을 가득 채우고 있다고 생각했다. 에테르의 존재를 확인하기 위해 마이켈슨-몰리의 실험이 실행되었었다. 그러나 그 결과는 예상과 반대로 에테르가 없는 것으로 나왔다. 에테르의 부존재를 인정하기 싫었던 로렌츠는 이른바 로렌츠의 '길이수축'을 설명하기 위해 '로렌츠 변환'을 도입했던 것이다. 현재는 에테르가 없는 것으로 결론이 났지만, 로렌츠 변환

4) Hendrik Lorentz(1853~1928)는 덴마크의 물리학자로서, 제만 효과를 발견한 P. Zeeman과 1902년에 노벨물리학상을 공동 수상했다. 전자기학에서 로렌츠의 힘과 상대론에서 로렌츠 변환 등에 그의 이름이 들어 있다.

은 특수상대론에서 시간팽창과 길이수축을 설명하는데 유용하게 사용되고 있다.

로렌츠 변환은 등속 운동하는 두 개의 관성좌표계 사이의 변환을 나타낸다. 하나는 정지해 있는($v=0$) 좌표계(x, y, z, t)이고, 다른 하나는 x방향으로 v의 속력으로 움직이는 좌표계(x', y', z', t')이다. 이 사이의 변환을 아래와 같이 표현한다.

$$
\begin{aligned}
t' &= \gamma(t - \frac{vx}{c^2}) \\
x' &= \gamma(x - vt) \\
y' &= y \\
z' &= z
\end{aligned}
\qquad \text{(로렌츠 변환)}
$$

로렌츠 변환은 특수상대론 효과를 계산할 때 자주 등장한다. 뒤에서 이야기할 동시의 상대성에서도 이 변환식이 사용된다. 그런데 우리의 일상생활에서 속력 v가 시속 3000 km이면 엄청 빠른 속력이지만 초속으로 1 km/s가 되지 않는다(여객기의 경우 약 800 km/h$\simeq$0.22 km/s). 따라서 빛의 속력(약 30만 km/s)에 비하면 거의 무시할 수 있기 때문에 $(v/c)^2$은 거의 0에 가깝고, 따라서 γ는 1로 둘 수 있다. 이에 따라 로렌츠 변환 식은 $x' = x - vt$, $t' = t$라고 쓸 수 있다. 이 경우를 '갈릴레이 변환'이라고 부른다. 갈릴레이 변환은 고전역학에서만 적용되고, 속력이 빨라지는 경우에는 맞지 않는다. 이에 비해 로렌츠 변환은 고전역학 뿐 아니라 전자기학의 법칙도 관성좌표계에서는 똑같은 형태로 표현된다는 아인슈타인의 '특수상대성 원리'에 부합한다.

2.2 동시의 상대성

공간적으로 분리된 두 지점에서 사건이 동시에 발생한다는 것은 절대적이지 않다(=상대적이다)라는 것이 '동시의 상대성'이다. 다른 말로 하면, 어떤 기준좌표계에서는 두 사건이 동시에 일어났을지라도 다른 좌표계에서 보면 그렇지 않다는 뜻이다. 예를 들면, 서울과 워싱턴에서 자동차 사고가 동시에 발생했다고 가정하자. 이 두 사건이 지구상에 정지해 있는 어떤 관찰자에게는 동시에 일어난 것처럼 보일 수 있다. 그렇지만 지구 주위를 돌고 있는 국제우주정거장에 타고 있는 사람에게는 조금 다른 시간에 일어난 것처럼 보인다는 것이다. 즉 정지해 있는 지구기준좌표계에서 두 사건이 동시에 발생했더라도 움직이는 좌표계(국제우주정거장 같이 움직이는 좌표계)에서는 동시가 아니라는 뜻이다. 이것은 멀리 떨어져 있는 두 시계를 동기(synchronization)시킬 때도 해당되는 것으로, 특수상대론과 로렌츠 변환

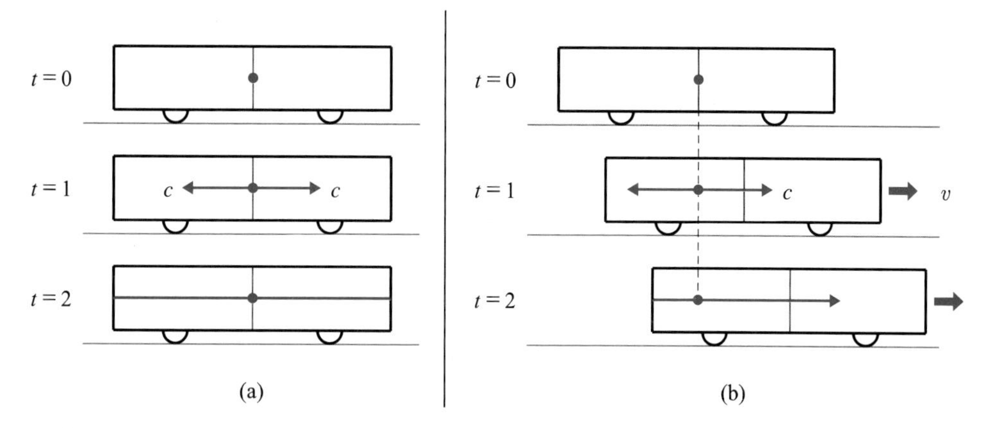

그림 4-3 기차는 오른쪽으로 움직이고, 차량 정중앙에서 빛이 반짝일 때, (a) 기차에 탄 관찰자가 봤을 때 빛은 양쪽 벽에 동시에 도착하고, (b) 정거장에 서 있는 관찰자가 봤을 때 빛은 뒤쪽 벽에 먼저 도착한다. 단, 상대론 효과에 의한 길이수축은 무시했음.

이 직접 관련되어 있다.v

그림 4-3과 같이 기차 차량의 정중앙에 램프가 있고, 스위치를 넣어서 빛이 반짝 켜지면 빛은 사방으로 퍼져나갈 것이다. 그 중에서 차량의 앞쪽과 뒤쪽으로 진행하는 빛이 벽에 도달하는 시간을 살펴보자. 기차는 x방향으로 v의 속도로 등속 운동한다고 가정한다. 빛이 앞쪽(=기차가 진행하는 쪽) 벽과 뒤쪽 벽에 도착하는 시간은, 기차에 탄(=기차에 대해 정지한) 관찰자가 볼 때는 그림 4-3(a)와 같이 양쪽 벽에 동시에 도착한다. 다시 말하면, 두 사건은 동시에 발생했다. 그렇지만 기차 밖 정거장에 서 있는 관찰자[5]가 볼 때는 그림 4-3(b)처럼 서로 다르다. 즉 빛의 속력은 기차가 움직이는 방향이나 그 반대 방향으로 같은 속력으로 진행하지만, 정거장에 서 있는 사람이 볼 때 기차는 오른쪽으로 움직이므로 빛은 뒤쪽 벽에 먼저 도착하고, 앞쪽 벽에는 나중에 도착한다. 결국 '동시성'이란 어느 좌표계에서 보느냐에 따라 다르다는 것을 말한다.

이것을 시공 도형에 그린 것이 그림 4-4이다. 여기서 기차에 탄(=기차에 대해 정지한) 관찰자의 시공좌표계를 (t, x)로 나타내고, 정거장에 서 있는(=기차에 대해 움직이는) 관찰자의 시공좌표계를 (t', x')으로 나타내었다. 이 그림은 민코프스키 시공간(그림 4-1)에서 공간좌표축을 하나만 사용한 것과 같다. 가운데 45도로 기울어진 선은 빛이 양쪽 벽을 향

5) '정거장에 서 있는 관찰자'를 움직이는 기차에 탄 관찰자가 보면 움직이는 것처럼 보인다. 그러므로 기차에 타고 있는 관찰자는 기차에 대해 정지한 관찰자이고, 정거장에 서 있는 관찰자는 기차에 대해 움직이는 관찰자이다.

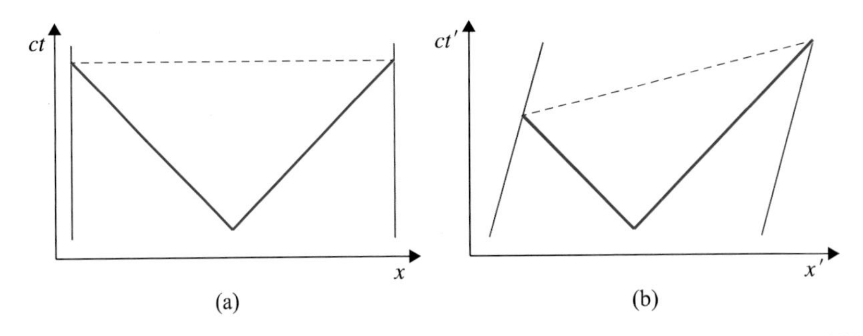

그림 4-4 앞 그림에 대한 시공 도형. (a)기차에 탄 관찰자와 (b)정거장에 서 있는 관찰자가 봤을 때, 기차 앞 뒤 벽의 세계선(직선)과 빛 원뿔(45°선): (b)에서 기차 벽은 속력 $v(=\Delta x'/\Delta t')$로 움직이므로 기울기를 가짐. 점선은 동시선을 나타냄.

해 진행하는 세계선을 나타내는 것으로 그림 4-1의 빛 원뿔에 해당한다. 빛 원뿔과 만나는 양쪽 직선은 기차의 양쪽 벽의 세계선에 해당한다. 기차에 탄 관찰자에 대해 양쪽 벽은 그 위치가 고정되어 있으므로 그림 4-4(a)처럼 시간에 상관없이 고정된 x값을 갖는다(수직으로 서 있다). 빛은 두 벽의 중앙에서 출발하여 양쪽 벽에 도착한 시간이 똑같다. 이에 비해 그림 4-4(b)에서 양쪽 벽은 정거장에 서 있는 관찰자에 대해 일정 속력 v로 움직이므로 일정 기울기$(=\Delta x'/\Delta t')$를 가진다. 여기서 양쪽 벽의 세계선은 서로 나란하다. 이때 ct'축에서 볼 때 빛은 뒤쪽 벽을 먼저 만나고, 앞쪽(=기차의 진행 방향 쪽) 벽은 나중에 만난다.

두 좌표계 (t, x) 및 (t', x') 사이의 변환은 로렌츠 변환식과 동일하다. 여기서 어떤 관찰자에게 어떤 두 사건이 동시에 발생했다는 것은 똑같은 시간 좌표값을 갖는다는 것을 뜻한다. 동시성이 깨지는 것은 로렌츠 변환식에서 $(t-vx/c^2)$항에 포함된 vx/c^2 때문이다.

2.3 사냑 효과

사냑 효과는 사냑[6]이 1913년에 발견한 현상이다. 이것은 고리(ring) 모양의 간섭계에서 서로 반대 방향으로 진행한 광파가 간섭계의 회전(방향 및 각도)에 따라 위상 차이가 발생하여 간섭현상이 일어나는 것을 말한다. 이때 위상 차이는 두 광파의 광로차에 따른 시간차이 때문에 발생하고, 시간차이는 간섭계의 면적$(A=\pi R^2)$과 간섭계의 회전각속도(Ω)의 곱에 비례한다.[7] 따라서 간섭계가 클수록(면적이 넓을수록) 회전민감도가 좋아진다. 이 효과

6) Georges Sagnac(1869~1928)은 프랑스 물리학자, 사냑 간섭계를 이용하여 에테르의 존재 여부를 확인하는 실험을 수행했다.

7) E.J. Post, "Sagnac Effect", Rev. Mod. Phys. Vol.39, No.2, pp.475~493(1967).

를 이용하면 간섭계의 회전각도를 알아낼 수 있다. 사냑 효과를 이용한 광학식(광파이버 또는 링 레이저) 자이로스코프는 비행기나 미사일 등의 정밀 자세 제어나 항법 등에 사용되고 있다.

사냑 효과는 회전하는 지구에서도 나타난다. 동-서 방향으로 거리 x만큼 떨어져 있는 두 지점에 시계가 놓여 있다고 가정하자. 이 두 시계를 GPS 위성에서 나오는 시간 신호를 이용하여 동기시키려면 사냑 효과에 의한 시간차이를 보정해야 한다. 다시 말하면, 두 시계가 GPS 위성에서 똑같은 거리만큼 떨어져 있더라도(=거리에 의한 시간지연이 같아도) 지구 자전에 의해 생긴 사냑 효과를 보상해야만 시간이 같아진다. 동시의 상대성에서 설명한 것처럼 정거장에 서 있는 관찰자에게 기차의 앞 뒤 벽에 위치한 두 시계를 빛을 이용하여 동기시키려면 기차의 움직이는 속도 v에 의한 vx/c^2항을 고려해야 하는 것과 마찬가지 원리다.

이와 같은 맥락에서 지구의 질량중심에 원점을 두되 우주에 고정된 좌표계(관성좌표계)에서 보면 지구는 회전각속도 ω로 회전하고 있다. 따라서 지구상에 고정된 두 시계는 $v=r\omega$의 속도로 움직이고 있다. 여기서 r은 지구의 자전축에서 시계가 있는 지점까지 수직거리이다. 지구상 임의의 지점에 있는 시계들을 동기시키기 위한 사냑 효과 보정식은 근사적으로 다음과 같이 쓸 수 있다.[8)]

$$\Delta t = vx/c^2 = (2\omega/c^2)(rx/2) = (2\omega/c^2)A_E = 1.6227\times10^{-21}A_E$$

여기서 A_E는 동기를 위해 사용된 GPS의 전파신호 펄스 벡터가 쓸고 지나간, 지구의 적도면에 투영된 면적이다. A_E의 부호는 이 벡터가 동쪽으로 움직이면 (+)이고, 서쪽으로 움직이면 (−)이다. 위 식에서 마지막 항의 숫자는 지구의 회전각속도(표 3-1 참조)와 빛의 속력을 이용하여 계산한 것으로 그 단위는 [s/m^2]이다. 따라서 A_E는 [m^2]의 단위를 가진다. 위 식은 지구상에 있는 시계들을 나노초 이하의 정밀도로 동기시킬 때 보정해야 하는 항으로, CCDS[9)](초정의 자문위원회)와 IRCC[10)]가 합의하여 결정했다.

8) D.W. Allan, et. al., "Around-the-World Relativistic Sagnac Experiment", Science, Vol. 228, 69, 1985.

9) CCDS(Consultative Committee for the Definition of the Second)는 CIPM(국제도량형위원회) 산하의 자문위원회인데 1997년에 CCTF(시간주파수 자문위원회)로 바뀌었다.

10) IRCC(International Radio Consultative Committee)는 1992년에 ITU-R(International Telecommunication Union-Radiocommunication Sector)로 바뀌었다.

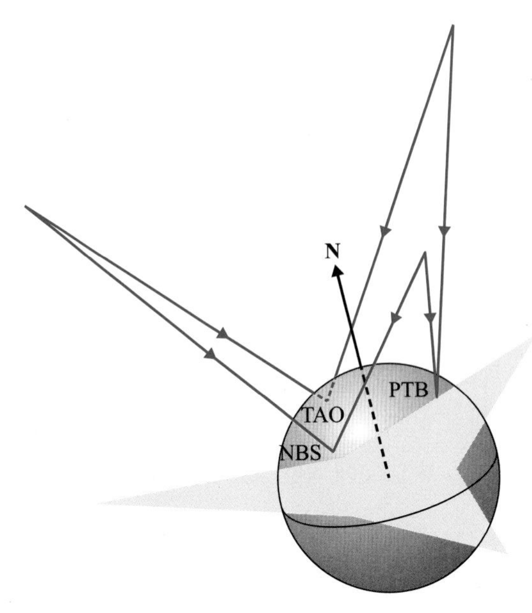

그림 4-5 GPS common-view 방법으로 미국, 독일, 일본에 위치한 원자시계들을 동기시킬 때 사냑 효과를 구하는 그림. 전파신호 벡터가 적도면에 투영된 면적이 표시되어 있음 (출처: D.W. Allan, *et. al.*, Science, Vol. 228, 69, 1985.)

데이비드 알란 등은 1985년에 3대의 GPS 위성의 common-view 방법으로 미국 NBS, 독일 PTB, 일본 TAO가 보유한 원자시계들을 동기시키는 실험을 수행하고 그 결과를 발표했다. 이 실험은 지구적인 규모에서 사냑 효과를 측정한 최초의 실험이었다. 이때 사냑 효과를 계산하기 위해 3대의 GPS 위성의 위치와 세 기관의 위치 및 적도에 투영된 면적 A_E를 보여주는 것이 그림 4-5에 나와 있다.

앞의 보정식에 따라 계산한 사냑 효과는 기관의 위치에 따라 다르지만 대략 240~350 ns의 값을 나타내었다. 그런데 GPS 수신기는 장치 내부에서 위 보정식으로 사냑 효과를 제거한 결과를 내놓는다. 그래서 3개 기관 사이의 비교 결과를 더했을 때 0이 되는지 여부로부터 보정식의 계산결과가 맞는지 확인했다. 90일 동안 관측한 결과는 평균 약 5 ns의 사냑 효과 잔여값을 나타내었다. 이것은 2×10^{-15}의 상대불확도에 해당하는 것으로 그 당시 비교 실험에 사용된 원자시계의 불확도보다 작다. 결론적으로, 앞의 사냑 효과 보정식이 정확하다는 것이 이 실험으로 확인되었다.

2.4 좌표시간과 고유시간

공간에서 발생하는 운동을 표현하고 그것에 관한 수학적 모델을 세우기 위해서는 3개의 공간좌표와 1개의 시간좌표가 필요하다. 예를 들면, 태양계에서 행성들의 운동을 기술하려면 기준좌표계와 함께 시간좌표가 필요하다. 또한 지구 주위를 도는 인공위성의 운동을 나타내기 위해서도 기준좌표계와 시간좌표가 필요하다. 이처럼 선택된 시공간 좌표계에서 시간좌표로 사용하는 시간을 '좌표시간'(coordinate time)이라고 한다. 좌표시간은 해당 기준좌표계 내에서는 항상 일정해야(=시간이 가는 속도가 같아야) 수학식에서 사용할 수 있다. 좌표계가 달라지면 그 좌표시간도 달라진다.

아인슈타인의 일반상대론에 의하면 시간은 공간에서의 위치(엄밀하게 말하면, 중력퍼텐셜을 만드는 질량과의 거리)에 따라 가는 속도(=비율)가 다르다. 특수상대론에 의하면 시간은 시계의 운동 상태에 따라 다르게 간다. 그렇기 때문에 관찰자가 시계로써 시간을 측정한다는 것은 시계가 있는 바로 그 위치, 즉 국소(local) 시간을 재는 것이다. 관찰자는 시계에 대해 상대적 운동이 없는 상태, 즉 정지 상태에 있다고 가정한다. 이때 그 시계가 재는 시간(=관찰자가 그 시계에서 읽는 시간)을 '고유시간' 또는 '참시간'(proper time)이라고 한다. 이 시계는 그림 4-2에서 설명한 것처럼 이상적인 시계로서, 가속도나 주변 환경에 의해 영향을 받지 않는다고 가정한다.[11] 이때 시계가 가는 속도가 곧 시간이 가는 속도(=비율)이다.

좌표시간과 고유시간을 민코프스키 시공간에서 설명하면 다음과 같다. 그림 4-1에서 수직 방향의 축은 시간을 나타내는 것으로 여기에 표시되는 시간눈금이 좌표시간에 해당한다. 이에 비해 고유시간이란 시계를 보유한 관찰자가 세계선을 따라 움직일 때 관찰자의 시계가 나타내는 시간을 의미한다. 고유시간은 경로에 따라 달라지므로 임의의 두 사건 사이에 경과한 총 고유시간을 계산하기 위해서는 경로를 따라 적분해야 한다. 그래서 미소(infinitesimal) 시공간격을 정의하는 것이 고유시간과 좌표시간의 관계를 구하는데 편리하다.

아무 질량과 에너지가 없는, 즉 중력이 전혀 작용하지 않는 시공간에서 아주 근접한 두 사건의 사이의 간격, 즉 '미소 시공간격'은 다음과 같이 쓸 수 있다.

$$ds^2 = -c^2dt^2 + dx^2 + dy^2 + dz^2$$

만약 두 사건이 고정된 장소($dx = dy = dz = 0$)에서 dt 시간만큼 차이를 두고 발생했다

11) 원자시계는 주변 환경 요인과 시계 구성요소에 의해 시계가 가는 속도(=주파수)가 변한다. 이런 요인들에 의한 주파수 이동을 보정해야만 고유시간을 정확히 알 수 있다(참조: 제6장 표 6-7).

면 시공간격은 $ds^2 = -c^2 dt^2$로 표현할 수 있다. 이때 시간 변수 t는 그 지점에서의 고유시간 τ로 볼 수 있다. 즉, $ds^2 = -c^2 d\tau^2$이다. 그런데 등속운동하는 좌표계는 관성좌표계이고, 로렌츠 변환에 대해 시공간격이 불변이다. 다시 말하면 $dx, dy, dz \neq 0$인 경우에도 $ds^2 = -c^2 d\tau^2$의 관계는 성립한다. 그리고 시계가 한 장소에 있다면 고유시간은 선택한 기준좌표계와 상관없이 항상 같은 값을 갖는다.

따라서 특수상대론적(관성좌표계) 상황에서 고유시간과 좌표시간 사이의 관계를 구하기 위해 시공간격을 표현하면 다음과 같다.

$$ds^2 = -c^2 d\tau^2 = -c^2 dt^2 + dx^2 + dy^2 + dz^2 \qquad \text{(특수상대론의 메트릭)}$$

이 식을 dt^2으로 나누어 다시 정리하면 다음과 같다.

$$c^2\left(\frac{d\tau}{dt}\right)^2 = c^2 - \left[\left(\frac{dx}{dt}\right)^2 + \left(\frac{dy}{dt}\right)^2 + \left(\frac{dz}{dt}\right)^2\right]$$

우변의 대괄호 항은 공간 좌표에서 속도 벡터의 제곱, 즉 v^2으로 나타낼 수 있으므로 다시 아래와 같이 간략하게 표현된다. 그리고 $v \ll c$이면 두 번째 항처럼 근사적으로 쓸 수 있다.

$$\frac{d\tau}{dt} = \sqrt{1 - \frac{v^2}{c^2}} \approx 1 - \frac{v^2}{2c^2} \qquad \text{(특수상대론의 시간팽창 비율)}$$

위 식에서 우변은 1보다 항상 작으므로 좌표시간의 미소 경과시간(dt)에 대해 고유시간의 경과시간($d\tau$)은 항상 짧다. 다른 말로 하면, 고유시간을 나타내는 시계의 바늘이 좌표시간을 나타내는 시계의 바늘보다 적게 돌아간 것이므로 고유시간이 느리게 간다는 뜻이다. 이것은 곧 고유시간이 팽창한 것과 같다. 결론적으로, 일정 속도로 움직이는 시계가 나타내는 시간(고유시간)은 특수상대론 효과에 의해 좌표시간보다 느리게 간다.

3 일반상대론의 원리 및 효과

3.1 등가 원리

특수상대론은 두 가지의 기본원리에 기반을 두고 만들어졌다. 하나는 빛의 속력은 광원이나 관찰자의 운동과 무관하게 일정하다는, '광속 불변의 원리'이다. 다른 하나는, 등속 운동하는 기준좌표계들은 모두 동등하다는 것이다. 다른 말로 하면, 모든 관성좌표계에 있는 관측자들에게 물리학 법칙은 같은 형태로 표현된다는 것이다. 여기서 말하는 물리학 법칙에는 전자기학 법칙이 포함된다. 갈릴레이의 상대성 원리는 고전역학에 대해서만 성립했지만 아인슈타인의 상대성 원리는 전자기학에 대해서도 성립한다. 아인슈타인이 1905년에 발표한 특수상대론의 논문 제목은 "운동하는 물체의 전기 역학에 대하여"이다. 특수상대론은 이 두 개의 기본원리에서 출발하여 앞에서 살펴본 시간팽창, 동시의 상대성 등의 현상을 설명할 수 있었다.

일반상대론도 두 가지 원리에 기반을 두고 만들어졌다. 하나는 "가속하는 기준좌표계를 포함한 모든 기준좌표계는 동등하다"는 것이다. 특수상대성 원리는 등속 운동하는 좌표계(=관성계)에 한정되었으나 여기서는 가속 운동하는 좌표계, 즉 비관성계까지 확장되었다. 모든 물리학 법칙은 관성계에서뿐 아니라 비관성계에서도 같은 형태로 표현할 수 있다는 것으로, 이것을 '일반상대성 원리'라고 부른다. 다른 하나는, 이 절에서 설명하려는 '등가 원리'이다. 등가 원리를 뉴턴의 법칙을 이용하여 설명하면 다음과 같다.

뉴턴의 제2법칙은 $F = ma$로 쓴다. 이 식은 질량이 m인 어떤 물체에 힘을 가하면 그 물체의 속도가 변한다(즉 가속된다)는 것을 나타낸다. 이것을 질량의 입장에서 보자. 같은 크기의 힘을 서로 다른 질량에 가하는 경우, 질량이 클수록 속도를 변화시키기 어렵다. 질량이 클수록 당초 운동 상태를 지속하려는 성질, 즉 '관성'(inertia)이 더 크다. 그래서 뉴턴의 제2법칙에 나오는 질량 $m(= F/a)$을 '관성질량'(inertial mass)이라고 부른다.

지구상에 있는 질량 m'의 물체는 뉴턴의 만유인력의 법칙(=뉴턴의 중력 법칙)에 의해 $F = Gm'M/r^2$의 힘을 받는다. 여기서 M은 지구의 질량, r은 지구의 중심에서 물체(m')의 중심까지의 거리, G는 중력상수이다. 그리고 $GM/r^2 \equiv g$를 중력가속도라고 부른다. 따라서 만유인력의 법칙은 $F = m'g$로 간략히 쓸 수 있다. 여기서 m'을 '중력질량'이라고 부른다.

갈릴레이는 질량이 다른 두 개의 공(예: 나무공과 쇠공)을 동시에 자유낙하시키면 같은 시간에 땅에 닿는다는 것을 발견했다. 질량이 달라도 떨어지는데 같은 시간이 걸린다는 것은 두 질량에 가해지는 가속도가 같다는 것을 뜻한다. 뉴턴의 제2법칙에 의해 $a_1 = F_1/m_1$이고 $a_2 = F_2/m_2$인데, $a_1 = a_2$라는 것이다. 이때 질량 m_1과 m_2에 작용하는 힘(F)은 지구의 중력뿐이므로(공기 저항은 무시할 때), 앞의 식에 나타난 힘은 $F_1 = m_1' g$와 $F_2 = m_2' g$로 쓸 수 있다. 따라서 $a_1 = (m_1'/m_1)g$이고, $a_2 = (m_2'/m_2)g$이다. 갈릴레이 실험에서 구한 $a_1 = a_2$의 관계로부터 앞의 식은 $(m_1'/m_1) = (m_2'/m_2)$가 된다. 이것은 (중력질량/관성질량)의 비가 질량의 크기에 상관없이 일정하다는 것을 말한다. 결국 갈릴레이의 낙하실험은 이 두 질량의 비가 같다는 것을 증명한 실험이다.

뉴턴은 중력질량과 관성질량이 같다($m' = m$)는 전제하에 만유인력의 법칙을 제시했다. 중력질량과 관성질량이 같다는 것을 '약한 등가 원리'(WEP) 또는 '갈릴레이의 등가 원리'라고 부른다. 오늘날에도 이것을 확인하는 실험이 수행되고 있는데, 2×10^{-17} 수준에서 두 질량이 서로 일치한다는 결과가 발표되었다.[12] 이 결과는 "중력은 곧 가속도"라는 사실($g = a$)을 의미한다.

갈릴레이의 등가 원리를 일반화시킨 것이 '아인슈타인의 등가 원리'(EEP)이다. 구체적으로 말하면, 다음과 같다. "균일한 중력장에서 기술되는 물리법칙은, 그 중력장의 세기와 동일한 크기의 가속도로 운동하는 기준좌표계에서 기술되는 물리법칙과 동일하다." 이 말은 중력장의 특성을 알려면 같은 크기의 가속도 운동을 하는 기준좌표계에서 일어나는 현상을 이해하면 된다는 뜻으로 해석할 수 있다. 다음과 같은 상상 실험을 해보자.

두 대의 우주선이 있다. 하나는 지구의 발사대에 정지해 있고, 다른 하나는 아무런 질량이 없는(중력이 없는) 우주 공간에서 지구의 중력가속도 g와 같은 크기의 가속도로 가속되면서 날아가고 있다. 각각의 우주선에 타고 있는 관찰자는 창문이 없어서 자신들이 어디에 있는지 알지 못한다. 이때 두 우주선에서 일어나는 물리 현상은 동일하다는 것이 아인슈타인의 등가 원리다.

우주 공간에서 날아가고 있는 우주선의 왼쪽 벽에 작은 구멍이 있고, 그 구멍을 통해 수평 방향(진행 방향에 수직)으로 빛이 들어온다고 상상해보자. 우주선에 타고 있는 관찰자가 볼 때 이 빛은 어떤 경로를 따라 진행하여 우주선의 오른쪽 벽에 맺힐까? 그 경로를 알아내기 위해 우주선 안에 벽과 나란히 여러 개의 유리벽(유리의 굴절률 무시)이 있다고 가정하자. 빛이 진행하면서 여러 개의 유리벽을 통과하는데, 그 점들을 연결하면 빛의 진행

12) Reasenberg, Robert D., et. al., "Design and characteristics of a WEP test in a sounding-rocket payload", Classical Quantum Gravity **27**, 095005(2010).

경로를 알 수 있다. 빛이 진행하는 동안 우주선은 g의 가속도로 점점 빨라지고 있으므로 빛은 유리벽을 하나씩 통과할 때마다 마치 포물선 모양을 그리며 아래 방향으로 굽어질 것이다.

아인슈타인의 등가 원리에 의하면, 지구에 정지해 있는(중력장에 놓여 있는) 우주선에서도 이와 똑같은 현상이 일어난다. 설명을 위해 지구를 예로 들었지만, 지구의 중력은 상대적으로 작기 때문에 이 현상을 직접 관찰하는 것은 불가능하다. 마찬가지로 g의 가속도로 날고 있는 우주선에서도 빛이 휘어지는 것을 관찰할 수 없다. 그렇지만 중력이 아주 큰(질량이 아주 큰) 별이나 블랙홀 부근에서 이 실험을 한다면 빛이 휘는 현상을 볼 수 있다. 실제로 중력에 의해 빛이 휘어지는, 이른바 '중력 렌즈 효과'는 이미 관측되었다.

그런데 일반적으로 빛은 직진하는 성질을 가지고 있다. 좀 더 정확히 말하면, 빛은 어떤 두 지점 사이를 최단 경로, 즉 가장 빠른 길을 따라 진행한다. 그러므로 빛의 궤적이 굽어진다는 것은 공간이 굽어져 있다는 것을 의미한다. 다시 말하면, 일반상대론에서 중력이란 힘이 아니라 공간 자체의 기하학적 성질을 뜻한다. 이것을 수학적으로 나타낸 것이 아인슈타인의 '장 방정식'(또는 중력장 방정식)이다. 중력장에 의해 휘어진 공간을 표현하기 위해 일반상대론에서는 리만(Riemann) 기하학을 사용한다. 이에 비해 특수상대론은 유클리드(Euclid) 기하학으로 설명할 수 있다.

상대론에 관한 상상 실험이나 설명에서 항상 '국소적'(local)이라는 조건이 붙는다. 그 이유는 다른 천체에 의한 조석력(tidal force)을 무시할 수 있을 정도로 실험실이 작다고 가정함으로써 공간적으로 복잡한 상황을 단순하게 만들 수 있기 때문이다. 그리고 공간의 곡률 변화를 무시할 수 있을 만큼 작은(=평평한) 시공간에서 실험이 이루어진다고 가정하면 특수상대론만으로 설명이 가능해지기 때문이다.

3.2 비관성계에서의 관성력

뉴턴의 제2법칙인 $F = ma$는 관성좌표계(=등속운동 좌표계)에서 정의된 것이다. 관성좌표계(=관성계)에서 물체가 가속되는 원인으로서 힘을 정의하고, 그 힘에 의해 가속되는 정도가 달라지는 특성으로 질량을 정의했다($m = F/a$). 그런데 자연에서 실제로 관성좌표계를 설정하는 것은 쉽지 않은 일이다. 많은 실험과 자연현상은 비관성계(=가속도를 갖는 좌표계)에서 수행되거나 일어난다. 그러나 실험이나 관측의 정밀도가 그리 높지 않을 때는 국소적으로 관성계로 간주할 수 있는 경우가 많이 있다. 관성력을 설명하기 위해 다음과 같이 지면 위에서 움직이기 시작하는(=가속되는) 버스를 예로 드는 경우, 지면은 정지해 있는 관성계로 볼 수 있다.

움직이기 시작하는(가속도 a로 운동하는) 버스 안에 매달린 손잡이들은 버스의 진행방향에 대해 뒤쪽으로 쏠린다. 이것을 지면(=관성계)에 정지한 관찰자가 볼 때 질량 m의 손잡이에 가해지는 힘은 두 가지가 있다. 즉, 지면에 수직 방향인 중력($= mg$)과 천정에 비스듬히 매달린 줄에 걸리는 장력($= T$)이다(이때 줄의 질량은 무시한다). 이 두 힘의 벡터 합(=알짜 힘)은 버스가 진행하는 방향과 같고, 그 크기는 손잡이의 질량에 버스의 가속도를 곱한 ma이다. 왜냐하면 손잡이는 버스와 같이 움직이기 때문이다. 이처럼 관성계에서 바라볼 때 버스 손잡이에서 일어나는 운동은 뉴턴의 제2법칙으로 잘 설명할 수 있다.

그런데 이 버스(=비관성계)에 타고 있는 관찰자가 볼 때는 상황이 달라진다. 손잡이와 관찰자는 같이 움직이므로 관찰자에게 손잡이는 정지해 있는 것으로 보인다. 그런데 손잡이에 가해지는 힘은 앞에서 설명한 것처럼 중력과 장력이고, 그 둘의 합은 여전히 버스 진행 방향으로 향하고 있다. 알짜 힘($= ma$)이 있는데도 불구하고 버스에 탄 관찰자에게 손잡이는 정지해 있는 것으로 보이는 것은 뉴턴의 제2법칙과 맞지 않는 설명이다. 그래서 비관성계에서도 뉴턴의 운동방정식이 성립되도록 하려면 알짜 힘과 반대방향으로 같은 크기의 힘이 가해진다고 가정해야 한다. 여기서 도입한 가상의 힘을 '관성력'(inertial force)이라고 부른다. 관성력이란 관성계에서 관찰할 때는 나타나지 않지만 비관성계에서는 나타나는 힘이다. 그러므로 비관성계에 있는 관찰자는 물체의 운동을 표현할 때 이런 관성력이 있는지 여부를 살펴서 고려해야만 운동을 제대로 기술할 수 있다.

위의 설명에서는 지면(즉 지구)을 관성계로 취급했다. 그런데 지구는 실제로 자전과 공전 운동을 하고 있다. 모든 원운동은 방향이 지속적으로 변하기 때문에 가속운동(=비관성운동)이다. 원운동을 하는 힘의 방향(또는 가속도의 방향)은 항상 원의 중심으로 향하기 때문에 구심력이라고 부른다. 자전과 공전을 하는 지구의 경우에 구심력의 근원은 태양의 중력이다. 이런 지구의 운동을 관성계에서 관찰한다는 것은 우주에 고정된 관성좌표계를 설정하고, 그 좌표계에서 지구의 운동을 기술하는 것을 의미한다. 그런 기준좌표계 중 하나가 제2장에서 설명한 국제천구기준계(ICRS)이다. 그리고 상대론 효과를 반영하여 만든 기준좌표계가 지구중심천구기준계(GCRS)와 태양계질량중심천구기준계(BCRS)이다(참조: 제5장 3절).

우리가 수행하는 대부분의 실험과 관측은 지구상에서 이루어진다. 지구상에서 위치를 나타내는 방법으로는 위도, 경도 및 표고로 나타내는 지리좌표계와 지구의 중심을 원점으로 하는 지심(=지구중심)좌표계가 있다. 이 외에도 세계측지계(WGS 84)나 국제지구기준계(ITRS) 등이 있는데 이런 좌표계는 지구의 질량중심에 중심(=원점)을 두고 지구에 고정된

ECEF[13] 좌표계이다. 이 좌표계들은 지구와 같이 회전하기 때문에 회전좌표계 또는 비관성 좌표계라고도 부른다. 이에 반해 GCRS처럼 지구의 질량중심에 원점을 두지만 우주에 고정된 좌표계를 비회전좌표계, 관성좌표계 또는 ECI[14] 좌표계라고 부른다.

회전하는 지구에서 나타나는 관성력에는 원심력과 코리올리(Coriolis) 힘이 있다. 이 중에서 다음 절에서 설명할 중력장과 관련된 원심력에 대해서 알아보자. 원심력은 구심력으로 작용하는 지구의 중력과 반대방향으로 향한다. 그래서 우리가 지구상에서 지구의 중력가속도(g)를 측정하는 경우, 이것은 지구의 질량(M_E)에 의한 가속도(g_E)와 원심력에 의한 가속도(g_c)가 합쳐진 것이다.[15] 이를 수식으로 계산하면 다음과 같다.

$$g_E = \frac{GM_E}{a^2} = \frac{3.98 \times 10^{14}}{(6.37 \times 10^6)^2} \simeq 9.8 \ \ \text{m/s}^2 \qquad \text{(지구의 질량에 의한 가속도)}$$

$$g_c = -\omega^2 a \cos\theta = -0.034 \cos\theta \ \ \text{m/s}^2 \qquad \text{(원심력에 의한 가속도)}$$

$$g = g_E + g_c \qquad \text{(지구의 중력가속도)}$$

여기서 a는 지구의 반지름, ω는 지구의 회전각속도($\approx 7.29 \times 10^{-5}$ rad/s), θ는 위도를 나타낸다. g_c의 부호가 (−)인 것은 원심력이 중력과 반대 방향이라는 것을 의미한다. 따라서 그만큼 g값이 줄어든다. 그리고 위도에 따라 원심력은 달라지는데, 적도($\theta = 0$)에서 가장 크다. 즉 원심력 때문에 중력가속도는 적도에서 최대 약 0.35 %만큼 줄어든다. 이에 비해 극(회전축)에서는 원심력이 0이다.

3.3 중력장과 중력퍼텐셜

중력장은 질량이 있는 물체가 그 주위 공간에 미치는 영향, 즉 중력 현상을 설명하는데 사용되는 모델이다. 중력장은 측정 가능한 물리량으로서, 단위 질량 당 힘으로 나타내는데 그 단위는 [N/kg]이다.

아이작 뉴턴은 중력을 두 질량 사이에 작용하는 힘으로 생각했다. 그런데 19세기 이후부터 과학자들은 중력을 장(field) 모델로 설명한다. 장 모델에서 물체는 그 질량을 통해 시공간을 왜곡시킨다. 이 왜곡은 힘으로 인식되고 측정되는데, 다른 물체는 왜곡된 시공간의 곡

13) ECEF는 Earth-Centered, Earth-Fixed의 줄인 말이다.

14) ECI는 Earth-Centered Inertial의 줄인 말이다.

15) 김항배, "우주, 시공간과 물질", 컬처룩, 2017, p.125.

률에 반응하여 운동하는 것으로 설명한다.

뉴턴의 중력법칙을 힘의 방향까지 포함하여 나타내면 다음과 같이 쓸 수 있다.

$$\vec{F}(\vec{r}) = -\frac{GMm}{r^2}\hat{r} = m\vec{g}(\vec{r})$$

여기서 $\vec{g}(\vec{r}) \equiv -\hat{r}GM/r^2$은 중력장을 나타낸다. r은 점 질량(point mass) M의 중심에서 다른 점 질량 m까지의 거리를 나타내고, $\hat{r}$은 그 방향을 나타내는 단위 벡터이다. $(-)$ 부호는 두 질량 사이에 인력이 작용하는 것을 뜻한다.

중력장이란 질량 M의 주변 공간에 다른 질량(m)에 힘을 미칠 수 있는 마당(場)이 펼쳐져 있는 상태이다. 그런데 중력가속도(g)의 개념은 이것과 다르다. 즉, 물체가 중력에 의해 운동을 하면서 나타나는 가속도를 뜻한다.

중력장과 관련된 다른 물리량으로 중력퍼텐셜(gravitational potential)이 있다. 중력장은 벡터량이지만 중력퍼텐셜 $U(r)$은 스칼라량이다. $\vec{g}(\vec{r}) = -\vec{\nabla}U(r)$의 관계로부터 다음과 같이 표현된다.

$$U(r) = -\frac{GM}{r} \qquad \text{(중력퍼텐셜)}$$

단, 여기서 M은 점 질량을 나타낸다. M이 부피를 가지는 경우에 중력퍼텐셜을 구하려면 부피 적분을 해야 한다. 그리고 지구처럼 약간 찌그러진 구형인 경우에는 다중극(multipole)을 고려해야 한다. 자세한 것은 다음 절에서 설명한다.

어떤 지점(r)의 중력퍼텐셜이란 기준 지점에서부터 그 지점까지 단위 질량을 움직이는데 필요한 일(에너지)을 뜻한다. 즉 중력퍼텐셜의 단위는 J/kg($=m^2/s^2$)이다. 여기서 기준 지점은 중력퍼텐셜이 0인 곳으로, M으로부터 무한히 멀리 떨어져 있다($r \to \infty$). 중력퍼텐셜은 항상 $U < 0$이므로, 항상 $(-)$값을 가진다.[16] 그런데 우리가 관심 있는 것은 중력퍼텐셜에 의한 시간팽창 효과이다. 구체적으로는, 좌표시간에 대한 고유시간의 비(=고유시간/좌표시간)를 구하는 것이다. 이 비율은 항상 1보다 작기 때문에 1에서 빼는 양을 계산하는 것이 편리하다. 그래서 중력퍼텐셜의 $(-)$ 부호를 무시하고 절댓값만을 고려할 것이다. 따라서 지구중심에 가까워질수록 중력퍼텐셜은 커지고, 멀어질수록(=고도가 높아질수록) 작아진다

16) 일반상대론에서는 중력퍼텐셜의 기준점을 질량으로부터 무한히 먼 곳으로 잡는다. 그래서 질량에 가까워질수록 중력퍼텐셜은 (-)값이 커진다. 그런데 측지학(geodesy)에서는 중력퍼텐셜을 (+)값을 가지는 것으로 약속했다. 그래서 질량에 가까워질수록 큰 (+)값을 가진다. 이 책에서는 측지학의 부호를 따른다.

고 표현할 것이다.

지구 주변 임의의 공간에서 중력퍼텐셜을 구하기 위해 r을 지구의 반지름 a_1과 지오이드로부터의 고도 h를 이용하여 $r = a_1 + h$로 표현하자. 이때 고도를 24 km 이내로 국한하면, $h \ll a_1$이므로 앞의 (중력퍼텐셜) 식에서 분모는 $r^{-1} \simeq a_1^{-1}(1-h/a_1)$로 근사화할 수 있다. 그리고 편의를 위해 지오이드에서의 중력퍼텐셜 $U(a_1) =- GM/a_1$을 기준으로, 고도 h에 의한 중력퍼텐셜 차이를 구하면 다음과 같이 쓸 수 있다.[17]

$$\triangle U(h) \equiv | U(a_1+h) - U(a_1)| \approx gh \qquad \text{(고도에 따른 중력퍼텐셜)}$$

단, $g(= GM/a_1^2)$는 지오이드에서의 중력가속도이다.

이 식은 지오이드를 기준으로 고도에 따른 중력퍼텐셜의 차이를 나타낸다.

3.4 중력퍼텐셜을 나타내는 수식

시간에 미치는 일반상대론 효과는 다음 절에 나오는 '중력 시간팽창'에서와 같이 중력퍼텐셜이 중요한 요소로 작용한다. 따라서 일반상대론적 시간팽창 효과를 정확히 계산하기 위해서는 중력퍼텐셜을 정확히 표현하고, 그 계산에 필요한 데이터를 정확히 측정해야 한다. 이 절에서는 지구상에 있는 원자시계나 인공위성에 탑재된 원자시계에 미치는 상대론적 효과를 계산하는데 필요한 중력퍼텐셜에 관한 수식과 데이터를 정리한다.

이를 위해 지구에 고정된 좌표계(=회전좌표계)에서와 함께 지구에 중심을 두지만 우주에 고정된 좌표계(=비회전좌표계)에서 지구의 운동과 중력퍼텐셜을 기술하는 것이 필요하다. 여기에 사용되는 양 및 값과 그 기호들은 표 4-1에 나와 있다.

지구 중력퍼텐셜의 수학적 모델은 구면 조화함수(spherical harmonics)로 나타내고[18], 필요한 정확도(불확도)까지 르장드르 다항식을 전개해서 사용한다. 지구의 중력퍼텐셜은 흔히 지구의 4중극 모멘트 계수에 해당하는 2차 계수까지 나타낸다. 이것은 10^{-14} 수준의 주파수(또는 시간) 정확도 계산에는 충분하지만,[19] 이보다 더 정확한 계산이 필요한 경우에는 더 높은 차수를 반영해야 한다. 여기서는 중력퍼텐셜을 이해하는 것을 목적으로, 2차 계수까지만 반영하기로 한다.

17) P. Giacomo, Metrologia **17**, p.71 (1981).
18) 참조: 부록 1의 IAU-2000 resolution No. B1.4
19) B. Guinot, Metrologia **34**, 1997, p.275.

표 4-1 중력퍼텐셜 계산에 필요한 양 및 값과 기호

기호	양 및 값
c	진공에서의 빛의 속력($=299\,792\,458$ m/s)
Φ_0	회전좌표계의 지오이드에서 중력퍼텐셜(원심력 퍼텐셜이 포함됨) ($\Phi_0 \simeq 6.263\,685\,75 \times 10^7$ m^2/s^2, $\Phi_0/c^2 = 6.969\,290\,134 \times 10^{-10}$)[20]
$\triangle\Phi$	회전좌표계에서 지오이드와 특정 지점 사이의 중력퍼텐셜의 차이. 단, 지오이드보다 높은 곳에서 (+)값으로 약속함(원심력 퍼텐셜이 포함됨)
U_E	관성좌표계(=비회전좌표계)에서 지구의 중력퍼텐셜(원심력 퍼텐셜이 없음)
U_T	관성좌표계에서 외계 천체의 조석력 퍼텐셜(지구의 중심에서 0이 됨)
U	$= U_E + U_T$
ω	지구의 회전각속도($\simeq 7.292\,115\,146\,7 \times 10^{-5}$ rad/s)
GM_E	중력상수와 지구 질량의 곱($\simeq 3.986\,004\,415 \times 10^{14}$ m^3/s^2)
a_1	지구의 적도 반지름($\simeq 6\,378\,137$ m)
J_2	지구의 4중극 모멘트 계수($\simeq 1.082\,68 \times 10^{-3}$)

지구상 임의의 위도(θ)의 지오이드에서 중력퍼텐셜(지구 자전에 의한 원심력 퍼텐셜 포함)은 근사적으로 다음 식으로 표현할 수 있다.[21]

$$\Phi_0 = \frac{GM_E}{r_\theta}\left(1 - \frac{J_2 a_1^2}{r_\theta^2}\frac{(3\sin^2\theta - 1)}{2}\right) + \frac{1}{2}(r_\theta \omega \cos\theta)^2$$

(지오이드의 중력퍼텐셜)

여기서 r_θ는 위도 θ에서의 지구의 반지름을 나타낸다. 그러므로 r_θ는 적도($\theta = 0$)에서 제일 긴 $r_0 = a_1$이고, 극($\theta = 90°$)으로 갈수록 짧아진다. 지구는 적도가 불룩한 모양인데 이로 인해 4중극 모멘트를 가진다. J_2가 포함된 항은 바로 이 4중극 모멘트에 의한 중력퍼텐셜을 나타낸다. 이에 비해 맨 오른쪽 항($\cos\theta$가 포함된 항)은 해당 위도에서 원심력 퍼

20) Φ_0와 Φ_0/c^2의 값은 중력퍼텐셜의 정의에 의하면 (-) 부호를 가지지만, 편의상 (+) 부호를 가지는 것으로 표현한다. 단, 이것들을 포함하는 수식(예: 고유시간/좌표시간 계산식)에서 '빼기'를 함으로써 이를 보정한다. 그리고 Φ_0/c^2의 값은 IAU-2000 결의안 B1.9에서 상수 L_G로 정의되어 있다.

21) Xu, Guochang (Editor), "Science of Geodesy-II", (Chapter 2, General Relativity and Space Geodesy, written by Ludwig Combrinck) Springer, 2013, p.78.

텐셜을 나타낸다. 그런데 위도 θ에 따라 지구의 반지름 r_θ가 변하고, 그에 따라 4중극 모멘트 퍼텐셜 항과 원심력 퍼텐셜 항이 변하는데 이것들은 서로 상쇄된다. 그 결과, 지오이드는 중력퍼텐셜이 똑같은 등퍼텐셜(equi-potential) 면이 된다.

적도 상의 지오이드에 있는 원자시계는 지구의 자전에 의한 접선 속도가 제일 빨라서 다른 위도에 있는 시계들보다 시간이 느리게 간다(특수상대론 효과). 그렇지만 중력퍼텐셜이 작아서(=중력이 약해서) 시계는 빨리 간다. 이 두 성분의 크기가 아주 높은 정밀도까지 같아서(서로 상쇄되어) 시계가 가는 비율은 일정하다.[22] 이처럼 지오이드에 위치한 시계는 그것이 어느 지점(위도 및 경도)에 있든지 같은 비율로 가므로 지구상에서 시간 측정의 기준면으로 사용하기에 적합하다. 그래서 국제원자시(TAI)나 지구시(TT)는 모두 지오이드를 기준으로 정한다.

위 식에서 적도($\theta = 0$) 상의 지오이드에서 중력퍼텐셜은 다음과 같이 표현된다.

$$\Phi_0 = \frac{GM_E}{a_1}\left(1+\frac{J_2}{2}\right)+\frac{1}{2}(a_1\omega)^2 \qquad \text{(적도 지오이드의 중력퍼텐셜)}$$

이 식으로 구한 중력퍼텐셜의 값은 표 4-1에 나와 있다.

관성좌표계에서 지구의 중심에서 r만큼 떨어진 곳(좌표: $x,\ y,\ z$)에서의 중력퍼텐셜은 다음과 같이 쓸 수 있다.

$$U(x,\ y,\ z) = \frac{GM_E}{r}\left[1-\frac{J_2 a_1^2}{r^2}\left(\frac{3z^2}{2r^2}-\frac{1}{2}\right)\right] \qquad \text{(관성계에서의 중력퍼텐셜)}$$

단, $z=0$는 지구 적도면에 해당하는데, 이때 $r = a_1$이다. 그러므로 지구 적도에서 4중극 모멘트에 의한 중력퍼텐셜은 $U_{quad} = GM_E J_2/(2a_1) = 3.38\times 10^4\ \mathrm{m^2/s^2}$이다. 이것은 총 중력퍼텐셜의 5.4×10^{-4}에 해당한다.

외계 천체에 의한 조석력 퍼텐셜(U_T)은 주로 달과 태양이 지구에 미치는 조석력에 의한 퍼텐셜을 의미한다. 목성이나 토성, 소행성 등 지구 주변의 다른 천체에 의한 조석력은 무시할 수 있을 만큼 작기 때문에 여기서는 제외한다. 그렇지만 높은 정확도를 필요로 하는 경우에는 이것들도 모두 고려해야 한다. 조석력은 달(또는 태양)에서 지구까지 거리의 세제곱에 반비례한다(참조: 제1장 4절). 달과 태양이 함께 지구에 미치는 조석력의 크기를 가속

22) N. Ashby, "Relativistic effects in the global positioning system". http://www.aapt.org/doorway/tgru/articles/Ashbyarticle.pdf, online article (2006).

도로 나타낼 때 최대인 경우, 지구의 중력가속도(g)의 1.64×10^{-7}에 해당하다. 이 중 달에 의한 영향은 약 69 %이고, 나머지가 태양에 의한 영향이다.[23)]

조석력 퍼텐셜은 지구중심에서 거리가 멀어질수록(즉 달이나 태양에 더 가까워질수록) 그 크기는 증가한다. 조석력 퍼텐셜이 지구정지궤도인 적도 상공 약 36 000 km에서 원자시계의 주파수 이동에 미치는 영향은 10^{-15} 수준으로 알려져 있다. 그리고 고도가 15 km 이하인 곳에서는 4×10^{-17}을 넘지 않는 것으로 나와 있다.[24)] 현재 세계 최고의 광시계의 주파수의 측정불확도가 10^{-18} 수준이므로 조석력 퍼텐셜을 더 정확히 평가하는 것이 필요하다. 하지만 이에 앞서 지구 중력퍼텐셜을 나타내는 수식을 2차(4중극 모멘트)보다 더 높은 고차항들을 반영하여, 10^{-14}보다 더 높은 정확도를 갖는 식을 구하는 것이 선행되어야 한다.

3.5 중력 시간팽창

특수상대론에서 시간팽창은 일정 속도로 움직이고 있는 시계가 정지상태의 시계보다 더 느리게 가는 현상을 뜻한다. 이에 비해 일반상대론에서 시간팽창은 중력퍼텐셜이 큰 곳(=중력이 강한 곳)에 있는 시계가 중력퍼텐셜이 작은 곳(=중력이 약한 곳)에 있는 시계보다 시간이 더 느리게 가는 현상(=중력 적색이동)을 말한다. 이것은 아인슈타인이 1907년에 처음 언급했고, 1915년에 일반상대론으로 발표했다. 이것에 대한 실험적 검증은 1959년에 '파운드-레브카' 실험을 통해 처음으로 확인되었다.[25)] 상대론에 의한 시간팽창이 실용적인 기술에 반영된 것은 1970년대에 GPS 위성을 운용하면서부터이다. GPS 위성에서 특수상대론과 일반상대론의 시간팽창을 보정하지 않으면 내비게이션으로 사용할 수 없을 만큼 그 영향이 크다.

여기서는 중력 시간팽창에 관한 공식을 슈바르츠실트[26)]가 아인슈타인의 장방정식에 대한 특수해를 구했던 기본 발상에 근거해서 유도해본다.

---

23) 조석력 퍼텐셜에 관한 참고문헌: Mikolaj Sawicki, "Myths about Gravity and Tides", The Physics Teacher, **37**, pp.438~441 (1999), retrieved in 2005.

24) B. Guinot, Metrologia **34**, 1997, p.275.

25) R.B. Pound and G.A. Rebka, "Gravitational Red-Shift in the Nuclear Resonance", Phys. Rev. Lett., Vol.3, No. 9, 439 (1959).

26) Karl Schwarzschild(1873~1916)는 독일의 물리학자 겸 천문학자로서 아인슈타인의 장방정식이 발표된 그 해에 정확한 특수해를 처음으로 구한 것으로 유명하다. 특히 그는 러시아와의 전쟁에 병사로 참여한 상태에서 이 해를 구했는데, 그 이듬해에 병에 걸려 사망했다. 그의 이름을 따서 슈바르츠실트 메트릭, 슈바르츠실트 좌표, 슈바르츠실트 반지름 등이 알려져 있다.

질량 m인 물체를 지구에서 속도 v로 연직 상방으로 쏘아 올리면 지구의 중력으로 인해 일정 고도에서 다시 떨어진다. 그런데 이 물체가 지구의 중력을 벗어나 외계로 나가려면 그것의 운동에너지($= mv^2/2$)가 지구의 중력퍼텐셜($= GMm/r$)보다 커야 한다. 즉 $mv^2/2 > GMm/r$이어야 한다. 여기서 r은 지구중심에서 중력이 미치는 지점까지의 거리이다. 이때 지구의 중력을 벗어나는 속도를 '탈출 속도'라고 부르는데, $v_{escape} = \sqrt{2GM/r}$ 이다.

한편, 세상에서 가장 빠른 속력은 빛의 속력(c)이므로 빛이 중력을 벗어나지 못하는 소위 '블랙홀'의 크기를 위와 같은 방식으로 구할 수 있다. 다시 말해서, 질량 M이 고밀도로 압착되어 빛이 빠져나가지 못할 때의 반지름을 r_S라고 한다면 앞에서와 같은 방식으로 v 대신 c를 대입하면, $GM/r_S > c^2/2$ 관계를 만족해야 한다. 이때 반지름 r_S를 '슈바르츠실트 반지름'이라고 부르고, $r_S = 2GM/c^2$이다. 이 조건을 만족하려면 지구의 질량은 반지름 약 1 cm 이내로, 태양은 반지름 약 3 km 이내로 압착되어야 한다.[27)]

특수상대론에서 좌표시간의 미소 증가분 dt에 대한 고유시간의 미소 증가분 $d\tau$의 관계는 다음과 같이 근사식으로 표현할 수 있다(참조: 2.4절).

$$\frac{d\tau}{dt} \approx 1 - \frac{v^2}{2c^2} \qquad \text{(속도 시간팽창)}$$

이 식에서 중력에 의한 시간팽창을 근사적으로 구하려면 v 대신에 중력으로부터 탈출속도 $v_{escape} = \sqrt{2GM/r}$ 을 대입하면 다음과 같이 된다.

$$\frac{d\tau}{dt} \approx 1 - \frac{GM}{rc^2}$$

여기서 $d\tau$는 중력장 안에 있는 기준좌표계에서 경과한 시간, 즉 고유시간이다. 이에 비해 dt는 질량으로부터 무한히 먼 곳에 있는, 즉 중력퍼텐셜이 0인 곳에 있는 기준좌표계에서 경과한 미소시간으로 좌표시간에 해당한다. 이 식에서 보는 것처럼 우변은 1보다 항상 작다. 그러므로 좌변에서 중력장에서의 고유시간($d\tau$)은 좌표시간(dt)보다 항상 짧다. 즉 중력이 있는 곳에서 고유시간은 항상 느리게 간다. 그래서 중력 시간팽창이라고 한다.

그런데 위 식의 두 번째 항에서 $GM/r = \Phi(r)$(=중력퍼텐셜)로 두면 좀 더 일반적인 식이 된다. 단, 표 4-1에서 약속한대로 $\Phi > 0$이다.

---

27) 제임스 D. 스타인 지음/전대호 옮김,"우주는 수학이다", 까치, 2013, p.177.

$$\frac{d\tau}{dt} = 1 - \frac{\Phi(r)}{c^2} \qquad \text{(중력 시간팽창)}$$

특수상대론의 적색이동이 속력에 의한 시간팽창의 결과로 생긴 것과 마찬가지로 중력 적색이동은 중력 시간팽창의 결과로 생긴다. 예를 들어, 다음과 같은 실험을 가정해보자. 주파수 f를 발생하는 두 대의 똑같은 원자시계가 있는데 그 중 하나는 지오이드에 놓여 있고, 다른 하나는 지오이드로부터 고도 h에 놓여 있다. 이때 두 원자시계는 고도에 따른 중력 차이로 인해 발생 주파수가 달라진다. 중력퍼텐셜이 큰 곳(여기서는 지오이드)에 있는 원자시계의 시간팽창이 더 크기 때문에 주파수는 더 낮다(적색이동). 그러므로 고도 h에 있는 원자시계의 발생 주파수는 지오이드에 있는 것보다 더 높다(청색이동).[28] 그 관계식은 다음과 같이 쓸 수 있다(참조: 3.3절의 고도에 따른 중력퍼텐셜 식).

$$\frac{\Delta f}{f} = \frac{|\Phi(h) - \Phi_0|}{c^2} = \frac{\Delta\Phi}{c^2} \approx \frac{gh}{c^2} \qquad \text{(중력 청색이동)}$$

단, Φ_0는 지오이드에서의 중력퍼텐셜이다.

위 식은 지오이드보다 높은 고도(단, 24 km 이내)에서 중력퍼텐셜에 의한 주파수 이동을 나타내는 근사식이다. 고도가 높으면 중력퍼텐셜이 작기(=중력이 약하기) 때문에 적색이동이 아니라 청색이동이 발생한다는 것을 나타낸다.[29]

만약 두 원자시계가 100 m 만큼 고도 차이가 나는 곳에 있다면 높은 곳에 있는 시계는 지오이드에 있는 시계보다 약 1.1×10^{-14} 만큼 주파수가 높은 상태에서 동작한다. 다른 말로 하면, 고도가 높은 곳은 중력퍼텐셜이 작아서 시계가 가는 속도(=비율)가 빠르고, 이것은 곧 1초의 지속시간이 지오이드에 있는 시계보다 짧다는 뜻이다.

3.6 일반상대론의 메트릭

일반상대론에서 질량 주변에 있는 시공간의 굽은 곡률을 수학적으로 표현하기 위해 불변량인 시공 간격(=메트릭)을 도입하고, 그 미소량을 다음과 같이 ds^2의 형태로 나타낸다.

지구 부근에서 시공간을 나타낼 때는 지구중심 비회전 관성계(예: GCRS)를 사용하는 것

28) Nikolaos K Pavlis and Marc A Weiss, Metrologia **40** (2003) pp.66~73.

29) 청색이동과 적색이동은 기준을 어디에 잡느냐에 따라 달라지는 상대적 개념이다. 지표면(지오이드보다 높은 곳)에 있는 시계는 지오이드를 기준으로 하면 중력 청색이동된다. 하지만 퍼텐셜이 0인 무한대 지점을 기준으로 하면 중력이 있는 곳에 있는 시계는 모두 중력 적색이동된다.

이 편리하다. 이 기준계에서 메트릭은 다음과 같이 근사화된 수식으로 표현할 수 있다.[30]

$$\begin{aligned} ds^2 &= -c^2 d\tau^2 \\ &= -(1-2U/c^2)c^2dt^2 + (1+2U/c^2)\times(dx^2+dy^2+dz^2) \end{aligned}$$

여기서 U는 지구에 의한 중력퍼텐셜(U_E)과 외계 천체에 의한 조석력 퍼텐셜(U_T)의 합이다. U_E는 지구로부터 무한대 거리에서 0이 되고, U_T는 보통의 경우 무시할 만큼 작은데(3.4절 참조), 지구중심에서 0이 된다.

그런데 위 식을 텐서 형태로 나타내면 다음과 같이 쓸 수 있다.

$$ds^2 = \sum_{i=0}^{3}\sum_{j=0}^{3} g_{ij}dx_i dx_j$$

단, $g_{ij} = g_{ji}$이고, $i, j = 0$은 시간 좌표를 나타낸다.

위 메트릭 텐서를 다음과 같이 성분으로만 나타내기도 한다.

$$ds^2 = g_{\alpha\beta}dx^\alpha dx^\beta$$

단, $dx^\alpha = (c\,dt,\ dx,\ dy,\ dz)$, $g_{\alpha\beta} = g_{\alpha\beta}(t,\ x,\ y,\ z,\ U,\ W)$.

여기서 $U(t,\ x)$는 뉴턴의 중력퍼텐셜을 일반화한 스칼라 퍼텐셜이고, $W(t,\ x)$는 벡터 퍼텐셜을 나타낸다(참조: 부록 1의 IAU-2000 결의안 B1.3 및 제5장).

일반상대론의 메트릭을 나타내는 앞의 식들은 아인슈타인의 장방정식의 근사해에 해당한다. 지구중심에서 약 30만 km까지는 최대 10^{-18} 수준의 상대 오차를 만든다.[31] 그리고 태양계 질량중심 기준계(BCRS)에 대해서도 그대로 적용할 수 있다. 더욱 정밀한 계산이 필요한 경우에는 메트릭을 고차항까지 표현할 수 있도록 BCRS와 GCRS에 조화 좌표(harmonic coordinates)를 사용할 것을 IAU는 2000년 총회에서 권고했다.[32]

위 식의 양변을 c^2dt^2으로 나누고 $d\tau/dt$에 대해 근사화시키면 다음과 같다.

---

30) 참조: 부록 1의 IAU-1991 Resolution No. A4

31) C. Audoin and B. Guinot, "The Measurement of Time," Cambridge University Press, 2001, p.28.

32) 참조: 부록 1의 IAU-2000 Resolution No. B1.3, Definition of barycentric celestial reference system and geocentric celestial reference system.

$$\frac{d\tau}{dt} = 1 - \frac{1}{c^2}\left(U(t) + \frac{1}{2}v(t)^2\right) - O(c^{-4}) \qquad \text{(일반상대론의 시간 비율)}$$

단, 여기서 $v = (dx^2 + dy^2 + dz^2)^{1/2}/dt$인데, 비회전좌표계에서 GPS 위성 또는 시계가 움직이는 속력(=좌표 속력)을 말한다. $O(c^{-4})$항은 c^{-4}의 차수를 포함하는 항으로서, 10^{-18}보다 작은 값을 가지므로 무시할 수 있다. $U(t)$는 GPS 위성 또는 시계가 있는 위치에서의 중력퍼텐셜을 나타낸다. 따라서 위 식은 '중력 시간팽창'과 '속도 시간팽창'이 합쳐진 형태로 나타난 것임을 알 수 있다. 또한 우변은 항상 1보다 작은 값을 갖는다. 즉, 시간에 관한 상대론적 효과란 중력과 속도에 의해, 경과된 고유시간이 좌표시간보다 짧아지는 것이다.

회전좌표계에서 지구상에 고정되어 있거나 지구에 대해 움직이는 시계(예: GPS 시계)에서의 상대론 효과를 계산하는 경우에는 앞의 식을 수정해야 한다. 먼저 비회전좌표계에서 중력퍼텐셜 U를 회전좌표계에서의 중력퍼텐셜 Φ로 바꾸어야 한다. 그리고 지구자전에 의한 사냑 효과를 반영해야 한다(참조: 2.3절).

$$\frac{d\tau}{dt} = 1 - \frac{1}{c^2}\left[\Phi_0 - \Delta\Phi(t) + \frac{1}{2}V(t)^2\right] - \frac{2\omega}{c^2}\left(\frac{dA_E}{dt}\right)$$

(회전좌표계에서 시간비율)

여기서 Φ_0 및 $\Delta\Phi(t)$는 지오이드에서의 중력퍼텐셜 및 해당 지점과의 퍼텐셜 차이를 나타낸다(참조: 표 4-1). $V(t)$는 지구에 대해 움직이는 시계의 속도를 나타내고, 맨 오른쪽 항은 사냑 효과를 나타낸다.

GPS 시계에서 항법 신호를 얻을 때는 이처럼 회전좌표계를 사용하는 것이 편리하다. 왜냐하면 항법 신호는 WGS 84와 같이 지구에 고정된 좌표계의 지도에 표시되기 때문이다.

4 상대론 효과의 검증

4.1 동-서 비행 원자시계를 이용한 시간팽창 검증

아인슈타인의 상대성이론이 발표된 이후 그것에 관해 많은 논쟁이 있었다. 그 중 '쌍둥이 역설'(twin paradox)은 특수상대론의 시간팽창에 관한 것이다. 쌍둥이로 태어난 두 아이

중 한 아이(A)는 지구에 있고, 다른 아이(B)는 우주선을 타고 다른 별나라를 다녀왔다고 가정한다. 그들은 상대적인 운동에 의해 시간이 서로 다르게 흘렀기 때문에 다시 만났을 때 두 사람의 나이(늙은 정도)가 다를 것이다. A가 볼 때 B가 우주선을 타고 갔다가 왔으므로(=운동한 것이므로) B의 시간이 더 느리게 흘러 B가 더 어리게 보인다고 할 것이다. 그런데 B 입장에서는 A가 멀어져 간 것이므로(=운동한 것이므로) A가 더 어리다고 할 것이다. 이런 역설적 상황에서 누가 진짜 더 어릴 것이며, 왜 그런지에 대한 설명은 대개 다음과 같다.

B가 우주선을 타고 별에 도착한 후 그 별을 돌아서 다시 출발하는 순간에 B의 운동을 기술하는 기준좌표계와 가속도가 바뀐다. 그래서 특수상대론만으로는 B의 운동 전체가 설명되지 않는다. 중력과 가속도에 의한 일반상대론 효과도 고려해야 한다. 재출발을 위해 방향을 바꾸는 동안 지구에 있는 A는 훨씬 긴 시간을 보냈다. 결론은, 우주선을 탄 B가 더 어리다.

1970년대 초에 들어서 원자시계를 비행기에 싣고 이동하면서 상대론 효과를 직접 검증하는 연구가 이루어졌다. 이를 통해 특수상대론과 일반상대론을 좀 더 확실하게 이해하게 되었다. 원자시계들을 비행기에 싣고서 한번은 동쪽으로 지구를 한 바퀴 돌고난 후에 지상의 표준시계와 비교했다. 그 후 다시 서쪽으로 한 바퀴 돌고난 후에 지상의 표준시계와 비교했다. 이 두 실험을 통해 어느 쪽으로 돈 시계가 더 빠르게(또는 느리게) 갔는지 알 수 있다. 이 실험과 분석을 통해 상대론에 의한 예측 결과와 측정 결과가 거의 일치한다는 논문이 발표되었다.[33] 여기서는 이 논문에서 다룬 실험 과정과 분석 결과에 대해 간략히 소개한다. 이 실험이 수행되기 전에 이미 이론 논문이 발표되었었다.[34] 그렇지만 이것에 대해서도 이해가 불충분하여 과학자들 간에 논쟁과 설명이 있었다.[35]

Hafele와 Keating은 1971년 10월 4일에 미해군관측소(USNO)에 있던 상용 세슘원자시계(모델: HP 5061A) 4대를 워싱턴 D.C.에 있는 공항으로 이동시켰다. 이 시계들은 공항으로 이동하기 전에 USNO의 여러 원자시계들의 앙상블로부터 만들어진 시간눈금인 MEAN (USNO)를 기준으로 일주일동안 비교 측정되었다. 다음 날, 상용 보잉 747 여객기에 실린

33) J.C. Hafele and R.E. Keating, "Around-the-World Atomic Clocks: Predicted Relativistic Time Gains", Science Vol.177, 166(1972). / "Around-the-World Atomic Clocks: Observed Relativistic Time Gains", Science Vol.177, 168(1972).

34) J.C. Hafele, "Relativistic Behaviour of Moving Terrestrial Clocks", Nature **227**, pp.270~271, 1970.

35) R. Schlegel, "Relativistic East-West Effect on Airborne Clocks," Nature Physical Science Vol. p.229, pp.237-238, 1971.

이 4대의 원자시계들은 동쪽으로 런던, 프랑크푸르트, 이스탄불, 베이루트, 홍콩, 도쿄 등 총 12개 도시의 공항을 경유한 후, 10월 7일에 출발했던 공항으로 다시 돌아왔다. 원자시계의 총 여행시간은 65.4시간, 총 비행시간은 41.2시간이었다. 돌아온 즉시 MEAN(USNO)와 약 일주일간 다시 비교 측정하여 그동안의 시간 흐름의 변화를 구하였다. 그리고 10월 13일에 다시 비행기에 탑재해 여행을 시작했는데, 이번에는 서쪽으로 출발하여 로스앤젤레스, 호놀룰루, 괌, 타이베이, 홍콩 등 총 14개 도시를 경유하여 10월 17일에 출발지로 돌아왔다. 총 여행시간은 80.3시간, 총 비행시간은 48.6시간이었다. 여행시간과 비행시간의 차이는 경유지 공항에서 다음 비행기를 대기하는데 걸린 시간이다. 두 번째 여행 후에도 비교 측정을 통해 4대의 세슘원자시계들의 시간 흐름의 변화를 구했다.

그 결과, 4대 원자시계들은 비행하기 전과 비행한 후에 MEAN(USNO)에 대한 시간의 흐름이 다르게 나온다는 것을 확인할 수 있었다. 동쪽으로 여행 했을 때 비행기에 탑재되었던 원자시계들은 지상의 표준시계[36] 보다 (59±10) ns 만큼 시간이 늦었다. 즉, 그만큼 시간이 느리게 흘렀다(=시간을 잃었다). 이에 비해 서쪽으로 여행했을 때는 비행 원자시계들이 지상 시계보다 (273±7) ns 만큼 시간이 빨랐다. 즉, 그만큼 시간이 빠르게 흘렀다(=시간을 얻었다). 여기서 ns (=나노초) 단위는 1×10^{-9}초이다. 이 실험이 가능했던 것은 약 2주 동안에 수십 나노초에서 수백 나노초 사이의 시간 변화를 알아낼 수 있을 정도로 이 원자시계들의 장기 주파수안정도가 우수했기 때문이다. 이 원자시계들은 1초 동안 약 1×10^{-12}의 안정도를 가지는데, 장기 안정도는 이 보다 더 우수하다.

동쪽으로 비행한 시계는 지상 시계보다 느리게 가고, 서쪽으로 비행한 시계는 지상 시계보다 빠르게 간다는 것은 직관적으로 금방 이해되지 않는다. 하지만 상대성이론은 이것을 다음과 같이 정량적으로 일치시킬 만큼 잘 설명하고 있다.

적도상의 지오이드에 놓여있는 원자시계를 기준으로 적도 상공 고도 h에서 날고 있는 비행기에 탑재된 원자시계를 서로 비교한다고 생각해보자. 적도상에 정지해 있는 원자시계를 비회전좌표계에서 보면 지구 자전에 의해 $v=(a\omega)$의 접선 속도로 움직이고 있다(여기서 a는 지구의 적도 반지름, ω는 지구의 회전각속도). 특수상대론의 시간팽창 식에 따라 이 원자시계는 비회전좌표계에서 정지해 있는 '가상의 시계'에 비해 $1-(a\omega)^2/2c^2$ 만큼 느리게 갈 것이다. 단, 지구는 서쪽에서 동쪽으로 회전한다. 그러므로 지구에 대해 V의 속력으로 동쪽으로 날고 있는 비행기에 탑재된 원자시계는 가상의 시계에 비해 $1-(a\omega+V)^2/2c^2$

36) 여기서 말하는 '표준시계'란 USNO의 시간눈금인 MEAN(USNO)를 말한다. 여러 대의 원자시계들을 통계 처리하면 특정한 시계 한대에 의존하는 것보다 시간눈금의 정확도 및 안정도가 더 우수해진다(참조: 제7장).

만큼 느리게 갈 것이다. 비행하는 원자시계에서 경과된 시간(=고유시간)을 τ라 하고, 지오이드에 있는 원자시계에서 경과된 시간을 τ_0라 하면 비행기가 지구를 한 바퀴 돌았을 때 두 시계의 경과 시간 차이는 다음과 같이 된다.

$$\tau - \tau_0 = -(2a\omega V + V^2)\tau_0/2c^2$$

비행기가 날고 있는 고도는 지구의 반지름에 비해 아주 작기 때문에($h \ll a$) 고도에 의한 중력퍼텐셜 차이는 근사적으로 gh로 둘 수 있다. 단, 고도가 높은 곳에 있는 시계는 지오이드에 있는 시계보다 빨리 간다. 따라서 일반상대론의 중력 시간팽창 효과는 gh/c^2이다. 위 식은 다음과 같이 쓸 수 있다.

$$\tau - \tau_0 = [gh/c^2 - (2a\omega V + V^2)/2c^2]\tau_0$$

비행기 속도 V의 부호는 동쪽으로 향할 때 (+)이고, 서쪽으로 향할 때는 (−)이다.

그런데 실제 비행기는 일정한 고도에서 날지 않았고, 또 적도 상공 위를 날지도 않았으며 정동 방향으로만 날지도 않았다. 그래서 비행기가 실제로 움직인 경로를 따라, 다시 말해 고도(h), 위도(θ) 및 방위각(ϕ)이 달라짐에 따라 구간마다 시간 차이를 계산한 후 전체를 더하는 방식으로 구해야 한다. 이를 수식으로 표현하면 다음과 같다.

$$\tau - \tau_0 = \int_{\text{비행경로}} [gh/c^2 - (2a\omega V\cos\phi\cos\theta + V^2)/2c^2]\,d\tau$$

계산을 위해 비행경로에 관한 정보는 비행기 기장으로부터 받았다. 거기에는 지도와 함께 항로 체크 지점에서 비행 고도, 비행기의 지상 속력(ground speed), 경과 시간 등이 기록되어 있었다. 동쪽 비행경로에서는 총 125구간, 서쪽 비행경로에서는 108구간으로 나누어진 정보를 가지고 계산했다.

이렇게 구한 계산 결과와 실험 결과를 비교한 것이 표 4-2에 나와 있다. 여기에 나와 있는 불확도의 원인으로는 두 가지가 언급되고 있다. 하나는 비행 데이터의 오차 또는 부족이고, 다른 하나는 근사화된 상대론의 계산식이다. 비행 데이터는 10 % 이내의 불확도를 가질 것으로 예상하여 계산에 반영했다. 이론적으로 1차적인 상대론 효과 외에 고차항 (c^{-4}, c^{-6} 등)의 영향은 무시할 수 있을 만큼 작았다. 하지만 달과 태양에 의한 조석력의 영향을 정밀 계산에서는 반영해야 할 것으로 결론내리고 있다.

표 4-2 동쪽 및 서쪽 방향으로 비행한 원자시계에서 발생한 상대론 효과의 이론 및 실험 결과(단위: ns). 단, (–) 부호는 원자시계가 비행 후 돌아왔을 때 지상의 시계보다 경과 시간이 짧음(느리게 갔음)을 뜻함.

상대론 효과 계산 결과	동쪽 방향	서쪽 방향
중력 시간팽창	144±14	179±18
속도 시간팽창	−184±18	96±10
합계	−40±23	275±21
실험 결과	−59±10	273±7

4.2 GPS 위성에서의 상대론 효과

GPS 위성시스템은 24대의 동작 중인 위성과 몇 대의 예비용 위성으로 구성되어 있다(참조: 제2장의 표 2-1). 각 위성에는 세슘원자시계 또는 루비듐원자시계가 탑재되어 있는데[37], GPS 위성에서 가장 핵심적인 장치이다. GPS 위성에서 송출되는 항법 신호는 기본적으로 이 시계에서 나오는 시간신호이다. 이 위성 시계들의 시간(즉, GPS 시간)은 미국 USNO에서 운영하는 수십 대의 원자시계들에서 나오는 시간을 통계적으로 조합하여 만든 시간눈금인 UTC(USNO)에 동기되어 있다. 만약 GPS 항법 오차를 1 m 이내로 하려면(다른 오차 요인은 배제하고 시간에 의한 것만 고려할 때) 이 위성 시계들은 서로 약 3 ns 이내에서 동기되어야 한다(참조: 제8장의 표 8-3).

GPS 위성 시계들이 유지하는 시간은 지구의 지오이드에서의 시간이다(여기서 말하는 시간은 시각이 아니라 시간간격이다).[38] 그런데 위성시계들은 고도 약 2만 km에서 약 4 km/s의 속력으로 움직이고 있다. 이로 인해 특수상대론 효과와 일반상대론 효과가 동시에 위성 시계에서 발생한다. 속도에 의한 2차 도플러 이동은 $\Delta f/f = -v^2/2c^2 \approx -0.9\times 10^{-10}$ 수준이다. 즉 정지 상태의 원자시계에 비해 주파수가 낮아진다(=시간간격이 길어진다=시간

37) GPS 시스템이 발전되어 감에 따라 GPS 위성에 탑재된 원자시계의 종류와 개수가 달라졌다. Block II/IIA 위성에는 2대의 세슘과 2대의 루비듐이 탑재되었고, Block IIR/IIR-M 위성에는 3대의 루비듐이 탑재되었으며, Block IIF 위성에는 2대의 루비듐과 1대의 세슘이 탑재되었다. 차세대 GPS인 Block IIIA에는 루비듐원자시계만 탑재될 예정이다.

38) GPS 위성시계는 매일 UTC(USNO)에 자동적으로 맞추어지도록 되어 있다. 그런데 GPS 시간은 윤초를 더 이상 적용하지 않기 때문에 USNO의 시간과 정수 초만큼 차이가 난다. 2017년 1월 현재 GPS 시간은 18초만큼 UTC(USNO) 보다 앞서 간다. 그러므로 시간을 맞춘다는 것은 1초 이내(수 ns~수십 ns)에서 이루어진다.

이 느리게 간다). 이와 함께 다음과 같이 고도(즉 중력퍼텐셜)에 의한 영향을 보정해야 한다.

한편, GPS 항법시스템이 동작하기 위해서는 GPS 수신기로 지구 표면 또는 지구 근처에서 적어도 4대의 GPS 위성에서 오는 위성의 위치 좌표 $\vec{r_i}$와 송출 시각 t_i에 관한 항법신호를 수신할 수 있어야 한다. GPS 수신기가 위치 $\vec{r}$에 있을 때 수신기의 시각 t시점에 4대의 항법신호를 동시에 수신했다면 다음의 전송-지연 방정식이 성립한다.

$$|\vec{r}-\vec{r_i}| = c(t-t_i);\ \ i=1,\ 2,\ 3,\ 4 \qquad \text{(식 1)}$$

이 방정식은 관성좌표계(=비회전좌표계)에서 성립하는 것으로 GPS에서 상대론을 논의할 때 주의해야 한다. 이 방정식은 수신기와 위성 사이의 직선거리($=\Delta r$)를 빛이라는 잣대($=c\Delta t$)를 이용하여 재는 것과 동일한 표현이다. 즉 빛이 직진하는 형태로 나타나는 기준좌표계에서 성립한다. 그런데 회전좌표계에서는 빛이 나선형으로 돌아가는 모양으로 보이기 때문에 이 방정식을 사용할 수 없다.

지상에서 GPS 수신기로써 위치를 알아낼 때 주로 WGS 84나 지리좌표계에 기반한 지도(즉, 지구중심 회전좌표계)를 사용한다. 그렇지만 (식 1)의 방정식은 비회전좌표계에서 성립한다. 그래서 실제 사용자의 위치가 지도 위에 표시되기 위해서 수신기 내부에서 기준좌표계를 변환하는 과정이 필요하다. 이런 계산은 수신기에 내장된 소프트웨어 프로그램에서 자동적으로 이루어진다. GPS 사용자들은 그 과정을 굳이 알 필요가 없다. 그러나 한국형 위성항법시스템을 만들려면 그 과정과 내용을 알아야 할 것이다.

지구중심 관성좌표계(ECI)에서 일반상대론의 메트릭은 근사적으로 다음과 같이 쓸 수 있다(참조: 3.6절).

$$ds^2 = -(1-2U/c^2)(c\,dt')^2 + (1+2U/c^2)\times(dx^2+dy^2+dz^2) \qquad \text{(식 2)}$$

여기서 좌표시간을 t'으로 표기한 것은 뒤에서 나오는 GPS 시간과 구별하기 위함이다. GPS 시간은 국제원자시(TAI) 및 세계협정시(UTC)와 마찬가지로 등퍼텐셜(중력퍼텐셜=Φ_0) 면인 지오이드에 있는 원자시계를 기준으로 한다. 여기서 일정한 값을 갖는 $\Phi_0(>0)$는 회전좌표계에서 원심력 퍼텐셜을 포함한 유효 지구 중력퍼텐셜이다(참조: 표 4-1).

GPS 시간 변수 t는 (식 2)의 좌표시간과 $t'=t(1+\Phi_0/c^2)$의 관계를 가진다. 시간 변수를 변환하여 (식 2)를 다시 정리하면 다음과 같이 쓸 수 있다.[39] 이때 c^{-2}보다 작은 항들은

39) N. Ashby,“Relativity and the Global Positioning System”, Physics Today, May 2002, pp.41~

모두 무시했다.

$$ds^2 = -\left[1 - \frac{2(U - \Phi_0)}{c^2}\right](c\,dt)^2 + \left(1 + \frac{2U}{c^2}\right)(dx^2 + dy^2 + dz^2) \qquad \text{(식 3)}$$

이 식의 양변을 $(c\,dt)^2$으로 나누고, 궤도 운동을 하고 있는 GPS 시계의 속력을 v, 고유시간의 미소 증가분을 $d\tau = ds/c$로 나타내면 다음과 같이 정리된다.

$$dt = \left[1 + \frac{(U - \Phi_0)}{c^2} + \frac{v^2}{2c^2}\right]d\tau \qquad \text{(식 4)}$$

이 식을 $d\tau/dt$에 대해 정리하고, $v \ll c$라고 가정하면 다음과 같다.

$$\frac{d\tau}{dt} = 1 - \frac{(U - \Phi_0)}{c^2} - \frac{v^2}{2c^2} \qquad \text{(식 5)}$$

여기서 U는 위성이 있는 위치에서의 중력퍼텐셜이다. 지오이드에서는 $(U - \Phi_0) = 0$이므로 중력 시간팽창은 0이다. 그런데 고도가 높아짐에 따라 U의 크기는 줄어든다. 즉 $(U - \Phi_0) < 0$이므로 중력퍼텐셜의 차이에 의해 고유시간은 (+) 방향으로 증가한다(=빨라진다). 이에 비해 GPS 속력에 의한 항은 항상 (−) 값을 가진다. 좀 더 구체적으로 말하면, GPS 시계의 중력퍼텐셜 차이에 의한 총 시간팽창은 약 $+5\times10^{-10}$이고, GPS 위성의 속력에 의한 총 시간팽창(=2차 도플러 이동)은 약 -0.9×10^{-10}이다. 결국 GPS 궤도에서 시계는 일반상대론 효과가 특수상대론 효과보다 더 크게 나타난다. 그 결과 GPS 시계는 지오이드에 있는 시계보다 더 빠르게 간다. 즉, GPS 시계의 주파수가 높아진다(청색이동). (식 5)를 GPS 위성의 궤도를 따라 적분하여 총 주파수 이동을 계산하면 $\Delta f/f = +4.4647\times10^{-10}$이 나온다.[40] 한편, 달과 태양의 조석력 퍼텐셜에 의한 영향은 10^{-15} 보다 작다.

GPS 위성은 두 개의 L-밴드 주파수를 반송파로 사용하여 항법신호를 송출한다. L1은 1575.42 MHz이고 L2는 1227.6 MHz이다. 이 두 주파수 모두 원자시계에서 나오는 10.23 MHz의 주파수를 정수배하여 만든다. 즉 10.23 MHz의 154배가 L1 주파수이고, 120배가

47. 단, 이 논문에서 중력퍼텐셜의 부호는 이 책에서 정의한 것과 달리 (-) 값을 가지는 것으로 정의되어 있다.

40) N. Ashby, "Relativity in the Global Positioning System", Living Rev. Relativity **6**, pp.1~42 (2003). http://www.livingreviews.org/lrr-2003-1

L2 주파수이다. 그러므로 GPS 궤도에서 10.23 MHz가 나오도록 하려면 앞에서 얻은 $\Delta f/f$의 비율만큼 낮추어 주어야 한다.

$$10.23\times(1-4.4647\times10^{-10})=10.229\ 999\ 995\ 43\ \text{MHz}$$

이 주파수 조정은 GPS 시계를 발사하기 전에 지상에서 수행한다. 그런데 이 조정은 세슘원자시계에 대해서만 적용 가능하다. 왜냐하면 루비듐원자시계의 경우 발사하는 과정에서 충격에 의해 주파수가 전혀 다른 값으로 변하기 때문이다. 루비듐원자시계는 궤도에서 안정적으로 동작된 후에 보정해야 할 값을 항법신호에 실어 전송하고, GPS 수신기에서 보정이 이루어진다.

그림 4-6은 위성에 탑재된 시계가 지오이드에 정지 상태로 있는 시계보다 고도에 따른 중력 시간팽창과 속력 시간팽창, 그리고 그 두 효과가 합쳐진 결과를 보여준다. 그림의 X축은 지구중심에서부터 거리(단위: km)를 나타내고, Y축은 시간팽창에 의한 상대주파수 이동량(10^{12}분의 얼마)을 나타낸다. 그림에서 지구의 표면은 지구중심에서 지구의 반지름에

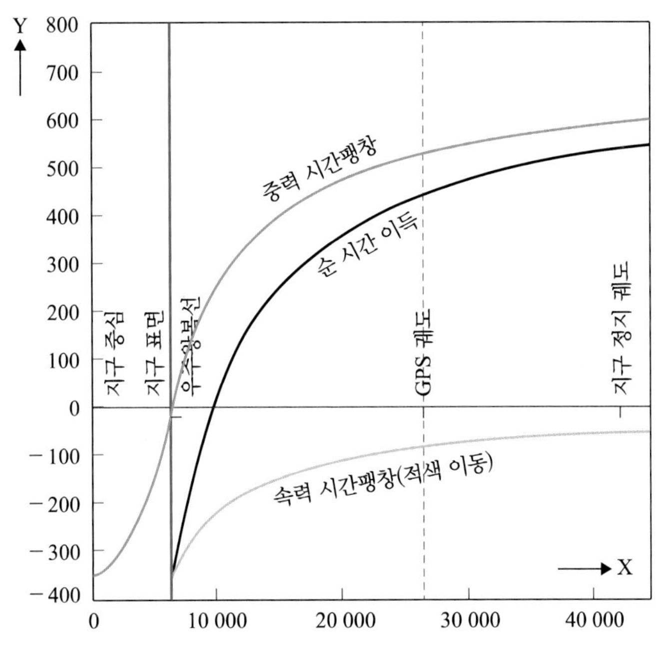

그림 4-6 X축은 지구의 중심에서부터 거리(단위: km), Y축은 위성 시계의 시간팽창(지오이드 기준)을 상대주파수(10^{12}분의 얼마)로 나타냄. 위성 속력에 의한 시간팽창은 항상 적색이동임. 중력퍼텐셜에 의한 시간팽창은 지오이드보다 높은 고도에서는 청색이동임. 고도 X=9545 km(Y=0과 만나는 점)에서 이 두 효과는 상쇄됨.

해당하는 약 6 400 km 지점이고, 우주왕복선은 지표면에서 약 400 km 상공(=저궤도)에서 지구 주위를 약 7.7 km/s의 속력으로 회전한다. GPS 위성은 지구중심에서 반경 약 26 600 km 궤도를 약 4 km/s의 속력으로 회전한다. 이에 비해 지구 정지궤도는 지구중심에서 적도 상공 약 42 000 km에 있다. 위성의 속력은 궤도 반경 r이 커짐에 따라 $\sqrt{r}$에 반비례하여 줄어든다. 다른 말로 하면, 궤도가 낮을수록 위성의 속력은 빨라진다.

Y축에서 (+) 쪽은 주파수가 높아지는 것으로 시간이 빨리 간다. 우주왕복선은 빠른 속력에 의한 시간팽창 효과가 주로 나타난다(시간이 느리게 간다). 이에 비해 GPS의 경우에는 지오이드보다 중력이 약해서 중력 청색이동이 주로 나타난다(시간이 빨리 간다). 이 두 효과는 지구중심에서 약 9 545 km 지점(Y=0과 만나는 지점)에서 서로 상쇄된다. 다시 말하면, 이 고도에서는 상대론 효과가 0이 된다.

우주왕복선과 같이 저궤도에 있는 국제우주정거장(ISS)은 비행기 속력에 비하면 아주 빠르지만 빛의 속력에 비하면 2.6×10^{-5} 밖에 되지 않는다. 이 속력에 의한 시간팽창 효과는 $-v^2/(2c^2)\approx-3.3\times10^{-10}$이다. 러시아 출신의 우주인 세르게이 크리칼요프는 총 6번에 걸쳐 미르 우주정거장과 국제우주정거장에서 총 803일 9시간을 보냈다. 그는 이 기간 동안에 지상에 있었던 사람보다 시간팽창에 의해 약 23 ms 만큼 젊어졌다(=시간이 느리게 갔다).

Chapter 5

상대론적 기준좌표계와 시간눈금

1 배경 및 개요

지심천구기준계에서 태양의 평균경도와 시간과의 관계를 나타내는 '뉴콤의 식'이 국제적으로 채택된 것은 1896년이었다. 여기서 사용된 시간 변수가 평균태양시(UT)이다. 그 이후 정밀 천체관측에 의해 뉴콤의 식은 보정이 필요하다는 것이 밝혀졌다. 그런데 클레멘스는 1948년에 뉴콤의 식을 보정하는 것 대신에 천문학자들만을 위한 새 시간눈금으로 ET를 도입할 것을 제안했다. 즉 뉴콤의 원래 식에서 독립변수로 UT 대신에 ET를 사용하되 보정한 것과 같은 결과를 만들어내도록 ET의 눈금 단위를 조정하자는 것이었다. 그 후 1960년 CGPM에서 ET는 공식적인 시간눈금으로 채택되었다. ET에서 만들어진 1초를 '역표초'라고 부른다(참조: 제3장 4.2절).

한편 1955년에 영국의 NPL에서 세계 최초로 세슘원자시계가 만들어졌다. 곧이어 이 원자시계에서 나오는 초의 시간간격이 아주 균일하다는 것이 밝혀졌다. 그리고 1967/68년 CGPM에서 시간의 단위 SI 초의 정의는 다음과 같이 바뀌었다.

"초는 세슘-133원자의 바닥상태에 있는 두 초미세 준위 사이의 전이에 대응하는 복사선의 9 192 631 770 주기의 지속시간이다."

이렇게 정의된 초를 '원자초' 또는 'SI 초'라고 부른다. 1970년에는 세계 여러 나라 연구기관에서 운용하는 원자시계들 사이의 시각비교 데이터를 이용하여 '국제원자시(TAI)'라는 시간눈금을 정의했다. 그런데 TAI 이름은 이때 명명되었지만 원자시간눈금은 1958년부터 이미 만들어지고 있었다.

아인슈타인의 상대론을 천문학에서 기준좌표계와 시간눈금에 반영해야 한다는 필요성이 처음으로 제기된 것은 1976년 IAU 총회에서다. 그 근간에는 1960년대와 70년대에 VLBI 및 전파 거리측정(radar ranging)과 같은 우주관측기술에 의해 이전보다 훨씬 정밀한 천체관측이 가능했기 때문이다. 예를 들면, 그 당시 LLR을 이용하여 달까지 거리 측정에서 정밀도는 수 cm이었는데, 이것은 달까지 거리에 대한 상대적인 값으로 10^{-10} 수준이다. 이 수준의 정밀도를 갖는 관측결과를 정확히 설명하려면 상대론 효과를 반영해야 한다. 왜냐하면 지구-달 질량중심의 궤도 운동 속도에 의한 특수상대론 효과는 $(v/c)^2 \approx 10^{-8}$ 수준으로, 관측 정밀도보다 훨씬 크기 때문이다.

좋은 동역학이론이란 천문학에서 관찰 가능한 양(예: VLBI 간섭계 지연시간, 별의 통과시간 등)을 관찰 시간 및 장소에 대해 정확하게 계산해낼 수 있는 이론을 말한다. 그런데 일부 천문현상(예: 빛의 중력 편향)을 제외한 대부분은 고전이론으로 계산할 수 있었다. 그래서 상대론 효과는 기존의 동역학이론에서 얻은 값에 보정값으로 추가하는 방식이 적용되었다.[1] 그렇지만 고전이론과 상대론은 그 기본개념과 체계가 완전히 다르다. 이 때문에 천문학에 상대론을 반영하려면 새 개념을 이해하고, 그에 부합하는 새 체계를 갖추는 것이 필요했다. 이를 위해 IAU는 여러 결의안을 채택하고 권고안을 제시했다(참조: 부록 1).

천문시간눈금 ET보다 TAI 시간눈금이 훨씬 더 균일하고(=안정적이고), 실제 사용하는 데 있어서도 훨씬 편리하다는 것이 밝혀졌다. 그래서 IAU는 1976년에 BIH(국제시간국)[2]가 TAI 및 UTC를 확립하고, 또 UT의 현재 값과 지구회전각속도 등을 발행하는 업무를 수행할 것을 권고했다. 또한 새로운 동역학이론과 상대론이 반영된 시간눈금을 만들 것을 권고했다. IAU-1976 결의안 10의 권고안 5에는 시간눈금의 역기점(=원점)과 단위에 대한 아래 내용이 들어 있다.

(a) 1977년 1월 1일 0시 0분 0초 TAI의 순간에 겉보기 지구중심 역표를 위한 새 시간눈금의 값은 1977년 1월 1.000 372 5일(=1일 0시 0분 32.184초)이다.
(b) 이 시간눈금의 단위는 평균해수면(=지오이드)에서 86 400 SI 초의 하루이다.

1977년 1월 1일은 시간눈금과 관련하여 아주 특별한 날이다. 그날 0시 0분 0초 TAI의 순간에 뒤에서 나오는 상대론적 시간눈금들이 모두 0시 0분 32.184초로 맞추어졌기 때문이다. 이것을 율리우스 일로 나타내면 JD 2 443 144.500 372 5이다.

이 장에서는 부록 1에 정리된 IAU 결의안들을 중심으로, 상대론 효과가 반영된 시간눈금과 기준좌표계에 관해 알아볼 것이다. 특히 1991년과 2000년에 상대론에 관한 구체적인 내용이 집중적으로 발표되었다. 여기서는 먼저 ET에 연속성을 갖는 동역학적 시간눈금에 대해 알아본다. 그 후 두 개의 상대론적 기준좌표계(3절)와 그에 따른 좌표시간눈금(4절)에 대해 알아본다.

1) 뉴턴의 중력법칙과 아인슈타인의 중력방정식에 의한 계산값의 차이를 낮은 차수(low order)에서 보정하는 계산 방식을 'post-Newtonian formalism'이라고 한다. 여기서 정확도를 더 높이려면 높은 차수를 추가해야 한다.

2) BIH(영문명: International Bureau of Time)는 1912년에 창립되었으며 파리 천문대(OP) 안에 위치했었다. BIH는 1967년에 UT1을 직접 결정하기 시작했는데, 1987년에 그 역할이 BIPM과 IERS로 이관되면서 없어졌다.

2 동역학적 시간눈금

2.1 TDT (지구역학시)

ET와 연속성을 가지는 새 시간눈금은 SI 초를 기반으로 한 '하루'(=86 400 SI 초)를 눈금의 단위로 하고, 그 역기점은 1977년 1월 1일로 한다는 결의안이 채택되었다. 이 시간눈금은 IAU-1979 결의안 5에서 TDT(지구역학시, Terrestrial Dynamical Time)로 명명되었다.

역기점 권고안에 나와 있는 32.184초의 차이는 TAI를 ET에 연속되도록 만들기 위해 도입된 것으로 정확히 고정된 값을 가진다. 조금 더 자세히 설명하면, TAI가 명명되기 전에 만들어진 BIH의 시간눈금과 USNO의 시간눈금의 역기점은 1958년 1월 1일 0시 0분 0초 UT2이었다. 여기서 역기점은 ET가 아니라 UT2로 나타나 있다. 왜냐하면 ET가 공식적으로 채택된 것은 1960년이었는데, 그 무렵 ET의 정확도는 UT2보다 훨씬 나빴기 때문이다. 그 이후 TAI는 UT보다 ET에 연속성을 갖도록 만드는 것이 바람직하다고 결정되었다. 그래서 1977년 1월 1일 시점에서 TAI와 ET 사이의 누적된 차이를 추정하여 가장 최적값으로 정한 것이 32.184초이다. 그 결과, ET에 연속성을 갖는 시간눈금인 TDT는 TAI와 다음의 관계를 가진다.

$$\text{TDT} = \text{TAI} + 32.184\text{초}$$

이 식은 TDT와 TAI 사이의 관계를 나타내는 것이지만 동시에 TDT를 실제로 구현하는 것은 TAI라는 것을 보여준다. 이로 인해 TDT는 천문시간눈금인 ET와는 전혀 다른 성격을 갖게 되었다. 앞 절의 권고안 (a), (b)에 나와 있는 것처럼 TDT는 태양 또는 지구의 운동과는 상관없이, 평균해수면(=지오이드)에서 세슘원자시계에 의해 정의된 것이다. 이렇게 정의된 시간눈금의 이름에 '동역학적'이라는 표현을 쓴 것은 오해의 소지가 있다는 지적이 있었다. 그래서 이 이름은 1991년에 TT(지구시)로 바뀌었다. TT에 대한 자세한 내용은 이 장의 4.1절에서 설명한다.

2.2 TDB (태양계 질량중심 역학시)

또 다른 동역학적 시간눈금인 TDB(Barycentric Dynamical Time)는 TDT와 마찬가지로 첫 권고안은 1976년에 나왔지만 이름은 1979년에 명명되었다. IAU-1976 결의안 10의 권고안 5에는 태양계 질량중심에 대한 천체의 운동방정식에 사용될 시간눈금 TDB는 TDT와 주기적인 변화만 있는 것으로 정의되어 있다. 그리고 이것에 관한 노트에는 TDB는 TDT를 변환하여 구하는 것으로 설명되어 있다. 다시 말하면 TDB는 TDT를 수학적으로 변환하여 구하는데, 이때 상대론과 중력이론, 천문상수, 태양계 천체들의 위치와 속도 등이 관련된다. 다음 식은 TDB를 구하는 공식들 중 하나이다.[3)]

$$\begin{aligned} \mathrm{TDB} \approx \mathrm{TDT} &+ 0.001658 \ \sin\ (g + 0.0167\ \sin\ g) \\ &+ 10^{-5}\ \text{초 수준에서 변하는 달 및 행성 항} \\ &+ 10^{-6}\ \text{초 수준의 매일 변하는 항} \end{aligned}$$

단, $g = (357.528° + 35\ 999.050° \times T) \times 2\pi/360°$

$T = (J_S - 2\ 451\ 545.0)\ /\ 36\ 525$

J_S : TDB 단위로 나타낸 시작점의 율리우스 일

위 식에서 g는 태양을 중심으로 한 지구 타원궤도의 평균근점이각(mean anomaly)을 나타낸다.

위 식에서 보듯이 TDB는 TDT에 대해 주기적인 변화가 있다. 그런데 권고안에는 어떤 주기가 있는지, 또 어떤 성질의 주기적 항이 수용가능한지 등에 대한 구체적인 내용은 들어 있지 않다. 이런 점 외에도 상대론에 대해 서로 다른 이해와 해석이 있었고, '동역학적'이라는 단어의 의미도 여러 가지로 해석되었다. 이런 문제점을 해결하기 위해 Guinot와 Seidelmann은 1988년에 시간눈금에 관한 권고안을 만들 때 다음 사항을 고려할 것을 IAU에 제안했다.[4)]

- 이론적으로 이상적인 시간은 지구상에 있는 모든 관찰자들에게 좋은 정밀도로써 구현 가능한 시간눈금을 제공해야 한다. 또한 이상적인 시간과 구현되는 시간눈금 간의 차이는 가능하면 작아야 하고, 그래서 대부분의 응용에서 그 차이는 무시될 수 있어야 한다.
- 시간눈금의 정의는 명확해야 하고, 역표(ephemerides)의 시간 변수로 사용되는데 필요한 모든 정보를 포함하고 있어야 한다.

---

3) G.H. Kaplan (editor), "The IAU Resolutions on Astronomical Constants, Time Scales, and the Fundamental Reference Frame", USNO Circular 163, 1981, Appendix A.

4) B. Guinot and P.K. Seidelmann, "Time Scales: their history, definition, and interpretation", Astron. Astrophys., **194**, pp.304~308(1988).

TDB는 결국 2006년에 재정의되었다. 그 이유는 앞에서 언급한 것과 같은 문제점을 해결하려는 뜻도 있었지만 그보다는 그 당시 실제로 널리 사용되고 있던 미국 JPL의 동역학적 시간눈금 T_{eph}를 국제화할 필요성이 있었기 때문이다. 그래서 TDB를 T_{eph}와 같도록 재정의했다. 이것에 대해서는 이 장의 4.3절에서 설명한다.

3 천구기준계: BCRS와 GCRS

천체관측기술이 발달함에 따라 별들의 위치를 정확히 나타낼 수 있는, 더 정확하고 안정적인 기준좌표계에 대한 필요성이 높아졌다. 이 기준좌표계는 우주에 고정되어 있으며, 상대성이론을 만족시켜야 한다. 이를 위해 IAU는 1985년 총회에서 기준계에 대한 작업반을 구성하고,[5] 그 산하에 다음 4개 주제를 연구하는 부 작업반을 두었다: 기준좌표계 및 원점에 관한 것, 시간눈금에 관한 것, 천문상수에 관한 것, 장동이론에 관한 것.

한편 유럽우주국(ESA)은 1989년에 천체의 위치를 정확하게 측정할 목적으로 히파르코스[6] 위성을 발사했다. 이 위성은 이런 목적으로 발사된 최초의 것으로 1993년까지 활동했다. 이 위성을 통해 확보된 자료를 바탕으로 지구에서 별까지의 거리와 별들의 속도를 알아낼 수 있었다. 또한 위치의 정확도에 따라 10만 개에서 250만 개에 이르는 별 목록 3권을 발간했다. '히파르코스 카탈로그'라고 불리는 이 별 목록은 가시광선 영역에서 보이는 별들에 관한 것으로, VLBI로 관측한 라디오파 영역의 외계은하 전파원들과 함께 천구기준계를 실제로 구현하는데 사용된다.

IAU는 1991년에 마침내 일반상대론의 틀 안에서 시공간좌표를 정의하는 9개의 권고안을 발표했다.[7] 권고안 1에는 임의의 질량중심에서의 시공간격(=메트릭) ds^2을 나타내는 식을 도입했다(참조: 제4장 3.6절 일반상대론의 메트릭). 권고안 2에는 태양계 질량중심에 원점을 두는 공간좌표계와 지구의 질량중심에 원점을 두는 공간좌표계는 멀리 있는 외계은하 천체에 대해 회전하지 않아야 한다는 것을 명시했다.

---

5) IAU-1985 Resolution No. C2, Reference Systems(참조: 부록 1).

6) Hipparcos는 **Hi**gh **p**recision **par**allax **co**llecting **s**atellite의 약어인데, 고대 그리스의 천문학자 이름과 같도록 지었다.

7) IAU-1991 Resolution No. A4에 있는 9개의 권고안 중 5개는 부록 1에 수록됨.

이 두 천구기준계는 우주에 대해 고정되어 있지만 그 원점이 지구의 질량중심에 있는 것(geocentric)과 태양계의 질량중심에 있는 것(barycentric)으로 구분된다. 이에 따라 이 두 기준계에서 정의되는 좌표시간은 다르다.

BCRS(태양계 질량중심 천구기준계)라는 이름은 GCRS와 함께 2000년에 명명되었다.[8)]여기서 기준계(reference system)란 이론적으로 정의된 것이다. IAU-1991의 결의안 A4에서 상대론적인 4차원 기준계가 처음으로 수학적 표현으로 정의되었다. 이에 비해 기준좌표계(reference frame)는 기준계가 구체적으로 실현된 것을 의미한다. 즉 히파르코스 카탈로그와 같은 별 목록이나 외계은하 전파원의 위치를 이용하여 우주에 고정된 관성좌표계를 만든 것이다.

1991년도 결의안에서 이론적으로 정의된 기준계의 정확도는 관측 정확도에 비해 그렇게 높지 않았다. 더군다나 그 무렵 측정천문학에서는 마이크로아크초(μas)의 정확도를 목표로 관측 계획이 진행되고 있었기 때문에, 이를 설명할 수 있는 이론적 체계가 절실히 필요했다. 그래서 상대론에 관한 두 개의 IAU 작업반[9)]이 BIPM과 공동으로, 더 확장되고 개선된 결의안을 제안했다.

이런 과정을 통해 만들어진 것이 IAU-2000 결의안 B1.3-B1.5와 B1.9이다. B1.3에서 메트릭 텐서 g_{00}와 g_{0i}의 경우, 각각 c^{-4} 차와 c^{-3} 차까지 나와 있다. 반면에 1991년 결의안에서 이들은 각각 c^{-2} 및 c^{0} 차까지만 나와 있다. 이렇게 확장함으로써 기준계를 정의하는 정확도는 한 차수 이상 높아졌다.

결의안 B1.3에서 BCRS 공간좌표의 축 방향은 명시되어 있지 않다. 그런데 모든 실질적인 응용분야에서 특별한 언급이 없는 한 BCRS의 축은 ICRS(국제천구기준계)의 축을 따라 정해진다. ICRS는 1998년 1월 1일부터 IAU의 천구기준계로 사용한다는 것이 IAU-1997 결의안 B2에 명시되어 있다. 그리고 히파르코스 카탈로그가 가시광 영역에서 ICRS의 1차 구현(primary realization)이라고 정의되어 있다.

위치천문학에서 대부분의 기준 데이터는 BCRS에 나타낸다. 예를 들면, 태양계 행성들의 역표, 특정 시점에서 별의 위치와 고유운동을 수록한 별 목록, 별 또는 행성의 공간운동, 별에 대한 시차(parallax), 행성에 대한 광행 시간(light-time), 빛의 중력편향, 지구의 운동에 의한 광행차(aberration) 등이다.

8) IAU-2000 Resolution No. B1.3, Definition of BCRS and GCRS

9) 두 개의 작업반: IAU Working Group on Relativity in Celestial Mechanics and Astronomy / IAU WG on Relativity for Spacetime Reference Systems and Metrology

그런데 BCRS만 사용하는 것보다 GCRS와 같이 사용하는 것이 좌표를 훨씬 더 간편하게 나타낼 수 있는 경우가 있다. 예를 들면, VLBI에서 라디오파가 두 안테나에 도착하는 시간 차이를 구하는 기본방정식에서 안테나의 위치와 기선은 GCRS에서 나타내는 것이 편리하다. 만약 이것을 BCRS에 나타내는 경우에는 지구중심 좌표뿐 아니라 VLBI의 지구상의 위치도 BCRS 좌표로 나타내야 한다. 이때 지구중심에 대한 안테나의 위치는 지구 자전에 의해 시간에 따라 변하기 때문에 위치를 나타내는 식은 복잡해진다. 그렇지만 적절한 GCRS를 선택하면 이런 문제를 간단하게 해결된다. 이에 반해 태양계의 행성들의 위치 및 속도, 퀘이사의 방향은 BCRS에서 나타내는 것이 편하다. 이 두 종류의 벡터를 연결하는데 다양한 상대론적인 인자들이 사용된다. 따라서 데이터를 해석하는 과정에서 이 두 기준계 사이의 변환은 필수적이다.

이 외에도 광행차(aberration) 계산은 두 기준계를 연결한다. 즉 계산을 위해 입력하는 데이터는 BCRS에서 표현된 벡터이고, 그 출력값은 GCRS에서 벡터로 나타낸다.

GCRS는 BCRS와 달리 준-관성(quasi-inertial) 기준계이다. 왜냐하면 축 방향은 고정되어 있지만(그렇게 가정함) 지구의 중심은 가속운동하기 때문이다. 이 기준계는 지구 주위를 도는 인공위성의 운동방정식을 표현하거나 지구에서 천체 관측 결과를 나타내는데 사용된다. 이 외에도 세차, 장동, 지구회전, 극운동은 GCRS에서 벡터로 나타낸다. 시간에 따라 변하는 천구극의 위치도 GCRS에서 나타낸다. GCRS의 축 방향은 BCRS에 의해 결정된다. 구체적으로는 결의안 B1.3에 나와 있는 4차원 변환 식에 의해 구해진다. 그런데 BCRS의 방향이 ICRS에 의해 결정되므로, GCRS의 방향도 결국 ICRS를 따른다. 다시 말하면, 두 기준계의 축은 서로 나란하고, 좌표계의 원점만 다르다.

GCRS는 WGS 84를 회전 변환하여 구할 수 있다.[10] WGS 84는 지각에 고정되어 있어서 지구와 같이 회전하는 기준계이다. 반면에 GCRS는 외계은하 천체에 대해 고정되어 있으므로 일련의 회전을 적용하면 변환 가능하다.

결의안 B1.3에서 GCRS는 운동학적(kinematically)으로 회전하지 않는 것으로 가정한다. 그런데 GCRS는 BCRS에 대해 아주 느리게(1세기에 약 1.9아크초) 회전하는 측지선 세차(geodesic precession)가 있다. 이 때문에 GCRS에서 천체의 운동방정식을 쓸 때는 이 효과를 반영해야 한다. 이것은 메트릭의 퍼텐셜에 관성력인 코리올리(Coriolis) 힘을 추가하는 것인데, 결의안에서 외부 퍼텐셜을 나타내는 식에 포함되어 있다.

10) G.H. Kaplan, "The IAU Resolutions on Astronomical Reference Systems, Time Scales, and Earth Rotation Models" USNO Circular 179, 2005, pp.55~58.

BCRS-GCRS 변환에서 상황을 쉽게 만들기 위해 GCRS의 중심에 가상의 관찰자가 있다고 가정했다. 그러나 실제 관찰자는 지구 표면이나 지구 근처(인공위성이나 우주정거장의 경우)에 있다. 그러므로 지구중심을 기준으로 지상 관찰자의 위치와 속도를 계산에 반영하고, 지구중심의 위치와 속도를 BCRS의 좌표로 나타내어야 한다. 그런데 정밀 천문관측에서 정확도가 1 μas 수준이 되면 GCRS와 BCRS 사이의 변환 과정에서 비선형성 문제가 발생하는데, 이를 피하려면 BCRS만 사용해야 한다.[11)]

4 좌표시간눈금

상대론에 의하면 시간이 가는 비율(=주파수)은 공간에서 위치와 속도에 따라 다르다. 어떤 장소에서 시간이 가는 비율을 알고 싶으면 그 장소에 시계를 직접 두고 측정하면 된다(하지만 그렇게 할 수 있는 경우가 아주 제한적이다). 그 장소의 중력퍼텐셜과 시계의 운동속도에 따라 시간이 가는 비율은 정해질 것이다. 이 시간을 그 장소에서의 '고유시간'이라고 부른다.

천체나 인공위성의 운동을 수학적으로 표현하기 위해서는 기준좌표계가 필요하다. 해당 좌표계 내에서 시간이 위치에 따라 다르게 간다면 운동을 수학적으로 표현할 수 없다. 그래서 임의의 중력장에서 임의의 속도로 움직이는 좌표계에서 일정한 비율로 가는 시간을 그 좌표계의 '좌표시간'(coordinate time)이라고 부른다. 이 좌표시간을 나타내는 잣대(=기준)를 '좌표시간눈금'이라고 하는데, 이를 위해 두 가지 요소가 필요하다. 1절에서 설명한 (a) 역기점(=원점)과 (b) 눈금의 단위이다. 여기서 '눈금의 단위'(unit of scale)란 시간이 가는 비율, 곧 주파수를 의미한다.

4.1 TT (지구시)

지구역학시(TDT)라는 이름은 1979년에 명명되었다. 이것은 2000년에 TT라는 새 이름으로 바뀌면서 재정의되었다. TDT는 ET와 연속성을 가지므로 ET → TDT → TT의 순서로

11) M. Soffel, et. al., "The IAU 2000 Resolutions for Astronomy, Celestial Mechanics, and Metrology in the Relativistic Framework: Explanatory Supplement", Astronomical Journal, **126**: pp.2687~2706, 2003.

시간눈금의 연속성은 이어진다. 그런데 TDT를 처음 정의한 IAU-1976 결의안에서는 구체적인 상대론적 수식이 제시되지 않았다.

그 후 IAU-1991 결의안 A4에서 4차원 시공좌표계의 메트릭을 제시함으로써 실제 적용할 수 있는 이론이 마련되었다. 이 결의안의 권고안 4에서 TT와 TCG(지심좌표시, Geocentric Coordinate Time)는 일정 비율만큼 차이가 나는 것으로 나와 있다. 그런데 TCG는 GCRS에서 정의되므로(다음 절 참조), TT 역시 GCRS에서 정의되는 좌표시이다. 여기서 TT 눈금의 단위는 지오이드에서의 SI 초와 일치한다는 것이 포함되어 있다. 또한 '겉보기 지구중심 역표'를 위한 기준시간으로 TT를 사용할 것을 권고하고 있다. 여기서 겉보기 지구중심 역표란 GCRS에서 볼 때 태양계 행성들의 위치를 말한다.

TT의 역기점을 TAI와의 관계로 나타내면 다음과 같다: 1977년 1월 1일 0시 0분 0초 TAI의 순간에 TT 시간눈금의 읽은 값은 1977년 1월 1일 0시 0분 32.184초이다.

$$\mathrm{TT} = \mathrm{TAI} + 32.184\ \mathrm{s}$$

TAI의 눈금 단위(=주파수)는 1차 주파수표준기의 주파수를 기준으로 교정된다. 그런데 1차 주파수표준기는 그것이 있는 위치와 지오이드 사이의 고도 차이(=중력퍼텐셜 차이)에 따른 주파수 이동을 보정해야 한다. 그러므로 TAI에 의해 구현되는 TT 역시 지오이드에서 결정된 것이다. 지오이드는 지구표면에서 중력퍼텐셜이 동일한 면이다. 바다의 평균해수면은 지오이드에 평행하다. 그래서 평균해수면을 육지까지 연장하여 지오이드를 정하고 이를 기준으로 해당 지점의 고도를 잰다. 그런데 이 정의와 구현 방법이 명확하지 않아서 지오이드에서의 중력퍼텐셜을 결정하는데 불확도가 크다. 특히 바다로부터 멀리 떨어진 내륙에서는 그 불확도가 더 커진다. 이로 인해 TT의 정의도 불명확하고, 구현 불확도도 크다. 이 문제를 해결하기 위해 IAU-2000 결의안 B1.9에서는 TT를 재정의했다. 즉 지오이드의 중력퍼텐셜 값을 고정함으로써[12](L_G값을 고정함) TCG와의 비율이 일정하도록 만든 것이다.

TT가 ET 및 TDT를 대체하여 등장하면서 기준기원년 J2000.0에 대한 정의도 TT 시간으로 바뀌었다. 즉 J2000.0은 지심좌표계에서 2000년 1월 1.5일 TT이고, 이것은 율리우스일로 2 451 545.0 TT이다. 그리고 율리우스 세기는 36 525일 TT이다. TT로 하루는 86 400 SI 초이다. 이에 따라 역사적으로 천문시간눈금 UT 또는 ET 기반으로 정의되던 하루가 세슘원자시계에 의한 하루로 바뀌었다.[13]

---

12) 참조: 제4장 3.4절 "중력퍼텐셜을 나타내는 수식"

13) 참조: IAU-1994 결의안 C7 "On the Definition of J2000.0 and Time Scales" 및 이 책의 제2장 2절

ET와 UT의 차이를 ΔT로 정의한 바 있다(참조: 제3장 4.3절). 이것 역시 ET를 TT로 대체하면서 다음과 같이 새로 정의되었다.

$$\Delta T \equiv \mathrm{TT} - \mathrm{UT1} = \mathrm{TAI} + 32.184\ \mathrm{s} - \mathrm{UT1}$$

TT를 실제로 구현하는 과정에서 [TT−TAI]는 일정한 오프셋인 32.184 s만큼 차이나는 것 외에 다른 변동값이 더 들어간다. 그 변동은 TAI를 결정하는 원자시계에서 온 것이다. 1977년부터 1990년 사이에서 이 변동은 대략 ±10 μs이었다. 이 정도의 변동은 천문역표를 만들고 천문학에서 이용하는데는 문제가 되지 않는다.

TAI 눈금 생성을 책임지고 있는 BIPM의 Time Department에서는 1년 주기로 TT(BIPM)을 생성해서 발표한다.[14)] 2016년 12월 말까지의 TAI 데이터를 바탕으로 만든 TT 시간눈금을 TT(BIPM16)으로 명명한다. 이 파일에는 1975년 6월 26일(=MJD 42589)부터 시작하여 2016년 12월 27일(=MJD 57749)까지의 데이터가 기록되어 있다. 그리고 [TT(BIPM16)−TAI−32.184 s]의 값이 기록되어 있다. 이 시간차이가 마지막 날(MJD 57749) 이후에 어떻게 변할지 예측할 수 있도록 아래와 같은 공식도 나와 있다.

$$\begin{aligned}\mathrm{TT(BIPM16)} = \mathrm{TAI} &+ 32.184\ \mathrm{s} + 27\ 679.0\ \mathrm{ns} \\ &- 0.05 \times (\mathrm{MJD} - 57749)\ \mathrm{ns}\end{aligned}$$

이 식은 새 버전 TT(BIPM17)이 나오기 전까지 TT의 예측이 필요할 때 사용할 수 있도록 만든 것이다. 여기서 시간변동의 정밀도는 0.1 ns이고, 그동안 누적된 시간변동이 27 679.0 ns(약 27.7 μs)에 이른다는 것을 알 수 있다. 이 값은 매년 조금씩 변한다.

TAI의 눈금 단위를 교정하는 기준이 되는 1차 주파수표준기의 불확도가 줄어들수록 TAI는 정확해지고 그에 따라 TT(BIPM)도 정확해진다. 실제로 세계 각국에서 개발하여 TAI 생성에 기여하는 세슘원자분수시계의 정확도가 높아짐에 따라 TT(BIPM)의 불확도는 낮아지고 있다. 그림 5-1은 1999년부터 2015년까지 TT(BIPM)의 주파수 불확도를 나타낸 것으로, 2.5×10^{-15}에서 시작하여 2.0×10^{-16}으로 한 차수 이상 개선된 것을 알 수 있다.

"역기점"

14) 제7장 5절 및 다음 웹페이지 참조. ftp://ftp2.bipm.org/pub/tai/ttbipm/

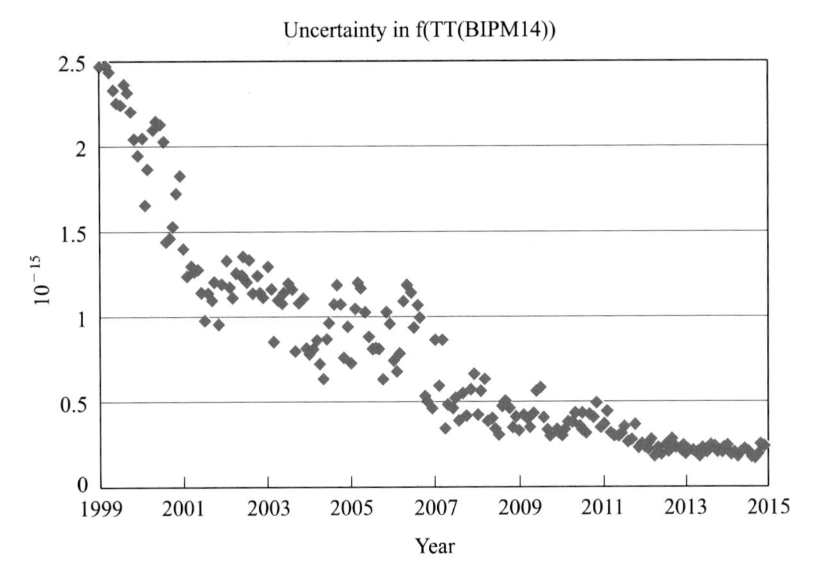

그림 5-1 TT(BIPM14)의 주파수 불확도의 연도에 따른 변화
(출처: BIPM의 Time Department에서 발표한 CCTF 2015 보고 자료)

4.2 TCB와 TCG

4차원 시공좌표계는 3차원 공간좌표계와 그에 따른 시간좌표로 구성된다. 앞의 3절에서 공간기준계로서 BCRS와 GCRS를 설명했다. 이 기준계들에 속하는 시간좌표가 각각 TCB(태양계 질량중심 좌표시)와 TCG(지심좌표시)이다. TCB, TCG, TT는 실제 시계로 측정되는 시간눈금이 아니라 이론적인 시간눈금이다. TCB와 TCG는 앞에서 소개한 TT, TDB와 함께 그 역기점이 동일하다.

TCB와 TCG는 각각 태양계 및 지구의 질량중심에서 중력퍼텐셜이 0이라고 가정했을 때 정의된 것이다. 이것을 개념적으로 설명하면, SI 초를 만드는 세슘원자시계를 태양 또는 지구의 중심에 두되 중력을 완전히 차단했을 때 이 원자시계의 고유시간을 의미한다.

TCB와 TCG를 좌표시간에 대한 고유시간의 비(=고유시간/좌표시간)로 나타낼 수 있다(참조: 제4장 3.6절). 이것으로부터 [TCB−TCG] 관계식을 구하면 다음과 같이 표현된다. 이 식은 곧 TCB와 TCG 사이의 4차원 변환을 나타낸다.

$$TCB - TCG = c^{-2}\left[\int_{t_0}^{t}(v_e^2/2 + U_{ext}(\overrightarrow{x_e}))dt + \overrightarrow{v_e} \cdot (\vec{x} - \overrightarrow{x_e})\right] + O(c^{-4})$$

(식 1)

단, $\overrightarrow{x_e}$와 $\overrightarrow{v_e}$는 각각 BCRS 좌표계에서 지구중심의 위치와 속도를 나타내고, $\vec{x}$는 지구상 관찰자의 위치를 나타내는 벡터이다. 외부 퍼텐셜 U_{ext}는 지구를 제외한 모든 태양계 천체들의 중력퍼텐셜을 나타낸다. 이 중력퍼텐셜은 지구중심에서 구한 값이다. 적분에서 $t = TCB$이고, t_0는 역기점에 일치하도록 선택한다. 만약 t_0를 TCB 단위의 율리우스일로 나타내면 $t_0 = 2\,443\,144.500\,372\,5$이다.

위 식을 근사화한 후, 초 단위로 표현하면 다음과 같다.

$$TCB - TCG$$
$$= L_C \times (JD - 2\,443\,144.5) \times 86\,400 + c^{-2}\,\overrightarrow{v_e} \cdot (\vec{x} - \overrightarrow{x_e}) + P \qquad \text{(식 2)}$$

여기서 L_C의 추정값은 $1.480813 \times 10^{-8} \pm 1 \times 10^{-14}$이다.[15)]

이 값은 $[3GM_S/2c^2 a_S] + \epsilon$에서 나온 것으로, G는 뉴턴의 중력상수, M_S은 태양의 질량, a_S는 태양-지구 사이의 평균 거리이고, ϵ은 지구에서 구한 행성들의 평균 퍼텐셜에서 나온 항으로 2×10^{-12} 수준의 값을 가진다. P는 주기적인 항인데, 지구상에 있는 관찰자에게 이 항은 지구상의 좌표에 의존하며, 최대 2.1 μs의 진폭으로 하루의 주기를 가진다.

(식 1)에서 명시되지 않은 항 $O(c^{-4})$은 비율이 10^{-16} 수준이다. 그런데 IAU-2000 결의안 B1.5에서 이 항을 구체적으로 나타냄으로써 한 차수 더 높은 정확도를 가질 수 있도록 확장했다. 이에 따라 [TCB − TCG]를 나타내는 관계식도 c^{-4} 항이 추가되면서 더 복잡해졌다. 확장된 부분은 시간이 가는 비율이 5×10^{-18}보다 크지 않다. 그리고 지구로부터 50 000 km 이내에서는 이 수준으로 TCB와 TCG 사이의 변환이 가능하다.[16)] 따라서 공식 자체는 현재 최고의 원자시계에서 얻을 수 있는 불확도에 버금간다. 그렇지만 공식에 들어있는 천문학적 양의 값은 불확도가 이보다 훨씬 크기 때문에 여전히 큰 오차를 만든다.

앞의 식에서 나타난 상수 L_C는 TCB 및 TCG와 다음의 관계에 의해 정의된다.[17)] 여기서 기호 〈 〉은 지구중심에서 충분히 긴 시간동안 평균했다는 것을 의미한다.

---

15) 참조: IAU-1991 결의안 A4(권고안 3의 노트) 및 Fukushima et. al., Celestial Mechanics, **38**, 215, 1986.

16) 지구정지궤도는 지구중심에서 약 42 000 km 상공에 있다. 따라서 정지궤도위성에서는 5×10^{-18}의 불확도로 TCB와 TCG 사이의 변환이 가능하다.

17) 참조: IAU-2000 결의안 B1.5의 노트 및 A. Irwin and T. Fukushinma, Astron. Astroph. **348**, pp.642 ~652, 1999.

$$\langle TCG/TCB \rangle = 1 - L_C \qquad \text{(식 3)}$$

단, $L_C = 1.480\,826\,867\,41 \times 10^{-8} \pm 2 \times 10^{-17}$

여기서 L_C의 값은 1999년에 구한 것으로, (식 2)에 포함된 1986년의 값과 비교하면 불확도가 대략 3차수 개선된 것을 알 수 있다.

이와 같은 방식으로, 상수 L_B는 TT 및 TCB와 다음의 관계에 의해 정의된다.

$$\langle TT/TCB \rangle = 1 - L_B \qquad \text{(식 4)}$$

단, $L_B = 1.550\,519\,767\,72 \times 10^{-8} \pm 2 \times 10^{-17}$

이 상수들(L_C, L_B)은 시간 변환에서의 불확도가 1×10^{-16} 이상인 경우에 사용할 수 있다. 그런데 L_B는 2006년에 TDB가 재정의될 때 불확도가 0인 값으로 고정되었다. 즉 정의상수(defining constant)가 되었다(참조: 표 5-1).

TT와 TCG의 관계는 지구 지오이드에서의 중력퍼텐셜 U_G에 의해서 다음과 같이 표현된다.[18)]

$$TCG - TT = L_G \times (JD - 2\,443\,144.5) \times 86\,400 \qquad \text{(식 5)}$$

단, $L_G = 6.969\,291 \times 10^{-10} \pm 3 \times 10^{-16}$

여기서 L_G의 값은 1988년에 $L_G = U_G/c^2$로부터 얻은 값이다. 이 값의 불확도 $\pm3\times10^{-16}$는 $U_G = 62\,636\,860\,(\pm 30)$ m^2/s^2에 포함된 불확도로부터 온 것이다.

그런데 IAU-2000 결의안 B1.9에서는 TT가 TCG와 다음과 같이 일정한 비율만큼 차이가 나는 것으로 재정의하면서 L_G값을 고정시켰다(=불확도를 0으로 만들었다). L_G도 L_B와 마찬가지로 정의 상수가 된 것이다. L_G가 불확도 없이 고정된 값을 갖는다는 것은 지오이드의 중력퍼텐셜이 고정되었다는 것을 의미한다(참조: 제4장 3.4절).

$$dTT/dTCG = 1 - L_G \qquad \text{(식 6)}$$

단, $L_G = 6.969\,290\,134 \times 10^{-10}$ (불확도=0)

이 정의에 의해 TT와 TCG 사이는 일정한 비율 L_G만큼 시간이 가는 속도가 다르다. 다

18) 참조: IAU-1991 결의안 A4의 권고안 4의 노트

시 말하면, TT는 TCG보다 이 비율만큼 느리게 간다. (식 3)과 (식 4)의 L_B와 L_C는 10^{-8} 차수인데 비해 L_G는 10^{-10}으로서 2차수 더 작다. 이에 따라 TT와 TCG 사이의 변화율은 TT와 TCB 사이에 비해 100배 이상 작다.

L_G값이 고정됨에 따라 TCG와 TT의 차이를 좀 더 정확히 표현하면 다음과 같다.[19]

$$TCG - TT = \left(\frac{L_G}{1-L_G}\right) \times (JD_{TT} - T_0) \times 86400 \qquad \text{(식 7)}$$

여기서 JD_{TT}는 TT로 나타낸 율리우스 일이고, $T_0 = 2\,443\,144.500\,372\,5$이다. 이 식을 근사화한 것이 다음 식인데, JD가 MJD(수정 율리우스 일)로 바뀐 것 외에는 (식 5)와 동일하다. 단, 이 식은 불확도가 10^{-18}보다 큰 경우에 사용 가능하다.

$$TCG - TT = L_G \times (MJD - 43\,144.0) \times 86\,400$$

TCB와 TCG를 실제로 계산하는 과정에 대해 알아보자.

새로운 천체관측기술을 이용하여 태양계에서 어떤 행성에 대한 새 관측데이터를 확보했다고 가정하자. 이 행성의 운동방정식은 BCRS 또는 GCRS에서 독립적인 시간변수의 함수로 표현된다. 만약 BCRS에서 운동방정식을 표현하려는 경우, TCB를 구하기 위해서 아래 설명과 같은 반복(iteration) 계산과정을 거쳐야 한다. 그 과정에서 해당 운동방정식의 해가 실제 관측결과라는 경계 조건(boundary condition)을 만족시켜야 한다.

천체관측은 일반적으로 UTC 또는 TAI 또는 TT의 시간눈금(이들은 모두 지오이드에서의 SI 초를 기반으로 정해진 것)으로 관측시간을 표시한다. 따라서 이 시간눈금에 의한 시간이 운동방정식에서 구한 역표의 시간변수와 연결되어야 한다. 그 연결에 사용되는 식이 TCB와 TCG 사이의 4차원 변환을 나타내는 (식 1)이다. 이때 천체관측은 지구상(즉 GCRS)에서 이루어진 것이므로 관측사건의 시공좌표는 BCRS로 변환되어야 한다.

컴퓨터로 계산된 역표를 관측결과에 맞추는 것은 반복적으로 이루어진다. 여러 차례 반복계산을 통해 역표의 공간좌표는 관측결과에 더욱 가까워지고, 그것의 시간좌표는 TCB에 더 가까운 근삿값이 된다. 이 과정을 통해 결과적으로 역표의 시간변수는 TCB를 구현하게 된다. TCB가 정해지면 (식 3)을 이용해 TCG를 구할 수 있다. 그리고 (식 7)을 이용해 TCG로부터 TT를 구할 수 있다. 계산과정으로 보면 좌표시간은 TCB → TCG → TT의 순

---

19) G. Petit and B. Luzum (eds.), IERS Conventions (2010), p.151.

서로 정해진다. 계산결과가 관측결과와 일단 맞추어지고 나면, 시간눈금의 실제 응용에서는 TT가 TAI로부터 먼저 정해지고 그것에 일정 비율을 곱하여 TCG가 된다. TCG나 TCB는 상대론적 시간눈금이 필요한 이론 개발을 위해 정의된 것이지만 TT를 통해서 구현 가능하다. TT는 TAI로부터 구현된다.

4.3 T_{eph}와 재정의된 TDB

미국 JPL은 태양계 안에서 우주탐사선의 항법을 위해 1960년대부터 역표 DE 시리즈를 개발해오고 있다.[20] 이 역표는 지구의 달을 포함한 태양계의 행성들이 임의의 시간에 어떤 위치에서 어떤 속도로 움직이는지에 대한 정보를 담고 있다. 그런 역표 중 많이 보급된 것은 DE405/LE405(간단히 DE405로 표현함)인데, 서기 1600년부터 2201년 사이에서 임의의 날짜, 임의의 시간에 행성들에 관한 위치와 속도 정보가 들어 있다. 이 역표는 BCRS에서 직각 적도좌표계로 행성의 위치를 나타낸다. 여기서 사용된 시간눈금이 T_{eph}(태양계 질량중심 역표시)이다.

T_{eph}는 TCB나 TCG가 정의되기 훨씬 전에 JPL이 독자적으로 만든, 상대론이 반영된 시간눈금이다. T_{eph}는 수학적 개념에서는 TCB와 같다. 그런데 그 비율(시간이 가는 속도)은 TCB와 다르고, TT의 평균 비율과 거의 비슷하다. TCB는 TT와 마찬가지로 SI 초를 기반으로 만들어졌지만 T_{eph}는 그렇지 않다.

JPL의 DE 역표가 널리 보급되면서 국제적으로 '사실상의 표준'으로 많이 활용되고 있었다. 그래서 T_{eph}를 국제표준으로 인정하고 채택할 필요성이 제기되었다. 이에 따라 IAU는 기존에 있던 TDB를 T_{eph}와 일치하도록 2006년에 재정의했다. 즉 TDB는 TCB와 선형 관계를 가지면서, 확장된 시간 영역에서 TT에 가깝도록 다음과 같이 재정의되었다.[21]

$$TDB = TCB - L_B \times (JD_{TCB} - T_0) \times 86400 + TDB_0 \qquad \text{(식 8)}$$

단, $T_0 = 2443144.5003725$, $L_B = 1.550519768 \times 10^{-8}$, $TDB_0 = -6.55 \times 10^{-5}$초이다. L_B와 TDB_0는 둘 다 정의 상수로서 불확도가 0인 고정된 값이다.

TDB를 T_{eph}에 일치하도록 만들었지만 이 두 시간눈금은 각각 독립적으로 정의된 것이다. 즉 T_{eph}는 행성들의 역표에 의존하는 시간눈금이고, TDB는 TCB와 (식 8)과 같은 특별한

20) 제3장 4.1절의 "역표" 참조. DE는 Development Ephemeris의 약어이다.

21) IAU-2006 결의안 B3, "Re-definition of TDB"

관계를 가진다. 그래서 TDB 눈금 단위에 대해 다음과 같이 두 가지 다른 의견이 있다. 하나는, TDB의 눈금 단위는 세슘원자의 전이주파수를 바탕으로 정의된 것이 아니기 때문에 TT, TCB, TCG와는 달리 SI 초가 아니라는 것이다.[22] 이에 반대 의견으로, 좌표시간 사이의 비율 조정이란 관찰자의 고유시간과 천체궤도를 따라 구한 좌표시간 사이의 차이를 가능하면 작게 만들기 위한 것이다(따라서 물리적으로 큰 의미가 없다). 그러므로 고유시간의 단위가 SI 초이면 그것의 좌표시간의 단위도 SI 초가 된다는 주장이다.[23]

T_{eph}와 TDB는 기능적인 면에서 동일한 시간눈금이고, TT보다 그 시간이 약간 앞서 가지만 그 비율은 평균적으로 같다. 그래서 DE 역표를 개발할 때 입력 시간변수로서 TT를 사용할 수 있는데 그 오차는 대략 2 ms보다 작은 것으로 알려져 있다. 이보다 더 정밀한 계산이 필요한 경우 아래의 식을 사용하여 계산한다.

$$\begin{aligned} \mathrm{TDB} \approx \mathrm{T_{eph}} = \mathrm{TT} &+ 0.001657 \sin(628.3076\ T + 6.2401) \\ &+ 0.000022 \sin(575.3385\ T + 4.2970) \\ &+ 0.000014 \sin(1256.6152\ T + 6.1969) \\ &+ 0.000005 \sin(606.9777\ T + 4.0212) \\ &+ 0.000005 \sin(52.9691\ T + 0.4444) \\ &+ 0.000002 \sin(21.3299\ T + 5.5431) \\ &+ 0.000010\ \mathrm{T} \sin(628.3076\ T + 4.2490) \\ &+ \cdots \end{aligned} \qquad \text{(식 9)}$$

여기서 sin 앞의 계수는 초 단위이고, 괄호 속 각도의 단위는 라디안이다. T는 J2000.0부터 TT로 계산한 율리우스 세기이다. 따라서 다음과 같이 계산된다:

$$T = (JD_{TT} - 2451545.0)/36\ 525.$$

서기 1600년부터 2200년 사이의 역표 계산에서 위 식으로 발생하는 시간 오차는 최대 10 μs 정도이다. 이보다 더 정밀한 값을 구하려면 훨씬 더 긴 항을 가진 공식을 이용해야 한다.[24]

22) G.H. Kaplan, USNO Circular 179, 2005, p.10.

23) S.A. Klioner, Astron. Astrophys., **478**, pp.951~958 (2008).

24) W. Harada and T. Fukushima, The Astronomical Journal **126**, 2557, 2003.

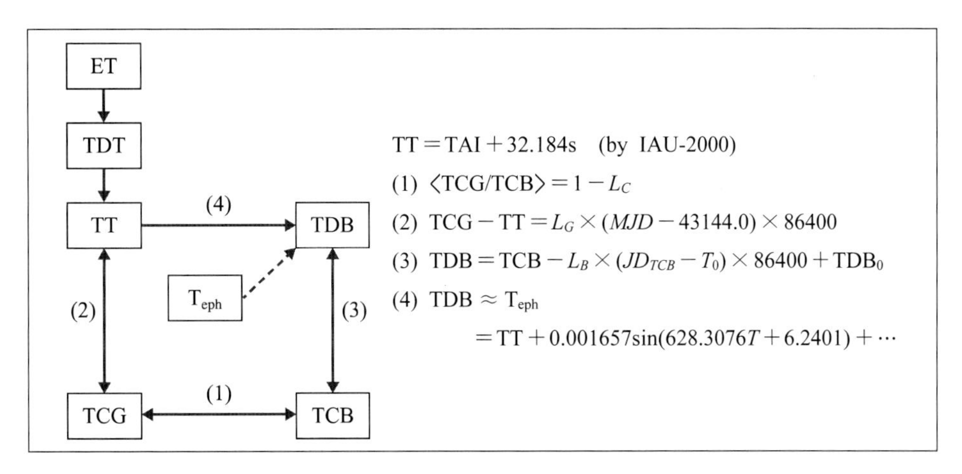

그림 5-2 SI 초를 눈금 단위로 가지면서 상대론이 반영된 4개 좌표시간 사이의 관계

이 장에서 지금까지 설명한 내용을 정리한 것이 그림 5-2이다. ET와 연속성을 가지되 SI 초를 기반으로, 상대론을 반영하여 정의된 좌표시가 TT이다. 그 전에 사용하던 TDT는 그 이름이 부적합하여 2000년에 TT로 바뀌었다. 그림에서 TCG와 TCB는 L_C를 매개로 연결된다(1). TCG는 TT와 정의 상수 L_G로 연결되며(2), TDB와 TCB는 또 다른 정의 상수 L_B로 연결된다(3). TDB는 JPL의 역표시간 T_{eph}와 비슷하도록 재정의되었으며, TT로 표현 가능하다(4).

4.4 좌표시간눈금 요약

좌표시간은 고유시간과의 관계에 의해 정의된다(참조: 제4장 2.4절). 좌표시간은 사용된 기준좌표계에 따라 GCRS의 좌표시간과 BCRS의 좌표시간으로 나누어진다. GCRS의 좌표시간은 다시 다음 두 가지로 나누어진다: 지구 지오이드의 중력퍼텐셜을 반영한 TT와 지구 중심에서 중력퍼텐셜을 무시한 TCG이다. TT는 역사적으로 ET와 연속성을 갖도록 정의된 것으로, 한동안(1979～1990) TDT라고 불렸다. TT와 TCG의 관계는 지오이드의 중력퍼텐셜에 의한 상대론적 효과만큼 TT의 시간이 느리게 간다. IAU-2000 결의안 B1.9에서 이 두 시간눈금의 비율을 L_G값으로 고정시켰는데, 이것은 지오이드의 중력퍼텐셜을 고정시킨 것과 동일하다(참조: 제4장 표 4-1). TT는 TAI에 의해 구현되는데, ET와 TAI와의 차이인 32.184초를 TAI에 더함으로써 얻어진다. 실제로 BIPM이 구현한 TT를 TT(BIPMxx)라고 부르며, 매년(xx는 연도를 뜻함) BIPM 홈페이지를 통해 발표된다.

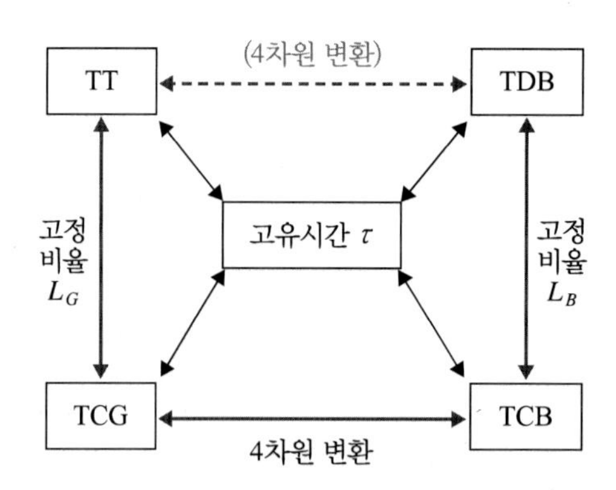

그림 5-3 4개 좌표시간눈금 사이의 관계도

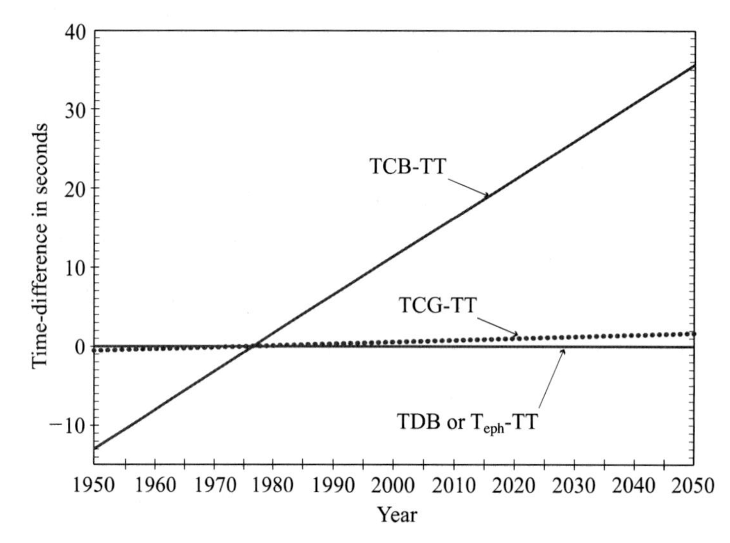

그림 5-4 TT에 대한 다른 좌표시 눈금들의 비율 비교. 단, TCB와 TDB에 포함된 주기적 변화는 그 진폭이 작아서 그림에서 나타나지 않음

(출처: D.D. McCarthy and P.K. Seidelmann, Wiley-VCH, 2009, p.126.)

BCRS의 좌표시간인 TDB와 TCB 사이에는 고정비율 L_B만큼 시간이 가는 속도가 다르다. 이 TDB는 T_{eph}와 같도록 2006년에 재정의되었는데, TT의 가는 속도와 비슷하게 조정되었다. 이에 비해 TCB는 태양계 질량중심에서 중력퍼텐셜을 무시한 것으로, 다른 3개 좌표시간의 속도와 가장 큰 차이를 나타낸다. 그림 5-3은 이 4개 좌표시간눈금 사이의 관계를 보여준다. 그림에서 점선으로 표시된, TT와 TDB 사이의 4차원 변환에 대해서는 이 책에서 설명하지 않았다.

그림 5-4는 TT에 대한 다른 3개 좌표시간들의 변화를 나타낸다. 세 직선이 교차하는 지

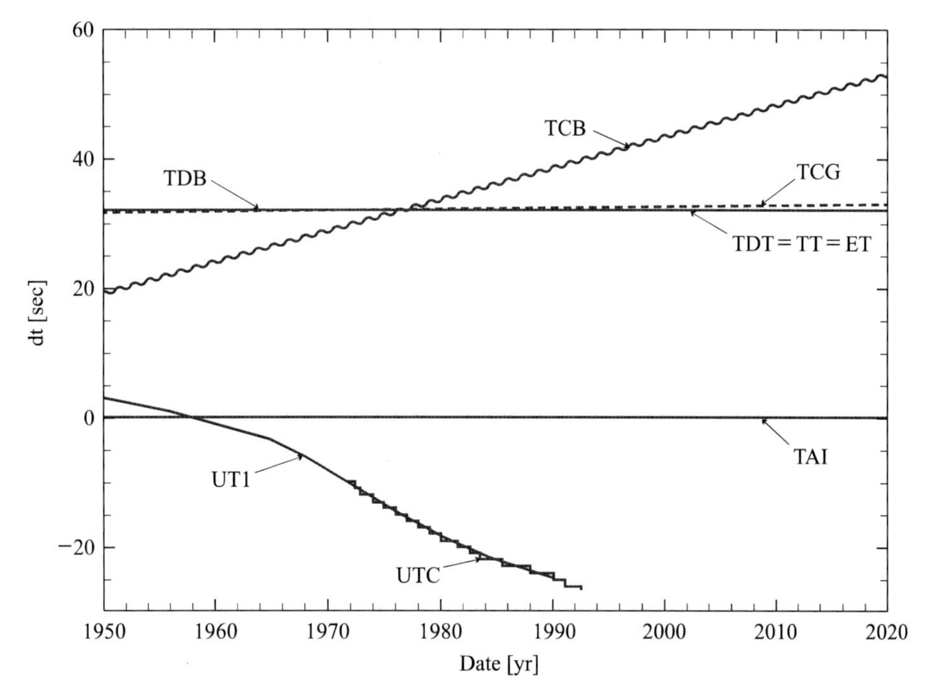

그림 5-5 TAI를 기준으로 4개 좌표시간과 UT1 및 UTC의 변화율 비교. 단, TCB와 TDB의 물결은 100배 확대한 결과임

(출처: P.K. Seidelmann and T. Fukushima, Astro. Astrophys. Vol. 265, 1992, p.835.)

점은 1977년 1월 1일 0시 정각 TAI에 해당한다. 다시 말하면, TT, TCG, TDB, TCB의 시간을 나타내는 4대의 시계가 있다고 할 때 이 시계들은 이 역기점에서 모두 0시 0분 32.184초가 되도록 맞추어졌다. 그런데 세월이 흐르면서 [TCB−TT], [TCG−TT], [TDB−TT]의 시간이 그림과 같이 변한다는 것을 보여준다.

이 중에서 [TCB−TT]의 기울기가 가장 급하게 변하는데, 이것은 TCB의 시계가 다른 시계들보다 가장 빠르게 간다는 것을 의미한다. 이것은 곧 TCB의 1초가 다른 시계의 1초보다 짧다는 것이다. 이에 비해 [TCG−TT]는 가장 완만하게 변했는데, TCG가 TT와 가장 비슷한 비율로 간다는 것을 뜻한다. [TDB−TT]는 (−) 방향으로 내려가고 있다. 즉 TDB의 시계가 TT보다 느리게 간다. 즉 TDB의 1초가 다른 3개 좌표시간 중에서 제일 길다.

그림 5-5는 TAI를 기준으로 4개 좌표시간눈금들의 변화율을 비교한 것이다. 기본적인 변화 양상은 그림 5-4와 같다. 여기서 TCB에서 보이는 잔물결 무늬는 1년 주기의 변화를 보여주기 위해 100배 확대한 것이다. 그리고 TT는 TDT 및 ET와 동일하게 1977년에 TAI와 32.184초의 오프셋을 가지고 있다. 그림에서 TT와 TCG 사이는 약 6.97×10^{-10}의 비율

(L_G)을 갖는다. 이에 비해 TDB와 TCB 사이는 약 1.55×10^{-8}의 비율(L_B)을 가지기 때문에 기울기가 훨씬 급하게 나타난다. TCG와 TCB 사이의 비율(L_C)은 약 1.48×10^{-8}이다.

표 5-1에는 좌표시간눈금 사이의 비율을 포함한 일부 천문상수들의 값이 나와 있다. 이 중에서 L_G를 예로 들어 설명하면, $L_G = 1 - d(TT)/d(TCG)$로 정의된다. 따라서 $d(TT)/d(TCG) = 1 - L_G$로 쓸 수 있다. 여기서 TCG는 지구중심에서 지구의 중력퍼텐셜이 0이라고 가정할 때 좌표시간이고, TT는 지오이드의 중력퍼텐셜을 반영한 좌표시간이다. 우변은 미세하지만 1보다 L_G만큼 작다. 그러므로 TT의 경과시간이 TCG보다 짧다. 다시 말하면, 지오이드에서 중력퍼텐셜에 의해 TT는 TCG보다 느리게 간다. 이것은 TT의 1초가 중력퍼텐셜에 의한 시간팽창으로 인해 TCG의 1초보다 길다는 뜻이다(참조: 제4장 3.5절).

태양 중력상수 GM_S와 지구 중력상수 GM_E의 차원은 모두 $[L^3T^{-2}]$으로 시간차원이 분모에 포함되어 있다. 그러므로 어떤 좌표시간을 사용하느냐에 따라 상수의 값이 달라진다. 태양의 경우, TCB 시간일 때가 TDB보다 소수점 아래 여덟 번째 자리에서 더 크다. 지구의 경우 GM_E 값은, 태양과 마찬가지로 TCB일 때 제일 크고, TT가 다음이고, TDB일 때

표 5-1 시간과 관련된 일부 천문상수들의 값[25)]

양	기호 및 값(비고)	절대 불확도
1 - d(TT)/d(TCG)	$L_G = 6.969290134\times10^{-10}$ (정의 상수)	0
1 - d(TDB)/d(TCB)	$L_B = 1.550519768\times10^{-8}$ (정의 상수)	0
TDB - TCB at T_0 = 244 3144.5003 725 (TCB)		
	$TDB_0 = -6.55\times10^{-5}$ s (정의 상수)	0
1 - d(TCG)/d(TCB)	$L_C = 1.48082686741\times10^{-8}$ (평균값)	$\pm2\times10^{-17}$
태양 중력상수	$GM_S = 1.32712442099\times10^{20}$ m^3 s^{-2} (TCB) $= 1.32712440041\times10^{20}$ m^3 s^{-2} (TDB)	$\pm1\times10^{10}$ $\pm1\times10^{10}$
지구 중력상수	$GM_E = 3.986004418\times10^{14}$ m^3 s^{-2} (TCB) $= 3.986004415\times10^{14}$ m^3 s^{-2} (TT) $= 3.986004356\times10^{14}$ m^3 s^{-2} (TDB)	8×10^5 8×10^5 8×10^5
천문단위(astronomical unit)	au = 149 597 870 700 m (정의 상수)	0
지구의 명목 평균 각속도	$\omega = 7.292115\times10^{-5}$ rad s^{-1} (TT)	0
지구의 적도 반지름	$a_E = 6378136.6$ m (TT)	±0.1

25) http://maia.usno.navy.mil/NSFA/NSFA_cbe.html

가 제일 작다. 이것은 그림 5-4와 5-5에서 각 좌표시간눈금의 기울기(=시간이 가는 속도)와 정반대다. 이것을 정리하면 다음과 같다.

- 시간이 가는 속도: (빠름) TCB > TT > TDB (느림)
- 경과 시간: (길다) TCB > TT > TDB (짧다)
- 1초의 길이: (짧다) TCB < TT < TDB (길다)
- 중력상수(GM): (크다) TCB > TT > TDB (작다)

여기서 중력상수(GM)의 분모에 시간이 들어있기 때문에 초의 길이가 짧을수록 중력상수의 값은 커진다.

한편, 천문단위 au는 2012년에 재정의되면서 그 값이 고정되었다.[26] 그리고 지구의 명목 회전각속도 ω는 TT 시간눈금으로 구해진 것으로 일정한 값을 갖는다. 지구의 적도 반지름(a_E)에도 TT 시간이 표시되어 있다. 이것은 반지름을 구할 때 시간눈금이 영향을 미쳤다는 것을 뜻한다. 예를 들면, 지구의 편평도(oblateness) 상수 q와 지구의 적도 반지름 사이의 관계는 다음과 같다: $q = a_E^3 \omega^2 / GM_E$. 여기서 q는 무차원으로 그 값은 약 1/289이다. 그런데 GM_E와 ω의 값을 구할 때 TT 시간눈금이 사용되었으므로 a_E도 TT 시간눈금에서 구한 것이 된다.

26) IAU-2012 Resolution B2, "on the re-definition of the astronomical unit of length"

Chapter 6

원자시계의 발명과 발달

1 시계와 주파수발생기

1.1 시계의 발전 역사

시계란 시간을 나타내는 장치이다. 그런데 시간은 역사적으로 오랫동안 하늘에 있는 천체를 기준으로 정해졌었다. 태양이 남중해서 다음 남중할 때까지를 하루라 하고, 남중하는 순간을 0시(또는 12시)로 나타내는 것이 해시계이다. 여기에는 시간을 결정하는 두 가지 요소가 있으니 바로 시간간격(하루)과 원점(남중 시점)이다. 해시계는 하루에 한 번, 즉 태양이 남중하는 순간에서만 그 시각을 정확히 알 수 있다. 나머지 시간 동안 시각을 결정하기 위해서는 균일하게(안정적으로) 동작하는 다른 시계(예: 물시계, 기계시계)가 필요하다. 이 시계들의 정확도는 정오에 시계를 맞춘 후, 다음 날 정오에 어느 정도 벗어났는지를 보면 대충 알 수 있다.

하루를 24시간으로 나눈 것은 고대 이집트 시대라고 알려져 있다. 하지만 1시간을 60분으로, 또 1분을 60초로 나눈다는 개념은 14세기 중반에서야 나타났다.[1] 이것들은 널리 사용되지 못했는데, 그 이유는 분과 초를 표시할 만큼 정확한 시계가 없었기 때문이다.

덴마크의 티코 브라헤(1546~1601)는 그가 활동하던 시대에 가장 정밀하게 천체 관측을 수행한 천문학자로 알려져 있다. 그는 1563년에 처음으로 '분' 단위의 시간을 그의 기록에서 언급했고, 1581년에 '초' 단위를 언급했다. 그 무렵에 스위스에서 분과 초를 모두 나타내는 정밀한 기계시계가 나왔다.

네덜란드의 물리학자이며 천문학자인 크리스티안 하이겐스(1629~1695)는 1656년에 성공적으로 동작하는 진자(pendulum) 시계를 처음으로 개발했다. 초기에 이 시계의 정확도는 하루에 2~3분 틀리는 수준이었다.

이탈리아 출신의 발명가이며 과학자인 티토 리비오 부라티니(1617~1681)는 1675년에 하루가 86 400초라는 것, 즉 1초는 태양일의 1/86 400이라는 것을 처음으로 정의했다.[2] 이 정의는 부라티니가 한 사람의 과학자로서 내린 것이었다. 그러나 시간을 책임지는 국제기구(예: BIH 또는 BIPM)는 20세기에 와서도 평균태양시에 의한 초(=태양초)의 정의를 공식적으로 내린 적이 없었다.

---

1) Dennis D. McCarthy and P. Kenneth Seidelmann, "TIME - From Earth Rotation to Atomic Physics", Wiley-VCH, 2009, p.190.

2) 앞의 참고문헌 p.191.

영국의 그리니치 천문대는 1675년에 설립되었다. 천문대에서 처음 사용한 진자시계는 하루에 약 10초 이내에서 시간을 유지할 수 있었다. 그 당시에도 태양을 관측하여 시간(태양시)을 결정했었다. 1721년에 자오선 망원경(transit telescope)을 설치한 후부터 별을 관측하여 시간(항성시)을 결정했다.

17세기와 18세기에 걸쳐 바다에서 원거리 항해는 더욱 정밀한 시계 개발의 필요성과 목표를 제공했다. 그 당시에 바다에서 위도를 결정하는 것은 잘 알려져 있었다. 그러나 경도를 정확하게 알아내는 것은 오랫동안 숙제로 남아 있었다. 영국 의회는 1714년에 경도법(Longitude Act)을 제정하고 경도를 정확히 알아낼 수 있는 방법을 제시하는 사람에게 보상금으로 2만 파운드(현재 기준으로 대략 30억 원~60억 원)를 준다고 공고했다. 이것은 1707년에 영국 해군의 전함 4척이 영국 실리 제도 근처에서 난파되어 1500여 명의 선원들이 생명을 잃은 사고를 계기로 마련된 것이었다. 그때 아이작 뉴턴(1642~1726)은 과학자로서 이미 유명해져 있던 시기였다. 그는 정확한 시계가 있으면 천체 관측을 통해 바다에서 배의 위치(경도)를 정확히 알아낼 수 있다는 것을 알고 있었다. 그리고 그런 시계를 만들 수 있도록 정부가 재정지원을 할 것을 제안했었다.

존 해리슨(1693~1776)은 이 경도상에 도전하여 해상용 시계를 제작하는데 한 평생을 보낸 사람이다. 그는 1730년에 시작하여 1735년에 첫 번째 크로노미터[3]인 H1을 완성했고, 1741년에는 H2를, 1759년에는 H3를, 그리고 1761년에는 H4를 완성했다. 이 과정에서 그는 안정적인 시계 동작을 위한 부품과 재료로서 온도 보상 스프링, 바이메탈 스트립, caged 롤러 베어링 등을 발명했다. H4는 직경 13 cm의 원형 시계로서 앞의 세 개와는 전혀 다르게 그 크기를 줄였다. 그는 이 시계를 가지고 대서양을 횡단해서 카리브 해에 있는 자메이카의 킹스톤까지 약 81일간 항해했다. 그의 시계로 구한 경도는 그 당시 알려져 있던 경도에 비해 1.25분 차이가 났다. 이것은 거리로는 대략 1.8 km에 해당한다. 이 결과는 경도상을 받기에 충분히 정확한 것이었다. 그 이후 제임스 쿡 선장은 H4의 복사본을 가지고 항해에 나섰는데, 그의 항해 일지에는 그 시계의 정확도에 대한 찬사가 가득했다. 해리슨의 H4는 바다에서는 9일 동안에 약 24초(하루에 약 2.7초) 느렸다고 기록하고 있다. 그리고 경도상금의 지불 문제를 도와주기위해 자문에 나섰던 조지 3세 왕은 궁전에서 그 시계를 10주 동안 직접 검사했는데 하루에 약 0.3초 이내에서 정확했다고 한다.

천체를 기준으로 시간을 결정하고, 그것에 시계의 시간을 맞추는 방식으로 시계를 운용한

3) chronometer는 고대 그리스어의 chrono(의미: 시간)와 meter(의미: 계수기)의 합성어로, 18세기 영국에서 만들어진 말이다.

것은 19세기를 거쳐 20세기까지 이어졌다. 그리니치 천문대에서는 1851년에 에어리 자오환(ATC)[4]을 설치하고 이것을 기준으로 본초자오선을 정의했었다.[5] ATC는 자오선을 따라 남북 방향으로 움직이는 망원경으로, 별들이 본초자오선을 통과하는 시각(transit time)을 알아내는데 사용하던 장치이다. ATC는 시간을 알려주는 별, 이른바 '시계별'(clock stars)을 관측하여 항성시를 결정했고, 항성시로부터 그리니치평균시(GMT)를 계산해 냈다. GMT는 1880년에 영국의 법정 시간이 되었고, 1884년에는 국제자오선회의에서 세계시(UT)의 기준으로 채택되었다. 즉 세계의 하루는 본초자오선에서 평균태양시의 자정부터 시작되는 것으로 정해졌다. ATC는 1927년까지 GMT 및 UT 결정에 사용되었다.

시계별이란 오랜 세월 동안 반복 관찰에 의해 그 위치가 잘 알려져 있던 밝은 별(항성)들을 말한다. 1851년에는 67개의 별들이 시간을 알려주는 목적으로 사용되었다.[6] 천문대에서 운용하던 시계로 관측한 별의 통과 시각과 이론적인 계산으로 얻은 별의 통과 시각과의 차이로부터 그 시계의 오차를 구했다. 하룻밤 동안 67개 시계별 중 일부를 관측하는 것만으로도 하루에 한 번 겉보기 태양을 관측하는 것에 비하면 훨씬 더 정밀하게 시간을 결정할 수 있었다. 그 결과, 천문대에서 유지하던 시계가 다른 시계들에 비해 훨씬 더 정확했다.

기계시계와 함께 진자시계도 꾸준히 발전되어 왔다. 1923년에 그리니치 천문대에는 새로 발명된 '자유진자시계'(free-pendulum clock)를 설치했다. 이 시계는 밀폐된 용기 속의 기압을 낮추고, 온도를 일정하게 유지한 상태에서 진자가 자유롭게 흔들리도록 만든 것이다. 진자의 진폭을 일정하게 유지하기 위해서 주기적으로 전기적 임펄스를 가하여 가속시켰다. 이 시계는 하루(86 400초)에 약 100분의 1초 이내에서 정확하게 시간을 유지했다. 이것을 상대 시간차이($\delta t/t$)로 나타내면 1.2×10^{-7}이다.

한 국가나 지역의 시간을 책임지고 있던 천문대에는 그 시대에 가장 정확한 시계를 보유하고 있었다. 그들이 사용하던 진자시계는 1초(또는 2초)에 한 번 반복적으로 진동하는 장치였다. 그러나 시계의 발전 역사에 혁명적인 사건이 일어났으니 바로 수정발진기(quartz oscillator)가 발명된 것이다.

4) ATC는 Airy Transit Circle의 약어인데, 왕립 그리니치 천문대의 제7대 천문학자였으며 이 장치를 설계했던 George Airy의 이름에서 따왔다.

5) 참조: 제2장 5.2절 "경도 0도 선의 결정"

6) 왕립 그리니치 천문대 홈페이지 참조: www.royalobservatorygreenwich.org/

1.2 수정발진기

수정은 지구상에서 쉽게 구할 수 있는 광물 중 하나이다. 수정의 구성 성분을 화학식으로 나타내면 SiO_2이고, 화학적, 역학적으로 안정된 물질이다. 그리고 모래나 바위에 들어 있는 이산화 화합물을 이용해서 인공적으로 합성해낼 수 있다. 수정이 갖는 특성 중에 압전효과(piezoelectricity)가 있다. 이것은 수정에 압력을 가하면 수정 내에 전압이 발생하는 현상을 말한다. 이것을 '순방향 압전효과'라고 하는데, 1880년에 큐리 형제[7])가 처음으로 발견했다. 반대로, 수정에 전압을 가하면 역학적 변형(또는 진동)이 생기는데, 이것을 '역방향 압전효과'라고 한다. 압전효과에 의해 수정에서 발생하는 진동은 아주 미세하여 고배율의 광학현미경으로 감지해낼 수 있다.

수정의 압전 현상이 발견된 이후 수정은 여러 분야에서 응용되었다. 수정은 그 크기와 모양에 따라 발생하는 진동 주파수가 달라진다. 그리고 수정결정을 자르는 방향에 따라 진동 모드와 발생하는 주파수의 특성(열적 특성, 주파수안정도, 노화 효과 등)이 달라진다. 수정의 이런 특성을 전기회로의 공진현상과 결합시키면서 1918년경 처음으로 수정발진기로 응용되기에 이르렀다.

수정 표면에 전극을 부착하고 전압을 가하면 수정은 그 고유 주파수에서 진동한다. 이것은 마치 RLC 회로가 공진하는 것과 비슷하다. 즉, 그림 6-1에서 인덕턴스가 L(단위: 헨리)인 코일, 전기용량이 C(단위: 패럿)인 축전기, 전기저항이 R(단위: 옴)인 저항으로 구성된 회로에 전압을 가하면 이 회로는 각주파수 $\omega_0 (= 1/\sqrt{LC})$에서 공진을 일으킨다. 다른 말로 하면, 축전기에서 전기에너지가 충전과 방전을 반복하고 이에 따라 전류가 흐르는 방향이 앞뒤로 바뀌는데, 그 전기적 진동의 주파수가 $f_0 = \omega_0 / 2\pi = 1/(2\pi\sqrt{LC})$이다. 저항 R 때문에 공진주파수의 진폭이 줄어드는데(감쇠 진동) 이것을 보상하여 지속적으로 발진하도록 하려면 구동 전압을 가해야 한다.

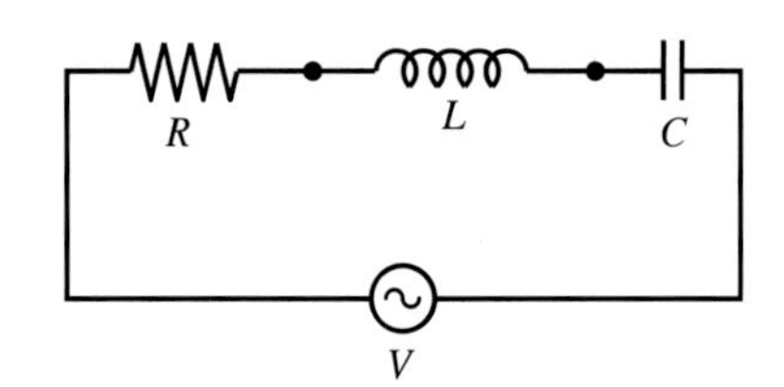

그림 6-1 직렬 연결된 RLC 회로. 공진 각주파수는 $\omega_0 = 1/\sqrt{LC}$이다.

7) 프랑스의 물리학자들인 Jacques Curie와 Pierre Curie를 말한다. Pierre Curie(1859~1906)는 방사능에 관한 연구로써 1903년에 그의 아내인 마리 큐리, 헨리 베크렐과 공동으로 노벨물리학상을 수상했다.

역방향 압전효과에 의해 수정에서 발생하는 고유진동 주파수는 수정이 가지고 있는 전기저항, 인덕턴스 및 전기용량을 이용하여 RLC 회로와 같은 개념으로 설명할 수 있다. 그림 6-2는 수정을 전기회로에서 표현하는 기호와 그것의 전기적 특성을 나타내는 등가회로이다. 특정 주파수가 발생되도록 제작된 수정을 공진기(resonator)로 설명한다. 즉 넓은 대역폭을 갖고 진동하는 전기회로에서 수정 공진기에 의해 대역폭이 좁은 특정 주파수가 공진되는 것이다. 그림 6-3은 두 개의 전극을 갖는 수정 공진기의 모습을 보여준다. 가운데 동그라미 부분이 금속이 증착(코팅)된 전극인데, 전극 가장자리를 클립으로 고정하고 외부단자와 연결한다.

수정이 발진기(oscillator)로 계속 동작하기 위해서는 전기적 피드백 회로를 구성해야 한다. 전압이 가해지고 있는 수정 공진기에서 나오는 진동신호를 증폭하여 다시 수정의 입력 전극으로 피드백시킨다. 이렇게 구성된 수정발진기의 진동주파수는 구동 전압을 조정하면 일정 범위 내에서 바꿀 수 있다. 구동 소모전력이 작다는 것은 수정발진기가 갖는 장점 중의 하나이다.

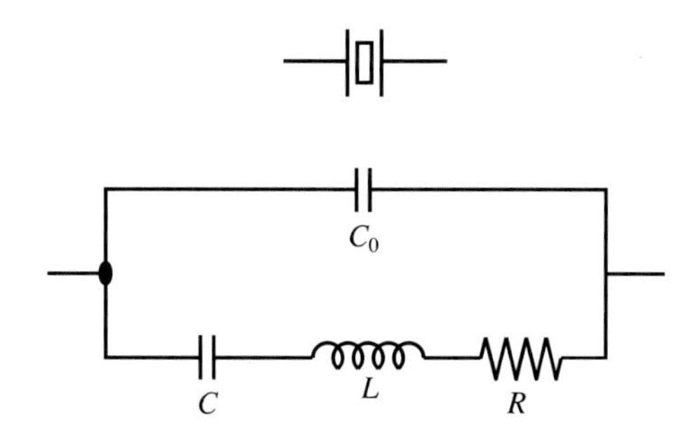

그림 6-2 (위) 수정결정을 나타내는 기호, (아래) 수정결정의 전기적 특성을 나타내는 등가 회로. 단, C_0는 전선 연결에 의해 추가된 전기용량을 나타냄.

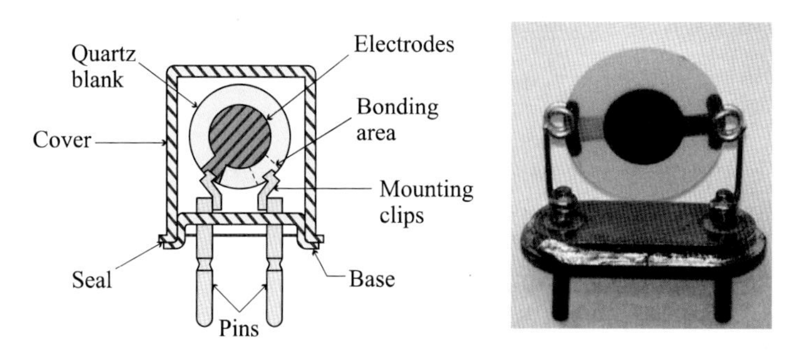

그림 6-3 수정 공진기의 개략도 및 사진

수정발진기는 수정결정의 자른(cut) 방향에 따라 수 kHz에서 수백 MHz에 이르기까지 다양한 주파수를 발진시킬 수 있다. 자른 방향에 따른 주파수 특성은 오랫동안 연구되어 왔다. 가장 흔히 사용되고 대량 생산되는 AT cut은 온도보상 효과를 가지는 것으로, 1934년에 개발되었으며 오늘날에도 손목시계용으로 많이 사용된다. 역학적 압력이나 진동, 그리고 중력에 대해 덜 민감한 특성을 갖는 SC cut은 1974년에 개발되었다. 이것 역시 온도보상 효과를 갖지만 온도 조절되는 오븐 속에 장착하여 안정도가 높은 주파수발생기가 된다. 이 외에도 다양한 특성을 갖는 다양한 cut이 있다.

수정발진기의 등장은 시간주파수 분야에서 '주파수' 및 '주파수발생기'라는 용어를 자주 사용하게 되는 계기가 되었다. 수정발진기에서 나오는 진동수가 높아짐에 따라 1초 동안 진동하는 횟수를 의미하는 주파수(단위: 헤르츠, Hz)로 나타내는 것이 그 진동의 주기(단위: 초, s)로 나타내는 것보다 편리하기 때문이다.

수정발진기를 이용한 수정시계는 1927년에 처음 제작되었다. 1930년대에는 천문대에서 정밀 시간 유지를 위해 사용되던 진자시계를 수정시계가 대체하기 시작했다. 수정시계용 수정발진기는 그 주파수가 32 768 Hz(=2^{15} Hz)에 맞추어져 있다. 이 주파수는 발진기의 안정도와 전자회로의 소모전력(=배터리 수명) 등을 절충하여 선택된 것이다. 전자회로는 이 주파수를 세어 1초에 한 번씩 규칙적으로 펄스 전기신호를 만들어내고, 이것이 초침을 한 칸씩 가게 한다. 수정시계는 그 환경을 잘 조절해주면 발생주파수가 꽤 안정적으로 유지된다. 좋은 환경조건에서 수정시계는 1년에 수 밀리초(ms) 차이만 날 정도로 안정적이다. 이것을 경과시간에 대한 시간 변화, 즉 명목주파수에 대한 주파수 변화로 나타내면 $\delta t/t = \delta f/f \approx 10^{-10}$ 수준에 해당한다. 이 안정도는 진자시계나 기계시계에서는 상상할 수 없었던 우수한 성능이다.

수정발진기는 수정시계에서뿐 아니라 뒤에서 나오는 여러 종류의 원자시계들에서도 기본 발진기로 사용된다. 이런 정밀 수정발진기의 발진주파수에 영향을 미치는 요소로는 다음과 같은 것들이 있다: 온도, 가속도(중력, 진동, 쇼크, 음향잡음 등), 전리방사선(엑스선, 감마선, 중성자, 양성자, 전자 등), 습도, 자장, 공기압, 전원 공급 장치의 전압 및 임피던스 등이다.

온도에 의한 발진기의 주파수 변화가 가장 크게 나타나기 때문에 이를 보상하기 위해 온도 보상 또는 온도 조절하는 TCXO 또는 OCXO[8])를 만들어 사용한다. TCXO는 발진기 주

8) TCXO는 Temperature-Compensated Crystal Oscillator(온도 보상 수정결정 발진기)의 약어이고, OCXO는 Oven Controlled Crystal Oscillator(오븐 조절 수정결정 발진기)의 약어이다.

변 온도를 측정하는 온도센서(예: 서미스터)에서 나오는 신호로써 발진기에 가해지는 전압을 조절함으로써 발진주파수를 조정하는 것이다. 이렇게 하면 일반 수정발진기에 비해 온도에 의한 주파수 변화를 약 20배 개선할 수 있다. 이에 비해 OCXO는 수정 및 온도에 민감한 부품들을 온도 조절되는 오븐 속에 설치한 것이다. 이때 오븐의 온도는 수정발진기가 온도에 대한 주파수 변화가 0인 지점에 맞춘다. OCXO의 온도변화에 의한 발진주파수의 변화는 일반 수정발진기에 비해 약 1000배 우수하다.

수정발진기의 장기안정도에 가장 큰 영향을 미치는 것은 시간의 흐름에 따른 노화(aging)이다. 수정의 노화로 인해 발생주파수가 장기적으로 변한다. 노화를 일으키는 대표적인 원인은 다음 두 가지이다. 수정 표면에 오염물질 흡착, 전극에 미치는 스트레스이다. 수정 표면에 쌓이는 분자 한층 당 대략 10^{-6}의 주파수 변화가 발생한다. 그리고 전극을 고정하거나 접착하는 것에 의한 스트레스로 주파수가 변한다. 이 문제를 해결하기 위해 1976년에 전극 없는(electrode-less) 수정공진기, 일명 'BVA' 공진기가 개발되었다. 이것은 3개의 수정판으로 구성되는데, 가운데에 놓이는 진동자 부분은 아무 전극이 없고, 다른 두 개의 수정판에 전극을 증착한 후 샌드위치처럼 진동자 양쪽에 접촉하도록 만든다.[9] 이것은 정밀발진기가 필요한 원자시계에서 주로 사용된다.

진자시계나 기계시계가 대략 1초에 한번 진동하는 것에 비하면 출력 주파수 1 MHz의 수정발진기는 1초에 백만 번 진동한다. 이것은 마치 눈금간격이 촘촘한 자를 가지고 길이를 재는 것과 비슷하다. 촘촘한 자일수록 더 정밀한 길이 측정이 가능한 것처럼 주파수가 높은 발진기일수록 더욱 정밀한 시간측정(또는 시간생성)이 가능하다. 수정발진기가 등장하면서 시간측정은 그 정확도와 정밀도가 10^{-10} 수준으로, 그 이전에 비해 약 1000배 높아졌다. 그리고 주파수발생기라는 표현을 더 자주 사용하게 되었다. 주파수발생기는 정밀 시계의 한 구성요소이다. 또한 시간보다 주파수가 필요한 곳에서는 '주파수원'(frequency source)으로 사용된다.

9) R. Besson, Proceed. 30th Atomic Freq. Contr. Symp., pp.78~83, 1976.

2 주파수발생기의 성능 지표

어떤 시계가 표시하는 시각을 기준시계(또는 표준시계)의 시각과 똑같도록 맞추는 것을 '동기'(synchronization)라고 한다. 그런데 그 시계의 주기(또는 주파수)가 기준시계의 주기와 같지 않으면 동기시킨 후 얼마 지나지 않아서 표시되는 시각은 변한다. 주기(T)란 반복되는 현상이 한번 일어나는데 걸린 시간이고, 주파수(f)는 반복되는 현상이 단위 시간당 발생하는 횟수를 나타내므로 서로 역수 관계($f = 1/T$)에 있다. 그러므로 주기가 다르다는 것은 곧 주파수가 다르다는 것이다. 따라서 시계가 동기된 후 기준시계와 오랫동안 같은 시각을 나타내려면 주파수도 같아야 한다. 두 주파수가 같도록 맞추는 것을 '동조'(syntonization)라고 한다. 결론적으로, 두 시계가 오랫동안 동일한 시각을 나타내려면 동기와 동조가 함께 이루어져야 한다.

주파수발생기가 등장하면서 그 성능을 나타내는 인자가 만들어졌다. 이를 위해 처음에는 Q-인자(Quality factor)를 사용했다. Q-인자란 RLC 전기회로나 수정발진기와 같은 공진회로에서 중심 주파수(f_c)와 그 대역폭(Δf)의 비를 말한다. 즉 $Q \equiv f_c/\Delta f$로 정의된다. Q값이 크다는 것은 중심 주파수(f_c)가 같은 경우 대역폭이 좁다는 것을 뜻한다. 그러므로 Q값이 큰 주파수발생기가 더 정확한 주파수를 만들어낼 수 있다. 만약 대역폭(Δf)이 같은 경우에는 높은 주파수를 발생시키는 것이 더 큰 Q값을 가지므로 더 우수한 주파수발생기가 될 가능성이 있다.

예를 들면, 수정시계(또는 수정발진기)의 경우 Q값은 대개 $10^5 \sim 10^6$이다. 이에 비해 상용 세슘원자시계의 경우 $10^7 \sim 10^8$의 Q값을 가진다. 그런데 최근에 개발되어 SI 초를 정의하는데 사용되고 있는 세슘원자분수시계의 경우에는 9.2 GHz 마이크로파 주파수를 약 1 Hz 선폭으로 발생시킨다. 이것의 Q값은 약 10^{10}에 해당한다. 광원자시계의 경우에는 약 1 Hz의 선폭으로 광주파수(대략 수 백 THz)를 발생시키므로 Q값은 10^{14} 수준에 이른다. 이처럼 Q-인자는 주파수발생기나 공진기의 성능을 대략적으로 나타내는데 유용하다.

주파수발생기의 성능을 좀 더 정교하게 표현하고 또 분석하기 위한 지표가 1960년대 중반부터 개발되기 시작했다. '주파수안정도'(frequency stability)가 그것이다.[10] 이것은 주파

10) '주파수안정도'를 '주파수 불안정도'(frequency instability)라고 표현한 문헌들도 있다. 알란편차가 작을수록 주파수안정도는 높다는 것을 뜻한다. 즉 알란편차는 주파수 불안정도를 나타낸다. 이것은 마치 '불확도'(uncertainty)와 '정확도'의 관계와 비슷하다. 즉 불확도가 작을수록 정확도는 높다.

수발생기가 똑같은 주파수를 얼마나 오랫동안 발생하느냐를 나타내는 지표이다. 그런데 주파수를 측정하기 위해서는 일정 시간동안 평균(적분)하는 과정이 필요하다. 이 적분시간이 달라지면 주파수안정도도 변하므로, 이 시간의 길이에 따라 단기안정도, 중기안정도, 장기안정도로 분류하기도 한다. 이런 주파수안정도는 주파수 신호에 포함된 잡음과 밀접한 관련이 있다. 그래서 여기서는 먼저 주파수의 잡음을 나타내는 수학적 모델을 알아본다. 잡음의 종류에 따라 주파수안정도의 평균(적분)시간에 대한 특성이 다르게 나타난다. 그래서 주파수발생기에서 나오는 신호의 주파수안정도를 측정하고 분석하면 어떤 종류의 잡음이 가장 크게 영향을 미치고 있는지 알 수 있다. 주파수안정도는 시간영역과 주파수영역으로 구분된다. 여기서는 시간영역에서 알란분산(Allan variance) 또는 알란편차(Allan deviation)를 중심으로, 자주 사용되는 공식을 알아본다. 그리고 잡음 특성과 주파수안정도 사이의 관계를 알아본다.

주파수발생기의 성능을 나타내는 또 다른 지표로는 정확도가 있다. 만약 정밀 주파수발생기를 1차(primary) 주파수표준기로 사용하는 경우에는 그 주파수발생기에서 생성된 주파수(또는 시간 간격)가 얼마나 잘 'SI 초의 정의'를 구현하는지 평가해야 한다. 이것은 주파수표준기에서 주파수를 이동(shift)시키는 모든 물리적 요인들에 의한 이동값을 측정하고 분석한 후, 그것을 보정하는 것을 의미한다. 이때 주파수 이동값의 불확도들을 전부 합성(combine)한 것을 '합성 불확도'라고 부른다(여기서는 '불확도'라고 쓴다). 원자시계에서 이 불확도가 작을수록 시계의 정확도는 높다. SI 초의 정의에 따라 1차 주파수표준기는 세슘원자를 이용하여 제작한 시계이다. 현재는 대부분 레이저 냉각된 세슘원자를 분수(fountain) 방식으로 제작한 것이다. 원자를 이용한 주파수발생기 중에서 표준기로 사용되는 것을 '원자주파수표준기'(atomic frequency standard)라고 하는데, 단순히 '원자시계'(atomic clock)라고 부르기도 한다.

2.1 주파수 잡음 모델

주파수원에서 나오는 출력신호는 다음 식으로 표현한다.[11]

$$V(t) = [V_0 + \epsilon(t)]\sin[2\pi\nu_0 t + \phi(t)] \quad (식\ 1)$$

여기서 V_0는 명목 최고 출력전압, $\epsilon(t)$는 진폭 편차, ν_0는 명목주파수, $\phi(t)$는 위상 편

11) 주파수 잡음 및 안정도와 관련된 참고문헌: "IEEE standard definitions of physical quantities for fundamental frequency and time metrology—Random instabilities", IEEE Std. 1139 (1999).

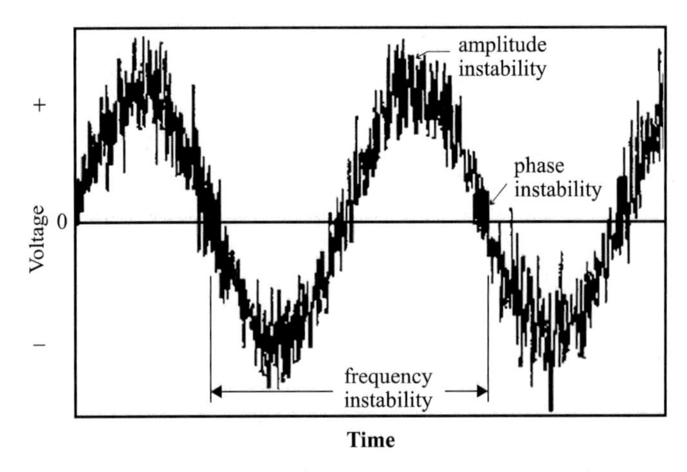

그림 6-4 진폭잡음과 위상잡음을 포함한 주파수 신호의 모양. 위상 변동이 주파수 변동으로 나타남 (출처: IEEE Std 1139 (1999), p.4)

차를 나타낸다. 이 식을 실제 신호 모양으로 나타낸 것이 그림 6-4에 나와 있다. 그림에서 진폭 변화, 위상 변화 및 주파수 변화를 볼 수 있다.

주파수안정도를 나타내고 또 해석하기 위해 우리는 주로 위상 항 $\phi(t)$에 관심이 많다. 위상을 시간에 대해 미분하면 주파수가 되므로, 어떤 순간 t에서 주파수는 전체 위상 항을 미분하여 얻는데, 다음과 같이 표현된다.

$$\nu(t) = \nu_0 + \frac{1}{2\pi}\frac{d\phi}{dt} \qquad \text{(식 2)}$$

주파수 변동을 무차원으로 나타내는 '상대주파수' y를 다음과 같이 정의하고 앞의 식을 이용하면 다음과 같이 표현된다.

$$y(t) \equiv \frac{\Delta f}{f} = \frac{\nu(t) - \nu_0}{\nu_0} = \frac{1}{2\pi\nu_0}\frac{d\phi}{dt} \equiv \frac{dx}{dt} \qquad \text{(식 3)}$$

위 식의 마지막 항에서 $x(t) \equiv \phi(t)/2\pi\nu_0$로 정의하고, $x(t)$를 '위상'이라고 부른다. 단, 그 단위는 시간의 단위 '초'이다. $x(t)$와 $y(t)$는 주파수안정도 계산에서 중요한 변수들이다. 이것들을 시간에 따라 연속적으로 측정한 후, 일련의 데이터(=시계열 데이터)를 이용하여 주파수안정도를 계산한다. 그런데 $x(t)$의 경우는 시간차이를 측정하지만 $y(t)$는 일정 시간동안 평균한 주파수를 측정한다. 두 경우 모두 기준시간 또는 기준주파수와 비교하는 것으로, 기준을 공급하는 정확한 주파수표준기, 즉 원자시계가 필요하다.

일반적으로 어떤 물리량을 측정하여 얻은 값들의 정밀도는 측정값들의 분산(또는 표준편차)으로 나타낸다. 흔히 사용하는 '분산' s^2은 다음 식으로 구한다.

$$s^2 = \frac{1}{N-1}\sum_{i=1}^{N}(y_i - \bar{y})^2 \quad \text{(식 4)}$$

여기서 $\bar{y}$는 측정한 N개의 y_i를 평균한 값으로, $\bar{y} = \frac{1}{N}\sum_{i=1}^{N} y_i$이다.

그런데 주파수 측정의 경우에는 분산이나 표준편차 s(=분산의 제곱근)로 그 정밀도나 안정도를 나타낼 수 없다. 왜냐하면 주파수의 측정 데이터 수(N)가 많아지면 분산값이 발산하여 그 값을 정할 수 없기 때문이다. 일반적으로 분산은 평균값이 데이터 수(또는 경과시간)와 무관하게 임의의 값을 가지는 경우에 사용할 수 있다. 이것은 측정에 관여하는 잡음이 대부분 백색잡음일 경우에 해당한다. 그런데 주파수 잡음에는 여러 종류가 있고, 그 중에는 N이 증가하면 분산이 증가하는 잡음도 있다. 그래서 일반적인 주파수원에 대해 적용할 수 있는 새로운 분산이 필요하다. 이런 목적으로 개발된 것이 '알란분산'(Allan variance)이다.[12)]

주파수원이 갖는 잡음의 종류는 보통 다음 5가지로 나눈다.

- 백색 위상잡음(White Phase Noise; WPN)
- 플리커 위상잡음(Flicker Phase Noise; FPN)
- 백색 주파수잡음(White Frequency Noise; WFN)
- 플리커 주파수잡음(Flicker Frequency Noise; FFN)
- 랜덤워크 주파수잡음(Random Walk Frequency Noise; RWFN)

이 잡음들이 시간에 따라 변하는 모습이 그림 6-5에 나와 있다. 잡음 주파수(Fourier frequency)는 백색 위상잡음(WPN)이 가장 높고(=빠르게 변함), 플리커 위상잡음(FPN), 백색 주파수잡음(WFN), 플리커 주파수잡음(FFN), 랜덤워크 주파수잡음(RWFN) 순으로 주파수가 낮아짐(=느리게 변함)을 알 수 있다.

12) 주파수원뿐 아니라 표준 볼트 셀(standard-volt cell)이나 게이지 블록(gauge block) 같이 장기적으로 그 값이 변하는 경우에는 분산이 아니라 알란분산으로 표현하는 것이 그 특성을 정확히 이해하는데 유리하다(참고문헌: D.W. Allan, IEEE Trans. Instrum. Meas., Vol. IM-36, No.2, pp.646~654, 1987.).

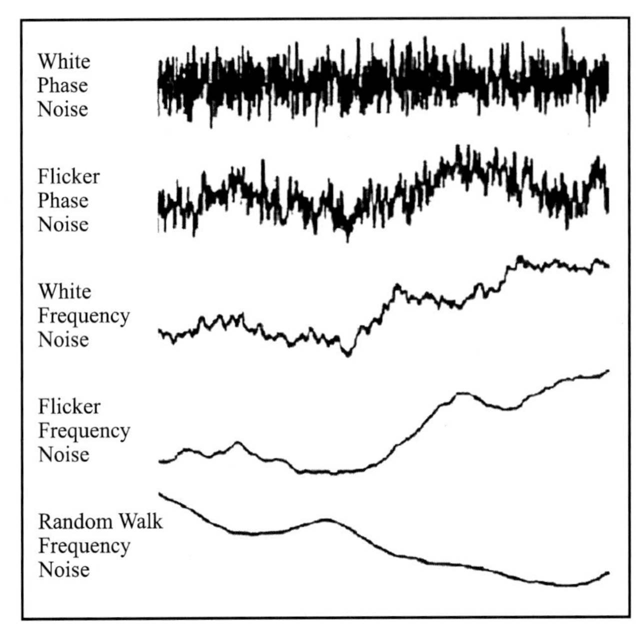

그림 6-5 주파수원에서 나타나는 다섯 가지 잡음의 시간에 따른 변화 비교

2.2 주파수안정도

시간영역에서 주파수안정도를 구하기 위해서는 일정 주기로 주파수를 반복해서 측정해야 한다. 주파수계수기(frequency counter)로 주파수를 측정하는 것은 주파수계수기 내에서 일정 시간(τ) 동안 평균한 주파수를 읽어내는 것이다. 이때 주파수계수기에는 기준주파수발생기(예: 세슘원자시계)에서 나온 주파수가 기준신호로 입력된다. 주파수계수기로써 주파수를 측정한다는 것은 이 기준주파수와 비교하여 주파수 비를 알아내는 것을 뜻한다.

주파수계수기가 주파수를 평균하는 시간 τ를 '평균시간' 또는 '측정시간' 또는 '적분시간'이라 부른다. 그림 6-6에서와 같이 반복되는 측정주기는 T로 표시하는데, 일반적으로 $T > \tau$의 관계를 갖는다. 여기서 $(T-\tau)$시간 동안에는 측정이 이루어지지 않는데, 이것을 '죽은시간'(dead time)이라고 부른다. 주파수 측정에서 죽은시간을 없앨 수는 없지만 주파수안정도를 나타내는 알란분산은 이것을 0 (즉 $\tau = T$)이라고 가정하고 만든 공식이다. 만약 죽은시간의 비율이 커지면 이 효과를 보정하는 것이 필요하다.[13]

---

13) J.A. Barnes and D.W. Allan, "Variances Based on Data with Dead Time Between the Measurements", NIST Technical Note 1318, 1990.

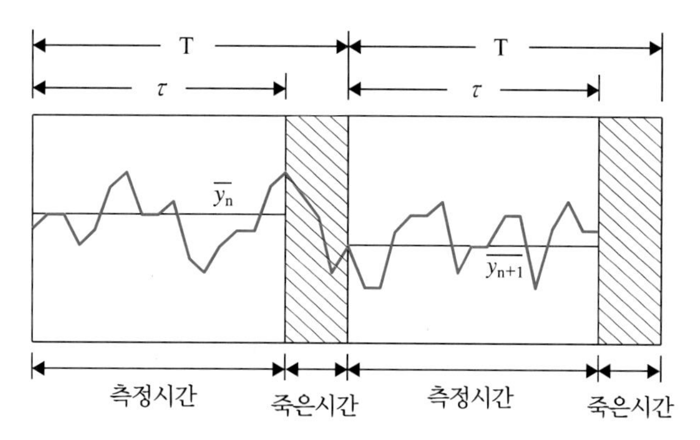

그림 6-6 주파수 측정에서 측정시간 τ, 반복주기 T, 그리고 죽은시간 $(T-\tau)$. $\overline{y_n}$은 상대주파수의 평균값을 나타냄.

알란분산(AVAR) $\sigma_y^2(\tau)$을 구하는 원래 식은 아래와 같다. 알란분산의 제곱근 $\sigma_y(\tau)$이 알란편차(ADEV)인데, 주파수안정도를 나타내는데 주로 사용된다.

$$\sigma_y^2(\tau) = \frac{1}{2(M-1)} \sum_{i=1}^{M-1} (\overline{y}_{i+1} - \overline{y}_i)^2 \qquad \text{(식 5)}$$

단, $\overline{y}_i$는 M개의 측정값(상대주파수) 중에서 i 번째 것을 나타낸다. 또한 이것은 측정시간 τ 동안 평균된 값을 나타내는데 수식으로 표현하면 다음과 같다.

$$\overline{y}_i(\tau) = \frac{1}{\tau} \int_{t_i}^{t_i+\tau} y(t)dt = \frac{x(t_i+\tau) - x(t_i)}{\tau} = \frac{x_{i+1} - x_i}{\tau} \qquad \text{(식 6)}$$

하나의 상대주파수 데이터 $\overline{y}_i$는 두 개의 위상 데이터의 차이 $(x_{i+1} - x_i)$를 측정간격 τ로 나눔으로써 구해진다. 따라서 (식 5)를 위상으로 표현하면 다음과 같다.

$$\sigma_y^2(\tau) = \frac{1}{2(N-2)\tau^2} \sum_{i=1}^{N-2} (x_{i+2} - 2x_{i+1} + x_i)^2 \qquad \text{(식 7)}$$

여기서 x_i는 측정간격 τ로 측정된 $N(=M+1)$개의 위상값 중에서 i 번째 것을 뜻한다. (식 5)와 (식 7)에서 보듯이 알란분산은 (식 4)의 분산과 달리 바로 이웃한 측정값들의 차이로부터 계산된다.

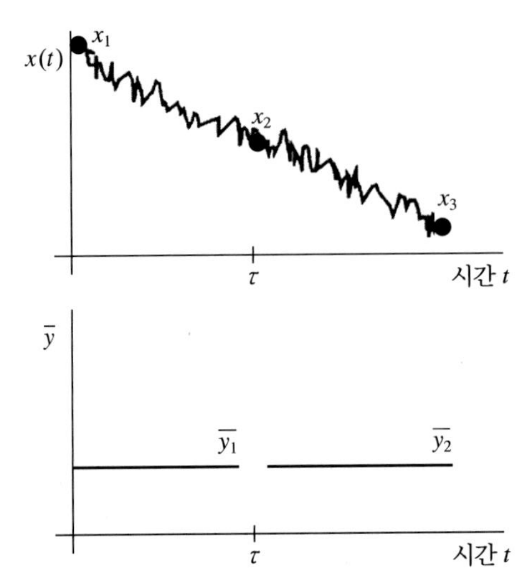

그림 6-7 주파수원의 위상변화와 상대주파수와의 관계. 상대주파수 하나에 대해 두 개의 위상이 관련됨.

그림 6-7은 위상 $x(t)$과 상대주파수 $\overline{y}$의 관계를 보여준다. 즉 x_i은 시각 t에서의 위상(단위: 초)을 나타내고, $\overline{y}_i$은 τ시간 동안 평균된 상대주파수를 나타낸다. 여기서 x_i를 측정한다는 것은 시간간격계수기(time interval counter)로써 기준신호에 대한 시간차이를 측정하는 것을 말한다. 그러므로 시간간격계수기에는 주파수계수기에서와 마찬가지로 기준주파수발생기에서 나오는 기준신호가 입력되어야 한다.

그림 6-8은 그림 6-5에 나와 있는 다섯 가지 주파수 잡음에 대해 알란편차를 계산한 결과이다. 이 그림에서 x축과 y축은 각각 측정시간(τ)과 알란편차($\sigma_y(\tau)$)를 log 눈금으로 나타내었다. 잡음의 종류에 따라 기울기가 다음과 같이 달라지는 것을 알 수 있다.

- 백색 위상잡음(WPN), 플리커 위상잡음(FPN) : $\sigma_y(\tau) \sim \tau^{-1}$
- 백색 주파수잡음(WFN) : $\sigma_y(\tau) \sim \tau^{-1/2}$
- 플리커 주파수잡음(FFN) : $\sigma_y(\tau) \sim \tau^{0}$
- 랜덤워크 주파수잡음(RWFN) : $\sigma_y(\tau) \sim \tau^{+1/2}$
- 주파수 표류(Freq. Drift) : $\sigma_y(\tau) \sim \tau^{+1}$

단, PN(위상잡음) 또는 FN(주파수잡음) 대신에 PM(위상변조) 또는 FM(주파수변조)라고 쓰기도 한다. 그림에서 적분시간 τ에 따라 알란편차의 기울기가 달라진다는 것은 잡음의

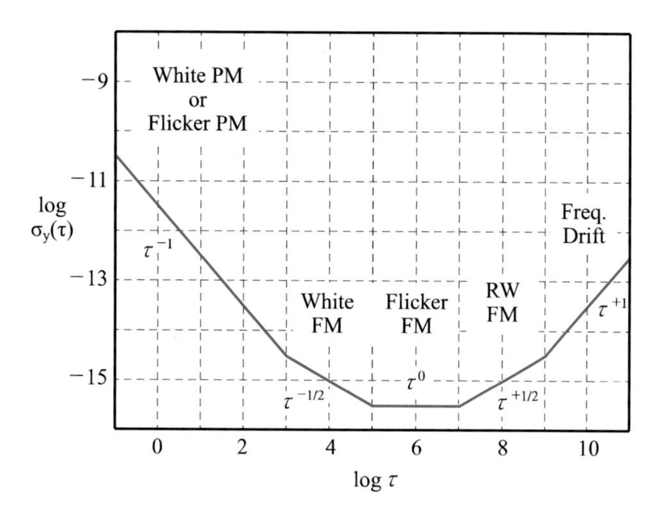

그림 6-8 주파수 잡음의 종류에 따라 적분시간(τ)에 대한 알란편차의 기울기가 달라짐
(참조: NIST Special Publication 1065, p.10, 2008.).

종류를 구분할 수 있게 한다. 또한 주파수발생기의 안정도를 최대로 발휘하려면 어느 정도 시간까지 적분해야 하는지를 알려준다. 예를 들면, WPN, FPN, WFN이 지배적인 구간 ($\tau = 10^{-1} \sim 10^5$ s)에서는 적분시간을 늘리면 이 잡음들은 줄어들 수 있다. 그렇지만 FFN이 지배적인 구간($\tau = 10^5 \sim 10^7$ s)에서는 적분시간을 늘려도 알란편차는 변하지 않는다. 즉 주파수안정도는 더 이상 개선되지 않는다. 모든 주파수발생기에서 나오는 주파수는 시간이 오래 경과하면 표류(drift)한다. 다시 말하면, 시간이 흐르면 주파수발생기는 노화되어 처음 주파수와 달라진다. 주파수 표류는 알란편차가 적분시간에 비례하여 ($\sigma_y(\tau) \sim \tau^{+1}$) 증가한다.

그런데 WPN과 FPN은 같은 기울기를 갖고 있기 때문에 알란편차로는 구분할 수 없다. 그래서 이를 구분할 수 있는 '수정 알란편차'가 개발되었다. 이것은 MDEV 또는 *Mod* $\sigma_y(\tau)$로 표기하는데,[14] WPN이 *Mod* $\sigma_y(\tau) \sim \tau^{-3/2}$의 기울기를 가지고, 그 나머지는 알란편차(ADEV)와 동일하다.

주파수안정도를 구하는 방법을 개선한다는 것은 가능하면 짧은 시간에 신뢰도가 높은 지표값을 구하는 것을 의미한다. '겹친 알란편차'(overlapping ADEV)가 이에 해당한다. 오늘날 주파수안정도 계산에 이 '겹친 알란편차'를 자주 사용한다.

---

14) MDEV는 Modified Allan Deviation을 나타내는 데, 우리말로는 '수정 알란편차'로 번역한다(참조: 2.3절 예제).

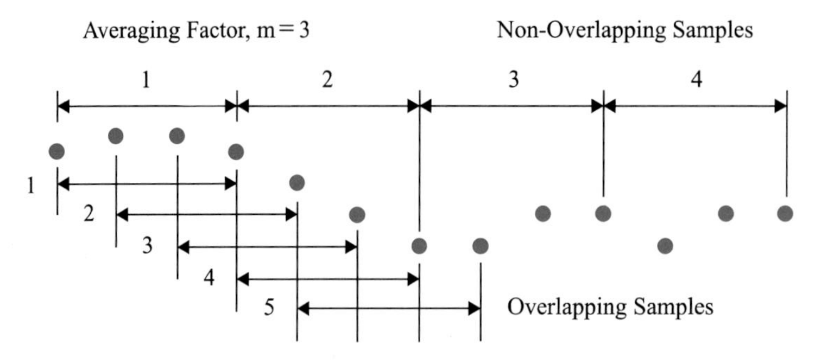

그림 6-9 τ_0 간격으로 측정된 데이터를 이용하여 적분시간 $\tau = 3\tau_0$에 대한 일반 알란편차(상단)와 겹친 알란편차(하단)의 샘플링 방법.

그림 6-9는 일반(non-overlapping) 알란편차와 겹친 알란편차에서 데이터 샘플링 방법의 차이를 보여준다. 점들은 시간간격 τ_0으로 측정한 데이터($\overline{y}_i$ 또는 x_i)를 의미한다. 이 데이터의 개수는, 구하려는 가장 긴 $\tau(= m\tau_0)$를 고려하여 충분히 측정해야한다. 이 데이터에서 m값을 바꾸어 가면서 샘플을 얻되 그림의 경우($m = 3$일 때)처럼, 겹치는 방법은 겹치지 않은 것보다 샘플 수가 훨씬 많아진다. 이로 인해 신뢰도가 높은 편차를 얻을 수 있다. '겹친 알란분산'(=편차의 제곱)을 구하는 식은 다음과 같다.[15)]

$$\sigma_y^2(\tau) = \frac{1}{2(N-2m)\tau^2} \sum_{i=1}^{N-2m} (x_{i+2m} - 2x_{i+m} + x_i)^2 \qquad \text{(식 8)}$$

샘플링 방법에 따라 구한 일반 알란편차와 겹친 알란편차를 비교한 결과가 그림 6-10에 나와 있다. τ가 짧은 쪽(8초 이내)에서 두 편차는 큰 차이가 없지만 τ가 길어지면(32초 이상) 일반 알란편차의 불확도가 겹친 알란편차보다 더 크다. 그리고 τ에 따라 $\sigma_y(\tau)$가 변하는 모양도 겹친 알란편차가 더 매끄럽다. 결론적으로, 겹친 알란편차가 일반 알란편차보다 더 효율적인 지표이다.

한편, GPS와 같은 시간전송 시스템이나 시각동기 시스템에서는 (식 9)와 같이 정의되는 '시간 알란편차'(TDEV) $\sigma_x(\tau)$를 사용하는 것이 편리하다. 이것은 수정 알란편차 $Mod\ \sigma_y(\tau)$와 아래와 같은 관계를 가지는데 다음 절 예제에서 계산 방법을 알아본다.

$$\sigma_x(\tau) = \frac{\tau}{\sqrt{3}} Mod\ \sigma_y(\tau) \qquad \text{(식 9)}$$

15) W.J. Riley, "Handbook of Frequency Stability Analysis", NIST Special Publication 1065, p.16, 2008.

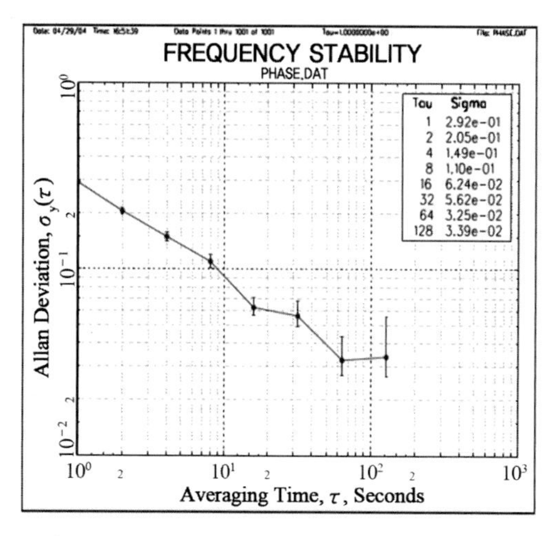

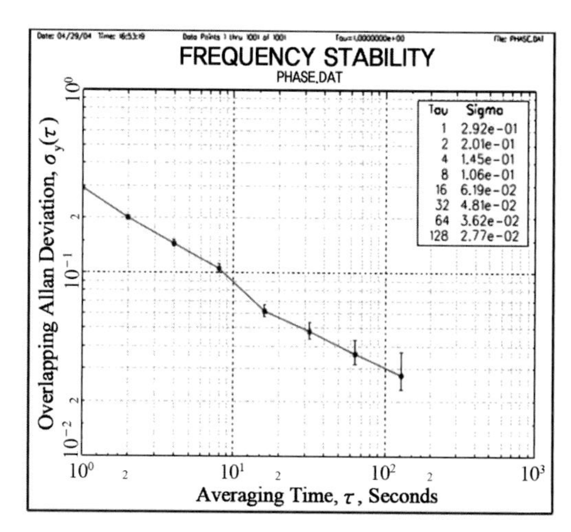

그림 6-10 동일한 측정 데이터를 이용하여 구한 일반 알란편차(왼쪽)와 겹친 알란편차(오른쪽)의 비교: 겹친 알란편차 쪽이 장기안정도의 불확도가 더 작다. (출처: NIST Special Publication 1065, p.3, 2008).

2.3 예제 : 주파수안정도 계산

이 예제는 시간영역에서 주파수안정도를 나타내는데 사용되는, 알란편차를 포함한 몇몇 편차를 계산하는 방법을 보여주기 위한 것이다.[16]

기준주파수발생기에 대한 피측정 주파수발생기의 시간차이(=위상) $x(t)$를 시간에 따라 측정한 것이 그림 6-11과 같다고 가정하자. 각각의 점은 $\tau(=\tau_0)=1$ s마다 측정된 것이고, $x(t)$의 단위는 μs(마이크로초, 10^{-6} 초)이다.

알란편차와 겹친 알란편차

알란편차(ADEV)를 계산하기 위해 이 데이터(데이터 수, $N=9$)를 순차적으로 정리한 것이 표 6-1에 나와 있다. 표의 세 번째 행은 (식 6)을 이용하여 x_i 값들로부터 $\tau=1$ s일 때 상대주파수 $\bar{y}_i$를 구한 것이다. (식 5)를 이용하여 알란분산을 구하려면 표의 맨 오른쪽 항 $(\bar{y}_{i+1}-\bar{y}_i)$을 제곱한 후 전부 더해야 한다. $\bar{y}_i$의 개수는 $M=8$이므로, 알란편차(ADEV)는 (식 10)과 같이 정리된다.

16) IEEE Std. 1139, pp.16~20 (1999).

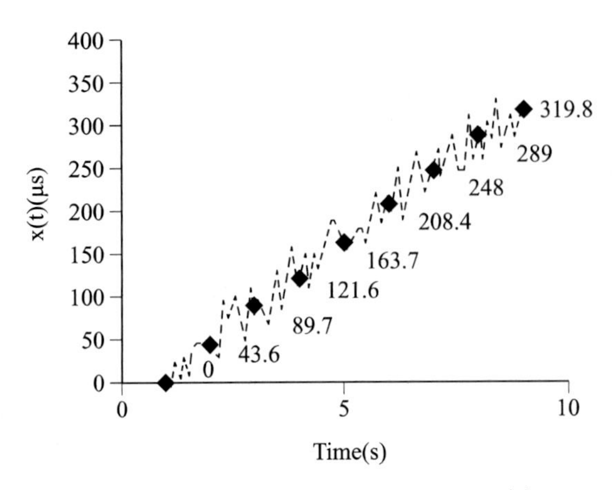

그림 6-11 두 주파수발생기 사이의 시간차이 $x(t)$를 시간에 따라 측정한 결과: 총 9개의 위상 데이터(단위: μs)를 얻음.

$$\sigma_y^2(\tau) = \frac{1}{2(M-1)} \sum_{i=1}^{M-1} (\overline{y}_{i+1} - \overline{y}_i)^2 \tag{식 5}$$

$$\sigma_y(\tau = 1\ \mathrm{s}) = \left[\frac{1}{2(7)} \sum_{i=1}^{7} (\overline{y}_{i+1} - \overline{y}_i)^2 \right]^{1/2}$$

$$= [32.2 \times 10^{-12}]^{1/2} = 5.67 \times 10^{-6} \tag{식 10}$$

표 6-1 $\tau = 1$ s일 때 알란편차(ADEV) 계산을 위한 데이터 정리

i	x_i (μs)	$\overline{y}_i = (x_{i+1} - x_i)/\tau$ ($\times 10^{-6}$)	$\overline{y}_{i+1} - \overline{y}_i$ ($\times 10^{-6}$)
1	0	-	-
2	43.6	$y_1 = (x_2 - x_1)/\tau =$ 43.6	-
3	89.7	$y_2 = (x_3 - x_2)/\tau =$ 46.1	$y_2 - y_1 = 2.5$
4	121.6	$y_3 = (x_4 - x_3)/\tau =$ 31.9	$y_3 - y_2 = -14.2$
5	163.7	$y_4 = (x_5 - x_4)/\tau =$ 42.1	$y_4 - y_3 = 10.2$
6	208.4	$y_5 = (x_6 - x_5)/\tau =$ 44.7	$y_5 - y_4 = 2.6$
7	248.0	$y_6 = (x_7 - x_6)/\tau =$ 39.6	$y_6 - y_5 = -5.1$
8	289.0	$y_7 = (x_8 - x_7)/\tau =$ 41.0	$y_7 - y_6 = 1.4$
9	319.8	$y_8 = (x_9 - x_8)/\tau =$ 30.8	$y_8 - y_7 = -10.2$

τ=2 s일 때의 알란편차를 구하는 것도 위와 비슷한 과정을 거친다. 이것을 정리한 것이 표 6-2에 나와 있다. 여기서 $\bar{y}_i$ 데이터 수는 $M=4$이므로 $\sigma_y(\tau=2\,\mathrm{s})$는 다음 식으로 표현된다.

$$\sigma_y(\tau=2\,\mathrm{s}) = \left[\frac{1}{2(3)}\sum_{i=1}^{3}(\bar{y}_{i+1}-\bar{y}_i)^2\right]^{1/2}$$
$$= \left[21.2\times10^{-12}\right]^{1/2} = 4.60\times10^{-6} \qquad \text{(식 11)}$$

그런데 τ=2 s의 알란편차(ADEV)를 구할 때 그림 6-9와 같이 데이터를 겹쳐서 샘플링하면 겹친 알란편차를 얻을 수 있다. 즉, 표 6-2에서 i=4, 6, 8의 빈 칸에도 2초 간격의 $\bar{y}_i$ 데이터를 구할 수 있다. 이렇게 정리한 데이터가 표 6-3에 나와 있다. $\bar{y}_i$ 개수는 M=7로서 표 6-2에 비해 3개가 늘어났다.

겹친 알란편차를 구할 때 이미 정리된 표 6-3을 이용하는 경우 다음 식으로 계산할 수 있다.

$$\sigma_y(\tau) = \left[\frac{1}{2(N-2m)}\sum_{i=1}^{N-2m}(\bar{y}_{i+m}-\bar{y}_i)^2\right]^{1/2} \qquad \text{(식 12)}$$

여기서 $N=9$, $m=2$이므로 τ=2 s에 관해 쓰면 다음과 같이 된다.

표 6-2 τ=2 s일 때 알란편차(ADEV) 계산을 위한 데이터 정리

i	x_i (μs)	$\bar{y}_i=(x_{i+1}-x_i)/\tau$ (× 10^{-6})	$\bar{y}_{i+1}-\bar{y}_i$ (× 10^{-6})
1	0	-	-
2	43.6	-	-
3	89.7	$\bar{y}_1=(x_3-x_1)/\tau=$ 44.85	-
4	121.6	-	-
5	163.7	$\bar{y}_3=(x_5-x_3)/\tau=$ 37.0	$\bar{y}_3-\bar{y}_1=-7.85$
6	208.4	-	-
7	248.0	$\bar{y}_5=(x_7-x_5)/\tau=$ 42.15	$\bar{y}_5-\bar{y}_3=5.15$
8	289.0	-	-
9	319.8	$\bar{y}_7=(x_9-x_7)/\tau=$ 35.9	$\bar{y}_7-\bar{y}_5=-6.25$

표 6-3 $\tau=2$ s일 때 겹친 알란편차 계산을 위한 데이터 정리

i	x_i (μs)	$\bar{y}_i=(x_{i+1}-x_i)/\tau$ (× 10^{-6})	$\bar{y}_{i+1}-\bar{y}_i$ (× 10^{-6})
1	0	-	-
2	43.6	-	-
3	89.7	$\bar{y}_1=(x_3-x_1)/\tau=$ 44.85	-
4	121.6	$\bar{y}_2=(x_4-x_2)/\tau=$ 39.0	-
5	163.7	$\bar{y}_3=(x_5-x_3)/\tau=$ 37.0	$\bar{y}_3-\bar{y}_1=-7.85$
6	208.4	$\bar{y}_4=(x_6-x_4)/\tau=$ 43.4	$\bar{y}_4-\bar{y}_2=4.4$
7	248.0	$\bar{y}_5=(x_7-x_5)/\tau=$ 42.15	$\bar{y}_5-\bar{y}_3=5.15$
8	289.0	$\bar{y}_6=(x_8-x_6)/\tau=$ 40.3	$\bar{y}_6-\bar{y}_4=-3.1$
9	319.8	$\bar{y}_7=(x_9-x_7)/\tau=$ 35.9	$\bar{y}_7-\bar{y}_5=-6.25$

$$\sigma_y(\tau=2\,s)=\left[\frac{1}{2(5)}\sum_{i=1}^{5}(\bar{y}_{i+m}-\bar{y}_i)^2\right]^{1/2}$$
$$=[15.61\times10^{-12}]^{1/2}=3.95\times10^{-6} \qquad (식\ 13)$$

이 결과는 (식 11)의 알란편차(ADEV)와 비교할 때 조금 작은 값을 나타낸다. 즉, 겹친 알란편차가 알란편차보다 작게 나온다.

수정 알란편차와 시간 알란편차

수정 알란편차 $Mod\,\sigma_y(\tau)$는 알란편차(ADEV)에서는 구분되지 않는 WPN과 FPN을 구분하기 위해 만든 것이다. 앞의 그림 6-11의 위상 데이터를 이용하여 수정 알란편차를 구하기 위해 데이터를 정리한 것이 표 6-4에 나와 있다. $\tau=m\tau_0$에 대한 수정 알란편차를 구할 때 우선 m개의 x_i를 평균하여 $\bar{x}_i$를 구한다. $m=2$일 때(즉, $\tau=2$ s일 때) 구한 $\bar{x}_i$들이 세 번째 행에 정리되어 있다. 이것들을 이용하여 y_i를 구한 것이 네 번째 행이다. 이 $\bar{y}_i$들을 이용하여 수정 알란편차 $Mod\,\sigma_y(\tau)$를 구하는 공식은 다음과 같다.

표 6-4 $\tau=2$ s 일 때 수정 알란편차 계산을 위한 데이터 정리

i	x_i (μs)	$\bar{x}_i=(x_{i+1}+x_i)/2$ (μs)	$\bar{y}_i=(\bar{x}_{i+2}-\bar{x}_i)/\tau$ (× 10^{-6})	$\bar{y}_{i+2}-\bar{y}_i$ (× 10^{-6})
1	0	-	-	-
2	43.6	$\bar{x}_1=$ 21.8	-	-
3	89.7	$\bar{x}_2=$ 66.65	-	-
4	121.6	$\bar{x}_3=$ 105.65	$\bar{y}_1=(\bar{x}_3-\bar{x}_1)/2=41.93$	-
5	163.7	$\bar{x}_4=$ 142.65	$\bar{y}_2=(\bar{x}_4-\bar{x}_2)/2=38$	-
6	208.4	$\bar{x}_5=$ 186.05	$\bar{y}_3=(\bar{x}_5-\bar{x}_3)/2=40.2$	$\bar{y}_3-\bar{y}_1=-1.73$
7	248.0	$\bar{x}_6=$ 228.2	$\bar{y}_4=(\bar{x}_6-\bar{x}_4)/2=42.78$	$\bar{y}_4-\bar{y}_2=4.78$
8	289.0	$\bar{x}_7=$ 268.5	$\bar{y}_5=(\bar{x}_7-\bar{x}_5)/2=41.23$	$\bar{y}_5-\bar{y}_3=1.03$
9	319.8	$\bar{x}_8=$ 304.4	$\bar{y}_6=(\bar{x}_8-\bar{x}_6)/2=38.1$	$\bar{y}_6-\bar{y}_4=-4.68$

$$Mod\,\sigma_y(\tau)=\left[\frac{1}{2(N-3m+1)}\sum_{i=1}^{N-3m+1}(\bar{y}_{i+m}-\bar{y}_i)^2\right]^{1/2} \qquad (식\ 14)$$

위상 데이터는 총 9개이므로 $N=9$이다. $\tau=2$ s일 때 수정 알란편차는 다음과 같이 얻어진다.

$$\begin{aligned} Mod\,\sigma_y(\tau=2\text{ s}) &= \left[\frac{1}{2(4)}((-1.73)^2+4.78^2+1.03^2+(-4.68)^2)\right]^{1/2} \\ &= 2.47\times10^{-6} \end{aligned} \qquad (식\ 15)$$

한편, 시간 알란편차(TDEV) $\sigma_x(\tau)$는 $Mod\,\sigma_y(\tau)$와 (식 9)의 관계가 성립되므로 $\tau=2$ s 일 때 값은 다음과 같다.

$$\sigma_x(\tau=2\text{ s})=\frac{2}{\sqrt{3}}Mod\,\sigma_y(\tau=2\,s)=2.85\times10^{-6} \qquad (식\ 16)$$

결론적으로, 그림 6-11에서 측정한 위상 데이터 9개를 이용하여 $\tau=2$ s일 때 알란편차(ADEV), 겹친 알란편차, 수정 알란편차(MDEV), 시간 알란편차(TDEV)를 구한 결과는 다음과 같다.

- $ADEV = 4.60 \times 10^{-6}$
- 겹친 $ADEV = 3.95 \times 10^{-6}$
- $MDEV = 2.47 \times 10^{-6}$
- $TDEV = 2.85 \times 10^{-6}$

이처럼 편차의 종류에 따라 그 값이 조금씩 다르므로 주파수안정도 계산에 어떤 편차를 사용했는지 분명하게 밝히는 것이 중요하다. 특히 알란편차(ADEV)와 겹친 알란편차는 데이터 샘플링 방법만 다를 뿐이지만 그 값은 꽤 차이가 난다는 점에 주의해야 한다.

시간영역에서 주파수안정도를 더욱 자세히 나타내는 여러 분산들이 개발되어 있다. 예를 들면, Hadamard Variance,[17] Total Variance,[18] Hadamard Total Variance[19] 등이다. 이런 분산들은 주파수발생기의 특별한 잡음요소나 장기안정도를 더 자세히 알고 싶을 때 사용한다.

2.4 시계의 오차 발생 요소

지역(또는 국가) 표준시를 생성하는 표준시계가 얼마나 정확했는지는 해당 시점에서 UTC와의 차이값으로부터 알 수 있다. UTC 생성에 기여하는 원자시계를 보유한 실험실에서는 대개의 경우 GPS 등을 이용하여 다른 나라의 시계들과 수시로 시각을 비교하고 있다. 주기적으로 비교한 이 데이터를 BIPM에 매달 보내면 BIPM에서는 전 세계에서 모인 데이터를 통계처리한 후 이들 시계와 UTC와의 시간 차이를 발표한다. 이런 과정으로 인해 시계의 정확도는 항상 시간이 지난 다음에 알 수 있다. 그렇지만 보유하고 있는 시계의 성능을 미리 파악하고 있으면 일정 시간이 경과한 후에 발생될 시간오차를 예측하는 것이 어느 정도 가능하다. 이런 예측은 표준시계를 유지·관리하는 실험실이 자체 시간눈금을 생성하는데 필요한 일이다(이에 관한 자세한 내용은 제7장 2절 “시계의 수학적 모델과 시간 예측”에서 설명한다).

시계의 오차를 발생시키는 요인은 시계 자체에서 발생되는 결정론적 요소와 확률적 요소(잡음)뿐 아니라 환경조건(예: 온도)도 있다. 또한 세월이 흐르면 시계를 구성하는 부품들(특히 발진기)의 노화 때문에 미래에 시계가 가리킬 시간을 정확히 예측하는 것은 쉽지 않

17) S.T. Hutsell, Proc. 28th PTTI Mtg., pp.201~213(1996).
18) C.A. Greenhall, et. al., IEEE Trans. Ultrason. Ferroelect. Freq. Cont., **46**: pp.1183~1191(1999).
19) D.A. Howe, et. al., IEEE Trans. Ultrason. Ferroelect. Freq. Cont., **52**: pp.1253~1261(2005).

다. 여기서는 시간예측에 영향을 미치는 일반적인 오차 발생 요소들에 대해 알아본다.

임의의 시계와 기준시계(또는 기준시간눈금)와의 시간차이 Δt 는 다음 요소들을 고려하여 예측한다.[20]

$$\Delta t = \Delta t_0 + \left(\frac{\Delta f}{f}\right) \cdot t + \frac{1}{2} D \cdot t^2 + \sigma_x(t) \qquad \text{(식 17)}$$

여기서 Δt 는 시각동기 후 t시간이 경과한 후의 총 시간오차(즉 기준시계에 대한 시간차이), Δt_0는 초기 동기오차, $\Delta f/f$는 초기 주파수 동조오차 및 환경적 요인에 의한 주파수 변화의 합, D는 주파수 표류 비율, $\sigma_x(t)$는 시계의 잡음에 의한 시간편차이다. 이 요소들이 의미하는 바는 다음과 같다.

- 초기 동기오차: Δt_0는 어떤 시계를 기준시계에 처음 동기시킬 때 발생하는 동기오차를 뜻한다. 동기를 위한 시간측정 분해능과 측정잡음 등이 초기 동기에서 일정 시간차이를 만든다. 여기서 측정 분해능과 측정잡음은 평균(또는 적분)시간에 따라 달라진다.
- 초기 동조오차: 어떤 시계의 주파수를 기준시계의 주파수와 처음으로 맞출 때 오차를 말한다. 초기 동조오차 $\Delta f/f$ 때문에 시간이 경과함에 따라 시간차이는 선형적으로 증가한다. 수정발진기나 루비듐원자시계는 주기적으로 재 동조(=주파수 교정)하는 것이 필요하다. 이때 시계 동조를 위한 기준(예: GPS 수신기 또는 세슘원자시계)이 필요하다. 동조오차는 기준기의 불확도, 주파수 측정 및 조정 분해능, 그리고 측정잡음 등에 의해 영향을 받는다. 초기 동조는 정상 동작할 때의 환경조건(예: 온도)과 가능하면 같은 조건에서 이루어져야 한다.
- 주파수 표류: 주파수발생기의 장기적인 주파수 변화를 주파수 표류라고 부른다. 이것의 원인은 두 가지로 나눌 수 있는데, 하나는 환경적 민감도이고 다른 하나는 노화이다. 초기 동조가 잘 이루어진 경우에는 환경적 민감도가 시간오차에 가장 큰 영향을 미친다. 이것은 장치(시계 및 측정 장치)의 동작조건에 의해 분명히 달라진다. 이에 비해 노화는 환경변화에 의한 영향을 별로 받지 않으면서 장기적으로 주파수를 변화시키는 요인을 말한다. 시계를 구성하는 부품들(예: 공진기, 전자회로 등)이 노화로 인해 제 성능을 충분히 발휘하지 못하면 발생 주파수가 변한다. 주파수안정도를 분석할 때 결정론적인 환경 민감도와 확률적인 잡음을 분리한다. 결정론적인 것은 대부분 일정하게

20) W.J. Riley, “Handbook of Frequency Stability Analysis”, NIST Special Publication 1065, p.19, 2008.

변하기 때문에 예측할 수 있으므로 잡음 분석 시에 제외시킬 수 있다. 장치의 상태와 환경 민감도 및 환경 변화에 대해 모두 잘 알아야 이것이 가능하다.

정보통신망에서는 두 시계(임의시계와 기준시계) 사이의 시간오차를 TE(Time Error)로 표시하는데 이것은 (식 3)의 위상 $x(t)$와 동일한 것이다. 디지털 통신망에서 동기 정도를 평가할 때 MTIE를 주로 사용한다. 이것은 최대 시간간격오차(Maximum Time Interval Error)를 의미하는 것으로, 통신망에서 일정 관측시간 동안에 발생한 최대 TE와 최소 TE의 차이로 정의된다.[21] MTIE는 적분시간 τ(단위: s)에 대해 주로 μs 단위로 나타내는데, τ가 증가함에 따라 MTIE도 같이 증가한다. 얼마의 적분시간에서 MTIE가 얼마나 증가하는지 관측하면 동기 정도를 판단할 수 있다. 그리고 통신망이 갖추어야 할 동기 정도를 나타낼 때도 MTIE를 사용한다.[22]

3 마이크로파 원자시계

3.1 원자모델과 기본구조

발진기의 주파수가 높아진다는 것은 1초의 시간간격을 등간격으로 더욱 촘촘하게 나누는 것과 같다. 그래서 발진기의 주파수가 높아질수록 그것을 이용하여 만든 시계의 성능은 높아질 가능성이 크다. 수정발진기는 기본 진동 모드에서 약 50 MHz까지 만들어내는 것이 가능하다. 그 보다 더 높은 주파수를 얻기 위해 원자의 고유진동을 이용한 것이 원자시계이다.

원자시계 개발연구는 원자의 내부구조를 이해하고 그 특성을 이용할 수 있게 되면서 가능해졌다. 원자의 내부구조는 주로 빛을 이용하여 원자의 흡수 스펙트럼이나 방출 스펙트럼을 분석함으로써 알아낸다. 마이크로파 원자시계의 동작원리를 설명하기 위한 원자모델과 에너지 준위에 대해 알아보자.

원자핵을 중심으로 전자들이 궤도 운동을 하는데, 전자의 궤도 반지름과 관련된 양자수(quantum number)는 주 양자 번호 n으로 나타낸다. n이 커질수록 전자의 궤도는 원자핵

21) S. Bregni, IEEE Trans. Instrum. Meas., Vol.45, No.5, pp.900~906(1996).

22) ITU-T Recommendation G.811, "Timing characteristics of primary reference clocks", (1997)

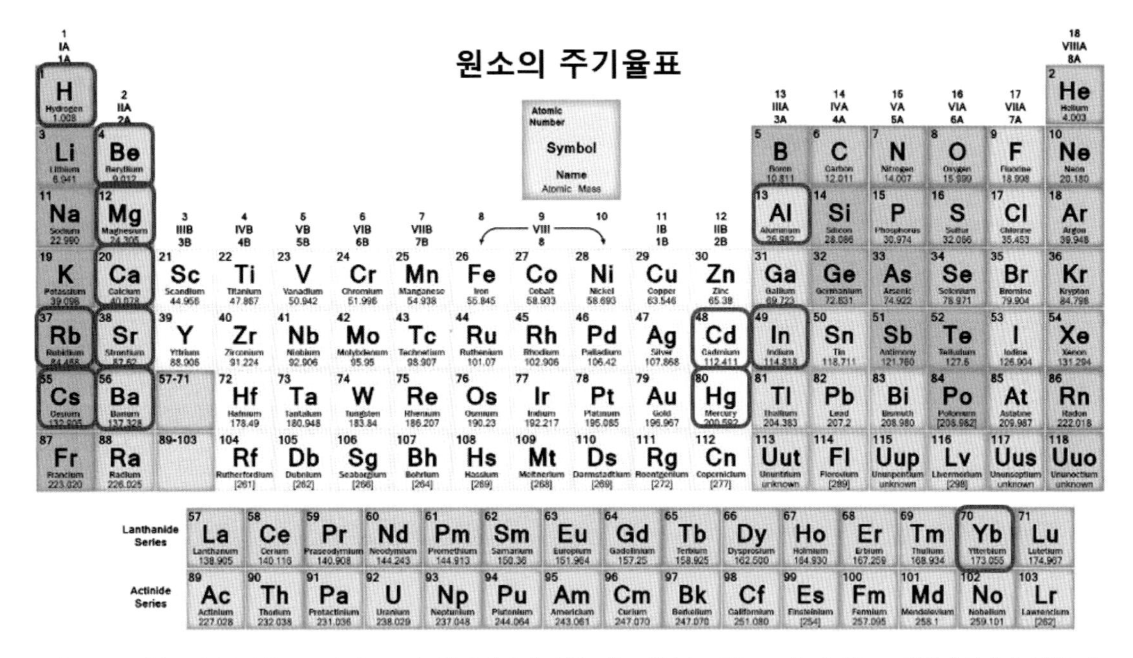

그림 6-12 원소의 주기율표: 마이크로파 원자시계에 사용되는 원소는 주로 IA족에 있고, 광원자시계에 사용되는 것은 주로 IIA 및 IIIA족에 있다. 사각 테두리로 표시한 원소들이 원자시계에 주로 이용된다.

에서 멀어지고 에너지 준위는 높아진다. 마이크로파 원자시계를 만드는데 사용되는 원자들은 주로 그림 6-12 원소의 주기율표에서 1족 원자, 즉 왼쪽 첫 번째 세로줄에 있는 원자들이다. 1족 원자는 최외각 전자가 하나이다. 주기율표의 가로줄은 주기를 나타내는데, 이 최외각 전자가 있는 궤도의 n값이다. 예를 들면, 원자시계에 사용되는 세슘(Cs) 원자는 질량수가 133인데, 이 원자는 6주기 원소로서 최외각 전자는 $n=6$에 있다. 세슘의 원자번호는 55인데, 이것은 양성자의 수를 나타내고, 동시에 전자의 총 개수와 같다. 최외각 전자를 제외한 54개의 전자들은 $n=1$부터 $n=5$까지 궤도에 모두 차 있다. 세슘의 최외각 전자가 외부에서 들어온 전자기장과 상호작용하고, 그 결과를 알 수 있도록 만든 것이 세슘원자시계이다. 이에 비해 루비듐(Rb) 원자는 5주기 원소로서 최외각 전자가 $n=5$에 있다.

궤도 운동을 하는 최외각 전자의 궤도 각운동량을 양자수 l로 나타낸다. 원자시계에서 관심 있는 준위는 각운동량의 바닥상태 $l=0$과 제1 들뜬상태 $l=1$이다. 그리고 전자는 스핀을 갖는데 양자수 s로 나타내고, $s=+1/2$과 $-1/2$ 둘 중에 하나를 가진다. 전자의 각운동량과 스핀이 결합된 총 각운동량은 양자수 J로 나타내는데, $J=l+s$와 $J=|l-s|$ 사이의 값을 가진다. 따라서 총 각운동량의 바닥상태($l=0$일 때)는 $J=1/2$이고, 제1 들뜬상태($l=1$일 때)는 $J=1/2$과 $J=3/2$의 두 준위가 있다. J로 표현되는 이 준위들을 원자의

미세구조(fine structure)라고 부른다.

원자핵도 스핀을 갖고 있다. 원자핵의 스핀은 I로 나타내는데 알칼리금속(수소를 제외한 1족 원자들)의 경우 I는 1/2의 홀수배 값을 가진다. 세슘의 경우 $I=7/2$이다. 원자핵의 I와 전자의 J는 벡터적으로 결합하여 $|I-J| \le F \le I+J$ 관계를 만족하는 초미세(hyperfine) 준위 F를 만든다. 따라서 세슘원자의 바닥상태($l=0$)에는 $F=I-J=3$과 $F=I+J=4$의 두 준위가 있다.

초미세 준위 F에는 자장에 의해 분리되는 $(2F+1)$개의 자기 부준위들이 축퇴되어 있다. 이 준위들은 외부에서 자장을 가하면 분리되는데 이것을 제만(Zeeman) 분리라고 부른다. 자기 부준위들은 m_F로 양자수를 나타내는데, $-F \le m_F \le +F$의 부준위들을 가진다. 따라서 세슘원자의 바닥상태의 $F=4$ 준위에는 $m_F=-4, -3, \cdots, 0, \cdots, +3, +4$의 총 9개의 자기 부준위들이 있다. 마찬가지로 $F=3$에는 $m_F= -3, \cdots, 0, \cdots, +3$의 총 7개의 부준위들이 있다. 이 중에서 $(F=4,\ m_F=0)$와 $(F=3,\ m_F=0)$의 준위는 자장에 의해 가장 영향을 작게 받는 준위들이다. 세슘원자의 이 두 준위 사이의 전이를 "시계전이"(clock transition)라고 부르고, SI 초를 정의하는데 사용된다.

세슘원자는 자연 상태에서는 질량수[23]가 133인 원자들만 100 % 존재한다. 세슘-133은 방사능을 띠지 않는 안정된 원소이다. 이 외에 세슘원자는 인공적으로 만들어지는, 질량수 112에서 151에 이르는 39개의 동위원소가 알려져 있다. 그 중에서 137은 사용 후 핵연료에서 다량 생성된다. 그래서 자연에서 세슘-137(^{137}Cs)이 검출되었다는 것은 원자력발전소에서 인공적으로 만들었거나, 발전소에서 누출 사고가 났거나, 핵폭탄 실험을 했다는 것을 의미한다. 이 동위원소는 반감기가 약 30년이고, 붕괴하면서 감마선을 방출하기 때문에 인체에 극히 위험하다.

현재 SI 초는 1967/68년에 정의되었는데 다음과 같다.

"초는 세슘-133 원자(^{133}Cs)의 바닥상태에 있는 두 초미세 준위 사이의 전이에 대응하는 복사선의 9 192 631 770 주기의 지속시간이다."

여기에서 나오는 복사선은 약 9.2 GHz의 마이크로파 영역에 해당하며 그 주파수는 정확히(=불확도 없이) 9 192 631 770 Hz라는 것을 의미한다. 다시 말하면, 이 주파수는 세슘원자의 바닥상태에 있는 $(F=4,\ m_F=0)$와 $(F=3,\ m_F=0)$ 준위 사이의 전이에 해당하

23) 질량수(mass number)는 원자핵에 들어있는 양성자 수와 중성자 수의 합을 의미한다. 양성자 수(=원자번호)는 같지만 중성자 수가 다른 원소들을 동위원소(isotopes)라고 한다.

는 주파수이다.

그런데 온도에 따라(즉, 흑체 복사에 의해) 이 전이주파수가 변할 수 있기 때문에 1997년에 이 정의에 대하여 다음 사항을 명시하였다.

"이 정의는 0 K의 온도에서 바닥상태에 있는 세슘원자에 적용된다."

세슘원자시계가 처음 개발된 이후, 원자시계의 정확도는 매년 지속적으로 향상되어 왔다. 이와 더불어 길이의 SI 단위인 미터를 구현하기 위한 주파수안정화 레이저의 성능도 향상되어 왔다. 그런데 이 분야에서 발명된 혁신적인 장치 덕분에 급격한 발전이 이루어졌다. 자세히 말하면, 광주파수 빗(optical frequency comb)이 발명되면서 광주파수를 쉽게 셀 수 있게 된 것이다. 이것이 발명되기 전에는 광주파수(수백 THz)를 측정하기 위해 먼저 마이크로파 주파수영역(수 GHz)으로 낮추어야 했다. 이것을 '주파수 체인'이라고 부르는데, 주파수 합성과 위상정합 기술을 이용하여 주파수를 단계적으로 낮추어 가는 것이다. 이를 위한 실험장치가 큰 실험실 전체를 차지할 만큼 복잡했다. 그 때문에 몇몇 선진국에서만 이런 설비를 갖출 수 있었다. 그런데 광주파수 빗은 오늘날 광학테이블의 한쪽 부분을 차지할 정도로 작아졌으며 동시에 측정 정밀도가 크게 높아졌다. 그림 6-13은 이런 주파수 표준기들의 발전 역사를 보여주는 것으로 x축은 연도, y축은 상대불확도(또는 정확도)를 나타낸다.

그림에서 보는 것처럼 SI 초가 정의된 후 세슘원자시계는 약 1만 배 정확도 향상이 이루어졌다. 이 발전에 가장 큰 기여를 한 것은 세슘원자분수시계이다. 한편 광주파수영역은 마이크로파 주파수에 비해 약 5만 배 주파수가 높다. 이로 인해 광원자시계의 특성(불확도와 안정도)도 크게 향상되었다. 그러나 SI 초의 정의는 2018년 현재 세슘원자에 기반하고 있기 때문에 가장 정확한 원자시계는 여전히 세슘원자분수시계이다. 그러나 미래 언젠가 광원자시계로 초의 정의가 바뀔 것으로 예상된다(참조: 4.5절 SI 초의 재정의 계획).

새로 개발된 다양한 주파수표준기들의 특성을 활용하기 위해 SI 초의 정의를 바꾸는 것 대신에 '초의 2차 표현'(secondary representation of the second: SRS)을 채택했다. 국제도량형위원회(CIPM)는 2005년에 그 산하에 있는 길이 자문위원회(CCL)와 시간주파수 자문위원회(CCTF)의 전문가들로 구성된 "CCL-CCTF 주파수 표준 작업반"을 구성했다. 이 작업반은 SRS를 위한 각종 원자들의 전이주파수에 대한 권고 값의 목록을 만드는 일을 맡았다. 이 목록에 나온 원자(또는 이온)들의 전이주파수는 길이의 단위인 미터를 구현하는 데도 사용될 수 있다. 왜냐하면 진공에서의 빛의 속력 c는 일정하므로, $\lambda = c/f$의 관계식에

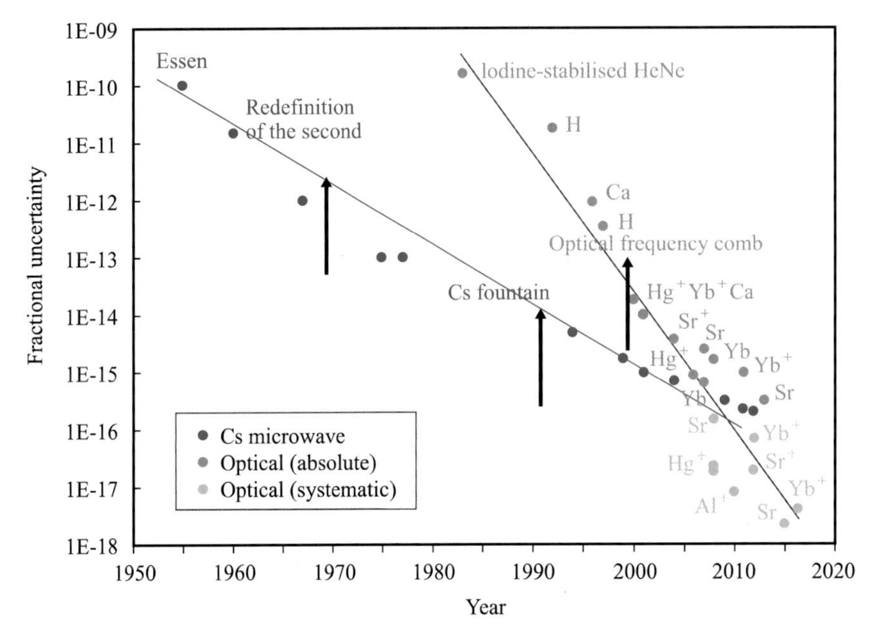

그림 6-13 연도에 따른 원자시계들의 상대불확도 감소: 화살표는 SI 초의 재정의(1968), 세슘원자분수시계(1991) 및 광주파수 빗(1999)의 등장 시점을 나타냄

(출처: Patrick Gill, "The Quantum Revolution in Metrology," BIPM, 28th September 2017.).

의해 원자의 전이주파수 f로부터 그 파장(=길이) λ를 알 수 있기 때문이다.

국제도량형국(BIPM) 웹사이트[24]에 미터 구현에 사용되는 원자, 분자 및 이온의 종류와 그것에서 발생하는 복사파의 파장 및 주파수가 나와 있다. 그 중 SRS에 사용된 일부 원자 및 이온의 전이파장과 주파수가 표 6-5에 정리되어 있다. 이 표에서는 대략적인 파장과 주파수만을 나타내었다. 정확한 값은 표 6-9에 나와 있다.

일반적인 마이크로파 원자시계의 기본구조는 그림 6-14와 같다. 수정발진기는 대개 5 MHz 또는 10 MHz의 주파수가 출력 주파수로 나오는 것을 사용한다. 이 수정발진기는 외부에서 입력되는 전압으로 출력 주파수를 미세 조정할 수 있는 기능을 가지고 있다. 이런 기능을 가진 수정발진기를 VCXO[25]라고 한다. 주파수합성기는 이 주파수를 전자적으로 곱하고 더하여 원자의 공진주파수에 해당하는 수 GHz의 마이크로파를 만든다. 이때 마이크로파는 일반적으로 주파수 변조되어 있다. 즉 원자의 공진주파수를 중심으로 공진신호의 반치폭에 해당하는 만큼 주파수를 변조시켜 공진기로 입력한다. 마이크로파는 공진기 안에

24) http://www.bipm.org/en/publications/mises-en-pratique/standard-frequencies.html

25) VCXO(Voltage Controlled Crystal Oscillator) 기능은 OCXO나 TCXO에도 포함되어 있다.

표 6-5 초의 2차 표현(SRS)에 사용된 일부 원자(이온)들의 전이파장과 주파수

원자의 종류	전이파장 (근삿값)	전이주파수 (근삿값)	비고
$^{27}Al^{+}$	267 nm	1121 THz	
$^{199}Hg^{+}$	282 nm	1065 THz	
$^{171}Yb^{+}$	436 nm	688 THz	4중극 전이
$^{171}Yb^{+}$	467 nm	642 THz	8중극 전이
^{171}Yb	578 nm	518 THz	중성원자
$^{88}Sr^{+}$	674 nm	445 THz	
^{87}Sr	698 nm	429 THz	중성원자
^{87}Rb	$f(^{87}\mathrm{Rb}) = 6\ 834\ 682\ 610.904\ 310$ Hz 상대표준불확도 $(u_c/y) = 7 \times 10^{-16}$		

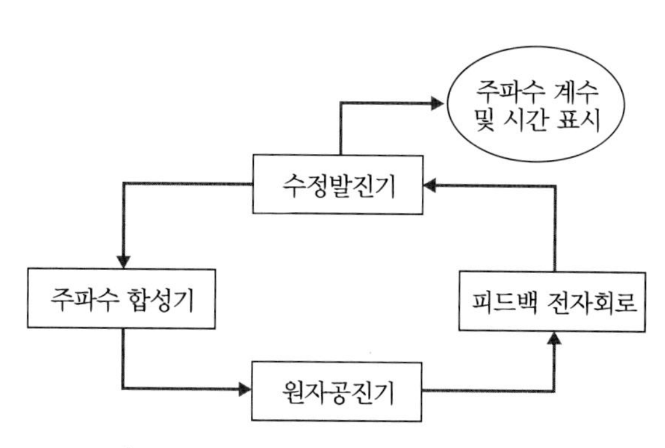

그림 6-14 마이크로파 원자시계의 기본구조

서 원자와 상호작용하는데 원자의 공진주파수와 완전히 일치하면 0을 출력하고, (+)쪽 또는 (−)쪽으로 벗어나면 그에 비례하는 (−) 또는 (+)의 오차신호를 출력한다. 이 오차신호의 전압을 수정발진기로 피드백하여 수정발진기의 발진주파수를 조정하는데, 결국 마이크로파 주파수를 원자의 공진주파수에 일치하도록 만드는 것이다. 이런 피드백 과정을 통해, 노화나 환경 조건에 의해 변하는 수정발진기의 주파수를 원자의 공진주파수에 고정시킴으로써 궁극적으로, 장기적으로 안정된 원자주파수표준기가 만들어진다. 이때 수정발진기에서 나오는 주파수로부터 1초 펄스(pps) 신호를 만들고, 그것을 지속적으로 세어서 표시하면 원자시계가 완성된다.

원자의 고유진동수(=공진주파수)에 영향을 미치는 외부 요인들을 차단하거나 안정시키는 것이 필요하다. 예를 들면, 외부 자장이 변하면 원자의 자기 부준위들의 분리 정도가 변하므로, 원자 공진기에 미치는 외부 자장을 차폐한다. 온도의 변화에 의해서 흑체 복사가 변하는데, 이것에 의해 원자의 공진주파수가 영향을 받는다. 그러므로 온도를 일정하게 유지해야 하고, 해당 온도에서의 주파수 이동을 보정하는 것이 필요하다. 이런 식으로 원자의 공진주파수에 영향을 미치는 모든 요인들에 의한 주파수 이동량과 그 불확도를 평가하는 것이 원자시계 하드웨어를 제작한 후에 해야 할 중요한 일이다.

3.2 세슘원자시계

최초의 세슘원자시계는 1955년에 영국 NPL(National Physical Laboratory)의 L. Essen과 J.V.L. Parry가 개발했다. 이들 이전에 원자시계의 기반이 되는 분광학적인 연구들이 여러 과학자들에 의해 수행된 바 있다. 그 중에서 I. Rabi는 1939년에 분자빔을 이용한 원자핵의 자기 공진현상을 연구했다. 자기 공진현상은 세슘원자시계에서 초미세 준위 사이의 전이와 동일하다. 이 연구로써 그는 1944년에 노벨물리학상을 수상했다. 그는 1945년에 그의 연구결과가 원자시계의 개발로 이어질 수 있음을 언급했다. 그의 제자인 N. Ramsey는 1949년에 수소분자의 공진실험에서 공간적으로 분리된 진동장으로 분자(또는 원자)를 여기시키는 방법을 발명했다. 이것을 오늘날에는 램지 공진기(Ramsey cavity)라고 부른다. 이것은 원자(또는 분자)빔이 공진기의 두 팔에서, 즉 일정 거리만큼 떨어진 두 군데에서 마이크로파와 상호작용을 일으키도록 만든 것이다. 이렇게 함으로써 라비가 사용했던 원통 형태의 공진기에서 얻은 신호보다 훨씬 좁은 공진 선폭을 얻을 수 있었다. 이 연구로써 그는 1989년에 노벨물리학상을 수상했다.

A. Kastler는 1950년에 원자에 대한 분광학 연구에서 광펌핑(optical pumping)이라는 방법을 발명했다. 이 방법은 빛으로써 원자들을 특정 에너지 준위로 옮기는 것인데, 레이저가 나온 후 광펌핑 세슘원자시계 등에 응용되었다. 그는 1966년에 노벨물리학상을 수상했다.

J.R. Zacharias는 1954년에 원자빔을 수직으로 쏘아 올린 후 자유낙하하는 원자들을 이용한 원자시계에 관한 연구를 수행했다. 그 당시에 그는 열(thermal) 원자빔으로 이 연구를 시도했으나 그의 의도와 달리, 속도가 느린 원자들이 빠른 원자들에 의해 산란되었기 때문에 실험은 실패로 끝났다. 그 이후 1980년대에 W.D. Phillips와 S. Chu 등이 레이저 냉각(laser cooling) 기술을 발명했다. 이것은 레이저로써 원자들의 온도를 낮추는 것으로 원자들의 속력과 그 폭을 조절하는 것이다. 그들은 1997년에 노벨물리학상을 수상했다. 이 기술

로써 원자들의 속력을 줄이고, 그 느린 원자를 이용하는 원자분수시계가 개발되었다. 첫 번째 세슘원자분수시계는 1995년에 프랑스의 LPTF 연구소에서 개발되었다.

세슘원자는 실온에서 모두 바닥상태에 있는데, 바닥상태에는 두 개의 초미세 준위($F=4$, $F=3$)가 있다. 이것은 1족 원자들이 갖는 공통적인 특징이다. 세슘의 경우 두 준위 사이의 전이주파수가 9.2 GHz로서 수소나 루비듐에 비해 높다. 세슘원자시계를 처음 개발할 당시에는 2차 세계대전 동안에 레이더 개발을 위해 연구했던 마이크로파 기술과 장비들을 쉽게 구할 수 있었다. 그래서 이 영역의 주파수를 발생하고 또 측정하는 것이 크게 어렵지 않았다. 그리고 세슘은 알칼리 금속 중에서 비교적 쉽게 구할 수 있고, 또 방사능이 없어서 비교적 안전하게 사용할 수 있다. 세슘원자시계는 처음 개발된 후 바로 다음 해인 1956년에 미국에서 상용(commercial) 세슘원자시계가 등장했다. 이 상용 원자시계의 기본 설계 개념을 제시한 사람은 원자분수실험을 처음으로 시도했던 MIT대학의 Zacharias 교수였다. 상용 원자시계는 실험실에서 만든 것에 비해 크기가 작고 성능이 떨어진다. 그래서 1차 주파수표준기로 사용되지 않는다. 그렇지만 정확한 시간 또는 주파수가 필요하면 쉽게 구입할 수 있다는 장점이 있다. 현재 널리 보급되어 있는 상용 세슘원자시계는 불균일한 영구 자석으로써 세슘원자의 에너지 상태를 분리하는 방식을 사용한다. 이것은 NPL에서 개발했던 최초의 세슘원자시계와 동일하다. 먼저 그 기본 구조와 동작 원리에 대해 알아보자.

상용 세슘원자시계

원자시계의 성능에 가장 큰 영향을 미치는 부분은 원자 공진기이다. 상용 세슘원자시계에서 이 부분을 좀 더 구체적으로 나타낸 것이 그림 6-15이다. 세슘빔 튜브는 세슘원자빔이 마이크로파와 상호작용하고, 그 결과를 출력하는 장치이다. 내부는 진공 상태이고 가장 중심이 되는 램지 공진기가 "C-필드" 영역에 설치되어 있다. 이 공간은 외부 자장을 차폐한 후 코일로써 정자장(constant magnetic field)이 형성되어 있다. 외부 자장 차폐를 위해 투자율이 아주 높은 물질(예: 니켈과 철의 합금인 퍼멀로이)로 만든 차폐통을 설치하고, 그 속에 설치된 솔레노이드 코일로써 시간적으로 안정되고 공간적으로 균일한 정자장을 만든다.

램지 공진기에 세슘원자의 전이주파수에 해당하는 마이크로파가 주입되는데, 이것은 공진기의 T자 부분에서 양쪽 팔로 분배된다. 양쪽 팔의 끝 부분에는 세슘원자가 지나갈 수 있도록 작은 구멍(직경 수 mm)이 뚫려 있다. 세슘원자는 세슘오븐에서 나와 램지 공진기의 왼쪽 팔의 구멍을 통과하면서 마이크로파와 한번 상호작용하고, C-필드 영역을 지난 후, 오른쪽 팔의 구멍을 지나면서 다시 마이크로파와 상호작용을 한다. 램지 공진기의 왼쪽 끝에

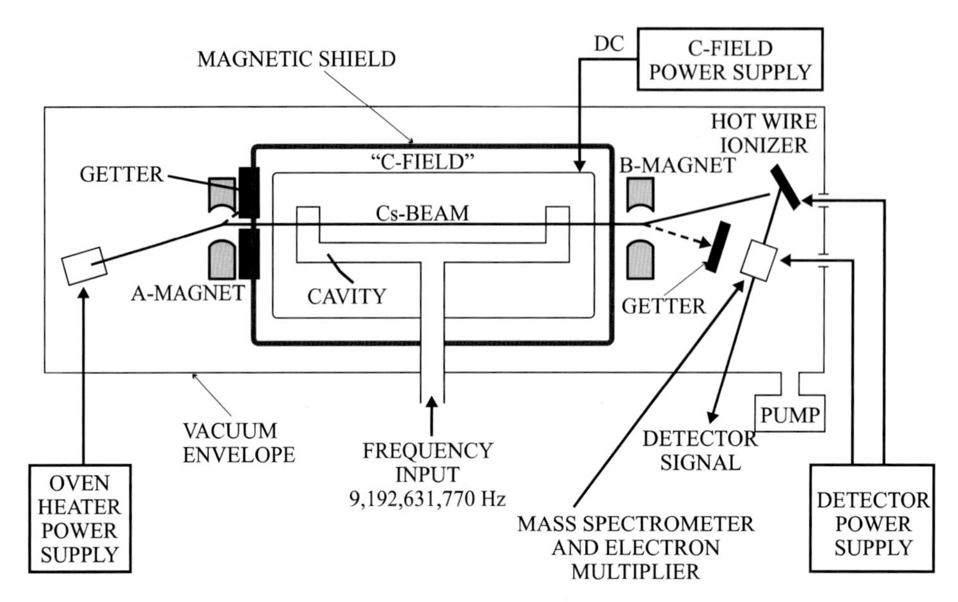

그림 6-15 상용 세슘원자시계 (HP5061A)의 빔 튜브 개략도

(출처: L.C. Cutler, Metrologia 42 (2005) S90-S99.)

서 오른쪽 끝까지 길이는 상용 원자시계의 경우 10～20 cm이다. 마이크로파가 공진하는 부분은 그림에서 U자 형태의 도파관 부분이다. 도파관을 따라 마이크로파가 정상파를 형성하도록(반 파장의 정수배가 되도록) 공진기의 길이를 잘 맞추어야 한다. 그와 함께 왼쪽과 오른쪽 팔의 길이가 같도록 만들어야 한다. 다시 말하면, 세슘원자가 지나는 양쪽 구멍에서 마이크로파의 위상이 동일하게 만드는 것이 중요하다.

세슘오븐에는 세슘금속이 들어있는데 약 90 °C로 가열하면 세슘은 기체 상태로 오븐에 나 있는 작은 구멍을 통해 빠져 나온다. 이때 세슘의 속력은 평균 260 m/s를 중심으로 퍼져 있는데, 맥스웰-볼츠만 분포를 이룬다. 세슘의 바닥상태의 두 초미세 준위($F=4$, $F=3$) 사이의 에너지($h\nu_0$)가 이 온도에서 열에너지(kT)보다 훨씬 작기($h\nu_0 \ll kT$) 때문에 세슘은 $F=4$와 3에 골고루 분포해 있다. 정자장을 가하면 $F=4$와 3에 축퇴되어 있는 총 16개의 자기 부준위(m_F)들이 분리되는데, 세슘은 이 부준위들에 골고루 퍼져 있다(세슘 원자들은 16개 자기 부준위 상태를 골고루 가진다).

C-필드 영역 밖의 오른쪽과 왼쪽에 있는 A-자석과 B-자석은 모두 불균일한(=기울기를 갖는) 강자장을 가지는데, 그 속을 통과하는 세슘을 에너지 상태에 따라 공간적으로 분리하는 일을 한다. 이것은 세슘이 갖는 '유효 자기모멘트' μ_{eff}의 부호와 크기가 에너지 상태에 따라 달라지는 성질을 이용한 것이다.[26] 즉 μ_{eff}는 (F, m_F)의 함수이며 자장의 세기에 따

라 그 값이 달라진다. $F=4$에 있는 세슘 중 $m_F=-4$에 있는 것을 제외한 모든 m_F 준위들의 μ_{eff}는 $(-)$값을 가진다. 한편 $F=3$의 모든 m_F 준위에 있는 세슘과 $(F=4,\ m_F=-4)$의 세슘은 $(+)$값을 가진다. 그래서 A-자석을 통과하면 $F=3$과 $(F=4,\ m_F=-4)$에 있는 세슘이 선택되어 C-필드 영역으로 들어가고, 나머지 상태의 세슘은 A-자석 바로 옆에 있는 게터(getter)에 흡착된다. A-자석의 상하 방향을 바꾸면 이와 반대로 선택할 수 있다.

A-자석에 의해 선택된 세슘원자들이 램지 공진기의 양쪽 팔을 모두 통과한 후에는 오직 $(F=3,\ m_F=0)\rightarrow(F=4,\ m_F=0)$의 시계전이가 가능하면 많이 발생하는 것이 바람직하다. 이를 위해 마이크로파의 주파수 뿐 아니라 세기를 적절히 조절하는 것이 필요하다. 왜냐하면 마이크로파 세기에 의해서도 전이되는 정도가 달라지기 때문이다. 이때 왼쪽 팔만 통과했을 때는 세슘이 두 에너지 상태의 중간에 있다. 이것은 세슘원자가 처음에 스핀다운 상태(↓)에 있다가 왼쪽 팔을 통과한 후 90도만큼 바뀌고(→), 오른쪽 팔을 통과한 후 완전히 스핀업 상태(↑)가 된다고 설명한다. 왼쪽 팔을 통과한 세슘은 C-필드 영역에서 정자장에 의해 스핀이 90도(→) 평면상에서 자장의 축을 중심으로 회전하게 된다. 그 과정에서 세슘의 속도에 따라 회전각도가 달라진다. 즉 비슷한 회전각도에 있는 선택된 세슘들(비슷한 속도를 갖는 세슘들)이 오른쪽 팔을 통과하면서 스핀업 상태로 바뀐다(시계전이가 발생한다). 두 구멍 사이에 있는 이 영역을 '표류 구간'이라고 하는데, 이 구간의 길이가 램지 신호의 선폭과 직결된다. 즉, 표류 구간의 길이가 길수록(정확히 말하면, 표류 시간이 길수록) 선택되는 세슘의 속도 폭이 좁아지고, 이에 따라 램지신호의 선폭은 좁아진다. 선폭이 좁다는 것은 세슘의 공진주파수를 더 정밀하게 알아낼 수 있다는 것을 뜻한다.

더 좁은 선폭을 얻으려면 램지 공진기의 길이를 길게 하거나 원자의 속도를 줄이면 된다. 속도를 줄인 원자를 이용하는 원자시계(저속 세슘빔 시계, 원자분수시계)는 뒤에서 설명할 것이다. 미국 NIST에서 길이가 4 m에 이르는 램지 공진기를 가진 실험실형 원자시계를 만든 적이 있었다. 그런데 공진기 길이가 길어지면 선폭은 줄어들지만 다른 오차요인이 커질 가능성이 높다. 예를 들면, C-필드의 표류 구간에서 자장의 세기와 방향이 균일해야 하는데, 공진기의 길이가 너무 긴 경우에는 자기 차폐나 균일한 정자장을 형성하기 어렵고, 그로 인한 오차요인이 커진다. 또한 공진기를 길게 만드는 것에도 어려움이 따른다. 여러 조각을 연결하여 만든 공진기의 접속 부분에서 마이크로파의 누설이 있는 경우 원하지 않는

26) J. Vanier and C. Audoin, "The Quantum Physics of Atomic Frequency Standards", Adam Hilger, Bristol and Philadelphia, 1989, Vol.1, pp.479~490.(이 책은 원자주파수표준기에 관하여 상세하게 설명되어 있는 것으로 본 장의 여러 군데에서 참고했음. 이하 QPAFS라고 부름.)

전이가 발생하여 오차요인으로 작용할 수 있다.

상용 세슘원자시계와 같이 열 원자빔을 이용하는 경우에는 원자들은 넓은 속도 분포를 가진다. 따라서 속도 성분에 따라 표류 구간을 지나는 표류 시간이 다르고, 그에 따라 램지 신호의 선폭이 달라진다. 그러므로 서로 다른 속도 성분을 가진 원자들이 램지신호에 기여하는 전이가 중첩되어 최종적인 램지신호가 만들어진다.[27)]

램지 공진기를 완전히 통과한 세슘들이 얼마나 많이 시계전이를 일으켰는지 알아내기 위해 B-자석을 통과시킨다. 공진기를 통과한 후 $(F=4,\ m_F=0)$로 전이된 세슘들은 B-자석을 통과하면서 경로가 휘어져 이온검출기 방향으로 향한다. 전이되지 않은 세슘들은 게터에 흡착된다. 이온검출기는 텅스텐(W)이나 탄탈륨(Ta) 등으로 만든 열선으로 세슘을 이온화시킨 후, 그 이온전류를 측정하는 장치이다. 여기서 나온 신호는 적절히 조정된 후 그림 6-14의 피드백 전자회로로 입력된다.

상용 세슘원자시계가 처음 개발된 후 60여 년이 지났다. 그동안에 미국과 유럽의 몇몇 회사들이 세슘원자시계 뿐 아니라 수소메이저, 루비듐원자시계들을 제작하여 전 세계적으로 공급해왔다. 이 회사들의 원자시계 모델명이 BIPM에서 코드를 부여 받아 TAI 형성에 기여하고 있다. 여기서는 가장 널리 보급되어 있는 제품에 대해 그 성능과 발전 역사에 대해 간략히 알아본다.[28)]

미국의 Hewlett Packard 사는 1964년에 세슘원자시계 HP5060A 모델을 출시했다. 이 모델의 세슘빔 튜브의 전체 길이는 40.6 cm이다. 이 모델의 정확도는 초기에는 $\pm 5\times 10^{-11}$이었는데 몇 년간 경험이 쌓인 후에 정확도와 장기안정도가 모두 $\pm 1\times 10^{-11}$으로 개선되었다. 단기안정도(ADEV)는 $\sigma_y(\tau)=3\times 10^{-11}\tau^{-1/2}$이었다(단, τ는 적분시간).

1968년에는 반도체 기술의 발전에 힘입어 전자회로가 개선된 HP5061A 모델이 출시되었다. 이 모델은 세슘빔의 밀도를 높임으로써 단기안정도를 개선했는데, 램지신호의 선폭은 550 Hz였다. 또한 자기 차폐와 자장의 균일도를 개선하였다. 특히 램지 공진기에서 좌우 팔 길이의 비대칭성을 최소화하기 위해 도파관을 굽혀서 만드는 대신에 공작기계로 공진기를 단면 방향으로 반쪽씩 깎아낸 후 둘을 합치는 방식으로 만들었다. 이렇게 만든 것은 '고성능 빔튜브'라는 선택사양으로 판매했다.

---

27) 램지 공진기를 통과하면서 원자가 시계전이를 일으킬 확률에 관하여 양자역학적으로 설명하고 계산한 것은 앞의 참고문헌 QPAFS, vol.2, pp.627~634를 참고할 것.

28) 상용 세슘원자시계의 역사에 대해서는 다음 논문을 참고할 것: L.C. Cutler, "Fifty years of commercial cesium clocks", Metrologia **42** (2005) S90-S99.

1991년에는 디지털 전자회로를 가진 5071A 모델이 출시되었다. 이것은 공진주파수에 영향을 미치는 온도 및 습도의 변화를 줄이는 방향으로 개선된 것이다. 온습도의 변화는 공진기의 공진주파수 이동, 상호작용 영역에서 마이크로파 세기의 변화, 그리고 정자장에 영향을 미치는 오차요인이다. 고성능 빔튜브 사양에서 정확도는 $\pm 5 \times 10^{-13}$, 장기안정도는 $\pm 1 \times 10^{-13}$, 단기안정도[29]는 $8.5 \times 10^{-12} \tau^{-1/2}$ $(100\ \mathrm{s} \leq \tau \leq 3 \times 10^{6}\ \mathrm{s})$로 크게 개선되었다. 상용 세슘원자시계는 처음 출시된 후 약 30년 동안 전자 및 제작 기술의 발전에 힘입어 시계의 정확도 및 안정도가 약 100배 개선되었다.

1999년에 Agilent 사가 HP로부터 분사되어 나왔고, 시계 모델 이름에서 HP 대신에 Agilent가 붙었다. 한편 HP에 근무했던 기술자가 1971년에 별도의 회사인 FTS(Frequency and Time System)를 설립했다. 이 회사는 GPS 위성에 탑재되는 세슘원자시계를 주로 만들었다. 이 회사를 한동안 스위스 회사가 인수했다가 1983년에 Datum이 인수했고, 2002년에는 Symmetricom이 인수했다. 5071A 모델은 2018년 현재 Microsemi에서 나오고 있다.

상용 세슘원자시계를 성능 관점에서 판단할 때 정확도, 단기 및 장기안정도, 그리고 환경에 대한 민감도 등이 기준이 된다. 시계의 정확도 및 안정도에 영향을 미치는 요소, 즉 주요 오차요인을 정리하면 다음과 같다.

- 램지 공진기의 양팔의 위상 차이: 양팔에서 마이크로파의 위상 차이는 양팔의 길이 차이에 의해 주로 발생됨
- 자기 차폐 능력 및 C-필드 자장의 불균일성: A, B-자석에 가까운 공진기 양팔 부근과 표류 구간에서의 자장의 불균일성이 세슘의 공진주파수를 이동시킴
- 라비 및 램지 끌어당김: 시계전이선의 바로 이웃한 전이선들이 시계전이선의 중심을 끌어당김으로써 세슘의 공진주파수를 이동시킴
- 마이크로파의 주파수 및 진폭 잡음: 마이크로파의 세기 및 주파수에서의 잡음이 세슘의 공진주파수를 이동시킴
- 마이크로파 변조의 왜곡: 짝수 차(even-order) 변조의 왜곡이 공진주파수를 이동시킴
- 램지 공진기의 공진주파수와 세슘의 공진주파수의 불일치: 변조 과정에서 세슘의 공진주파수를 이동시킴
- 상대론 효과: 세슘원자의 속도에 의한 2차 도플러 효과 및 고도에 따른 중력퍼텐셜에 의해 시계전이선이 이동됨

29) 단기안정도와 장기안정도를 구분하는 명확한 기준은 없지만, 일반적으로 안정도가 $\tau^{-1/2}$에 비례하는 구간(백색 주파수잡음)을 단기안정도로, τ^{0} 구간(플리커 주파수잡음)을 장기안정도로 본다.

원자시계의 주파수안정도는 마이크로파와 상호작용 후 검출되는 원자의 개수(N) 및 원자의 표류시간[30](T)과 다음과 같은 관계가 있다.

$$\sigma_y(\tau) \propto \frac{1}{\nu_0 \sqrt{N\,T}\,\tau} \qquad \text{(식 18)}$$

단, ν_0는 원자의 공진주파수이다. 높은 안정도를 얻으려면 ν_0가 높아야 하는데 마이크로파 원자시계에서 사용되는 원자들 중 세슘이 가장 높다. 그리고 τ는 적분시간이다.

이 식은 원자의 개수가 많아질수록 또 표류시간이 길어질수록 주파수안정도는 그 제곱근에 반비례하여 좋아진다는 것을 말하고 있다. 그런데 상용 세슘원자시계는 한정된 크기와 조건으로 인해 N과 T가 모두 작다. 특히 N의 경우는 A-자석에 의해 바닥상태 $(F=3,\ m_F=0)$의 세슘이 모두 선택된다고 하더라도 총 세슘 수의 1/16에 불과하다. 그런데 실제 선택과 검출 과정에서 이보다 줄어든다. 다시 말하면, B-자석 및 이온 검출기에서 실제 전이된 원자를 모두 검출해내지 못할 가능성이 있다. A, B-자석을 사용함으로써 생기는 이 단점은 광펌핑 방식에서 많이 개선되었다.

광펌핑 세슘원자시계

영구자석을 이용하여 세슘원자의 상태를 선택하는 방법은 실험실형 원자시계에서도 오랫동안 사용되어 왔다. 특히, 독일 PTB에서 이 방식으로 만든 실험실형 세슘원자시계(CS1, CS2)는 아직도 동작하고 있으며,[31] TAI 및 UTC 생성에 기여하고 있다. 그렇지만 새로 제작되는 원자시계들은 대부분 광펌핑 방식이거나 원자분수 방식이다. 새 방식에서는 모두 레이저가 중요한 역할을 한다.

광펌핑 기술은 오래 전(1950년)에 발명되었으나 실제로 원자시계에 응용되기까지는 30년이라는 긴 시간이 소요되었다. 그 주된 이유는 세슘원자의 광펌핑에 맞는 파장을 가진 반도체 레이저가 비교적 최근에 나왔기 때문이다. 광펌핑 세슘원자시계에서는 레이저로써 모든 세슘을 바닥상태($6^2S_{1/2}$)의 두 초미세 준위 중 $F=3$(또는 4)의 상태가 되도록 만든다.

그림 6-16은 광펌핑에 사용되는 세슘원자의 에너지 준위를 나타낸다. 바닥상태 $6^2S_{1/2}$에서 6은 세슘의 최외각 전자(1개)의 주양자수 n의 값이고, 대문자 S는 이 전자의 각운동량

30) 표류시간을 조사시간(interrogation time)이라고도 한다. 즉, 마이크로파가 세슘의 공진주파수를 알아내는데 걸린 시간(상호작용 시간)을 의미한다. 이 시간이 길어지면 램지신호의 선폭이 좁아진다.

31) 참조: 제7장 그림 7-17.

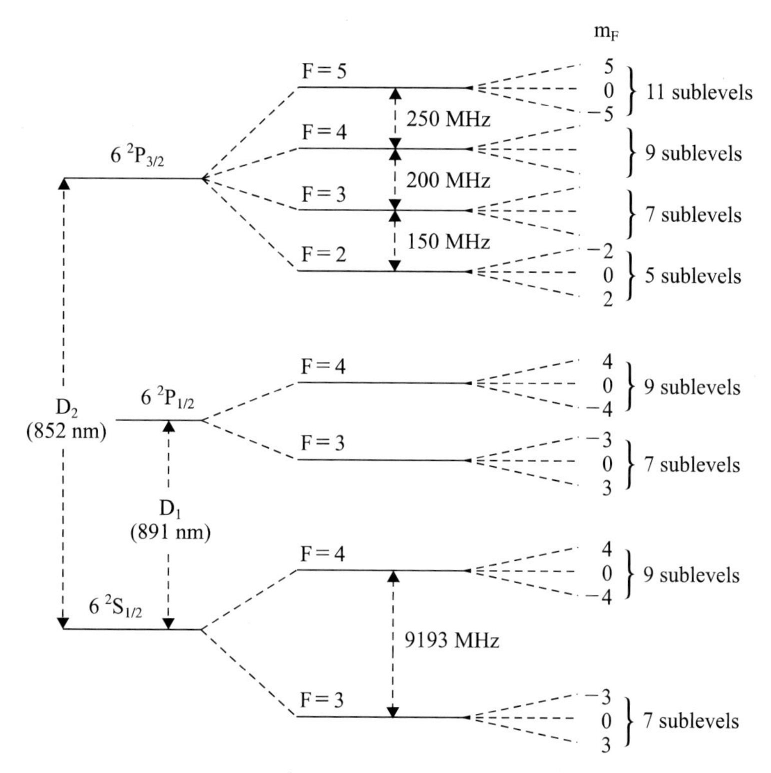

그림 6-16 세슘원자의 바닥상태($6^2S_{1/2}$)와 제1 들뜬상태의 두 미세준위($6^2P_{1/2}$ 및 $6^2P_{3/2}$).

양자수가 $l=0$임을 나타낸다. S 앞의 위 첨자 2는 '2중 상태'(doublet)를 의미한다. S 뒤에 있는 아래 첨자 1/2은 총 각운동량 양자수가 $J=1/2$임을 나타낸다. 이것은 $J=l+s$에 의해 나온 값이다. 단, s는 전자의 스핀 양자수를 나타낸다. 제1 들뜬상태의 P는 $l=1$임을 나타내고, 이것은 다시 총 각운동량 양자수에 의해 두 개의 미세준위 $J=3/2$과 $1/2$로 구분된다. J값이 다른 미세준위들은 세슘의 핵스핀 양자수 $I=7/2$와 결합하여 초미세 준위 $|I-J| \leq F \leq (I+J)$를 구성한다. 따라서 $^2P_{3/2}$에는 $F=5$, 4, 3, 2의 초미세 준위가 있고, 그 준위 사이는 그림에서와 같이 150 MHz에서 250 MHz의 주파수 간격을 가진다. 각각의 F 준위에는 $2F+1$개의 m_F 부준위들이 축퇴되어 있다. 따라서 $F=5$는 총 11개의 m_F 부준위가 있는데 이들은 자장에 의해 분리된다.

$6^2S_{1/2}$에서 $6^2P_{1/2}$ 및 $6^2P_{3/2}$ 사이의 전이를 각각 D_1 및 D_2 전이라고 부른다. 이것들은 각각 336 THz(891 nm)와 352 THz(852 nm)의 광주파수(광파장)에 해당한다.

한국표준과학연구원(이하, KRISS)에서는 1988년에 세슘원자시계 개발 연구를 시작했다. 그 당시 세슘의 상태선택을 위해 주로 사용하던 영구자석 대신에 새로운 광펌핑 방식을 채

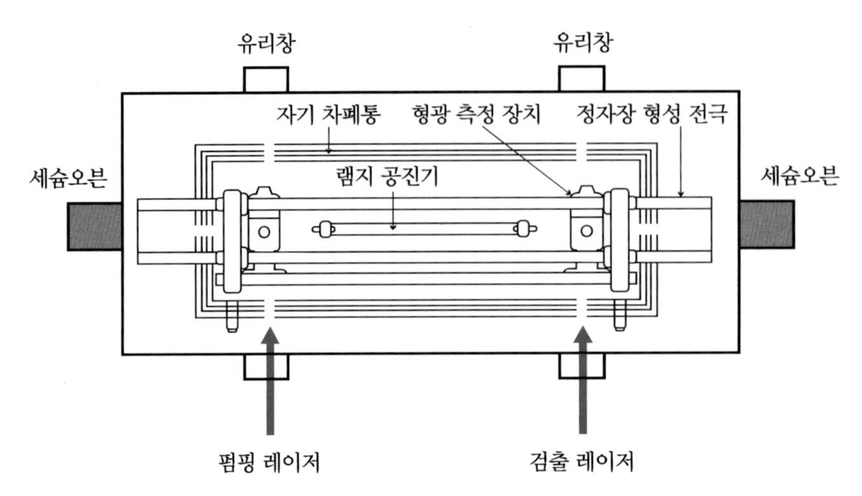

그림 6-17 KRISS-1의 빔 튜브 구조도: 램지 공진기는 옆으로 누워 있음.

택했었다. 여기에서는 KRISS에서 개발한 광펌핑 세슘원자시계(명칭: KRISS-1)의 자료 및 데이터를 가지고 동작원리 및 성능에 관해 설명한다.

KRISS-1의 빔튜브는 길이 120 cm, 직경 40 cm의 스테인리스 스틸로 만들어진 원통형 진공조이다. 그림 6-17과 같이 레이저광이 진공조를 통과할 수 있도록 유리창이 네 개 달려 있고, 양쪽 뚜껑 중앙에는 세슘오븐이 부착되어 있다. 세슘오븐과 뚜껑 사이에는 진공밸브가 연결되어 있다. 이것은 세슘이 고갈되었을 때 내부 진공을 유지한 채 세슘앰풀을 교체할 수 있도록 한 것이다. 진공조 내부에는 외부 자장을 차폐하기 위한 몰리브덴 퍼멀로이로 만든 3겹의 차폐통이 겹쳐져 있고, 그 안에는 C-필드를 형성하는 4개의 알루미늄 막대가 원통의 축 방향으로 설치되어 있다. 그 한 가운데 세슘빔이 지나는 길을 따라 무산소동으로 만든 램지 공진기가 설치되어 있다. 램지 공진기는 U자형 도파관을 따라 20개의 TE_{10} 모드가 정상파를 형성하도록 만들어졌다.[32] 도파관의 단면적은 10 mm×22.6 mm인데 세슘이 마이크로파와 상호작용하는 길이는 단면의 짧은 쪽(10 mm)이다. 세슘이 지나갈 수 있도록 도파관 끝에는 3×3 mm^2의 구멍이 뚫려 있다. 양쪽 팔 사이의 표류 구간의 길이는 약 36 cm이다.

왼쪽 세슘오븐을 사용하는 경우, 즉 세슘이 서쪽→동쪽으로 진행할 때는 그림 6-17과 같이 왼쪽 유리창에 펌핑 레이저를 비추고, 오른쪽 유리창에 검출 레이저를 비춘다. 반대로 오른쪽 세슘오븐을 사용하는 경우(동쪽→서쪽)에는 두 레이저의 역할을 바꾼다. 이렇게 좌

32) H.S. Lee, et. al., "Frequency stability of an optically pumped caesium-beam frequency standard at the KRISS", Metrologia, 1998, **35**, pp.25~31.

우를 대칭으로 만들고 세슘빔의 방향을 바꾸어가며 실험하는 것은 램지 공진기의 양쪽 팔에서 발생하는 위상 차이를 측정하고 보상하기 위함이다.

펌핑 레이저로는 그림 6-16에서 D_2 전이의 852 nm 파장의 반도체 레이저를 사용했다. 이 레이저의 주파수는 $6^2S_{1/2}$의 $F=4$에서 $6^2P_{3/2}$의 $F=4$의 전이선에 주파수가 안정화되어 있다. 이를 위해 펌핑 레이저는 세슘 가스셀을 이용한 별도의 포화흡수 분광으로 초미세 흡수선들을 구분해내고,[33] 그 중에서 위의 전이에 해당하는 흡수선($F=4 \rightarrow F'=4$)에 레이저 주파수를 안정화시키는 장치를 구성했다.

세슘빔과 레이저빔이 만나는 곳에는 그림 6-18과 같이 세슘의 자발방출에 의해 발생된 형광을 수집하고 측정할 수 있도록 반사경 및 렌즈와 광검출기로 구성된 형광 수집 장치가 설치되어 있다.

펌핑 레이저가 D_2 전이의 $4 \rightarrow 4$에 맞추어져 있으면 세슘은 들뜬상태가 되었다가 자발방출에 의해 다시 바닥상태의 $F=4$나 3으로 떨어진다. 그런데 들뜬상태에서의 수명은 아주 짧기(약 32 ns) 때문에 세슘이 직경 약 7 mm의 레이저 빔을 지나가는 동안 약 1000번 흡수와 방출을 반복할 수 있다. 그런데 $F=4$에 있던 세슘은 계속 펌핑되고 있으므로 점점 그 개수가 줄어든다. 결국 펌핑광에 의해 바닥상태의 $F=4$에 있던 세슘들은 모두 바닥상

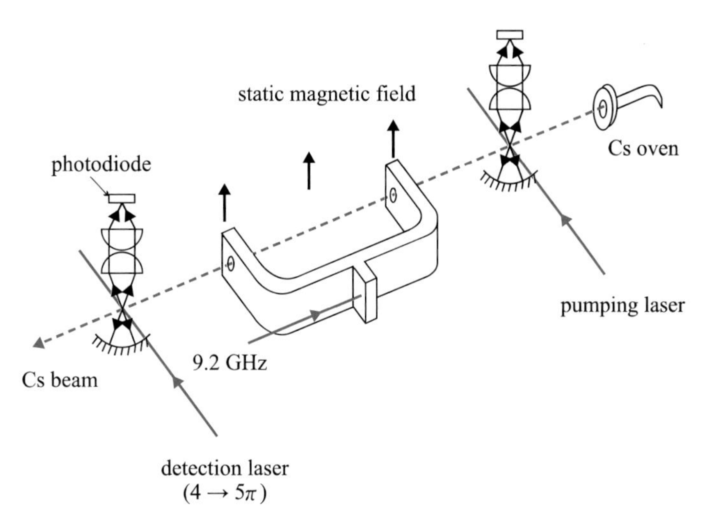

그림 6-18 KRISS-1에서 펌핑 레이저, 검출 레이저 및 형광 수집 장치의 구성도 (출처: H.S. Lee, et. al., JJAP Vol.35 (1996) pp.299~303.)

33) S.S. Kim, et. al., JJAP Vol.32, 1993, pp.3291~3295. / H.Y. Jung, et. al., JKPS, pp.277~280 (1998).

태의 $F=3$에 모인다. 이렇게 빛으로 원자를 특정 준위로 모으는 것을 광펌핑이라고 한다. $F=3$에는 총 7개의 자기 부준위가 있으므로 $m_F=0$ 부준위에는 이론적으로 총 세슘 수의 약 1/7이 있게 된다. 영구자석으로 상태 선택하는 경우 약 1/16을 모을 수 있던 것에 비하면 2배 이상 증가한 결과이다.

펌핑 레이저를 D_2 전이의 $4\rightarrow3$의 전이선에 맞추되 서로 수직인 직선 편광($\sigma+\pi$ 편광)을 겹쳐 사용하면 바닥상태의 $F=4$, $m_F=0$에 더 많은 세슘을 모을 수 있다.[34] 그 펌핑 효율이 C-필드 자장에 따라 달라진다는 것을 이론적으로 분석했다.[35]

검출 레이저는 D_2 전이의 $F=4\rightarrow F'=5$ 전이에 주파수 안정화되어 있다. 이 흡수 전이는 $4\rightarrow4$와 달리 좀 특별한 성질을 가진다. 즉 $F'=5$로 전이된 세슘은 자발방출 과정에서 바닥상태의 $F=3$으로 돌아오지 못하고 $F=4$로만 떨어진다. 이것은 원자 전이의 선택법칙(selection rule)에 의한 것이다. 그 결과, 세슘은 $4\rightarrow5\rightarrow4$를 순환하게 되어 다른 전이보다 형광을 많이 발생시킨다. 이 $4\rightarrow5$ 전이를 '순환 전이'(cycling transition)라고 부르는데, 램지 공진기를 통과한 후 바닥상태에서 시계전이 $(F=3,\ m_F=0)\rightarrow(F=4,\ m_F=0)$를 일으킨 세슘을 검출하는데 유용하다. 광펌핑 방식은 영구자석을 사용하는 것과 달리 C-필드 영역에서 자장의 균일성 확보에 더 유리하다. 또한 시계전이 세슘을 형광으로 검출하는 것이 이온전류로 검출하는 것보다 더 효율적이다.

램지 공진기에 주입되는 마이크로파의 주파수를 시계전이선을 중심으로 스캔(scan)하면 램지신호를 관측할 수 있다. 스캔범위를 넓게 하면 바닥상태의 두 개의 초미세준위에 속한 자기 부준위들 사이에서 일어나는 7개의 전이 스펙트럼을 볼 수 있다. 그림 6-19는 이 전이선들을 보여주는데, 한 가운데가 $m=0\rightarrow m=0$ 사이에서 발생한 시계전이선이다. 각 전이선들 사이의 주파수 간격은 C-필드 자장의 세기에 따라 달라진다. 그래서 $m=0$을 중심으로 $m=1$ 또는 $m=-1$ 사이의 주파수 간격으로부터 가해진 자장의 세기를 계산해 낼 수 있다. 그런데 시계전이선의 중심 주파수($m=0$)도 자장의 세기의 제곱에 비례하여 이동하는데, 이 이동량을 계산하여 보정하는 것이 필요하다. 이것을 '2차 제만 이동'(2nd order Zeeman shift)이라 부른다.

마이크로파 주파수의 스캔영역을 줄여서 시계전이선 부근에서 관측한 결과가 그림 6-20이다. 그림 (a)는 라비 받침(Rabi pedestal)신호 위에 램지신호가 얹혀 있는 모습이고, (b)는 가운데 부분의 램지신호만을 본 것이다. 만약 원자시계의 마이크로파 공진기를 양팔을 가

---

34) H.S. Lee, et. al., Jpn. J. Appl. Phys., Vol. 35 (1996) pp.299~303.

35) J.W. Jun and H.S. Lee, Phys. Rev. A, Vol. 58, No.5, pp.4095~4101 (1998).

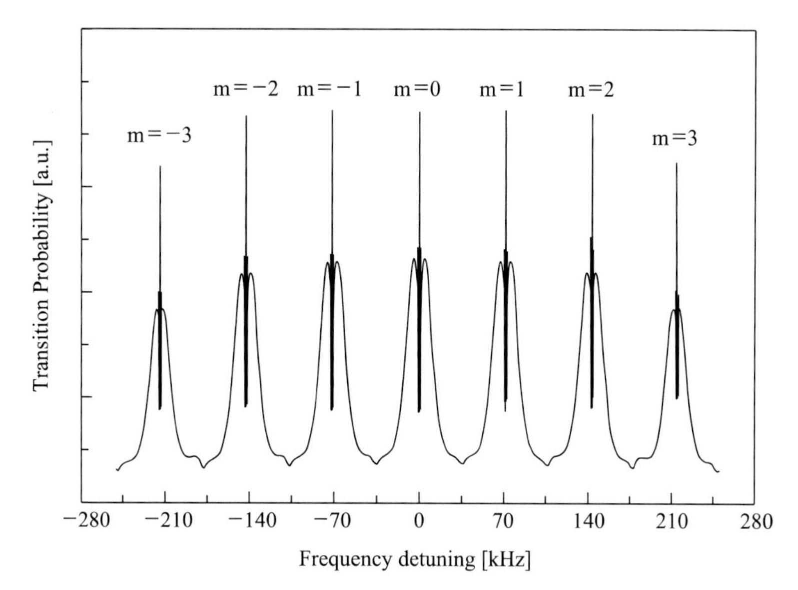

그림 6-19 KRISS-1에서 마이크로파 주파수를 스캔하면서 관측한 바닥상태의 초미세준위 사이에서 발생한 7개의 전이선(m=0이 시계전이선).

진 램지 방식이 아니라 그 길이에 해당하는 라비 방식(원통형 공진기)으로 구성했다면 그림 (a)에서 가운데 램지신호가 빠진 공진신호(라비신호)만 나온다. 다시 말하면, 램지 공진기가 발명됨으로써 훨씬 좁은 선폭을 얻을 수 있게 된 것이다. 그림 (b)의 램지신호는 그 중심 선폭(반치폭)이 약 240 Hz이다. 마이크로파 주파수를 이 중심주파수 부근에서 선폭의 절반에 해당하는 ±120 Hz로 변조시킨다. 2초 주기로 변조하여 중심주파수에서 벗어난 오차신호를 전자적으로 찾아내고 그것을 다시 수정발진기로 피드백시킨다. 궁극적으로 마이크로파 주파수를 이 램지신호의 중심에 안정화시키면 KRISS-1이 동작하게 된다.

KRISS-1은 많은 시행착오와 여러 차례의 개선과정을 거쳤다. 특히 레이저 시스템은 시계의 정상적 운용을 위해 장기적인 안정화가 필수적인데 이를 위해 여러 차례 개선되었다. 다이오드 레이저(=반도체 레이저)를 반사형 회절격자로써 외부 공진기를 구성하여 선폭 축소와 파장 선택이 가능하도록 만들되 한 몸체에 밀집된 형태로 제작함으로써 레이저의 장기 주파수 안정화를 이룰 수 있었다.[36)]

KRISS-1의 기본적인 구조와 구성은 초기 설계와 크게 달라진 것이 없지만 구성 요소들이 시스템 불확도(=B형 불확도)에 미치는 영향을 분석하고, 그것을 개선하는데 많은 시간

36) S.E. Park, et. al., IEEE Trans. Instrum. Meas. Vol.52, No.2, pp.280~283, 2003.

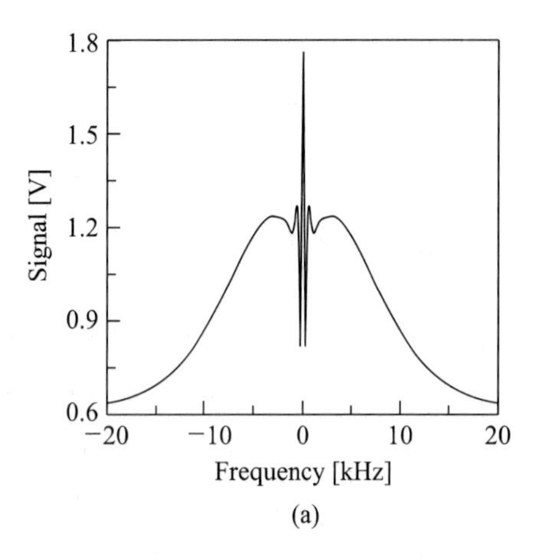

(a)

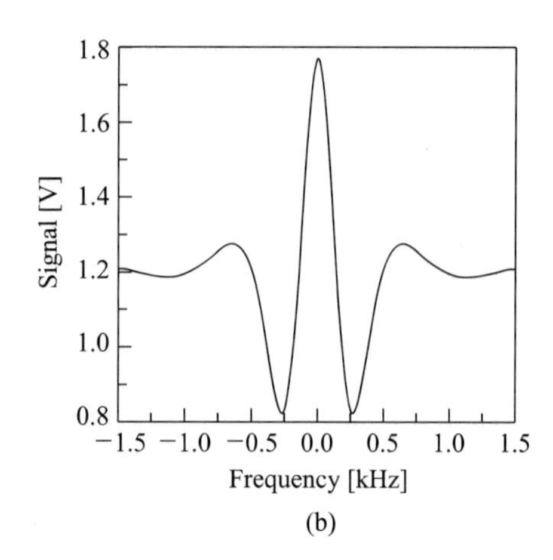

(b)

그림 6-20 KRISS-1에서 관측한 시계전이선의 (a) 라비-램지 공진신호와 (b) 램지신호.

이 소요되었다. 최종 불확도 평가결과는 2009년에 발표되었는데, 표 6-6은 그 결과를 보여준다.[37] 표에서 '상대주파수 이동량'이란 KRISS-1의 시계전이주파수($m = 0$)가 여러 주파수 이동요인들에 의해 SI 초의 정의에서 나오는 세슘원자의 9 192 631 770 Hz로부터 벗어난 값을 이 숫자로 나눈 것을 뜻한다. 최종 불확도 총괄표에는 항목별 불확도 평가 방법과 결과가 반영되었다.

여러 요인들 중에서 가장 큰 주파수이동을 일으키는 것은 2차 제만 효과에 의한 것이다. 이것을 구하기 위해 자장의 시간적 공간적 측정 및 분석이 있었다.[38] 그 다음으로 큰 주파수이동 요인은 세슘의 속도분포에 따른 2차 도플러 이동이다.[39] 그리고 ac 제만 이동과 공진기의 끌어당김 효과,[40] 라비 및 램지신호의 끌어당김 효과의 비교 분석,[41] 램지 공진기에서 진동 자장의 분포에 대한 분석과 불확도 평가가 있었다.[42] 이 외에도 빛에 의한 시계전이 주파수이동,[43] 최적의 마이크로파 세기(라비 주파수)의 결정에 관한 연구[44] 등이 보고되었다.

37) Soo Hyung Lee, et. al., "Accuracy evaluation of an optically pumped caesium beam frequency standard KRISS-1," Metrologia **46** (2009), pp.227~236.
38) Sung Hoon Yang, et. al., Jpn. J. Appl. Phys. Vol.38 (1999), pp.6174~6177.
39) Ho Seong Lee. et. al., IEEE Trans. Instrum. Meas. Vol.48, No.2, pp.492~495, 1999.
40) Young-Ho Park, et. al., IEEE Trans. Instrum. Meas. Vol.54, No.2, pp.780~782, 2005.
41) Ho Seong Lee, et. al., Metrologia **40** (2003) pp.224~231.
42) Young-Ho Park, et. al., Metrologia **46** (2009) pp.272~276.
43) J.W. Jun, et. al., Metrologia **38** (2001) pp.221~227.
44) Young-Ho Park, et. al., Appl. Phys. Lett. **90**, 174112 (2007).

표 6-6 KRISS-1의 최종 불확도 총괄표

주파수 이동 요인	상대주파수 이동량 ($\times 10^{-14}$)	상대불확도 ($\times 10^{-14}$)
2차 제만 효과	48581.5	0.1
2차 도플러 효과	−38.02	0.1
공진기의 끌어당김	−0.46	0.07
Bloch-Siegert 효과	0.37	0.002
라비 끌어당김	−0.35	0.1
중력 이동	0.9	0.1
흑체 복사	−1.66	0.02
양쪽 팔의 위상 차이	117.1 (동쪽에서 서쪽) 113.0 (서쪽에서 동쪽)	0.41 (A-형 불확도)
빛에 의한 이동	0	0.9
Majorana 효과	0	0.2
C-필드의 불균일성	0	0.05
램지 끌어당김	0	0.01
공진기 위상 분포	0	0.1
합성 불확도(1σ)		1.0

이 요인들 중에서 빛에 의한 주파수이동(light shift)의 불확도가 가장 크게 나타났다. 이것은 펌핑광과 검출광의 세기 및 주파수의 변화가 시계전이주파수에 미치는 영향을 측정한 후 외삽에 의해 얻은 것이다. 램지 공진기의 양쪽 팔의 위상 차이는 99.0 μrad으로 측정되었다. 이것에 의해 세슘빔의 방향에 따른 주파수 이동량은 표에서처럼 1.17×10^{-12}과 1.13×10^{-12}이 나왔다. 이 값의 불확도 4.1×10^{-15}은 주파수 이동량 측정의 통계적 불확도(A-형)를 나타낸다. 이 불확도는 그림 6-21의 KRISS-1의 주파수안정도 그래프에서 적분시간 10만 초 이상에서 평평한 flicker floor 잡음에 해당하는 4.1×10^{-15}에서 나왔다. KRISS-1의 합성 불확도는 A-형과 B-형 불확도를 합성하여 구한 것으로 1.0×10^{-14}을 얻었다. 이것은 300만 년 동안에 1초 틀리는 정도에 해당한다.

표 6-6의 불확도와 그림 6-21의 주파수안정도는 모두 KRISS에서 운용하고 있는 수소메이저를 기준으로 측정한 것이다. 수소메이저는 단기안정도가 우수한 주파수발생기이기 때

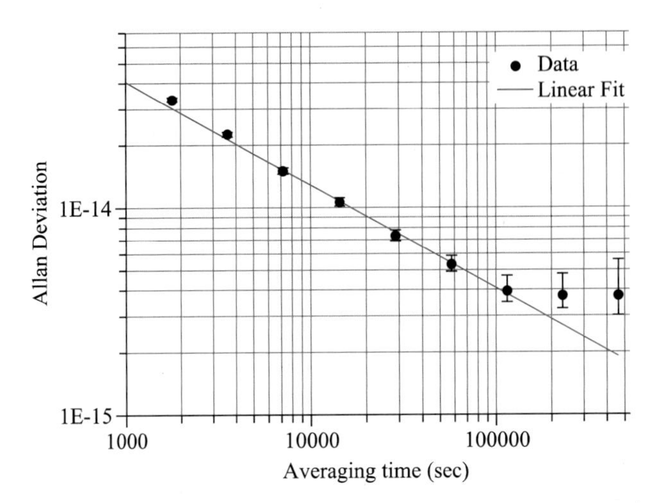

그림 6-21 KRISS-1의 주파수안정도: $\sigma_y(\tau) = 1.3\times 10^{-12}\,\tau^{-1/2}$

문에 KRISS-1의 단기안정도 평가를 위한 기준으로 사용하는 것이 가능하다. 그러나 장기안정도는 나쁜데 그 결과가 그림 6-21에서 적분시간 약 10만 초 이상에서 나타나고 있다. 약 10만 초까지는 ADEV가 $1.3\times 10^{-12}\tau^{-1/2}$의 기울기로 감소하는데, 이것은 KRISS-1이 가진 전형적인 백색 FM 잡음에 의한 것이다.

KRISS-1의 불확도 평가는 2008년 7월부터 9월말까지 세 차례에 걸쳐 총 45일간(15일+10일+20일) 이루어졌다. 이렇게 기간을 나누어 평가한 것은 수소메이저의 장기안정도를 고려한 것이다.

우리가 구한 KRISS-1 불확도가 얼마나 믿을 수 있는 값인지를 확인해보기 위해 다음과 같이 UTC와 비교해 보았다. 먼저, UTC 생성에 참여하는 KRISS의 시간눈금인 UTC(KRIS)[45]와 UTC 사이의 주파수 차이는 BIPM에서 매달 발행하는 Circular T로부터 알 수 있다. 이것은 1×10^{-15} 이내에서 일치했다. 그리고 UTC(KRIS)와 수소메이저의 주파수 차이는 UTC(KRIS)의 생성을 위해 지속적으로 모니터링 되고 있기 때문에 실험실에서 그 값을 알 수 있다. 마지막으로 이번 불확도 평가를 위해 수소메이저를 기준으로 KRISS-1의 주파수 차이가 측정되었다(표 6-6). 이 세 가지 데이터로부터 UTC에 대한 KRISS-1의 주파수를 비교할 수 있다. 그 결과, KRISS-1는 UTC와 1×10^{-14} 범위 내에서 잘 일치한다는 것을 알 수 있었다.[46]

45) BIPM에서 기관명을 나타내는 자릿수를 4개로 제한하였기에 KRISS를 KRIS로 표기하고 있다. 그리고 UTC(KRIS)로부터 "한국표준시"가 나오는데 제9장에서 자세히 설명한다.

46) Soo Hyung Lee, et. al., Metrologia **46** (2009), pp.227~236.

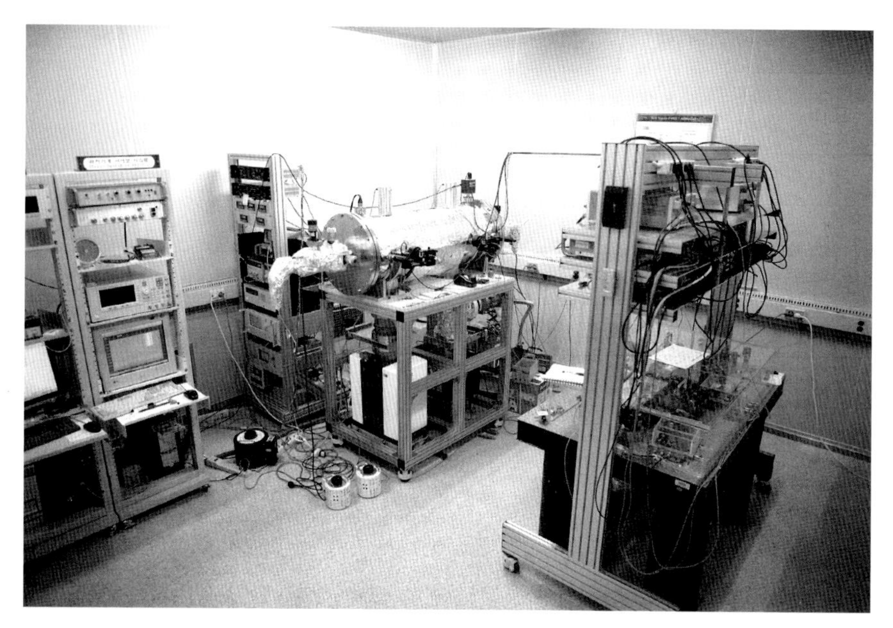

그림 6-22 광펌핑 세슘원자시계 KRISS-1: 레이저 시스템(맨 오른쪽), 세슘빔 튜브(가운데), 신호측정 및 분석 시스템(맨 왼쪽)

그림 6-22는 광펌핑 세슘원자시계 KRISS-1의 전체 시스템을 보여주는 사진이다. 맨 오른쪽은 광학 테이블 위에 레이저 시스템과 그 전원 및 온도 조절장치 등이 설치되어 있다. 레이저광은 광파이버를 통해서 세슘빔 튜브로 전송된다. 가운데 부분에 세슘빔 튜브가 설치되어 있고, 그 아래쪽에 진공 펌프들(이온 펌프 및 터보 펌프 등)이 연결되어 있다. 진공조 바로 옆의 랙(rack)에는 마이크로파 발생장치, 광검출기의 전원, 세슘오븐 온도조절 장치, 진공 펌프 전원, 온도계들이 설치되어 있다. 맨 왼쪽 랙에는 주파수안정도 및 불확도를 평가하기 위한 장치 및 컴퓨터가 설치되어 있다.

저속 세슘빔 시계

세슘원자시계에서 램지신호의 선폭이 좁아질수록 시계전이선의 주파수를 알아내는 정확도는 높아지고 주파수안정도도 좋아진다. 좁은 램지신호를 얻기 위해서는 세슘과 마이크로파와의 상호작용 시간을 늘리면 된다. 이를 위해 여기서는 레이저 냉각 기술로써 세슘원자의 속도를 줄이고 그 느린 세슘원자들을 이용하여 선폭이 좁은 램지 공진신호를 얻은 방법과 결과에 대해 설명한다.

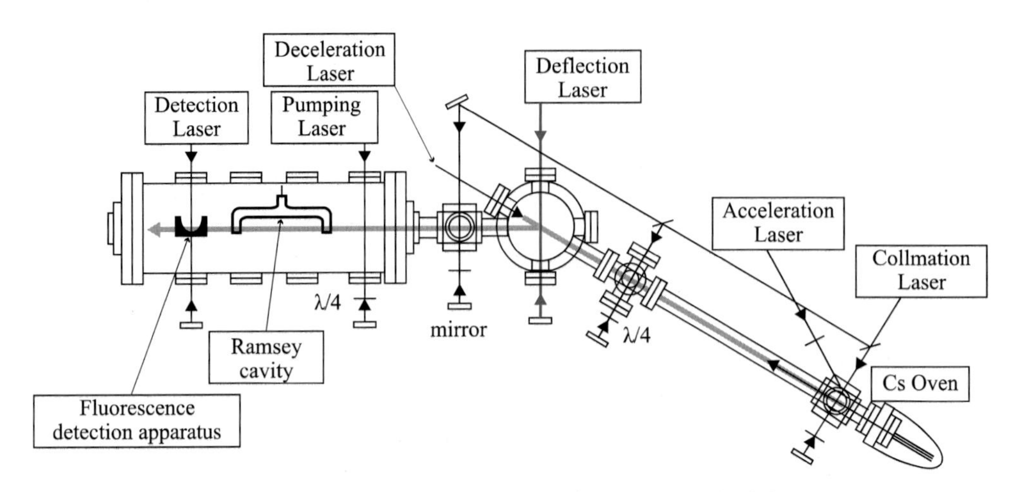

그림 6-23 KRISS에서 개발한 저속 세슘빔 시계의 개략도

그림 6-23은 KRISS에서 개발한 저속 세슘빔 시계의 개략도를 보여준다. 이 시계는 크게 두 부분으로 나누어진다. 하나는 세슘빔의 속도를 줄이는 부분으로, 그림의 오른쪽에 설치된 길이 약 1 m의 튜브에 해당한다. 이 부분에서는 다음과 같은 세 가지 일이 이루어진다.

- 연속적인 세슘빔의 종속도 줄이기: 감속 레이저 사용
- 느리고 연속적인 세슘빔의 집속: 집속 레이저 사용
- 느리고 연속적인 세슘빔의 굴절: 굴절 레이저 사용

이렇게 얻은 느리고 연속적인 세슘빔은 램지 공진기가 설치된 세슘빔 튜브로 입사한다.[47] 그 이후의 과정은 KRISS-1에서와 동일하다.

세슘오븐을 100 °C로 가열하면 세슘은 최확(most probable) 속도가 약 260 m/s이고, 넓은 맥스웰-볼츠만 속도분포를 가진 세슘빔이 나온다. 이 세슘의 종속도(진행 속도)를 줄이기 위해 세슘의 진행방향과 반대방향으로 적색 비동조[48](red detuned) 레이저를 비춘다. 이 레이저를 감속 레이저(deceleration laser)라고 부른다. 그런데 세슘의 속도가 느려지면 세슘은 횡방향(transverse)으로 더 잘 퍼지는데 이를 막고 집속시키기 위해 세슘의 진행방향에 수직으로 레이저를 비춘다. 이 레이저를 집속 레이저(collimation laser)라 부른다. 그림에서처럼 총 3군데에서 세슘빔에 가해진다.

47) S.E. Park, et. al., J. Opt. Soc. Am. B, Vol.19, No.11, pp.2595~2602, 2002.

48) '적색 비동조(red-detuned) 레이저'란 원자의 공진주파수보다 약간 낮은 주파수에서 발진하는 레이저를 뜻한다. '청색 비동조(blue-detuned)'는 공진주파수보다 약간 높은 주파수를 뜻한다.

감속 레이저로는 150 mW의 DBR 반도체 레이저를 사용했다. 이 레이저의 발진 주파수는 그림 6-16의 에너지 준위에서 D_2 전이선의 $F=4 \rightarrow F'=5$의 주파수보다 적색 비동조되도록 만들어야 한다. 이를 위해 세슘의 포화흡수 분광 신호에서 교차 흡수 공진선($F=4 \rightarrow F'=4$와 $F=4 \rightarrow F'=5$ 사이)에 레이저 주파수를 안정화시켰다.[49]

원자가 적색 비동조 레이저의 광자 하나를 흡수했다가 다시 방출하면 원자는 $\Delta v = h\nu/mc$의 비율로 속도가 줄어든다(단, ν는 원자의 공진주파수, m은 원자의 질량, c는 빛의 속력). 이때 레이저가 들어오는 방향은 정해져 있지만 자연 방출은 임의의 방향이다. 따라서 레이저가 들어오는 방향의 원자 운동량은 점점 줄어들게 된다. 세슘의 경우 D_2 전이에서 광자 하나를 되튐(recoil)하면 $\Delta v \simeq 3.5$ mm/s의 비율로 감속된다. 많은 개수의 광자를 흡수하고 또 방출하면 세슘의 속도는 점점 줄어든다. 원자들의 속도가 줄어들면 적색 비동조 정도가 줄어들고 이에 따라 냉각효율도 줄어든다.

그래서 넓은 속도분포를 갖는 세슘빔을 효과적으로 감속시키려면 감속 레이저의 발진 스펙트럼이 넓은 것이 좋다. 이를 위해 20.5 MHz의 전기-광변조기(EOM)을 사용하여 스펙트럼을 넓혔는데, 이것은 120 m/s의 속도 폭에 해당한다. 그리고 청색 비동조(blue detuned) 가속 레이저를 감속 레이저와 같이 사용함으로써 속도가 너무 느린 세슘들을 가속시켰다. 이렇게 하여 속도폭이 좁은 세슘빔을 얻을 수 있었다. 이 과정에서 $F=3$으로 떨어진 세슘을 $F=4$로 재펌핑(re-pumping)하기 위해 $F=3 \rightarrow F'=4$에 안정화된 레이저를 감속 레이저와 같이 주입했다.

감속된 세슘빔의 평균 종속도는, 집속과 굴절이 모두 이루어진 후 세슘빔 튜브 입구에서 time-of-flight 방법으로 측정했다. 그 결과, 최적 조건에서 종속도를 최저 24.4 m/s까지 줄일 수 있었고, rms(제곱평균제곱근) 속도 폭은 약 1 m/s이었다. 그림 6-24는 감속된 세슘의 종속도 분포를 레이저 냉각하기 전(열 세슘원자)의 속도 분포와 비교한 것이다.

감속된 세슘빔을 집속시키기 위해 세슘빔 튜브 입구에서 냉각(집속) 레이저로써 2차원의 '빛 풀'(optical molasses)[50]을 구성했다.[51] 직경 17 mm의 레이저빔을 세슘빔에 수직으로 비추되 그림 6-23에서와 같이 되반사시키면서 편광을 바꾸었다. 세슘빔의 집속 상태를 알

---

49) 오차환 등, 새물리 Vol.31, No.6, 1991, pp.658~664.

50) '빛 풀'(optical molasses)이란 적색 비동조 레이저가 원자들의 운동방향에 대해 서로 반대 방향에서 비출 때 원자는 도플러 레이저 냉각(Doppler laser cooling) 되어 점점 속도가 느려진다. 원자 입장에서 이 상태는 빛이 마치 끈적거리는 풀(또는 당밀)과 같이 느껴진다는 뜻에서 이런 표현을 쓴다.

51) S.E. Park, et. al., Opt. Commun. **192** (2001) pp.57~63.

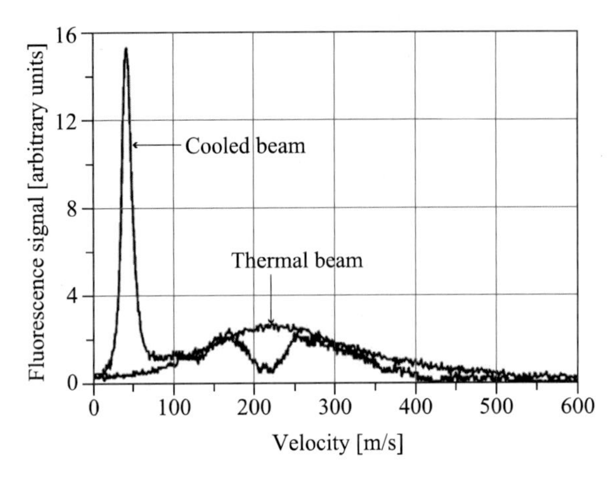

그림 6-24 감속 레이저로써 종방향으로 레이저 냉각하기 전과 후의 세슘빔의 종속도 분포 비교

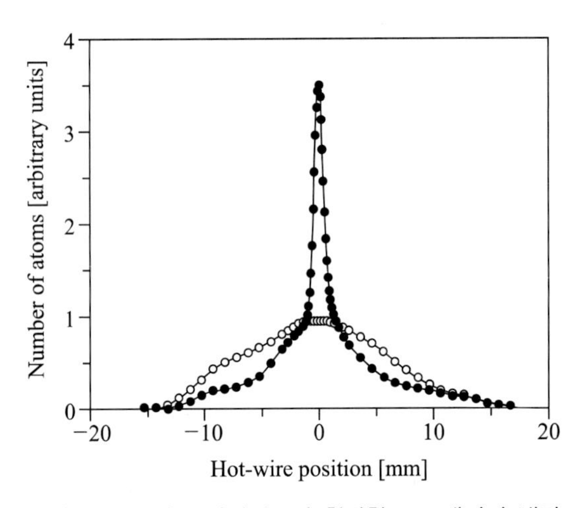

그림 6-25 집속 레이저로써 횡방향으로 레이저 냉각하기 전(바닥)과 후(중앙)의 세슘빔의 공간 분포 비교

아보기 위해 폭이 0.25 mm인 Pt-Ir 리본으로 만든 열선을 횡방향으로 이동하면서 세슘빔의 공간적 분포를 측정했다. 그 결과, 그림 6-25를 얻었다. 집속 레이저의 적색 비동조 주파수를 바꾸어 가며 실험한 결과, 세슘빔의 선속(flux)은 적색 비동조가 최적조건일 때, 집속하지 않았을 때에 비해 약 16배 증가한 6×10^9 atoms/s가 나왔다.

감속되고 집속된 세슘을 세슘빔 튜브로 입사시키기 위해 그림 6-23에서와 같이 굴절 레이저(deflection laser)를 비추었다. 굴절 레이저는 집속 레이저와 동일하지만 단지 1차원 빛 풀을 구성하는 구조이다. 그 각도를 세슘빔의 진행 방향에 대해 약 30도 기울였다. 빛 풀은 종속도가 일정 속도(우리의 경우 30 m/s) 이하의 원자들을 종속도에 무관하게 굴절시킨다는 장점이 있다. 그런데 1차원으로만 빛 풀을 형성했기 때문에 그에 수직 방향으로는 느린 세슘들이 쉽게 퍼져 나간다. 이를 막기 위해 세슘빔 튜브 입구에서 다시 집속 레이저를 비추었다.

세슘빔 튜브는 길이 62 cm, 직경 22 cm의 스테인리스 스틸로 만든 진공조 속에 2겹의 자기 차폐통이 들어 있다. 정자장 형성 코일, 램지 공진기 등의 내부 구조는 KRISS-1과 동일한데 단지 그 크기가 작다. 램지 공진기의 두 팔 사이의 간격(표류 길이)은 21 cm이고, 공진 모드(반 파장)의 수는 12개이다. 이것은 KRISS-1의 36 cm 및 20개와 비교하면 60 % 수준이다. 램지 공진기의 양쪽 팔에는 마이크로파와 상호작용하는 10 mm 길이의 TE_{10} 모드 도파관에 3.6 mm×3.6 mm의 정사각형 구멍이 뚫려 있고, 이 구멍으로 저속 세슘빔이 지나간다.

그림 6-26은 저속 세슘빔으로 얻은 라비-램지 공진신호이다. 실험 결과(위)와 이론적으로 계산한 결과(아래)를 비교했는데, 세슘원자의 평균 속도를 30 m/s, rms 속도 폭을 2 m/s로 했을 때 실험결과와 가장 잘 일치했다. KRISS-1의 라비-램지 공진신호(그림 6-20)와 비교하면 시계전이주파수를 중심으로 마이크로파의 스캔 영역이 많이 좁아진 것을 알 수 있다. 가운데 부분의 램지 간섭무늬에서 가장 중심에 있는 신호의 선폭은 62 Hz이다. 이것은 KRISS-1에서 구한 260 Hz에 비하면 24 %에 불과하다. 한편, 미국 NIST에서 개발한 열원자빔을 이용한 광펌핑 세슘원자시계 NIST-7은 램지 공진기의 길이가 150 cm인데, 여기서

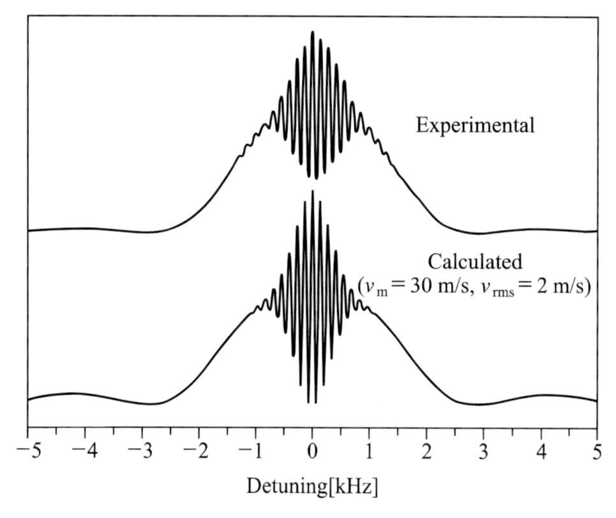

그림 6-26 저속 세슘원자빔 시계의 라비-램지신호

얻은 램지신호의 선폭은 60 Hz이다. 우리가 만든 저속 세슘빔 시계의 공진기 길이는 21 cm에 불과하지만 NIST-7과 거의 같은 선폭의 램지신호를 얻었다.

그런데 저속 세슘빔 시계가 갖는 문제가 있다는 것을 알았다. 30 m/s의 세슘원자가 램지 공진기의 한쪽 구멍을 통과해서 다음 구멍을 통과하기까지 약 7.7 ms가 걸린다. 그런데 이 시간 동안 세슘원자는 자유 낙하하는데 그 높이가 약 0.29 mm이다. 이것은 공진기에 뚫린 구멍 높이(3.6 mm)의 8 %에 해당한다. 다시 말하면, 세슘원자는 한쪽 구멍에서 상호작용한 마이크로파의 위상과는 다른 위상을 두 번째 구멍에서 만나는 것이다. 이런 문제는 열원자빔을 이용하는 시계에서도 나타나지만 그 크기가 작다. 예를 들면, NIST-7의 경우에는 260 m/s의 세슘원자가 150 cm 공진기를 통과하는데 걸리는 시간이 약 5.8 ms인데, 두 번째 공진기 구멍에서 0.16 mm를 낙하한다. 저속 세슘빔에 비해 낙하 높이는 55 %에 불과하다. 열 원자빔을 사용하는 경우에는 원자빔의 방향을 바꾸어서 시계를 동작시킴으로써 공진기의 양쪽 위상 차이(공진기 자체가 갖는 위상 차이뿐 아니라 세슘이 통과하는 위치에 따른 위상 차이)를 보상할 수 있다. 그렇지만 저속 원자빔의 경우에는 구조상 그것이 불가능하다. 이 문제로 인해 저속 원자빔을 수평으로 보내는 방식은 중력이 작용하는 지표면에서는 적합하지 않다. 하지만 시계가 우주로 올라가는 경우에는 상황이 달라진다.

국제우주정거장(ISS)은 지상 고도 400 km에서 7.67 km/s의 속력으로 매일 지구를 15.7 바퀴씩 돌고 있다. ISS와 같은 저궤도(LEO: Low Earth Orbit)에서 지구의 중력가속도는 대략 9 m/s^{2}로 지구표면에서의 9.81 m/s^{2}에 비하면 그렇게 작지 않다.[52] 그렇지만 ISS는 지구에 대해 자유 낙하하고 있기 때문에 그 속에 있는 사람이나 물건은 무중력처럼 느낀다. ISS에는 유럽우주국(ESA)이 주관하는 콜럼부스 연구실 모듈이 있다. ESA는 미소중력(microgravity)의 환경에 있는 이 모듈에서 결정 성장, 합금, 생명과학, 생의학 등 여러 가지 실험을 계획하거나 실행하고 있다.[53] 그 중 하나로서 이 모듈에 ACES(Atomic Clock Ensemble in Space)를 설치할 예정인데, 그 시계들 중에 하나가 저속 세슘원자 시계인 PHARAO이다.[54] ACES 프로젝트는 2002년에 시작되었고, PHARAO는 프랑스의 CNES 우주국에서 주관하여 제작했다. 이 시계는 2014년 7월에 ESA에 납품되어 여러 가지 테스

52) GPS는 지상에서 약 2만 km 고도에서 도는데 이 궤도는 중궤도(MEO: Medium Earth Orbit)에 속한다. 여기서는 지구가 미치는 중력가속도는 대폭 낮아져 약 10 mm/s^{2}인데, 태양이 미치는 6 mm/s^{2}와 비슷한 수준이다.

53) European Space Agency, "The International Space Station, Microgravity: A tool for industrial research", BR-136, October, 1998.

54) PHARAO는 프랑스어 Projet d'Horloge Atomique par Refroidissement d'Atomes en Orbite의 약어로서, 그 뜻은 '냉각된 원자를 이용한, 궤도에 있는 원자시계 프로젝트'이다.

트를 수행했다. ISS로 쏘아 올리는 계획이 몇 차례 지연되었는데, 2018년에는 이루어지길 기대한다.

무중력 상태에서 저속 세슘원자 시계는 지구표면에서와는 달리 세슘원자가 중력에 의해 낙하하는 문제를 걱정할 필요가 없다. PHARAO 원자시계는 우리가 제작한 저속 세슘빔 시계와는 달리 세슘이 연속적으로 나오는 것이 아니다. 이것은 뒤에서 설명할 세슘원자분수시계처럼 냉각된 원자구름을 모아서 주기적으로 램지 공진기를 향해 쏜다. 그렇지만 이것은 분수시계와는 달리 양팔을 가진 램지 공진기 속을 한번만 지난다. 또한 구조상 램지 공진기의 양쪽 구멍에서의 마이크로파의 위상 차이를 측정할 수 없다. 그래서 공진기 제작에 특히 주의를 기울여야 한다. 세슘을 냉각하고 모으기 위해 서로 수직인 6방향에서 레이저를 비춘다. 여기에 걸리는 시간이 가장 긴데, 시계가 최적 상태에서 동작할 수 있도록 200 ms에서 수 초까지 선택할 수 있게 만들었다. 세슘원자의 속도는 발사용 레이저 주파수를 조정함으로써 0.05 m/s에서 5 m/s까지 선택 가능하다. 세슘을 모으는 지점에서 램지 공진기를 지나 시계전이된 원자를 검출하는 지점까지의 길이는 54 cm이다. 이 시계가 ISS에서 정상 동작할 때 예상되는 주파수안정도는 적분시간 1초에서 10^{-13}, 1일에 대해 3×10^{-16}이 될 것으로 기대하고 있다. 상대불확도는 2×10^{-16}으로 예상하고 있다.

PHARAO에서는 레이저로써 빛 풀을 만들어 세슘을 냉각시키고, 냉각된 세슘을 쏘고, 또 이 세슘의 상태를 선택하는 등 많은 일들이 레이저에 의해 이루어진다. 그래서 여기에 사용되는 여러 가지 발진 주파수의 레이저를 장기간 안정되게 조정하는 것이 중요하다. 이런 조정 작업은 지상에서 원격으로 이루어진다. 이 레이저 시스템은 무게와 부피가 가능하면 작아야 하고, 소모전력도 낮아야 한다. 그리고 발사 시 겪을 충격을 견뎌낼 수 있을 만큼 기계적으로 견고하게 만들어져야 하고, 우주 환경(진공, 큰 온도차이, 방사선 등)에서 정상 동작되어야 한다. CNES 등에 소속된 과학자들은 이런 문제를 극복할 수 있도록 레이저 시스템을 설계하고, 성능 검사를 마쳤다.[55] 이 레이저 시스템은 총 4대의 ECDL (Extended Cavity Diode Laser)과 4대의 SL(Slave Laser)로 구성된다. 이 외에 백업용으로 ECDL과 SL이 1대씩 준비되어 있다. 이 레이저광들은 여러 광학부품들을 지난 후 최종적으로 10개의 광파이버를 통해 세슘빔 튜브로 전송된다.

PHARAO는 우주에서 일반상대론에 관한 연구뿐 아니라 마이크로파 링크(MWL)을 통해 지상의 시계와 초고 정밀도로 비교하고 동기시키는 연구에 사용될 것이다.[56] 그리고 우주

55) T. Lévèque, et. al., "PHARAO laser source flight model: Design and performance", Rev. Sci. Instrum. **86**, 033104 (2015).

56) S.G. Turyshev, et. al., "General relativistic observables for the ACES experiment", arXiv:

탐사선의 정밀 추적, mm 정밀도의 지구 측지학, 고성능 내비게이션 시스템 등에도 활용될 것이다.

세슘원자분수시계

'원자분수'는 원자가 마치 분수(fountain)처럼 연직 방향으로 치솟았다가 떨어지는 모양을 나타낸다. 앞에서 설명한 저속 세슘빔 시계에서의 문제점은 저속 빔이 중력에 의해 수평 방향을 유지하지 못하고 점점 아래쪽으로 처지는 것이었다. 이 문제를 해결하면서 동시에 램지 공진기의 양쪽 팔에서의 위상 차이를 없애기 위해 하나의 마이크로파 공진기를 원자가 두 번 통과하도록 만든 것이 원자분수시계이다.

원자분수시계의 개념은 1954년에 처음 나왔지만 실제로 응용된 것은 레이저 냉각 기술이 발명된 후 원자의 속도를 조절할 수 있게 되면서부터이다. 레이저 냉각된 원자를 이용한 최초의 원자분수 실험은 1989년에 소듐(Na) 원자를 이용한 것이었다.[57] 레이저 냉각된 세슘을 이용한 최초의 원자분수시계는 1991년에 프랑스 LPTF에서 만들었다.[58] KRISS에서는 1999년부터 세슘원자분수시계 개발 연구를 시작했다. 세계적인 추세와 비교할 때 KRISS에서 이 연구를 시작한 것은 그렇게 늦은 것은 아니었다. 그렇지만 초정밀 원자시계 개발을 위해서는 기반 시설과 장비(항온, 항습, 방진 및 방음, 안정된 전기 공급, 자기 차폐 등)가 필수적인데, 그런 것을 확보하는데 많은 시간이 소요되었다. 또한 장기적으로 출력과 주파수가 안정화된 레이저를 개발하고 개선하는데 많은 시행착오가 따랐다. 여기서는 KRISS에서 개발한 세슘원자분수시계를 중심으로 동작 원리, 성능 및 특징 등에 대해 알아본다.

KRISS에서 처음 개발한 세슘원자분수시계의 모습은 그림 6-27과 같다. 전체 높이는 약 2.2 m인데, 기능별로 그림에서와 같이 크게 세 부분으로 구분할 수 있다.

(1) 냉각된 세슘원자가 마이크로파와 상호작용하는 영역
(2) 레이저빔에 의한 세슘원자구름 형성 및 발사 영역
(3) 마이크로파와 상호작용한 결과를 검출하는 형광수집 영역

1512.09019v2, 24 FEB 2016.

57) M. Kasevich, et. al., Phys. Rev. Lett., **63**, pp.612~615 (1989).

58) A. Clairon, et. al., "Preliminary accuracy evaluation of a cesium fountain frequency standard", in Proc. Fifth Symp. on Freq. Standards and Metrology (ed. J.C. Bergquist), World Scientific, London, pp.49~59 (1996).

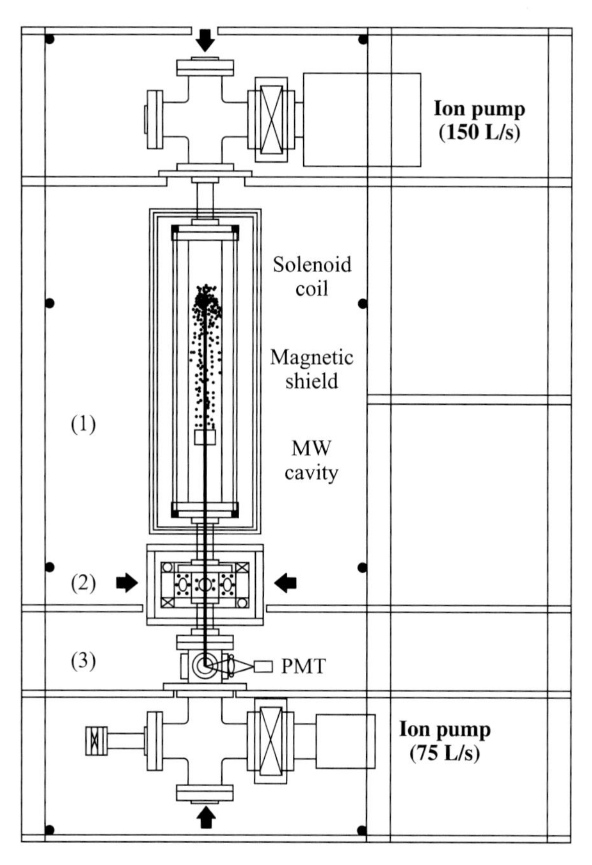

그림 6-27 KRISS에서 개발한 세슘원자분수시계 초기 버전의 구조도
(출처: T.Y. Kwon, et. al., IEEE Trans. Instrum. Meas. Vol.52, No.2, p.263, 2003.)

전체 시스템은 고진공으로 구성되어야 한다. 특히 (1)번 영역에서의 진공도가 1×10^{-7} Pa 이하가 되도록 상단에 큰 용량의 이온펌프를 달았다. 마이크로파 공진기는 하나의 원통(TE_{011} 모드)으로 되어 있으며 세슘이 위로 올라갈 때 마이크로파와 한 번 상호작용하고 자유낙하하면서 다시 상호작용한다. 이 두 번의 상호작용 사이의 시간간격이 램지 공진기에서 조사시간(=표류시간) T에 해당한다. 세슘의 발사속도를 조절하면 최고 높이와 이 시간을 조절할 수 있다.

(2)번 영역에서는 6개 방향에서 비추는 레이저빔과 상하 한 쌍의 반-헬름홀츠(AH: Anti-Helmholtz) 코일을 이용한 자기-광 포획(MOT: Magneto-Optical Trap)으로 세슘원자를 포획한다. 수평방향(X, Y)에서는 2개 레이저빔이 입사하지만 MOT를 통과한 후 각각

거울로 되반사시켜서 4개 방향에서 세슘을 비춘다. AH 코일은 MOT의 중심 지점에서 약 0.7 mT/cm의 자장 기울기를 만든다. MOT 중심의 DC 자장 성분을 상쇄시키기 위해 AH 코일 바깥에 세 쌍의 헬름홀츠 코일을 설치하고 각 방향의 자장을 조절할 수 있도록 했다. MOT에 포획된 세슘은 외부에서 CCD 카메라를 통해 그 형광으로 확인할 수 있다. 그 후 AH의 전원을 끄면 포획된 원자들은 6방향 레이저 빔의 빛 풀에 의해 원자구름 상태로 존재한다. 이때 상하 방향(±Z)에서 입사하는 레이저의 주파수를 순간적으로 조정하면 원자구름을 위 방향으로 쏘아 올릴 수 있다. 냉각용 레이저의 주파수 조정을 포함한 원자분수시계 동작을 위해 반복되는 여러 과정들의 시간 순서는 그림 6-28과 같다.

AH-코일에 전류를 가하여 세슘을 포획한 후, 전류를 끄면 원자구름이 형성된다. 이것을 loading이라 하는데, 여기까지 약 800 ms가 소요된다. 이때 냉각용 레이저 (X, Y, ±Z)의 세기는 모두 일정하고, 레이저 주파수는 도플러 냉각을 위해 모두 3Γ 만큼 적색 비동조(red-detuned) 되어 있다. 여기서 Γ는 세슘원자의 D_2 전이의 자연선폭을 의미하는데 약 5.2 MHz이다. 그 후 비동조 주파수를 순간적으로 10Γ로 벌리면 세슘의 온도를 더 낮출 수 있다(deep cooling).

원자구름을 상 방향으로 쏘아 올리기 위해서 이른바 '움직이는 빛 풀'(moving molasses) 구도를 형성해야 한다. 이를 위해 상 방향(+Z) 레이저를 $\delta\nu$만큼 청색 이동시키고($+\delta\nu$),

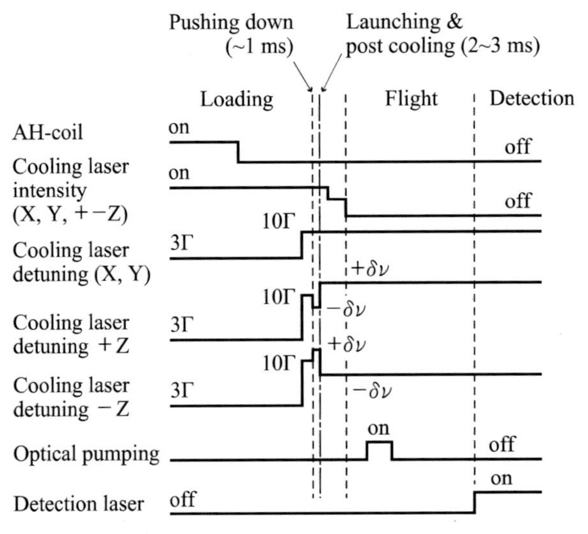

그림 6-28 KRISS의 초기 세슘원자분수시계의 동작을 위한 일련의 조작 순서(총 소요 시간은 약 2초).

아래 방향($-Z$) 레이저를 $\delta\nu$만큼 적색 이동시키면($-\delta\nu$) 원자구름은 $v=\lambda\delta\nu$의 속도로 위로 발사된다.[59] 단, λ는 레이저 파장으로 세슘 D_2 전이의 경우 852 nm이다. 발사속도는 세슘의 최대 높이에 따라 달라져야 한다. 예를 들어, 발사지점(=포획지점)에서 1 m 높이(h)까지 올리려면 $v=\sqrt{2gh}$에 의해 $v=4.4$ m/s가 되어야 한다(단, g는 중력가속도). 이 초기속도를 얻으려면 비동조 주파수는 $\delta\nu=5.2$ MHz이어야 한다. 초기속도에 의해 결정된 높이까지 올라간 세슘이 다시 출발지점에 돌아올 때까지 걸린 시간은 $T_R=2\sqrt{2h/g}$에 의해 약 0.9초이다.

그림에서 $+Z$와 $-Z$ 냉각 레이저는, 발사 직전 약 1 ms 동안 비동조 주파수의 방향을 발사 때와 반대가 되도록 한다. 이것은 원자구름을 순간적으로 아랫방향으로 내려서 전체 원자구름이 발사되는 동안에 수평방향의 레이저빔(직경 약 1 cm)을 완전히 지나도록 함으로써 후기 냉각(post-cooling) 되도록 하려는 것이다. 원자구름의 발사와 후기 냉각은 특별한 조작 없이 동시에 이루어지는데, 이 시간은 대략 2~3 ms이다.

원자구름이 수평방향의 냉각 레이저빔을 벗어난 후 마이크로파 공진기로 들어가기 직전에 ±Z 방향에서 $F=4\rightarrow F'=3$ 레이저에 의해 세슘은 $F=3$으로 광펌핑 된다. 그 후 모든 레이저빔은 기계식 셔터에 의해 차단된다. 이때 원자구름은 초기속도 v로 비행하면서 마이크로파 공진기를 통과하고, 최고 높은 지점까지 올라갔다가 자유낙하하면서 다시 마이크로파 공진기를 통과한다. 이때 세슘은 시계전이가 발생한다.

세슘의 냉각(X, Y, ±Z)과 발사($+Z$, $-Z$)에 필요한 레이저의 주파수가 그림 6-29에 나와 있다. 주(master) 레이저의 주파수는 세슘원자의 포화흡수 분광신호의 $F=4$에서 $F'=4$와 5의 교차 공진신호에 안정화되어 있다. 이 레이저 주파수를 음향-광변조기 AOM 1을 두 번 통과시킨 후 종(slave)레이저 1에 주입하여 주파수 잠금(injection-locking) 되도록 한다. 종 레이저의 출력을 AOM 2를 한번 통과시켜 그 주파수가 $F=4\rightarrow F'=5$ 전이주파수보다 3Γ 만큼 적색 비동조 되도록 만든 후 X 및 Y 방향에 입사시킨다. AOM 1을 두 번 통과한 주 레이저빔 일부를 다시 AOM 3를 통과시킨 후 종 레이저 2에 주입하여 주파수 잠금이 되도록 한다. 종 레이저 2의 출력을 둘로 나누고 각각 AOM 4와 AOM 5를 두 번 통과시키되 용도에 따라 비동조 주파수를 다르게 조절하여 $-Z$와 $+Z$ 방향으로 입사시킨다.

(3)번의 형광수집 영역에서는, 시계전이가 발생한 세슘의 수를 $F=4\rightarrow F'=5$의 검출 레이저를 비출 때 발생하는 형광의 세기를 측정하여 구한다. 이를 위해 렌즈로써 형광을 수

59) F. Riehle, "Frequency Standards-Basics and Applications", Wiley-VCH GmbH & Co. KGaA, Weinheim, 2004, p.219.

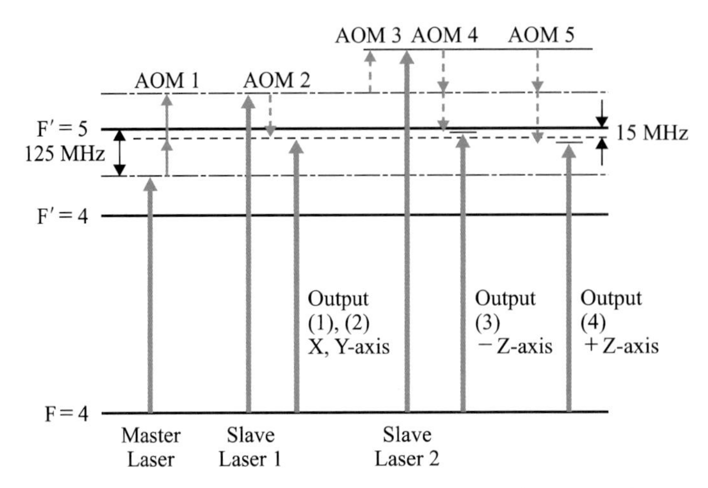

그림 6-29 냉각 및 발사용 레이저의 주파수: 3Γ(~15 MHz) 적색 비동조 주파수를 중심으로 3개 주파수 4개 빔을 만듦

집하고 PMT로써 측정한다. 마이크로파 주파수를 스캔하며 구한 램지신호의 모양이 그림 6-30에 나와 있다. 세슘의 초기 발사속도를 조절하여 최고 높이를 조절하고 그에 따라 조사시간 T를 다르게 하여 얻은 결과이다. 높이가 높아질수록 중심에 있는 램지신호의 선폭은 좁아졌으며 최소 선폭으로 약 1 Hz를 얻었다. 그런데 많은 노력에도 불구하고 신호 대 잡음비가 개선되지 않았다. 그 과정에서 시스템의 문제점을 파악하고, 새 시스템을 다시 설계하고 만들었다.[60]

세슘원자분수시계가 세상에 처음 등장한 후 약 25년이 지나면서 많은 발전이 있었다. 주파수안정도와 불확도가 초기에 비해 대략 100배 개선되었다. 이런 급격한 발전을 이루게 된 것은 여러 나라들이 경쟁적으로, 때로는 협력하여 기술 개발과 연구를 추진한 덕분이다. 프랑스의 SYRTE, 영국의 NPL, 독일의 PTB, 미국의 NIST 등이 발전을 주도했고, 이탈리아의 INRIM, 러시아의 SU, 중국의 NIM, 일본의 NICT와 NMIJ, 한국의 KRISS 등도 그 뒤를 이어 개발하고 있다. 그동안 이루었거나 진행되고 있는 기술의 큰 발전을 대략 정리하면 다음과 같다.

- 레이저 광원의 성능 개선: 선폭 축소된 다이오드 레이저(ECDL, DBR 등)의 개발, 안정적 출력 증폭, 편광유지(PM) 광파이버를 이용한 레이저광 전송 등

60) H.S. Lee, et. al., "Research on Cesium Atomic Clocks at the KRISS", JKPS Vol.42, No.2, pp.256~272, 2004.

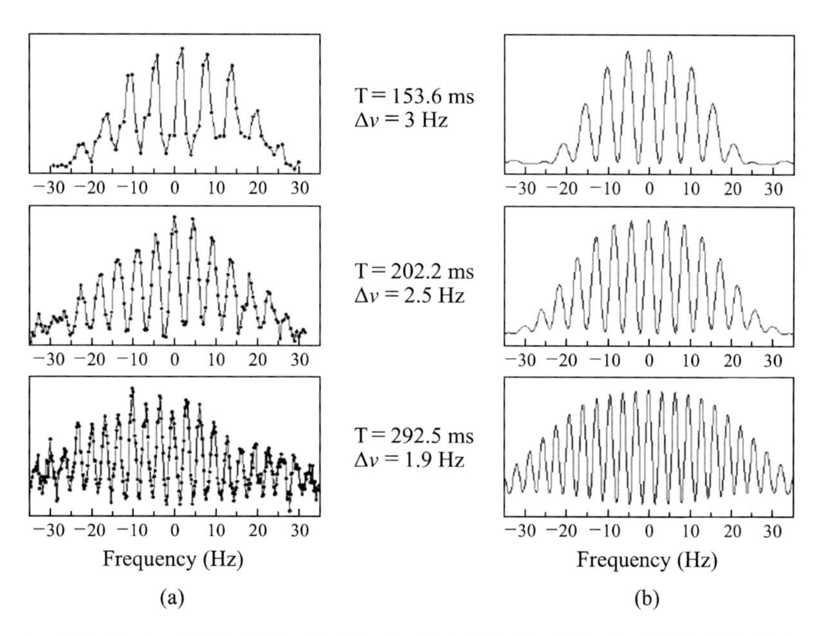

그림 6-30 KRISS의 초기 세슘분수시계에서 얻은 램지신호들. 조사시간에 따른 선폭의 변화; (a) 실험 결과 (b) 계산 결과.

- 저잡음 마이크로파원 개발: 극 저잡음의 초저온 사파이어 발진기(CSO) 개발, 펨토초 광빗을 이용한 마이크로파 발생 기술 등
- 전자회로 제작기술 개선: 레이저용 전원 및 마이크로파 서보용 전자회로의 양자적 한계까지 잡음 축소 등
- 세슘원자분수시계에 관한 물리적 이해 증진 및 기계적 구조의 개선: 냉각 원자의 충돌에 의한 주파수 이동, 새로운 마이크로파 공진기 설계 및 해석 등

KRISS가 새로 설계하고 제작한 세슘원자분수시계(명칭: KRISS-F1)의 물리부의 구조도가 그림 6-31에 나와 있다. 이것은 초기 버전(그림 6-27)과 많이 달라졌는데 구체적으로 다음과 같다.

- 세슘원자와 루비듐원자용으로 두 개의 마이크로파 공진기를 설치함
- 마이크로파 공진기가 진공조의 일부로 구성되면서 내부공간이 대폭 줄어듦
- 형광신호 검출기가 원자포획 및 냉각용 진공조 위에 설치됨
- 원자의 상태선택을 위한 마이크로파 공진기가 추가 설치됨
- 6개 레이저빔이 각각의 광파이버 및 시준기로써 진공조에 부착되어 입사함

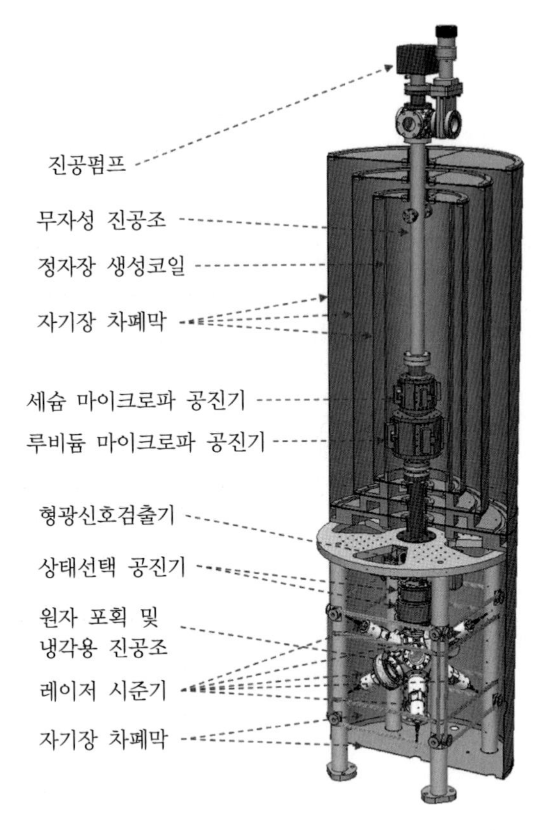

그림 6-31 세슘원자분수시계 KRISS-F1 물리부의 구조

KRISS-F1은 프랑스 SYRTE의 원자분수시계 FO2처럼 세슘/루비듐 이중 분수 방식으로 제작되었다.[61] 2018년 현재 세슘원자용 마이크로파 공진기만을 사용하고 있다. 이 마이크로파 공진기는 미국 펜실베니아 주립대학의 K. Gibble 교수 및 영국 NPL과의 공동연구를 통해 설계, 제작되었다. 이 공진기는 원자가 공진기 구멍을 두 번 통과하면서 겪는 마이크로파 위상의 변화를 가능하면 줄이도록 설계된 것이다. 기존 마이크로파 공진기의 내부가 원통형이라면 새 공진기 내부는 마치 럭비공 같다. 그 주변 외벽을 돌아가며 90도 간격으로 4개의 구멍이 나있고, 이 구멍을 통해 공진기 내부로 마이크로파를 입력하는 직육면체 도파관 4개가 붙어있다. 외부에서 도파관까지는 semi-rigid 케이블을 통해 마이크로파가 전송된다. 이 케이블은 진공을 유지할 수 있도록 특별히 제작되었다. 이 새 공진기는 기존의

61) J. Guéna, et. al., "Demonstration of a dual alkali Rb/Cs fountain clock", IEEE Trans. Ultrason., Ferroelec. Freq. Contr., Vol.57, No.3, pp.647~653, 2010.

원통형 공진기에 비해 위상 변화가 이론적으로 약 1000배 줄어든다.[62)]

마이크로파 공진기가 진공조의 일부로 사용되면서 내부 용적이 대폭 줄어들었고 이에 따라 작은 용량(약 25 L/s)의 이온 펌프만으로 필요한 진공도($\sim 10^{-7}$ Pa)를 얻을 수 있었다.

원자 포획 및 냉각용 진공조 안에서 MOT에 의해 포획된 세슘은 광펌핑에 의해 모두 $F=4$ 준위에 모인다. 이 세슘은 6개 레이저의 주파수를 조정하여 위로 발사된다. 발사된 세슘 중 $(F=4,\ m_F=0)$에 있는 것을 $(F=3,\ m_F=0)$으로 전이시키는(=선택하는) 역할을 하는 것이 바로 상태선택 마이크로파 공진기이다. $(F=3,\ m_F=0)$에 있는 세슘을 제외한, 나머지 세슘은 레이저를 비추어 광압으로 축 방향에서 밀어낸다. 결국 공진기에는 $(F=3,\ m_F=0)$의 세슘만 입사한다. 이 세슘은 공진기를 통과한 후 최고 높이까지 도달한 후 자유낙하하면서 다시 공진기를 통과하고, $(F=4,\ m_F=0)$로 전이된다.

형광신호 수집 및 검출기는 초기 버전과 달리 원자 포획 및 냉각용 진공조보다 위에 설치되었다. 그 이유는 형광 검출에 사용된 자유낙하하는 세슘을 다시 포획하여 사용하기 위해서다. 시계전이를 일으킨 세슘원자들로부터 램지신호를 얻을 때, 검출된 총 세슘원자의 수로 나누어 정규화시킨다. 즉, 세슘의 바닥상태의 $F=3$ 및 $F=4$에 있는 원자수를 각각 N_3 및 N_4라 하고, 그 둘의 합을 $N_{\rm det}=N_3+N_4$라고 하면 램지신호는 $S=N_4/N_{\rm det}$로 얻어진다. 이를 위해 N_3 및 N_4를 각각 측정하기 위해 두 번의 형광 수집 과정을 거친다. 이렇게 함으로써 포획된 세슘원자의 수가 변하더라도 그것과 상관없이 시계 전이된 세슘원자의 비율로부터 램지신호를 얻을 수 있다.

KRISS-F1에서 마이크로파 주파수를 스캔하면서 얻은 램지신호가 그림 6-32에 나와 있다. 이 램지신호는 포획된 세슘의 온도가 약 2 μK으로 냉각되고, 최고 높이 약 86 cm 만큼 쏘아 올려서 얻은 것이다. 램지신호의 선폭은 약 1 Hz이고, 신호 대 잡음 비(S/N 비)는 625이다.

KRISS-F1은 다른 나라의 분수시계에 비해 다음 두 가지 점에서 특징적이다.

- 레이저 광원으로서 자체 제작한 ECDL 대신에 상용의 DBR 레이저를 마스터 레이저로 사용했다. 레이저 잡음에 의한 KRISS-F1의 주파수안정도는 ECDL과 같은 수준이 나왔다.[63)] DBR 레이저는 ECDL에 비해 발진선폭은 넓지만 온도변화나 진동 또는 음

62) R. Li and K. Gibble, "Phase variations in microwave cavities for atomic clocks", Metrologia **41** (2004) pp.376~386.

63) Sangmin Lee, et. al., "Operating Atomic Fountain Clock Using Robust DBR Laser: Short-Term Stability Analysis", IEEE Trans. Instrum. Meas. Vol.66, No.6, pp.1349~1354, 2017.

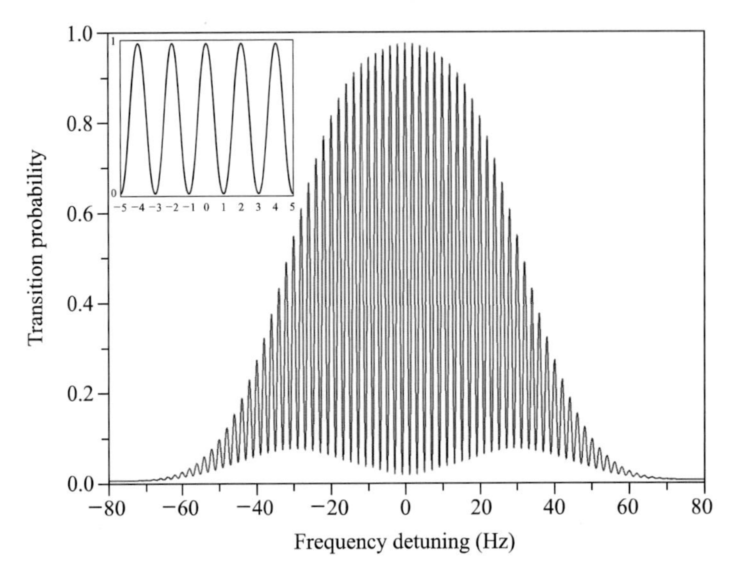

그림 6-32 KRISS-F1에서 측정한 램지신호(작은 상자 속은 선폭 확인을 위해 0 Hz 부근에서 정밀 측정한 것으로 반치폭이 약 1 Hz임)

파에 의해 영향을 적게 받아서 장기적인 주파수 안정화에 유리하다. DBR 레이저를 사용했을 때 KRISS-F1의 단기 주파수안정도는 적분시간 1초에서 3.5×10^{-14}이었다. 이것은 시계의 양자투영잡음(QPN)[64]보다 작은 잡음에 해당하는 결과이다. 다시 말하면, 레이저 잡음이 시계의 안정도에 영향을 미치지 않을 만큼 작다.

- KRISS-F1의 마이크로파원으로 초저온 사파이어 발진기(CSO)를 서호주 국립대(UWO)와 공동으로 개발하여 사용했다.[65] 이 CSO로써 KRISS-F1의 주파수안정도를 측정한 결과, 적분시간 1초에서 2.5×10^{-14}을 얻었다. 이것 역시 세슘원자의 양자투영잡음의 한계 내에서 나온 결과이다. 즉 마이크로파의 잡음이 시계의 양자적 잡음 한계보다 작다는 의미다. CSO가 개발되기 전에는 수소메이저와 BVA 수정발진기를 이용하여 마이크로파 주파수를 합성해서 사용했다. 이때 얻은 단기주파수안정도는 적분시간 1초에서 1×10^{-13}이었다. 단기안정도가 10^{-14} 수준으로 향상됨에 따라 10^{-16} 수준의 주파수안정도(=A형 불확도)를 얻는데 필요한 적분시간이 이전보다 대폭 줄어들었다. 이전에

64) G. Santarelli, et. al., "Quantum Projection Noise in an Atomic Fountain: A High Stability Cesium Frequency Standard", Phys. Rev. Lett. Vol.82, No.23, pp.4619~4622, 1999.

65) M.S. Heo, et. al., "Drift-Compensated Low-Noise Frequency Synthesis Based on a cryroCSO for the KRISS-F1", IEEE Trans. Instrum. Meas. Vol.66, No.6, pp.1343~1348, 2017.

는 약 10일이 소요되었지만, 지금은 하루 정도면 된다. 이에 따라 불확도 평가에 걸리는 시간도 줄어들었다.

KRISS-F1에 대한 불확도 평가의 결과가 다른 나라의 결과와 함께 표 6-7에 나와 있다. 대부분 항목에 대해서는 이미 평가가 완료되었고 현재 '공진기 위상(공간분포)', 이른바 DCP(Distributed Cavity Phase)[66] 항목에 대한 평가가 진행되고 있다. 이 항목에 대한 예비 평가 결과에 의하면 0.2×10^{-16}으로 예상되는데, 이를 반영한 총 합성 불확도(1σ)는 2.4×10^{-16}으로 예측된다. 표에서 다른 나라의 불확도는 BIPM에서 발행하는 연례 보고서에 나와 있는 결과를 옮겨 놓은 것이다.[67] NPL-CsF2의 경우 2015년도가 구할 수 있는 가장 최근의 결과이다.

실험실에 따라 어떤 불확도 평가 항목은 빠져 있다. 그 이유는 실험실에 따라 평가 과정에서 다른 항목을 포함하여 한 번에 평가했느냐, 별도로 평가했느냐에 따라 구분이 달라졌기 때문이다.

세슘원자분수시계처럼 냉각된 원자를 이용한 시계의 경우, 새로 고려해야할 주파수 이동 요인으로 '냉각 세슘원자 충돌'이 있다. 충돌에 의해 주파수가 이동되는 양은 냉각된 세슘의 밀도에 비례하는 것으로 알려졌다. 그래서 냉각 세슘의 밀도를 낮추기 위해 독일 PTB에서는 MOT를 사용하지 않고 빛 풀만으로 적은 수의 세슘을 모아서 쏘아 올렸다. 하지만 포획 원자수가 적어지면 검출신호도 작아지므로 신호 대 잡음비가 나빠질 가능성이 있다. 이런 측면에서는 가능하면 원자밀도가 높은 것이 좋다. 그런데 냉각된 세슘에서 조건을 적절히 맞추면 충돌에 의한 주파수 이동을 상쇄시킬 수 있다는 연구결과가 발표되었다.[68] 즉, 어떤 매개변수(예: 초기 원자구름의 반경 또는 냉각된 온도)의 특정 조건에서 시계전이 준위에 있는 세슘의 밀도 조건이 맞으면 주파수 이동이 0이 된다는 것이다. 그래서 NPL에서는 MOT를 사용하되 포획된 세슘구름의 크기를 적절히 조절하여 충돌효과를 상쇄시키려고 노력했다.[69]

마이크로파 공진기에서의 위상분포, 즉 DCP는 한동안 여러 나라의 세슘원자분수시계에

66) R. Li and K. Gibble, Metrologia **41** (2004) pp.376~386.

67) "BIPM Annual Report on Time Activities": 다음 웹사이트에 연도별 보고서가 pdf 파일로 게시되어 있음. http://www.bipm.org/en/bipm/tai/annual-report.html

68) K. Szymaniec, et. al., "Prospects of operating a caesium fountain clock at zero collisional frequency shift", Appl. Phys. B **89**, pp.187~193 (2007).

69) K. Szymaniec, et. al., "First accuracy evaluation of the NPL-CsF2 primary frequency standard", Metrologia **47** (2010) pp.363~376.

서 가장 큰 불확도 요인이었다. 그런데 DCP에 대한 새로운 해석이 나오면서 이것에 의한 주파수 이동을 정확히 평가할 수 있게 되었고, 이에 따라 불확도를 줄일 수 있었다.[70)]

마이크로파 공진기를 통과하는 원자는 공진기에서 마이크로파 세기(또는 장의 진폭) 분포가 균일하지 않으면 마이크로파와 상호작용하면서 원자의 운동(방향 및 속력)이 영향을 받는다. 이것은 시계전이주파수를 이동시키는 원인으로 작용한다. 이 현상을 처음에는 마이크로파 되튐(recoil)이라고 불렀다. 그런데 냉각된 원자는 파동성이 강하게 나타나고, 마이크로파의 세기분포는 이 파동을 렌즈처럼 집중(또는 발산)시키는 역할을 한다. 그래서 이것을 마이크로파 렌즈 효과에 의한 주파수 이동이라고 부른다.[71)]

2차 제만효과에 의한 주파수 이동은 그 양이 가장 크지만 불확도는 그렇게 크지 않다. 왜냐하면 세슘이 도달하는 최고 높이를 바꾸면서 측정하면 그 경로에서 자장의 분포를 정확히 알 수 있고, 그 효과를 보정할 수 있기 때문이다.

흑체 복사에 의한 주파수 이동은 세슘원자분수시계 내의 온도를 정확하게 측정하고 유지할 수 있으면 줄이는 것이 가능하다. 그러나 온도를 대개 ±0.1 K의 불확도로 측정하는데 그에 따라 불확도도 표 6-7에 나타난 것처럼 시계마다 거의 비슷한 값을 가진다. 그런데 이탈리아의 IT-CsF2는 흑체 복사 이동을 줄이기 위해 진공조를 액체질소로써 89.4 K까지 냉각시켰다.[72)] 이렇게 하여 얻은, 흑체 복사에 의한 주파수 이동 및 불확도는 $(-1.45\pm0.12)\times10^{-16}$이었다. KRISS-F1과 비교해보면 주파수 이동은 100분의 1 이상 줄었지만 그 불확도는 온도 측정에서의 불확도로 인해 약 5분의 1로 줄었을 뿐이다.

3.3 수소메이저

메이저(maser)란 '유도방출에 의한 마이크로파의 증폭'이라는 의미를 가진다. 이와 동일하지만 주파수가 빛의 영역에 있는 것을 레이저라고 한다. 레이저가 선폭이 좁은 단일 주파수의 결맞는(coherent) 빛이라는 특성을 가지는 것처럼 메이저도 마이크로파 대역에서 그런

---

70) R. Li, et. al., "Improved accuracy of the NPL-CsF2 primary frequency standard: evaluation of distributed cavity phase and microwave lensing frequency shifts", Metrologia **48** (2011) pp.283~289. / S. Weyers, et. al., "Distributed cavity phase frequency shifts of the caesium fountain PTB-CSF2", Metrologia **49** (2012) pp.82~87.

71) K. Gibble, "Systematic Effects in Atomic Fountain Clocks", J. Phys.: Conference Series **723** (2016) 012002.

72) F. Levi, et. al., "Accuracy evaluation of ITCsF2: a nitrogen cooled caesium fountain", Metrologia **51** (2014) pp.270~284.

표 6-7 세슘원자분수시계의 B-형 불확도 비교

(한국 KRISS-F1, 영국 NPL-CsF2, 독일 PTB CSF2, 프랑스 SYRTE FO2-Cs)

주파수 이동 요인	KRISS-F1 이동값($\times10^{-16}$)	KRISS-F1 불확도($\times10^{-16}$)	NPL-CsF2 불확도($\times10^{-16}$)	PTB CSF2 불확도($\times10^{-16}$)	SYRTE FO2-Cs 불확도($\times10^{-16}$)
2차 제만 효과	855.1	0.5	0.8	0.1	0.3
냉각 세슘원자 충돌	−4.0	2.0	0.4	0.4	1.6
흑체 복사	−161.4	0.6	1.0	0.57	0.6
중력 적색이동	94.8	0.5	0.5	0.3	1.0
배경 기체 충돌	0	< 0.5	0.3	0.1	< 1.0
공진기 끌어당김	0	< 0.1	0.2		
라비/램지 끌어당김	0	< 0.1	0.1	0.013	< 0.1
마이크로파 렌즈 효과	0.8	0.4	0.3	0.34	0.7
마이크로파 스펙트럼	0	< 0.1	0.1	0.1 (전자회로)	
마이크로파 누출	0	0.5	0.6	1.0	< 0.5
AC 스타크(레이저)	0	< 0.1	0.1	0.01	
공진기 위상(분포)	0	0.2	1.1	1.5	1.0
공진기 위상(동역학)	0	0.2	0.1		
2차 도플러 효과			0.1		< 0.1
마요라나 전이				0.001	
합성 불확도(1σ)		2.4 (@2017)	2.0 (@2015)	2.0 (@2016)	2.6 (@2016)

특성을 갖는다. 수소메이저는 수소원자에서 발생하는 메이저이다. 여기서 마이크로파는 세슘의 경우와 마찬가지로 수소원자의 바닥상태에 있는 두 초미세(hyperfine) 준위 사이의 전이에서 발생한다.

수소원자는 양성자 하나와 전자 하나로 이루어진 가장 단순한 원자이다. 수소원자의 바닥상태는 궤도 각운동량 양자수 $l=0$이다. 이 바닥상태에는 전자의 스핀($s=\pm1/2$)과 핵(양성자)의 스핀($I=1/2$)이 결합하여 형성된 $F=1$과 $F=0$의 두 초미세준위가 있다. $F=1$에는 3개의 자기 부준위 ($m_F=+1,\ 0,\ -1$)가 축퇴되어 있고, $F=0$에는 $m_F=0$만 있다. 수소원자에 자장을 가하면 자기 부준위들은 제만 분리되면서 에너지 상태가 달라진다. 즉 $F=1$에 있는 $m_F=+1$과 0의 부준위는 에너지가 높아지고, $F=1$의 $m_F=-1$과 $F=0$의 $m_F=0$은 에너지가 낮아진다. 그래서 수소원자를 불균일한 강자장 속을 통과시키면, 앞의 두 부준위($m_F=+1$과 0)의 수소는 약한 자장 쪽으로, 뒤의 두 부준위의 수소는

강한 자장 쪽으로 가속된다. 이 특성을 이용하면 수소원자를 에너지 상태에 따라 공간적으로 분리하고 선택할 수 있다.

수소메이저는 약한 정자장에서 수소원자의 $(F=1,\ m_F=0)$과 $(F=0,\ m_F=0)$ 사이의 전이에 의해 발생하는 마이크로파를 이용하는데, 그 주파수는 약 1.42 GHz이다. 이 마이크로파를 주파수표준기로 사용하는 방식은 크게 두 가지로 나눌 수 있다. 하나는 능동형(active) 수소메이저이고, 다른 하나는 수동형(passive) 수소메이저이다. 먼저 능동형에 대해 알아보자.

그림 6-33은 능동형 수소메이저의 물리부(physics package)를 보여준다. 먼저 수소가스(H_2)는 약 200 MHz의 rf 방전관을 통과하면서 수소원자(H)로 해리된다. 이 원자는 6극의 영구 자석으로 구성된 불균일 강자장 속을 통과하면서 $F=1$의 $m_F=+1$과 0의 부준위만 선택되어 수정으로 만든 구(bulb) 속으로 들어간다. 나머지 준위에 있는 수소는 다른 방향으로 휘어져 들어가지 못한다. 수정구의 안쪽 벽면은 수소와의 충돌에 의한 주파수 이동을 줄여주기 위해 테플론(teflon)으로 코팅되어 있다. 그리고 수정구는 원통형 마이크로파 공진

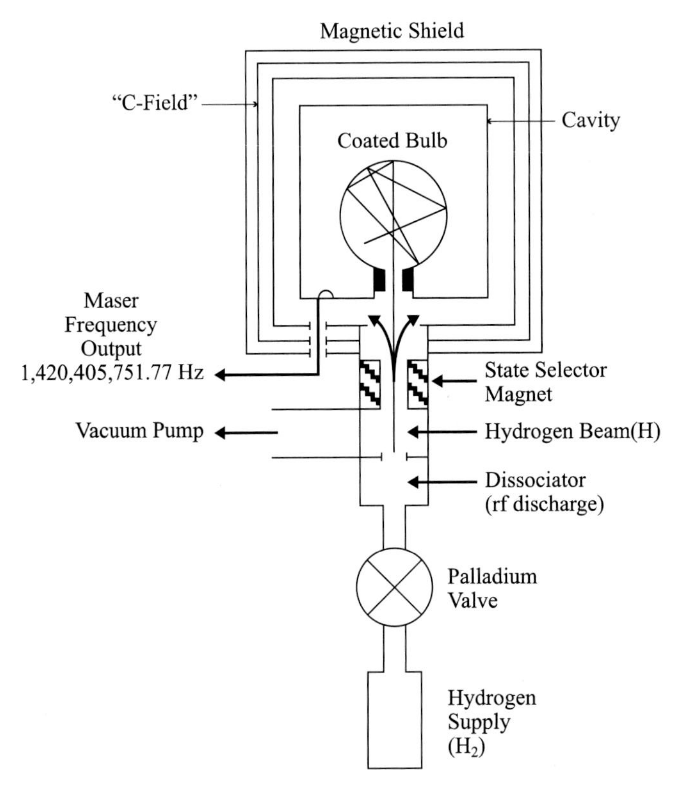

그림 6-33 능동형 수소메이저의 물리부 개략도

기 속에 설치되어 있다. 이 공진기의 크기는 1.42 GHz에 공진되도록 길이는 대략 27 cm 이하이고, 직경은 15 cm 이하이다. 그 바깥에는 정자장(C-필드) 형성을 위한 솔레노이드 코일과 외부 자장을 차단하는 여러 겹의 자기 차폐통이 설치되어 있다. 공진기 속에는 마이크로파의 진동 자장 성분이 강한 곳에 고리 안테나가 설치되어 메이저 신호를 감지해서 케이블을 통해 외부로 전송한다. 이 전체는 온도 안정화된 진공조 속에 설치되어 있다.

메이저 신호는 발진 주파수의 선폭이 좁고 또 안정되어 있어서 기준주파수로 사용하기에 적합하다. 한편, 외부 전자시스템에서는 수정발진기(VCXO)에서 나온 5 MHz(또는 10 MHz)에서 시작하여 전자적으로 몇 단계의 곱하기 및 더하기 과정을 거쳐 1.42 GHz의 마이크로파 주파수를 합성한다. 이 주파수가 수소의 시계전이주파수(=1 420 405 751.77 Hz) 부근에 이르렀을 때 수소메이저에서 나온 기준주파수에 위상 잠금(phase locking) 되도록 한다. 이렇게 위상 잠금된 수정발진기의 주파수(5 또는 10 MHz)가 능동형 수소메이저 주파수표준기에서 나오는 출력 신호이다.

능동형 수소메이저에서 시계전이주파수를 이동시키는 주요 요인에는 다음과 같은 것이 있다.[73] 수소메이저의 주파수안정도와 정확도는 결국 이 요인들을 얼마나 잘 파악하고 조절하느냐에 의해 결정된다.

- 2차 도플러 효과: 수소원자는 가볍기 때문에 실온 부근에서 열적 평형상태에 있을 때 그 평균속력이 다른 원자들보다 훨씬 높다. 그로 인해 상대론적 주파수 이동, 즉 적색 주파수 이동인 2차 도플러 효과도 상대적으로 크다. 일반적인 동작 온도 (40 °C)에서 상대주파수 이동은 -4.3×10^{-11}이다. 수정구의 온도변화를 0.1 K 이내에서 안정화시키면 이 이동의 불확도는 1.4×10^{-14}이다.
- 2차 제만 효과: 수소원자의 시계전이주파수는 약한 정자장에 의해 2차 제만 효과를 나타낸다. 즉 자장 세기의 제곱에 비례하여 주파수가 변한다. 0.1 μT의 자장이 가해질 때 시계전이 주파수 이동은 2×10^{-12}이다. 이것은 세슘에 비해 약 6배 큰 값이다. 자장의 세기는 제만 이동이 자장의 1차에 비례하는($F=1,\ m_F=\pm1$) 준위 사이의 전이 주파수를 측정하여 알아낸다.
- 벽과의 충돌: 수소원자는 수정구 내벽과 충돌에 의해 복사하는 마이크로파의 위상이 변한다. 그 정도는 수정구 벽의 코팅 종류와 원자의 온도(또는 속력)에 따라 달라진다. 그리고 충돌 횟수는 수정구의 직경에 반비례한다. 일반적으로 수정구의 직경이 15 cm일

73) Fritz Riehle, "Frequency Standards-Basics and Applications", Wiley-VCH Verlag GmbH Co., KGaA, Weinheim, 2004, pp.238~242.

때 충돌에 의한 주파수 이동은 대략 2.3×10^{-11}이다. 수정구의 온도를 40 °C에서 0.1 K 이내에서 안정화하는 경우 충돌에 의한 주파수 이동의 불확도는 10^{-14}보다 낮다.

- 공진기 끌어당김: 마이크로파 공진기의 공진주파수(ν_c)가 수소의 시계전이주파수(ν_0)와 일치하지 않으면 수소메이저의 주파수(ν)는 다음 식과 같이 ν_0와 차이가 생긴다. 단, Q_c와 Q_{at}는 각각 공진기와 원자 공진선의 Q-인자를 나타낸다.

$$\Delta\nu_c = \nu - \nu_0 = \frac{Q_c}{Q_{at}}(\nu_c - \nu_0)$$

  수소메이저의 경우 $Q_c \approx 5 \times 10^4$, $Q_{at} \approx 1.4 \times 10^9$이므로 $Q_c / Q_{at} \approx 3.5 \times 10^{-5}$이다. 그런데 세슘원자시계의 경우에는 $\Delta\nu_c \propto (Q_c / Q_{at})^2$이므로 공진기 끌어당김 효과는 아주 작다. 이에 비해 수소메이저에서 공진기 끌어당김은 큰 영향을 미친다. 이 영향을 줄이기 위해 수소메이저에는 일반적으로 공진기에 '자동 조정'(auto-tuning) 기능을 장착하여 ν_c가 ν_0에 가까워지도록 공진기를 조정한다.
- 스핀-교환 충돌: 시계전이가 발생하는 두 준위 $(F=1,\ m_F=0)$과 $(F=0,\ m_F=0)$에 있는 수소원자 간의 충돌에 의해 전자의 스핀이 서로 교환되고 이로 인해 시계전이 주파수의 이동이 발생한다. 그런데 공진기 끌어당김과 스핀-교환 충돌의 효과는 서로 주파수 이동을 상쇄시킬 수 있다. 수정구 속의 수소원자 수를 바꾸면 스핀-완화율(spin-relaxation rate)이 변하고, 그에 따라 Q_{at}값이 달라진다. 동시에 스핀-교환 충돌률이 달라지는데 이 현상을 이용한 것이다. 이 두 가지를 적절히 조정하면 스핀-교환 충돌효과를 10^{-13} 수준까지 줄일 수 있다.

능동형 수소메이저 주파수표준기의 가장 큰 장점은 단기 주파수안정도가 세슘원자시계보다 월등하게 우수하다는 것이다. 독일 PTB에서 1998년에 두 대의 상용 수소메이저를 이용하여 수행한 실험에 의하면 적분시간 1초에서 100초까지는 알란편차(ADEV)가 τ^{-1}에 비례하고, 100초에서 약 5000초까지는 $\tau^{-1/2}$에 비례한다는 결과를 얻었다. 이것은 단기안정도 영역에서는 백색 위상잡음이 지배적이고, 중기(medium-term) 안정도 영역에서는 백색 주파수잡음이 지배적이라는 것을 의미한다. 그리고 플리커 플로(flicker floor) 잡음은 1000초와 10 000초 사이에서 10^{-15} 이하가 나왔다. 이런 특성으로 인해 단기 안정된 주파수원이 필요한 실험(예: VLBI)에서 능동형 수소메이저가 주로 사용된다. 또한 여러 나라의 시간표준 실험실에서 세슘원자분수시계를 만들 때 기준 발진기로 수소메이저를 많이 사용하고 있다(최근에는 초저온 사파이어 발진기(CSO)도 사용하고 있다).

표 6-8 상용 수소메이저(능동형 및 수동형)의 주파수안정도 비교

	능동형 수소메이저 (Microsemi MHM 2010)	수동형 수소메이저 (OSA 3705)
적분시간(s)	주파수안정도(ADEV)	
1	1.5×10^{-13}	2×10^{-12}
10	2.0×10^{-14}	6×10^{-13}
100	5.0×10^{-15}	2×10^{-13}
1000	2.0×10^{-15}	6×10^{-14} @3600 s
10000	1.5×10^{-15}	2×10^{-14} @ 1 day
크기 (cm)	107×45×76	20×44×51
무게 (kg)	216	30

수동형 수소메이저는 그 모양은 능동형과 거의 같지만 그 크기와 무게는 훨씬 작다. 가장 큰 차이점은, 능동형에서는 수소메이저 공진기에서 나오는 메이저 신호가 독립적인 기준주파수로 사용되지만, 수동형에서는 외부에서 마이크로파를 공진기에 주입한다는 점이다. 결론적으로, 수동형에서는 수소메이저가 자체적으로 발진하는 것이 아니라 외부에서 들어온 마이크로파를 수소원자 전이주파수 영역에서 증폭시키는 역할을 한다. 이것은 마치 세슘원자시계에서, 입력된 마이크로파의 주파수가 세슘원자의 공진주파수에서 얼마나 벗어나 있는지에 따라 달라지는 오차신호를 수정발진기로 피드백하는 것과 비슷하다. 그런데 수동형 수소메이저에서는 오차신호가 두 군데로 피드백된다. 하나는 마이크로파의 주파수를 조정하기 위해 수정발진기로 입력되고, 다른 하나는 마이크로파 공진기의 공진주파수(ν_c)를 조정하는데 사용된다.

수동형 수소메이저의 주파수안정도는 능동형에 비해 좋지 않다. 표 6-8은 상용으로 나와 있는 능동형 수소메이저와 수동형 수소메이저를 비교한 것이다(각 회사에서 발행한 자료에서 발췌함). 수동형이 크기와 무게는 능동형보다 훨씬 작지만, 주파수안정도는 대략 10배 이상 나쁘다.

3.4 루비듐원자시계

루비듐(Rb) 원자는 질량수가 85와 87이 있는데, 이 중에서 루비듐-87이 원자시계에 사용된다. 자연 상태에서 루비듐-85(^{85}Rb)는 약 72.15 %, 루비듐-87(^{87}Rb)은 27.85 %를 차지한

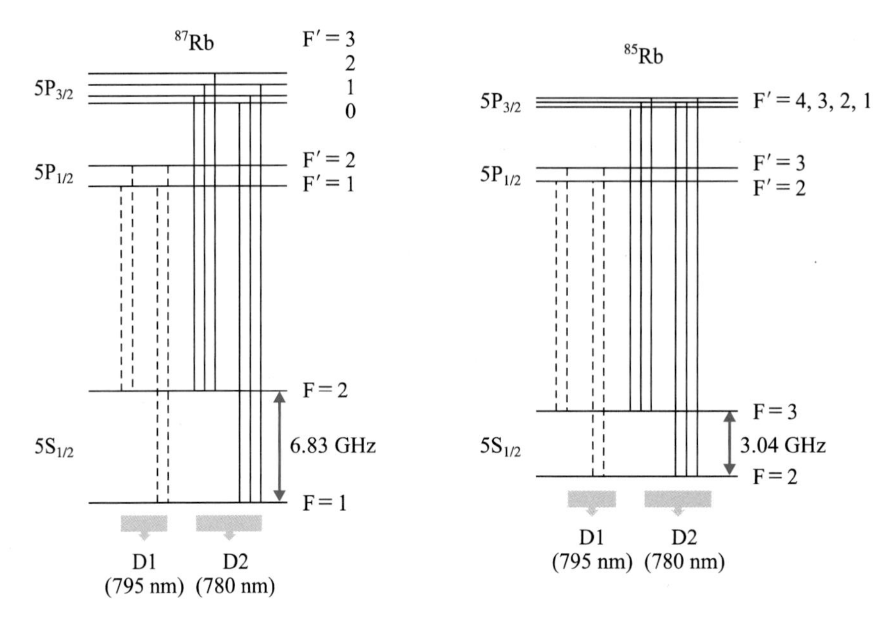

그림 6-34 루비듐원자-87 및 -85의 초미세 에너지 준위

다. 루비듐-85의 원자핵 스핀 $I=5/2$이고, 루비듐-87은 $I=3/2$이다. 루비듐-87이 원자시계에 사용되는 이유는 초미세 준위 사이의 주파수(=시계전이주파수)가 약 6.8 GHz로서 루비듐-85의 3.0 GHz보다 훨씬 높기 때문이다. 시계전이는 그림 6-34에서 바닥상태($5S_{1/2}$)의 두 초미세 준위 $F=2$와 $F=1$의 $m_F=0$ 부준위(그림에는 표시되어 있지 않음) 사이의 전이를 말한다. 그 정확한 주파수는 6.834 682 610.904 310 Hz이다(참조: 표 6-5).

루비듐의 제1 들뜬상태를 나타내는 $5P_{1/2}$ 및 $5P_{3/2}$에서 5는 최외각 전자의 주양자수 n을 나타낸다. P는 이 전자의 각운동량 양자수 $l=1$을 의미하며, 아래 첨자 1/2과 3/2은 총 각운동량 양자수인데, $J=l+s$에 의해 전자의 스핀이 다운($s=-1/2$)인 것과 업($s=+1/2$)인 것을 나타낸다.

Rb-87의 바닥상태($5S_{1/2}$)에 있는 두 초미세 준위($F=2$와 $F=1$) 중 한 준위에 원자를 모으기 위해 전통적인 루비듐원자시계에서는 그림 6-35와 같이 Rb-87 램프에서 나온 빛을 루비듐 셀에 비추어 광펌핑한다. 그런데 램프에서 나오는 빛은 그 파장이 795 nm인 것과 780 nm인 것이 같이 포함되어 있다. 이 파장은 각각 Rb-87의 제1 들뜬상태의 $5P_{1/2}$과 $5P_{3/2}$에서 $5S_{1/2}$로 떨어지면서 발생한 것인데, 이것을 각각 D1(795 nm) 및 D2(780 nm) 전이선이라고 부른다. 그런데 그림 6-34에서 보는 것처럼 D1과 D2는 둘 다 바닥상태의 F=2와 F=1로 떨어지는 전이선을 포함한다. Rb-85에도 D1 및 D2 전이가 가능하고 여기에도 바닥

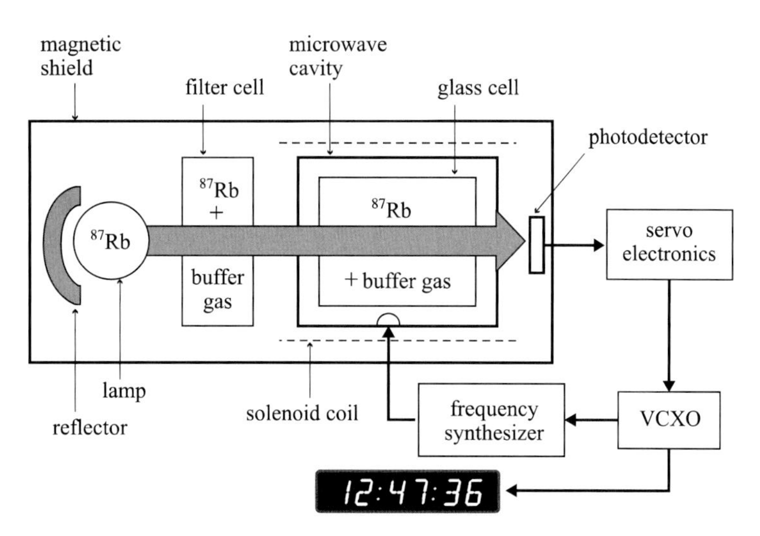

그림 6-35 전통적인 루비듐원자시계의 구조

상태의 F=3과 F=2로 떨어지는 전이선이 포함되어 있다. Rb-87과 Rb-85의 D1과 D2 전이선의 파장은 각각 동일하지만 주파수에서 상당한 차이가 난다. 예를 들어, Rb-87과 Rb-85의 D1 전이를 비교해보자. Rb-87의 $F=2 \rightarrow F'=(1$ 및 $2)$의 흡수선과 Rb-85의 $F=3 \rightarrow F'=(2$ 및 $3)$의 흡수선은 도플러 선폭확대(Doppler broadening) 속에 같이 들어갈 만큼 근접해있다. 반면에 Rb-87의 $F=1 \rightarrow F'=(1$ 및 $2)$로의 흡수선은 Rb-85의 $F=2 \rightarrow F'=(2$ 및 $3)$으로의 흡수선과는 도플러 선폭확대보다 많이 떨어져 있다.

이것은 루비듐원자시계에서 다음과 같은 기능을 한다. 그림 6-35의 Rb-87 램프에서 나오는 빛이 Rb-85 및 버퍼 가스가 포함된 필터 셀을 통과하면 Rb-87의 D1 전이에서 $F=2$로 떨어지는 전이선은 Rb-85의 D1 전이의 도플러 선폭확대 속에 들어있기 때문에 모두 흡수된다. 이에 비해 Rb-87의 $F=1$로 떨어지는 전이선은 그냥 통과한다. 램프 빛 중 D2 전이선에 대해서도 비슷한 현상이 발생한다. 즉 Rb-87의 D2 전이선 중 $5P_{3/2}$에서 $F=2$로 떨어지는 전이선은 Rb-85의 D2 전이 중 $F=3$에서 $5P_{3/2}$로의 흡수선과 도플러 선폭 확대 속에 있으므로 흡수된다. 따라서 Rb-87의 D2 전이선에서 $F=1$로 떨어지는 전이선만 통과한다. 결국, Rb-87 램프의 빛이 필터 셀을 통과하면 Rb-87의 D1 및 D2 전이선 중 $F=1$로 떨어지는 전이주파수에 해당하는 빛만 살아남아 루비듐 셀에 입사한다. 여기서 필터 셀에 들어있는 버퍼 가스는 충돌에 의한 선폭확대 및 도플러 선폭확대를 적절히 일으켜 Rb-87 램프에서 나온 빛 중 불필요한 전이선이 잘 흡수되도록 하기 위한 것이다. 이렇게 주파수 정제된 빛은 루비듐 셀에서 Rb-87을 광펌핑하여 바닥상태의 $F=2$로 이동시킨다. 이로 인해

$F=1$ 준위에는 원자가 남아 있지 않으므로 루비듐 셀은 이 빛에 대해 투명 상태가 된다. 이 경우 광 검출기에서는 최대 신호가 나온다. 그런데 외부에서 Rb-87의 시계전이에 해당하는 마이크로파가 입사되면 $F=2$에 있던 루비듐은 $F=1$로 전이되므로 들어오던 빛은 다시 흡수된다. 이로 인해 광 검출기의 신호는 줄어든다. 이 신호가 최대로 줄어들도록 서보 회로를 통해 마이크로파의 주파수를 미세 조정한다. 여기서 솔레노이드 코일로써 루비듐 셀에 정자장(C-필드)을 가하면 자기 부준위들이 갈라지는데, 이들 중에서 시계전이, $(F=1,\ m_F=0) \leftrightarrow (F=2,\ m_F=0)$에 의한 빛의 흡수가 최대가 되도록 마이크로파 주파수를 서보 회로를 통해 조정하면 루비듐원자시계가 동작하게 된다.

VCXO는 일반적으로 10 MHz, 5 MHz, 1 PPS의 출력 단자가 있다. 이 초 펄스는 시계 표지판으로 입력되어 현재 시간을 나타내는데 사용된다. 주파수 합성기는 전자적 연산을 통해 Rb-87의 시계전이주파수를 만들어 마이크로파 공진기 속으로 입력한다.

루비듐 셀에 들어있는 버퍼 가스는 루비듐원자가 벽과 충돌하면서 발생하는 스핀-완화율을 줄여주는 역할을 한다. 즉 루비듐과 벽과의 잦은 충돌은 마이크로파와의 상호작용을 방해하므로 이 상호작용 시간이 유지될 수 있도록 하기 위한 것이다. 또한 루비듐이 셀의 벽에 흡착되면 빛의 투과율이 낮아지는데 이것을 막는 역할도 한다. 버퍼 가스로는 질소(N_2)나 네온(Ne) 같은 비활성기체가 주로 사용된다. 가스의 종류 및 압력에 따라 루비듐의 공진주파수가 이동하는 정도와 방향이 달라지므로 이것을 측정하여 보정하는 것이 필요하다. 버퍼 가스를 사용하는 대신에 셀의 안쪽 표면을 파라핀 왁스와 같은 유기물질로 코팅함으로써 충돌 효과를 줄일 수도 있다.[74)]

온도 변화는 버퍼 가스의 압력의 변화를 일으키므로 셀의 온도를 안정화하는 것도 중요하다. 루비듐원자시계의 주파수안정도는 외부 온도변화에 의해 결정되는 경우가 많다. 일반적으로 온도변화에 의한 주파수변화는 $\Delta\nu/\nu \approx 10^{-10}/\mathrm{K}$이다. 또한 루비듐이 셀의 벽으로 확산되어 들어가기 때문에 루비듐 기체의 압력이 달라지고, 이것이 장기적인 주파수 이동의 원인으로 작용한다. 루비듐원자시계의 출력 주파수는 한 달 동안 대략 10^{-11} 수준, 1년 동안에 10^{-10} 수준에서 변한다.

이 외에도 광펌핑에 사용된 램프 빛에 의한 주파수 이동(=light shift)은 무시할 수 없는 요소다. 특히 빛의 스펙트럼 중에서 비공진주파수 성분이 미치는 영향이 크다. 그런데 이 요인은 광원으로 레이저를 이용하면 크게 줄일 수 있다.

74) Fritz Riehle, “Frequency Standards-Basics and Applications”, Wiley-VCH Verlag GmbH Co., KGaA, Weinheim, 2004, p.249.

루비듐원자시계의 성능은 세슘원자시계나 수소메이저에 비해 좋지 않지만 크기 및 소비전력을 작게 만들 수 있다는 것이 가장 큰 장점이다. 작고 일정 수준의 성능을 갖추고 있으므로 산업체 등 여러 분야에서 가장 많이 사용되는 원자시계이다.

상용 루비듐원자시계의 단기 주파수안정도(ADEV)는 적분시간에 따라 대략 $<3\times10^{-11}$(@ 1초), $<1\times10^{-11}$(@10초), $<3\times10^{-12}$(@100초)이고, 주파수 노화는 1년에 $<5\times10^{-10}$이다. 크기는 19인치(48 cm) 랙에 설치하는 것은 무게 3~4 kg인 것과 그보다 작은 0.6 kg 이하의 것도 있다. 소모전력은 10 W 수준이다.[75)]

루비듐원자시계의 장기 주파수안정도 및 정확도를 높이기 위해 GPS에서 송출하는 시간 신호로써 원자시계를 조정할 수 있도록 만든, 이른바 'GPS disciplined' 루비듐원자시계도 많이 사용되고 있다. 이런 원자시계는 휴대폰 기지국에 설치되어 휴대폰 시계를 동기시키는데 사용된다. 이외에도 루비듐원자시계는 GPS 위성에 탑재되어 항법신호를 공급하거나, 전화망 동기, 텔레비전 및 라디오 방송국, 군사용 등에서 기준 주파수 및 시간 신호를 공급하는데 널리 사용되고 있다.

1990년대에 루비듐(또는 세슘)의 D1 또는 D2 전이에 해당하는 파장의 반도체 레이저(=다이오드 레이저)가 개발·보급되면서 전통적인 루비듐 셀 원자시계에서 램프 및 필터 대신에 반도체 레이저가 사용되기 시작했다. 이를 통해 원자시계의 크기 및 소모전력은 작아지고, 성능은 향상되었다. 이와 더불어, 새로운 물리적 현상을 이용한 새로운 원자시계가 개발되었는데 그것이 바로 CPT 원자시계이다.

3.5 CPT 원자시계와 칩스케일 원자시계

CPT는 '결맞는 원자포획'(Coherent Population Trapping)이라는 뜻이다. 이 현상이 원자에서 일어나기 위해서는 두 가지 조건이 만족되어야 한다. 하나는 원자에 비추는 두 개의 다른 주파수의 레이저가 서로 결맞는 관계를 가져야 한다. 다른 하나는 두 레이저의 주파수 차이가 원자의 바닥상태의 두 초미세 준위사이의 주파수와 같아야 한다. 이 두 조건은 그림 6-36에서 보는 것처럼 두 레이저 주파수와 루비듐의 에너지 준위와의 관계가 Λ 구도를 갖는 것이다.

이 조건을 만족시키기 위해 레이저 주파수를 만드는 방법으로 두 가지가 있다. 하나는 바

75) 루비듐원자시계 제조사 및 모델: Symmetricom: 8040C & X72 precision Rb / SRS: FS725 & PRS 10 / Spectratime: LCR-900 & LPFRS Rb / Frequency Electronics: FE-5680A Rb.

닥상태의 두 초미세 준위 사이의 주파수 차이(Rb-87에서는 6.83 GHz)만큼 차이가 나는 두 개의 다른 레이저를 위상 잠금(phase locking) 되도록 만드는 것이다. 다른 하나는 한 개 레이저의 구동 전류를 3.415(=6.83/2) GHz로 변조시켜서 6.83 GHz 차이가 나는 두 개의 곁띠(side band) 레이저 주파수를 만들어 내는 것이다. 이 중 두 번째 방법이 더 간단하다. 이것이 가능하게 된 것은 10 GHz 수준까지 변조가능하고 단일 모드로 발진하는 VCSEL이라고 불리는 '수직공진기 표면방사 레이저'가 개발된 덕분이다.

루비듐원자에서 두 결맞는 레이저 주파수에 의해 Λ 구도가 형성되면 루비듐의 두 초미세 준위는 양자적으로 중첩(superposition)되어 전혀 다른 에너지 상태가 된다. 다시 말하면, 그림 6-36에서 각각의 레이저가 독립적이면(=결맞지 않으면) 루비듐에서 공진 흡수가 일어날 가능성이 있다(들뜬상태와 주파수가 맞는 경우). 그러나 두 레이저 주파수가 결맞는 상태이면 (들뜬상태와 주파수가 맞는 경우일지라도) 원자는 흡수되지 않는, 이른바 '암맹상태'(dark state)가 된다. 이때 원자는 다른 에너지 상태에 포획된 것과 같아서 이를 CPT라고 부른다. 그 결과, 레이저광은 루비듐원자를 투과하게 되는데, 이것을 EIT(전자기 유도투과)라고 부른다. CPT와 EIT는 같은 현상을 다른 관점에서 보고 붙인 명칭이다. 그런데 두 개의 곁띠 주파수가 초미세 준위 사이의 주파수에서 조금만 벗어나도 CPT는 사라지고 다시 흡수가 일어난다. 즉 CPT가 발생하는 공진주파수영역이 아주 좁은데, 이 공진 현상을 이용한 것이 CPT 원자시계이다. Rb-87의 바닥상태의 시계전이 사이에서 CPT 공진이 일어나도록 하려면 외부에서 10 μT 수준의 자장을 가하여 자기 부준위(m_F)들이 제만 분리되

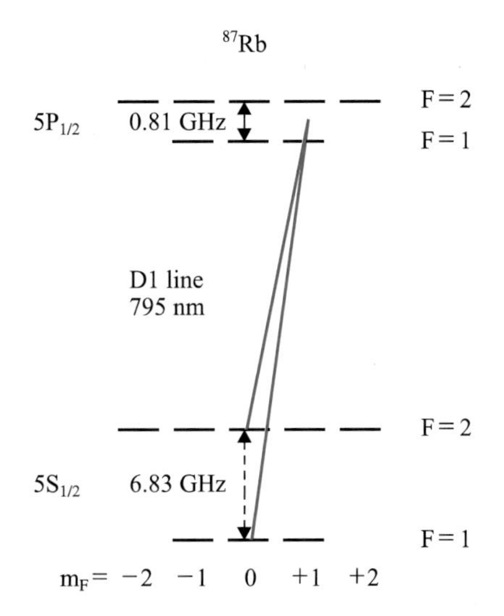

그림 6-36 Rb-87 원자에서 CPT 현상 설명을 위한 Λ 구도

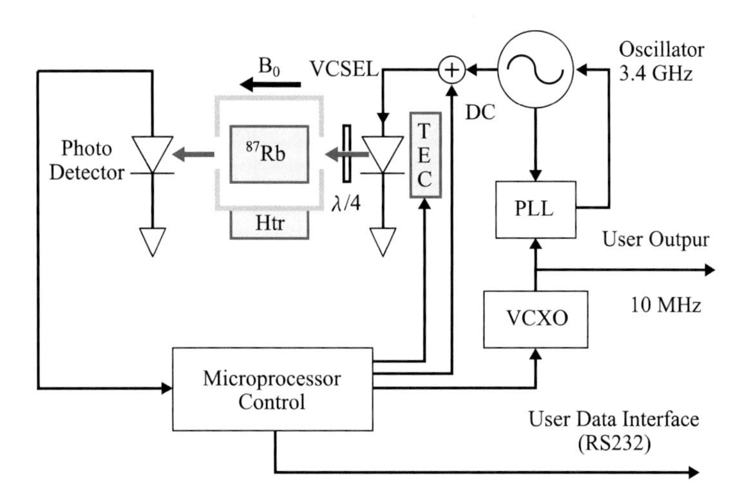

그림 6-37 CPT 원자시계의 개략도; 단, Htr은 히터, VCSEL은 다이오드 레이저, TEC는 열전 냉각소자, B_0는 정자장의 세기

도록 하고, 그 중 $0 \leftrightarrow 0$ 전이에 맞도록 구동 전류를 미세 조정한다.

그림 6-37은 원자시계 제작사인 Symmetricom[76]에서 발표한 CPT 원자시계의 구조도이다.[77] VCSEL은 열전 냉각소자(TEC) 위에 장착되어 온도 조절되고, VCSEL에 주입되는 전류는 3.4 GHz로 변조된다. 레이저광은 루비듐 셀 앞의 $\lambda/4$ 판에 의해 원편광(σ^+ 또는 σ^- 편광)으로 바뀌는데, 이것은 루비듐을 $5S_{1/2}$에서 $5P_{1/2}$로 여기시킬 때 $\Delta m_F = +1$ 또는 -1의 전이가 발생되도록 하기 위한 것이다. 왜냐하면 원자전이의 선택법칙(selection rule)에 의해 ($\Delta F = 0$, $\Delta m_F = 0$)전이는 발생되지 않기 때문이다.

루비듐 셀은 Rb-87과 버퍼 가스가 들어 있다. 버퍼 가스로서 네온이나 아르곤 또는 이 둘을 적절히 혼합하여 사용하면 원자 간의 충돌 및 원자와 벽과의 충돌을 줄여주게 되어 결맞음 상태를 유지하는 시간이 길어진다. 그 결과, CPT 공진 선폭을 줄일 수 있다.[78]

루비듐 셀은 히터(heater)로 가열하고 온도를 조절한다. 셀 바깥을 솔레노이드 코일로 감아서 정자장을 가하고, 이것을 몇 겹의 자기 차폐통 속에 넣어서 외부 자장으로부터 차단시킨다. 루비듐 셀을 통과한 빛은 광 검출기로 감지해낸다. 마이크로프로세서는 광 검출기의

76) Symmetricom은 2013년에 Microsemi Co.에 합병되었다.

77) J. Deng, et. al., "A Commercial CPT Rubidium Clock", EFTF08, 2008.

78) S. Brandt, et. al., "Buffer-gas-induced linewidth reduction of coherent dark resonances to below 50 Hz", Phys. Rev. A, Vol.56, No.2, R1064-R1066, 1997.

신호를 분석한 후 각각 다른 결과를 세 군데로 피드백시킨다. 먼저, 레이저 주파수 조절을 위해 빠른 속도로 DC(직류) 전류로 피드백시킨다. 그리고 VCSEL의 온도 조절을 통해 레이저광의 세기를 안정화시키는데, 이것은 반응시간을 고려하여 적절히 느린 속도로 피드백시킨다. 마지막으로, VCXO로 피드백하여 마이크로파 주파수를 CPT 공진신호에 안정화시킨다.

CPT 원자시계는 간단한 구조 덕분에 아주 작은 크기로 만드는 것이 가능하다. 그래서 등장한 것이 칩스케일 원자시계(CSAC: Chip-Scale Atomic Clock)이다. 미국 NIST는 2004년에 세슘 CSAC를, 2005년에는 루비듐 CSAC를 개발했다.[79] 루비듐 CSAC의 경우 원자 셀의 부피는 1 mm^3이다. 이것이 히터, 광학계, VCSEL, 광검출기 등과 합쳐진 물리계의 부피는 12 mm^3에 불과하다. 그렇지만 전원 공급장치와 전자회로 등을 합치면 이보다 훨씬 커진다. 이 루비듐 CSAC의 단기 주파수안정도는 $4\times10^{-11}\ \tau^{-1/2}$으로 보고되었다.

한편, Symmetricom(현재는 Microsemi)은 1990년대 중반부터 상용 CSAC 개발 연구를 수행해왔다. 2008년 발표자료에 의하면 첫 번째 제품인 모델 SA.35m은 소모전력이 5 W이고, 그 전체 크기가 5.1 cm×5.1 cm×1.8 cm(=47 cm^3)로서 오븐 조정 수정발진기(OCXO)와 비슷한 크기이다. 주파수안정도는 적분시간 1초에서 3×10^{-11}으로 보고되었다. 2010년도에 발표된 제품인 SA.45s는 크기가 더 작아져 16 cm^3, 무게는 35 g이고, 소모전력은 120 mW로 낮아졌다. 소모전력은 보통의 루비듐원자시계에 비해 약 100배 줄어든 것이다. 하지만 주파수안정도는 적분시간 1초에서 3×10^{-10}으로 앞의 모델에 비해 10배 나쁘다. 따라서 크기 및 소모전력 대 성능을 비교하여 양자택일할 수 있게 되었다. 상용 CSAC을 개발하고 있는 미국 제조사에는 Teledyne Scientific과 Honeywell 등이 있다.[80]

---

79) S, Knappe, et. al., "A microfabricated atomic clock", Appl. Phys. Lett. Vol.85, No.9, pp.1460~1462, 2004./ S, Knappe, et. al., "A chip-scale atomic clock based on ^{87}Rb with improved frequency stability", Opt. Expr. Vol.13, No.4, pp.1249~1253, 2005.

80) Svenja Knappe(Time and Frequency Division, NIST, Boulder, CO, USA)의 발표 자료 "Chip-Scale Atomic Clock"에 의함.

4 광원자시계

4.1 광주파수 측정

가시광 영역의 빛의 파장은 대략 400 nm에서 750 nm이다. 이것을 주파수로 환산하면 대략 750 THz에서 400 THz에 해당한다(1 THz = 10^{12} Hz). 빛의 파장(λ)과 주파수(ν)는 진공에서의 빛의 속력(c)과 $c = \nu \cdot \lambda$의 관계가 성립한다. 그러므로 빛의 파장을 알면 광주파수를 구할 수 있다. 그런데 빛의 파장 측정의 상대불확도(이하, 불확도)는 성능이 우수한 분광계를 사용하더라도 10^{-10} 수준이다. 따라서 계산에 의해 구한 광주파수의 불확도는 이보다 좋아질 수 없다. 한편 세슘원자주파수표준기의 불확도는 진공에서의 빛의 속력이 $c =$ 299 792 458 m/s라고 공식적으로 공고된 1975년에 이미 10^{-13} 수준에 있었다(그림 6-13 참조). 그래서 광주파수를 직접 측정하려는 연구가 시작되었다.

세슘원자의 시계전이주파수는 약 9.2 GHz이다. 광주파수는 이보다 10^4~10^5배 더 높다. 그래서 광주파수 측정 연구의 초창기에는 세슘원자주파수표준기의 출력 주파수(보통 10 MHz)를 기준주파수로 공급받은 rf 발진기(보통 100 MHz)에서 시작하여 그 주파수를 곱하고 더하는 과정을 여러 번 거쳐서 광주파수영역까지 주파수를 높이는, 이른바 '주파수 체인'(frequency chain)을 형성하는 것이 필요했다.

독일 PTB에서는 칼슘원자(Ca)에 안정화된 레이저의 광주파수(456 THz)를 측정하기 위해 발진주파수가 각기 다른 10대의 레이저와 마이크로파 영역에서 동작하는 8대의 발진기 및 12개의 주파수 믹서를 사용했다.[81] 이렇게 위상잠금과 주파수합성을 여러 단계로 만드는 방식으로 10^{-12}보다 우수한 측정 불확도로써 몇몇 광주파수를 결정했다.[82] 이 측정을 위해 실험실을 가득 채울 만큼 많은 장비들이 필요하고, 하나의 광주파수를 측정하기 위해 여러 장치를 동시에 동작시켜야 한다. 그래서 이런 설비는 세계적으로 선진국 몇 개 나라에서만 갖출 수 있었다.

광주파수 측정에서 혁신적인 방법이 발명되었으니 그것은 바로 '펨토초 광주파수 빗 발생기'이다.[83] 이 장치는 광학테이블에 올라갈 정도로 작고, 또 넓은 광주파수영역에서 사용

---

81) H. Schnatz, et. al., "First Phase-Coherent Frequency Measurement of Visible Radiation", Phys. Rev. Lett., Vol.76, No.1, pp.18~21, 1996.

82) J.E. Bernard, et. al., "Cs-Based Frequency Measurement of a Single, Trapped Ion Transition in the Visible Region of the Spectrum", PRL, Vol.82, No.16, pp.3228~3231, 1999.

83) Femtosecond optical frequency comb generator를 말하는데, 이 책에서는 이것을 줄여서 '광주파수

할 수 있으며, 사용하기가 편리하다는 것이 큰 장점이다. 이것이 발명된 후 표 6-5에 나타난 것처럼 여러 가지 원자 및 이온의 에너지 준위 사이에서 광주파수를 정밀하게 측정할 수 있었다. 그런 측정을 통해 미세구조상수와 같은 기본물리상수 값을 더욱 정확하게 결정할 수 있었다.[84] 또한 이런 원자 및 이온을 이용한 광원자시계가 본격적으로 개발되기 시작했다. '광원자시계'(optical atomic clock)를 간략히 '광시계'(optical clock)라고도 부른다.

광주파수 빗은 다음과 같은 기술적인 발전과 물리적 이해를 기반으로 만들어졌다. 이 연구에서 주도적인 역할을 했던 미국의 John L. Hall과 독일의 Theodor W. Hänsch는 2005년에 노벨물리학상을 수상했다.[85]

- 자체 모드 잠금된(self-mode-locked) 펨토초 Ti:sapphire 레이저 기술[86]
- 광파이버의 마이크로 구조에서 한 옥타브(octave) 이상의 광 스펙트럼 발생[87]

이 광주파수 빗의 동작 원리와 광주파수 측정 방법에 대해 간략히 알아보자.

펨토초 레이저란 펨토초(1 fs$=10^{-15}$초) 수준의 선폭을 가지는 펄스를 연속적으로 발진시키는 레이저를 말한다. 현재 광주파수 측정이나 광원자시계에 사용되는 펨토초 레이저는 대부분 티타늄:사파이어(이하, Ti:S) 레이저인데, 이것은 티타늄(Ti) 이온이 도핑된 사파이어 결정을 이득 매질로 사용한다. 이 결정을 다른 연속발진 레이저로써 펌핑하여 레이저를 발진시킨다. 그런데 이 결정은 레이저의 세기에 따라 굴절률이 달라지는, 이른바 '광학적 Kerr 효과'라고 부르는 비선형성을 가지고 있다. 레이저빔은 일반적으로 빔의 중앙부분의 세기가 강하고 가장자리로 가면서 약해지는 가우시안 분포를 갖는다. 이에 따라 결정의 굴절률도 중앙부분이 가장자리보다 더 커지게 되고, 그로 인해 결정에서 발진한 레이저광은 렌즈를 사용한 것처럼 스스로 모인다.

빗'(optical frequency comb) 또는 '광 빗'이라고 부른다.

84) Th. Udem, et. al., "Absolute Optical Frequency Measurement of the Cesium D1 Line with a Mode-Locked Laser", Phys. Rev. Lett, Vol.82, No.18, pp.3568~3591, 1999.

85) John L. Hall, "Nobel Lecture: Defining and measuring optical frequencies", Rev. Mod. Phys., Vol.78, pp.1279~1295, 2006. / Theodor W. Hänsch, "Nobel Lecture: Passion for precision", Vol.78, pp.1297~1309, 2006.

86) D.E. Spencer, et. al., "60-fsec pulse generation from a self-mode-locked Ti: sapphire laser", Opt. Lett., Vol.16, No.1, pp.42~44, 1991.

87) J.C. Knight, et. al., "All-silica single-mode optical fiber with photonic crystal cladding", Opt. Lett., Vol.21, No.19, pp.1547~1549, 1996. / T.A. Birks, et. al., "Supercontinuum generation in tapered fibers", Opt. Lett., Vol.25, No.19, pp.1415~1417, 2000.

이 현상을 이용하여 레이저의 모드잠금(mode-locking)을 만들 수 있다. 모드잠금이란 레이저 주파수가 주파수영역에서 일정 주파수 간격으로 고정된 위치에 널어서 있는 것을 말한다. 레이저 공진기를 적절한 방법으로 구성하면 커-렌즈 현상에 의해 자체 모드잠금이 유발되는데, 이런 레이저를 '커-렌즈 모드잠금'(KLM) 레이저라 부른다. 이 레이저는 공진기를 구성하는 거울을 툭 치거나 공진기 속을 막았다가 때는 것만으로도 모드잠금이 이루어진다. 주파수영역에서 모드잠금은 시간영역에서 레이저 펄스 사이의 시간간격 및 레이저 반송파의 위상과 밀접한 관계가 있다.

그림 6-38에서 (a)는 시간영역에서 펄스 레이저의 선폭(τ)과 펄스 사이의 간격(T) 및 한 펄스 안에 있는 반송파의 위상을 보여준다. τ는 대략 수 펨토초에서 수십 펨토초 사이에 있다. T는 공진기 길이 L을 펄스가 왕복하는데 걸리는 시간으로, $T = 2L/v_g$로 얻어진다. 여기서 v_g는 공진기 안에서 펄스의 평균속도로서 '그룹속도'라고도 한다. 그런데 펄스 반송파의 전기장은 공진기를 왕복할 때마다 펄스의 싸개선(envelope)과 위상 차이가 $\Delta\phi_{ce}$만큼씩 발생한다. 이것은 공진기 안에서 레지저광의 그룹속도와 위상속도가 다르기 때문에 발생하는 것이다. 이로 인해 주파수영역에서 $f_0 = \Delta\phi_{ce}/2\pi T$의 오프셋이 생긴다.

그림 (b)의 실선(산 모양)은 그림 (a)의 펄스를 주파수영역에서 본 것이다. 즉, 푸리에

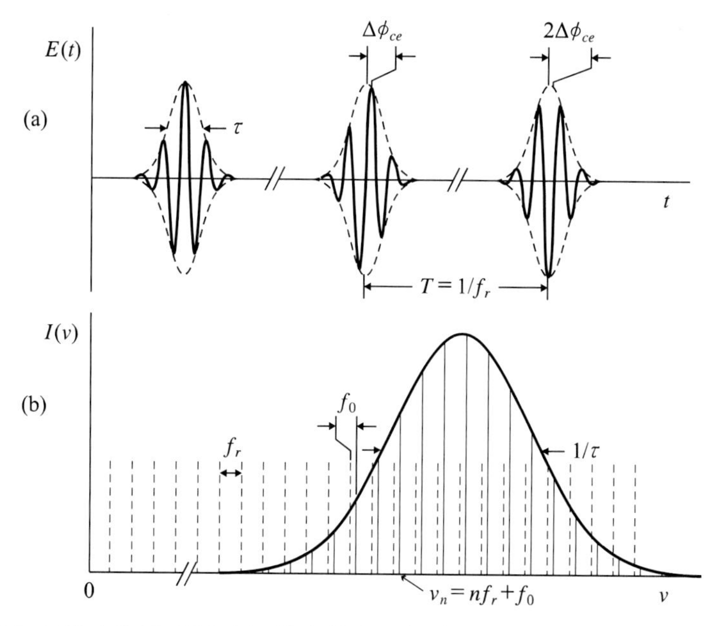

그림 6-38 펨토초 광주파수 빗의 원리: (a) 시간영역에서 펄스의 선폭, 시간 간격 및 반송파 위상, (b) 주파수영역에서 모드 간격 및 주파수 오프셋.

(Fourier) 변환한 것이다. 실선(산 모양)은 발진 가능한 스펙트럼의 세기와 폭을 나타내는데, 꼭대기 부분은 반송파의 주파수에 해당하고, 전체 폭은 $1/\tau$에 해당한다. 만약 $\tau=10$ fs이면 스펙트럼의 반치폭은 100 THz이다. f_r은 펄스의 반복 주파수 또는 반복률을 나타내는데 $f_r=1/T$의 관계가 있다. 이것은 보통 수백 MHz에서 수 GHz 사이의 값을 가진다. 만약 공진기 내에서 위상 차이 $\Delta\phi_{ce}$가 발생하지 않았다면 그림 (b)의 점선처럼, f_r의 주파수 간격을 가지는 모드들 중에서 산 모양의 스펙트럼 안에 포함된 점선 모드들이 발진할 것이다. 이 경우 레이저의 발진모드 주파수는 $\nu_n=nf_r$로 구할 수 있다. 단, n은 정수이며 n번째 발진모드를 나타내는데 대개 $10^5\sim10^6$의 정수를 갖는다.

그런데 실제로는 펄스가 공진기를 왕복할 때마다 반송파(c)와 싸개선(e)의 위상 차이가 발생하고, 이로 인해 발진모드들은 그림 (b)의 실선(수직선)처럼 주파수 오프셋 f_0만큼 이동한다. 여기서 $f_0=f_r\Delta\phi_{ce}/2\pi$의 관계가 성립되므로, f_0는 f_r보다 항상 작은 값을 가진다. 따라서 n번째 발진모드의 주파수는 $\nu_n=nf_r+f_0$의 관계로부터 구할 수 있다. 여기서 f_r은 모드 간의 맥놀이(beat) 주파수를 측정하면 바로 알 수 있다. 만약 f_r이 1 GHz라면 파장 분해능이 10^{-6} 수준($\delta\lambda/\lambda=\delta\nu/\nu\approx1$ GHz/750 THz)인 파장계(wavemeter)를 이용하면 바로 이웃한 모드($n\pm1$)와 구분하여 n값을 구할 수 있다. 문제는 f_0를 구하는 것이다.

주파수 오프셋 f_0를 구하는 방법은 몇 가지가 있으나 여기서는 가장 쉬운 방법을 알아본다. 우선 한 옥타브 이상의 광 스펙트럼을 만드는 것이 필요하다. 펨토초 Ti:S 레이저에서 발진하는 스펙트럼도 꽤 넓지만 한 옥타브 이상 발진하기 위해서는 공진기를 구성하는데 특별한 노력이 필요하다. 그런데 마이크로구조(microstructure) 실리카 파이버[88]를 만들고 여기에 펨토초 레이저를 주입하면 광대역 스펙트럼이 나온다. 이 파이버는 직경이 마이크로미터 수준인 공기구멍들이 코어 부근에 많이 뚫려 있고, 이 구멍을 통해 빛이 진행한다. 작은 구멍을 통과하면서 단위 면적당 빛의 세기가 증가하여 비선형 효과가 크게 나타난다. 이 덕분에 나노줄(nJ) 수준의 펄스 에너지로써 광대역 스펙트럼을 만들어 낼 수 있다. 그런데 출력 스펙트럼의 폭이 광주파수의 2배보다 넓어야(한 옥타브 이상이어야) 한다. 이 마이크로구조 파이버는 내부를 진행하는 펄스 레이저의 그룹속도가 시간적으로 일정하게 유지된다는 특성이 중요하다. 그 결과, 생성된 모드 사이의 위상이 일정하게 유지된다. 이것은 모드 사이의 결맞음이 유지되는 것으로, 광빗이 동작되기 위해 필수적인 조건이다.

88) 이것을 photonic crystal fiber라고도 부른다. 이 파이버의 코어 부분은 직경이 대략 1.7 μm의 용융 실리카로 이루어져 있고, 그 주위에 1 μm보다 작은 공기구멍들이 주기적으로 배치되어 있다. 펨토초 광주파수 빗에서는 파이버 길이가 대개 수 cm에서 수십 cm의 것이 사용된다.

이 광파이버를 통과한 후 나오는 스펙트럼은 그림 6-38의 산 모양 실선보다 넓다. 그래서 낮은 주파수 영역에 있는 특정 모드 $\nu_n(=f_0+nf_r)$보다 모드 수가 2배인 ν_{2n} $(=f_0+2nf_r)$도 한 스펙트럼 속에서 발진할 수 있다. 그리고 ν_n을 2배한 광주파수$(2\nu_n)$를 만들기 위해 ν_n 모드 레이저를 2차 조화파를 생성하는 비선형 결정에 입사시키면 그 출력 주파수는 $2\nu_n=2f_0+2nf_r$이 된다. ν_{2n} 모드 레이저와 $2\nu_n$ 레이저를 합치면 두 주파수 차이 $(2\nu_n-\nu_{2n})$에 해당하는 맥놀이가 발생하는데, 그것이 바로 f_0이다. 따라서 $\nu_n=f_0+nf_r$ 관계식에서 광주파수를 알아낼 수 있다. 이 광주파수를 '주파수 잣대'(frequency ruler)로 사용하기 위해서는 f_0와 f_r가 계속 유지될 수 있도록 각각 서보루프를 구성해야 한다. 구체적으로 말하면, 이 두 주파수는 기준주파수에 위상잠금되고, 위상변화를 지속적이고 자동적으로 보정할 수 있도록 피드백 회로가 구성되어야 한다. 그림 6-39는 그런 목적으로 만들어진 펨토초 광주파수 빗의 구성도이다.[89)]

이 그림에서 제일 중심이 되는 것은 네모상자 속에 있는 KLM Ti:S 레이저이다. 이 레이저의 출력으로 나온 레이저빔은 두 개의 빔으로 나뉜다. 그중 한 빔은 고속 광검출기로 입사하여 반복 주파수 f_r을 감지해내고 마이크로파 시계의 기준주파수와 비교된 후 그 오차 신호는 f_r 서보루프(servo loop)를 구성하는데 사용된다. 이 서보루프의 출력은 공진기 길이를 조정하는 PZT로 피드백된다.

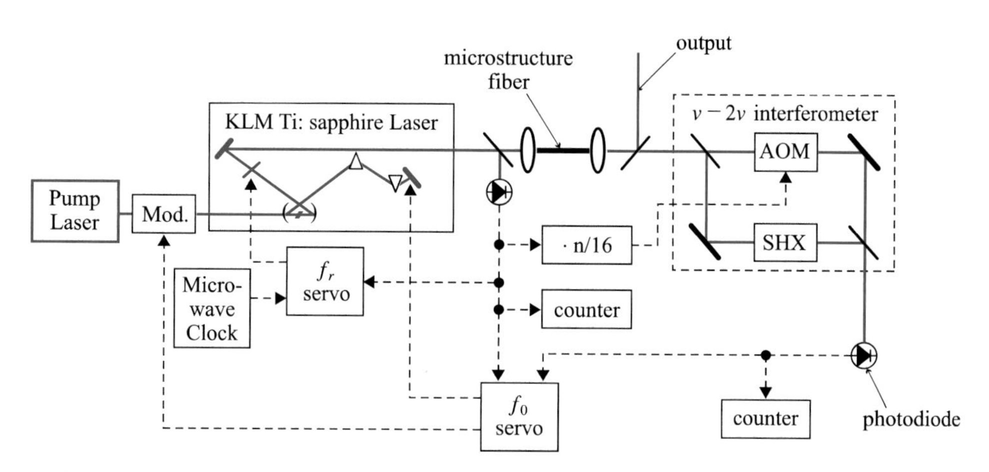

그림 6-39 펨토초 광주파수 빗의 개략도. KLM: 커-렌즈 모드잠김, AOM: 음향-광 변조기, SHX: 2차 조화파 결정 (출처: Jun Ye and S. Curdiff, editors, 2004, p.21.)

89) Jun Ye and Steven T. Curdiff, Editors, "Femtosecond Optical Frequency Comb: Principle, Operation, and Applications", Kluwer Academic Publishers/Springer Norwell, MA, 2004.

다른 한 빔은 마이크로구조 파이버에 입사하여 광대역 스펙트럼으로 바뀐다. 이 빛은 '$\nu-2\nu$ 간섭계'로 입사하기 전에 빔 가르개에 의해 나뉘어져 한 빔은 이 시스템의 출력(output)으로 나간다. 다른 한 빔은 간섭계 안의 이색성 빔가르개에 의해 장파장 빛과 단파장 빛으로 분리된다. 그 중 장파장 빛 ν_n은 SHX에 입사하여 $2\nu_n$로 바뀐다. 단파장 빛 ν_{2n}은 AOM을 거친 후 $2\nu_n$과 합쳐지고, 광검출기에서 그 두 빛의 차이 주파수 f_0를 감지해내어 결국 f_0 서보루프를 구성한다. 이때 간섭계에서 장파장 빛과 단파장 빛이 지나온 경로의 길이가 같게 해야 경로차에 의한 위상차가 발생하지 않는다. 이 서보루프의 출력은 공진기 거울의 각도조절 또는 펌프 레이저의 출력 조절로 피드백된다.

그림 6-40은 펨토초 광주파수 빗에서 사용되는 두 개의 서보루프(f_0와 f_r)를 설명하기 위한 것이다. 그림 (a)는 f_0 서보루프를 위해 마이크로구조 파이버를 통과한 후 나온 스펙트럼과 그 속에서 발진하고 있는 모드들을 나타낸다. 스펙트럼이 확장되었기 때문에 한 옥타브 이상이 동시에 발진하고 있다. 예를 들어 설명하면, 스펙트럼은 500 nm에서 1100 nm까지 발진 가능하다. 이 넓은 스펙트럼 중에서 파장이 긴 쪽(예: 1060 nm)의 레이저빔을 선택하여 2차 조화파 결정(예: BBO)에 주입하여 주파수를 두 배(×2) 한다. 주파수 두 배된 레이저 $2\nu_n$와 모드 수가 2배인 레이저 ν_{2n}를 합치면 간섭에 의해 맥놀이 주파수 f_0가 만들어지고 이것을 광검출기로 읽어낸다. f_0를 위상검출기에서 기준주파수와 비교하고, 그

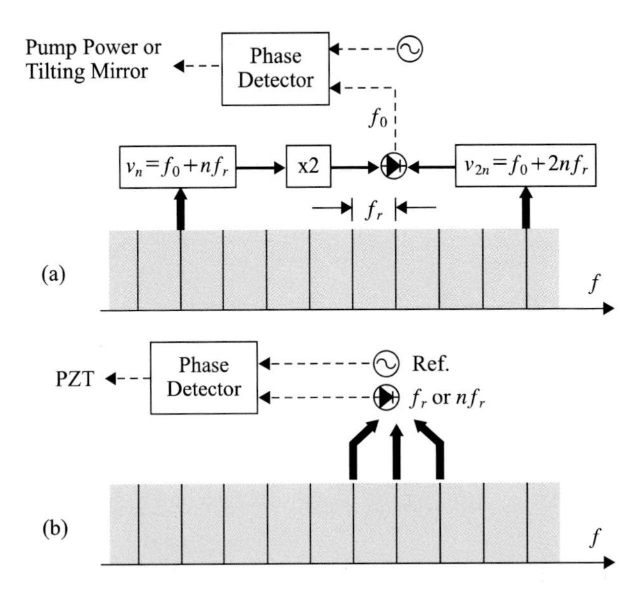

그림 6-40 펨토초 광주파수 빗에서 사용되는 2개의 서보루프 설명도: (a) f_0 서보, (b) f_r 서보. (출처: 그림 6-39와 동일, p.245.)

위상 차이를 피드백 함으로써 f_0 서보루프가 완성된다.

그림 (b)의 f_r 서보루프 구성은 f_0에 비해 간단하다. 이것은 광대역 스펙트럼이 필요 없고, 이웃 모드 사이의 맥놀이 주파수 또는 그것의 고차 조화파(nf_r)를 고속 광검출기로 읽어낸다. 그런데 광검출기에는 f_r과 nf_r 외에 여러 주파수가 함께 검출되므로 적절한 밴드패스필터를 사용하여 불필요한 주파수를 제거하는 것이 필요하다.

기준주파수에 위상잠금된 f_r은 n배 증폭되어 광주파수 ν_n을 만드는데 기여한다. 이 과정에서 f_r이 가진 위상잡음 밀도는 n^2로 증폭되어 ν_n의 잡음에 큰 영향을 미친다.[90] 만약 ν_n이 500 THz($\lambda = 600$ nm)이고 f_r이 1 GHz라면 $n \approx 500\,000$이다. 따라서 위상잡음 밀도는 $10\log(25 \times 10^{10})$, 즉 114 dB만큼 증가한다. 그러므로 f_r의 기준주파수원으로는 위상잡음이 아주 낮은 발진기를 사용해야 한다. 단기 주파수안정도가 우수한 초저온 사파이어 발진기(CSO)나 수소메이저를 사용하는 것이 좋다.

f_r과 f_0의 서보루프가 완성되어 주파수가 일정하게 유지되면 그 주파수는 그림 6-39의 2개의 계수기(counter)로 확인할 수 있다. 이제 이 광주파수 빗의 출력 레이저는 ν_n에서 $2\nu_n$ 사이의 넓은 광주파수영역에서 임의의 광주파수를 측정하는 잣대로 사용할 수 있다. 구체적으로 말하면, 광주파수를 알고 싶은 연속발진 레이저와 이 광주파수 빗의 출력 레이저를 빔 가르개로 합쳐서 두 레이저의 인접한 모드 사이의 맥놀이 주파수(f_b)를 측정한다. 여기서 광검출기에서 나오는 여러 주파수들 중에서 f_b는 f_r보다 항상 낮은 주파수이다. 이 레이저의 광주파수는 $\nu_n = (nf_r + f_0) \pm f_b$ 관계식으로부터 알 수 있다. 단, f_b의 부호 (+) 또는 (−)의 결정은 피 측정 레이저 또는 광빗의 주파수를 미세 조정할 때 맥놀이 주파수의 증감 방향으로부터 쉽게 알 수 있다. 이 광주파수 빗을 광원자시계에서 사용하는 방법과 원리에 대해서는 다음 절에서 자세히 설명한다.

4.2 광이온시계

세슘원자시계나 세슘원자분수시계들은 기본적으로 움직이는 원자를 이용하기 때문에 원자의 공진주파수에서 항상 도플러 이동이 발생한다. 또한 원자가 마이크로파와 램지 방식으로 두 번 상호작용하므로 물리부의 크기가 다른 원자시계에 비해 상대적으로 크다. 루비듐 셀 원자시계나 수소메이저 등에서는 원자가 원자를 담고 있는 용기와의 충돌에 의해 주파수 이동이 크게 나타난다. 중성원자를 이용한 원자시계에서 발생하는 이런 문제를 해결

---

90) Jun Ye and S. Curdiff, editors, 2004, p.246.

하는 한 가지 방법으로 이온을 이용한 원자시계가 있다. 이온은 전기를 띄고 있으므로 전기장이나 자기장을 이용한 퍼텐셜 우물(potential well) 속, 즉 제한된 공간에 포획할 수 있다.

이온(또는 전하를 띈 입자)을 포획하는 방법은 꽤 오래전부터 연구되어 왔는데, 크게 두 가지로 분류된다.[91] 하나는 정적인 전기장과 정적인 자기장을 조합하여 만든 페닝 트랩(Penning trap)이고, 다른 하나는 시간에 따라 변하는 전기장(즉, rf 주파수)을 이용한 파울 트랩(Paul trap)이다. 파울 트랩은 'rf 트랩'이라고도 부른다. 이것을 발명한 볼프강 파울과 한스 데멜트는 1989년에 노먼 램지와 함께 노벨 물리학상을 수상했다.

이온 트랩을 이용한 원자시계는 다음과 같은 장점이 있다. 첫째, 이온을 오랫동안 포획할 수 있기[92] 때문에 시계전이선의 선폭을 좁게 만들 수 있다. 즉, 마이크로파나 광파와의 상호작용 시간의 제한으로 인한 선폭확대를 줄일 수 있다. 둘째, 이온을 검출용 광파의 파장보다 작은 공간에 가두는 경우 모든 차수에서 도플러 효과를 줄일 수 있다. 이 현상은 램(Lamb)과 디케(Dicke)가 발견하여 '램-디케 체제'(Lamb-Dicke regime)라고 부른다. 셋째, 단일 이온을 포획하는 경우 다른 이온과의 충돌에 의한 주파수 이동을 완전히 없앨 수 있다. 또한 용기가 작아도 되므로 초고진공을 만드는 것이 상대적으로 쉽고, 다른 잔류 입자들과의 충돌 효과도 작다.

이온을 이용한 마이크로파 원자시계는 1980년대부터 연구되어 왔다. 여기서는 비교적 최근에 개발된 광주파수표준기를 중심으로 설명하면서 마이크로파 시계전이에 대해서는 간단히 언급할 것이다.

광원자시계는 엄밀히 말하면 광주파수표준기와 다르다. 광주파수표준기의 국소 발진기(local oscillator)는 레이저이다. 즉 광주파수가 출력으로 나온다. 이에 비해 광원자시계는 광주파수를 마이크로파 주파수(또는 라디오 주파수)로 낮추어야만 기존의 원자시계처럼 사용할 수 있다. 이를 위해 광주파수 빗이 사용된다. 다시 말하면, 광원자시계는 광주파수표준기와 광주파수 빗으로 구성된다.

광이온시계를 포함한 광원자시계에 공통적으로 적용되는 다음 세 가지 기술이 실현된 덕분에 고성능 광원자시계가 만들어질 수 있었다.

- 원자(또는 이온)에 대한 레이저 냉각기술: 원자(또는 이온)의 운동에너지를 극한으로 낮춤

91) Fritz Riehle, "Frequency Standards-Basics and Applications", Wiley-VCH Verlag GmbH Co., KGaA, Weinheim, 2004, pp.315~326.

92) 미국 NIST에서는 초저온으로 냉각시킨 rf 트랩에서 $^{199}Hg^{+}$ 단일 이온을 100일 이상 포획했다.

- 펨토초 광주파수 빗의 발명: 광주파수와 마이크로파 주파수의 결맞음 연결
- 피네스(finesse)가 아주 높고 안정적인 파브리-페로(Fabry-Perot) 공진기 개발: 시계전이 레이저(또는 국소 발진기)의 선폭을 1 Hz 이하로 줄임

이온을 트랩에 포획하기 위해서는 이온의 운동에너지가 트랩의 퍼텐셜 우물의 깊이보다 작아야 한다. 이를 위해 이전에는 헬륨과 같은 가벼운 원자를 버퍼 가스로 사용하여 이온과의 충돌에 의해 이온을 냉각시켰다. 그러나 이 방법은 충돌 때문에 이온의 공진주파수의 이동이 발생하고, 또 이온이 충분히 무겁지 않으면 충돌에 의해 트랩을 빠져나가게 된다는 단점이 있다. 그런데 레이저 냉각기술이 발명된 덕분에 아주 효율적으로 이온의 운동에너지를 줄여서 우물 속에 가둘 수 있게 되었다.

광이온시계에 사용되는 이온은 표 6-5에 나타난 네 가지 이온($^{27}Al^+$, $^{199}Hg^+$, $^{88}Sr^+$, $^{171}Yb^+$) 외에도 $^{43}Ca^+$, $^{115}In^+$, $^{138}Ba^+$ 등이 있다. 이 이온들마다 원자시계로 만들었을 때 갖는 장·단점과 특징이 있다. 예를 들면, $^{88}Sr^+$ 이온은 시계전이와 레이저 냉각 및 검출용 전이가 각각 674 nm, 422 nm로서 다이오드 레이저에서 직접 그 파장을 얻거나 주파수를 2배(doubling)하면 얻을 수 있다는 것이 장점이다. 그런데 $^{88}Sr^+$ 이온은 자기 부준위들이 많고, 리펌핑 레이저가 필요한 것이 단점이다. $^{171}Yb^+$ 이온은 3개의 다른 시계전이(411 nm, 435 nm, 467 nm)가 있고, 또 이 파장들을 다이오드 레이저로부터 얻을 수 있다. 이 중에서 467 nm 전이는 8중극(Octupole) 전이에 의한 것으로 들뜬준위인 $^2F_{7/2}$의 수명이 10년이고, 그 역수인 자연선폭은 0.5 nHz에 불과하다는 것이 장점이다. 그렇지만 이 전이를 검출하기 위해서는 강한 세기의 레이저가 필요한데, 그로 인해 주파수 이동이 발생한다. $^{115}In^+$ 이온의 시계전이는 바닥상태($^1S_0$)와 들뜬상태($^3P_0$)의 전자의 각운동량이 모두 0이다. 이 덕분에 외부 전기장에 의한 주파수 요동이 아주 작다는 것이 장점이다. 또한 에너지 구조가 간단하여 리펌핑 레이저가 필요 없고, 자연선폭이 1.1 Hz로서 좁다. 하지만 외부 자장에 의한 제만 이동이 크기 때문에 저자장을 유지하는 것이 필수적이다.

이런 여러 가지 특징 중에서 실험적으로 가장 중요한 점은 시계전이와 레이저 냉각 및 검출에 사용할 수 있는 적합한 레이저가 있는지, 만약 있다면 얼마나 쉽게 구현할 수 있는지 여부이다. 다행스럽게도 지난 십여 년 동안 여러 파장의 다이오드 레이저, 특히 파란색의 다이오드 레이저가 개발되었다. 그와 함께 레이저 주파수를 2배할 수 있는 결정, rf 또는 마이크로파 주파수만큼 이동시킬 수 있는 AOM 또는 EOM 등이 개발·상용화되어 쉽게 구할 수 있게 되었다. 이런 광학부품들 덕분에 다양한 이온에서 발생하는 광주파수를 측정할 수 있었고, 그들 중에서 몇몇 이온은 광이온시계로 응용할 수 있게 되었다.

이렇게 다양한 이온(또는 원자)을 이용한 원자시계들은 각각 이온(원자)의 다른 특성을 이용하여 기본물리상수의 불변성(즉, 시간에 대한 항구성)을 조사하는데 사용된다. 예를 들면, 이온(원자)들은 미세구조상수 α, 전자-양성자 질량비 $\mu(=m_e/m_p)$ 등에 대한 전이주파수의 민감도가 다르다.[93] 그런데 광주파수 전이는 미세구조상수 α에 대한 민감도만 갖고 있다.[94] 서로 다른 종류의 원자시계들의 주파수를 몇 년간 지속적으로 비교 측정하면 그것으로부터 α 및 μ의 시간에 따른 변화량과 불확도를 구할 수 있다.[95] 아직까지 기본물리상수의 값이 변한다는 결정적인 증거는 없다. 하지만 시계의 정확도가 높아질수록 측정의 불확도는 점점 줄어들고 있다.

이온시계들 중에서 여기서는 $^{199}Hg^+$ 이온시계에 대해 알아본다. 이 이온시계는 처음에는 마이크로파 주파수표준기로 개발되었다가, 적합한 레이저가 나온 후에는 광주파수표준기로 다시 개발되었다.

수은(Hg)은 원자번호가 80이고, 7개의 안정 동위원소를 가지고 있다. 그 중에서 자연에는 질량수 202(^{202}Hg)인 것이 29.86 %로 가장 많이 존재한다. 수은 동위원소들 중에서 원자시계에 자주 사용되는 것은 199와 201인데, 각각 핵스핀이 1/2과 3/2이다. 이들은 바닥상태 초미세 준위 사이의 주파수는 각각 40.5 GHz, 20.9 GHz이다. 원자시계에서는 주파수가 높은(40.5 GHz) ^{199}Hg가 유리하다. 수은의 전자 구조에서 최외각 궤도는 $6s^2$로서 꽉 차있다. 그래서 전자 하나를 떼어내면 세슘이나 수소와 같이 최외각 전자가 하나가 된다. 그로 인해 바닥상태의 초미세 구조가 1족 원자(예: 세슘 또는 루비듐)와 비슷해진다.

그림 6-41은 수은 이온의 에너지 준위를 나타낸다. 바닥상태($^2S_{1/2}$)에는 핵스핀($I=1/2$)과 전자의 스핀이 결합하여 만들어진 두 개의 초미세 준위($F=1,\ 0$)가 있다. 이 중 $F=1$에는 3개의 자기 부준위($m_F=1,\ 0,\ -1$)가 축퇴되어 있는데 외부에서 자장을 가하면 이것들은 분리된다. 반면에 $F=0$에는 $m_F=0$만 존재한다. ($F=1,\ m_F=0$)과 ($F=0,\ m_F=0$) 사이의 전이주파수는 약 40.5 GHz이다. 세슘원자의 시계전이주파수인 9.2 GHz와 비교하면 4배 이상 높다. $^{199}Hg^+$ 이온의 또 다른 장점은 ^{202}Hg 원자와 아르곤 가스로 채워진 rf 방전

93) J. Guéna, et. al., "Improved Tests of Local Position Invariance Using ^{87}Rb and ^{133}Cs Fountains," Phys. Rev. Lett., Vol.109, 080801 (2012).

94) T. Rosenband, et. al., "Frequency Ratio of Al^+ and Hg^+ Single-Ion Optical Clocks; Metrology at the 17th Decimal Place," Science Vol.319, 1809-1811, 2008.

95) R.M. Godun, et. al., "Frequency Ratio of Two Optical Clock Transitions in $^{171}Yb^+$ and Constraints on the Time Variation of Fundamental Constants," Phys. Rev. Lett., Vol.113, 210801 (2014).

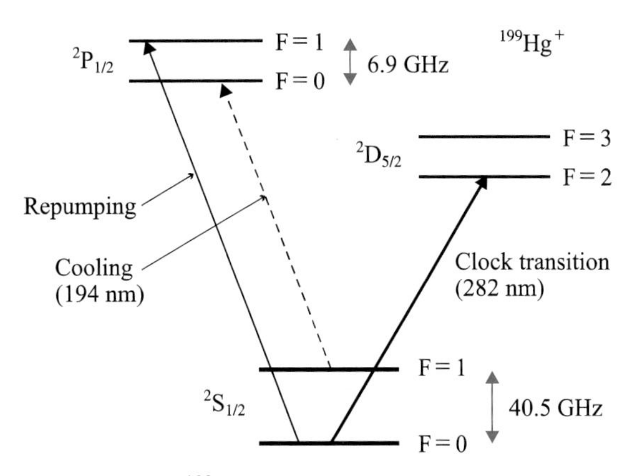

그림 6-41 $^{199}Hg^+$ 이온의 시계전이 에너지 준위

관을 펌핑 광원으로 사용할 수 있다는 것이다. rf 방전관에서 나오는 194.2 nm의 UV 빛으로 $^{199}Hg^+$ 이온을 광펌핑하고 시계전이를 검출할 수 있다. 이런 이유로 미국 NASA 산하에 있는 JPL에서는 $^{199}Hg^+$ 이온시계를 심우주(deep space) 탐사선에 탑재시킬 목적으로 개발했다.[96] 이 이온시계의 부피는 17 L, 질량은 16 kg, 소모전력은 47 W이다. 주파수안정도(ADEV)는 $1.5\times10^{-13}\ \tau^{-1/2}$이고, 하루 동안의 주파수안정도는 2×10^{-15}이다.

광주파수표준기에 사용되는 $^{199}Hg^+$ 이온의 시계전이는 그림 6-41에서 $^2S_{1/2}(F=0,\ m_F=0)$와 $^2D_{5/2}(F=2,\ m_F=0)$ 사이의 282 nm($=1.064\times10^{15}$ Hz)의 전이이다. 이 시계전이선은 전기 4중극(electric quadrupole) 전이인데, 자연선폭은 약 1.8 Hz이다. 이 시계전이선을 검출하고 또 국소 발진기로 사용하기 위해 563 nm($=2\times282$ nm)에서 발진하고 선폭이 1 Hz보다 좁은 레이저가 개발되었다.[97] 이 레이저는 선폭축소와 주파수 안정화를 위해 피네스(finesse)가 150 000보다 큰 파브리-페로(Fabry-Perot) 공진기에 안정화시켰다. 이 레이저의 주파수는 시계전이선의 절반에 해당하므로 비선형 결정을 통과시켜 2차 조화파를 만들어 주파수를 두 배로 높였다. 액체 헬륨으로 냉각시킨 초저온 rf 트랩에 $^{199}Hg^+$ 단일 이온을 포획하고, 194 nm로 레이저 냉각한 후 시계전이에 대한 흡수분광 실험을 수행했다.[98] 그 결과 6.7 Hz의 선폭을 관측했는데 이것은 $Q=1.6\times10^{14}$에 해당한다.

---

96) R.L. Tjoelker, et. al., "Mercury Ion Clock for a NASA Technology Demonstration Mission", IEEE Trans. Ultrason. Ferroelec. Freq. Contr. 2016. (DOI: 10.1109/TUFFC.2016.2543738)

97) B.C. Young, et. al., "Visible Lasers with Subhertz Linwidths", Phys. Rev. Lett., Vol.82, No.19, pp.3799~3802, 1999.

98) R.J. Rafac, et. al., "Sub-dekahertz Ultraviolet Spectroscopy of $^{199}Hg^+$", Phys. Rev. Lett., Vol.85, No.12, pp.2462~2465, 2000.

미국 NIST에서는 이상의 실험 장치와 결과들을 조합하여 단일 $^{199}Hg^{+}$ 이온으로 광주파수표준기를 만들고 그 성능을 조사했다.[99] 또한 펨토초 광주파수 빗과 연결하여 광주파수(1.064 PHz)를 마이크로파 주파수(1 GHz)로 낮추어서 주파수안정도를 측정했다. 그 결과, 적분시간 1초일 때 7×10^{-15}의 안정도를 얻었다.[100] 이 주파수안정도를 측정할 때 레이저 냉각된 칼슘(Ca) 원자로 만든 광시계와 비교했다. 왜냐하면 단기안정도가 이만큼 우수한 마이크로파 원자시계가 없었기 때문이다.

그림 6-42는 $^{199}Hg^{+}$ 이온 광주파수표준기의 국소 발진기로 사용하는 532 THz 레이저의 주파수(f_{Hg})를 광빗과 연결시켜서 궁극적으로 광이온시계를 구성하고, 거기에서 나오는 마이크로파 주파수(f_r)의 생성 방법을 설명하기 위한 것이다. 여기에는 두 개의 위상잠금 회로(phase-locked loop: PLL)가 구성되어 있다. 먼저 PLL1은 그림 6-40(a)처럼 f_0 서보를 위한 것이다. PLL1에는 $f_0=\beta f_r$의 관계를 만족시키는 주파수 합성기가 포함되어 있고 그것의 기준주파수는 광빗에서 생성되는 반복 주파수(f_r)를 100으로 나눈 것이 입력된다. PLL1에서 f_0와 βf_r의 위상 차이에 비례하는 전압이 출력으로 나온다. 이것은 펨토초 레이저를 펌핑하는 레이저의 세기를 조절하도록 피드백되어 결국 f_0 값을 안정화시킨다.

PLL2는 $^{199}Hg^{+}$ 이온 광주파수표준기의 출력 주파수(f_{Hg})와 그 주파수에 인접한 광빗의 모드(f_m)를 합쳤을 때 나오는 맥놀이 주파수(f_b)의 위상을 f_r에 동기시킨다. 이를 위해 기준주파수($f_r/100$)가 입력되는 주파수 합성기에서 $f_b=\alpha f_r$ 관계를 만족시키는 주파수를 만든다. 두 주파수의 위상 차이를 펨토초 레이저의 공진기 길이를 조정하는 PZT로 피드백하여 f_b값을 안정화시킨다. 이 두 PLL 회로에 의해 f_0와 f_b가 일정하게 유지될 때 광빗의 반복 주파수 f_r은 광주파수표준기(f_{Hg})에 위상 결맞음된 마이크로파 표준주파수가 된다. 여기서 α와 β는 유리수이다. 만약 $\alpha=-\beta$의 관계가 이루어지도록 f_0와 f_b의 값과 부호를 선택하면 f_r은 f_{Hg}를 정수로 나눈 주파수($f_r=f_{Hg}/m$), 즉 분수 조화(sub-harmonic) 주파수가 된다. 마지막으로, 1 GHz 수준인 f_r로부터 초 펄스(1 PPS) 신호를 추출하여 연속적으로 계수하면 수은($^{199}Hg^{+}$) 이온 광시계가 완성된다.

한편, $^{199}Hg^{+}$ 단일이온 광주파수표준기와 $^{27}Al^{+}$ 단일이온 광주파수표준기를 비교한 결과가 보고되었다.[101] 표준기들의 불확도는 각각 1.9×10^{-17}과 2.3×10^{-17}으로 나왔다. 그 후

99) U. Tanaka, et. al., "Optical Frequency Standards Based on the $^{199}Hg^{+}$ Ion", IEEE Trans. Instrum Meas., Vol.52, No.2, pp.245~249, 2003.

100) S.A. Diddams, et. al., "An Optical Clock Based on a Single Trapped $^{199}Hg^{+}$ Ion", Science Vol.293, pp.825~828, 2001.

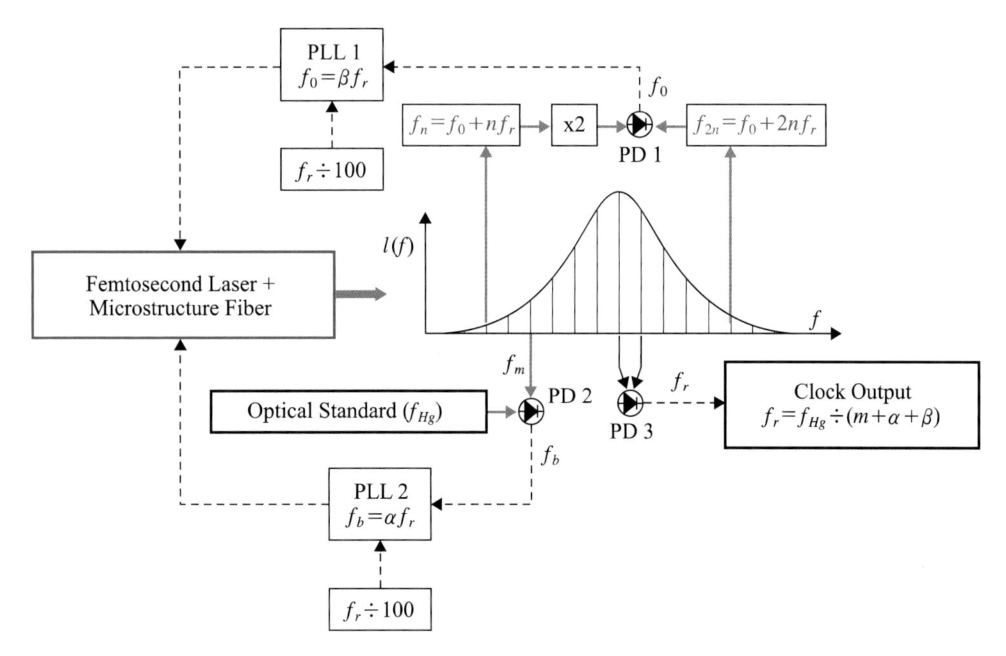

그림 6-42 수은 이온 광주파수표준기(f_{Hg})를 펨토초 레이저 광빛과 연결하여 위상 결맞음된 마이크로파 주파수(f_r)를 생성하는 방법 (출처: S.A. Diddams, et. al., Science, 2001.)

두 대의 Al^+ 광주파수표준기를 비교한 결과, 주파수안정도는 $2.8\times10^{-15}\ \tau^{-1/2}$이 나왔다. Al^+ 이온 광주파수표준기는 두 종류의 이온을 이용한다. 시계전이는 Al^+의 $^1S_0-{}^3P_0$ 전이를 사용하고, 이 이온을 냉각하기 위해 Be^+ 이온을 로직(logic) 이온으로 사용한다. 이 광주파수표준기의 불확도는 8.6×10^{-18}이었다.[102] 이 결과는 2010년 발표 이후 한동안 이온 광주파수표준기 중에서 최고의 성능을 나타내었다. 그렇지만 2016년에 8중극(E3) 전이를 이용한 $^{171}Yb^+$ 단일이온 광주파수표준기가 불확도 3×10^{-18}를 얻음으로써 최고 기록을 갱신했다.

4.3 광격자시계

시계전이 공진선의 Q-값($=\nu_0/\Delta\nu$)은 시계의 주파수안정도에 직접 영향을 미친다. 공진선의 선폭($\Delta\nu$)이 좁으면 중심 주파수를 결정하는 것이 더 쉽기 때문에 정확도를 높이는데

101) T. Rosenband, et. al., "Frequency Ratio of Al^+ and Hg^+ Single-Ion Optical Clocks; Metrology at the 17th Decimal Place", Science Vol. 319, pp.1808~1812, 2008.

102) C.W. Chou, et. al., "Frequency Comparison of Two High-Accuracy Al^+ Optical Clocks", Phys. Rev. Lett., Vol.104, 070802, 2010.

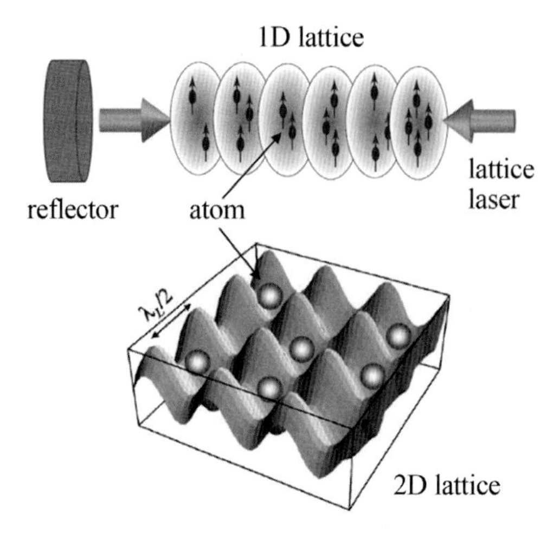

그림 6-43 1차원 및 2차원 광격자

더 유리하다. 단일이온을 이용한 광시계는 Q-값이 아주 높아서(10^{14} 수준) 지금껏 보지 못했던 아주 우수한 성능을 나타내었다. 그렇지만 포획된 단일이온에서 검출되는 신호가 미약하여 신호 대 잡음(S/N) 비가 나쁘다는 것이 단점이다. 이 단점으로 인해 이온시계의 주파수안정도와 정확도는 제한된다. 이것을 보완하기 위해 새로 개발된 원자시계가 바로 중성원자를 이용한 광격자(optical lattice)시계이다.

광격자란 빛으로 퍼텐셜 우물을 격자 형태로 많이 만든 것을 말한다. 그림 6-43에 나온 것처럼 레이저빔을 거울로 되반사시켜서 정상파(standing wave)를 만들면 간섭에 의해 파장의 절반($\lambda/2$)이 되는 위치마다 빛의 세기가 사인파 형태로 반복된다. 빛의 세기가 최고인 지점마다 퍼텐셜 우물이 만들어지는데 이것을 1차원(1D) 광격자라고 부른다. 만약 두 대의 레이저빔을 서로 수직 방향으로 비추고 각각 거울로 되반사시키되 위상을 잘 조절하면 레이저빔이 교차되는 곳에서 2차원의 광격자가 형성된다. 이런 방식으로 3차원 광격자도 만들 수 있다.

하나의 광격자는 그 공간이 $\lambda/2$보다 작기 때문에 그곳에 갇힌 원자들은 거의 움직이지 못한다. 이것은 '램-디케 체제'에 해당하는 것으로 포획된 원자들의 도플러 효과는 거의 무시할 정도 작아진다. 문제는 원자들을 광격자 속에 들어갈 수 있을 정도로 운동에너지를 줄이는 것이다. 다행스럽게도 레이저 냉각기술로 원자의 온도(=운동에너지)를 μK 수준까지 낮추는 것이 가능하다. 광격자를 원자시계에 이용할 수 있게 된 것은 결국 레이저 냉각기술 덕분이다.

실제로 원자 포획에 사용되는 광격자는 레이저빔이 집속되어 그 폭이 가장 좁은 영역에

국한된다. 그리고 모든 퍼텐셜 우물에 원자가 포획되지 않고, 한 우물에 몇 개의 원자가 포획될 수도 있다. 광격자시계에서는 일반적으로 수천 개의 우물이 만들어지고 $10^4 \sim 10^5$개의 원자들이 포획된다.

만약 한 우물 속의 원자가 다른 우물 속의 원자와 독립적으로 존재한다고 가정하면 광격자에 포획된 원자들을 이용해 만든 원자시계는 마치 단일이온 원자시계 수천 대~수만 대를 만든 것과 동일한 효과를 낼 수 있다. 광격자시계는 바로 이 장점을 이용하려는 것이다.

원자시계에서 양자적 잡음103) 외에 다른 잡음들을 모두 제거하였다면 그 주파수안정도(ADEV)는 다음과 같은 관계를 가진다.

$$\sigma_y(\tau) \approx \frac{1}{Q}\frac{1}{\sqrt{N_{at}}}\sqrt{\frac{T_c}{\tau}} \qquad \text{(알란편차 관계식)}$$

단, Q는 시계전이 공진선의 Q-값, N_{at}는 시계 공진신호에 기여하는 원자의 수, T_c는 원자시계가 동작되는 순환 주기(cycling time), τ는 적분시간이다.

이 식에서 보는 것처럼 Q-값이 커질수록, 또 원자 수가 많아질수록 알란편차는 작아진다. 단일 이온시계는 $N_{at} = 1$이지만 광격자시계는 $N_{at} \approx 10000$이므로 다른 조건이 동일하다면 알란편차는 약 100배 좋아질 가능성이 있다. 또 다른 해석으로, 다른 조건이 같은 상황에서 단일 이온시계에서 광격자시계(단, $N_{at} \approx 10000$으로 가정함)와 같은 알란편차를 얻으려면 적분시간을 10^4배 더 오래 측정해야 한다는 것이다.

광격자시계가 가질 수 있는 이런 성능과 이점을 기대하면서 처음 제안된 시계는 ^{87}Sr 원자를 이용한 것이었다.104) 이 원자의 $^1S_0 \rightarrow {}^3P_0$ 전이를 시계전이로 사용하는데, 이 전이와 관련된 상준위와 하준위는 모두 전자의 총 각운동량이 0으로서, '금지된 전이'(forbidden transition)이다. 그러나 ^{87}Sr 원자의 핵스핀 ($I = 9/2$)에 의해 상준위인 ^3P_J의 초미세 준위들이 혼합되고, 그로 인해 시계준위 $^3P_0$는 약 150초의 긴 수명(즉 $6.7 \times 10^{-3}\ s^{-1}$의 작은 전이

103) 일반적으로 양자투영잡음(Quantum Projection Noise)이라고 부른다. 원자시계에서 시계전이선의 중심 주파수를 측정할 때, 다른 모든 종류의 잡음이 제거되었더라도 양자역학적으로 존재하는 잡음을 일컫는다. 양자역학에서 어떤 계의 상태 벡터는 측정이 이루어지기 전까지는 어떤 상태에 있을지 확률적으로만 알 수 있다. 측정하는 순간에 특정 고유상태로 '투영'된다는 의미에서 '양자투영잡음'이라고 한다.(참고: W.M. Itano, et. al., "Quantum projection noise: Population fluctuations in two-level systems", Phys. Rev. A, Vol.47, No.5, pp.3554~3570, 1993.)

104) H. Katori, et. al., "Ultrastable Optical Clock with Neutral Atoms in an Engineered Light Shift Trap", Phys. Rev. Lett., Vol.91, No.17, 173005-1, 2003.

율)을 가진다. 이에 따라 시계전이의 자연선폭은 수 mHz로서 높은 Q를 얻기에 충분히 좁은 선폭을 가진다. 금지된 전이가 갖는 이런 특성 때문에 광격자에 사용되는 원자들(예: ^{87}Sr, ^{171}Yb, ^{199}Hg)은 모두 $^1S_0 \rightarrow {}^3P_0$ 전이를 시계전이로 이용한다.

그런데 광격자를 형성하는데 사용되는 강한 레이저(이하, 격자 레이저)로 인해 포획된 원자들의 시계전이주파수가 이동한다. 이것을 '빛 이동'(light shift)이라고 하는데, 광격자시계에서 큰 문제가 될 수 있다. 다행스럽게도 이 빛 이동은 격자 레이저의 파장(또는 주파수)에 따라 변하는데, 특정 파장에서는 시계전이가 일어나는 상준위와 하준위의 이동량이 똑같아서 서로 상쇄되어, 두 준위 사이의 시계전이주파수는 변하지 않는다. 이 파장을 '마술 파장'(magic wavelength)이라고 부른다.

위에서 언급한 세 원자의 마술 파장은 대략 813 nm(^{87}Sr), 759 nm(^{171}Yb), 362 nm(^{199}Hg)이다. 이 마술 파장을 정확히 알고 그 파장(주파수)의 레이저로써 격자를 구성하는 것이 빛 이동의 불확도를 줄이는데 중요하다. 마술 파장의 주파수를 1 MHz 이내에서 조절하면 빛 이동량은 1 mHz 이내에서 일정하다.[105] 그런데 시계전이의 빛 이동은 격자 레이저 세기의 1차와 2차에 비례하여 발생하기 때문에 이들 각각의 주파수 이동과 불확도를 구해야 한다.[106]

광격자의 퍼텐셜 우물의 깊이를 나타낼 때 흔히 원자의 되튐(recoil)에너지를 사용한다. 격자 레이저의 광자가 원자를 때리면 원자의 운동량($p = mv$)에 변화가 생긴다. 이에 해당하는 되튐에너지는 $E_r = p^2/2m = h^2/2m\lambda^2$이다(단, h는 플랑크 상수, λ는 격자 레이저의 파장). 퍼텐셜 우물의 깊이(U_0)를 E_r의 수십 배~수백 배로 조정함으로써 포획 원자수와 원자의 온도를 조정할 수 있다. 우물의 깊이에 따라 빛 이동이 달라지고 그에 따라 광격자시계의 전체 불확도가 달라진다.[107]

현재 광격자시계의 불확도에 가장 큰 영향을 미치는 요소는 흑체 복사(BBR: Black Body Radiation)이다. 포획된 원자 주변에서 온도에 따른 복사파가 발생하는데, 이것이 시계전이주파수를 이동시킨다. 프랑스 LNE-SYRTE에서 개발한 ^{87}Sr 광격자시계의 경우, 총 불확도 43×10^{-17} 중에서 BBR(온도 및 민감도)에 의한 불확도가 대략 32×10^{-17}에 이른다.[108] 독

105) M. Takamoto, et. al., "An optical lattice clock", Nature Vol.435, pp.321~324, 2005.

106) 원자에 형성된 ac 편극률(polarizability)과 초 편극률(hyperpolarizability)에 의해 레이저 세기의 1차 및 2차에 비례하는 빛 이동이 발생한다.

107) P.G. Westergaard, et. al., "Lattice-Induced Frequency Shifts in Sr Optical Lattice Clocks at the 10^{-17} Level", Phys. Rev. Lett., Vol.106, 210801, 2011.

108) R. Le Target, et. al., "Experimental realization of an optical second with strontium lattice

일 PTB에서는 광격자시계 시스템에서 온도를 발생시키는 부위를 냉각시키고, 온도가 가장 높은 오븐을 광격자의 시야에서 벗어나도록 하는 등, 오븐을 제외한 전체 시스템의 최고 온도와 최저 온도의 차이를 줄였다. 이를 통해 BBR에 의한 불확도를 약 3.8×10^{-17}으로 낮추었고, 시계의 총 불확도를 5.2×10^{-17}으로 낮추었다. 이를 다시 3×10^{-17}으로 개선했다.[109] 미국 NIST에서는 ^{87}Sr 광격자시계의 진공 챔버 속에서 광격자가 형성되는 지점 근처까지 이동할 수 있는 온도계를 설치하여 주변 온도를 정밀하게 측정했다. 이를 통해 BBR(정적 및 동적)에 의한 불확도를 4.1×10^{-18}으로 낮추었으며, 시계의 총 불확도를 6.4×10^{-18}으로 줄였다.

JILA에서도 광격자시계에서 10^{-18} 수준의 불확도와 안정도를 얻었다.[110] 그리고 일본 RIKEN에서는 ^{87}Sr 원자를 MOT(자기-광 트랩)에 포획한 후, 포획된 원자구름을 23 mm 떨어진 초저온(95 K) 챔버로 이동시키고, 거기서 광격자를 형성하여 시계전이가 일어나도록 함으로써 BBR 효과를 감소시켰다. 그 결과, BBR의 불확도는 다른 연구그룹보다 현저히 낮은 0.9×10^{-18}을 얻었다. 그러나 격자 레이저에 의한 빛 이동과 격자 속 원자밀도에 의한 주파수 이동(density shift)의 불확도가 커서 총 불확도는 7.2×10^{-18}이 나왔다.[111] 총 불확도는 NIST보다 다소 높지만 BBR 불확도를 줄이는 새로운 방법을 제시했다는 점에서 의미있는 결과이다.

^{87}Sr 원자가 첫 번째 광격자시계에 채택된 것은 다음과 같은 특성 때문이다.

- 자연 선폭이 아주 좁은(=전이율이 아주 작은) 시계전이선이 있다.
- 광격자에 의한 시계전이의 빛 이동을 상쇄시키는 마술 파장이 존재한다.
- 레이저 냉각 및 광펌핑에 알맞은, 자연 선폭이 넓은 전이가 있다.
- 이런 전이파장과 광격자 형성에 적합한 다이오드 레이저 등을 쉽게 구할 수 있다.

다양한 파장의 레이저와 주파수 체배용 결정 등을 쉽게 구할 수 있게 되면서 다른 원자를 이용한 광격자시계 연구도 활발히 진행되었다. 그 중 하나가 ^{171}Yb 원자이다. KRISS에

---

clocks", Nature Commun., DOI: 10.1038/ncomms3109, pp.1~8, 2013.

109) S. Falke, et. al., "A strontium lattice clock with 3×10^{-17} inaccuracy and its frequency", New J. Phys., **16**, (2014) 073023/doi:10.1088/1367-2630/16/7/073023.

110) B.J. Bloom, et. al., "An optical lattice clock with accuracy and stability at the 10^{-18} level", Nature Vol. 506, pp.71~75, 2014.

111) I. Ushijima, et. al., "Cryogenic optical lattice clocks", Nature Photonics, Vol. 9, pp.185~189, 2015.

서는 ^{171}Yb 광격자시계를 개발하고 있는데,[112] 여기서는 그 시스템 구성과 동작 원리 등에 대해 간략히 소개한다.

그림 6-44는 광격자시계와 관련된 ^{171}Yb 원자의 에너지 준위 및 전이들을 보여준다. 시계전이는 바닥상태($6s^2$)의 $^1S_0$와 $^3P_0$ 사이에서 일어나고, 그 전이파장은 578 nm이다. 이 전이도 ^{87}Sr에서와 마찬가지로 금지된 전이인데, 핵스핀($I=1/2$)에 의한 초미세 준위 사이의 혼합에 의해 작은 전이율을 가진다(자연선폭=10 mHz). 그림에서 점선으로 나타난 부분은 격자 레이저에 의해 시계전이의 상·하 두 준위가 모두 빛 이동한 것을 보여준다. 격자 레이저의 마술 파장(759 nm)에서 두 준위의 이동량이 같은 방향으로 동일하여 시계전이주파수는 변화가 없다는 것을 강조하고 있다.

원자에 대한 레이저 냉각은 두 단계로 이루어진다. 먼저 399 nm의 파란색 MOT에서 1차로 냉각한 후(약 0.7 mK), 2차로 556 nm의 녹색 MOT에서 더 낮은 온도까지 냉각시킨다. 녹색 MOT에서는 두 번에 걸쳐 온도를 낮추는데, 먼저 넓은 선폭으로 100 μK까지 낮

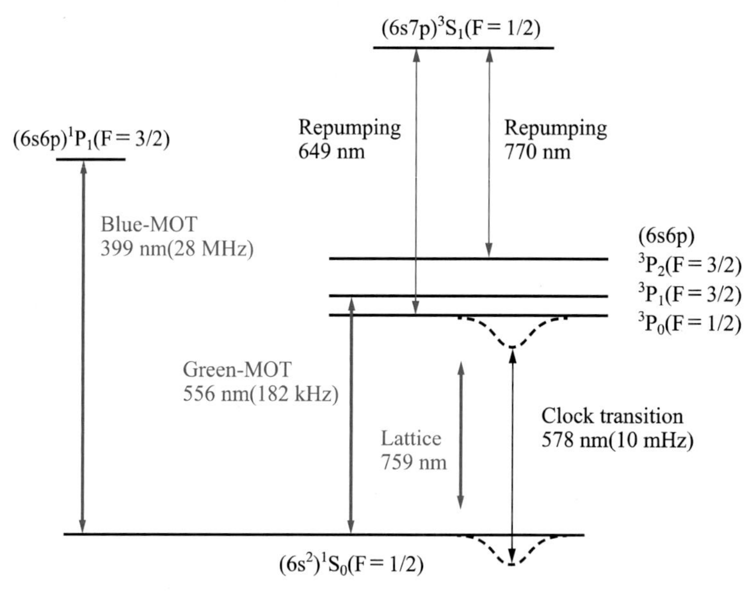

그림 6-44 광격자시계에 사용되는 ^{171}Yb 원자의 여러 전이들

(출처: C.Y. Park, et. al., Metrologia 50 (2013) pp.119～128).

112) C.Y. Park, et. al., "Absolute frequency measurement of $^1S_0$ (F=1/2)-$^3P_0$ (F=1/2) transition of ^{171}Yb atoms in a one-dimensional optical lattice at KRISS", Metrologia **50** (2013) pp.119～128. / D.-H. Yu, et. al., "An Yb Optical Lattice Clock: Current Status at KRISS", J. Kor. Phys. Soc., Vol.63, No.4, 2013, pp.883～889.

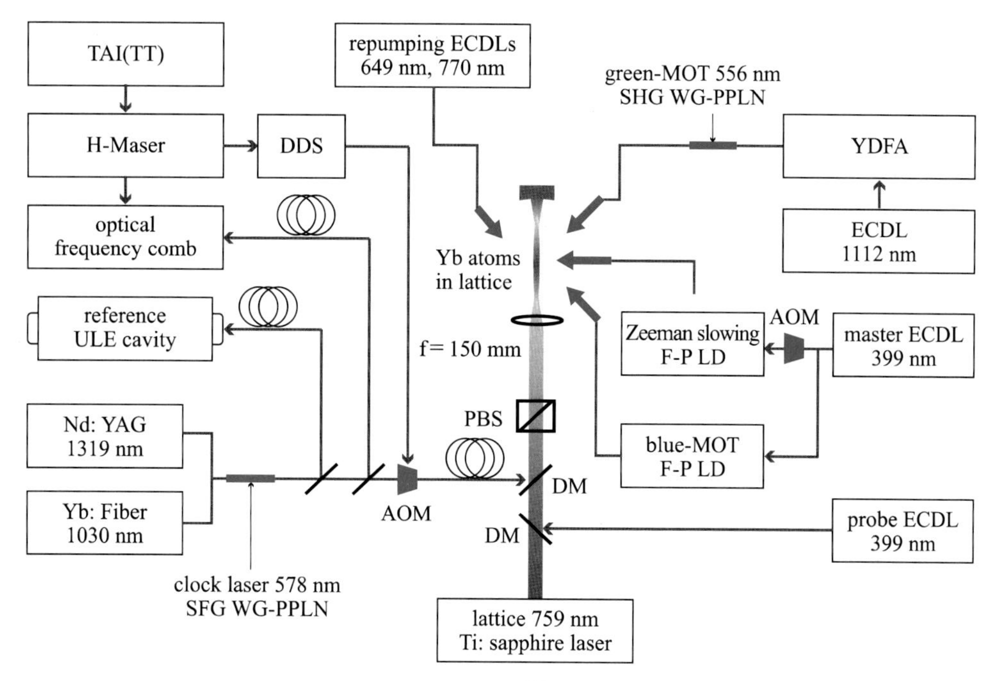

그림 6-45 KRISS에서 개발한 ^{171}Yb 광격자시계의 개략도

춘다. 이때 파란색 MOT에 원자들을 가능하면 많이 포획하기 위해 레이저 주파수를 약 2 MHz로 변조시킨다. 그 후 레이저 출력을 낮추고 주파수를 조절하여 30 μK까지 낮춘다. 파란색 전이는 자연선폭이 28 MHz로 넓어서(=전이율이 높아서) 냉각 효율은 좋지만, 이로 인해 냉각 온도는 mK 수준에서 제한된다. 이에 비해, 녹색 전이는 182 kHz로 좁기 때문에 깊은 냉각(deep cooling)이 가능하다. 두 개의 리펌핑 파장은 수명이 긴 ^3P_J 준위에 있는 원자들을 바닥상태로 떨어뜨리기 위한 것으로, 총 원자 수에 대해 시계전이 원자 수를 정규화하는데 필요하다.

그림 6-45는 KRISS의 ^{171}Yb 광격자시계의 개략도이다. 광격자가 형성된 부분에서 먼저 Yb 원자를 자기-광 포획(MOT)한다. 이를 위해 그림에는 나타나 있지 않지만, Yb 금속을 오븐에서 약 450 °C로 가열하여 기체 상태로 만든다. Yb는 7가지 동위원소가 있는데, 30 cm 길이의 제만 감속기를 지나는 동안 399 nm의 레이저에 의해 ^{171}Yb 원자만이 진공 챔버 속에서 파란색 MOT에 포획된다. 녹색 MOT용 레이저를 만들기 위해 1112 nm 다이오드 레이저를 Yb-도핑된 파이버 레이저로 증폭한 후, PPLN을 통과시켜 2차 조화파(556 nm)를 만든다. 격자 레이저로는 Ti:S 레이저를 사용하되 렌즈와 오목거울로써 집광하는데, 광격자가 실제로 형성되는 초점에서의 빔의 직경은 약 25 μm이다. 퍼텐셜 우물의 깊이는

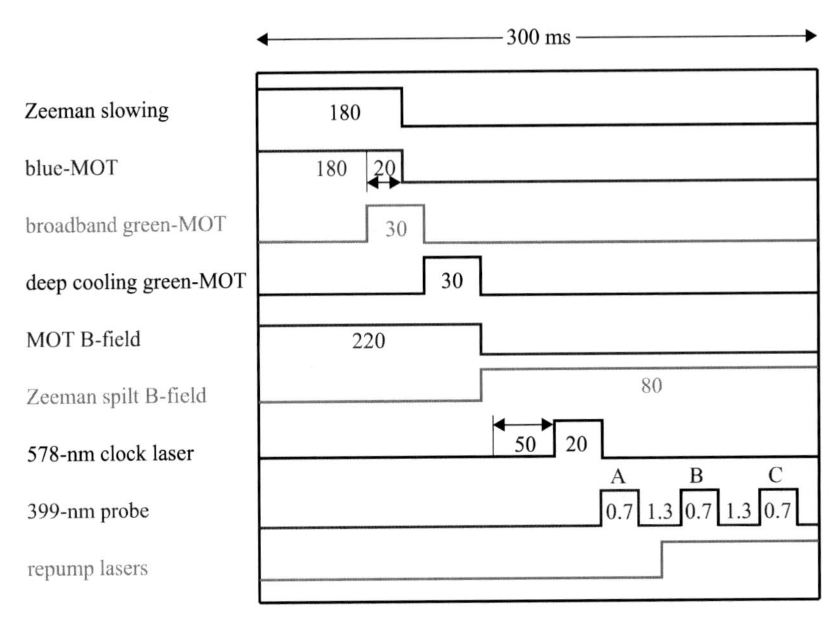

그림 6-46 ^{171}Yb 원자의 시계전이를 조사하는 과정별 시간 배당

$U_0 \approx 400\,E_r$이고, 되튐에너지 E_r은 $E_r/k_B \approx 400$ nK이다. 녹색 MOT에서 포획되고 느려진 원자들 중 약 1 %에 해당하는 10^5개가 1차원 광격자에 포획된다.

시계 레이저(578 nm)는 1319 nm와 1030 nm 레이저를 합주파수 생성(SFG)용 PPLN을 통과시켜 만든다. 이 빔의 일부를 ULE 기준 공진기(피네스=350 000)로 보내어 선폭을 줄이면서 동시에 주파수 안정화시킨다. 또 다른 일부는 광빗으로 보내어 광주파수를 측정하는데 사용한다. 이색성 거울(DM)은 격자 레이저(759 nm)에 대해서는 투과율이 높지만, 시계 레이저(578 nm) 또는 검출 레이저(399 nm)에 대해서는 반사율이 높도록 코팅되어 있다. 검출 레이저는 바닥상태의 원자를 $^1P_1$ 준위로 올리는데 사용된다. 이 원자들이 다시 바닥상태로 떨어질 때 발생하는 형광을 PMT로 측정하여 시계전이 확률을 구한다.

Yb 원자의 시계전이를 한번 조사하는데 걸리는 시간은 300 ms이다. 이 시간은 앞에서 나왔던 (알란편차 관계식)에서 순환 시간 T_c에 해당한다. 이 시간 동안 9가지 과정이 진행되는데 각 과정별 시간 배당은 그림 6-46과 같다. 399 nm 검출 레이저는 0.7 ms씩 세 번 동안 비추는데, 이것은 전체 원자 수에 대해 시계전이 원자수를 구하면서 동시에 배경 잡음을 없애기 위한 것이다.[113)]

113) C.Y. Park, et. al., Metrologia 50 (2013) pp.119~128.

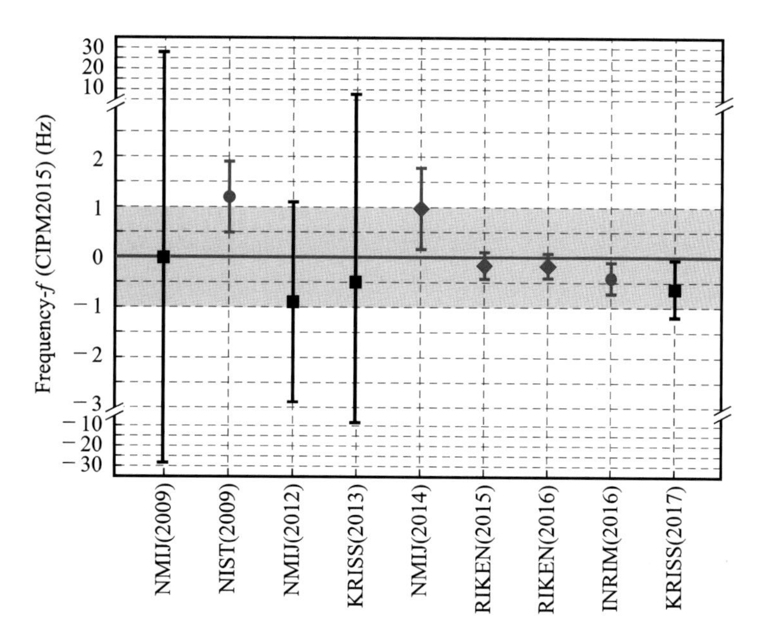

그림 6-47 ^{171}Yb 시계전이($^1S_0$–$^3P_0$) 주파수 측정값의 비교
(출처: H. Kim, et. al., Japan. J. Appl. Phys. 56, 050302 (2017).)

KRISS의 Yb 광격자시계는 2013년도에 처음으로 불확도 평가와 시계전이주파수를 측정한 후 여러 가지를 많이 보완했다. 특히 광격자 형성을 더욱 정교하게 하였으며 격자 레이저에 의한 빛 이동의 불확도를 약 20배 개선했다. 그 결과, 2017년에는 Yb 광격자시계의 불확도를 1.8×10^{-16}까지 낮추었다.[114)]

이 광격자시계를 이용하여 시계전이선의 절대 주파수를 다시 측정했다. 그림 6-47은 다른 나라의 연구기관(일본 NMIJ, RIKEN, 미국 NIST, 이탈리아 INRIM)에서 발표한 결과와 비교한 것이다. 그림에서 다이아몬드 기호는 RIKEN에서 ^{171}Yb 시계전이주파수를 ^{87}Sr의 시계전이주파수와 비교 측정한 결과(^{171}Yb/^{87}Sr)이고, 원 모양은 NIST와 INRIM에서 세슘원자분수시계와 비교 측정한 결과이다. 이에 비해 네모는 KRISS와 NMIJ에서 SI 초, 즉 지구시(TT) 눈금과 비교한 결과이다. 2017년 KRISS의 결과는 2013년에 비해 불확도가 많이 줄어든 것을 알 수 있다. 가운데 선과 음영 부분은 CIPM에서 2015년에 채택한 ^{171}Yb 시계전이주파수의 평균값과 상대표준불확도(2×10^{-15})를 나타낸다.[115)]

114) H. Kim, et. al., "Improved absolute frequency measurement of the ^{171}Yb optical lattice clock at KRISS relative to the SI second", Japan. J. Appl. Phys. **56**, 050302 (2017).

115) CIPM 2015 Recommendation 2 (CI-2015): "Updates to the list of standard frequencies"

이 시계전이주파수 측정을 위해 광빗의 기준주파수로서 그림 6-45에 나온 것처럼 수소메이저가 사용되었다. 이 수소메이저로부터 TT까지의 연결고리는 다음과 같다.

- 수소메이저 → UTC(KRIS) → TAI → TT (=SI 초)

4개의 연결고리(→)마다 주파수 오프셋과 불확도가 개입된다. 그리고 총 측정기간 동안 측정이 이루어지지 않은 시간(dead time)은 불확도를 높이는 요인으로 작용한다. 이런 이유로 인해 SI 초에 대한 ^{171}Yb 시계전이주파수의 불확도는 10.9×10^{-16}으로 나왔는데, 이것은 Yb 시계 자체의 불확도보다 약 6배 나쁜 결과이다. 만약 KRISS의 세슘원자분수시계와 직접 비교하거나 현재 제작 중인 두 번째 Yb 시계와 비교한다면 이 불확도는 크게 줄어들 것으로 기대된다. 그렇지만 세계 최고수준이 되려면 자체 불확도를 10배 이상 개선해야 한다.

2015년 현재 전 세계적으로 ^{87}Sr과 ^{171}Yb의 광격자시계의 주파수안정도는 같은 종류의 두 대(즉, Sr-Sr, Yb-Yb)끼리 비교했을 때 1초의 적분시간에서 $2\sim4\times10^{-16}$이 나왔다.[116] 그리고 ^{87}Sr 광격자시계에 관한 연구가 가장 활발한데, 불확도가 10^{-18} 수준으로 세계 최고를 나타내고 있다. Yb 광격자시계도 이 수준에 곧 도달할 것으로 예상된다. 광격자시계의 불확도에 가장 큰 영향을 미치는 요인은 BBR이었는데, 이것은 광격자가 형성되는 부분의 온도 측정의 정밀도를 높이고, 또 그 주변의 온도 균일성을 높임으로써 10^{-19} 수준으로 낮아졌다. 그 다음으로 큰 불확도 요인은 광격자 속에서 냉각된 원자들 사이의 충돌에 의한 주파수 이동이다. 이것을 밀도 이동(density shift)이라고도 한다. 초기 광격자시계에서는 무시했던 이 요인이 시스템 불확도가 낮아지면서 다시 고려해야 하는 요소가 되었다.

광격자시계의 미래 연구방향은, 가능하면 짧은 적분시간에서 주파수안정도를 10^{-18}에 이르게 하는 것이다. 이를 위해 시계 레이저의 선폭을 더 줄이고 더 안정적으로 만드는 것이 필요하다. 이를 위해 파브리-페로(F-P) 기준공진기를 초저온 환경에 설치하여 열적 잡음을 줄이고, 또 공진기 거울에 결정체 광학 코팅(crystalline optical coating)을 하여 반사율을 높이는 연구가 선진국에서 진행되고 있다.

4.4 광원자시계의 비교

가장 우수한 광원자시계의 불확도는 10^{-18} 수준에 이르렀다. 이것은 세슘원자분수시계에 비해 약 100배 우수한 성능이다. 이에 따라 세슘원자에 의해 정의되어 있는 SI 초를 재정

116) A.D. Ludlow and Jun Ye, "Progress on the optical lattice clock", C.R. Physique **16** (2015) pp.499~505.

의하는 것이 필요하다는 의견이 국제적으로 대두되고 있다. 하지만 SI 초의 재정의에 대한 산업체나 사회적인 요구가 있는 것은 아니다. 또한 현재 광시계의 성능은 지속적으로 발전되고 있으므로, 어느 정도 기술과 성능이 포화상태에 이를 때까지 기다리는 것이 좋겠다는 의견도 있다.

미래에 광시계를 기반으로 SI 초가 재정의되기 위해서는 우선적으로 해결해야 할 문제가 있다. 그것은 각 연구기관에서 독자적으로 평가한 광시계를 서로 비교하여 성능을 검증하는 것이다. 이를 위해 멀리 떨어져 있는 시계들을 비교하기 위한 수단이 필요하다. 마이크로파 원자시계를 비교하는 대표적인 방법은 두 가지가 있다. GPS와 같은 항법용 위성에서 나오는 시간 신호를 이용하거나 위성을 통한 양방향 시간주파수 전송(TWSTFT) 방법이다. 그런데 이 방법들은 그 불확도 및 안정도가 최고 10^{-15}~10^{-16} 수준으로 10^{-17}~10^{-18} 수준의 광원자시계를 비교하는데 사용할 수 없다. 이 문제를 해결하기 위해 유럽에서는 다음과 같은 공동연구 프로젝트가 수행되었다.

유럽국가측정표준기관협회(EURAMET)에 속한 6개국 연구기관들이 주축이 되어 유럽연합의 공동연구 프로그램에서 연구비를 지원받아 2013년부터 2016년까지 '광시계를 이용한 국제 시간눈금', 일명 ITOC[117] 프로젝트를 수행했다. 이 프로젝트의 주요 목표는 다음과 같다.[118]

- 각 연구기관에서 개발한 광시계의 주파수를 비교한다. 단, 같은 원자를 이용한 광시계끼리는 직접 비교하고, 다른 원자를 이용한 원자시계들은 펨토초 광빗을 이용하여 그 주파수 비를 측정한다.
- 광시계의 주파수를 세슘원자분수시계를 기준으로 측정하여 그 불확도가 세슘원자분수시계에 의해 제한되는지 확인한다.
- 광시계들의 시간 및 주파수 비교에 영향을 미치는 모든 상대론적 효과를 10^{-18}의 정확도 수준에서 평가한다.
- 중력퍼텐셜의 변화 때문에 생긴 시계전이주파수의 변화를 설명하기 위해 지구 측지학 모델과 연결한다.
- 이동형 광시계를 제작하여 멀리 떨어져 있는 광시계들을 비교하는 수단으로 사용하는 것이 가능한지 확인한다. 단, 시계의 이동 경로에 의한 영향을 고려한다.

117) ITOC는 International Timescales with Optical Clocks의 약어이다. 참여 연구기관은 영국 NPL, 이탈리아 INRIM, 체코 CMI, 프랑스 LNE, 핀란드 VTT, 프랑스 OBSPARIS, 독일 PTB이다.

118) EURAMET, "Final Publishable JRP Report", August 2016.

첫 번째 목표를 위해서 기존의 시계 비교 방법을 개선하여 비교 실험을 수행했다. 즉 TWSTFT에서 광대역 주파수를 이용함으로써 기존 방법보다 개선된 10^{-16} 수준에서 불확도를 얻었다. 또한 GPS-IPPP[119] 방법으로 앞의 방법과 비슷한 성능을 얻었다. 그렇지만 이 방법들은 최고의 광시계를 비교하기에는 그 성능이 아직 불충분하다.

멀리 떨어져 있는 시계를 서로 비교한다는 것은 시간 또는 주파수의 전송(transfer), 비교(comparison), 그리고 동기(synchronization)의 세 가지 개념이 연관되어 있다. 즉 비교를 위해서는 신호의 전송이 필요하고, 동기시키기 위해서는 서로 비교하는 것이 필요하다. 이 세 가지는 동시에 일어날 수 있기 때문에 따로 구분하지 않고 사용하기도 한다. 마이크로파 원자시계에서 시간을 비교하는 경우에는 그 불확도가 일반적으로 수 ns(나노초) 수준에서 이루어진다. 이에 비해 광시계에서는 수 ps~수백 ps(피코초-10^{-12}초) 수준에서 이루어진다. 주파수를 비교하는 경우에는 $\delta\nu/\nu$와 같이 상대적인 값으로 나타낸다.

광시계를 비교하기 위해 새로 도입된 방법은 다음과 같이 세 가지가 있다.

- 광파이버 망을 이용한 방법
- 자유공간에서 빛 전송을 이용한 방법
- 이동형 광시계를 이용한 방법

첫 번째 방법은 기존 통신용으로 설치되어 있는 파이버 망을 통해 멀리 떨어져 있는 두 시계를 서로 비교하는 것이다. 이때 양방향으로 신호가 오갈 수 있도록 중간 중간에 양방향 증폭기를 설치하는 것이 필요하다. 양방향 측정은 광 경로 차이에 의한 시간 또는 주파수의 변화를 보상하기 위한 것이다. 이 방법으로 독일에서는 약 920 km 떨어진 PTB와 막스플랑크 연구소에 있는 다른 종류의 광시계를 비교했는데, 적분시간 100초 이내에서 10^{-18} 수준의 주파수안정도를 얻었다.[120]

한편, 독일 PTB와 프랑스 LNE-SYRTE에서 각각 개발한 두 대의 Sr 광격자시계의 광주파수(429 THz=698 nm) 비교 실험을 수행했다. 이를 위해 광파이버를 통해 1542 nm의 전송 레이저로써 비교했다.[121] 이 실험의 목적은 멀리 떨어진 두 시계를 광파이버를 통해

119) IPPP는 Inter Precise Point Positioning의 약어이다. GPS-IPPP는 광대역 TWSTFT보다 비용이 적게 들고 정기적으로 동작할 수 있다는 장점이 있다.

120) F. Riehle, "Towards a Re-definition of the Second Based on Optical Atomic Clocks", C. R. Physique **16**, 2015, pp.506~515.

121) C. Lisdat, et. al., "A clock network for geodesy and fundamental science", Nature Communications 7:12443, 2016. (DOI: 10.1038/ncomms12443)

비교할 때 시계의 성능을 헤치지 않고 얼마나 잘 비교할 수 있는지 알아내는 것이다. 두 기관이 위치한 두 도시 사이의 직선거리는 690 km이지만 광파이버는 다른 도시들을 거쳐 가기 때문에 총 길이가 1415 km에 달한다. 시계의 성능은 PTB의 것이 불확도 2×10^{-17}, 주파수안정도 $3\times10^{-15}\ \tau^{-1/2}$이다. LNE-SYRTE의 것은 각각 4×10^{-17}과 $5\times10^{-15}\ \tau^{-1/2}$이다. 광파이버 망은 신호증폭을 위해 총 13군데에 증폭기 또는 중계기를 설치했다. 실험 결과, 주파수 비교의 불확도는 5×10^{-17}을 얻었는데, 이는 두 Sr 시계의 자체 불확도에 의해 결정된 값이다. 주파수안정도는 적분시간 1000초에서 3×10^{-17}을 얻었다 이 결과는 이전의 장거리 비교 결과보다 10배 우수하다. 분석 결과, 적분시간 100초 이상에서는 광파이버 망이 시계 자체의 안정도보다 10배 이상 안정되어 있다는 것을 알 수 있었다. 결론적으로, 적분시간 100초 이상이면 광파이버 망은 시계의 안정도에 영향을 미치지 않는다.

그런데 두 도시는 고도 차이가 있고, 이로 인해 중력퍼텐셜 차이가 있다. 이 때문에 보정해야 할 시계전이주파수의 적색이동은 $(-247.4\pm0.4)\times10^{-17}$에 달한다. 여기에 포함된 $\pm4\times10^{-18}$의 측정불확도는 고도차이로는 약 4 cm에 해당한다. 이것을 결정하기 위해 GPS와 수평기(level)를 이용한 고도측정과 함께 지오이드 모델에서의 불확도를 고려했다. 왜냐하면 현재 지오이드 모델은 이 정도의 불확도를 갖지 못하기 때문이다.

이 문제는 상대론적 측지학과 관련된 것이다. 지오이드를 더욱 정교하게 결정하기 위해 GRACE나 GOCE와 같은 중력측정 위성이 운용되었었다.[122] 이 위성들을 이용해서 전 지구적, 지역적 질량분포를 정량화하고 이로부터 중력퍼텐셜을 결정할 수 있다. 예를 들면, GOCE 위성이 가장 낮은 궤도를 돌 때 지오이드를 1～2 cm 불확도로 결정할 수 있다. 하지만 지표면에서 거리 분해능은 대략 100 km에 이른다. 한편 공간적으로 좁은 지역에서 중력퍼텐셜의 결정은 광시계 네트워크(OCN)으로 측정하는 것이 가능하다.[123] 이 두 결과를 합치면 더욱 정교한 지오이드를 결정할 수 있고, 이것으로부터 더 정확한 중력퍼텐셜 효과를 구할 수 있다. 현재로서는 OCN과 광시계가 더 정확해지더라도 중력퍼텐셜의 불확도인 4×10^{-18}까지만 광주파수를 비교하는 것이 가능하다. 또한 조석 효과는 10^{-18} 수준에서 광시계에 영향을 미치므로, 멀리 떨어진 두 시계를 장시간 비교할 때는 이 효과도 보정해야 한다.

자유공간에서 펄스 레이저를 이용하여 멀리 있는 광시계를 비교하는 방법이 있다. T2L2 방법[124]은 레이저 거리측정(laser ranging)을 응용한 것이다. 지상의 레이저 기지국에서 펄

122) 제2장 5.1절 '지구 타원체와 지오이드' 참조.

123) F. Riehle, "Optical clock networks", Nature Photonics, Vol.11, pp.25～31, 2017. (DOI: 10.1038/NPHOTON.2016.235)

스 레이저빔을 고도측량 저궤도위성에 쏘면 위성에서는 이것을 되반사시켜 다시 지상으로 내려 보낸다. 이때 지상에서는 레이저 펄스가 발사된 순간과 도착한 순간의 시각을 지상 기지국의 시계로 측정한다. 위성에서는 레이저 펄스가 도착한 시각을 위성에 있는 시계로 측정한다. 이 세 가지 시간으로부터 지상시계와 위성시계의 시간 오프셋을 구할 수 있다.[125] 이때 다음과 같은 보정항을 고려해서 계산해야 한다: 사냑 효과, 상대론적 주파수 이동, 대기에 의한 시간지연, 측정장치에서의 시간지연 등이다. T2L2 방법은 지상에서 최대 6000 km 떨어진 두 지점에서 공동 관찰(common-view) 모드로 두 시계를 비교하는데 사용될 수 있는데, 시각 비교의 불확도는 140 ps보다 우수하다.

한편, 약 2 km 떨어진 두 지점에서 펄스 레이저를 양방향으로 보내어 시간 및 주파수를 전송하고, 각 지점에 있는 광시계를 비교하는 실험을 실시했다. 레이저가 진행 경로 상에서 난류가 발생하거나, 기온 및 기압이 변하는 경우에도 두 시계의 시간 차이는 1 fs(펨토초 $=10^{-15}$초), 주파수안정도는 적분시간 1000초에서 1×10^{-18}보다 작은 결과를 얻었다.[126] 4 km 떨어진 두 지점에서 두 시계를 동기시키는 실험을 실시하여 적분시간 10초에서 225 as(아토초 $=10^{-18}$초)로 동기시킬 수 있었다. 이 동기에 의해 주파수 동조(syntonization)도 이루어졌는데, 두 시계의 주파수안정도는 2×10^{-19}이었다.[127] 이 방법이 지상과 인공위성 사이처럼 거리가 훨씬 먼 경우에도 비슷한 결과가 나온다면, 전 지구적으로 광시계 비교에 활용될 수 있을 것으로 기대된다.

광시계 비교를 위한 시간 및 주파수 전송 기술들의 성능을 비교한 것이 그림 6-48에 나와 있다. 그림에서 보는 것처럼 Yb 광격자시계의 성능을 비교할 수 있는 기술로는 현재 광파이버 망과 자유공간 광전송 방법뿐이다.

멀리 있는 광시계 비교를 위해 이동형 광시계를 이용하는 방법이 있다.[128] 독일 PTB에

---

124) T2L2는 Time Transfer by Laser Link의 약어이다. T2L2는 전 세계적으로 40개가 넘는 레이저 거리측정 기지국이 참여하는 네트워크가 구성되어 있다. ILRS(International Laser Ranging Service)는 위성 및 달까지 거리측정 등의 업무를 관장하는 국제기구인데, 여기서 얻은 데이터들은 지구 측지학, 지구 물리학, 기초 물리학 등에서 사용된다.

125) E. Samain, et. al., "Time transfer by laser link: a complete analysis of the uncertainty budget", Metrologia **52** (2015) pp.423~432.

126) F.R. Giorgetta, et. al., "Optical two-way time and frequency transfer over free space", Nature Photonics Vol.7, pp.434~438, 2013. (DOI: 10.1038/NPHOTON.2013.69)

127) J.-D. Deschenes, et. al., "Synchronizations of Distant Optical Clocks at the Femtosecond Level", Phys. Rev. X **6**, 021016 (2016).

128) N. Poil, et. al., "A transportable strontium optical lattice clock", Appl. Phys. B (2014) **117**, pp.1107~1116. (DOI 10.1007/s00340-014-5932-9)

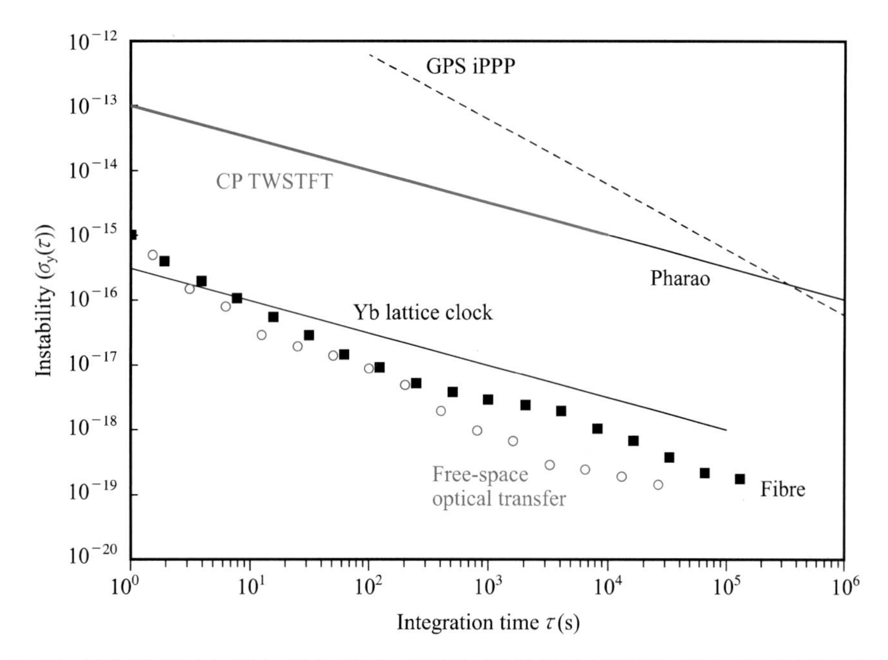

그림 6-48 시간 및 주파수 전송 기술 및 Yb 광격자시계의 주파수안정도 비교: CP TWSTFT는 반송파 위상(Carrier Phase)을 이용하여 양방향 위성 시각비교 방법이고, Pharao는 국제우주정거장에 탑재될 마이크로파 원자시계임 (출처: F. Riehle, Nature Photonics, Vol.11, pp.25~31, 2017.)

서는 불확도 7×10^{-17}, 주파수안정도 $1.3\times10^{-15}\ \tau^{-1/2}$인 이동형 Sr 광격자시계를 제작했다. 이것은 트럭으로 운반할 수 있는 크기로서, 광파이버 망이나 자유공간 광전송 시스템이 완비되기 전까지 실질적으로 시간 및 주파수 비교에 사용할 수 있다. 광시계를 이동해서 한 장소에서 서로 비교하기 때문에 중력퍼텐셜에 의한 영향은 무시할 수 있다는 장점이 있다. 또한 이동형 시계를 이용하여 위치에 따른 중력퍼텐셜의 영향을 측정하는 것도 가능하다. 그런데 이동형 시계는 그것이 움직인 경로에 따라 달라지는, 상대론적 주파수 이동을 보정해야 한다(제4장 4절 참조).

4.5 SI 초의 재정의 계획

국제단위계(SI)에는 7개의 기본단위와 이들의 조합으로 구성된 100여 개의 유도단위가 포함되어 있다. SI는 1960년도에 처음 만들어졌는데 일부 기본단위의 정의는 그 이후에 몇 차례 바뀌어왔다. 예를 들면, 길이의 기본단위인 '미터'(기호: m)는 SI가 만들어지기 전인 1889년에는 백금과 이리듐의 합금으로 만든 '국제미터원기'에 의해 정의되었었다. 인공물에 의해 정의된 단위는 파손되거나 손상을 입는 경우 단위 자체가 사라져 버릴 수 있는 위험성을 갖고 있다. 그리고 온도나 습도와 같은 환경조건이 변하거나 오염물질이 표면에 흡착되면 길이가 변할 수 있다. 이런 문제점을 해결하기 위해 1960년에 미터는 크립톤-86 원자에서 발생하는 복사선의 파장으로 재정의되었다. 한편, 진공에서의 빛의 속력이 일정하다는 것은 맥스웰과 아인슈타인에 의해 이론적으로 증명되었다. 이 일정한 빛의 속력을 정확히 측정하는 연구가 오랫동안 진행되어 왔었다. 마침내 1975년에 CGPM(국제도량형총회)은 그 값이 299 792 458 m/s라고 공고했다. 이에 따라 1983년에 미터는 진공에서의 빛의 속력을 이용하여 다음과 같이 재정의되었다. "미터는 빛이 진공 중에서 1/299 792 458 초 동안 진행한 경로의 길이이다."

그런데 2018년에 다른 SI 기본단위들도 기본물리상수들을 이용하여 재정의되었다.[129] 질량의 기본단위인 킬로그램(기호: kg)은 플랑크 상수 h를 이용하여 재정의되었다. 전류의 기본단위인 암페어(기호: A)는 기본전하 e를, 온도의 기본단위인 켈빈(기호: K)은 볼츠만 상수 k를, 물질량의 기본단위인 몰(기호: mol)은 아보가드로 상수 N_A를 이용하여 재정의되었다.

기본물리상수는 그 값이 시간에 대해 일정하다고 믿고 있다.[130] 그래서 기본물리상수를 바탕으로 단위를 재정의하면 그것 역시 시간에 대해 변하지 않을 것이다. 이와 함께 단위의 정의를 구현하기 위해 여러 방법을 사용할 수 있다.

미터를 구현하는 것은 새로운 과학기술이나 방법을 채택할 수 있다. 예를 들면, 이전에는 미터 단위구현(MeP)을 위해 633 nm 파장의 요오드 안정화 헬륨-네온 레이저가 사용되었다. 요오드($^{127}I_2$)의 전이파장의 불확도는 2×10^{-11}이므로 이 전이선에 안정화된 헬륨-네온 레이저 파장의 불확도는 이보다 더 좋을 수는 없다. 그런데 오늘날에는 표 6-9에 나와 있는, 초의 2차 표현(SRS)에 사용되는 여러 원자나 이온들도 미터 구현에 사용할 수 있다. 전이주파수(ν)로부터 파장($\lambda = c/\nu$)을 구할 수 있는데 c는 불확도가 없으므로 파장의 불확도는 주파수의 불확도와 동일하게 구현 가능하다. 예를 들면, Sr 광격자시계에서 ^{87}Sr 원자의 전이주파수(429 THz)의 불확도는 표에서 보는 것처럼 4×10^{-16}으로, 요오드($^{127}I_2$)에 비해 4차수 이상 더 정확하다. 따라서 698 nm 파장에서 이와 같은 수준의 불확도로 미터를 구현할 수 있다.

2018년 SI 기본단위 재정의에서 단위의 정의와 단위의 구현이 분리되지 않는 유일한 단위가 있으니 그것이 바로 SI 초이다. 초의 새 정의는 다음과 같다. "초(기호: s)는 시간의

129) https://www.bipm.org/en/measurement-units/rev-si/

130) 기본물리상수의 불변성(또는 항구성)에 대한 연구도 많이 진행되고 있다(참조: 이호성, "기본상수와 단위계", 청문각, 2016, 제5장의 내용 및 참고문헌).

표 6-9 초의 2차 표현(SRS)에 사용된 원자의 광전이주파수 및 상대불확도

(출처: BIPM 웹사이트, 2018년 4월 현재)

원자 종류	시계전이 및 전이주파수	상대불확도
^{1}H 중성원자 (1233 THz)	1S − 2S f = 1 233 030 706 593 514 Hz	$u_r = 9\times10^{-15}$
^{199}Hg 중성원자 (1129 THz)	$6s^2\ ^1S_0 - 6s6p\ ^3P_0$ f = 1 128 575 290 808 154.4 Hz	$u_r = 5\times10^{-16}$
$^{27}Al^+$ 이온 (1121 THz)	$3s^2\ ^1S_0 - 3s3p\ ^3P_0$ f = 1 121 015 393 207 857.3 Hz	$u_r = 1.9\times10^{-15}$
$^{199}Hg^+$ 이온 (1065 THz)	$5d^{10}6s\ ^2S_{1/2} - 5d^96s^2\ ^2D_{5/2}$ f = 1 064 721 609 899 145.30 Hz	$u_r = 1.9\times10^{-15}$
$^{171}Yb^+$ 이온 (688 THz)	$6s\ ^2S_{1/2}$ (F = 0, m_F = 0) − $5d\ ^2D_{3/2}$ (F = 2, m_F = 0) f(quadrupole) = 688 358 979 309 308.3 Hz	$u_r = 6\times10^{-16}$
$^{171}Yb^+$ 이온 (642 THz)	$6s\ ^2S_{1/2} - 4f^{13}\ 6s^2\ ^2F_{7/2}$ f(octupole) = 642 121 496 772 645.0 Hz	$u_r = 6\times10^{-16}$
^{171}Yb 중성원자 (518 THz)	$6s^2\ ^1S_0 - 6s6p\ ^3P_0$ f = 518 295 836 590 863.6 Hz	$u_r = 5\times10^{-16}$
$^{88}Sr^+$ 이온 (445 THz)	$5s\ ^2S_{1/2} - 4d\ ^2D_{5/2}$ f = 444 779 044 095 486.5 Hz	$u_r = 1.5\times10^{-15}$
^{88}Sr 중성원자 (429 THz)	$5s^2\ ^1S_0 - 5s5p\ ^3P_0$ f = 429 228 066 418 007.0 Hz	$u_r = 6\times10^{-16}$
^{87}Sr 중성원자 (429 THz)	$5s^2\ ^1S_0 - 5s5p\ ^3P_0$ f = 429 228 004 229 873.0 Hz	$u_r = 4\times10^{-16}$
$^{40}Ca^+$ 이온 (411 THz)	$4s\ ^2S_{1/2} - 3d\ ^2D_{5/2}$ f = 411 042 129 776 399.8 Hz	$u_r = 2.4\times10^{-15}$

SI 단위이다. 초는 세슘-133 원자의 섭동이 없는 바닥상태의 초미세 전이 주파수 $\Delta\nu_{Cs}$를 Hz 단위로 나타낼 때 그 수치를 정확히 9 192 631 770으로 설정함으로써 정의된다. 여기서 Hz는 s^{-1}과 같은 단위이다.” 그런데 표 6-9에 나타난 여러 광시계들의 전이주파수의 상대불확도(u_r)는 초를 정의하고 구현하는 최고 수준의 세슘원자분수시계의 불확도에 의해 제한받고 있다. 이때문에 광시계를 바탕으로 SI 초를 재정의해야 한다는 요구가 광시계 연

구자들을 중심으로 대두되고 있다. 그렇지만 SI 초를 재정의하기 위해서는 4.4절에서 살펴본 광시계 비교 문제 외에 다음과 같은 사항이 고려되어야 한다.

- 초의 정의가 바뀌더라도 단위의 연속성이 보장되어 시간 측정 및 응용 분야나 시간 사용자들에게 불편함이 없어야 한다.
- 현재 연구되고 있거나 제안된 10여 가지 광시계 후보들을 SI 초 재정의 후에도 계속 활용할 수 있어야 한다.
- 현재 사용 중인 세슘원자시계 및 시간주파수 전송시스템과 같은 기본 장비 및 설비를 계속 활용할 수 있어야 한다.

CIPM 산하에 있는 CCTF는 시간 및 주파수와 관련된 국제적인 업무를 논의하고 권고안을 작성·제출하는 전문가 집단이다. CCTF에는 여러 개의 작업반이 있는데, 그 중에서 CCL-CCTF FSWG는 CCL(길이자문위원회)와 CCTF에 공통으로 적용되는 주파수표준기(FS)와 관련된 작업반(WG)이다. 표 6-9에 나와 있는 원자 및 이온들을 포함한 광주파수표준기가 주요 논의 대상이다. 이 작업반의 공동의장을 맡고 있는 F. Riehle는 "SI 초의 새 정의를 향하여"라는 제목의 글을 CCTF 전략 문서에 실었다.[131] 이 글은 "언제 SI 초를 재정의하는 것이 좋은가?"에 대해 답변할 때 고려해야 할 이정표(milestone) 다섯 가지를 정리한 것이다. 최종 목적지에 도달하기 전에 먼저 거쳐야 할 이정표들인데, 여기서는 그것을 요약하여 소개한다.

① 적어도 세 대의 다른 광시계(다른 실험실에 있거나 다른 종류의 광시계)가 그 시점에서 가장 우수한 세슘원자시계보다 대략 2차수 작은 불확도를 가진다는 것이 증명되어야 한다. 즉, 적어도 세 대의 광시계가 대략 10^{-18} 수준의 정확도를 가져야 한다.

② 이정표 ①의 광시계 중 적어도 한 대는 최소 세 번의 독립적인 비교 측정을 통해 특정 상대주파수 차이(예: $\Delta\nu/\nu < 5\times10^{-18}$)보다 작아야 한다. 비교 측정은 이동형 광시계 또는 광시계망 또는 광주파수 비 측정망에 의해 이루어진다.

세슘원자에 기반한 기존의 SI 초의 정의와 새 SI 초의 정의 사이에 연속성을 보장하기 위해 세슘원자분수시계와 비교측정 결과를 포함시키는 것이 필요하다.

131) CCTF Strategy Document(CCTF Ref: Version 0.6 May 2016), Annex 1: "Towards a new definition of the second in the SI."

③ 이정표 ①에서 언급된 광시계들은 3대의 독립적인 세슘원자분수시계를 기준으로 3번 독립적으로 측정되어야 하고, 그 측정불확도가 세슘원자분수시계들의 불확도(예: $\Delta\nu/\nu < 3\times10^{-16}$)에 의해 제한된다는 것을 보여야 한다.

새로운 SI 초가 정의되는 것이 실질적으로 도움이 된다는 것을 확인할 수 있어야 한다. 이를 위해 초의 2차 표현(SRS)으로 채택된 광시계들은 정기적으로 TAI 생성에 참여하여 시간눈금이 개선된다는 것과, 시계 비교를 위한 새로운 기술과 방법이 개발되었다는 것을 보여주는 것이 바람직하다. 그래서 다음 네 번째 이정표를 포함한다.

④ 초의 2차 표현으로 채택된 광시계들은 정기적으로 TAI 생성에 참여한다.

그동안 여러 종류의 광시계가 여러 어려움을 극복하면서 개발되었고 각각은 나름대로 장점과 단점을 가지고 있다. 그 중에서 특정 광시계가 새 SI 초의 정의로 선택되는 경우 그것과 거의 비슷한 불확도를 가지는 다른 광시계들이 완전히 배제되는 것은 바람직하지 않다. 재정의 후에도 이것들을 지속적으로 활용할 수 있도록 하는 것이 필요하다. 또 그렇게 하는 것이 새 정의를 국제적으로 승인받는 과정을 좀 쉽게 할 것이다. 서로 다른 종류의 광시계들 사이의 연결망을 지속적으로 허용하고, 또 그것들을 사용할 수 있도록 다음 다섯 번째 이정표를 포함한다.

⑤ 몇 개 광시계들(적어도 5대) 사이의 광주파수 비를 측정하되, 독립적인 실험실에 의해 최소 2번씩 측정하여 그 비가 특정 값(예: $\Delta\nu/\nu < 5\times10^{-18}$) 이내에서 일치해야 한다.

SI 초가 재정의되면 현재 SI 초를 구현하는 세슘원자시계들은 현재의 불확도를 그대로 가지지만 그 위상이 바뀌게 된다. 다시 말하면, SI 초의 정의를 구현하던 1차 (primary) 표준기에서 초의 2차 표현(SRS)으로 바뀌는 것이다.

일부 과학자들 사이에서는 어느 특정 원자나 이온을 선택할 것이 아니라 여러 광시계들을 매트릭스 알고리듬으로 조합하여 초를 정의하자는 의견이 있다. 그런데 이런 식으로 정의된 초는 물리적인 의미가 없고, 그 정의를 지속적으로 업데이트해야 하고, 또 새로운 시계전이주파수가 도입되면 전혀 다른 값이 나올 수 있다는 단점이 있다.

앞의 다섯 가지 이정표는 2022년 무렵이면 도달할 것이다. 그리고 재정의 안을 최종적으로 확정하는 CGPM이 매 4년마다 열리는 것을 감안할 때 빠르면 2026년에 SI 초가 재정의될 수 있을 것으로 F. Riehle는 예측하고 있다. 일부 과학자들은 앞으로 20년 이내(2037

년 이전)에 재정의가 이루어질 것으로 예측하고 있다.

2018년에 재정의된 SI 단위들(kg, K, A, mol)은 기본물리상수(h, k, e, N_A)의 값을 고정시키고(=불확도를 없애고) 그것에서 각 단위를 유도했다. 그래서 SI 초의 새 정의도 기본물리상수로부터 유도할 수 있으면 가장 바람직할 것이다. 원자의 광주파수 전이와 관련된 기본물리상수는 뤼드베리 상수(R_∞)이다. $R_\infty c \approx 3.289 \times 10^{15}$ Hz이고 상대불확도는 CODATA-2014에 의하면 5.9×10^{-12}으로 기본물리상수들 중에서 상당히 작은 값이다. R_∞의 값을 결정하기 위해서 이론적인 데이터와 실험적인 데이터가 모두 사용된다. 이론적인 것은 수소 원자나 중수소 원자의 에너지 준위를 계산하는데 있어서 추가되는 보정 항들이다. 실험 데이터 중에는 양성자의 rms 전하 반지름도 포함되는데 이것의 불확도는 10^{-3} 수준으로, 기본물리상수들 중에서 가장 큰 불확도를 가진다. 이런 데이터 중에서 R_∞를 직접 측정하거나 계산한 것은 없다. 다시 말하면 R_∞의 값은 다른 측정값과 계산값을 종합하고 최적화하여 결정된다.[132] 그것들이 모두 R_∞의 불확도에 영향을 미치는데, 그 결과로 나온 전체 불확도가 10^{-12} 수준이다. 이것은 최고 수준의 광시계의 정확도에 비하면 약 6차수(10^6배) 나쁘다. 그렇기 때문에 뤼드베리 상수로부터 시계전이주파수를 유도해내는 방법은 적용할 수 없을 것으로 생각한다.

132) P.J. Mohr, et. al., "CODATA recommended values of the fundamental physical constants: 2010", Rev. Mod Phys. **84**, pp.1527~1605, 2012.

Chapter
7

원자시간눈금

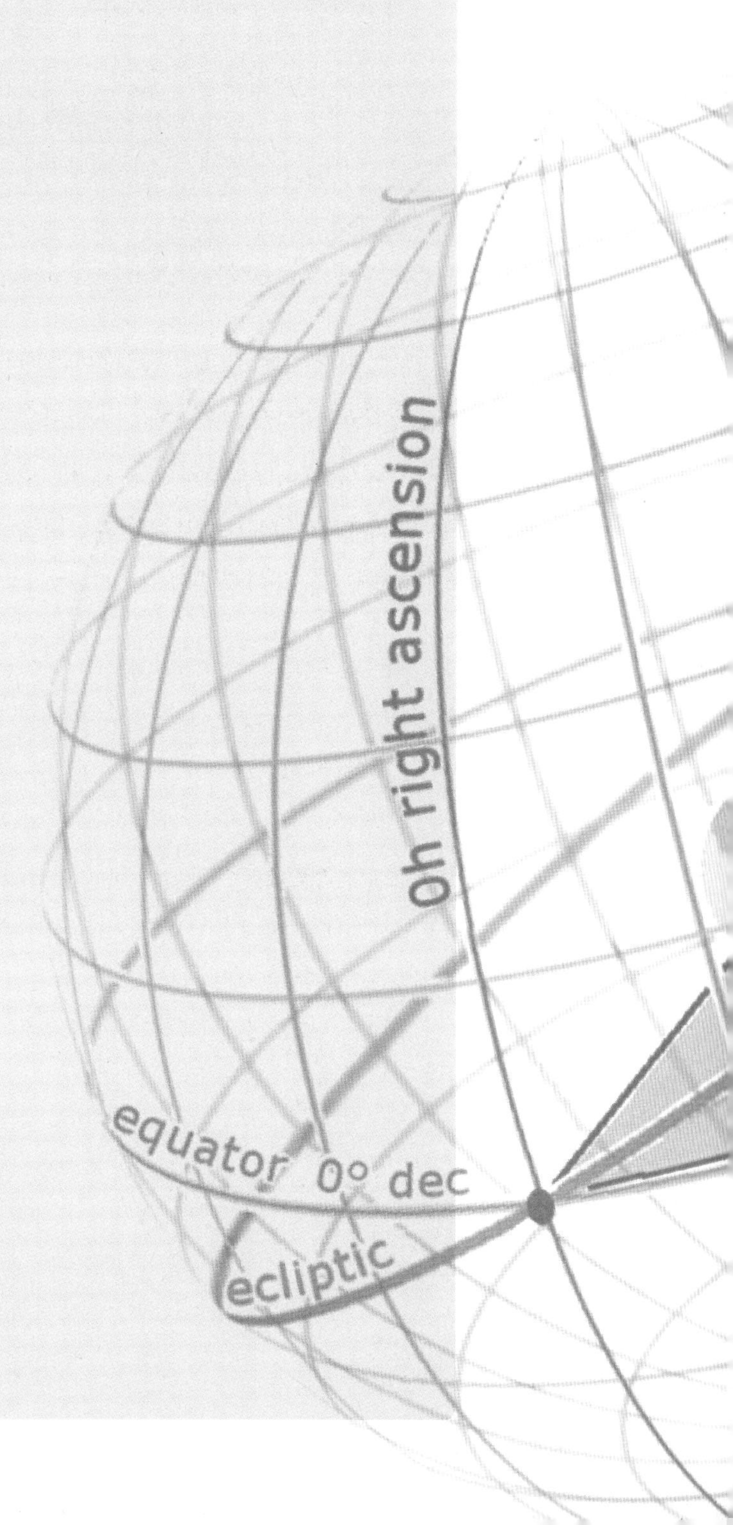

1 기본 개념 이해하기

시간눈금이란 시간을 재는 잣대이다. 길이를 재는 자(rule)에는 일정 간격으로 눈금이 그어져 있고 눈금에는 숫자가 매겨져 있다. 0에서 시작한 숫자는 한쪽 방향으로 증가한다. 이와 마찬가지로 시간눈금은 일정 시간간격(예: 1초 간격)으로 나오는 신호에 숫자가 매겨진다. 그렇지만 자의 눈금과 달리 현재 시각을 알려준 그 신호는 시간 속으로 금방 사라져 버린다. 그렇다면 시간눈금을 어떻게 만들 수 있을까?

원자시간눈금이란 원자시계에서 나온 신호로 만든 시간눈금이다. 원자시계에서는 일반적으로 5 MHz 또는 10 MHz의 주파수와 1초마다 펄스 신호(=초 펄스=1 PPS)가 나온다. 초 펄스에는 숫자가 매겨지는데, 예를 들면, 15시 23분 45초와 같은 것이다. 이와 똑같은 시각을 표시하는 초 펄스가 여러 원자시계들에서 동시에 나올 수 있다. 그런데 어떤 두 개의 시계에서 나오는, 같은 시각을 나타내는 초 펄스를 시간간격 계수기(time interval counter)에 넣고 재어보면 두 초 펄스 사이에 미세하지만 시간 차이가 나는 것을 알 수 있다(시간간격 계수기는 보통 수십 ps(=10^{-12} s)의 분해능으로 두 초 펄스 사이의 시간 차이를 잴 수 있다). 같은 종류, 같은 모델의 시계가 동일한 시각을 표시하더라도 사실은 시간이 조금씩 다르다는 것을 의미한다. 시간눈금은 이렇게 동일한 시각을 나타내는 시계들 사이의 미세한 시간차이를 이용하여 만든다.

여기서 임의의 원자시계를 H_i로 나타내고, 그 시계에서 시각 t(디지털로 표시된 시각)에 나온 초 펄스의 실제 시각(미세시간을 포함한 시각)을 $h_i(t)$로 표시하자. 이 시간을 그 시계에서 '읽은 시간'(reading time)이라고 부른다. 또 다른 원자시계 H_j에서 시각 t에 읽은 시각은 $h_j(t)$로 표시한다. 시간간격 계수기의 시작(start) 신호 입력단에 H_i 시계에서 나온 초 펄스를 넣고, 종료(stop) 신호 입력단에 H_j 시계에서 나온 초 펄스를 넣으면 출력단에는 두 개의 읽은 시각, $h_i(t)$와 $h_j(t)$의 시간차이가 나온다. 출력으로 나온 시간차이를 다음과 같이 표기한다: $x_{ij}(t) = h_j(t) - h_i(t)$. 단, i와 j는 같지 않다($i \neq j$). 이 시간차이를 지속적으로 측정하면 두 시계가 얼마나 동기되어 있는지(=시간차이가 작은지), 또 두 시계가 얼마나 안정적으로 동작하는지(=시간차이가 일정하게 유지되는지) 알 수 있다.

시간눈금은 이렇게 원자시계들을 서로 비교 측정하여 얻은 시간차이 x_{ij}들을 이용하여 만든다. 이 시간차이 값들을 '시간 데이터' 또는 '시계 데이터'라고 부르는데, 시간눈금 생성에서 가장 기본적이고 중요한 요소이다.

시계들 사이의 비교는 한 실험실에 있는 시계들 사이에서만 아니라, 서로 다른 실험실이나 다른 나라의 실험실과도 비교하는 것이 필요하다. 특히 국제원자시(TAI)나 세계협정시(UTC)를 생성하기 위해서는 전 세계 실험실에서 보유하고 있는 원자시계들을 서로 비교한다. 원거리에 있는 시계 비교를 위해 인공위성을 주로 이용한다. 그림 7-1은 그 관계를 보여준다. 실험실 k_1과 k_2는 각각 N개 및 M개의 원자시계를 보유하고 있다. 그 원자시계들 중에서 가장 안정적으로 동작하는 시계를 일반적으로 '마스터(master) 시계' 또는 '기준(reference) 시계'로 정하고, 해당 실험실 k에서 생성하는 UTC, 즉 UTC(k)를 나타내는 시계로 사용한다(여기서 k는 해당 실험실이 속한 연구기관 또는 국가를 나타냄). 이 시계를 기준으로 실험실 내의 여러 시계들을 비교한다. 그리고 인공위성을 통해 다른 나라의 마스터 시계와 비교한다. 이때 가장 널리 사용되는 방법은 GPS와 같은 전지구 위성항법시스템(GNSS)에서 보내오는 시간신호를 두 실험실이 동시에 수신하여 각각의 시계와 비교하는 것이다(common view). 이외에도 지구정지궤도에 있는 통신위성을 이용하여 두 실험실이 양방향으로 신호를 주고받아서 비교하는 방법이 있다(TWSTFT). 이 방법을 이용하려면 두 실험실이 시계 비교에 사용할 위성과 비교 실험을 수행할 시간 등을 서로 합의해야 한다. 그리고 위성 사용료를 지불해야한다.

각 나라의 시간표준 실험실은 [UTC(k)−GPS 시간] 또는 [$\mathrm{UTC}(k_1)-\mathrm{UTC}(k_2)$] 데이터를

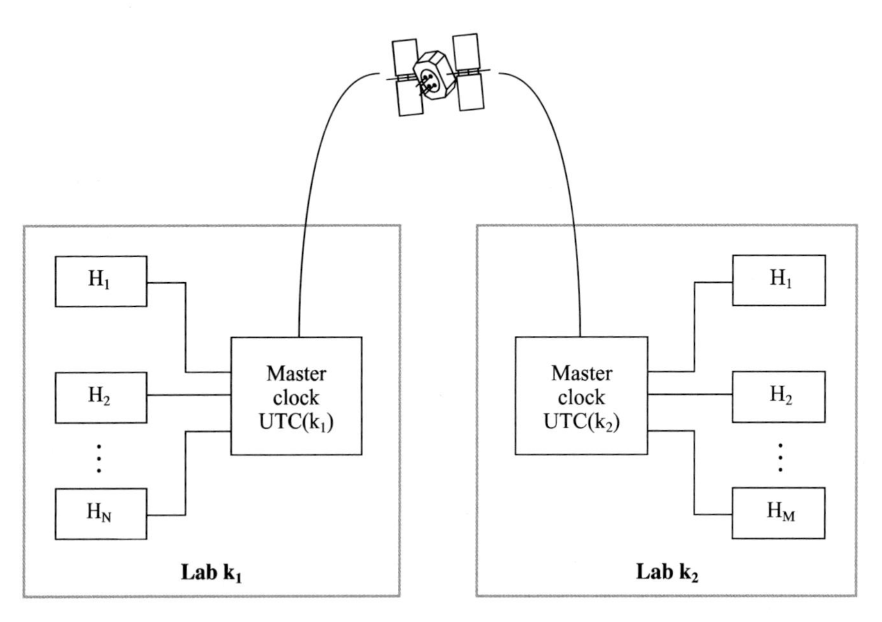

그림 7-1 실험실 k_1과 k_2는 각각의 마스터 시계를 중심으로 시계들을 비교한다. 멀리 떨어진 실험실의 마스터 시계들끼리는 인공위성을 통해서 비교한다.

일정 주기(5일)로 측정하고, 일정 주기(매달)로 BIPM에 보낸다. BIPM은 전 세계 시간표준 실험실에서 보내온 그 데이터들을 모아서 ALGOS라는 알고리듬으로 EAL[1], TAI, UTC를 생성한다. 그리고 UTC와의 시간차이, 즉 UTC−UTC(k)를 계산하여 매달 발행되는 Circular T를 통해 발표한다. 각 실험실(k)에서는 이 결과를 바탕으로 UTC(k)를 나타내는 마스터 시계를 UTC에 더 가깝도록 조정한다. 시계를 조정하는 과정은 UTC(k)를 생성하는 컴퓨터 알고리듬에 의해 이루어진다.

TAI나 UTC는 지나간 1개월간의 데이터를 모아서 만들어지는 '지연된 시간눈금'이다. 그래서 UTC는 물리적 시계로 표현되지 않고, 컴퓨터 속 데이터나 종이에 기록된 형태로 존재하는 시간이다. 이에 비해 UTC(k)는 '실시간 시간눈금'으로, 실제 시계로써 해당 지역이나 나라의 표준시간을 나타내는데 사용된다. 해당 지역이나 나라의 표준시간은 그 지역이 속한 시간 대역(time zone)을 고려해야 한다. 예를 들면, 우리나라의 경우 UTC보다 9시간 빠른 시간 대역에 속해 있다. 그래서 [한국표준시=UTC(KRIS)+9시간]이다. 여기서 UTC(KRIS)는 한국표준과학연구원(KRISS)에서 만든 UTC라는 의미이다. 'KRIS'로 표기한 것은 UTC(k)에서 k를 나타내는 BIPM 양식이 4디지트까지만 가능하기 때문이다.

만약 UTC(k)를 생성하는 원자시계가 고장 나서 동작하지 않으면 그 나라의 표준시간이 정지하는 사태가 벌어진다. 그런데 해당 실험실의 마스터 시계와 다른 원자시계들을 서로 지속적으로 비교하고, 또 UTC−UTC(k)의 값을 알고 있으면 그런 사고가 발생하더라도 미소시간 조절장치(micro phase stepper) 등을 이용하여 표준시간을 금방 복구할 수 있다. 실제로, 우리나라를 포함한 여러 나라에서는 마스터 시계가 동작하지 않으면 다른 백업용 시계가 그 역할을 맡도록 다중으로 UTC(k) 생성 시스템을 구성하고 있다.

이와 함께, 여러 시계들에서 읽은 시간 데이터를 통계적으로 평균하는 방법을 사용할 수 있다. N개 원자시계들(H_i)의 읽은 시간(h_i)을 평균하여 구한 시간을 '평균시간' 또는 '앙상블(ensemble) 시간'이라고 부른다. 이렇게 만든 시간눈금을 일반적으로 '원자시간'이라는 의미로 TA로 표기한다.[2] 실험실에 있는 모든 시계를 어떤 순간에 동기시켰더라도 시간이 흐르면 각 시계들은 조금씩 다른 시간을 나타낼 것이다. 안정적으로 가는 시계도 있지만 그렇지 못한 시계들도 있다. 그래서 시계의 성능에 따라 상대적인 가중치(w_i)를 부여하여 시각 t에서 '가중 평균시간'을 다음과 같이 구한다. 단, 이 시계들은 모두 독립적이라고(상관

1) EAL은 프랑스어 échelle atomique libre의 약어이며, 'free atomic time'(자유원자시간)이라는 뜻이다. EAL의 시간간격을 1차 주파수표준기로 교정한 것이 TAI이다.

2) TA는 프랑스어 'Temps Atomique'에서 나온 것으로 'Atomic Time'이라는 의미다.

관계가 없다고) 가정하고, 이 가중치의 합은 1이다. 즉 $\sum_{i=1}^{N} w_i = 1$이다.

$$TA(t) = \sum_{i=1}^{N} w_i(t) h_i(t) \quad (\text{단, } i = 1,\ 2,\ \cdots,\ N) \qquad (\text{식 } 1)$$

(식 1)에서 시계의 가중치를 할당하기 위해 각 시계의 성능을 모니터링 하는 것이 필요하다. 일반적으로 시계의 가중치는 알란분산(AVAR) $\sigma_y^2(\tau)$에 반비례한다. 다시 말하면, 주파수 안정도가 좋을수록(=알란분산이 작을수록) 가중치는 높아진다. 알란분산은 적분시간 τ에 따라 달라지는 양이다(참조: 제6장 2.2절). 따라서 (식 1)은 다음과 같이 쓸 수 있다.

$$TA(t) = \frac{\sum_{i=1}^{N} p_i \cdot h_i(t)}{\sum_{i=1}^{N} p_i} \quad (\text{단, } p_i = \frac{1}{\sigma_y^2(\tau)})$$

그런데 평균시간 TA는 실제로는 개별 시계들과의 시간차이(즉 $x_j = TA - h_j$)에 의해 정의된다. 즉, TA는 물리적 시계로 표현되는 시간이 아니라 컴퓨터 속에서 데이터로 존재하는 시간이다. 따라서 평균시간을 정의하는 식을 다음과 같이 쓸 수 있다.

$$x_j(t) \equiv TA(t) - h_j(t) = \frac{\sum_{i=1}^{N} p_i \left[h_i(t) - h_j(t) \right]}{\sum_{i=1}^{N} p_i} \qquad (\text{식 } 2)$$

여기서 h_j는 N개의 시계군에서 기준으로 선택된 시계(=기준시계)에서 읽은 시간을 나타낸다. (식 2)에서 평균시간 TA는 모든 시계의 읽은 값들의 중앙에 있기 때문에 각 시계들과의 시간차이($x_j(t)$)를 더한 값은 0이 된다.

그림 7-2는 시계들을 비교하여 평균시간눈금을 생성하는 알고리듬을 보여준다. 시계를 비교하는 과정에서 측정잡음은 항상 들어가기 마련이다. 한 실험실 내에 있는 시계들을 비교하는 경우에는 측정잡음이 크지 않지만 인공위성을 이용하여 원거리에 있는 시계들과 비교할 때는 많은 잡음이 들어간다. 이 측정잡음을 처리하는 방식에 따라 시간눈금 생성 알고리듬은 크게 두 종류로 나눌 수 있다. 하나는 미국 NBS(현 NIST)에서 만든 AT1 알고리듬이고, 다른 하나는 칼만(Kalman) 필터를 응용한 칼만 시간눈금 알고리듬이다.[3] AT1 알고

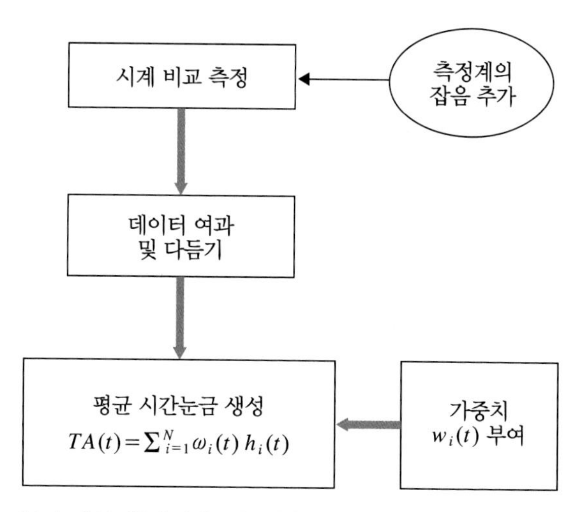

그림 7-2 여러 대의 원자시계들을 이용한 평균시간눈금 계산 알고리듬

리듬에서는 측정잡음을 무시할 수 있도록 측정 전략을 세운다. 이에 비해 칼만 알고리듬에서는 측정잡음을 모두 고려하여 시간생성 알고리듬을 만든다. 이 둘은 각각 장단점을 가지고 있다. 여기서는 직관적으로 이해하기 쉽고, 많이 사용하고 있는 AT1 알고리듬을 기반으로 설명한다.

여러 대의 원자시계를 이용하여 평균시간눈금을 생성하는 목적은 신뢰도와 안정도가 높은 시간눈금을 사용자들에게 제공하기 위함이다. 신뢰도가 높다는 것은 실험실에서 유지하고 있는 원자시계들 중 몇 대가 고장 나서 사용할 수 없게 되는 경우에도, 또 새로운 시계가 시계군에 합류하는 경우에도 그 시계군이 생성하는 표준시간(또는 평균시간)에는 급격한 변화가 없다는 것을 뜻한다.

그런데 (식 1)에서 어떤 시계 H_i가 고장 나서 참여할 수 없게 되면 그 시계의 가중치 ω_i는 그 즉시 0이 된다. 다른 말로 하면, 그 시계는 TA 생성에서 제외된다. 그럴 경우 평균시간 TA는 영향을 받을 수밖에 없다. 그림 7-3은 이런 관계를 설명하기 위한 것으로 x축은 경과 시간을, y축은 평균원자시간을 의미한다. t_0 시점에서 N개의 원자시계군에서 P개가 추가되고 Q개가 빠졌을 때 TA에서의 갑작스런 변화를 보여준다. 시간 계단과 주파수 계단이 생긴 것이다. t_0 시점에서 기울기가 변한 것은 주파수가 달라진 것을 뜻한다. 실선의 기울기는 경과 시간에 대한 시간차이이므로, TA의 상대주파수를 의미한다.

3) Judah Levine, "Invited Review Article: The statistical modeling of atomic clocks and the design of time scales", Rev. Sci. Instrum. **83**, 021102 (2012).

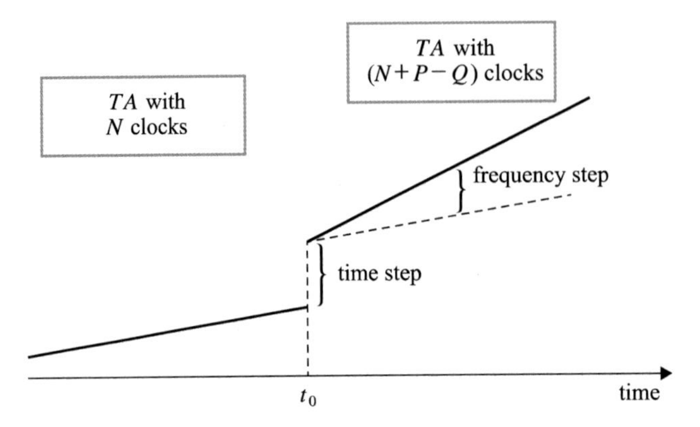

그림 7-3 원자시계군에 시계의 추가 및 제거에 따라 발생 가능한 평균원자시간(TA) 눈금의 변화

이와 같이 시간 또는 주파수에 생기는 계단은 시간눈금의 안정도를 나쁘게 하는 원인이다. 그래서 읽은 시간 $h_i(t)$를 바로 TA 계산에 사용하지 않는다. 대신에 시계의 변화를 미리 예측하고 그것을 보정한 후에 사용한다. 이를 위해 각각의 시계들이 현 시점 t에서 어떤 시간을 나타낼 것인지를 시계의 과거 이력을 바탕으로 예측하고, 그 예측 시간 $h_i'(t)$을 평균시간 계산에 반영한다. 새로 추가되는 원자시계의 경우에도 시계군에 포함시키기 전에 미리 그 특성을 파악한 후 그것의 예측 시간 $h_i'(t)$을 반영한다. 시간예측을 잘 한다는 것은 해당 시계의 수학적 모델을 잘 만들었고, 그 시계의 특성을 잘 파악했다는 것을 뜻한다.

이 예측 시간을 반영하여 (식 2)에서 $h_i(t)$ 대신에 $h_i(t)-h_i'(t)$를 대입한다. 이런 방식으로 평균원자시간을 구하는 알고리듬이 그림 7-4에 나와 있다(이 알고리듬은 TA 생성 방법을 설명하기 위한 것일 뿐 표준화되었다는 것을 뜻하지 않는다).

좋은 시간눈금이란 그 눈금 생성에 참여한 개별 원자시계의 안정도보다 더 높은 안정도를 나타내는 시간눈금을 말한다. 이를 위해 각 시계의 가중치를 적절히 배당해야 하고, 또 각 시계의 예측 시간을 잘 알아내야 한다. 이 조건이 충족된 경우, 원자시계의 수(N)가 많아지면 안정도는 높아진다. 시간눈금은 그것의 용도와 목적에 따라 만드는 방법이 다르다. 그렇더라도 공통적으로 다음 2가지 요소를 어떤 방식으로 잘 결정하느냐 하는 것이 시간눈금의 우수성을 결정한다.

- 시간눈금 생성에 참여한 원자시계에 부여할 가중치 결정
- 각 원자시계들이 미래 시점에서 나타낼 시간 예측

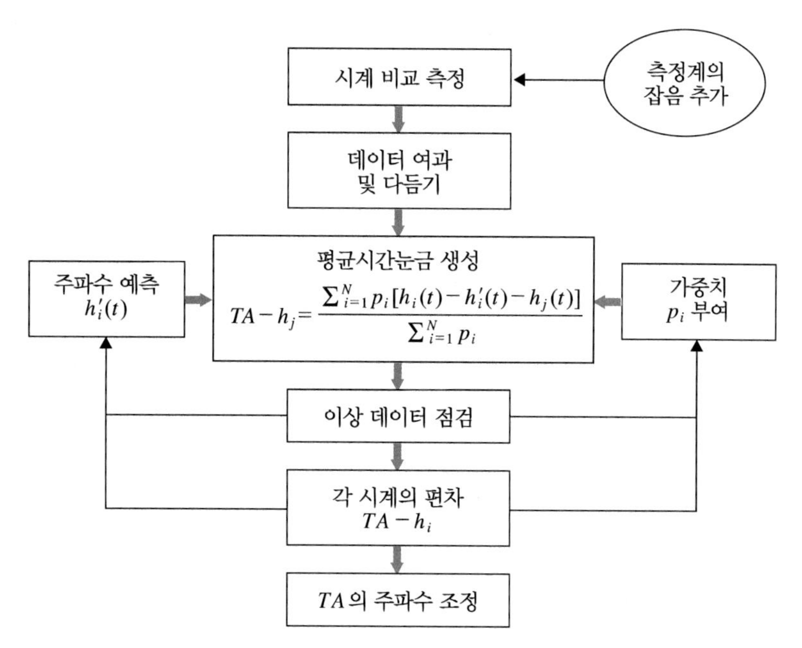

그림 7-4 평균시간눈금(TA) 생성 알고리듬 순서도

안정적인 시간눈금을 만들었더라도 그 눈금 간격(또는 눈금 단위)이 SI 초의 정의와 다르면 장기적으로는 기준 시간눈금에서 벗어난다. 이를 해결하기 위해 눈금 간격(=주파수)을 SI 초를 생성하는 1차 주파수표준기 또는 UTC에 맞도록 조정(steering)하는 것이 필요하다. 이것은 그림 7-4의 순서도에서 최종적으로 TA를 만든 후, 이 알고리듬 밖에서 행한다. 주파수 조정된 TA는 해당 실험실의 UTC(k)로 사용할 수 있다.

2 시계의 수학적 모델과 시간 예측

2.1 시계의 특성을 나타내는 수학적 모델[4)]

주파수표준기(또는 원자시계)에서 출력으로 나오는, 잡음이 포함된 신호는 흔히 전압으로 표시하고 다음과 같이 사인파 형태로 나타낸다(참조: 제6장 2.1절).

4) 이 절은 다음 tutorial 논문의 그림과 내용을 많이 참조했음: P. Tavella, "Statistical and mathematical tools for atomic clocks", Metrologia **45** (2008) S183-S192.

$$V(t) = [V_0 + \epsilon(t)]\sin[2\pi\nu_0 t + \phi(t)]$$

여기서 V_0와 ν_0는 각각 명목진폭과 명목주파수이고, $\epsilon(t)$와 $\phi(t)$는 각각 진폭잡음과 위상잡음을 나타낸다. 원자시계와 같이 안정된 주파수발생기에서 이 잡음들은 아주 작다고 가정한다. 즉 $|\epsilon(t)/V_0| \ll 1$이고, $|(1/2\pi\nu_0)(d/dt)\phi(t)| \ll 1$이다.

어떤 순간(t)에 원자시계에서 나오는 주파수는 다음과 같이 쓸 수 있다.

$$\nu(t) = \nu_0 + \frac{1}{2\pi}\frac{d}{dt}\phi(t) \qquad \text{(식 3)}$$

이 주파수를 규격화하여 상대주파수로 나타내면 다음과 같이 표현된다(상대주파수를 간략히 주파수라고도 부른다. 단, 단위는 무차원이다).

$$y(t) = \frac{\nu(t) - \nu_0}{\nu_0} = \frac{1}{2\pi\nu_0}\frac{d}{dt}\phi(t) \qquad \text{(식 4)}$$

이 식에서 '위상시간 편차'(phase-time deviation)를 다음과 같이 정의한다(이것을 간단히 '위상'이라고 부른다. 단, 단위는 '초'이다).

$$x(t) = \frac{\phi(t)}{2\pi\nu_0} \qquad \text{(식 5)}$$

따라서 (식 4)는 다음과 같이 쓸 수 있다.

$$y(t) = \frac{d}{dt}x(t) \qquad \text{(식 6)}$$

그런데 주파수를 측정한다는 것은 일정시간(τ) 동안 평균한 것을 측정하는 것이다. 따라서 측정주파수(즉 평균주파수)는 다음과 같이 표현할 수 있다.

$$\bar{y}_i = \frac{1}{\tau}\int_{t_i}^{t_i+\tau} y(t)\,dt = \frac{1}{\tau}[x(t_i+\tau) - x(t_i)] \qquad \text{(식 7)}$$

위 식은 평균(상대)주파수를 구하는 두 가지 방법을 보여준다. 첫 번째 등호는 순간 주파수를 일정시간(τ) 동안 적분한 것이다. 두 번째 등호는 τ 시간차이를 두고 측정한 두 위상의 차이를 구한 것이다. 두 번째 방법의 경우, 위상 측정 전과 후의 위상의 차이가 중요하지, 그 사이의 위상 변화는 상대주파수와 아무 상관이 없다. 그림 7-5는 이 관계를 보여준다.

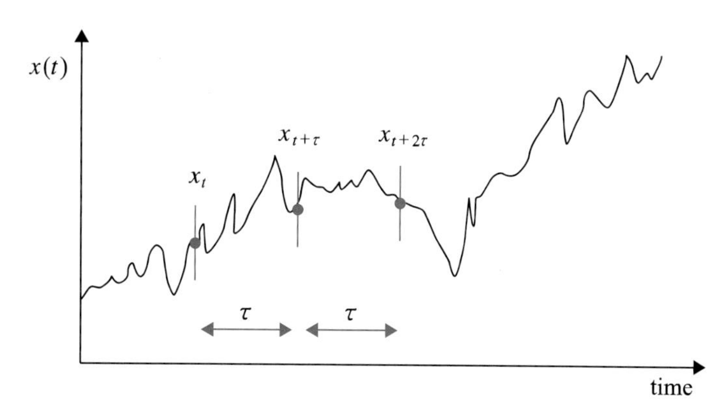

그림 7-5 측정 전과 후의 위상 차이로부터 평균주파수를 구한다.

한편, 평균주파수 값들로부터 알란분산(AVAR)을 구하는 식은 다음과 같다.

$$\sigma_y^2(\tau) = \frac{1}{2}\langle(\bar{y}(t+\tau) - \bar{y}(t))^2\rangle \qquad \text{(식 8)}$$

(식 7)을 이용하여 (식 8)을 위상으로 표현하면 다음과 같다.

$$\sigma_y^2(\tau) = \frac{1}{2\tau^2}\langle(x(t+2\tau) - 2x(t+\tau) + x(t))^2\rangle \qquad \text{(식 9)}$$

여기서 $\langle..\rangle$는 시간적분을 의미하는 것으로 다음과 같이 정의된다.

$$\langle(\bar{y}(t+\tau) - \bar{y}(t))^2\rangle = \lim_{T\to\infty}\frac{1}{T}\int_{-T/2}^{+T/2}(\bar{y}(t+\tau) - \bar{y}(t))^2\,dt$$

알란편차(ADEV)는 해당 주파수발생기가 가진 잡음의 종류에 따라 적분시간 τ에 대해 변하는 양상이 다르다(참조: 제6장 그림 6-8). 여기서는 잡음의 종류에 따라 (식 9)의 위상 시간 편차와 알란분산(AVAR)과의 관계를 알아볼 것이다.

어떤 시계를 기준시계에 동기시킨다는 것은 어떤 시점에서 두 시계의 시간차이를 0으로 만든다는 것을 뜻한다. 두 시계가 동기되었더라도 시간이 경과하면 다시 시간차이가 발생한다. 그 첫 번째 원인으로 꼽을 수 있는 것은 두 시계의 주파수가 다르기 때문이다. 주파수란 시계에서 나오는 초 펄스 사이의 간격에 해당하는 것으로, 시계가 가는 속도 또는 비율(rate)이라고도 부른다. 시간눈금의 관점에서 이것은 '눈금 단위'(unit of scale)에 해당한다. SI 초의 경우 이것은 세슘원자의 초미세 준위사이의 전이주파수인 9 192 631 770 Hz 이다. 시간간격이 이것과 다르면 그 시계는 세슘원자시계보다 빨리 가거나 느리게 간다.

두 시계의 주파수를 일치시키는 것을 동조(syntonization)라고 한다. 두 시계가 동조되었더라도 시간이 흐르면 다시 시간차이가 날 수 있다. 그 주원인은 시계를 구성하는, 발진자(또는 진동자)를 포함한 여러 부품들의 노화(aging)에 의해 주파수가 달라지기 때문이다. 이처럼 어떤 시계가 기준시계에 대해 동기 및 동조되었더라도 세월이 흐르면서 시간차이가 발생하는데, 그 요인을 두 가지로 나누어 설명한다. 하나는 결정론적인(deterministic) 요인이고, 다른 하나는 확률적인(stochastic) 요인이다. 결정론적 요인에 의한 시간차이는 예측 가능하다. 확률적인 요인은 우리가 '잡음'이라고 부르는 것인데, 예측할 수 없고 이론적 모델을 통해 가장 근사적인 값을 구할 뿐이다.

이 두 가지 요인을 고려한, 두 시계가 동기된 후 시간이 경과함에 따라 시계에서 발생하는 시간차이 $x(t)$와 주파수 차이 $y(t)$를 나타내는 수학적 모델은 다음과 같다. 단, 시점 t_0에서 동기 및 동조되었다.

$$x(t) = x(t_0) + y(t_0) \cdot (t - t_0) + \frac{1}{2} D \cdot (t - t_0)^2 + \psi(t) \qquad \text{(식 10)}$$

$$y(t) = y(t_0) + D \cdot (t - t_0) + \xi(t) \qquad \text{(식 11)}$$

(식 10)은 경과시간 $(t - t_0)$의 다항식 형태로 전개되어 있다. $x(t_0)$는 동기 순간(t_0)에 기준시계와의 시간차이, 즉 동기 오차를 나타낸다. $y(t_0)$는 t_0에서의 상대주파수로서 이 값만큼 해당 시계는 기준시계에 대해 주파수 차이가 있다는 뜻이다. 그로 인해 경과시간의 1차에 비례하여 시간차이가 발생한다. D는 시계의 선형 주파수 표류를 나타내는데, 흔히 '노화'라고 부른다. 이것에 의한 시간차이는 경과시간의 2차(=제곱)에 비례한다. 이에 비해 (식 11)에서 주파수 표류에 의한 상대주파수는 경과시간의 1차에 비례한다. 맨 마지막 항인 $\psi(t)$와 $\xi(t)$는 모두 시계의 잡음을 나타낸다.

그림 7-6은 (식 10)에서 결정론적 요인들에 의한 시계의 시간차이를 보여준다. 즉 경과시간 $(t - t_0)$의 0차, 1차, 2차 계수에 해당하는 $x(t_0)$, $y(t_0)$, D에 의한 시간차이이다. 그런데 문제는 확률적 요인, 즉 잡음에 의한 시간차이를 구하는 것이다.

원자시계에서 나오는 신호에 포함된 주파수 잡음의 종류는 다음 다섯 가지로 나눌 수 있다(참조: 제6장 2절): 백색 위상잡음, 플리커 위상잡음, 백색 주파수잡음, 플리커 주파수잡음, 랜덤워크 주파수잡음이다. 이 중에서 특히 시계에 큰 영향을 미치는 잡음은 WFN(백색 주파수잡음)과 RWFN(랜덤워크 주파수잡음)이므로 이 두 가지에 대해 알아보자. 이 잡음들을 위상좌표 $x(t)$에서 나타내거나 분석할 때 아래와 같이 '… 위상잡음'이라는 별도의 이

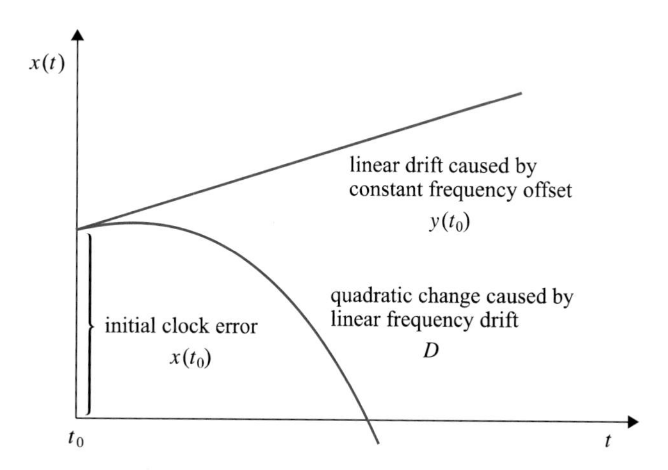

그림 7-6 시계의 결정론적 오차요인들에 의해 발생한 시간차이: t_0에서 동기 및 동조됨.

름으로 부른다.

- WFN(백색 주파수잡음) = RWPN(랜덤 워크 위상잡음)
- RWFN(랜덤워크 주파수잡음) = Integrated RWPN(적분된 랜덤워크 위상잡음)

원자시계들이 WFN, 즉 RWPN만을 가지고 있을 때, 이 시계들을 동기시킨 후 시간이 흐르면 시계들의 위상은 모두 변할 것이다. 그런데 그 변한 위상들을 평균하면 0이 된다. 위상들의 분산은 가우시안(Gaussian) 분포를 가지는데, 그림 7-7은 이 관계를 보여준다. 위상의 분산은 그림에서처럼 시간이 흐름에 따라 점점 커지는데, 알란분산에 시간의 제곱을 곱한 것과 같다. 즉 $[x(t)]$의 분산$= \sigma_y^2(t) \cdot t^2$의 관계를 가진다.

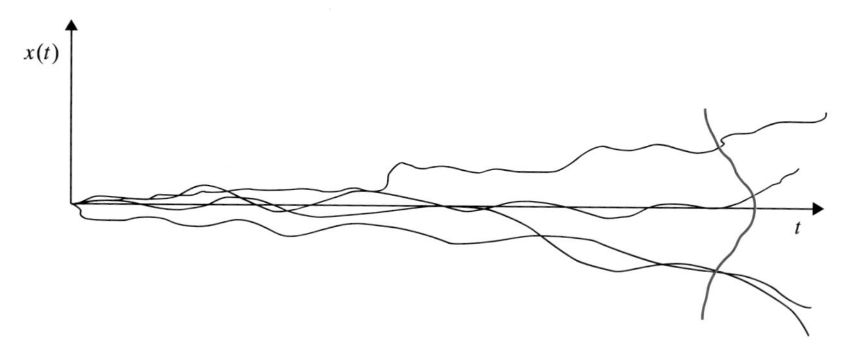

그림 7-7 WFN(=RWPN)을 가진 원자시계들이 동기된 후 시간이 경과하면서 나타나는 위상의 변화: RWPN이 가우시안(색선) 형태로 분포하고, 그것의 평균은 0이 된다.

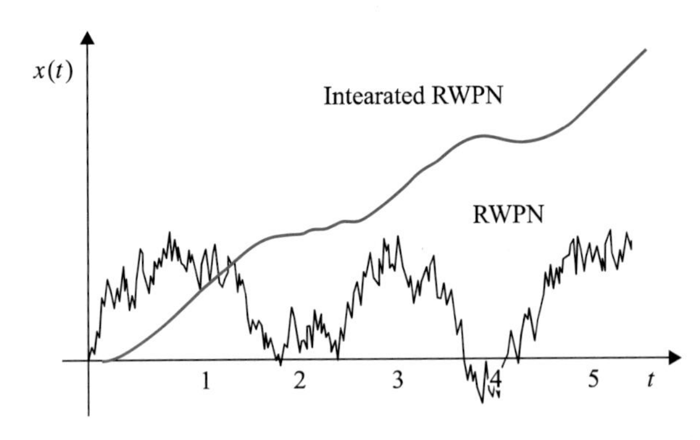

그림 7-8 RWPN과 Integrated RWPN의 경과 시간에 따른 위상 변화

그림 7-8은 WFN과 RWFN에 의해 각각 만들어진 RWPN과 적분된 RWPN의 위상이 시간에 따라 변하는 모양을 보여준다. 여기서 RWPN은 위상 축에서 일정한 값을 중심으로 흔들린다. 그러나 적분된 RWPN은 시간이 경과한 후 일정한 오프셋을 가진다. 이 두 잡음이 일정시간이 경과한 후 시간차이에 미치는 영향이 다르다는 것을 보여준다. 한편, RWPN은 '브라운 운동'(Brownian motion) 또는 '위너 잡음'(Wiener process)으로 알려져 있다. 위너 잡음은 보통 $W(t)$로 나타낸다.

(식 10)과 (식 11)로 표현된 시계의 수학적 모델을 위너 잡음을 이용하여 다음 식으로 표현할 수 있다.[5] 단, 위 두 종류의 잡음이 동시에 포함된 것으로 가정하고, (식 10)의 $x(t)$를 $X_1(t)$로, (식 11)의 $y(t)$를 $X_2(t)$로 표기한다.

$$\left.\begin{aligned} X_1(t) &= x_0 + y_0 t + D \cdot \frac{t^2}{2} + \sigma_1 W_1(t) + \sigma_2 \int_0^t W_2(s)\,ds \\ X_2(t) &= y_0 + D \cdot t + \sigma_2 W_2(t) \end{aligned}\right\} \qquad \text{(식 12)}$$

단, $X_1(0) = x_0$, $X_2(0) = y_0$이다. 여기서 σ_1과 σ_2는 각각 두 잡음 성분 W_1과 W_2의 확산 계수(diffusion coefficient)이며, 각 잡음의 세기를 나타낸다. 이 확산계수들은 아래와 같이 알란분산과 일정한 관계를 가진다.[6]

5) L. Galleani, et. al., "A mathematical model for the atomic clock error", Metrologia **40** (2003) S257-S264.

6) G. Panfilo and P. Tavella, "Atomic clock prediction based on stochastic differential equations", Metrologia **45** (2008), S108-S116.

$$\sigma_y^{WFN}(\tau) = \sqrt{\frac{\sigma_1^2}{\tau}}, \quad \sigma_y^{RWFN}(\tau) = \sqrt{\frac{\tau\sigma_2^2}{3}} \qquad \text{(식 13)}$$

(식 12)에서 W_1은 위상 X_1에 작용하는 위너 잡음으로, WFN의 적분으로 간주할 수 있다. W_2는 주파수 X_2에 작용하는 위너 잡음으로, RWFN과 관련되며 위상에는 적분 형태로 영향을 미친다. 결론적으로, 두 가지 잡음을 갖는 원자시계의 수학적 모델은 (식 12)의 두 식으로 쓸 수 있다.

2.2 시계의 특성에 따른 시간 예측

시계들이 동기된 후 일정 시간이 경과한 후에 어떤 시간을 나타낼 것인지 미리 예측하는 것은 다음과 같은 분야에서 필요하다. 앞에서 설명한 것처럼, 시계군(=앙상블 시계)에서 만든 평균시간눈금의 안정성과 신뢰도를 확보한다. 또한 GPS와 같이 항법용 위성에 탑재되어 있는 시계들을 얼마나 자주 동기시킬 것인지 결정하는데 필요하다. 왜냐하면 항법시스템을 구성하는 시계들은 허용된 시간차이 이내에서 동기되어 있어야하기 때문이다.

앞의 (식 12)는 어떤 시계가 미래에 어떤 시간을 나타낼 것인지 예측하는데 필요한 수학적 모델이다. 이 모델을 이용하여 시간 예측을 하려면 해당 시계의 결정론적인 요인(x_0, y_0, D)과 확률적인 요인(σ_1, σ_2)을 모두 알아야 한다. 그런데 이 모델은 확률적 요인으로는 두 가지 잡음만 (WFN와 RWFN)을 고려했다. (식 12)를 실제 시계에 적용하기 전에 수식을 좀 더 간단하게 만들기 위해 이미 알려져 있는 시계의 잡음 특성을 이용하는 것이 편리하다.[7]

그림 7-9는 수정시계와 여러 원자시계들의 일반적인 잡음 특성을 보여준다. 양축은 로그 눈금으로 나타내었으며, 적분시간에 대한 알란편차이다. 각각의 기울기는 해당 시계가 주로 가진 잡음의 특성을 보여준다. WFN은 알란편차가 $\tau^{-1/2}$에 비례하고, RWFN은 $\tau^{+1/2}$에 비례한다. 그림에서 세슘원자시계의 경우, 1×10^6 s 부근까지는 WFN이 주된 잡음임을 알 수 있다. 이에 비해 수소메이저(H maser)의 경우, 1×10^4 s까지는 WFN이, 그 이후에는 RWFN이 주된 잡음이다. 시계들이 가진 주된 잡음에 따라 아래와 같이 세 종류로 나누어 시간을 예측한다. 이때 위상시간 측정과정에서 WPN(백색 위상잡음)이 항상 들어간다고 가정한다.

① 결정론적 요인만을 가지고, 측정잡음(WPN)이 들어가는 경우

7) 이 절은 앞에서 나온 G. Panfilo and P. Tavella, Metrologia **45** (2008)의 논문을 많이 참조했음.

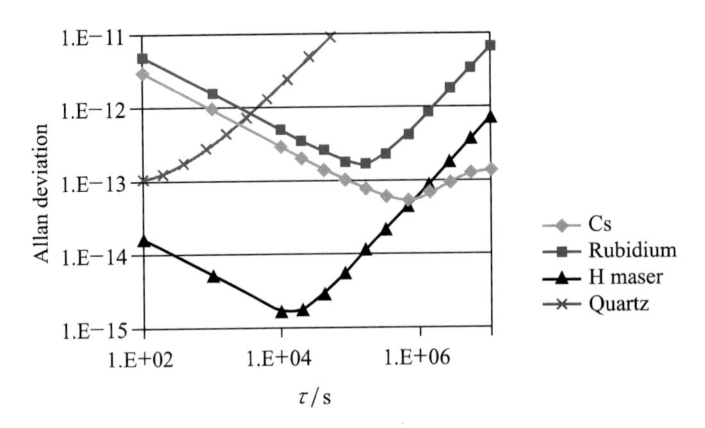

그림 7-9 여러 종류 시계들의 잡음 특성을 보여주는 알란편차 곡선

② 결정론적 요인 및 WFN을 가지고, 측정잡음(WPN)이 들어가는 경우

③ 결정론적 요인과 WFN 및 RWFN을 가지고, 측정잡음(WPN)이 들어가는 경우

위 세 가지 경우에서 ①번은 수정시계 또는 루비듐원자시계, ②번은 세슘원자시계, ③번은 수소메이저에 해당한다. 예측 시간은 불확도를 가진다. 각 요소별 불확도가 총 불확도에 기여하므로 이것들을 계산하는 과정이 다소 복잡하다. 가장 단순한 ①번 경우부터 살펴보자.

①의 경우에 대한 예측 시간 및 불확도 계산

위상시간 측정에 대한 수학적 모델은 다음과 같이 쓸 수 있다.

$$Z(t) = X_1(t) + \epsilon(t) = x_0 + y_0 t + \epsilon(t) \quad \text{(식 14)}$$

단, $\epsilon(t)$는 측정잡음을 의미하는데, WPN만 있는 것으로 가정했다. 따라서 이 잡음은 평균하면 0이 되고, σ^2의 분산을 가진다.

시점 t_e에서 X_1의 최적 예측값은 다음과 같이 쓸 수 있다. 단, $\hat{x}_0$과 $\hat{y}_0$은 이전 주기 T 동안에 시행한 측정값의 선형회귀분석으로 예측한다.

$$\hat{X}_1(t_e) = \hat{x}_0 + \hat{y}_0 t_e \quad \text{(식 15)}$$

예측값의 불확도 제곱($u^2_{X_1}$)은 각 요소별 불확도 제곱을 더한 것과 같다.

$$u^2_{X_1} = u^2_{x_0} + u^2_{y_0} \cdot t_e^2 + u^2_{mea} \quad \text{(식 16)}$$

여기서 u_{mea}는 측정불확도를 의미하며, 측정잡음인 WPN에 기인한 불확도(u_{PN})로서 알란분산과 다음 관계식이 성립한다.[8] 그리고 $\hat{x}_0$와 $\hat{y}_0$의 불확도 u_{x_0}와 u_{y_0}도 이 경우에는 측정불확도(u_{mea})와 동일하다.

$$u_{mea}^2 = u_{PN}^2 = \sigma^2 = \frac{\sigma_y^2(\tau)\tau^2}{3} \qquad \text{(식 17)}$$

결론적으로, 시점 t_e에서 예측 시간과 그 불확도는 (식 15)~(식 17)로 구할 수 있다.

②의 경우에 대한 예측 시간 및 불확도 계산

결정론적 요인과 WFN만 있으므로 시계의 수학적 모델 (식 12)에서 $D = \sigma_2 = 0$인 경우에 해당한다.

$$X_1(t) = x_0 + y_0 t + \sigma_1 W_1(t) \qquad \text{(식 18)}$$

시점 t_e에서 최적의 예측값 $\hat{X}_1$은 다음과 같이 정해진다.

$$\hat{X}_1(t_e) = \hat{x}_0 + \hat{y}_0 t_e \qquad \text{(식 19)}$$

위 식에서 최적값 $\hat{y}_0$는 다음과 같이 관찰 주기 T만큼 경과하기 전과 후의 X_1값의 차이로부터 구할 수 있다.

$$\hat{y}_0 = \frac{X_1(t) - X_1(t-T)}{T}$$

이 값의 불확도 제곱은 $u_{y_0}^2 = \sigma_1^2 / T$로 주어진다. 여기에 측정불확도 u_{mea}가 더해지므로 다음과 같이 된다.

$$u_{y_0}^2 = \frac{\sigma_1^2}{T} + \frac{2}{T^2} u_{mea}^2$$

(식 18)의 맨 마지막 항은 WFN에 의해 생성된 잡음이다. 예측 주기 t_e에서 WFN의 불확도의 제곱은 $u_{FN}^2 = \sigma_1^2 t_e$로 주어진다. 여기서 WFN에 의한 알란분산과 σ_1^2의 관계는 (식

8) 앞에서 나온 G. Panfilo and P. Tavella, Metrologia **45** (2008).

13)을 이용한다. 결론적으로, 예측값 $\hat{X}_1$의 불확도 제곱 $u_{X_1}^2$은 다음과 같이 쓸 수 있다.

$$u_{X_1}^2 = u_{x_0}^2 + u_{y_0}^2 t_e^2 + u_{FN}^2 = u_{mea}^2 + (\frac{\sigma_1^2}{T} + \frac{2}{T^2} u_{mea}^2) \cdot t_e^2 + \sigma_1^2 \cdot t_e \quad (\text{식 } 20)$$

이탈리아 INRIM 연구소에서는 (식 20)의 정확도를 확인하는 연구를 수행하였다. 즉 UTC(IT) 생성에 기여하는 세슘원자시계의 [UTC－UTC(IT)] 값들을 이용하여 실험적으로 구한 불확도와 (식 20)으로 구한 불확도를 서로 비교하였다. BIPM에서 발행하는 Circular T에서 [UTC－UTC(k)]의 값은 매 5일 간격의 데이터가 1개월 주기로 발표된다. 따라서 (식 20)의 관찰 주기는 $T=1$개월이다. [UTC－UTC(k)]의 측정불확도도 발표되는데, 원자시계 자체의 불안정도에 의한 불확도 u_A와 시각 비교 및 측정 시스템 전체에 의한 계통 불확도 u_B로 구분되어 있다. 따라서 측정불확도는 $u_{mea}^2 = u_A^2 + u_B^2$로 구해진다. u_{mea}는 보통 수 ns ～수십 ns 수준인데, INRIM의 경우 이 연구를 수행하던 2007년경에는 $u_{mea} = 2.2$ ns이었다. 그리고 세슘원자시계에서 WFN에 의한 알란편차는 실험실에서 자체적으로 측정하였는데, $\tau = 1$일에서 $\sigma_y = 3 \times 10^{-14}$을 얻었다. 그들은 $t_e = 45$일에 대한 시간을 예측했다.

(식 20)을 이용하여 5일 간격으로 45일 후의 예측한 값의 불확도는 31.8 ns (1σ)이었다. 이 불확도에서 결정론적 요인에 의한 불확도는 24.7 ns (1σ)이었다. 한편 Circular T에서 45일 이후의 [UTC－UTC(IT)] 데이터로부터 구한 예측값과 측정값의 차이는 그 표준편차가 31.5 ns (1σ)로서 (식 20)으로 구한 불확도와 거의 일치하였다. 이것은 시계 예측에 관한 수학적 모델이 꽤 정확하다는 것을 뜻한다.

N대의 세슘원자시계를 이용하여 평균시간눈금 UTC(k)를 생성하는 경우에는 그 불확도가 다음 식과 같이 쓸 수 있다. 단, 이 시계들은 모두 독립적으로 동작한다(＝상관관계가 없다)고 가정한다.

$$\begin{aligned} u_{X_1}^2 &= u_{x_0}^2 + u_{y_0}^2 t_e^2 + u_{FN}^2 \\ &= u_{mea}^2 + \frac{1}{T} \cdot (\frac{\sigma_1^2}{N} + \frac{2}{T} u_{mea}^2) \cdot t_e^2 + \frac{\sigma_1^2}{N} \cdot t_e \end{aligned} \quad (\text{식 } 21)$$

$N=1$일 때 45일에 대한 예측 불확도는 63.6 ns (2σ)이었다. 그런데 $N=4$인 경우에는 불확도가 32.4 ns (2σ)로 약 절반으로 줄어든다. $N=10$일 때는 약 21 ns (2σ)가 나왔다. 결론적으로, 원자시계의 대수가 늘어날수록 시간 예측의 불확도는 줄어든다는 것을 알 수 있다.

③의 경우에 대한 예측 시간 및 불확도 계산

원자시계에 WFN과 RWFN이 동시에 있을 때 시계의 수학적 모델은 (식 12)가 그대로 적용된다. 그리고 위상시간 측정에 대한 수학적 모델도 $Z(t) = X_1(t) + \epsilon(t)$으로, 앞의 두 경우와 동일하다.

$$\left.\begin{aligned} X_1(t) &= x_0 + y_0 t + D \cdot \frac{t^2}{2} + \sigma_1 W_1(t) + \sigma_2 \int_0^t W_2(s)\,ds \\ X_2(t) &= y_0 + D \cdot t + \sigma_2 W_2(t) \end{aligned}\right\} \qquad \text{(식 12)}$$

이 두 식은 아래와 같이 하나의 식으로 나타낼 수 있다.

$$\dot{X}_1 = X_2 + \sigma_1 \frac{dW(t)}{dt} \qquad \text{(식 22)}$$

단, $\dot{X}_1$은 시간에 대한 미분인데, 위상을 시간으로 미분한 것이므로 주파수에 해당한다. 마지막 항의 $dW(t)/dt$는 WFN를 의미한다.

(식 12)의 X_2는 그 모양이 (식 18)과 비슷하다. 그래서 만약 X_2를 (식 18)의 X_1처럼 측정할 수 있다면 X_2에 포함된 y_0, D와 그와 관련된 불확도를 구할 때 X_1에서 사용한 방법을 그대로 적용할 수 있다. 만약 (식 22)에서 WFN, 즉 $dW(t)/dt$을 제거할 수 있다면 $\dot{X}_1 = X_2$가 성립한다. 그리고 일정 시간간격으로 측정한 위상 $Z(t)$의 이웃한 측정값 사이의 차이를 그 두 사건 사이의 시간간격으로 나누면 주파수 $\overline{y}_k$를 구할 수 있다. 다시 말하면, (식 22)의 $\dot{X}_1$를 알 수 있다.

INRIM은 (식 22)의 WFN을 제거하기 위하여 [UTC−H maser] 데이터를 여과하는(filtering) 방법을 사용하였다. 구체적으로 말하면, '움직이는 평균'(moving average)을 사용했는데, 5일 간격의 데이터 3개(=15일)를 평균하였다. 그림 7-10은 그 결과를 보여준다. 그림에서 x축은 MJD(수정 율리우스 일)을 나타내고, y축은 [UTC−H maser]를 상대주파수로 나타낸 것이다.

M개의 $\overline{y}_k$를 평균하여 구한 주파수(=여과된 데이터)를 $\overline{Z}_2$라고 하면 다음 식으로 나타낼 수 있다.

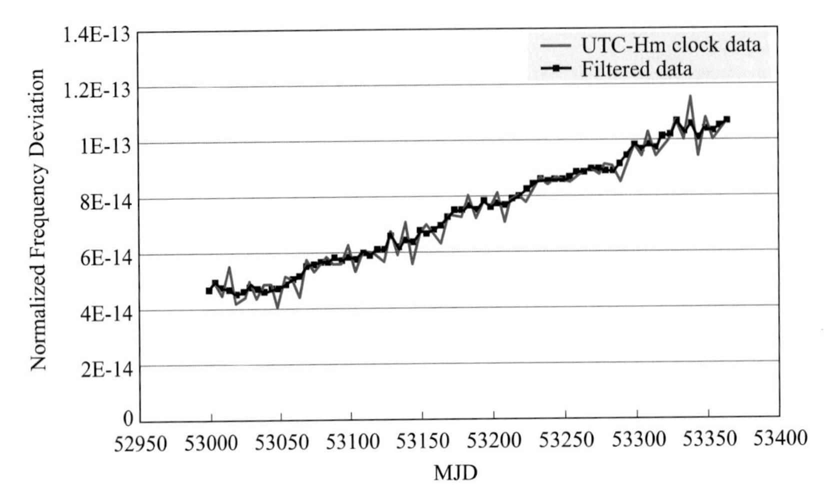

그림 7-10 상대주파수로 표현된 [UTC−H maser] 데이터에서 WFN을 제거한 결과
(출처: G. Panfilo and P. Tavella, Metrologia **45** (2008), S112.)

$$\overline{Z}_2 = \frac{1}{M}\sum_{k}^{k+M-1}\overline{y}_k = \frac{1}{M}\sum_{k}^{k+M-1}\left(\frac{Z(t_k)-Z(t_{k-1})}{T_1}\right)$$

여기서 T_1은 위상 측정주기로서 $T_1 = 5$일이다.

따라서 (식 22)는 다음과 같이 쓸 수 있다. 이 식은 (식 18)과 동일한 형태이다.

$$\overline{Z}_2 \approx X_2 = y_0 + D \cdot t + \sigma_2 W_2(t)$$

위 식에서 주파수 표류 D의 최적값은 $\overline{Z}_2$의 마지막 측정값과 첫 번째 측정값의 차이를 그 사이의 시간간격으로 나누어서 구한다. 그리고 y_0의 최적값은 $\overline{Z}_2$의 마지막 측정값이다. 마지막으로, X_1 예측값의 불확도의 제곱은 다음 식으로 쓸 수 있다.

$$u_{X_1}^2 = u_{x_0}^2 + u_{y_0}^2 t_e^2 + \frac{1}{4}u_D^2 t_e^4 + u_{(y_0,D)} t_e^3 + u_{FN}^2 + u_{RW}^2 \qquad (식\ 23)$$

위 식에서 u_{FN}과 u_{RW}는 각각 WFN과 RWFN에 의한 불확도를 나타내고, $u_{(y_0,\ D)}$는 y_0와 D의 공분산을 나타낸다. 이 매개변수들의 추정과 분산(=불확도의 제곱)은 표 7-1에 정리되어 있다.

INRIM은 UTC(IT) 생성에 기여하는 수소메이저의 [UTC−H maser] 데이터를 이용하여 (식 23)의 정확도를 확인하였다. 계산에 필요한 매개변수에 다음 값들을 사용했다: $T = 1$

표 7-1 결정론적 요인과 WFN 및 RWFN 잡음이 동시에 있을 때 불확도 총괄

매개변수	추정	불확도의 제곱
x_0	마지막 측정값	$u_{x_0}^2 = u_{mea}^2$
y_0	M개 데이터의 움직이는 평균	$u_{y_0}^2 = \dfrac{2u_A^2}{MT_1^2}$
D	$\hat{D} = \dfrac{\overline{Z}_2(t) - \overline{Z}_2(t-T)}{T}$	$u_D^2 = \dfrac{\sigma_2^2}{T} + \dfrac{2}{T^2}u_{y_0}^2$
$\mathrm{Cov}(y_0, D)$		$u_{(y_0, D)} = \dfrac{u_{y_0}^2}{T}$
WFN		$\sigma_1^2 t_e$
RWFN		$\sigma_2^2 \dfrac{t_e^3}{3}$

개월, $t_e = 45$일, $u_{mea} = 2.2$ ns, $u_A = 0.5$ ns, $M = 3$, $T_1 = 5$일. 그리고 $\tau = 1$일에서 WFN에 의한 알란편차 $\sigma_y^{WFN}(\tau) = 1 \times 10^{-15}$, RWFN에 의한 알란편차 $\sigma_y^{RWFN}(\tau) = 5 \times 10^{-16}$. 그 결과, (식 23)으로 구한 불확도는 19 ns (1σ)이었고, 이 중 결정론적 요인에 의한 것은 14 ns (1σ)로서 대부분을 차지했다. 이에 비해 실험 데이터로부터 얻은 45일 후의 예측 오차의 표준편차는 12.7 ns (1σ)가 나왔다. 두 결과를 비교해볼 때 이론적 모델이 불확도를 다소 과대평가하고 있다는 것을 알 수 있다.

그런데 앞에서 살펴본 수학적 모델은 다음과 같은 이유로 한계를 가지고 있다.

- 주파수 표류 D를 일정한 값으로 두었는데, 이것은 시간에 따라 변할 수 있다.
- FWN과 RWFN 잡음의 세기 σ_1과 σ_2를 고정했는데, 그 세기가 변할 수 있다.

여기서 제시된 수학적 모델이 완벽하지 않지만 시간눈금을 생성할 때 고려해야 할 요소들을 잘 설명하고 있다. 또 [UTC−UTC(k)] 데이터를 이용하여 모델의 정확성을 확인할 수 있기 때문에 개선할 수 있는 여지가 있다.

3 실시간 시간눈금 UTC(k)

3.1 UTC(k) 생성을 위한 시스템 구성

UTC(k)는 'k'라는 연구기관 또는 국가에서 구현하는 UTC의 실시간 시간눈금이다. 'k'는 4디지트 이하의 약어로 나타낸다. 예를 들면, 미국에서는 두 개의 시간눈금 UTC(NIST)와 UTC(USNO)를 만드는데, NIST와 USNO는 국가연구기관의 이름이다. 이탈리아에서는 UTC(IT)를 만드는데, IT는 국가를 나타낸다. 우리나라에서는 UTC(KRIS)인데, KRISS를 4디지트로 줄여서 KRIS로 나타낸다.

UTC(k) 생성을 담당하는 연구기관은 UTC에 가장 가까운 시간눈금을 실시간으로 제공하기 위해 표 7-2와 같이 크게 4가지로 분류되는 요소들을 구비하여 운용한다. 이 구성 요소들 사이에서 데이터 흐름은 그림 7-11에 나타난 화살표와 같다. 오른쪽 하단의 서버들은 BIPM의 Time Department에서 운영하는 것으로 전 세계 UTC(k) 데이터를 받아들여서 자체 알고리듬(ALGOS)으로 UTC를 생성한다.[9)]

BIPM은 [UTC−UTC(k)]의 결과를 매달 발간하는 Circular T를 통해 공개한다. 이런 순환과정에 참여하는 UTC(k)는 UTC에 소급성(traceability)을 갖는 시간눈금이 된다. 소급성을 갖춘 UTC(k)의 시간 및 주파수는 해당 국가에서 표준시간 또는 표준주파수로서 다음과 같은 여러 방법을 통해 국민과 산업체에 보급한다: 단파방송 또는 장파방송, 전화 시보, 인터넷을 통한 표준시 보급, 시간주파수 관련 기기에 대한 교정 서비스 등(참조: 제8장 4절).

2018년 1월 현재, 전 세계적으로 UTC(k)를 생성하는 실험실의 수는 81개이고, 원자시계의 수는 총 641대이다.[10)] 이 시계들 중에서 상용 세슘원자시계는 427대로서 약 67 %를 차지하고, 수소메이저는 185대로서 약 29 %를 차지한다. 나머지는 실험실형 세슘 또는 루비듐원자시계이다. 이 시계들이 모두 UTC 또는 TAI 생성에 기여하는 것은 아니다. 어떤 실험실에 새로 도입된 시계는 일정 기간 동안 가중치(weight) 0을 부여받는다. 그리고 안정도가 나쁜 시계도 가중치 0을 부여받는다. BIPM은 해당 시계가 안정 상태에 도달되었다고 판단될 때 일정 가중치를 부여한다. 그래서 2017년에 실제로 기여하는 원자시계 수는 월마다 다

9) ALGOS(BIPM)로 UTC를 생성할 때, 1995년까지는 10일 간격으로 측정된 60일간의 데이터가 사용되었다. 이때 MJD 9로 끝나는 날의 00:00 UTC에 측정된 데이터가 사용되었다. 그런데 1996년 이후로는 5일 간격으로, MJD 9 및 4로 끝나는 날의 00:00 UTC에 측정된 데이터가 사용된다.

10) 참조: BIPM Annual Report on Time Activities 2017, Table 4.

표 7-2 UTC(k) 생성을 위한 구성 요소

원자시계
• 수소메이저(능동형 또는 수동형) • 상용 세슘원자시계 • 1차 주파수 표준기
시간눈금 생성 하드웨어 및 소프트웨어
• 주파수 오프셋 발생기 • 1 PPS 발생기 및 분배 증폭기 • 주파수 분배기 • 시간간격 계수기 • 위상 비교 측정기 • 컴퓨터 및 서버 : 시간눈금 계산용, 데이터 처리용, BIPM 서버 접속용 • 시간눈금 생성 소프트웨어(실험실 자체 개발)
시간 전송 및 비교 시스템
• GNSS 수신기(GPS, GLONASS 등) • TWSTFT 위성국
실험실 환경 유지
• 온도 및 습도 안정화 • 전자기 차폐 • 무정전 전원 장치(UPS)

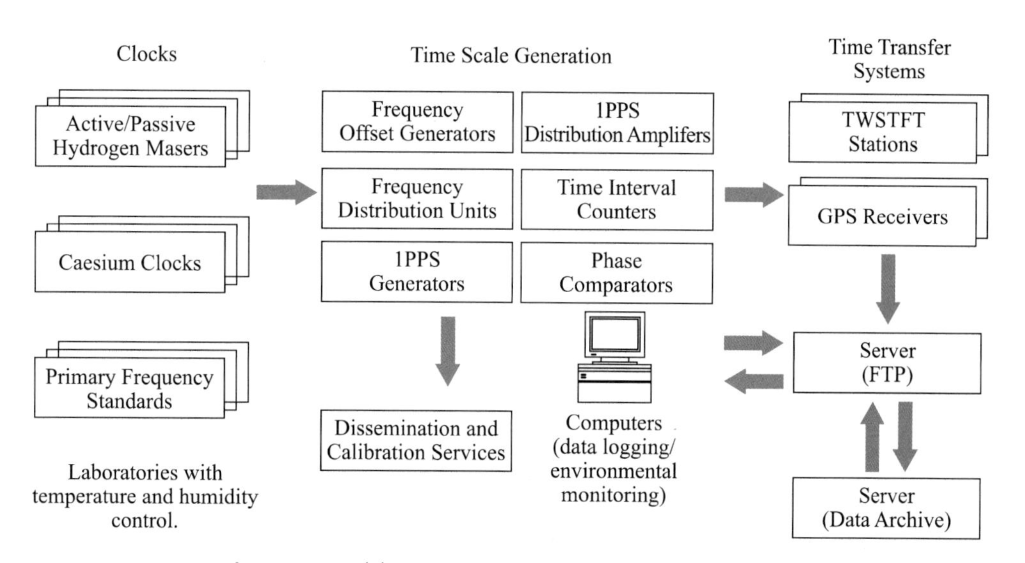

그림 7-11 UTC(k) 생성 시스템의 구성 요소 및 데이터 흐름도

(출처: P.B. Whibberley et. al., Metrologia 48 (2011) S154-164.)

른데 429～478대 사이에 있다. 시계가 가질 수 있는 최대 가중치는 $w_{\max} = A/N$으로 결정된다. 단, $A = 4$이고, N은 기여한 원자시계의 총 수이다. 그 결과 $w_{\max}$은 1 부근의 수치를 갖는다. $w_{\max}$를 부여받은 시계의 숫자는 월마다 다른데, 59～72 사이에 있으며 이것은 총 기여 시계 수의 약 15 %이다. 그런데 상용 세슘원자시계는 하나도 최대 가중치를 받지 못했다. 최대 가중치를 받은 시계는 대부분이 수소메이저인데, 기여 수소메이저 수의 약 45 %가 최대 가중치를 받았다. 특이 사항으로, USNO에서 지속 동작하면서 UTC(USNO) 생성에 참여하고 있는 4대의 루비듐원자분수시계[11]는 몇 년 동안 계속 최대 가중치를 받고 있다.

시간전송 시스템으로 가장 널리 사용되고 있는 인공위성은 GPS이다. GPS 위성은 두 종류의 반송파(carrier) 주파수에 항법메시지를 실어 보낸다. 즉 L1(1575.42 MHz)과 L2 (1227.6 MHz)이다. 그리고 항법메시지는 일반인용의 C/A 코드와 군사용 P 코드로 구분된다. L1에는 C/A 코드와 P 코드가 실리고, L2에는 P 코드만 실린다.

GPS 수신기 중 단일 주파수(SF) 수신기는 L1에 실려 있는 C/A 코드만을 수신하여 시계를 비교한다. 이에 비해 2중 주파수(DF) 수신기는 L1과 L2를 모두 수신할 수 있다. 2중 주파수 수신기 중에서 측지용 수신기는 코드 뿐 아니라 반송파의 위상으로 시계를 비교할 수 있다. 또한 러시아 항법위성인 GLONASS 항법신호도 함께 수신할 수 있는 것이 있다.

Circular T에는 GPS를 이용한 시간 링크(time link)의 형태와 사용된 장비, 불확도 등이 나와 있다. 가장 많이 사용되는 링크는 세 가지인데 그 특징은 다음과 같다.

- GPS MC: 다중 채널, all-in-view, C/A 코드만 수신
- GPS P3: 다중 채널, all-in-view, 2중 주파수, P 코드도 수신 가능
- GPS PPP: 2중 주파수, GPS Precise Point Positioning 기술

이들 중 링크의 불안정도에 의한 표준불확도가 제일 작은 것은 측지용 수신기를 이용하는 GPS PPP로서 대략 0.3 ns이다. GPS P3의 표준 불확도는 (0.7～1.6) ns이고 GPS MC는 수 ns이다. 여기서 'all-in-view'(AV)란 해당 실험실의 GPS 안테나에서 보이는 모든 GPS 위성의 시계와 비교하는 기술로서 'common view'(CV)보다 더 많은 위성과 시각 비교가 가능하다. CV는 위성의 정해진 스케줄(BIPM이 제공)에 따라 비교 측정을 수행한다. CV 데이터 분석을 통해 두 실험실 사이의 시각비교 불확도 요인(예: 위성 시계의 오차, 이

11) S. Peil, et. al., "The USNO rubidium fountains", Journal of Physics: Conference Series **723** (2016) 012004.

온층 시간 지연)을 없애거나 줄일 수 있다.

GPS P3는 L1과 L2를 모두 사용함으로써 이온층에 의한 시간지연을 보상할 수 있다. 이 수신기는 가장 많은 실험실에서 시계 비교에 사용하고 있다. 한편 PPP 기술은 GNSS 위성을 이용하여 어떤 지점의 위치를 cm 이하에서 정밀하게 알아내는 방법을 말한다. 이 측지용 수신기로써 반송파 위상을 이용하여 높은 정밀도로 시각 비교를 할 수 있다.

TWSTFT는 '양방향 시간주파수 전송'을 뜻한다. 시간 및 주파수를 비교하려는 두 실험실에 송수신 위성국을 설치하고, 정지궤도에 있는 통신위성을 이용하여 양방향으로 신호를 주고받는다. 이렇게 함으로써 전파 진행경로에서의 오차를 상쇄시키고, 측정불확도를 줄인다.

측지용 GNSS 수신기로써 정밀 시각비교를 위해 소프트웨어 패키지가 개발되어 사용되고 있다. 예를 들면, 스위스 베른대학에서 개발한 Bernes, 미국 JPL에서 개발한 GIPSY, 캐나다 NRC와 BIPM이 공동 개발한 TAIPPP 등이 있다. BIPM은 두 시계의 시간차이를 구할 때 TAIPPP를 일상적으로 사용하고 있다. 또한 BIPM은 GPS PPP와 TWSTFT를 결합하여 더욱 정밀한 시간 및 주파수 비교 연구를 수행하였다.[12] 이 두 가지가 결합된 것을 나타내는 BIPM의 코드는 TWGPPP인데, Circular T에는 이런 링크의 표준불확도와 참여한 실험실 등이 정기적으로 발표된다.

그림 7-12는 전 세계적으로 GNSS 또는 TWSTFT를 이용하여 시간 및 주파수 비교를 수행하는 표준연구기관을 보여주고 있다. 5개 대륙에 UTC 생성에 기여하는 연구기관들이 골고루 분포하지만, 특히 유럽에 많이 있음을 알 수 있다.

3.2 TA(k)와 UTC(k)의 생성 사례

UTC(k) 또는 표준시간을 유지하고 보급하려면 중단 없이 동작하는 시계가 있어야 가능하다. 이런 시계로서 상용 세슘원자시계가 이전부터 많이 사용되고 있었다. 그런데 최근에 이것을 수소메이저로 대체하는 시간표준 실험실들이 늘어나고 있다. 그 이유는 수소메이저의 단기 주파수안정도가 상용 세슘원자시계보다 훨씬 우수하기 때문이다. 그리고 장기 주파수안정도를 높이기 위해 실험실에서 자체적으로 제작한 1차 주파수표준기로써 수소메이저의 주파수를 보정한다. 이처럼 지속적으로 동작하면서 UTC(k)나 표준시간을 생성하는 시계를 마스터 시계라고 부른다.

12) Z. Jiang and G. Petit, "Combination of TWSTFT and GNSS for accurate UTC time transfer", Metrologia **46** (2009) pp.305~314.

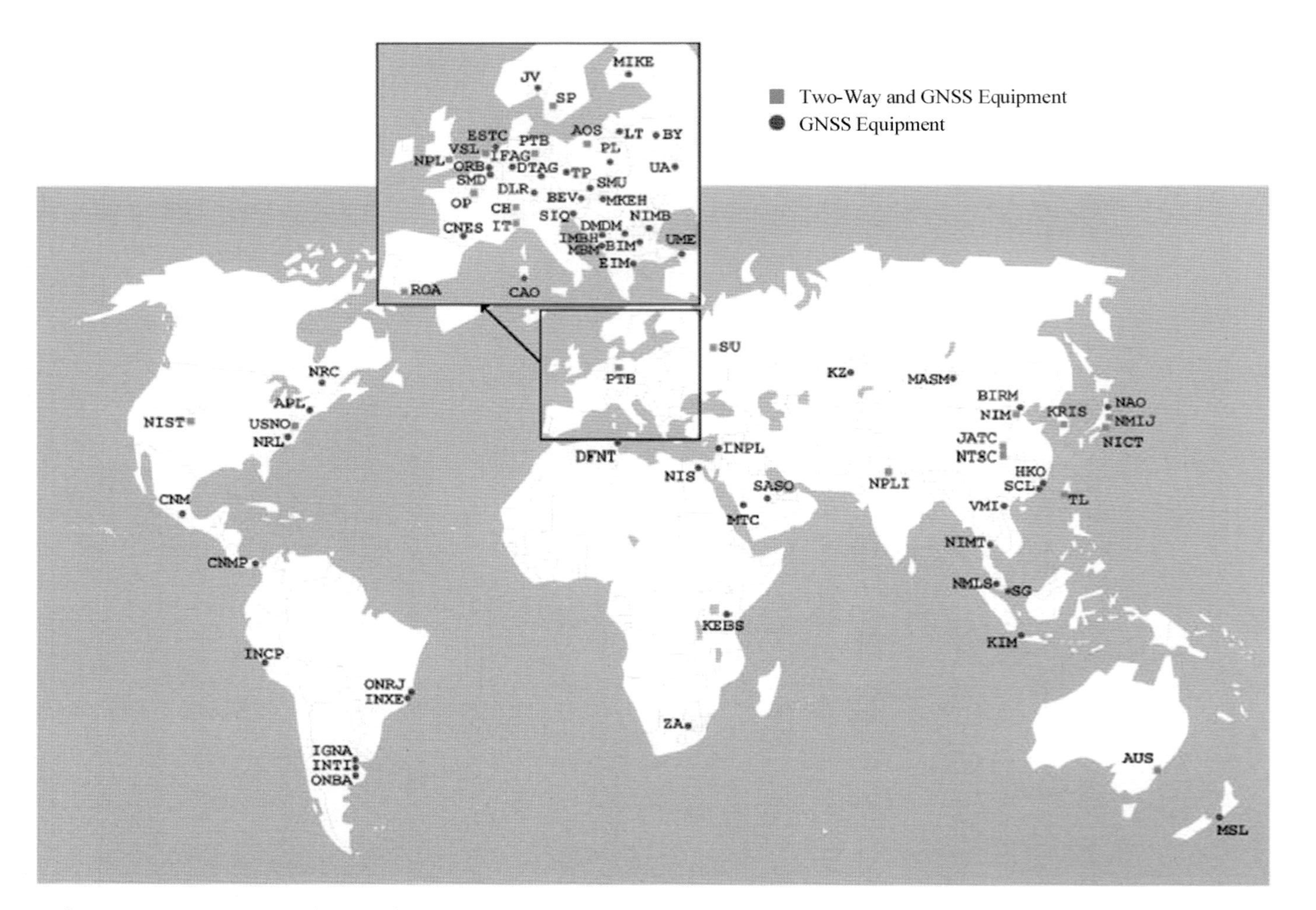

그림 7-12 Time Link: TAI 및 UTC 생성에 기여하는 세계 각국 표준연구기관과 그들이 보유한 시간 및 주파수 전송 장비: 원은 GNSS 수신기를, 네모는 GNSS와 TWSTFT 장비를 동시에 보유한 곳을 나타냄 (출처: BIPM Annual Report on Time Activities 2016.)

세계 여러 나라의 실험실에서 UTC(k)를 생성하기에 앞서 앙상블 평균시간 TA(k)를 만들기도 한다(참조: 그림 7-4). 하지만 TA(k) 없이 UTC(k)만을 생성하는 실험실도 많이 있다. 실험실마다 보유한 원자시계들의 특성을 바탕으로, 자체 알고리듬을 이용하여 가장 안정되고 신뢰성 있는 시간눈금을 생성한다. 시간눈금 생성 소프트웨어를 개발하여 원자시계들에 적용하여 시간눈금이 정상적으로 생성되기까지 대개 수년이 걸린다. 여기서는 몇몇 나라의 경우를 소개한다.

중국의 TA(NIM)[13)]

중국 NIM(National Institute of Metrology)에서는 1980년대부터 2003년까지 약 20년 동안 3～4대의 상용 세슘원자시계를 유지하면서 ALGOS 알고리듬으로 앙상블 시간 TA(NIM)을 생성했었다. 그런데 2003년 이후에 2대의 능동형 수소메이저와 고성능 빔 튜브를 장착한 세슘원자시계를 도입하면서, 원자시계는 총 7대로 늘어났다. 그리고 실험실에서 자체 제작한 세슘원자분수시계 NIM4가 동작하고 있다. 이에 따라 TA(NIM) 생성 방법으로 단일 능동형 수소메이저를 마스터 시계로 사용하는 방식으로 바꾸었다. 그리고 NIM4 분수시계의 기준주파수에 TA(NIM)의 주파수를 동조시켰다. 그림 7-13은 시스템 구성도이다. 그 알고리듬은 다음과 같다.

TA(NIM)의 목표는, 단기안정도는 수소메이저를 따르고 장기안정도는 NIM4 분수시계를 따르는 시간눈금을 만드는 것이다. 이를 위해 TA(NIM)의 주파수를 일주일마다(주로 월요일에) NIM4에 맞추는 작업이 자동적으로 수행되도록 만들었다. 일주일마다 반복되는 과정은 다음 3단계로 이루어진다. 단, 이번 주는 n번째 주이고, (n−1)주에 NIM4에 대해 측정한 수소메이저의 주파수 데이터를 n주에 모아서 분석한다.

① 수소메이저의 주파수가 n주에 얼마일지 예측한다.
② 그 예측값과 (n−1)주 측정값의 주파수 차이를 계산한 후 보정한다.
③ NIM4가 동작하지 않았을 경우, 가능한 주파수 차이를 추정한다.

n번째 주의 화요일부터 (n+1)주의 월요일까지 소프트웨어는 ①과 ②에서 계산한 주파수 차이를 phase micro stepper로써 보정하면서 TA(NIM)을 생성한다. 이 과정에 대해서

13) 2008년에 발표된 다음 논문을 참조했음. 2017년 현재 상황은 이와 다르지만 알고리듬 이해를 위해 소개함. Gao Yuan, et. al., "The generation of New TA(NIM), which is steered by a NIM4 caesium fountain clock", Metrologia **45** (2008) S34-S37.

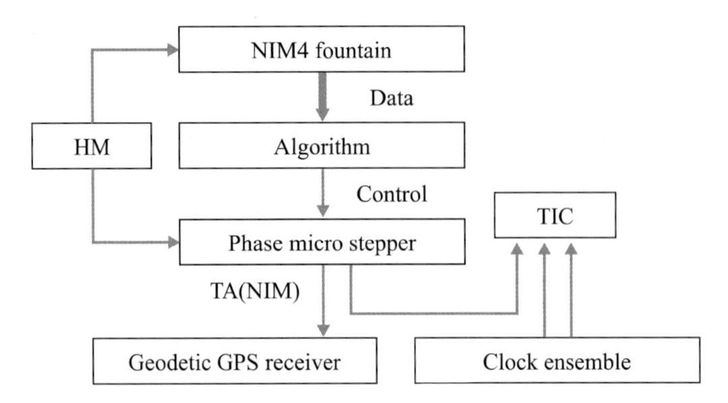

그림 7-13 TA(NIM) 생성을 위한 시스템 구성도. 단, HM은 능동형 수소메이저, TIC는 시간간격계수기.

좀 더 자세히 알아보자.

NIM4를 기준으로 수소메이저의 상대주파수를 예측하는 모델은 다음과 같다. 이 식은 시계의 수학적 모델에서 나온 (식 11)에서 잡음을 제외한 것과 동일하다.

$$y = D \times (t - t_0) + y_0$$

여기서 y는 미래 시간 t에서 수소메이저의 예측 상대주파수이고, y_0는 t_0에서 수소메이저의 상대주파수이다. D는 수소메이저의 주파수 표류를 나타낸다. D와 y_0의 값은 측정을 통해 먼저 결정된다.

n주에 결정된 D를 D_n으로, (n−1)주에 결정된 것을 D_{n-1}로 나타내면 D_n은 다음 식으로 표현할 수 있다.

$$D_n = a \times (s_n - D_{n-1}) + D_{n-1}$$

단, s_n은 최근 60일 동안 수소메이저의 주파수의 변화로부터 구한 선형 맞춤(linear fit)의 기울기이다. 계수 a는 표류가 얼마나 변하느냐에 따라 정하는 값으로, 0.5에서 1.5 사이의 값을 배정한다. 정상 상황에서는 1로 둔다.

y_0를 결정하기 위해 수소메이저의 주파수를 지속적으로 측정해 보면 주파수가 일정 기울기로 표류하면서 가끔 주파수 계단이 발생하는 것을 알 수 있다. 주파수가 갑자기 높아져 일정 기간 동안 지속되다가 다시 갑자기 낮아진다. 이 경우에도 주파수 계단을 무시하고 주파수 표류를 선형적이라고 가정했다. 이 가정 하에서 n주에 계산하는 주파수 y_{0n}은 (n−1)주에 계산한 주파수 y_{0n-1}로부터 다음 식으로 구할 수 있다.

$$y_{0n} = b \times \frac{1}{m}\sum_{m}(f-y) + y_{0n-1}$$

단, f는 NIM4를 기준으로 (n−1)주에 측정한 수소메이저의 상대주파수, y는 (n−1)주에 예측한 수소메이저의 상대주파수이다. m은 (n−1)주의 화요일부터 n주의 월요일까지 날 수를 의미하는 것으로 7이다. 계수 b는 0.1에서 2 사이의 값을 배정하는데, 수소메이저에서 얼마나 자주 주파수 계단이 발생했는지에 따라 달라진다. 정상적 상황에서는 0.8로 둔다.

TA(NIM)의 주파수를 NIM4 분수시계와 같아지도록 만들기 위해 예측값과 측정값의 주파수 차이를 보정해야 한다. n주에 보정해야할 총 주파수 차이 Y_n은 다음과 같다.

$$Y_n = \sum_{m}(f-y)$$

f와 y는 앞 식에서와 마찬가지로 모두 (n−1)주의 값이다. TA(NIM)을 안정되게 운영하기 위해 일반적으로 Y_n은 한 번에 보정하지 않고, 여러 날에 걸쳐 분산하여 보정한다. 이 보정은 그림 7-13에서 phase micro stepper에 가해지는 것(그림 7-13에서 Control로 표시됨)으로, 그 출력이 실시간 TA(NIM)이 된다. 측지용 GPS 수신기에서는 TA(NIM)과 GPS 위성에서 오는 초 펄스(1 PPS) 사이의 시간차이가 매일 측정되고, 그 데이터를 표준 포맷인 CGGTTS[14] 파일에 기록하여 BIPM으로 전송한다.

프랑스의 TA(F)와 UTC(OP)[15]

파리 천문대(OP) 안에 위치한 LNE-SYRTE는 프랑스의 원자시간눈금 TA(F)를 생성하는 책임을 맡고 있다. TA(F)는 프랑스 내의 9개 기관에서 보유하고 있는 20여 대의 상용 세슘원자시계의 데이터를 모아서 생성된다. 생성된 TA(F)는 기준주파수로 사용되도록 이 기관들에게 공급된다. 그런데 LNE-SYRTE는 3대의 세슘원자분수시계를 1차 주파수표준기(PFS)로 개발하였다. PFS의 정확도는 모두 10^{-16} 수준에 있는데, BIPM에 보고되어 TAI

14) P. Defraignel and G. Petit, "CGGTTS-Version 2E : an extended standard for GNSS Time Transfer", Metrologia **52** (2015) G1.

15) 본 내용은 다음 3개 논문을 참조했음. ① P. Uhrich, et. al., "Steering of the French time scale TA(F) towards the LNE-SYRTE primary frequency standards", Metrologia 45 (2008) S42-S46. ② P. Uhrich, et. al., "Current Status of the French Time Scales TA(F) and UTC(OP)", Proceed. URSI, 2010. ③ G.D. Rovera, et. al., "UTC(OP) based on LNE-SYRTE atomic fountain primary frequency standards", Metrologia 53 (2016) S81-S88.

생성에 기여하고 있다. 이 PFS의 주파수를 기준으로 TA(F)를 조정함으로써 시간눈금의 안정도를 높였는데, 여기서는 그 과정을 알아본다.

TA(F)를 계산하는 알고리듬은 1997년부터 운용되어 왔다. 이를 위해 각 시계들을 7개월 동안 앙상블 시계에 대해 비교 측정하여 각 시계의 ARIMA 모델[16]을 만들었다. TA(F) 생성 알고리듬은 실제 시계 데이터와 ARIMA 모델 사이의 시간 차이를 고려하여 시간눈금을 계산한다. 이 계산은 매일 데이터를 이용하여 매달 수행되고, 그 결과는 BIPM에 보내진다. BIPM에서는 5일 간격의 [TAI−TA(F)] 데이터를 매달 Circular T에 발표한다. TA(F)가 SI 초를 기준으로 얼마나 벗어났는지 계산하기 위해 [TAI−TA(F)] 데이터들을 이용하여 평균 주파수 차이를 구하고, 여기에 TAI 시간눈금 간격이 SI 초에서 벗어난 값, 즉 TAI 눈금간격의 편차 'd' 값을 단순히 더한다(참조: 그림 7-23). 이렇게 구한 [TA(F)−SI 초]의 변화가 그림 7-14에 나와 있다.

TA(F)는 1997년에 당시의 LNE-SYRTE의 PFS에 대해 한번 교정 받은 후 더 이상 주파수 조정을 하지 않았다. 그 결과 [TAI−TA(F)]는 매달 약 3×10^{-15}의 주파수 차이가 발생했다. 이것이 누적되어 2002년에는 SI 초에 대해 TA(F)는 -1.0×10^{-13}의 주파수 차이가 있었다. 그래서 TA(F)를 가능하면 SI 초에 근접시킬 목적으로 약 6년 동안 주파수를 조정

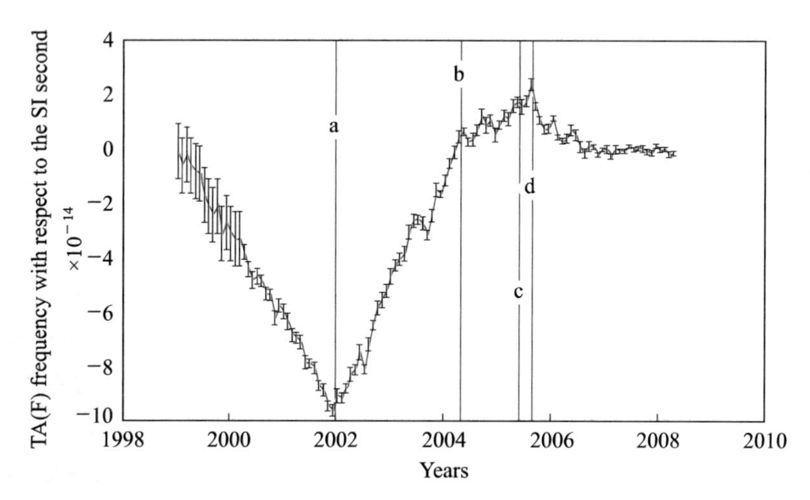

그림 7-14 SI 초를 기준으로 TA(F)의 주파수 변화: a 시점부터 매달 임의 주파수 조정이 시작됨; b에서 매달 조정값을 작게 했음; c부터는 PFS와 임의 조정을 동시에 했음; d부터는 PFS의 주파수만을 기준으로 매달 조정했음.

16) ARIMA는 Auto-Regressive Integrated Moving Average의 약어이다. ARIMA 모델은 앙상블 시계를 기준으로 각 시계의 잡음 모델과 시간예측 모델을 만드는 것으로 구성된다.(참고문헌: C. Andreucci, "A new algorithm for the French atomic time scale", Metrologia **37** (2000), 1-6.)

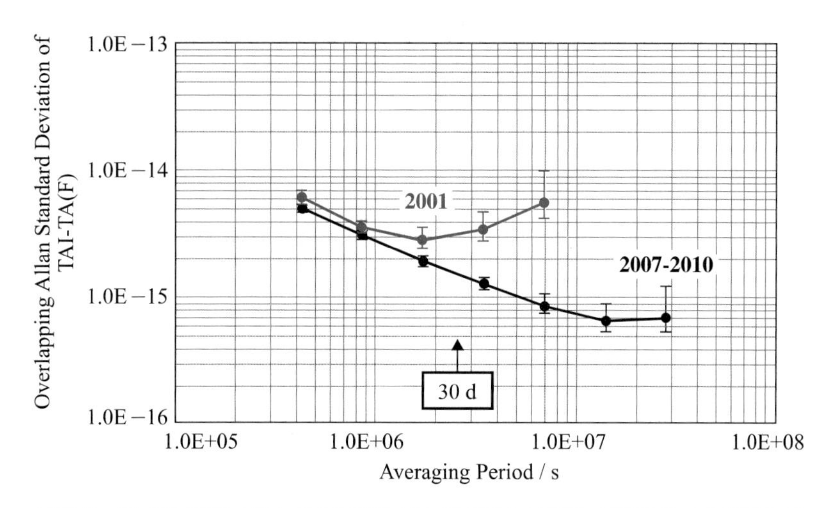

그림 7-15 TA(F)를 LNE-SYRTE의 세슘원자분수시계를 기준으로 조정했을 때 (2007-2010)와 자유 동작했을 때(2001)의 주파수안정도 비교

했는데, 그 결과가 그림 7-14에 나와 있다. 그림에서 d 시점부터는 PFS의 주파수만을 기준으로 TA(F)가 매달 조정되고 있다.

그림 7-15는 TA(F)의 주파수가 PFS에 의해서 완전히 조정된 2007년 이후와 2001년의 [TAI−TA(F)]의 안정도를 비교해서 보여준다. 적분시간 30일에서 알란편차(overlapping ADEV)는 1.5×10^{-15}으로 개선되었고, 특히 6개월 이상의 적분시간에서는 7×10^{-16}으로, 2001년과는 달리 주파수 표류가 사라진 것을 알 수 있다.

UTC(OP)는 파리 천문대(OP)에서 생성하는 실시간 UTC이다. UTC(OP)는 TA(F)와 관련 없이 독자적으로 만들어진다. 단, PFS는 같이 사용한다. 지난 수십 년 동안 UTC(OP)는 OP에서 운영하는 8대의 상용 세슘원자시계들 중에서 하나를 마스터 시계로 선택하여 만들어졌다. 그리고 모든 시계가 참여하여 만들어진 앙상블 시간을 기준으로 주파수를 조정했다.

OP는 상용 세슘원자시계 대신 수소메이저를 중심으로 새 시간눈금을 만들기 위해 새 알고리듬을 개발했다. 새 알고리듬은 미국 NIST에서 오래 전에 개발한 AT1 알고리듬을 기반으로 만들었다. 또한 LNE-SYRTE의 PFS를 기준으로 UTC(OP)의 주파수를 조정했다. 알고리듬은 가능하면 단순하게 만들어서 어떤 문제가 생겼을 때 금방 문제점을 찾아서 해결할 수 있도록 했다. 이를 위해 시계들의 가중 평균을 구하는 방법을 가능하면 단순하게 만들려고 노력했다.

새로 만든 시간눈금으로 대체하기 전에 수년에 걸쳐 기존 눈금과 비교 및 테스트를 실시했다. 이 기간 동안 임시로 운영된 시간눈금을 UTC(OP)_Maser라 명명하고, 2009년에 과

거의 시각 비교 데이터에 적용하면서 광범위하게 시험했다. 그리고 2010년에는 공식적인 UTC(OP)를 생성하는 실제 시스템 속에서 별도의 micro phase stepper를 이용하여 나란히 시범 동작시키면서 비교했다.

UTC(OP)의 최종 목표는 수소메이저의 단기안정도와 PFS의 장기안정도를 가지면서 UTC에 가능한 근접한 시간눈금을 만드는 것이다. 그런데 UTC와 UTC(OP)의 시간차이는 결국 [UTC−UTC(OP)]의 안정도에 의해 제한된다. 둘 중 어느 한쪽에서 발생한 불규칙성은 40∼50일 후에 알 수 있다. 그리고 불규칙성을 유발하는 사건을 미리 예측하고 예방할 수 있는 방법은 없다. 그래서 그들은 새 UTC(OP)를 다음과 같이 두 단계로 나누어 개발했다.

① 먼저, 가장 좋은 안정도를 나타내는 (임의의) 시간간격으로 시간눈금을 만든다.
② 다음, ①의 시간간격이 UTC의 시간간격과 맞도록 주파수 또는 위상 잠금 회로로써 조정한다. 단, 안정도를 고려하면서 시간차이를 최소화한다.

[UTC−UTC(k)]의 시간차이를 줄이기 위한 일반적인 방법은 위상(시간) 차이를 피드백시키는 방법, 즉 PLL(phase locked loop)을 구성하는 것이다. 그런데 안정도를 가능하면 손상시키지 않으면서 시간차이를 줄이기 위해 ②번의 과정에서 주파수 차이를 피드백하는 방법 즉, FLL(frequency locked loop)도 같이 사용했다. 이를 위해 주파수 차이 발생기(frequency offset generator)를 사용했다.

새 알고리듬은 2012년에 채택되어 운용되고 있다. 약 3년간의 전이 기간 동안 UTC와의 차이는 약 10 ns이었고, 2015년에는 2 ns 이하를 유지하고 있다.

독일의 UTC(PTB)[17)]

UTC(PTB)는 지난 20여 년 동안 PTB의 1차 시계로 동작하고 있는 세슘원자빔시계(CS2)에서 나오는 5 MHz 주파수와 1 PPS 신호를 기준으로 만들어졌다. 그리고 UTC에 맞추기 위해 가끔 UTC(PTB)의 주파수를 조정했다. 그런데 2010년에 CS2의 세슘이 고갈되어 작동을 멈춘 것을 계기로 능동형 수소메이저(AHM)와 phase micro stepper(PMS)를 이용하는 방식으로 바꾸었다.

그림 7-16은 UTC(PTB) 생성을 위한 주파수 조정 방법을 보여준다. 수소메이저에서 나온 5 MHz 주파수는 위상 이동기(phase shifter)로 들어간다. UTC(PTB) 생성 프로그램은

17) 다음 논문을 참조했음: A. Bauch, et. al., "Generation of UTC(PTB) as a fountain-clock based time scale", Metrologia **49** (2012) pp.180∼188.

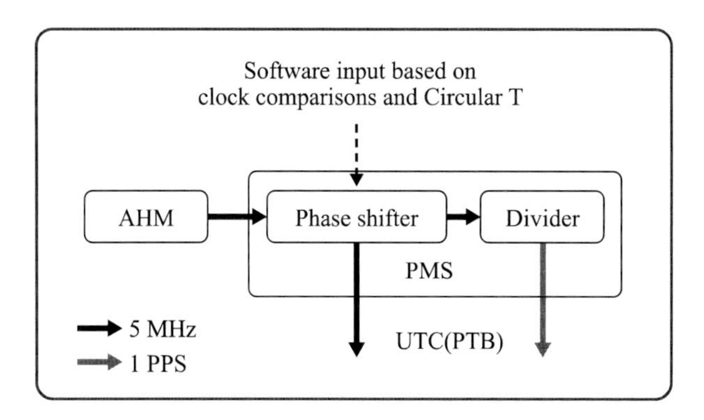

그림 7-16 UTC(PTB) 생성에 사용된 능동형 수소메이저(AHM)와 phase micro stepper(PMS)의 구성

매일 주파수 조정값을 계산하여 위상 이동기에 주파수 조정 명령을 내린다. 이때 주파수는 6×10^{-17}의 분해능으로 조정 가능하다. 이렇게 조정된 5 MHz로부터 1 PPS 신호가 만들어진다.

PMS로 조정할 주파수 양을 δf_{Steer}라고 할 때 이것은 다음 세 개 항으로 구성된다. 이 식에서 df_{Ref}는 매일 계산되고, 나머지 두 항은 Circular T가 새로 발간될 때 새 값으로 업데이트된다.

$$\delta f_{Steer} = \delta f_{Ref} + \delta f_{Rate} + \delta f_{Offset} \quad \text{(식 24)}$$

여기서 df_{Ref}는 세슘원자분수시계 또는 1차 주파수표준기에서 나오는 기준주파수에 대한 AHM 주파수의 차이를 의미한다. 이 값은 1차 주파수표준기의 주파수안정도를 고려하여 매일 계산된다.

두 번째 항 df_{Rate}은 기준주파수를 제공한 1차 주파수표준기가 TAI에서 벗어난 비율을 의미한다. 이 값은 TAI 생성에 기여하는 모든 원자시계들에 대해 BIPM에서 매달 계산하여 Circular T를 통해 공개된다. 이것은 TAI에 대한 시계들의 매달 비율(monthly rate)을 뜻하며 단위는 ns/day이고, PTB는 rTAI로 표시했다. 한편, BIPM에서 만드는 EAL 생성에 기여하는 원자시계들의 통계적 가중치도 Circular T에 공개된다. 이것의 단위는 퍼센트(%)이고, PTB는 wTAI로 표시했다.

세 번째 항 δf_{Offset}은 UTC(PTB)를 장기간에 걸쳐 UTC에 맞추는 값이다. 이 값은 Circular T의 최신호에서 최종 보고된 날(LRD: Last Reported Day)에서의 시간차이, 즉 $\{\mathrm{UTC}-\mathrm{UTC(PTB)}\}_{\mathrm{LRD}}/60$ d로 계산한다.

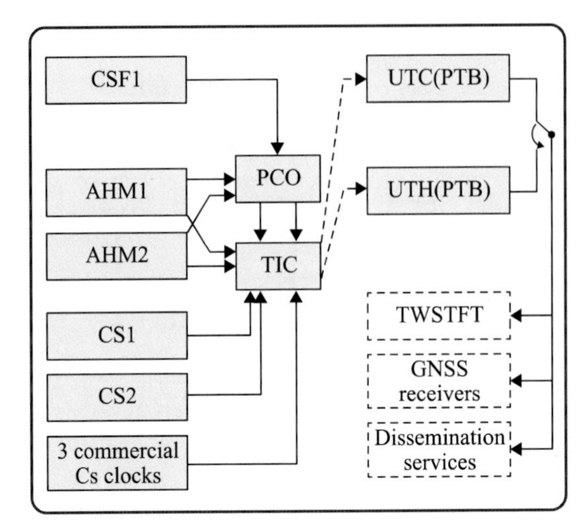

그림 7-17 2중으로 구성된 UTC(PTB) 생성 시스템. 실선 화살표는 신호(5 MHz 또는 1 PPS) 전달을, 점선은 데이터 전달을 나타냄.

UTC(PTB) 생성을 위한 시스템 구성도가 그림 7-17에 나와 있다. 그림의 왼쪽 부분은 기준주파수를 생성하는 표준기들을 보여준다. CSF1은 PTB의 세슘원자분수시계로서 이들 중 가장 안정되고 정확한 표준기이고, 2000년부터 동작하고 있다. CS1과 CS2는 고전적인 세슘원자빔시계로서 각각 1969년과 1985년에 제작되어 지속적으로 동작하고 있다. 이 외에 3대의 상용 세슘원자시계가 있다.

(식 24)의 df_{Ref} 계산을 위해 어떤 1차 주파수표준기(원자시계)를 선택하느냐에 따라 PTB는 다음 세 가지 선택지를 마련했다.

제1 선택

세슘원자분수시계 CSF1을 기준으로 AHM의 주파수 차이를 매 시간 측정하여 δf_{Ref}를 결정한다. 만약 (D-1)일에 6시간 데이터가 얻어졌다면 그 평균을 취하되 AHM의 하루당 주파수 표류를 보정한 후에 D일의 δf_{Ref}으로 사용한다. AHM의 주파수 표류는 지난 3개월 동안 발표된 rTAI를 이용하여 TAI에 대해 추정한다. 3개월 동안의 데이터를 이용하는 것은 BIPM이 EAL 계산에 사용하는 새 주파수 예측 알고리즘에서와 동일하다. 그런데 만약 (D-1)일에 대한 CSF1 데이터가 없다면 그 전 3일 간의 값을 선형 맞춤(linear fit)하여 구한다. 만약 2개 이하의 데이터만 있다면 다른 선택지를 채택한다.

(식 24)의 δf_{Rate}은 지오이드에서의 SI 초에 대한 TAI 눈금간격의 차이를 나타내는,

Circular T에서 'd'로 발표된 값을 사용한다(참조: 그림 7-23).

제2 선택

세슘원자빔시계들을 기준으로 AHM의 주파수를 비교한다. 이 시계들은 그림 7-17에서 TIC로써 AHM과 비교된다. CS1과 CS2는 이전에는 1차 주파수표준기였지만 현재 그 성능(주파수안정도)은 상용 세슘원자시계와 큰 차이가 없다. 그렇지만 CS2가 제일 나은 성능을 보인다. 그래서 CS2의 경우 AHM과 지난 16일 간의 주파수 비교 데이터를 이용하고, 나머지 시계들은 25일 간의 비교 데이터를 이용하여 δf_{Ref}를 계산한다. δf_{Rate}은 매달 발표되는 각 시계들의 rTAI값을 이용한다. δf_{Offset}은 모든 시계에 대해 동일하다. 각 시계들에 대해 δf_{Steer}를 계산한 후 wTAI를 이용하여 가중 평균하여 최종 δf_{Steer}를 구한다.

여기서 제일 문제가 되는 부분은 최적의 δf_{Rate}를 결정하는 방법이다. PTB는 M월에 대한 시계들의 rTAI(M)을 결정할 때 rTAI(M-1)과 비교해 보았고, 또 동시에 지난 3개월 동안의 rTAI 평균을 비교해 봤다. 그러나 모든 시계에 공통적으로 적용되는 최적의 방법은 없었다. PTB는 가장 간단한 방법으로, 지난 3개월 동안 rTAI의 평균을 가장 최신의 wTAI로써 가중 평균하여 δf_{Rate}을 결정했다.

제3 선택

제2 선택에서 사용된 세슘원자빔시계들 중에서 CS2의 주파수안정도가 가장 좋으므로 이것을 기준주파수원으로 사용하여 AHM의 주파수 차이를 측정한다. 자정이 지나면 그림 7-17의 TIC에서 측정된 데이터를 모아서 전날의 결과(시간 오프셋, 시계 비율 등)를 포함한 파일을 매일 만들어낸다. 시간눈금 생성 소프트웨어는 이 파일을 호출하여 δf_{Ref}를 계산한다.

이 세 가지 선택 안은 우선순위에 따라 매일 조정값을 결정한다. 우선순위가 가장 높은 것은 항상 제1 선택이고, 가장 낮은 우선순위는 제3 선택이다. 그런데 세 가지 선택에서 구한 δf_{Steer}가 전날에 비해 2×10^{-14}을 넘지 않아야 한다. 만약 이 조건을 충족시키지 않으면 일단 제1 우선순위를 적용하여 주파수 조정을 하되 담당자에게 경고문을 자동 발송한다. AHM에 이상이 생겼을 가능성이 있기 때문이다.

새 알고리듬에 의해 만들어진 UTC(PTB)는 2011년 7월말 이전 약 1년 동안 측정된 [UTC−UTC(PTB)]가 약 6 ns 이내에서 안정되게 운영되었다. 그림 7-18은 UTC(PTB)를 미국 NIST와 USNO, 러시아 SU의 UTC(k)와 비교한 결과를 보여준다.

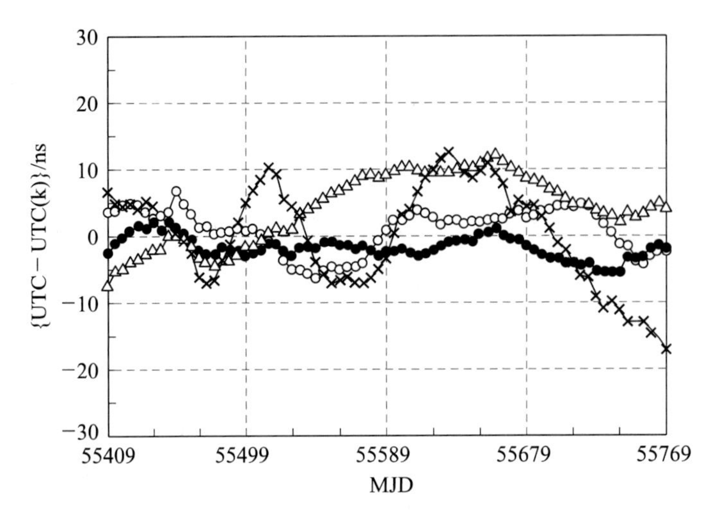

그림 7-18 2010년 8월부터 약 1년 동안 PTB와 다른 3개 기관의 [UTC−UTC(k)] 비교: PTB(●), NIST(△), USNO(○), SU(x).

PTB는 UTC(PTB)가 유럽 위성항법시스템인 Galileo의 시스템 시간(GST)의 생성 또는 검증을 위한 기준시간으로 사용될 수 있음을 강조하고 있다.

미국의 UTC(NIST)[18]

미국 NBS(현 NIST)에서 처음 개발한 원자시간눈금 생성 알고리듬 AT1에 대해서 간략히 알아보자. 시계에 대한 수학적 모델은 제2절의 (식 10) 및 (식 11)과 동일하다. 이 식들을 NIST가 사용하는 기호로써 다시 쓰면 아래와 같다. 여기서도 시계 모델은 3개의 결정론적 매개변수로써 나타낸다. 그것은, 시점 t에서 이 시계와 다른 시계의 시간차이 $x(t)$(단위는 s), 시점 t에서 이 시계의 주파수 오프셋 $y(t)$(단위는 s/s, 즉 무차원), 시점 t에서 이 시계의 주파수 표류(또는 노화) $d(t)$(단위는 $s/s^2 = s^{-1}$)이다.

시점 $t-\Delta t$에서 시점 t로 Δt만큼 시간이 지났을 때 시계 모델의 매개변수들은 다음과 같이 전개된다.

$$x(t) = x(t-\Delta t) + y(t-\Delta t)\Delta t + \frac{1}{2}d(t-\Delta t)(\Delta t)^2 + \xi \qquad \text{(식 25)}$$

$$y(t) = y(t-\Delta t) + d(t-\Delta t)\Delta t + \eta \qquad \text{(식 26)}$$

$$d(t) = d(t-\Delta t) + \zeta \qquad \text{(식 27)}$$

18) Judah Levine, "Realizing UTC(NIST) at a remote location", Metrologia **45** (2008) S23-S33.

단, ξ, η, ζ는 각각 시간차이, 주파수 오프셋, 주파수 노화에 미치는 확률성분을 나타낸다. 이 확률성분(=잡음)은 서로 상관관계가 없고, 또 그것들의 분산은 평균이 0이라고 가정한다.

NIST는 AT1을 이용하여 세슘원자시계와 수소메이저로 이루어진 시계군의 데이터를 기반으로 앙상블 시간을 먼저 계산한 후, UTC(NIST)를 계산한다. 알고리듬에 입력되는 데이터는 앙상블의 기준시계(r로 표시)와 다른 시계들 사이의 시간차이 데이터이다. 시점 t에서 기준시계 r와 어떤 시계 j 사이의 시간차이는 $X_{rj}(t)$로 표시한다. 이 데이터의 측정은 일반적으로 일정한 시간간격 τ으로 이루어진다. 반복 측정을 나타내기 위해 측정이 이루어지는 시각을 $t_k = t_{k-1} + \tau$로 표시한다.

NIST는 UTC(NIST)의 백업용으로 사용하기 위해 NIST가 위치한 콜로라도 주의 보울더시에서 수십 km 떨어진 포트 콜린스에 있는 상용 세슘원자시계 4대를 이용하여 별도의 시간눈금을 만들었다. 백업용에서는 측정 시간간격을 $\tau = 720$ s(=12분)로 정했다. 이 시간간격은 편의상 선택된 것으로 정확히 이 값이 되어야 할 필요는 없다. 단, 한 시간 동안에 정수 번(5번) 측정된다는 점이 고려되었다. 이 시간간격이 달라지더라도 계산가능하다. 시계가 고장나거나 측정이 빠지는 경우 τ는 달라질 수밖에 없다.

시점 t_k에서 측정된 시간차이를 $X_{rj}(k)$로 표시한다. 단, 자체 시간차이 $X_{rr}(k) = 0$이다. 앙상블 시간(e)을 기준으로, 시점 t_k에서 앙상블에 포함된 시계 j의 시간은 다음과 같이 쓸 수 있다.[19)]

$$x_{je}(k) = x_{je}(k-1) + y_{je}(k-1)\tau + 0.5\, d_{je}(k-1)\tau^2 \qquad \text{(식 28)}$$

단, 오른쪽 항의 x, y, d는 각각 과거 측정시점 t_{k-1}에서 앙상블(e)에 대한 시계 j의 시간 오프셋, 주파수 오프셋, 주파수 노화를 나타낸다. 만약 앙상블에 포함된 시계 수가 총 N개라면(기준시계 포함), 위와 같은 방정식은 총 N개가 나올 것이다. 포트 콜린스에는 상용 세슘원자시계만 있고, 시간측정 주기는 720 s이기 때문에 위 식에서 주파수 노화 d를 0으로 두었다(그림 7-9에서 보는 것처럼 세슘원자시계의 주파수 안정도는 τ가 약 10^5초에 이르기까지 ADEV는 $\tau^{-1/2}$에 따라 감소한다. 이것은 백색주파수잡음이 지배적이라는 의미다. 따라서 $\tau = 720$초에서 주파수 노화는 무시할 수 있다.).

$X_{rj}(k)$를 (식 28)과 결합하여, 현 시점 t_k에서 앙상블 시계에 대한 기준시계의 시간 예

19) 제7장 1절의 (식 1)과 그림 7-4에서는 앙상블 시간을 TA로 표기했다. 여기서는 NIST 표현을 따랐다.

측은 다음 식으로 추정할 수 있다.

$$\widehat{X}_{re}^{j}(k) = x_{je}(k) + X_{rj}(k) \qquad \text{(식 29)}$$

위 식은 기준시계(r)와 시계 j의 시간차이 측정 데이터(X_{rj})를 기반으로 앙상블 시간에 대한 기준시계의 추정시간($\widehat{X}_{re}^{j}$)을 나타낸다. 따라서 앙상블에 포함된 시계마다 이런 방정식을 쓸 수 있다. 단, 기준시계의 경우, 자체 시간차이는 앞에서 언급했듯이 0이다.

앙상블 평균시간을 구하기 위해 모든 시계를 포함시키고, 또 각 시계의 가중치를 반영하면 (식 29)는 다음과 같이 쓸 수 있다.

$$\widehat{X}_{re}(k) = \sum_{j=1}^{N} w_j(k)\,\widehat{X}_{re}^{j}(k) \qquad \text{(식 30)}$$

시계의 가중치 $w_j(k)$는 과거 측정 사이클에서 얻었던 평균 예측오차로부터 아래 식과 같이 계산할 수 있다. 이 식은 각 시계의 예측 시간의 추정값들이 정규분포를 한다고 가정할 때, 해당 시계의 가중치는 분산에 반비례한다는 것을 의미한다. 즉, 분산이 작으면 시계의 가중치는 높다.

$$w_j(k) = \frac{1}{\sigma_j^2(k)} \qquad \text{(식 31)}$$

정규화 상수 $\sigma^2(k)$를 사용하여 다음과 같이 가중치를 규격화시킨다. 여기서 $\sigma(k)$는 시점 t_k에서 앙상블의 표준편차를 나타낸다.

$$\sigma^2(k)\sum_{j=1}^{N} w_j(k) = 1 \qquad \text{(식 32)}$$

따라서

$$\frac{1}{\sigma^2(k)} = \sum_{j=1}^{N} w_j(k) = \sum_{j=1}^{N} \frac{1}{\sigma_j^2(k)}, \quad w_j(k) = \frac{\sigma^2(k)}{\sigma_j^2(k)} \qquad \text{(식 33)}$$

어떤 시계 j의 예측오차란 (식 30)으로 계산한 앙상블 평균에 대해 (식 29)로 계산한 해당 시계의 추정시간의 차이를 말한다. 즉, 다음 식과 같이 쓸 수 있다.

$$\epsilon_j(k) = \widehat{X}_{re}^{j}(k) - \widehat{X}_{re}(k) \qquad \text{(식 34)}$$

AT1에서는 각 측정 사이클마다 (식 34)로 계산한 예측오차를 과거 측정 사이클에서 평균한 예측오차와 비교한다. 그리고 다음 식의 값에 따라 3가지 경우로 나누어 시계의 가중치를 조정한다.

$$\kappa_j(k) = \frac{|\epsilon_j(k)|}{\sigma_j(k)} \qquad \text{(식 35)}$$

경우 1 $\kappa_j(k) \le 3$: 이 시계의 가중치를 계속 유지한다.

경우 2 $3 < \kappa_j(k) < 4$: 이 시계의 가중치를 변경한다. (식 33)으로 계산한 당초 가중치를 $w_j^0(k)$라고 할 때, 앙상블 평균을 계산하는 (식 30)에서 해당 시계의 가중치를 다음과 같이 바꾸어 계산한다. 그 결과, 시계의 가중치는 낮아진다.

$$w_j(k) = (4 - \kappa_j(k))\, w_j^0(k) \qquad \text{(식 36)}$$

경우 3 $\kappa_j(k) \ge 4$: 이 시계의 가중치를 0으로 두고, (식 30)을 다시 계산한다. 즉, 이 시계는 앙상블 평균시간의 계산에서 빠진다. 2나 3의 경우에 해당되는 시계는 그 가중치가 한번 변경되면 더 이상 가중치 조정을 하지 않는다.

예측오차를 구하는 (식 34)에서 앙상블 평균시간에 가까운 시계일수록 ϵ_j값이 더 작아질 가능성이 크다. 이에 따라 가중치가 큰 시계는 점점 더 큰 값을 가지게 된다. 이로 인해 시간이 경과하면 특정 시계에 100 % 의존하는 문제가 생긴다. 이런 포지티브 피드백은 앙상블 평균시간과 최고 가중치를 갖는 시계 사이에 상관관계가 생기기 때문이다. 이 문제를 방지하기 위해 두 가지 방법이 사용된다. 하나는 시계와 앙상블 평균시간 사이의 상관계수를 계산하고, 그에 따라 예측오차를 조정하는 것이다. 또 다른 방법은 시계가 가질 수 있는 최대 가중치에 제한을 두는 것이다. 이렇게 임의로 제한을 두는 것을 관리적(administrative) 제한이라고 부른다.

NIST의 경우 백업용 원자시계의 수는 총 4대이다. 만약 4대의 시계가 동일한 가중치를 가진다면 25 %일 것이다. 관리적 제한값은 항상 1/N보다 커야한다. 그래서 NIST는 최대 가중치를 30 %로 제한했다. 따라서 (식 33)으로 표현된 시계들의 가중치와 평균 예측오차는 다음 식으로 나타낼 수 있다.

$$w_j(k) = \frac{\sigma^2(k)}{\sigma_j^2(k)} \leq 0.3 \text{ 또는 } \sigma_j(k) \geq 1.83\,\sigma(k) \qquad \text{(식 37)}$$

이 조건에 어긋나는 시계는 그 가중치를 0.3으로 둔다. 그런데 만약 NIST가 보유한 4대의 원자시계 중 한 대의 가중치가 0이 되는 경우, 나머지 3대가 똑같이 최대 가중치 0.3을 받는다 해도 총 가중치는 1이 되지 않는다. 이런 경우에는 최대 가중치를 0.4로 높인다.

(식 26)에서, 기준시계에 대한 주파수 오프셋 $y(t)$는 이론적으로는 두 측정 사이클에서 두 시계사이의 위상 차이(단위: s)를 측정 시간간격 (τ)로 나누어 구한다. 그러나 측정 과정에서 저주파 통과 필터를 지나게 되면 주파수 오프셋이 발생한다. 이 점을 반영하여 앙상블에 대한 시계 j의 주파수 오프셋 y_{je}를 구하는 방법은 Judah Levine의 논문(Metrologia 2008)에 자세히 소개되어 있다(여기서는 생략함). 그리고 앙상블에 대한 시계의 주파수 노화 d_{je}는 여기서는 0으로 두었지만, 수소메이저를 사용하여 결정되는 UTC(NIST)에서는 반드시 반영해야 한다. d_{je}값은 AT1 알고리듬 밖에서 별도로 구해야 한다.

앙상블 평균시간을 쫓아가는 시간신호를 만들기 위해서 그림 7-16의 PTB처럼 PMS를 사용했다. PMS에 입력되는 신호는 앙상블에 포함된 시계에서 나오는 5 MHz이고, 출력도 5 MHz이다. 이때 시간 또는 주파수 조정에는 다음 3가지 요소가 필요하다. 즉, 앙상블을 기준으로 조정될 시계의 오프셋(계산값), 이 오프셋을 제거하는데 필요한 보정항, 외부 데이터를 기반으로 앙상블의 출력을 조정하는데 추가되는 관리적 조정항이다. 예를 들면, 보울더에 있는 시계 앙상블은 BIPM의 Circular T의 데이터를 이용하여 조정한다. 즉, UTC(NIST)를 만드는 AT1 시간눈금에 관리적 조정이 가해진다. 2002년 2월 이전에는 이 관리적 조정은 매달 첫째 날 0시 UTC에 적용되었다. 그 이후 두 번째 조정이 필요한 경우, 매달 중간에(Circular T가 발간된 후) 적용되었다. 그런데 관리적 조정은 주파수 조정에 의해서만 이루어졌다. 하드웨어를 처음 켰을 때는 안정화되기까지 시간이 많이 걸리기 때문에 시간 조정을 실행한다. 이 경우 하드웨어에 의해 최대 조정률이 제한되는데, 일반적인 최대 조정률은 10 ns/s이다. 그런데 소프트웨어에서 이것의 3분의 1 정도로 조정률을 제한했다. 일반적으로 시스템이 정상적으로 동작할 때 ±25 ps 이내에서만 시간 조정을 실시했다(대부분 이 경우에 해당함). 만약 시간차이가 25 ps를 넘는 경우에는 25 ps까지는 시간 조정을 하고, 나머지는 약 5일 동안 주파수 조정에 의해서 시간차이가 사라지도록 했다. 주파수 조정은 $\pm 5 \times 10^{-15}$ 이내에서 이루어지도록 했다.

4 지연된 시간눈금 TAI와 UTC

지연된(deferred) 시간눈금은 모두 BIPM에서 생성된다. 지연된 시간눈금이란 현재 시간을 알려주는 것이 아니라 이미 지나간 시간을, 그 당시에 원자시계들이 얼마나 정확하게 알려주었는지 알아내는 것이다. 이를 통해 그 원자시계들이 더 정확해지도록(UTC에 더 가까워지도록) 조정하는 것을 목표로 한다. 전 세계적으로 가장 널리 사용되는 시간눈금은 UTC이지만 UTC를 생성하기 위해 EAL과 TAI가 먼저 생성된다. 이 시간눈금들을 만들기 위해서는 각 나라의 시간표준 실험실(또는 연구기관) k에서 원자시계들 사이의 시각비교 데이터를 BIPM으로 보내야 한다.

그림 7-19는 이런 일련의 데이터 흐름을 보여준다. 그림 왼쪽 칸에서 '기관 내 시계 비교'란 해당 기관에서 보유하고 있는 시계들 사이에서 [UTC(k)−clock] 데이터를 구하는 것을 뜻한다. '원거리 시계 비교'란 GPS 위성이나 TWSTFT 방법으로 다른 나라의 원자시계 UTC(j)와 시각을 비교하는 것을 뜻한다. 이 시각비교 데이터는 5일 간격으로 측정하는데, MJD로 4와 9로 끝나는 날의 0시 UTC에 측정한다. 한 달간의 측정데이터를 BIPM에 보내면 BIPM에서는 ALGOS 알고리듬으로 계산한 [UTC−UTC(k)]를, 최종 데이터 후 약 20일 이내(첫 번째 데이터 후 약 50일 이내)에 Circular T를 통해 발표한다.

그림 7-20은 2018년 1월 10일, 09시에 발표된 Circular T 360의 서두 부분을 발췌한 것

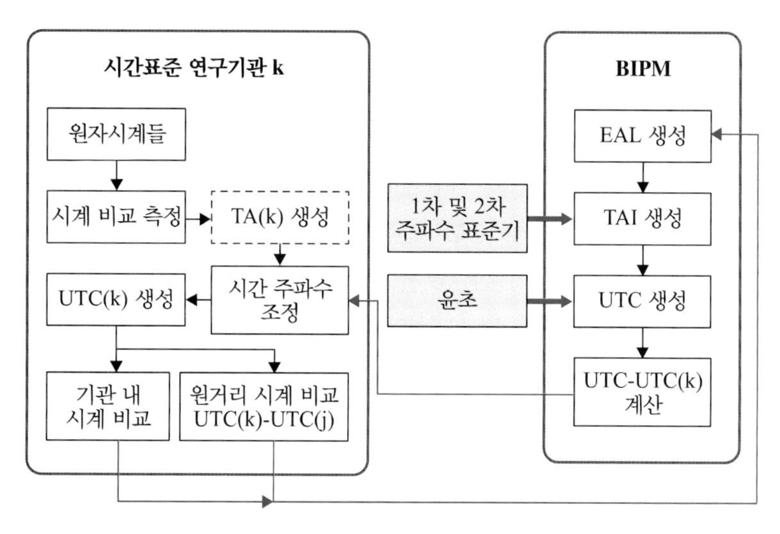

그림 7-19 TAI 및 UTC 생성을 위한 시간 데이터 흐름도

CIRCULAR T 360 ISSN 1143-1393
2018 JANUARY 10, 09h UTC

BUREAU INTERNATIONAL DES POIDS ET MESURES
THE INTERGOVERNMENTAL ORGANIZATION ESTABLISHED BY THE METRE CONVENTION
PAVILLON DE BRETEUIL F-92312 SEVRES CEDEX TEL. +33 1 45 07 70 70 tai@bipm.org

The contents of the sections of BIPM Circular T are fully described in the document "Explanatory supplement to BIPM Circular T" available at ftp://ftp2.bipm.org/pub/tai/publication/notes/explanatory_supplement_v0.1.pdf

1 - Difference between UTC and its local realizations UTC(k) and corresponding uncertainties.
From 2017 January 1, 0h UTC, TAI-UTC = 37 s.

Date 2017 0h UTC	NOV 27	DEC 2	DEC 7	DEC 12	DEC 17	DEC 22	DEC 27	Uncertainty/ns			Notes
MJD	58084	58089	58094	58099	58104	58109	58114	uA	uB	u	
Laboratory k				[UTC-UTC(k)]/ns							
AOS (Borowiec)	-9.0	-9.7	-10.0	-9.7	-9.3	-9.4	-8.6	0.5	3.2	3.2	
APL (Laurel)	-1.9	4.0	5.0	5.0	4.8	4.4	4.6	0.4	10.9	10.9	
AUS (Sydney)	306.8	275.5	278.1	276.9	267.1	268.4	242.9	0.4	6.3	6.3	
BEV (Wien)	-9.5	-16.3	-17.3	-15.9	-17.8	-18.5	-24.1	0.4	3.0	3.0	
BIM (Sofiya)	7542.0	-	-	7640.3	7680.7	7735.5	7761.1	0.7	3.1	3.1	
BIRM (Beijing)	14.2	16.9	11.1	6.5	7.0	9.5	9.6	0.7	3.0	3.0	
BOM (Skopje)	71.1	86.8	91.0	86.5	90.8	98.0	98.0	0.4	3.1	3.1	
BY (Minsk)	2.6	-3.1	-4.3	-2.6	-0.3	-2.7	-2.8	1.5	9.6	9.7	
CAO (Cagliari)	-	-1319.9	-1406.1	-1490.2	-1095.3	-1203.0	-1301.0	8.0	20.0	21.6	
CH (Bern-Wabern)	14.5	10.3	8.5	4.1	0.6	0.2	-0.1	0.4	2.1	2.1	
JV (Kjeller)	21.3	-	17.9	14.1	10.4	2.7	-2.3	0.4	20.0	20.0	
KEBS (Nairobi)	-	-	-	-	-	-	-				
KIM (Serpong-Tangerang)	265.4	271.1	281.1	290.7	304.6	310.2	300.6	2.0	20.0	20.1	
KRIS (Daejeon)	28.5	37.3	23.3	9.9	0.3	-4.9	-9.8	0.4	2.9	2.9	

그림 7-20 Circular T 360의 서두 부분: KRISS의 [UTC−UTC(KRIS)]가 맨 아래에 보임.

이다. MJD 58084일부터 5일 간격으로 MJD 58114일까지 [UTC−UTC(k)]/ns의 결과가 나와 있다. 최종 측정일(12월 27일) 이후 14일 만에, 처음 측정일(11월 27일) 이후 44일 만에 이 결과가 발표되었다. 이 지연 기간은 UTC 생성에 참여하는 실험실의 수와 원자시계 수가 늘어나면서 점점 길어지고 있다.

4.1 EAL과 TAI

EAL은 '자유 원자시간 눈금'이라는 의미를 가진다. 이것은 자유롭게 동작하는(free running) 원자시계들로부터 생성된 눈금이라는 뜻이다. 이 눈금은 그림 7-4의 평균시간눈금 생성 알고리듬에서 TA(k)와 비슷하다. TA(k)는 k라는 연구기관에 있는 원자시계들을 이용하여 구한 가중 평균시간인 반면, EAL은 전 세계에 있는 원자시계들을 이용하여 구한 가중 평균시간이다. 그림 7-19의 오른쪽 칸은 왼쪽 칸에서 오는 시각비교 데이터로부터 EAL이 생성되고, 이것을 1차 및 2차 주파수표준기로써 눈금 단위를 보정하여 TAI가 생성된 후, 윤초를 반영한 후 UTC가 생성되는 과정을 보여준다.

EAL(궁극적으로 TAI)을 생성하는 알고리듬을 ALGOS라고 부르는데, BIH(현재 BIPM의 Time Department)가 개발했으며 1973년에 처음 운용되었다. ALGOS에 입력되는 시간 데이터는 원자시계들 사이의 시각 비교(시간 차이) 데이터이다. 다시 말하면, 그림 7-19에서 설명한 TA(k)를 이용하는 것이 아니라, 개별 원자시계들의 시각 비교 데이터를 이용한다. 이렇게 함으로써 원자시계의 개수가 적거나 TA(k)를 생성하지 않는 작은 실험실도 TAI 및 UTC 생성에 참여할 수 있도록 한 것이다.

BIPM의 Annual Report에 의하면, BIPM에 등록되어 있는 원자시계들 중에서 새로 등록되었거나 성능이 떨어지는 것은 가중치 0을 배당받는다. 따라서 이것들은 EAL 또는 TAI 생성에 기여하지 못한다. 그 결과, 실제로 참여하는 시계의 수는 매달 달라지는데, 2017년의 경우 428～451대 사이에 있었다. 참여하는 시계 수(N)가 달라지면 시계에 배당되는 최대 가중치도 달라진다. 최대 가중치는 1998년 1월부터 2000년까지는 0.7 %로 고정되어 있었다. 2001년 1월부터 $w_{max}=A/N$ 식으로 결정되었는데, A=2.0이었다. 2002년 7월부터 2013년까지는 A=2.5였었고, 2014년부터 현재까지 A=4.00이다. 이에 따라 2017년에는 $w_{max}=0.939\sim1.067$ 사이의 값을 가졌다.[20]

ALGOS는 원자시계와 주파수표준기의 성능이 높아지고, 시계 비교 기술이 발전함에 따라 여러 차례 수정되었다. EAL의 주파수(=1초 간격)를 보정하여 TAI를 생성해왔는데, 그 동안의 역사적 사건을 요약하면 다음과 같다.

1977년 1월 1일 이전에는 EAL과 TAI는 같았다. 그런데 1977년 1월 1일 0시 TAI 시점에서 [ET−TAI]=32.184초로 정해졌다. 1980년에 개최된 CCDS(초정의 자문위원회)에서 TAI의 정의는 다음과 같이 발표되었다.[21]

"TAI는 지구중심좌표계에서 정의된 좌표시간눈금으로, 그것의 눈금 단위는 회전하는 지오이드에서 구현된 SI 초이다."

그 이후에 TAI의 눈금 단위를 지오이드에서의 SI 초와 일치시키기 위해 EAL에 1×10^{-12}의 계통 보정이 이루어졌다. 1988년 무렵까지 EAL은 2×10^{-14}의 상대주파수 계단으로 조정되었다. 1996년에 개최된 CCDS의 권고안 S2에 따라 1차 주파수표준기는 흑체복사에 의한 주파수 이동을 보정했다. 이로 인해 구현된 SI 초의 지속시간이 갑자기 일정 주파수만큼 달라졌다. 그 결과, TAI의 눈금 단위가 자동적으로 약 -2×10^{-14}만큼 이동했다. TAI로써 구현되는 TT의 눈금 단위도 이만큼 달라졌다. 1998년부터 2004년까지는 EAL에 보정이 필요하면 2개월 간격으로 $\pm1\times10^{-15}$의 계단으로 보정이 이루어졌다. 2004년 7월 이후에는

20) BIPM Annual Report, Vol.12, 2017, p.45.

21) P. Giacomo, "News from the BIPM", Metrologia **17**, 69-74 (1981).

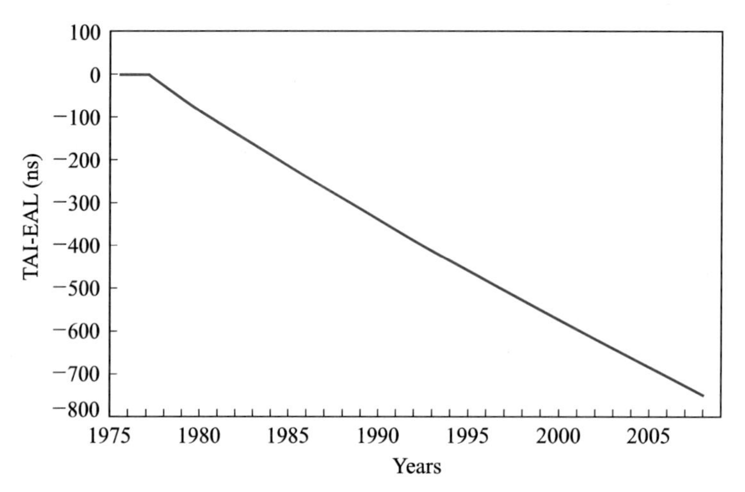

그림 7-21 TAI-EAL의 변화

(출처: D.D. McCarthy and P.K. Seidelmann, 2009, p.216)

TAI 눈금 단위와 1차 주파수표준기가 제공하는 SI 초 사이의 주파수 차이가 측정불확도의 2.5배를 넘으면 주파수 보정은 한 달 간격으로 최대 0.7×10^{-15}까지 이루어졌다. 2006년에 TAI 시간눈금과 회전하는 지오이드에서의 SI 초의 차이는 10^{-15} 수준이었고, 그 불확도도 10^{-15} 수준이었다. 이에 따라 주파수 보정은 한 달 간격으로 10^{-16} 수준에서 이루어졌다.

그림 7-21은 지난 30년 동안 [TAI−EAL]의 변화를 보여준다. 1977년부터 차이가 생기기 시작하여 30년 동안 약 750 ns 만큼 차이가 났는데, 이것은 8×10^{-16}의 상대주파수(단위: s/s)에 해당한다. 이 결과는 EAL이 TAI에 대해 장기적으로 안정적이었다는 것을 보여준다.

그런데 2011년에 EAL 생성에서 큰 변화가 일어났다. 그때까지 EAL 생성에서 중요한 원칙은 장기안정도가 좋은 시간눈금을 만드는 것이었다. 그래서 장기안정도가 더 좋은 세슘원자시계가 수소메이저보다 일반적으로 더 높은 가중치를 받았다. 수소메이저는 그림 7-9에서 보는 것처럼 단기안정도는 우수하지만 주파수 표류 때문에 장기안정도는 나쁘다. 그런데 BIPM의 G. Panfilo 등은 수소메이저의 주파수 표류가 상당히 일정하게 일어나므로 이것을 이용하여 시계의 주파수 변화를 예측하는 새로운 알고리듬을 개발했다.[22] 새 알고리듬에는 주파수 표류를 나타내는, 경과시간의 제곱에 비례하는 2차 모델을 사용했다. 그 이전 알고리듬에서는 1차 항만 고려했었다.

22) G. Panfilo, et. al., "A new prediction algorithm for the generation of International Atomic Time", Metrologia **49** (2012) pp.49~56.

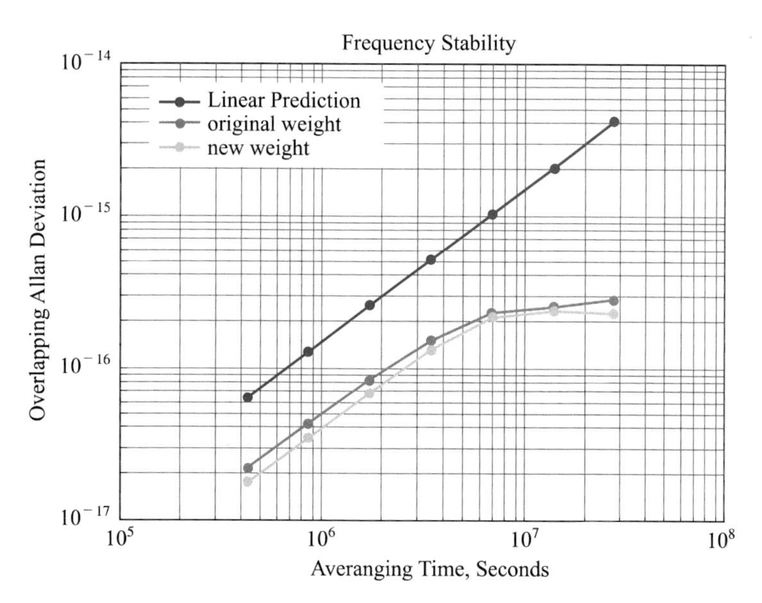

그림 7-22 시계 예측 모델과 가중치 부여 방법에 따른 [EAL−TT]의 주파수안정도 비교
(출처: G. Panfilo, "Improvement in ALGOS", CCTF, Sèvres, pp.13∼14 September 2012.)

그림 7-22는 선형예측(Linear Prediction) 모델과 2차 모델을 사용했을 때 [EAL−TT]의 주파수안정도를 비교한 것이다. 그림에서 맨 위 직선은 선형예측 모델로 EAL을 생성한 경우로서 알란편차(ADEV)가 τ^{+1}에 비례한다. 즉, 평균시간이 길어지면 주파수안정도는 점점 나빠지는, 전형적인 주파수 표류이다. 아래 두 개 그래프는 2차 모델로 구한 결과이다(단, 가중치 부여 방법이 다름). 평균시간 10^{7} s(∼4개월) 이후에는 주파수 표류가 사라졌고, 장기안정도는 약 10배 개선되었다. 그리고 단기안정도는 약 3배 개선되었다. 평균시간 320일(∼3×10^{7} s)에서 알란편차는 (2∼3)$\times10^{-16}$으로 줄어들었다. 아래 두 개 그래프는 가중치를 부여하는 방법을 바꾸면 더 좋은 안정도를 얻을 수 있음을 보여준다.[23] 그림에서 안정도가 약간 더 좋은 쪽(new weight)은 최대 가중치를 현재와 같이 $w_{\max}=4.00/N$으로 부여한 경우이다.

이 연구 결과는 성능이 좋은 원자시계에 대한 개념을 바꾸도록 만들었다. 즉 좋은 시계란 장기안정도가 우수한 시계보다 주파수를 잘 예측할 수 있는 시계를 말한다. 이에 따라 최대 가중치를 받는 수소메이저의 수가 세슘원자시계보다 훨씬 많아졌다. 그리고 좋은 시간눈금을 만드는데 있어서 하드웨어(시계 장치)뿐 아니라 소프트웨어(시계 예측 모델과 알고리듬)

23) G. Panfilo, et. al., "A new weighting procedure for UTC", Metrologia **51** (2014) pp.285∼292.

2 - Difference between the normalized frequencies of EAL and TAI.

	Interval of validity	f(EAL)-f(TAI)	
Steering correction	58084 - 58114	6.501x10**-13	(2017 NOV 27 - 2017 DEC 27)
New correction	58114 - 58149	6.501x10**-13	(2017 DEC 27 - 2018 JAN 31)
New correction foreseen	58149 - 58174	6.501x10**-13	(2018 JAN 31 - 2018 FEB 25)

3 - Duration of the TAI scale interval d.

Table 1: Estimate of d by individual PSFS measurements and corresponding uncertainties.
All values are expressed in 10**-15 and are valid only for the stated period of estimation.

Standard	Period of Estimation	d	uA	uB	ul/Lab	ul/Tai	u	uSrep	Ref(uS)	Ref(uB)	uB(Ref)	Steer	Note
PTB-CS1	58084 58114	-15.27	6.00	8.00	0.00	0.13	10.00		PFS/NA	T148	8.	Y	(1)
PTB-CS2	58084 58114	-5.24	3.00	12.00	0.00	0.13	12.37		PFS/NA	T148	12.	Y	(1)
NIM5	58094 58114	0.28	0.30	0.90	0.20	0.38	1.04		PFS/NA	T340	1.40	Y	(2)
PTB-CSF1	58084 58114	-0.16	0.06	0.39	0.05	0.13	0.42		PFS/NA	T162	1.40	Y	(3)
PTB-CSF2	58084 58114	-0.20	0.09	0.20	0.04	0.13	0.26		PFS/NA	T287	0.41	Y	(3)

Notes:
(1) Continuously operating as a clock participating to TAI
(2) Report 02 JAN. 2018 by NIM
(3) Report 04 JAN. 2018 by PTB

Table 2: Estimate of d by the BIPM based on all PSFS measurements identified to be used for TAI steering over the period MJD57724-58114, and corresponding uncertainties.

Period of estimation	d	u	
58084-58114	-0.17x10**-15	0.20x10**-15	(2017 NOV 27 - 2017 DEC 27)

그림 7-23 Circular T 360에 발표된, 일정 기간 동안 EAL과 TAI의 주파수 차이(섹션 2), 몇몇 PSFS의 자체 불확도(Table 1)와 TAI 눈금간격 조정에 사용된 PSFS와 TAI의 편차 d 및 불확도 u(Table 2).

가 중요하다는 것을 보여주었다.

그림 7-23은 Circular T 360이 담당하는 기간(MJD 58084-58114) 동안의 EAL, TAI 및 몇몇 실험실에서 보고한 1차 주파수표준기의 편차 및 불확도를 보여준다. 섹션 2는 EAL과 TAI의 상대주파수 차이를 나타낸다. 첫 번째 열은 해당 기간 동안 EAL에 적용한 상대주파수 보정값을 나타낸다. 두 번째와 세 번째 열은 TAI의 정확도를 유지하기 위해 앞으로 두 달 동안 EAL에 적용해야 할 보정값을 예측한 것이다. 세 값 모두 6.501×10^{-13}을 나타내고 있다.

섹션 3은 TAI의 눈금간격이 SI 초로부터 벗어난 값과 불확도를 구하기 위해 사용된 1차 주파수표준기(PFS)의 성능에 관한 내용이다. 여기서 PSFS[24)]란 1차 및 2차 주파수표준기를 의미하며, SI 초의 정의를 구현하는 시계를 일컫는다. 이 PSFS는 마스터 시계와 달리 항상 동작할 필요는 없다. 그렇지만 해당 PSFS에서 생성된 1초가 SI 초 정의에서 얼마나 벗어났

24) PSFS는 Primary and Secondary Frequency Standards의 약어이다. SFS(Secondary Frequency Standards)는 초의 2차 표현(SRS: Secondary Representation of the Second)으로 정의된 원자 또는 이온을 이용하여 만든 시계를 말한다(참조: 제6장의 표 6-9).

는지(주파수 오프셋), 또 그 불확도는 얼마인지 평가하여 알고 있어야만 PSFS로서 역할을 할 수 있다. 그림 7-23의 Table 1은 각 실험실에서 BIPM에 보고한 PFS의 주파수 오프셋 및 불확도를 나타낸다. 여기에서 사용한 기호들에 대한 설명은 아래와 같다.

- d : TAI 눈금간격이 TT(지구시)의 눈금간격(실제로는 지오이드에서 SI 초)으로부터 벗어난 정도를 상대주파수로 나타낸 것. 즉, TAI 주파수를 PFS 주파수와 비교하여 그 차이값을 상대적으로 나타낸 것임($\times 10^{-15}$)
- uA : PFS 주파수의 통계적 불확도(A-형 불확도)
- uB : PFS 주파수의 계통적 효과들에 의한 합성 불확도(B-형 불확도)
- ul/Lab : PFS 주파수와 같은 실험실 내에서 TAI 생성에 참여하는 시계 사이의 링크 불확도(측정 데드 타임에 의한 불확도 포함)
- ul/Tai : TAI 생성에 참여하는 시계와 TAI 사이의 링크 불확도[25]
- u : 위 4개 불확도 값을 제곱하여 더한 것의 제곱근

BIPM에 보고된 PFS 중 TAI 조정에 사용되었는지 여부가 'Steer'란에 Y(=yes) 또는 N(=no)으로 표시되어 있다. 보고된 모든 PSFS의 측정데이터를 바탕으로 BIPM이 계산하여 제시하는 d와 u값이 Table 2에 나와 있다. MJD 58084-58114 기간 동안, $d=-0.17\times 10^{-15}$, $u=0.20\times 10^{-15}$이다. Circular T에 발표되는 데이터는 1년에 한 번씩 발행되는 BIPM Annual Report on Time Activity에 게재된다.

4.2 UTC와 UTCr

오늘날과 같은 UTC는 1970년 국제통신연맹 라디오통신 섹션 (ITU-R)[26]의 권고안 TF.460-6에 의해 다시 정의되었다.[27] 새 정의에 의하면, UTC는 BIPM이 IERS(국제지구자전국)의 도움을 받아 유지하는 시간눈금이다(UTC라는 용어는 미국과 영국이 1960년부터 사용해 왔었다). UTC는 TAI와 그 비율(=주파수)은 정확히 같고, 단지 정수 초의 시간차이만 난다. UTC는 UT1과 0.9초 이내에서 일치하도록(즉 $|UT1-UTC| < 0.9$ s) 1초를 더하거나 뺄 수 있다. 이것을 '윤초'(閏秒, leap second)라고 한다. 윤초의 적용은 UTC로 6월

25) UTC(k) 링크 불확도와 동일함(참조: 그림 7-12).

26) ITU-R은 Radiocommunications Section of the International Telecommunications Union의 약어이다. 이 조직은 CCIR(International Radio Consultative Committee)의 후속 기구이다.

27) ITU-R 2002 Recommendation TF.460-6(www.itu.int/rec/R-REC-TF.460-6-200202-I/en)

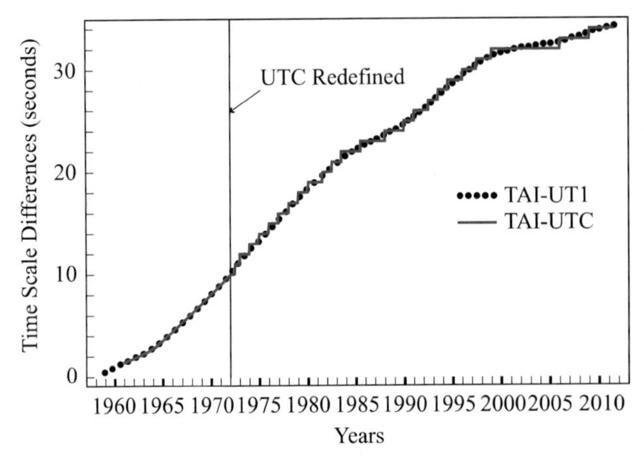

그림 7-24 점으로 표시된 [TAI-UT1]과 색선으로 표시된 [TAI-UTC]의 변화
(출처: L. Erard, "19th meeting of the Directors of NMIs", BIPM, pp.25~26 October 2016.)

30일이나 12월 31일의 마지막 분에 실시한다. 예를 들면, 12월 31일 밤 11시 59분 59초 다음에 윤초가 더해지면 59분 60초가 된다. 그 다음 초는 1월 1일 0시 0분 0초가 된다.

1972년 1월 1일, 재정의된 UTC가 공식적으로 도입될 때 UT1과의 시간을 맞추기 위해 10초의 오프셋을 가지고 시작했다. 그리고 같은 해 6월 30일과 12월 31일에 각각 1초씩 윤초가 더해졌다. 그 이후에도 항상 더하기 윤초만 있었는데, 2018년 현재까지 총 37초의 윤초가 더해졌다. 그 결과 UTC−TAI=−37초이다. 이것은 UTC를 나타내는 시계가 TAI를 나타내는 시계보다 37초 뒤에 간다는 의미다. 그림 7-24는 [TAI−UT1]과 [TAI−UTC]가 역사적으로 변해온 것을 보여준다. [TAI−UT1]은 곡선 형태로 변하지만 윤초가 적용된 1972년부터 [TAI−UTC]는 계단식으로 변하고 있다.

이것을 정리한 것이 표 7-3에 나와 있다. 이것은 해당 연도 1월 1일 0시 정각 UTC(한국 표준시로 9시 정각)을 기준으로 나타낸 것이다. 괄호로 표시된 숫자는 그 전년도에 윤초가 적용되지 않아서 같은 값을 가진다는 것을 의미한다.

더하기 윤초만 있다는 것은 지구의 자전속도가 점점 느려진다는 것을 뜻한다. 지구의 자전속도는 매년 변하기 때문에 대략 6개월 전에 윤초의 적용여부를 알 수 있다. IERS는 지구의 회전을 감시하고 윤초를 도입할 날짜를 공지하는 책임을 지고 있다. 윤초가 있든 없든 6개월마다 BIPM을 포함한 관련 기관에 통보한다. 2017년 12월 31일에는 윤초가 없다고 2017년 7월 6일에 이미 통보했다.

지구의 회전속도가 느려지는 비율은 세월이 흐름에 따라 점점 커질 것으로 예측되고, 그에 따라 더하기 윤초도 매년 늘어날 것이다. 2300년경에는 1년에 2~4초, 2500년경에는 5

표 7-3 매년 1월 1일 0시 UTC에서 [TAI−UTC](단, 괄호는 그 전년도에 윤초 미적용)

연도	TAI−UTC (s)	연도	TAI−UTC (s)	연도	TAI−UTC (s)
1972	10	1988	24	2004	(32)
1973	12	1989	(24)	2005	(32)
1974	13	1990	25	2006	33
1975	14	1991	26	2007	(33)
1976	15	1992	(26)	2008	(33)
1977	16	1993	27	2009	34
1978	17	1994	28	2010	(34)
1979	18	1995	29	2011	(34)
1980	19	1996	30	2012	(34)
1981	(19)	1997	(30)	2013	35
1982	20	1998	31	2014	(35)
1983	21	1999	32	2015	(35)
1984	22	2000	(32)	2016	36
1985	(22)	2001	(32)	2017	37
1986	23	2002	(32)	2018	(37)
1987	(23)	2003	(32)		

초 이상 윤초를 도입해야 할 것으로 예상된다.[28)]

전 세계적으로 여러 GNSS가 설치되었거나 설치되고 있다. 이런 위성항법시스템에서 사용하는 시스템 시간은 UTC에 동기시키고 있다. 예를 들면, GPS 시간은 UTC(USNO)에, GLONASS 시간은 러시아의 UTC(SU)에 동기시킨다. 이 외에도 현재 시험 운용 중이거나 일부 서비스를 실시하고 있는, 유럽의 Galileo, 중국의 BeiDou, 인도의 IRNSS/Gagan도 해당 국가의 UTC(k)에 동기시킨다.

그런데 윤초가 적용될 때마다 UTC(k)의 시간이 변하기 때문에 위성항법시스템의 시간도 따라 바꾸어야 하는데, 이것은 매우 성가신 일이다. 그래서 GPS 시간의 경우, 1980년 이후에는 윤초를 적용하지 않고 있다. 그래서 UTC와 GPS 시간은 점점 벌어지고 있다. 2017년 1월 1일부터 다음 윤초가 적용될 때까지 [UTC − GPS 시간] = − 18 s+C_0의 관계를 가진다

28) D. D. McCarthy, "Evolution of timescales from astronomy to physical metrology", Metrologia **48** (2011) S132-S144.

(단, C_0는 수십 ns 수준). 그런데 GLONASS의 경우에는 시스템 시간이 UTC를 따라 가도록 설계되었다. 그래서 항상 [UTC－GLONASS 시간]＝0 s＋C_1의 관계를 가진다(단, C_1은 수십 ns 수준). 하지만 TAI와의 차이는 윤초가 적용될 때마다 벌어진다. 2017년 1월 1일부터 다음 윤초가 적용될 때까지 [TAI－GLONASS 시간]＝37 s＋C_1이다. 이에 비해 [TAI－GPS 시간]＝19 s＋C_0로서 고정되었다.

이런 문제 때문에 UTC에 윤초 적용을 하지 말자는 논의가 시간 관련 국제기구들에서 2001년부터 진행되고 있다.[29] 그동안 여러 차례 회의를 했으나 합의에 이르지 못했다. 그런데 2015년 11월에 스위스 제네바에서 개최된 '세계 라디오통신 회의'(WRC-15)에서 ITU 회원들이 만나서 2023년까지 UTC에 윤초를 유지하는 것으로 결정했다.[30] 광범위한 의견과 자문을 들은 후에 WRC 회의에서 이 문제를 다시 논의하기로 했다. WRC-15에서 채택한 결의안에서 ITU와 BIPM이 상호 관계를 더욱 강화할 것과, BIPM이 SI 초를 만들고 유지하며 또 보급할 책임이 있다는 것을 확인했다.

BIPM은 1988년부터 매 5일 간격으로 한 달 간 측정한 데이터를 이용하여 UTC를 계산했다. UTC－UTC(k)의 결과는 전 달의 마지막 데이터 이후 약 20일 이내 알 수 있다. 그런데 GNSS 위성들을 더 정확히 동기시키기 위해 UTC－UTC(k)를 좀 더 자주 알려달라는 요구가 있었다. 이 값을 자주 알면 UTC(k)를 UTC에 더 자주 맞출 수 있어서 UTC(k)의 정확도는 더 높아지기 때문이다. UTC 발행의 지연 시간을 줄여달라는 요구에 부응하여 BIPM은 빠른(rapid) UTC, 즉 UTCr을 생성하기로 했다.

2012년 1월부터 시범적으로 UTCr을 만들기 시작하여 약 18개월 동안 시험 과정을 거친 후 2013년 7월부터 UTCr－UTC(k)을 공식적으로 발표했다. 이를 위해 세계 각국의 시간표준 실험실 k로부터 매일 0시 UTC에 측정한 1주일 간(월요일에서 일요일까지) 시각비교 데이터를 수집하여 통계처리하고, 매주 수요일 오후(18시 이전)에 UTCr－UTC(k)를 발표한다. UTCr의 목표는 UTC와의 시간차이, 즉 [UTCr－UTC]를 가능한 작게 하는 것이다. 이것을 목표로 알고리듬이 설계되어 운용되고 있다.

UTCr 생성에 참여하는 실험실은 D일 0시 UTC에 측정한 데이터를 적어도 D+2일 12:00 UTC 이전에 BIPM이 할당한 ftp 서버 계정에 올려야 한다. UTCr－UTC(k)의 결과는 BIPM 웹페이지에 발표된다.[31] 매주 발표되므로 파일의 이름은 YYWW 표지로 구별한다.

---

29) R.A. Nelson, et. al., "The leap second: its history and possible future", Metrologia, 2001, **38**, pp.509~529.

30) https://www.bipm.org/en/news/full-stories/2015-11-utc-2015.html

예를 들면, 2017년 11월 29일(수) 14시 UTC에 발표된 것은 그 전 주가 그 해의 47주째이므로 'UTCr-1747'으로 표시한다. 그 파일에는 2017년의 47주에 해당하는 11월 20일(월)부터 11월 26일(일)까지의 [UTCr－UTC(k)]/ns 데이터가 들어 있다.

시범 기간 동안 분석한 결과에 의하면 UTCr을 통해 구현된 UTC는 UTC(PTB)나 UTC(USNO)와 같이 주요 연구기관들에 의해 구현된 UTC보다 정확도가 약 50 % 높게 나타났다.[32] 다시 말하면, [UTCr－UTC]의 RMS(제곱평균제곱근)이 [UTC－UTC(PTB)]나 [UTC－UTC(USNO)]의 RMS보다 절반 정도 작았다. 이것은 UTCr의 생성 목표를 달성했다는 것을 의미한다. 그 결과, 앞으로 UTC보다 UTCr을 기준으로 UTC(k)를 생성하게 될 것으로 예측된다. 다시 말해서, UTCr을 기준으로 더 자주 UTC(k)를 조정하면 지연된 시간눈금 UTC를 더 정확히 구현할 수 있을 것으로 기대된다.

5 시간눈금 종합

역사적으로 시간눈금은 많은 발전과 진화를 이루어왔다. 그림 7-25는 시간눈금 사이의 관계와 발전 역사를 보여주는 것으로, 지구 자전에 기반한 천문시간눈금은 두 가지로 나뉘어 발전했다. 하나는 세계시(UT)로 향하는 것으로, 현대에는 UT1만이 사용되고 있다. 다른 하나는 역표시(ET)로 향하는 것으로, 상대론적 시간눈금으로 발전했다. 원자시간눈금은 천문시간눈금과 전혀 상관없이 등장하는데, UT1은 UTC 결정에 영향을 미친다. 한편, 상대론적 시간눈금은 그 눈금간격으로 TAI를 사용한다. 그리고 TDT(지구역학시)는 TT(지구시)로 이름이 바뀐다. 결국 TT는 상대론 효과가 반영된 원자시간눈금이다.

TT는 TAI를 통해 구현되는 시간눈금이다.[33] 1977년 1월 1일 0시 0분 0초 TAI 순간에 TT＝TAI＋32.184초로 그 오프셋이 정해졌다. TAI는 1차 및 2차 주파수표준기(PSFS)에 의해 눈금간격이 조정된다.[34] 이에 따라 TT의 눈금간격도 조정된다(참조: 제5장 4.1절). 그

31) ftp://tai.bipm.org/UTCr/Results/

32) G. Petit, et. al., "UTCr: a rapid realization of UTC", Metrologia **51** (2014) pp.33~39.

33) G. Petit, "A new realization of terrestrial time", 35th Annual Precise Time and Time Interval (PTTI) Meeting, pp.307~316 (2003).

34) 2014년에 처음으로 2차 표준기가 포함됨: J. Guena, et. al., "Contributing to TAI with a secondary representation of the SI second", Metrologia **51** (2014) pp.108~120.

런데 TAI는 정해진 알고리듬과 절차에 따라 한 달에 한번 만들어진다. 이에 비해 TT는 1년에 한 번 만들어진다. 긴 시간에 걸쳐 후처리(post processing)되기 때문에 TT는 TAI 눈금보다 더 안정적이고 정확하다. BIPM이 구현한 TT를 TT(BIPM)이라 한다. 2017년 12월까지의 데이터를 바탕으로 2018년 1월에 만든 것을 TT(BIPM17)이라 명명하고, BIPM의 ftp 서버를 통해 발표한다. 결론적으로, TT(BIPMxx)는 지구에서 가장 안정되고 정확한 시간눈금이다.

그림 7-26은 천문시간눈금, 좌표시간눈금, 원자시간눈금 사이의 관계를 보여준다. 천문시간눈금은 천체를 관측하여 시각을 결정했다. 이에 비해 원자시간눈금은 1초를 정의하고 그것을 누적하여 시각을 결정한다. 오늘날은 지구회전각, 즉 UT1이 UTC의 원점을 결정한다. 좌표시간눈금은 상대론 효과가 반영된 시간눈금이다.

2018년 11월에 프랑스 베르사유에서 개최된 제26차 CGPM에서는 역사적인 '국제단위계(SI) 개정'(결의안 1)을 의결했다. 이것 외에 '시간눈금의 정의'(결의안 2)에 대한 안건도 의결하였다. 현재 세계적으로 널리 사용하고 있는 UTC가 TAI에 바탕을 두고 만들어지지만, TAI 자체에 대해서는 CGPM 차원에서 그동안 어떤 결정이나 확인이 없었다. 제26차

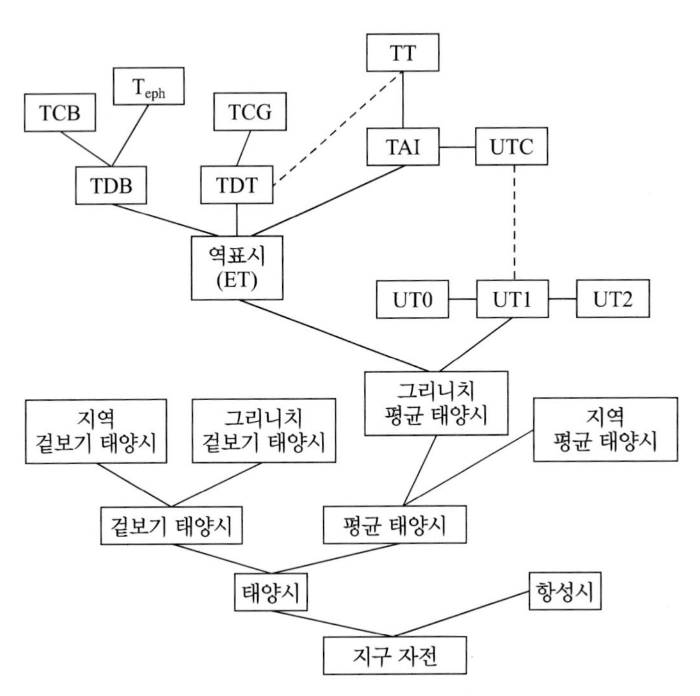

그림 7-25 지구 자전을 기반으로 하는 시간눈금의 발전과 관계도
(출처: D. McCarthy, Metrologia 48 (2011) S132-S144.)

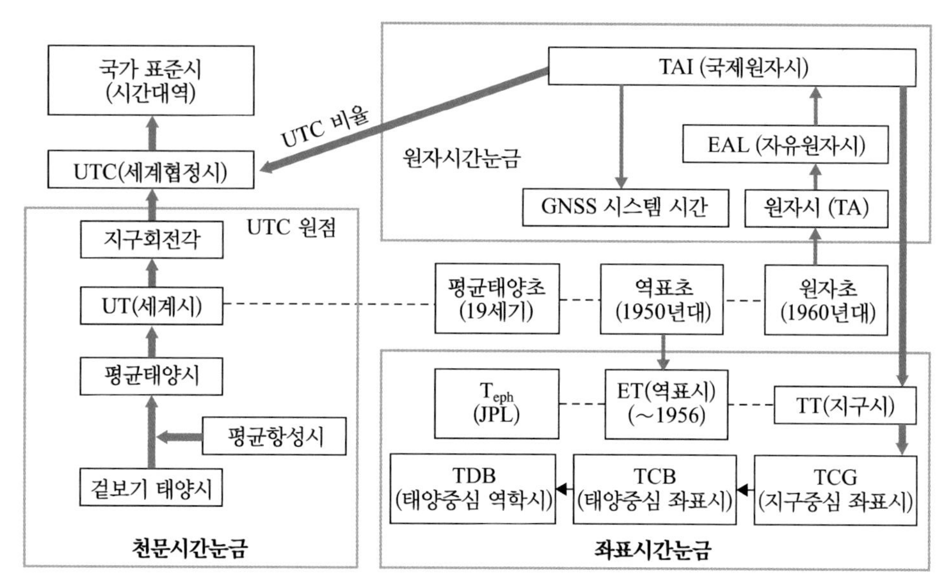

그림 7-26 시간눈금의 종류 및 관계도: 천문시간눈금, 좌표시간눈금, 원자시간눈금
(참조: P.K. Seidelmann, Metrologia **48** (2011) S186-S194.)

CGPM에서는 IAU가 여러 결의안에서 정의하고 권고했던 내용들 중 TCG(지구중심좌표시)와 TT(지구시)에 관한 것을 확인하고, TAI가 TT의 구현이라는 것과 UTC가 TAI와 정수 초만큼 차이난다는 사실을 확실하게 밝혔다. 그리고 여러 관련 기관들이 이런 기준시간눈금에 대한 이해를 높이고, 실현과 보급을 위해 노력할 것을 권고했다. 또한 UT1−UTC의 정확한 예측과 보급 방법을 개선하는데 함께 노력할 것을 권고했다(이 내용은 윤초와 관련된 것으로, 추후 윤초의 폐지 혹은 유지를 위해 먼저 시간눈금에 대한 이해를 높이도록 권고한 것으로 보임).

다음은 결의안 2를 번역한 것이다.

제26차 CGPM 결의안 2: 시간눈금의 정의

○ **제26차 CGPM은 다음 사항을 고려한다.**

- CGPM은 제14차 총회(1971)에서 채택한 결의안 1에서 CIPM이 국제원자시(TAI)를 정의할 것을 요청했다.
- CIPM은 아직까지 TAI의 완전한 정의를 공식적으로 제출하지 않았다.

- 초정의 자문위원회(CCDS)는 권고안 S2(1970)에서 초의 정의를 제안했으나, 이는 1980년 CCDS 선언에 의해 연기되었다.
- CGPM은 제15차 총회(1975)에서 세계협정시(UTC)가 국제원자시(TAI)에 근거하며, 상용시의 기준임을 주목하고 세계협정시 사용을 적극 지지했다.

○ 제26차 CGPM은 다음 사항을 인정한다.

- BIPM의 임무는 측정의 국제적 동등성을 보장하고 촉진하며, 일관성 있는 국제단위계를 제공하는 것이다.
- 국제천문연맹(IAU)과 국제측지학 및 지구물리학연합(IUGG), 국제측지학회(IAG)는 지구와 우주에 적용하기 위한 기준계를 정의할 책임이 있다.
- 국제전기통신연합 전파통신분과(ITU-R)는 시간주파수신호의 보급을 조정하고 관련 권고안을 만들 책임이 있다.
- IAU와 IUGG가 공동 설립한 국제지구자전국(IERS)은 지구기준계 및 천구기준계에 대한 정보를 제공하고, 윤초 적용 여부의 결정과 발표에 대한 책임이 있다. 여기서 정보란 시간에 따라 변하는 지구회전각의 측정, UT1−UTC, 시간신호 방송을 위한 UT1−UTC의 대략적 예측, DUT1 등이다.

○ 제26차 CGPM은 다음 사항을 주목한다.

- IAU 결의안 A4(1991)는 권고안 I과 II에서 지구중심기준계를 일반상대론적 관점에서 지구의 시공간좌표계로 정의하고, 권고안 III에서 이 기준계의 시간좌표를 "지구중심좌표시(TCG)"로 명명했다.
- IAU 결의안 A4(1991)는 권고안 IV에서 지구시(TT)를 지구중심기준계의 또 다른 시간좌표로 정의하고, TT의 측정단위는 지오이드에서 SI 초로 정했다. 여기서 TT는 TCG와 일정 비율만큼 차이가 난다.
- IAU 결의안 B1.9(2000)는 TT를 TCG와 일정 비율($d\mathrm{TT}/d\mathrm{TCG}=1-L_{\mathrm{G}}$)만큼 차이나는 시간눈금으로 재정의했다. 여기서 정의상수인 $L_{\mathrm{G}}=6.969\ 290\ 134\times10^{-10}$인데, 이 값은 1999년 IAG의 전문위원회 3이 권고한 대로 지오이드에서의 중력퍼텐셜인 $\mathrm{W}_0=62\ 636\ 856.0\ \mathrm{m}^2\mathrm{s}^{-2}$와 일치하도록 정했다.
- 2000년에 재정의된 TT는 TT와 TAI 사이의 불명확성을 내포하고 있다. 이는 1980년에 CCDS가 TAI는 "**그 눈금 단위가 회전하는 지오이드에서 구현된 SI 초**"라는 것을 명시했으나, TT의 정의에는 지오이드에 대한 언급이 없기 때문이다.

○ 제26차 CGPM은 다음 사항을 확인한다.

- TAI는 최고 수준의 SI 초에 기반하여 BIPM이 생성하는 연속적인 시간눈금이며, IAU

결의안 B1.9(2000)에서 정의한 바와 같이 TT를 구현한다.

- 시계의 고유시간을 TAI로 전환할 때, 상대론적 비율 이동은 기존에 사용하던 지구 중력퍼텐셜 값인 $W_0 = 62\ 636\ 856.0\ \mathrm{m^2\ s^{-2}}$를 사용하여 계산 가능한데, 이 값은 TT의 비율(속도)을 정의하는 상수 L_G 값과 일치한다.
- IAU 결의안 A4(1991)에 기술된 바와 같이, 지구중심에서 1977년 1월 1일 0시 TAI에 TT−TAI는 정확하게 32.184 s로 정해졌다. 이는 TT가 역표시(ET)와 연속성을 갖도록 하기 위함이다.
- BIPM이 TAI를 기반으로 생성하는 UTC는 대부분 나라들에서 상용시의 기반으로, 또 국제적 기준으로 사용하도록 권장하는 유일한 시간눈금이다.
- UTC는 TAI와 BIPM이 발표한 정수 초만큼 차이가 난다.
- 사용자는 IERS가 제공하는 UT1−UTC의 관찰값 혹은 예측값을 UTC에 적용하여 지구회전각을 구할 수 있다.
- UTC는 시간간격을 측정할 수 있는 방법이며, 또 윤초가 발생하지 않는 기간 동안 주파수 표준을 보급하는 방법이다.
- UTC에 소급성은 지역 실시간 구현인 "UTC(k)"를 통해 확보할 수 있다. 여기서 UTC(k)는 UTC 계산에 필요한 데이터를 제공하는 실험실 "k"에 의해 유지되는 시간눈금이다.

○ 제26차 CGPM은 다음 사항을 결정한다.

1. 국제원자시(TAI)는 SI 초를 최상으로 구현한 것에 기반을 두고 BIPM이 생성하는 연속적인 시간눈금이다. TAI는 IAU 결의안 B1.9(2000)에 정의된 바와 같이, 지구시(TT)의 구현이며 TT와 같은 속도(비율)로 간다.
2. 세계협정시(UTC)는 BIPM이 생성하는 시간눈금으로, TAI와 같은 속도로 간다. 하지만 TAI와 정수 초만큼 차이가 난다.

○ 제26차 CGPM은 다음 사항을 권고한다.

- 모든 관련 기구 및 기관들은 이 정의와 관련하여 기준시간눈금에 대한 이해를 높이고, 그것의 실현 및 보급을 위해 함께 노력한다. 이는 UT1−UTC의 최댓값에 대한 현재의 한계를 고려함으로써 현재와 미래의 사용자들의 요구를 충족시키려는 노력의 일환이다.
- 모든 관련 기구 및 기관들은 미래 사용자의 수요를 충족시킬 수 있도록 UT1−UTC의 보다 정확한 예측과 보급 방법을 개선하는데 함께 노력한다.

Chapter
8

시간 및 주파수의 응용

시간 및 주파수(이하, 시간주파수)는 현대 과학기술에서 가장 정확하고 정밀하게 측정할 수 있고, 공급할 수 있는 양이다. 그래서 현대 문명의 하부 구조는 시간과 주파수에 크게 의존하고 있다. 하지만 일반 이용자들은 시간주파수가 그들의 생활에서 얼마나 큰 역할을 하고 있는지 잘 인식하지 못한다. 시간주파수의 응용 분야는 아주 다양하다. 예를 들면, 자동차 내비게이션, 음성 및 데이터 통신, 물류 수송(항공, 해운, 철도 등), 상품의 재고 관리, 은행 및 금융 서비스, 측량, 농업, 레크리에이션, 긴급구조 활동, 전력망 동기 등이다. 이 외에도 기초과학 검증, 상대론적 측지학, 우주선의 위치 측정 및 항법 등에 응용된다. 앞으로 성능이 더 우수하거나, 크기가 더 작거나, 가격이 싼 원자시계가 개발되면 그에 따라 새로운 응용분야도 등장할 것으로 기대된다.

현재 국제단위계(SI)의 기본단위와 유도단위들 중 여러 단위들 속에 시간의 단위 초가 포함되어 있다. 그런데 2018년에 개정된 SI에서 초가 포함되는 기본단위의 수는 현재보다 더 많다. 그림 8-1은 개정 SI 기본단위들의 관계를 보여준다. 기본단위들은 각각의 기본물리상수(플랑크 상수 h, 진공에서의 빛의 속력 c, 볼츠만 상수 k, 기본전하 e, 아보가드로 상수 N_{A} 등)를 기반으로 정의된다. 여기서 초는 몰을 제외한 나머지 5개 기본단위의 정의에 모두 포함되어 있다. 기본단위들의 조합으로 구성되는 유도단위들까지 고려하면 초가 포함된 단위의 수는 훨씬 많아진다.

초의 정의를 구현하는 가장 정확한 세슘원자분수시계의 정확도는 현재 10^{-16} 수준이다. 그런데 광원자시계의 불확도는 10^{-18}에 이르고 있어서 언젠가 초의 정의는 광주파수를 발생하는 원자 또는 이온을 기반으로 바뀔 것이다. 이에 따라 초가 다른 단위에 미치는 영향은 앞으로도 지속적으로 증대될 것으로 예상된다. 이런 이유로 어떤 물리량을 측정할 때 해당 물리량과 시간주파수와의 관계를 이용하는 것이 측정 정밀도와 정확도를 높이는데 유리하다. 예를 들면, 기체의 압력을 레이저를 이용하여 측정할 때, 압력에 따른 빛의 굴절률의 변화와 레이저 주파수의 변화를 연결하는 관계식을 알아내면 주파수 측정을 통해 압력 또는 진공도를 정확히 구할 수 있다.[1) 2)]

1) J. H. Hendricks, et. al., "Measuring Pressure and Vacuum with Light: a New Photonic, Quantum-based Pressure Standard", XXI IMEKO World Congress "Measurement in Research and Industry" August 30 - September 4, 2015, Prague, Czech Republic.

2) J. H. Hendricks, "Quantum for pressure", Nature Phys. Vol.14, p.100, 2018.

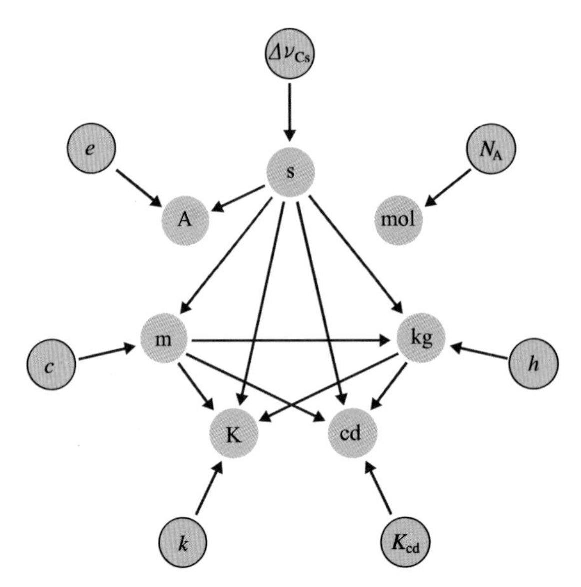

그림 8-1 2018년에 개정된 SI 기본단위 사이의 관계도

1 기초물리학 검증 실험

'등가 원리'는 역사적으로 중력이론을 개발하는데 중요한 역할을 해왔다. 갈릴레이는 어떤 두 물체가 서로 다른 물질로 만들어졌더라도 중력장 안에서는 똑같은 비율로 낙하한다고 말했다. 뉴턴은 '질량'이라는 물체의 특성은 '무게'에 비례한다고 말했다. 이 표현들은 모두 '약한 등가 원리'(WEP: Weak Equivalence Principle)를 의미하는데, 구체적으로 다음과 같다.

- 자유낙하하는 물체의 궤도는 그 물체의 내부 구조나 조성에 독립적이다. 단, 물체에 전자기력은 작용하지 않으며, 또 물체에 작용하는 조석력(tidal force)은 무시할 수 있을 만큼 물체의 크기가 작다고 가정한다.
- 중력장 안에서 두 개의 다른 물체를 떨어뜨리면 두 물체는 똑같은 가속도를 가지고 낙하한다. 이것을 '자유낙하의 보편성'(UFF: Universality of Free Fall)이라고 부른다.
- 관성질량과 중력질량은 똑같다. 즉 뉴턴의 제2법칙에 의한 관성질량 $m_i = F/a$과 뉴턴의 중력법칙에 의한 중력질량 $m_g = r^2 F/GM$은 동일하다($m_i = m_g$).

그런데 아인슈타인은 이 원리를 확장하여 일반상대성이론의 중요한 기초로 삼았다. 이것을 '아인슈타인의 등가 원리'(EEP: Einstein's EP)라고 부르는데, 그 내용은 다음과 같다.[3)]

- 약한 등가 원리(WEP)는 유효하다.
- 국소적인(local) 비 중력(non-gravitational) 실험의 결과는 그 실험이 수행된, 자유낙하하는 기준좌표계의 속도에 무관하다(독립적이다). 이것을 '국소 로렌츠 불변'(LLI: Local Lorentz Invariance)이라고 부른다.
- 국소적인 비 중력 실험의 결과는 그 실험이 우주 어디에서(위치), 언제(시간) 수행되느냐에 상관없다(독립적이다). 이것을 '국소 위치 불변'(LPI: Local Position Invariance)이라고 부른다.

여기서 비 중력 실험이란, 예를 들면, 전하를 띈 두 물체 사이의 전기력 측정과 같은 것이다. 두 물체 사이에 작용하는 중력을 측정하는 캐번디시 실험은 이에 해당되지 않는다.

한편, 질량뿐 아니라 에너지를 포함할 때 EEP를 '강한(Strong) EEP'라고 부른다. EEP는 중력이론에서 핵심이 되는 부분이다. EEP를 구성하는 WEP, LLI, LPI들은 서로 연결되어 있기 때문에 이들 중 하나가 성립되지 않는다면(=원리에 위배된다면) 다른 것도 성립되지 않는다. 그런데 중력과 양자역학을 결합하는 양자중력 이론에서는 EEP가 위배될 것으로 이론물리학자들은 예측하고 있다. 그래서 EEP의 검증 실험은 기초물리학에서 의미있는 실험이다.

원자시계를 이용하여 LPI 검증실험을 할 때, 원자시계에서 발생하는 주파수 ν가 중력퍼텐셜에 의해 적색이동(red shift)하는 현상을 이용한다. 적색이동량 $\Delta\nu$와 중력퍼텐셜의 변화 ΔU는 $\Delta\nu/\nu = \Delta U/c^2$의 관계가 성립한다. 단, c는 빛의 속력이다. 그런데 LPI의 위배를 나타내는 매개변수로 β를 도입하여 $\Delta\nu/\nu = (1+\beta)\Delta U/c^2$ 식으로부터 β값을 구하면 위배 여부와 그 정도를 판단할 수 있다. LPI가 완전히 성립한다면 β는 0이 될 것이다. 그렇지만 주파수 측정을 통해 β값을 구하기 때문에 평균값과 함께 측정불확도는 항상 있게 마련이다. 이 측정불확도의 크기로부터 실험의 정밀도를 추정할 수 있다.

원자의 종류에 따라 β값이 다르다고 가정하면, 중력퍼텐셜에 따라 두 종류 원자시계의 상대주파수 차이로부터 다음과 같이 위배 정도를 더욱 정확하게 알아낼 수 있다: $(\Delta\nu/\nu)_{1,2}$

3) C. M. Will, "The Confrontation between General Relativity and Experiment", Living Rev. Relativ. 17, 4 (2014). (arXiv:1404.7377v1 [gr-qc] 28 Mar 2014).

$= (\beta_1 - \beta_2)\Delta U/c^2$. 이 방법은 β값을 직접 구하는 것보다 정밀도가 약 200배 높다.[4)]

LPI 검증에 유용한 실험은 지구에서 느끼는 태양의 중력퍼텐셜의 변화를 이용하는 것이다. 지구는 태양 주위를 1년에 한번씩 타원궤도로 돌기 때문에 1년 주기로 태양의 중력퍼텐셜은 $\Delta U_S/c^2 = A\sin(\omega t + \phi_0)$와 같이 사인파 형태로 변한다. ΔU_S는 원일점에서 최소가 되는데, 그 날짜는 대략 7월 4일~6일 사이이다. 미국 USNO에서는 루비듐원자분수시계(Rb), 수소메이저(H), 세슘원자시계(Cs)들 사이의 상대주파수를 1년 반 동안 비교 측정했다. 그 결과, 다음과 같이 이 세 종류 원자시계들 사이에서 β값의 차이를 구했다: $\beta_{Rb} - \beta_{Cs} = (-1.6 \pm 1.3) \times 10^{-6}$, $\beta_H - \beta_{Cs} = (-0.7 \pm 1.1) \times 10^{-6}$, $\beta_{Rb} - \beta_H = (-2.7 \pm 4.9) \times 10^{-7}$.

이 결과는 1.5년 동안 모든 시계 비교에서 나타나는 주파수 표류 성분을 제거한 후에 분석한 것이다. 그리고 Cs가 포함된 결과는 세슘원자시계가 갖는 백색 주파수잡음 때문에 더 긴 적분시간이 필요하다. 이 세 경우 모두 10^{-6} 부근에서 0에 가까이 있다. 그리고 Rb-Cs를 제외하면 불확도가 평균값보다 더 크고, 또 0을 포함하고 있다. 결론적으로, LPI 위배는 증명되지 않았다. 여기서 Rb-H의 측정불확도는 10^{-7} 수준으로, 지금까지 보고된 LPI 검증 실험 중에서 가장 낮은 불확도를 나타내었다.

프랑스 LNE-SYRTE에서는 세슘원자분수시계와 루비듐원자분수시계를 이용하여 위와 같은 LPI 검증실험을 수행했다.[5)] 그 결과 $\beta_{Rb} - \beta_{Cs} = (0.11 \pm 1.04) \times 10^{-6}$을 얻었다. 미국 NIST에서는 프랑스, 이태리, 독일, 미국에서 운용되는 4대의 세슘원자분수시계와 4대의 NIST 수소메이저를 이용하여 7년 동안 비교 측정실험을 수행했다. 그 결과, $|\beta_H - \beta_{Cs}|$의 불확도는 1.4×10^{-6}을 얻었다.[6)]

이런 LPI 검증실험 결과들은 무차원 기본상수들이 중력과 결합된(coupling) 정도를 구하거나, 세월이 흐름에 따라 이런 기본상수들의 값이 변하는 정도를 분석하는데 사용된다. 자주 언급되는 무차원 기본상수로는 미세구조상수 α, 전자-양성자 질량비 m_e/m_p, 양자색역학(QCD) 질량눈금에 대한 가벼운 쿼크의 질량 비 m_q/Λ_{QCD} 등이 있다.

---

4) S. Peil, et. al., "Tests of local position invariance using continuously running atomic clocks", Phys. Rev. A **87**, 010102(R) (2013).

5) J. Guéna, et. al., "Improved Tests of Local Position Invariance Using ^{87}Rb and ^{133}Cs Fountains", Phys. Rev. Lett. **109**, 080801 (2012).

6) N. Ashby, et. al., "Testing Local Position Invariance with Four Cesium-Fountain Primary Frequency Standards and Four NIST Hydrogen Masers", Phys. Rev. Lett. **98**, 070802 (2007).

이런 실험에서 얻는 최종 불확도는 사용된 시계들의 불확도와 시계 비교에 사용된 방법의 불확도에 의해 결정된다. 따라서 불확도 10^{-18}에 이르는 광원자시계의 등장과 이들을 비교하는데 사용되는 광파이버망은 이런 연구를 더욱 활성화시킬 것으로 기대된다. 또한 여러 나라에서 개발된 다양한 종류의 광원자시계들은 LPI 검증실험이나 기본상수들의 시간 불변성 연구에서 측정불확도를 더욱 줄일 것으로 예상된다.[7)]

최근, EEP 검증을 목적으로, 초저온(1.5 K)에서 실리콘 결정으로 만든 광 공진기를 1년간 연속적으로 동작시킨 실험 결과가 보고되었다.[8)] 이를 위해 안정화 레이저와 광빗 등을 이용하여 광 공진기의 공진주파수를 수소메이저와 비교하여 공진기 길이 변화를 관찰했다. 그 결과, EEP는 여전히 성립했고, 원자시계에 영향을 미치지 않는 것으로 결론을 내렸다.

2 상대론적 측지학[9)]

전통적인 측지학의 목적은 지구의 기하학적 모양과 중력장을 측정하고 표현하는 것이다. 그런데 100여 년 전, 아인슈타인은 일반상대론에서 기하학적 모양과 중력장을 분리하여 취급할 수 없음을 보였다. 이에 따라 측지학의 이론과 응용에 상대론을 반영하는 것이 필요하게 되었다. 상대론적 측지학이란 시간주파수를 상대론적으로 기술하고, 지구 중력장에서 중력 적색 이동의 측정과 이론 모델을 다루는 것이다. 이에 관한 이론적 연구는 수십 년 전부터 수행되어 왔다. 그런데 최근에 광주파수표준기의 정확도가 한 차수 이상 개선되고, 또 유럽에서 광주파수를 원거리까지 정밀하게 전송할 수 있는 광파이버망이 구성되면서 본격적으로 논의되기 시작했다. 이처럼 정확한 광원자시계를 지구의 고도 측정에 이용하는 것을 '크로노미터 측량'(chronometric leveling)이라고 부른다.

상대론적 측지학은 인공위성을 이용한 측지기술의 발달과도 밀접하게 관련되어 있다. 표 8-1은 중력장 측정에 사용된 위성들의 이름과 활동기간 등을 정리한 것이다. GRACE 위성

---

7) N. Huntermann et. al., "Improved Limit on a Temporal Variation of m_p/m_e from Comparisons of Yb^+ and Cs Atomic Clocks", Phys. Rev. Lett. **113**, 210802 (2014).

8) E. Wiens, et. al., "Resonator with Ultrahigh Length Stability as a Probe for Equivalence-Principle-Violating Physics", Phys. Rev. Lett. **117**, 271102 (2016).

9) 이 절의 내용과 그림은 다음 논문을 많이 참조했음: J. Flury, "Relativistic geodesy", J. Phys.: Confer. Series **723** (2016) 012051.

표 8-1 중력장 측정에 사용된 인공위성들

위성 이름	정식 명칭	활동 기간	주관 기관
GRACE	Gravity Recovery and Climate Experiment	2003～2011	미국 NASA
CHAMP	CHAllenging Mini-satellite Payload	2000～2010	독일 GFZ
GOCE	Gravity field and steady-state Ocean Circulation Explorer	2009～2013	유럽 ESA

은 관측한 중력장을 적분하여 지오이드에 관한 정보를 제공했다. CHAMP 위성은 8년 이상 지구의 중력과 자장의 시간 및 공간적 변화를 측정했다. GOCE 위성은 중력장의 기울기(gradiometer)를 측정했는데, 그것을 적분하고 교정하여 정확도가 높은 중력 데이터를 제공했다. 위성을 이용하는 방법은 전 지구적인 중력장의 분포와 지오이드를 구할 수 있다는 장점이 있다. 그러나 그것들의 공간 분해능은 수백 km에 이르고, 등중력퍼텐셜 면, 즉 지오이드를 직접(적분 없이) 측정하지 못한다는 단점이 있다.

지구 내부 물질의 밀도 변화나 이동은 중력 이상(gravity anomaly)을 일으키는 요인이다. 이로 인해 지구 표면에서 중력가속도의 변화는 보통 10^{-3} m/s^2 수준이다. 등중력퍼텐셜 면으로 정의되는 지오이드는 평균해수면으로 근사화되지만, 지구 타원체와의 차이는 최고 100 m에 이른다. 지구 표면에서 고도(표고)는 중력퍼텐셜에 의해 정의된다. 다시 말하면, 지오이드에서 시작하여 연직선 방향으로 지표면까지의 거리를 말한다. 그런데 만약 중력 이상이 지표 부근에 있는 경우 이 연직선은 직선이 아니라 곡선으로 이어질 것이다. 그러므로 고도를 정확히 결정하기 위해선 중력퍼텐셜을 정확히 알아야 한다. 하지만 지구 표면에서 해수는 끊임없이 움직이고, 지구 내부 물질도 이동하고 있다. 최근에는 지구 온난화 영향으로 빙하의 이동이 발생하고 그로 인해 대륙의 융기 또는 침하가 발생한다. 이런 질량의 재분포는 계절에 따라 달라지는데, 그 결과 지오이드는 1년에 대략 mm 수준에서 움직인다. 그 결과로 나타나는 중력가속도의 변화는 10^{-8} m/s^2 수준이다.

그림 8-2는 측량에 사용되는 3가지 방법, 즉 크로노미터 측량, 고전적인 수준기에 의한 측량, 그리고 GPS를 이용한 측량 방법을 개략적으로 보여준다. 측량의 기준은 평균해수면이다. 그런데 대양 순환으로 인해 이 해수면의 높이는 평균적으로 2 m 차이가 난다. 또한 같은 지점에서 측정하더라도 조석 측정기(tide gauge)에 따라 해수면의 높이는 10 cm 수준에서 차이가 난다.

고전적 수준기 측량은 나라마다 또는 지역마다 기준점이 다르다. 이것을 육지로 연장하는 경우, 기준점에서 거리가 멀어질수록 오차는 누적되어 더욱 부정확해진다. 만약 지진 등

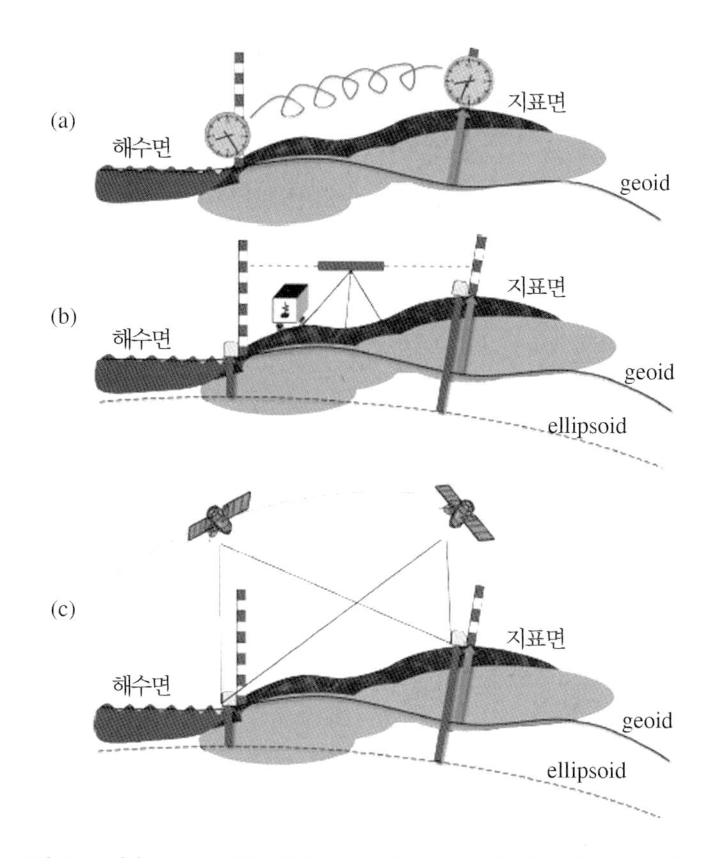

그림 8-2 (a) 크로노미터 측량, (b) 고전적 수준기 측량, (c) GPS 측량.

으로 지형이 변한 경우에는 더 복잡해진다. 수준기 측량망은 국가적으로 형성되어 있지만 수십 년에 한 번 꼴로 갱신하거나 확인한다. 이렇게 복잡한 국가별 수준기 측량 망을 전 세계적으로 통일시키는 것은 거의 불가능하다.

GPS 측량은 중력장 접근법의 하나로서, 전 지구적으로 균일한 지오이드를 결정할 수 있다. 그런데 GPS는 지구 타원체를 기준으로 고도를 측정하기 때문에 지오이드로부터의 고도(=표고)를 결정하기 위해서 지오이드 모델이 필요하다. 이때 지오이드는 여러 다른 종류의 데이터를 결합하여 만든다. 예를 들면, 위성 중력측정법(satellite gravity), 지구 중력측정법(terrestrial gravimetry), 지형학적 질량분포 측정법 등이다. 방법마다 기준이 다르기 때문에 이것을 결합시키는 것은 간단하지 않다. 이로 인해 현재 GPS 측량 기준은 수 cm에서 수십 cm의 불확도를 갖는다. 그러나 앞으로 개선될 가능성은 높다.

측량 방법에 따라 고도가 불일치하는 예로서, 미국과 캐나다의 대서양 연안에서 해수면의 고도 차이는 잘 알려져 있다. 고전적 수준기 방법의 기준인 조석 측정기로 측정한 해수면 높이와 TOPEX 위성으로 대양의 수면 높이를 측정하는 방법(일명 대양 지형도, ocean topography)은 그 차이가 60 cm에 이른다. 그리고 대양 지형도와 GPS 측량의 차이는 30 cm에 이른다. 이런 이유 때문에 지오이드를 결정하는 방법에 대한 연구가 필요하고, 측정 방법을 통일하는 국제적인 합의도 필요하다. 이런 상황에서 광원자시계를 이용한 크로노미터 측량은 새로운 측정법으로 등장했다.

그림 8-2(a)에서 두 시계를 연결하는 곡선은 광파이버망을 의미한다. 이것은 두 지점에 있는 광원자시계를 광파이버를 통해 연결하여 고도에 따른 두 시계의 주파수 차이 $\Delta\nu/\nu$를 측정하는 것이다. 일반상대론에 의하면 고도가 낮은 곳(=중력퍼텐셜이 높은 곳)에 있는 시계는 고도가 높은 곳에 있는 시계에 비해 시간이 느리게 간다(중력 적색이동이 일어난다). 두 지점 사이의 중력퍼텐셜 차이를 ΔU라고 할 때 두 시계의 상대 주파수와의 관계식은 $\Delta U = c^2 \Delta\nu/\nu$이다. 만약 광주파수의 불확도가 10^{-18} 수준이라면 ΔU에서는 0.1 m^2/s^2의 불확도가 발생한다. 이 불확도는 관계식 $\Delta h = \Delta U/g$에 의해 고도에서 1 cm의 불확도를 만든다.

고도 측정에서 1 cm의 불확도는 광원자시계가 등장하기 전까지는 불가능했던 것이다. 이런 고도 측정시스템이 전 세계적으로 마련된다면 여러 분야에서 응용될 수 있다. 우선, 대륙의 융기 또는 함몰을 포함한 지구물리학 연구에서 측지학의 기준으로 사용될 것이다. 또한 바닷물의 높이 연구, 대양 및 환경 연구, 우주 측지 연구에서도 기준으로 사용될 것이다.

그림 8-3은 유럽에서 이루어진 ITOC(광시계를 이용한 국제 시간눈금) 프로젝트를 통해 구성되고 있는 광시계 네트워크를 보여준다.[10] 2017년 현재 아직 완성되지 않았고 광시계의 정확도도 10^{-17} 수준이지만 앞으로 충분히 발전할 수 있는 기반을 마련했다는데 큰 의의가 있다. 광파이버망이 연결되지 않는 곳에는 이동형 광원자시계로써 주파수를 비교 측정할 수 있다. 독일 PTB는 이동형(transportable) Sr 광격자시계를 만들어 이탈리아 INRIM으로 가져가서 Yb 광격자시계와 주파수 비교 실험을 수행한 바 있다(그림에서 PTB와 INRIM 사이의 선으로 표시됨).

이런 광시계 네트워크는 고도에 따른 광주파수의 적색 이동($\Delta\nu$)을 측정하여 상대론적 지오이드(중력퍼텐셜 U_0)를 정의할 수 있다. 그림 8-4는 이런 크로노미터 측량 방법으로 구성한 지오이드를 보여준다. 이렇게 만들어진 지오이드는 국소적으로 아주 정확한 값을 제공하기 때문에 GPS 측량 등으로 구한 고도와 비교 및 교정하는데 사용할 수 있다.

---

10) ITOC는 International Timescales with Optical Clocks의 약어이다
(참조: http://projects.npl.co.uk/itoc/).

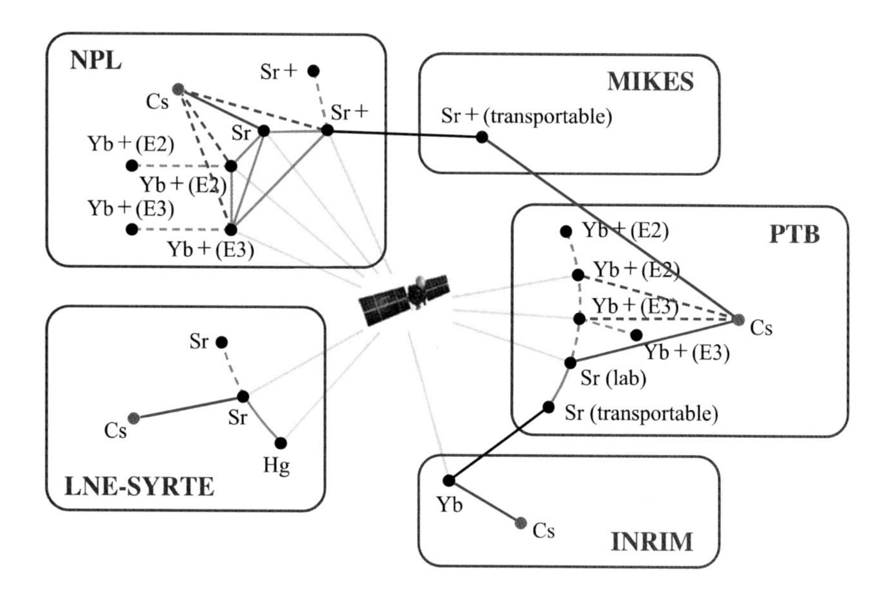

그림 8-3 유럽의 ITOC 프로젝트를 통해 구성된 광시계 네트워크: 영국 NPL, 프랑스 LNE-SYRTE, 이탈리아 INRIM, 독일 PTB, 그리고 핀란드 MIKES.

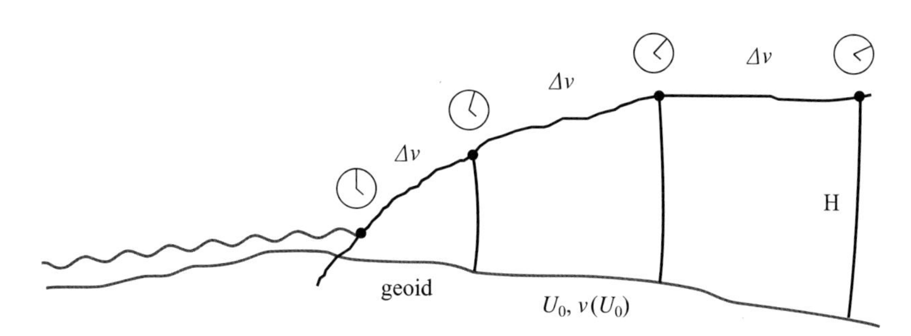

그림 8-4 크로노미터 측량으로 상대론적 지오이드를 정의하는 방법: 광원자시계의 주파수 적색 이동 $\Delta\nu$을 측정하여 고도(H)를 결정함.

3 심우주 항법

3.1 심우주 통신과 우주선의 위치 측정

심우주란, 가까운 곳으로는 지구의 달에서부터 멀리는 보이저 1호가 도달한 태양계의 외곽에 이른다. 심우주 항법이 이루어지기 위해서는 먼저 우주탐사선과 통신이 가능해야 한다. 이런 심우주 통신과 항법을 위해 만들어진 국제적인 네트워크를 'DSN'(Deep Space Network)이라 부른다. DSN은 지구에서 보이는 전체 우주를 대략 3분의 1씩 관찰할 수 있는 장소에 설치된 전파망원경들로 구성된다. 그곳은 미국 캘리포니아의 골드스타인, 스페인의 마드리드, 호주의 캔버라이다. 이것을 총괄하는 조직은 미국 NASA 산하기관인 JPL(제트추진연구소)이다.

지구에서 우주선으로 보내는 통신을 업링크, 우주선에서 지구로 보내는 통신을 다운링크라고 한다. 업링크와 다운링크에 사용되는 반송주파수는 간섭을 피하기 위해 서로 다른 것을 사용한다. 표 8-2는 심우주 통신에서 사용되는 주파수 대역과 반송 주파수를 나타낸다.[11]

우주탐사가 처음 시작되었던 1960년대에는 업링크와 다운링크에 S 밴드 주파수가 사용되었다. 1970년대 중반 이후에는 다운링크로 S/X 2중 주파수 밴드가 사용되다가, 1990년대에는 X 밴드만 사용되었다. 1997년에 발사된 후 2017년 9월까지 토성주위에서 활동한 궤도선 카시니(Cassini)[12]는 명령문(업), 원격측정(다운), 전파과학실험(업 및 다운) 등에 S, X, Ka를 모두 사용했다.[13] 카시니가 업링크 신호를 수신하면 미리 정해놓은 숫자를 곱하여 다운링크 반송주파수를 생성한다. 반송주파수가 높아질수록 전달할 수 있는 정보량이 늘어나고, 항법을 위한 측정 정확도가 높아진다. Ka 밴드는 21세기 심우주 통신용으로 준비된 주파수로서, 앞으로는 Ka 밴드가 많이 사용될 것으로 전망된다.

우주선이 목적지에 잘 도착하기 위해서는 출발 전과 항행 중에 다음 세 가지 활동이 반

---

11) 출처: C. L. Thornton and J. S. Border, "Radiometric Tracking Techniques for Deep-Space Navigation", Monograph 1, Deep-Space Communications and Navigation Series, JPL, October 2000.

12) 카시니-하이겐스 우주선(spacecraft)은 두 개 요소로 구성된다. 하나는 토성 주위를 도는 궤도선(orbiter) 카시니이고, 다른 하나는 토성의 위성인 타이탄에 착륙한 탐사선(probe) 하이겐스(Huygens)이다. 카시니는 미국 NASA에서 주관한 것이고, 하이겐스는 유럽 ESA에서 주관한 것이다. 하이겐스는 2005년 1월에 타이탄에 착륙하여 72분 동안 살아있었다. 카시니는 12개의 측정 장비를 싣고 토성과 타이탄 주위를 돌면서 영상 촬영뿐 아니라 자장 등 여러 가지 물리량을 측정했다.

13) Jim Taylor, et. al., "Cassini Orbiter/Huygens Probe Telecommunications", NASA/JPL, 2002.

표 8-2 심우주 통신에 사용되는 반송 주파수 대역

밴드	업링크 주파수(MHz)	다운링크 주파수(MHz)
S	2 110 - 2 120	2 290 - 2 300
X	7 145 - 7 190	84 00 - 84 50
Ka	34 200 - 34 700	31 800 - 32 300

드시 필요하다. 이 중 우주선 추적(궤도 결정)에 대해 중점적으로 알아본다.

- 우주선의 항행 경로를 정하는 기준 궤도 설계
- 우주선이 항행 중일 때 그 위치를 계속 추적하는 것, 즉 궤도 결정
- 우주선이 원래 궤도를 이탈했을 때 복귀시키는 일, 즉 항행 경로 조정

우주선의 기준 궤도는 우주선의 임무와 밀접한 관계가 있다. 어디에 가서 무엇을 할 것인지 결정된 뒤에 그에 맞는 궤도를 설계한다. 이 설계를 위해 항법 소프트웨어 툴(tool)이 사용된다. 이 과정에는 임무 수행과 관련된 과학자들과 우주선 시스템 엔지니어들이 모두 참여한다. 여러 차례 설계를 되풀이 하는 과정은 수 년 이상 소요되는데, 심지어 우주선이 항행하는 중에도 수정된다. 설계는 항행 과정에서 일어나는 모든 사건들을 자세히 명시한다. 예를 들면, 어떤 행성 또는 위성에 근접 비행(flyby)하는 시점과 지점, 우주선이 행성 주위를 도는 궤도의 최근점(periapsis)과 최원점(apoapsis) 등이다.

궤도 결정팀의 임무는 항행 중인 우주선이 지금까지 어떤 궤도를 따라왔고, 현재 어디에 있으며, 앞으로 어디로 갈 것인지 예측하고 추적하는 것이다. 우주선은 우주에서 예상하지 못했던 교란 등으로 계획했던 궤도를 항상 벗어나 항행한다. 태양광의 압력과 같은 아주 작은 교란일지라도 오랜 시간 누적되면 우주선은 궤도를 이탈한다. 우주 개발의 역사가 길어질수록 우주 환경에 대한 데이터가 축적되어 기준 궤도를 설계할 때 이런 요소들을 반영한다. 그러나 실제 현장에서는 임의성과 불예측성이 항상 있기 마련이다. 우주선이 지구를 떠나면 육안으로 관찰할 수 없다. 그래서 궤도 결정팀은 우주선 궤도의 변화에 수학적으로 연결되어 있는 여러 형태의 데이터들을 관측, 수집하여 우주선의 위치를 추정한다. 지구상에서 우주선에 대해 관측하는 양은 다음과 같다.

- 지구중심으로부터의 거리 r
- 지구중심에서 멀어지는 (또는 지구 쪽) 방향의 속도 성분 $\dot{r}$
- 지구중심 적도좌표계에서 우주선의 적위와 적경 (δ, α)

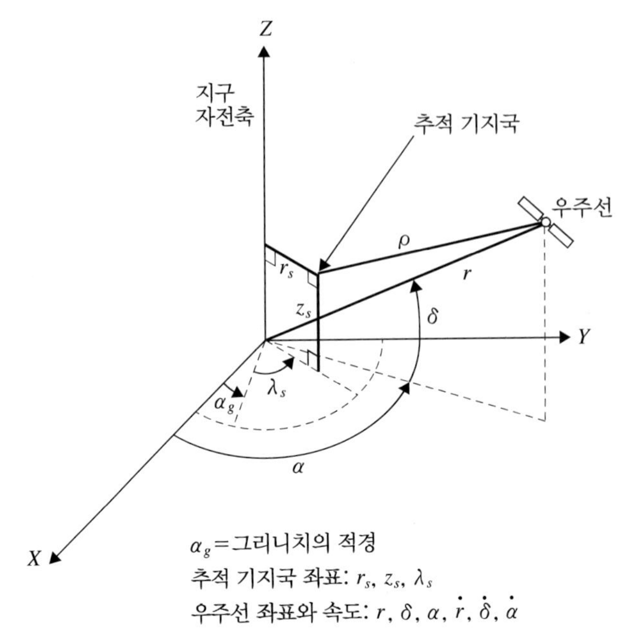

그림 8-5 지심 적도좌표계에서 나타낸 추적 기지국과 우주선의 좌표 (X는 춘분점 방향)

그림 8-5에서 DSN 추적 기지국(tracking station)은 지구중심 원통좌표계에서 $(r_s,\ Z_s,\ \lambda_s)$로 그 좌표를 나타내었다. 여기서 λ_s는 기지국의 경도인데, 그 기준은 그리니치의 경도 0도선이다. 기지국에서 우주선까지의 거리는 ρ로 표시했다. 기지국에서 관측한 우주선의 거리와 각도는 지심 적도좌표계[14)]로 쉽게 전환할 수 있다. 즉, 우주선의 위치를 지구중심과 춘분점을 기준으로 나타내는 것으로, 여기서는 우주선까지 거리, 적위, 적경을 $(r,\ \delta,\ \alpha)$로 표기했다.

우주선까지의 거리는 일반적으로 도플러 주파수를 측정하면 알 수 있다. 예를 들어, 기지국에서 볼 때 우주선이 $\dot{\rho}$의 속력으로 멀어지고 있다면 우주선에서 송신한 주파수 f_T를 기지국에서 수신할 때, 수신 주파수 f_R는 우주선의 속도에 따라 도플러 이동이 발생한다. 즉 $f_R = (1-\dot{\rho}/c)f_T$로 근사화되는데, c는 빛의 속력이다. 이 식을 $\dot{\rho}$에 대해 정리하면 $\dot{\rho} = c(f_T - f_R)/f_T$이 된다. f_T는 다운링크 반송주파수로서 미리 정해져 있다. 따라서 일정 시간 동안 측정한 도플러 이동 주파수 $(f_T - f_R)$로부터 거리 변화율(즉 속도)을 구할 수 있다. 이것을 시간에 대해 적분하면 거리 ρ를 알 수 있다. 이 방법을 1-방향(one-way)

14) 참조: 제2장 그림 2-1.

추적법이라고 한다.

이보다 더 정확한 방법은 2-방향(two-way) 추적법이다. 기지국에서 우주선을 향해 전파를 쏘고(업링크), 우주선에서 그 신호를 수신하자마자 바로 전파를 되쐈을 때(다운링크) 그 신호가 돌아오기까지 걸린 시간을 측정한다. 이 시간을 '빛의 왕복시간'(RTLT: Round Trip Light Time)이라고 부른다. 이때 기지국에서 전파를 쏘라는 명령을 내린 후 실제 안테나에서 전파를 쏠 때까지의 지연시간(∼수 μs)과 우주선에서 전파를 수신 후 재송신할 때까지의 지연시간(카시니의 경우 420 ns) 등을 계산에 반영해야 한다. 그리고 이온층에서의 시간지연, 상대론 효과 등도 고려해야 한다.

보이저 2호가 해왕성 부근에 있을 때 RTLT는 대략 8시간이 걸린다. 그동안 지구 자전에 의해 처음 송신한 기지국이 신호를 받지 못하는 위치로 가 있을 수 있다. 이 경우에는 다른 기지국이 그 신호를 수신해야 한다. 이처럼 하나의 우주선에 대해 두 개의 기지국이 참여하는 방법을 3-방향 추적이라 부른다.

이 방법들(1-, 2-, 3-방향 추적)보다 더 정확한 것은 VLBI를 이용하는 것이다. 서로 다른 대륙에 위치한 두 개의 DSN 기지국이 동시에 하나의 우주선을 추적한다. 이 방법의 특징은 이미 그 위치(적경과 적위)가 잘 알려져 있는 퀘이사를 이용할 수 있다는 것이다. 우주선에서 오는 다운링크 전파를 두 기지국에서 수신한 후, 그 배경에 있는 퀘이사와 그 위치를 직접 비교함으로써 우주선이 있는 각도를 정확히 알 수 있다. 한 개의 DSN 안테나만 사용하는 경우, 위치를 대략 1000분의 1도(≈17 μrad)까지 알 수 있다. 이에 비해 VLBI를 이용하면 약 10 nrad까지 측정 가능하다. 즉 1000배 이상 분해능이 좋아진다. 이 방법을 '△DOR'이라고 부른다.[15] 여기서 델타(Δ)는 우주선과 퀘이사의 각도 차이를 측정한다는 의미이다. 이 관측 데이터는 앞서 본 추적 데이터(도플러 및 RTLT)와 별도 데이터 형태로 취급된다.

VLBI로써 퀘이사의 각도를 구하는 방법이 그림 8-6에 나와 있다. 퀘이사는 아주 멀리 떨어져 있기 때문에 거기서 나오는 전파는 평면파로 간주할 수 있다. 두 군데 DSN 기지국 사이의 거리는 기선의 길이 B이다. 수신된 전파 신호를 수소메이저를 기준으로 시계열 데이터로 기록하고, 두 신호의 상관관계로부터 전파도착 시간차이 τ_g를 구한다. 따라서 두 DSN 기지국의 기하학적 시간지연은 $\Delta\rho = \tau_g c = B\sin\theta$이다. 이 관계식으로부터 기선에 대한 퀘이사의 방향(θ)을 알아낼 수 있다. 그런데 실제로 전파 도착시간에 영향을 미치는

15) DOR은 Differenced One-way Ranging의 약어이다. 우주선에서 오는 다운링크 신호만을 측정하므로 one-way라고 한다. VLBI는 각도만을 측정하지만 여기에서는 ranging(거리 측정)이라는 단어가 들어 있다.

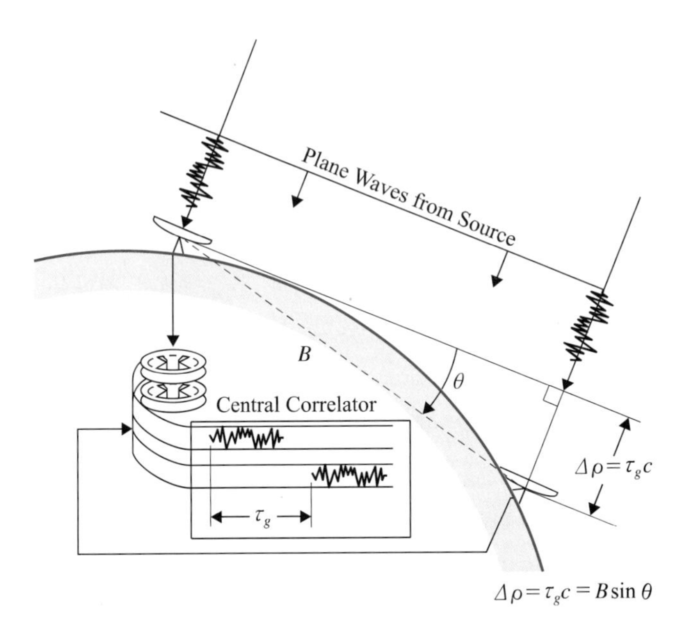

그림 8-6 VLBI를 이용하여 퀘이사의 방향을 구하는 방법
(출처: C. L. Thornton and J. S. Border, Monograph 1, JPL, 2000, p.48.)

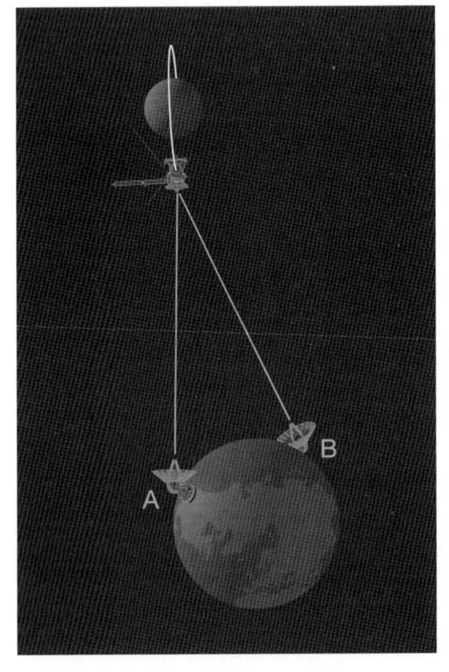

그림 8-7 DSN 두 기지국에서 행성 주위를 도는 궤도선의 3차원 위치 및 속도 측정법
(출처:https://solarsystem.nasa.gov/basics/chapter13-1)

것은 이 기하학적 시간지연뿐 아니라 다른 여러 요소들이 있다. 예를 들면, 전파신호가 이온층 및 대기층을 지나면서 시간이 지연된다. 또한 그 신호는 측정기기 및 전선을 통과하면서 지연된다. DSN 기지국의 위치 및 방향에 대한 불확도도 θ의 정확도에 영향을 미친다. 기지국에서 이런 지연시간 측정에서 기준시계로 사용되는 수소메이저의 성능(주파수안정도 및 오프셋)도 궁극적으로 지연시간 측정에 영향을 미친다. 퀘이사의 각도 정확도를 높이려면 이 모든 요소에 의한 지연시간을 분석한 후 보정해야 한다.

어떤 행성(예: 토성) 주위로 우주선(궤도선)이 회전하고 있는 경우, 두 DSN 기지국에서 다운링크 반송파의 도플러 이동을 측정하면 우주선의 3차원 속도와 위치를 알 수 있다. 그림 8-7은 그 설명도이다.

만약 우주선의 궤도면이 기지국 A의 안테나 방향과 정확히 일치하면 기지국 A에서 수신되는 주파수는 가장 큰 도플러 이동이 일어날 것이다. 다시 말하면, 우주선이 지구 방향으로 향할 때 수신 주파수가 제일 높고, 지구에서 멀어질 때 주파수가 제일 낮다. 이에 비해 기지국 B에서는 궤도면과 이루는 각도의 코사인에 비례하여 도플러 이동이 발생한다. 따라서 이 주파수 이동을 분석하면 우주선의 속도와 위치를 알 수 있다. 이때 퀘이사의 방향 결정에서와 마찬가지로 다운링크 반송파의 도착시간에 영향을 미치는 여러 요인들을 분석하여 보정해야 한다. 이 방법으로 우주선의 속도는 10^{-2} mm/s, 각도는 10 nrad 이내에서 알 수 있다.

지금까지 설명한 것은 지구상에서 우주선의 위치와 속도, 방향을 정밀하게 측정하는 방법에 관한 것이었다. 그런데 우주선에 탑재된 영상 장치를 이용하는 방법도 있다. 이것을 '탑재(on-board) 광학기술'이라고 부른다. 이것은 목표 행성과 그 배경에 있는 별들을 사진으로 찍어서 방향을 스스로 찾아가는 것이다. 이 기술은 앞으로 우주선의 자율항행(autonomous navigation)에 자주 사용될 것으로 기대된다.

3.2 시계의 성능과 우주선 추적 오차

전파신호로써 추적한 우주선의 위치와 방향의 정확도는 항상 기준주파수 발생기(또는 기준 시계)의 불확도와 불안정도에 의해 영향을 받는다. 1-방향 추적에서 우주선에서 송신한 반송주파수를 지구에서 수신하여 도플러 이동을 추출하는 과정은 그림 8-8과 같다. 그런데 우주선의 송신주파수는 실제 측정에 의해 결정되는 것이 아니다. 미리 정해 놓은 다운링크 주파수를 실험실에서 생성하여 기준주파수로 사용한다. 우주선에서는 수정발진기에서 송신 주파수를 만들어내는데, 처음 정한 것과 동일 주파수가 발생되었는지 여부는 알 수 없다.

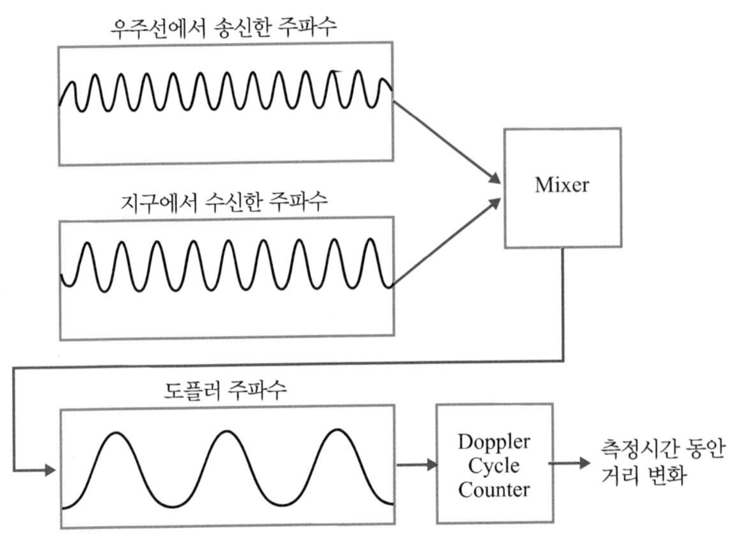

그림 8-8 1-방향 추적에서 도플러 주파수 측정에 의한 우주선의 속도 측정

우주용으로 개발된 수정발진기는 1000초의 평균시간에서 약 1×10^{-13}의 주파수안정도를 가진다. 우주 항행에는 긴 세월이 소요되고, 또 우주선에서 보낸 신호가 지구에 도착하는데도 긴 시간이 필요하다(토성에서 오는데 약 1시간 10분). 만약 어떤 미지의 요인에 의해 이 주파수가 명목주파수 f에서 Δf만큼 오프셋을 가진다면 도플러로 구한 거리변화율(속도)은 다음 식과 같은 오차를 갖게 된다: $\Delta\dot{\rho}= c\,\Delta f/f$. 만약 $\Delta f/f$가 수정발진기의 불안정도에 해당하는 10^{-13} 수준이면 속도에서는 3×10^{-2} mm/s의 불확도에 해당하므로 무시할 수 있다. 그렇지만 거리는 속도를 시간 적분하여 구하므로 경과시간이 길어질수록 오차는 더 커진다.

2-방향 추적으로 우주선까지의 거리측정은 앞에서 설명한 것처럼 RTLT(빛의 왕복시간)을 잰다. DSN 기지국에는 기준주파수 발생기로 수소메이저를 사용하는데, 이것은 대개 10^{-15}의 안정도를 가진다. 이 성능을 좀 더 구체적으로 말하면 다음과 같다. 평균시간 60초에서 1000초 사이에서는 백색 주파수잡음을 나타내고, 1000초에서 12시간 사이에서는 플리커 주파수잡음을 나타낸다. 전형적인 알란편차 $\sigma_y(\tau)$는 60초에서 8×10^{-15}, 1000초에서 1×10^{-15}이다.

그런데 태양계에 있는 행성들에 대한 RTLT는 일반적으로 12시간보다는 작고 1000초보다는 긴 시간 영역에 속한다. 이 정도의 적분시간에서 수소메이저의 주파수안정도가 거리측정에 미치는 영향은 다른 오차 요인에 비하면 작다. 오히려 전파가 전송되는 과정에서 대류권이나 이온층에서 발생하는 시간지연 오차가 거리측정 오차에 더 큰 영향을 미친다. 그러므로 이런 시간지연 효과를 잘 측정하고 분석하여 보정하는 것이 위치 정확도를 높이는 데 중요하다.

우주선 추적 오차에 영향을 미치는 기준주파수 발생기(또는 기준 시계)의 성능은 두 가지로 나누어 해석할 수 있다. 하나는 주파수안정도이고 다른 하나는 시간오차이다. 2-방향 추적에서 주파수안정도가 거리측정에 미치는 오차 $\Delta\rho$는 근사적으로 다음과 같다: $\Delta\rho = \sqrt{2}\, c\tau\sigma_y(\tau)$. 단, τ는 RTLT이다. $\sigma_y(\tau)$에 수소메이저의 주파수안정도를 대입하여 계산하면 화성까지의 거리에서 오차는 1 mm 수준이어서 무시할 수 있다. 그런데 시간오차 ΔT에 의한 거리오차는 $\Delta\rho = c\Delta T$이다. 만약 10 ns의 시간오차가 있다면 거리에서는 3 m가 발생하여 꽤 큰 값을 나타낸다. 결론적으로 거리측정 오차에는 기준시계의 주파수안정도보다 시간오차가 훨씬 큰 영향을 미친다.

2-방향 추적은 업링크와 다운링크 사이의 시간간격이 길기 때문에 우주선이 있는 현장에서 발생하는 사건에 즉각적으로 대응할 수 없다. 토성의 경우, 전파가 가고 오는데 2시간 20분이 소요된다. 그래서 현장에서 벌어질 일을 미리 짐작하여 명령하는데, 명령 결과를 확인하기까지 긴 시간이 필요하다.

지구에서 화성 착륙선을 항법절차에 따라 화성의 대기권 상단에 진입시킬 때 거리의 불확도는 대개 2～3 km로서 꽤 큰 값을 가진다. 그 이유는 착륙선에게 최종 궤도 진입 명령을 진입 6시간 전에 업로드하기 때문이다. 2-방향 추적은 1-방향 추적보다 2배의 시간이 걸린다. 그리고 만약 화성 부근에 2대의 우주선이 있고, 2-방향 추적을 하는 경우, 업링크 시간을 이 두 우주선에 나누어 사용해야 하므로 더 긴 시간이 필요하다. 이에 따라 거리의 불확도는 더 커지게 된다. 이런 문제로 인해 2-방향 추적보다 1-방향 추적을 선호하게 되었다. 이를 위해 제일 중요한 것은 원자시계를 우주선에 탑재하는 것이다. 이런 목적으로 개발된 원자시계를 '심우주 원자시계'(DSAC: Deep Space Atomic Clock)라고 부른다. 이 원자시계와 함께 우주선(또는 착륙선)에는 유도-항법-조종(GN&C)[16] 시스템이 탑재된다.

16) GN&C는 Guidance, Navigation, and Control의 약어이다.

3.3 미래 우주항법기술[17)]

미래 행성 탐사 우주선에서 가장 중요한 항법기술은 다음 세 가지 기술의 발전에 달려 있다: 우주선의 정확한 위치 및 속도 측정기술, 우주선에 대한 동역학적 모델의 개선, 그리고 우주선의 자율항행 기술이다.

DSN 기지국에 설치된 원자시계(수소메이저)는 심우주 항법에서 주춧돌과 같은, 가장 근본적인 역할을 한다. 수소메이저가 2-방향 도플러 측정 및 거리 측정에서 필수적인 시간주파수의 기준을 제공하기 때문이다. 그런데 최근에 DSN에 설치되어 있는 원자시계와 거의 같은 성능을 가지면서 작고 무게가 가벼운 심우주 원자시계(DSAC)가 개발되었다. 이것은 수은이온 원자시계인데, 가까운 미래에 우주선에 탑재되어 거리측정, 도플러, 위상측정과 같이 정밀 전파측정 추적데이터를 제공하는데 사용될 것이다. 그림 8-9는 JPL에서 개발한 DSAC의 초기 실험실 버전인데, 하루 동안의 알란편차는 $<10^{-15}$이었다. 이것은 10일 동안에 1 ns가 틀리는 수준이다.

이 DSAC가 우주선에 탑재되면 더욱 효과적이고 확장 가능한 1-방향 항법이 가능해질 것이다. DSAC를 이용한 1-방향 항법은 기존의 2-방향 항법과 비교할 때 2배 내지 3배 더 많은 데이터를 사용자에게 전송할 수 있다. 그리고 정확도는 10배 이상 높아질 것이다. 이 덕분에 탐사선의 착륙이나 근접비행처럼 시간이 결정적인 역할을 하는 임무에서 안전한 자율항행을 가능하게 할 것이다. 이것을 좀 더 구체적으로 말하면, DSAC를 이용한 1-방향

그림 8-9 JPL이 개발한 수은 이온 심우주 원자시계(DSAC).

17) 이 절에 나오는 내용과 그림은 다음 자료를 참고했음: Lincoln J. Wood, et. al., "Guidance, Navigation, and Control Technology Assessment for Future Planetary Science Missions: Part 1. Onboard and Ground Navigation and Mission Design", JPL/NASA, October, 2012.

전파측정 추적에 기반한 미래 우주항법은 다음과 같은 이점을 제공할 것이다.

① DSAC가 탑재된 우주선에는 업링크가 필요 없기 때문에 하나의 DSN 안테나로써 여러 개 우주선의 다운링크를 지원할 수 있다. 예를 들면, 화성에 DSAC를 탑재한 두 대의 우주선이 있을 때 하나의 안테나로써 두 우주선을 동시에 추적할 수 있다. 예비실험 결과, 우주선에 할당되는 시간이 늘어남으로써 추가적으로 얻는 추적 데이터는 몇 배 더 정확하게 궤도 및 중력장을 알 수 있었다.

② DSAC를 이용한 심우주 탐사임무는 우주선 추적을 위한 관측시간을 충분히 이용한다는 이점이 있다. 이에 비해 2-방향 전파추적에서는 RTLT로 인해 관측시간이 줄어든다. 예를 들면, 미국 골드스톤과 스페인 마드리드에 있는 DSN 기지국에서 토성에 있는 카시니의 관측시간은 11시간 정도였는데, RTLT에 4~5시간 걸리므로 유효 관측시간은 6시간 정도이다. 반면에 DSAC를 탑재한 1-방향에서는 11시간 전부 관측에 사용할 수 있다. 이에 따라 사용 가능한 데이터는 거의 두 배로 늘어난다. 또한 DSN 기지국이 암맹지대로 들어갈 때 다른 기지국을 추가로 사용해야 하는 3-방향 추적이 필요 없다.

③ 외행성 탐사임무에서 태양의 코로나 플라즈마는 반송주파수에 영향을 미치는 오차 요인이다. 다시 말해, 전파측정 추적에 사용되는 반송주파수의 단기 및 장기 안정도에 모두 영향을 미친다. 만약 반송주파수로 Ka 밴드만을 1-방향에 사용하면 X-업/Ka-다운의 2-방향 링크에 비해 코로나 플라즈마에 의한 오차는 약 10배 줄어든다. 목성의 위성인 유로파를 탐사하는 임무에서 Ka 밴드 1-방향 추적을 사용하면 2중 주파수 전자시스템이 필요 없게 되어 우주선의 무게와 전력을 줄일 수 있다. 수집하는 데이터의 양과 질에서 모두 이점이 있다. 특히, 많은 고급데이터가 필요한 중력 측정 과학에 큰 도움이 될 것이다.

④ DSAC는 추적 데이터를 모으고 그것을 우주선 안에서 처리함으로써 우주선의 자율 항행을 가능하게 할 것이다. 또한 지상의 DSN 기지국에서 관측한 추적 데이터를 업링크를 통해 받아 사용할 수 있기 때문에 기존의 항법구조를 변형시키지 않고도 앞에서 언급한 여러 이점을 얻을 수 있다.

4 기타 응용 분야

20세기에 정밀 시간주파수 기술이 현대 문명에 기여한 가장 대표적인 분야는 위치 측정과 항법이다. 그 결과, GPS로 대표되는 GNSS는 여러 나라로 점점 더 확대되고 있다(제2장 표 2-1 참조). GPS를 이용하는 세부 분야는 표 8-3에서 보는 것처럼 항공, 우주, 해운, 수송, 농업, 자동차 등 아주 다양하다. GPS 위성 시계 또는 수신기에서 발생하는 ±10 ns의 시간오차는 거리에서 ±3 m의 오차를 유발한다. 따라서 요구하는 위치의 정확도에 따라 필요한 시간주파수 정확도가 결정된다. 가장 정확한 위치 측정이 필요한 분야는 자동차와 수송 분야로서 시간 및 주파수의 정확도는 각각 ±1 ns와 $\pm 1\times 10^{-14}$이다.[18)]

통신망에서는 시간주파수의 정확도보다 정밀도가 중요하다. 다시 말하면, 통신망에는 자체 시간주파수 기준기가 있는데, 그 시간이 UTC에 동기되어야 할 필요는 없다는 뜻이다. 통신망 동기의 최상위 계층(이것을 계층 1이라고 부름)에는 주로 세슘원자시계 또는 수소메이저가 사용된다. 또는 GPS 신호를 수신하여 자체 교정하는 기능을 가진 시계가 사용되기도 한다. 통신망에서는 하나의 통신채널을 통해서 많은 정보를 동시에 주고받는다. 이를 위해 사용하는 통신기술에는 시분할 다중화(TDM), 주파수분할 다중화(FDM), 그리고 코드분할 다중화(CDM) 기법이 있다. 기법에 따라 시간동기가 더 중요하거나 주파수동조가 더 중요할 수 있다. 통신망동기의 계층 1에서 요구되는, 1년 동안 최대 주파수 표류율($\Delta f/f$)은 $\pm 1\times 10^{-11}$이다. 이것은 다른 응용분야의 정확도에 비해 높지 않은 편이다.

우리나라 발전소에서 생산되는 전기는 교류 60 Hz이다. 그런데 만약 전력 소비가 많아져서 발전기를 추가로 가동하여 전기를 기존의 전력선에 더하려고 할 때 두 전기의 60 Hz의 위상이 동일한 시점에 합쳐져야 한다. 60 Hz의 경우, 한 사이클(360°)의 주기는 16.67 ms이므로, 위상을 1° 이내에서 맞추려면 시간적으로는 ±46 μs 이내에서 동기시켜야 한다. 그리고 만약 전력선이 지나는 곳에 자연 재해가 발생하여 전력선이 끊겼거나 누전이 발생한 경우, 그 위치를 찾는 데는 ±10 ns 이내(거리로는 수 미터)의 정밀도가 필요하다.

은행이나 금융기관에서 돈을 입출금할 때, 또는 중요 문서를 인터넷을 통해서 전송하고 수신할 때, 그 시각을 기록하는 것도 중요하다. 이것을 시간도장 찍기(time stamping)라고 부른다. 입출금의 정확한 시간은 추후 발생할지도 모를 여러 문제를 예방하고 또 해결하는

18) D.D. McCarthy and P.K. Seidelmann, "TIME-From Earth Rotation to Atomic Physics", Wiley-VCH Verlag GmhH & Co. KGaA, 2009, pp.297~302.

표 8-3 시간 및 주파수 응용 분야에서 필요한 정확도와 정밀도[참조: 앞의 참고문헌 p.302]

응용 분야	세부 분야	목적	정확도		정밀도	
			시간	주파수	시간	주파수
위치 측정 및 항법	항공	연료 관리, 교통 간격, 항로 항법	±3 ns	$\pm 3.5\times10^{-14}$		
	우주	인공위성 위치, 감시	±25 ns	$\pm 3.0\times10^{-13}$		
	해운	연료 관리, 항로, 화물 위치	±25 ns	$\pm 3.0\times10^{-13}$		
	수송	연료 관리, 실시간 경로, 화물 위치, 지능형 교통 시스템	±1 ns	$\pm 1.0\times10^{-14}$		
	농업	농장 관리, 비료 최적화, 가축 추적	±10 ns	$\pm 1.0\times10^{-13}$		
	철도	자산 위치, 실시간 경로	±10 ns	$\pm 1.0\times10^{-13}$		
	자동차	지능형 고속도로 시스템	±1 ns	$\pm 1.0\times10^{-14}$		
	레크리에이션	보트 항법, 하이킹, 자전거 여행	±25 ns	$\pm 3.0\times10^{-13}$		
통신	음성	휴대 전화			±1.0 ns	$\pm 1\times10^{-11}$
	데이터	데이터 전송, 보안 통신			±1.0 ns	$\pm 1\times10^{-11}$
측량 및 지도제작	지리학적 정보시스템	자산 위치	±10 ns	$\pm 1.0\times10^{-13}$		
	데이터 관리	토지 관리	±25 ns	$\pm 3.0\times10^{-13}$		
에너지	전력 그리드	위상 일치	±50 µs	$\pm 6.0\times10^{-10}$		
	원유 가스 위치	탐사	±25 ns	$\pm 3.0\times10^{-13}$		
	전력선 관리	누전 위치			±10 ns	$\pm 1.0\times10^{-13}$
은행 및 금융	자산 관리	시간 도장 찍기	±0.1 s	$\pm 1.0\times10^{-6}$		
긴급구조 활동	화재, 경찰, 의료	수색 및 구조, 차량 위치	±10 ns	$\pm 1.0\times10^{-13}$		
수자원	시스템 가동	유량 관리			±0.1 s	$\pm 1.0\times10^{-6}$
환경	자원 관리	유해 폐기물 봉쇄	±25 ns	$\pm 3.0\times10^{-13}$		
과학	측지학	대륙 판 구조, 대양 수위	±1.0 ns	$\pm 1.0\times10^{-14}$		
	천문학	펄사 탐사	±1.0 ns	$\pm 1.0\times10^{-14}$		
	물리학	정밀 측정	±0.01 ns	$\pm 1.0\times10^{-16}$		

데 중요하다. 이때 필요한 정확도는 ±0.1초 수준이다. 인터넷에 연결된 컴퓨터나 기기들에 내장된 시계를 동기시키는 네트워크 프로토콜을 NTP(Network Time Protocol)라 하고, 여기에 표준시간을 공급하는 컴퓨터를 NTP 서버라고 부른다. 컴퓨터 망의 시각을 동기시키면 해킹 여부를 조사하거나 해킹 경로를 조사할 때, 접속시간을 정확히 알 수 있기 때문에 상황을 쉽게 파악할 수 있다.

Chapter

9

한국표준시

1 관련 법령

한국표준시와 관련된 법률은 다음 글상자에 나와 있는 것과 같다.[1] 윤초에 관한 법령 및 시행령은 천문법에 나와 있다.

표준시에 관한 법률(약칭: 표준시법)
[시행 2011.5.19.] [법률 제10640호, 2011.5.19., 전부개정]
과학기술정보통신부(거대공공연구정책과), 02-2110-2428

표준시(標準時)는 동경 135도의 자오선(子午線)을 표준자오선으로 하여 정한다. 다만, 대통령령으로 정하는 바에 따라 일광절약시간제(日光節約時間制)를 실시하기 위하여 연중 일정 기간의 시간을 조정할 수 있다.

부칙 <법률 제10640호, 2011.5.19.>
이 법은 공포한 날부터 시행한다.

천문법
[시행 2017.7.26.] [법률 제14839호, 2017.7.26., 타법개정]
과학기술정보통신부(거대공공연구정책과), 02-2110-2428

제2조(정의) 이 법에서 사용하는 용어의 정의는 다음과 같다. <개정 2012.3.21.>
3. "윤초(閏秒)"란 지구자전속도의 불규칙성으로 인하여 발생하는 세계시와 세계협정시의 차이가 1초 이내로 되도록 보정하여주는 것을 말한다.

제5조(천문역법)
② 과학기술정보통신부장관은 천문역법의 원활한 관리를 위하여 대통령령으로 정하는 바에 따라 윤초를 발표하여야 한다. <개정 2013.3.23., 2017.7.26.>

---

1) 참조: 국가법령정보센터 웹사이트 http://www.law.go.kr/main.html

천문법 시행령

제2조(윤초의 발표) 과학기술정보통신부장관은 「천문법」(이하 "법"이라 한다) 제5조 제2항에 따라 윤초(閏秒)의 결정을 관장하는 국제기구가 결정·통보한 윤초를 언론매체나 과학기술정보통신부 인터넷 홈페이지 등을 통하여 지체 없이 발표하여야 한다. <개정 2013.3.23., 2017.7.26.>

표준시법에서 정하고 있는 한국표준시는 동경 135도의 표준자오선이다. 경도를 나누는 기준은 영국 그리니치를 통과하는 경도 0도 자오선이다. 그러므로 동경 135도는 그리니치 자오선에 비해 9시간(=135도/15도) 앞선 시간이다.

천문법에서 윤초의 정의에 나오는 세계시는 UT1을 의미한다. 세계협정시(UTC)의 원래 정의에서는 UT1과 0.9초 이내에서 일치하도록 윤초를 도입해야 한다고 나와 있다.[2] 천문법에 따르면 국제기구(구체적으로 IERS)가 결정, 통보한 윤초를 지체 없이 발표해야 한다. 그러므로 이 두 법령에 의하면 한국표준시(KST: Korea Standard Time)는 윤초를 반영하고, 경도 0도 선을 기준으로 결정되는 UTC와 다음의 관계를 가진다.

KST = UTC + 9시간

전 세계의 표준시간대역이 그림 9-1에 나와 있다. 경도 0도 선을 기준으로 15도씩 동쪽 또는 서쪽으로 진행함에 따라 1시간씩 증가(+) 또는 감소(−)하는 표준시간이 그림의 상단 및 하단에 표시되어 있다. 이 기준 경도선을 중심으로 ±7.5도 이내의 지역이 같은 색깔로 칠해져 있다. 이것을 '표준시간대역'이라고 부른다. 바다에서는 이 선들이 대체적으로 일직선이다. 하지만 육지에서는 구불구불한 지역이 많은데, 그 이유는 국경선이나 산맥, 강이 지나는 선을 고려하여 표준시간을 선택했기 때문이다. 이런 이유 외에도 나라 사이의 정치적, 역사적 이유 때문에 표준시간대역과는 다른 시간을 택한 경우도 있다. 예를 들면, 스페인이나 프랑스, 알제리 등은 지역으로는 영국과 동일한 0±7.5도에 속한다. 그러나 한 시간 앞선 +1시간대역을 택했다. 말레이시아와 싱가포르는 지역으로는 +7시간대역에 속해있지만 중국과 동일한 +8시간대역을 선택했다. 중국은 국토가 동쪽 끝에서 서쪽 끝까지가 표준시로 5시간(+5시간에서 +9시간까지) 차이가 날만큼 넓다. 하지만 북경이 속해 있는 +8시간대역을 기준으로 선택했다. 이 때문에 낮 12시면 북경에서는 태양이 거의 남중하지만, 서쪽

---

2) 참조: 제7장 4.2절 또는 ITU-R 2002 Recommendation TF. 460-6.

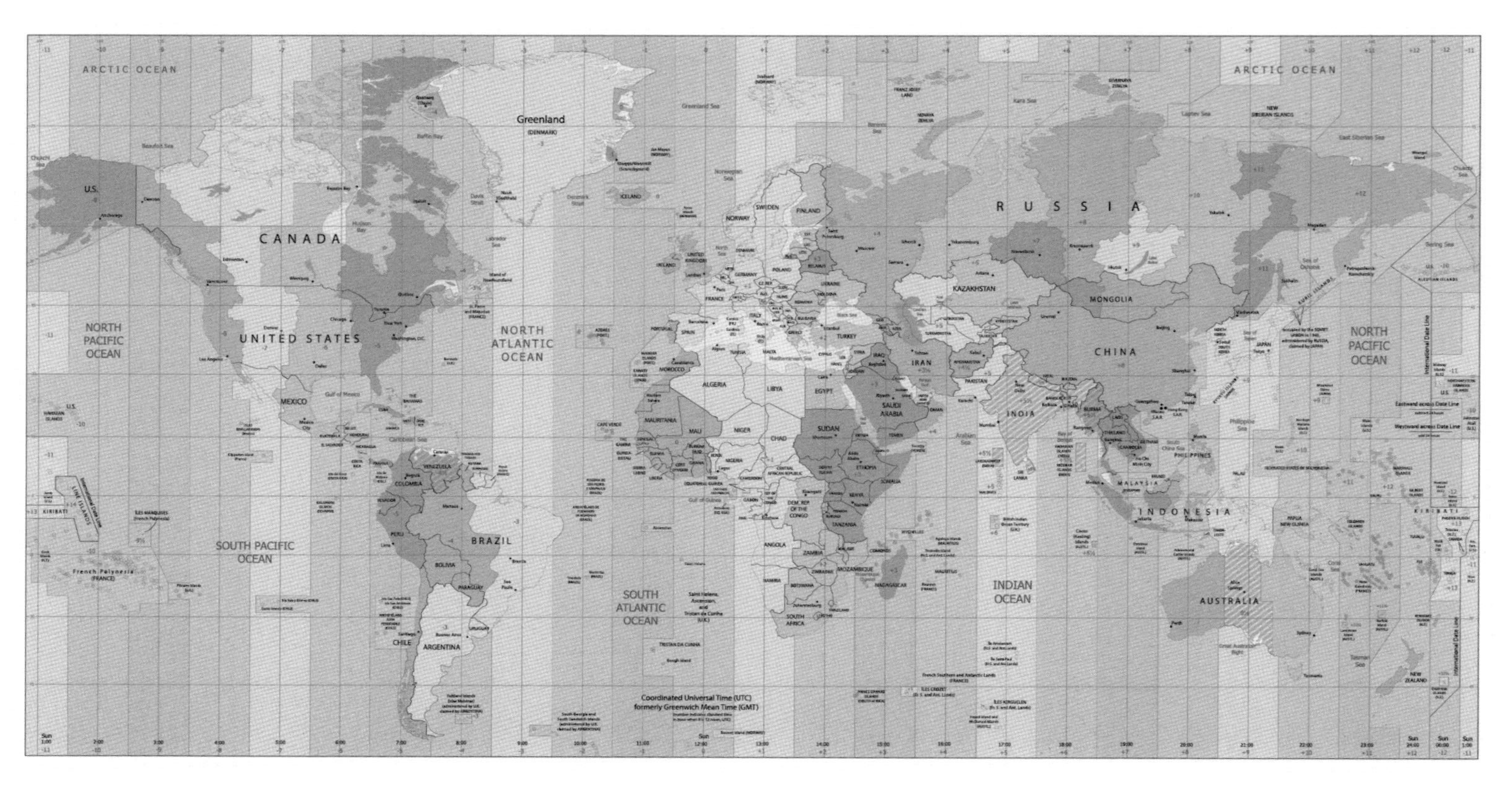

그림 9-1 전 세계의 표준 시간대역: 그리니치를 지나는 경도 0도 선이 기준이고, 한국은 이보다 9시간 이른 동경 135도 시간대역을 선택했다.

끝 지역은 태양이 대략 아침 8시~9시 경에 해당하는 동쪽에 떠있다.

한반도는 우연히 +8시간 기준선인 동경 120도와 +9시간 기준선인 동경 135도 사이에 속해 있다. 우리는 한반도를 지나는 동경 127.5도가 아니라 135도를 선택함으로써 하루를 일찍 시작하게 되었다. 그래서 일광절약시간제를 굳이 채택하지 않아도 1년 내내 매일 약 30분씩 일광절약을 하고 있는 셈이다. 동경 127.5도를 기준으로 표준시간을 정하자는 주장이 있었고, 또 역사적으로 그렇게 한 적이 있었다.[3] 북한은 2015년 8월 15일에 동경 127.5도를 표준자오선으로 정하고 '평양시간'으로 명명했었다. 이로 인해 한국표준시와 30분 차이가 났는데, 예를 들면, 남한이 오전 9시일 때 북한은 오전 8시 30분이 된다. 그러다가 2018년 5월 5일을 기해 다시 한국표준시와 일치하도록 변경했다. 전 세계적으로 30분 차이나는 표준시간을 채택한 나라는 미얀마, 네팔, 인도, 아프가니스탄, 이란, 호주 일부, 캐나다 일부 등이다.[4]

표준시란 비슷한 지역(경도)에 거주하는 사람들이 같은 시간을 사용함으로써 교통이나 통신 등에서 서로 편리하기 위해 만든 것이다. 또한 오늘날 국제적으로 UTC에서 태양시의 유산인 윤초를 없애자는 주장이 있고, 이에 대해 논의가 진행되고 있다.[5] 그리고 대부분의 사람들이 시계(또는 현재 시각을 알 수 있는 기기)를 갖고 다닐 뿐 아니라 곳곳에 시계가 널리 보급되어 있다. 필요하면 언제 어디서나 시간을 쉽게 알 수 있다. 굳이 태양을 보고 시간을 추측할 필요가 없다는 뜻이다. 그렇기 때문에 자국 영토를 지나는 자오선을 기준으로 표준시를 정할 필요는 없다고 생각한다.

2 한국표준시와 UTC (KRIS)

한국표준시(KST)는 UTC에 의해 정의된다. 그런데 UTC는 세계 여러 나라의 시간 표준 연구기관들('k'로 표시)이 유지·관리하고 있는 원자시계들을 이용하여 생성하는 UTC(k) 데이터를 BIPM이 수집하여 생성한다. 우리나라에서는 KRISS가 수소메이저와 세슘원자시

3) 안영숙 등, "우리나라 표준 자오선 현황에 대한 기획연구", 한국천문연구원/교육과학기술부, 2008.
4) 홍성길 등, "한국 표준시 제도의 타당성에 대한 연구", Jour. Korean Earth Science Society, Vol.23, No.6, pp.494~506, 2002.
5) "COORDINATED UNIVERSAL TIME (UTC) (CCTF/09-32)" (PDF). BIPM, Retrieved 30 October 2016.(from Wikipedia)

계들을 이용하여 UTC(KRIS)를 생성하고, 그 데이터를 BIPM에 주기적으로 보내어 UTC 생성에 기여하고 있다. UTC(KRIS)를 다른 식으로 표현하면, KRISS에서 생성하는 UTC이다. 그래서 한국표준시는 실제로 다음과 같이 구현된다.

KST = UTC(KRIS) + 9시간

KST의 안정도와 정확도는 결국 UTC(KRIS)에 의해 결정된다. UTC(KRIS)가 UTC로부터 벗어난 정도(정확도)와 안정도는 한 달 동안 측정한 UTC(KRIS) 데이터를 BIPM에 보내면 약 20일 후(첫 번째 데이터를 기준으로 약 50일 후)에 알 수 있다.

그림 9-2는 BIPM 홈페이지에 공개된 [UTC−UTC(k)] 데이터를 이용하여 KRISS와 중국의 NTSC(National Time Service Center), 일본의 NICT(National Institute of Information and Communication Technology)를 비교한 것이다. 그림의 X축은 MJD로 표시된 날짜이다. Y축은 시간차이를 나노초(ns) 단위로 표시했다. Y축의 눈금 간격은 시간변동 폭에 따라 다르다. MJD 56300 (2013년 1월 8일)부터 MJD 58100 (2017년 12월 13일)까지 약 5년간의 데이터를 그린 것이다. 시간변동 폭이 작다는 것은 해당 기관의 UTC(k)가 정확하고 안정적으로 동작한다는 것을 의미한다.

KRISS의 경우, Y축은 +60 ns에서 −40 ns 사이에서 10 ns 간격으로 눈금줄이 그어져 있다. MJD 58024 (2017년 9월 28일) 부근의 52.9 ns를 제외한다면 ±40 ns 안에서 유지되는 것을 알 수 있다. 중국 NTSC의 경우 Y축은 +15 ns에서 −10 ns 사이에서 5 ns 간격으로 눈금줄이 그어져 있다. MJD 57400 이후에는 ±6 ns 이내에서 유지되는 것을 알 수 있다. KRISS에 비해 약 6분의 1 수준에서 안정적으로 동작하고 있다. 일본 NICT는 +25 ns에서 −20 ns 사이에서 유지되고 있음을 알 수 있다. 중국, 일본과 비교할 때 우리나라의 시간눈금을 개선하는 노력이 필요하다. 이를 위해 세슘원자분수시계(KRISS-F1)를 시간눈금 생성에 반영하는 새로운 컴퓨터 알고리듬을 개발해야 한다.

그림 9-3은 미국 USNO, 독일 PTB, 러시아 SU의 UTC(k)를 UTC와 비교한 결과이다. USNO는 미국의 GPS 항법시스템을 책임지는 기관으로, GPS 위성에 탑재된 원자시계들은 UTC(USNO)에 동기된다. UTC(USNO)는 대략 ±4 ns 이내에서 UTC와 일치하고 있다. PTB는 대략 ±6 ns 이내에서 유지하고 있다. SU는 대략 ±8 ns 이내에서 유지하고 있다.

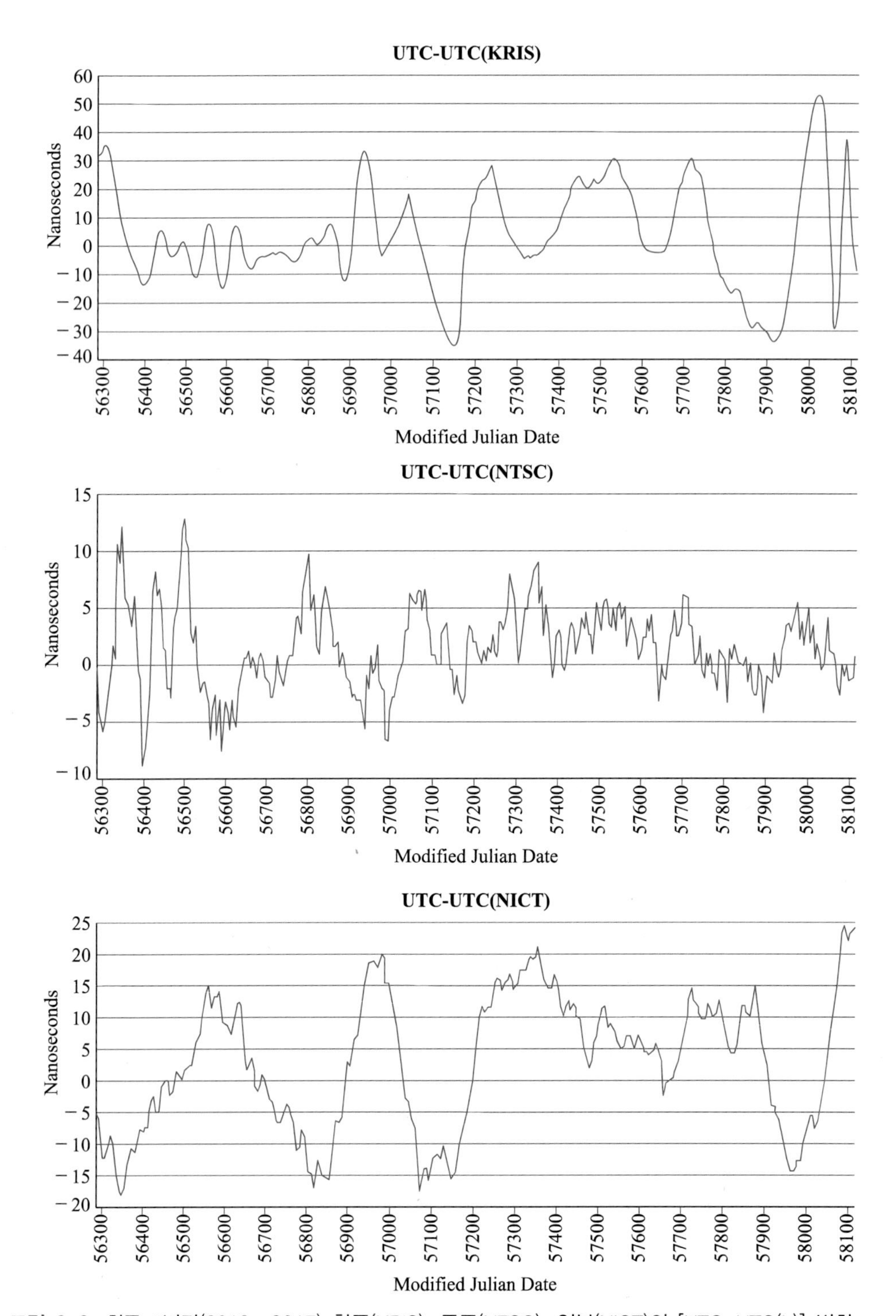

그림 9-2 최근 5년간(2013~2017) 한국(KRIS), 중국(NTSC), 일본(NICT)의 [UTC−UTC(k)] 변화

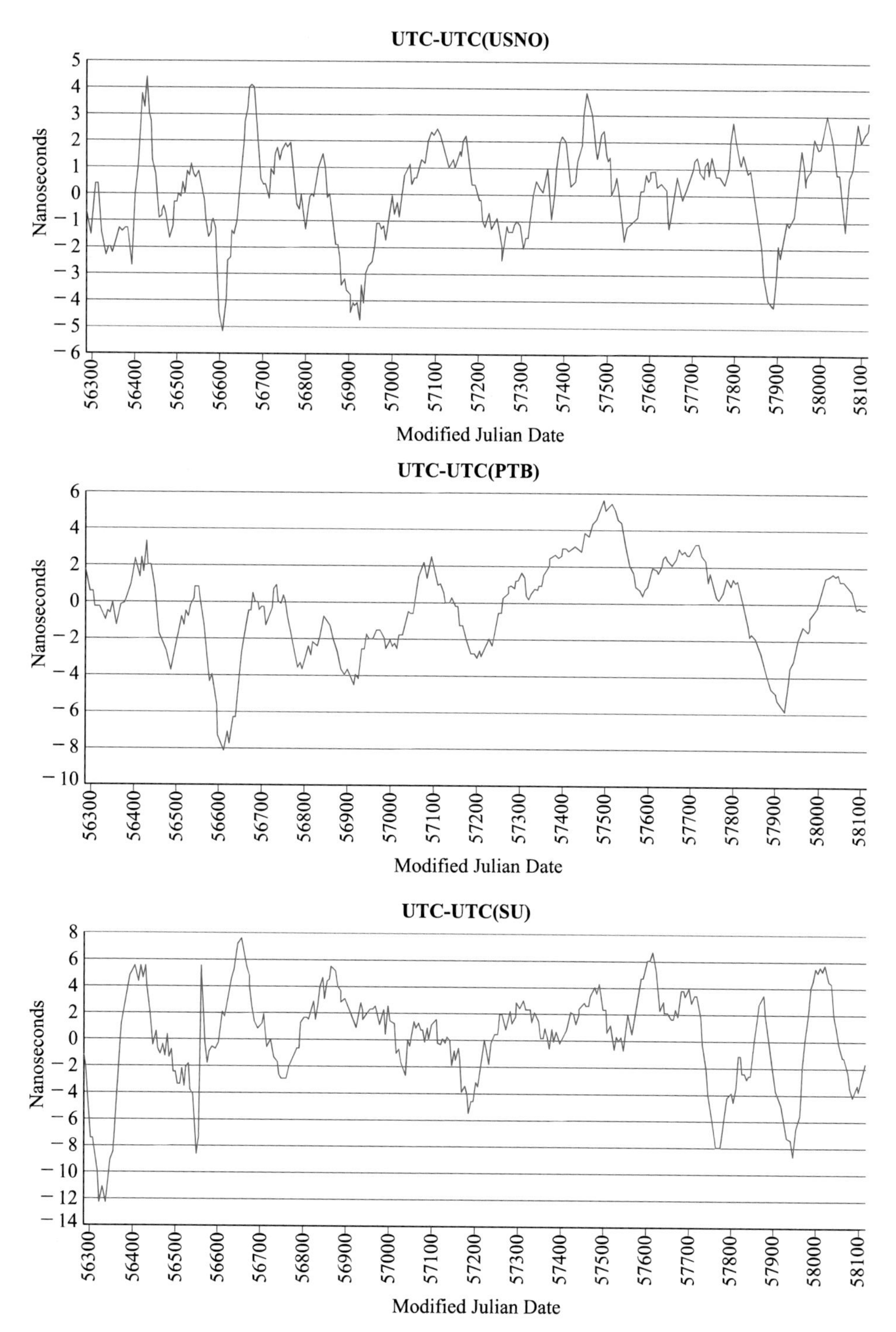

그림 9-3 최근 5년간(2013～2017) 미국(USNO), 독일(PTB), 러시아(SU)의 [UTC−UTC(k)] 변화

표 9-1은 세계 각국의 주요 연구기관들이 UTC(k) 생성을 위해 사용한 원자시계들과 시간 전송 방법(=시각 비교 기술)들을 정리한 것이다. 또한 TA(k) 생성 여부와 UTCr 생성에 기여 여부가 표시되어 있다. 이 연구기관들 중 일부는 자체적으로 개발한 1차 주파수표준기(표에서 실험실 세슘)를 UTC(k) 생성에 활용하고 있다. 예를 들면, PTB는 자체 제작한 4대의 1차 주파수표준기(=실험실 세슘원자시계)를 운용하고 있는데, 상대적으로 적은 수의 원자시계로써 안정된 UTC(PTB)를 유지하고 있다. USNO가 운용하는 6대의 루비듐 원자분수시계들은 TAI 생성에서 최고의 가중치를 부여받고 있다. SU는 상용 세슘이 한 대도 없고, 실험실 원자시계와 수소메이저를 중심으로 UTC(SU)를 생성하고 있다. 우리나라는 아직 실험실 원자시계를 UTC(KRIS)에 반영하지 않고 있다. 그 주된 이유는 국내에서 아직 그렇게 높은 정확도와 안정도의 시간눈금을 필요로 하는 곳이 없기 때문이다. 이에 비해 중국, 일본, 러시아는 각각 BeiDou, QZSS, GLONASS 위성항법시스템을 운용하기 때문에 항법위성에 탑재된 시계들을 동기시키는데 정확하고 안정된 시간눈금이 필요하다. 우리나라도 2035년부터 서비스 제공을 목표로 한국형 위성항법시스템(KPS: Korea Positioning System)을 구축하는 계획을 세웠다.[6] 여기에 필요한 정확한 시간눈금을 제공하려면 UTC(KRIS)를 개선하는 연구가 필요하다. 시간눈금 생성 소프트웨어를 개발하여 시간눈금을 개선하는데 일반적으로 수년이 소요된다. 이런 기간을 고려하여 준비해 나가야 할 것이다.

6) 과학기술정보통신부, 제3차 우주개발진흥기본계획, 2018.

표 9-1 UTC(k) 생성에 기여하는 일부 연구기관들의 원자시계, UTC(k) 생성원, TA(k) 및 UTCr 기여 여부 및 시간 전송 방법

(출처: BIPM Annual Report on Time Activity 2017.)

연구기관 k	원자시계	UTC(k) 생성원	TA(k)	UTCr	Time transfer technique	
					GNSS	TWSTFT
KRISS (한국)	5 상용 세슘 4 수소메이저	1 수소메이저 + microphase-stepper	*	*	*	*
NICT (일본)	33 상용 세슘 8 수소메이저 1 실험실 세슘	1 수소메이저 + microphase-stepper	*	*	*	*
NIM (중국)	7 상용 세슘 6 수소메이저 1 실험실 세슘	1 수소메이저 + microphase-stepper		*	*	*
NIST (미국)	14 상용 세슘 13 수소메이저 2 실험실 세슘	5 세슘, 8 수소메이저 + microphase-stepper	*	*	*	*
NMIJ (일본)	3 상용 세슘 4 수소메이저 1 실험실 세슘	1 수소메이저 + microphase-stepper		*	*	*
NPL (영국)	2 상용 세슘 5 수소메이저	1 수소메이저		*	*	*
NTSC (중국)	25 상용 세슘 6 수소메이저	1 수소메이저 + microphase-stepper	*	*	*	*
OP (프랑스)	5 상용 세슘 4 수소메이저 3 실험실 세슘 1 실험실 루비듐	1 수소메이저 + microphase-stepper	*	*	*	*
PTB (독일)	3 상용 세슘 4 실험실 세슘 4 수소메이저	1 수소메이저 + microphase-stepper	*	*	*	*
SU (러시아)	2 실험실 세슘 4 실험실 루비듐 12-14 수소메이저	8-15 수소메이저	*	*	*	*
USNO (미국)	81 상용 세슘 33 수소메이저 6 루비듐 분수시계	1 수소메이저 + frequency synthesizer	*	*	*	*

3 한국표준시의 보급

정확하고 안정된 한국표준시를 생성·유지하는 목적은 우리나라의 과학기술분야 뿐 아니라 일반인들도 정확한 시간이 필요한 곳에서 사용할 수 있도록 하기 위함이다. 이를 위해 가장 널리 사용하는 방법은 방송을 통해 정확한 시간을 알리는 것이다. 한국표준과학연구원(구, 한국표준연구소)이 1975년에 설립된 후, 1978년부터 상용 세슘원자시계를 도입했다. 그 무렵 USNO에서 이동형 원자시계를 가져와서 우리 원자시계를 UTC와 1 μs 이내에서 일치시켰다. 이를 계기로, 1980년 8월 15일을 기해 KBS 방송의 시보를 우리 원자시계를 기준으로 방송하게 되었다. 그 이전에는 일본 JJY 방송을 수신하여 시각을 맞추었다. 1980년에서야 한국표준시가 일본으로부터 독립한 것이다.

1984년에는 표준시각 뿐 아니라 표준주파수를 방송하는, 호출부호 HLA의 방송국(일명, 표준주파수국)을 연구소 내에 설립했다. 이 방송은 5 MHz 단파를 반송파로 사용하며 표준시간을 BCD[7] 코드로 만들어 방송한다. 또한 초 펄스를 1800 Hz 톤으로 알려주는데, 매 분이 시작될 때 이 톤은 0.8초간 지속되고, 매 시간이 시작될 때는 1500 Hz 톤이 0.8초간 지속된다. 단, 29초와 59초에서는 초 펄스가 빠진다. 반송파 5 MHz는 세슘원자시계에서 나오는 주파수를 이용하는데, 그 정확도가 2×10^{-12} 수준이다. 단파는 전리층에서 반사되기 때문에 멀리 유럽이나 남미까지도 전달된다. 그곳에서 아마추어 무선사(HAM)들이 신호를 수신했다는 엽서를 보내왔다. 국내에 있는 일반 방송국에서 이 5 MHz 신호를 수신하여 시간과 주파수를 맞추는 방송 장비를 사용한 적이 있었다. 최근에는 GPS 수신기 등이 보급되면서 이 신호를 이용하는 국내 사용자가 대폭 줄었다. 하지만 여전히 사용하는 일부 기관(또는 사람)이 있는 것으로 파악되고 있다. 이 단파 방송의 단점은 건물 밖에 안테나를 설치해야만 신호를 수신할 수 있다는 것이다.

인터넷 시대가 열리면서 인터넷과 연결된 PC나 장치의 시간을 맞추는 일이 중요해졌다. 이를 위해 NTP 타임 서버 3대를 운용하면서 네트워크 타임 서비스를 제공하고 있다. 서버의 ID는 time.kriss.re.kr(210.98.16.100)이고, 시각 동기 프로그램의 명칭은 UTCk 3.1이다. 한국표준과학연구원 홈페이지(www.kriss.re.kr)의 "표준시각 맞추기"에서 이 프로그램을 다운로드 받을 수 있다. 하루 동안 타임서버 접속 수는 대략 3천만 건에 달한다.

---

7) BCD는 Binary-coded decimal의 약어이며, '2진화 십진법'으로 번역한다. 2진수 네 자리를 묶어 십진수 한자리로 사용하는 기수법이다(참조: 위키백과).

전화선과 모뎀을 이용하여 전화번호 042-868-5116에서 한국표준시를 디지털 코드로 받아서 컴퓨터나 장치의 시계를 동기시킬 수 있다. 정확한 시간이 필요한 기관에서 하루에 한 번 정도 시계를 맞추는데 사용하고 있다. 주식회사 KT의 위탁을 받아 전화번호 116을 통해 음성으로 시간을 알리는 서비스도 제공하고 있다. 단, 전화료를 지불해야 한다.

5 MHz 단파방송이 갖는 단점을 해결하기 위해 65 kHz(미정) 장파 표준시 방송국을 설립하는 일을 추진하고 있다. 장파방송 수신기는 아주 작게 만들 수 있어서 손목시계에도 들어갈 수 있다. 현재 장파방송으로 한국표준시 신호를 변조, 복조, 감시하는 연구를 수행하고 있다.

표 9-2는 세계 각국의 표준시간 방송국의 현황을 보여준다. 미국은 1956년부터 장파 방송(WWVB)을 시작했다. 미국 본토와 하와이에 방송국이 각각 설치되어 있다. 일본은 1940년

표 9-2 세계 각국의 표준시간 방송국 현황

(출처: 유대혁 등, "장파 표준시 및 표준주파수 방송국 설립 기반 구축", KRISS 기획보고서, 2014.)

국가	장파방송		단파방송		비고
	방송국 이름 (호출부호)	주파수 (kHz)	방송국 이름 (호출부호)	주파수 (MHz)	
미국	WWVB	60	WWV	2.5, 5, 10, 15, 20	
			WWVH	2.5, 5, 10, 15	
일본	JJY	40			일본은 2개의 장파 방송국을 운영 중임
	JJY	60			
중국	BPC	68.5	BPM	2.5, 5, 10, 15	
독일	DCF77	77.5			
스위스	HBG	75			스위스 HBG 2012년 폐국
영국	MSF	60	LDS	5	
프랑스	TDF	162			
러시아	RAB-99	20.5, 23, 25, 25.1, 25.5,			소련연방에서 독립한 국가들은 대부분 장파방송국을 운영: RJH-63, RJH-69, RJH-77, RJH-86, RJH-90, RTZ, RWM(2)
러시아	RBU	200/3			
한국			HLA	5	
캐나다			CHU	3.33, 7.85, 14.67	
스페인			EBC	5, 15	
아르헨티나			LOL	10	
핀란드			MIKES	25	

부터 여러 주파수의 단파 방송을 시작했는데, 2001년에 단파 방송국은 완전히 폐국하고, 현재 2개의 장파 방송국을 운영하고 있다. 이 시간방송에 자동으로 맞추어지는 시계가 널리 보급되어 있다. 우리나라 일부 남부지방에서는 이 방송이 수신된다. 독일은 1959년부터 장파 방송을 시작했으며, 스위스를 포함한 유럽의 여러 나라들은 이 방송을 이용하여 시간을 맞추고 있다. 독일 부근의 여러 나라들은 독일에서 방송하는 이 시간에 자동적으로 맞추어지는 가정용 시계, 손목시계, 공공장소의 시계 등이 널리 보급되어 있다. 그래서 매년 봄과 가을에 일광절약시간제(일명, 서머타임)가 실시 또는 해제되더라도 자동으로 시간이 맞추어진다. 또한 윤초도 자동적으로 맞추어진다. 러시아와 옛 소련 연방에 속했던 나라들은 장파 방송만을 하고 있다. 우리나라의 경우, 장파 표준시 방송국을 한반도의 중심부에 설치한다면 남북한 전역이 이 방송을 수신할 수 있어서 통일된 시간을 보급하는데 유리할 것이다.

Appendix

부록

부록 1 시간 관련 IAU 결의안들

연도	번호	제목	페이지
1967	No. 5	On the definition of the second	
	No. 6	On the use of natural observational phenomena in determining the Ephemeris Time and the Universal Time	
1976	No. 7	The functions of the BIH	
	No. 10	The new standard epoch and equinox	
1979	No. 5	On the designation of dynamical times	
1985	No. B1	Responsibility for Time	
	No. C2	Reference Systems	
1991	No. A4	Recommendations from the Working Group on Reference Systems(Ⅰ, Ⅱ, Ⅲ, Ⅳ, Ⅴ)	
1994	No. C7	On the definition of J2000.0 and Time Scales	
1997	No. B2	On the International Celestial Reference System(ICRS)	
2000	No. B1.1	Maintenance and establishment of reference frames and systems	
	No. B1.3	Definition of barycentric celestial reference system and geocentric celestial reference system	
	No. B1.4	Post-Newtonian Potential Coefficients	
	No. B1.5	Extended relativistic framework for time transformations and realization of coordinate times in the solar system	
	No. B1.8	Definition and use of Celestial and Terrestrial Ephemeris Origin	
	No. B1.9	Re-Definition of terrestrial time TT	
	No. B2	Coordinated universal time	
2006	No. B3	Re-definition of Barycentric Dynamical Time, TDB	

※ 이 부록은 본문에서 언급한 IAU 결의안 및 권고안을 확인할 수 있도록 영어 원문을 그대로 실었음

(출처: https://www.iau.org/administration/resolutions/general_assemblies/)

IAU 1967

Resolution No. 5

Proposed by Commissions 4 (Ephemerides) and 31 (Time)

On the definition of the second

(a) The International Astronomical Union notes with satisfaction that the Consultative Committee for the Definition of the Second (CCDS) adopted on 13 July 1967 the Recommendation no. S-1 for the definition of the second which is to be the basic unit in the International System of Units, and that the definition S-1 recognizes the existence also of the second of ephemeris time. The International Astronomical Union concurs with this proposed definition S-1 of the second.

(b) It is understood that the General Conference of Weights and Measures (CGPM) may adopt a definition slightly different from that in Recommendation S-1. In this case the International Astronomical Union requests that, in the portion which states that the ephemeris second is not part of the International System of Units, there be included the phrase "the ephemeris second, which is part of the IAU System of Astronomical Constants".

Resolution No. 6

Proposed by Commissions 4 (Ephemerides) and 31 (Time)

On the use of natural observational phenomena in determining the Ephemeris Time and the Universal Time

The International Astronomical Union wishes to emphasize that, notwithstanding

(a) the proposal before the General Conference of Weights and Measures (CGPM) to adopt the definition of the second as a basic unit in the International System of Units, in terms of an atomic transition, and

(b) the consequential possibility of setting up an integrated scale of Atomic Clock Time obtained by the continuous addition of multiples of this unit,

measures of time for the purpose of astronomy and associated sciences must continue to be based on natural observational phenomena such as give rise to Ephemeris Time (based on the orbital motions of bodies in the solar system) and Universal Time (based on the rotation of the Earth).

IAU 1976

Resolution No. 7

Proposed by IAU Commissions 19 (Rotation of the Earth) and 31 (Time)

The International Astronomical Union having reviewed the functions of the Bureau International de l'Heure, BIH, which were defined in the Transactions of the IAU, Vol. XIIIA, 1967, taking account of subsequent developments which have resulted in the BIH being entrusted with additional responsibilities, it now

recommends

that the following terms of reference of the BIH be adopted:
The functions of the BIH shall be

(a) to establish the scale of the International Atomic Time TAI, in accordance with the decisions of the 14th Conférence Générale des Poids et Mesures and in conjunction with the Bureau International des Poids et Mesures;

(b) to establish, from all relevant data, and to publish the current values of the Universal Time and of the angular velocity of the Earth's rotation and, in addition, the operational coordinates of the pole used for this purpose;

(c) to implement the system of the Coordinated Universal Time UTC by the distribution of all necessary information for the coordination of time signal emissions and the synchronization of clocks on the UTC scale;

(d) to distribute information important for scientific users of time, and to supply on request the available data on the subject of time;

(e) to perform scientific research as necessary for the improvement of the service.

Resolution No. 10

Proposed by the Resolutions Committee

Commission 4 (Ephemerides)

RECOMMENDATION 2: THE NEW STANDARD EPOCH AND EQUINOX

It is recommended that:

(a) the new standard epoch (designated J2000.0) shall be 2000 January 1d.5, which is JD 2 451 545.0, and the new standard equinox shall correspond to this instant;

(b) the unit of time for use in the fundamental formulae for precession shall be the Julian century of 36525 days; and

(c) the epochs for the beginning of year shall differ from the standard epoch by multiples of the Julian year of 365.25 days.

NOTES ON RECOMMENDATION 2

1. The new standard epoch is one Julian century after 1900 January $0^{d}.5$, which corresponds to the fundamental epoch of Newcomb's planetary theories. The new standard epoch is expressed in terms of dynamical time instead of Universal Time. Specifically for precise planetary and lunar theories, it is expressed in terms of the time scale of the equations of motion with respect to the barycentre of the Solar System.

2. In the new system a Julian epoch is given by

$$\text{J2000.0} + (\text{JD} - 2\ 451\ 545.0)/365.25,$$

where JD symbolizes the Julian date. If the Besselian epoch is still required, it is given by

$$\text{B1900.0} + (\text{JD} - 2\ 415\ 020.313\ 52)/365.242\ 198\ 781.$$

The Besselian year is here fixed at the length of the tropical year ($365^d.242$ 198 781) at B1900.0 (JD 2 415 020.313 52).

The prefixes J and B are used to distinguish Julian and Besselian epochs; they may be omitted only where the context, or precision, makes them superfluous.

RECOMMENDATION 5: TIME-SCALES FOR DYNAMICAL THEORIES AND EPHEMERIDES

It is recommended that:

(a) at the instant 1977 January 01^d 00^h 00^m 00^s TAI, the value of the new time-scale for apparent geocentric ephemerides be 1977 January 1.000 372 5 exactly;

(b) the unit of this time-scale be a day of 86400 SI seconds at mean sea level;

(c) the time-scales for equations of motion referred to the barycentre of the solar system be such that there be only periodic variations between these time-scales and that for the apparent geocentric ephemerides; and

(d) no time-step be introduced in International Atomic Time.

NOTES ON RECOMMENDATION 5

1. The time-like arguments of dynamical theories and ephemerides are referred to as dynamical time-scales. While it is possible, and desirable to base the unit of a dynamical time-scale on the SI second (which is used in the draft IAU (1976) system of astronomical constants), it is necessary to recognize that in relativistic theories there will be periodic variations between the unit of time for an apparent geocentric ephemeris and the unit of the corresponding time-scale of the equations of motion, which may, for example, be referred to the centre of mass of the Solar System. (In the terminology of the theory of general relativity such time-scales may be considered to be proper time and coordinate time, respectively.) The time-scales for an apparent geocentric ephemeris and for the equations of motion will be related

by a transformation that depends on the system being modelled and on the theory being used. The arbitrary constants in the transformation can be chosen so that the time-scales have only periodic variations with respect to each other. Thus, it is sufficient to specify the basis of a unique time-scale to be used for new, precise, apparent geocentric ephemerides.

The dynamical time scale for apparent geocentric ephemerides of Recommendation 5(a) and (b) is a unique time-scale independent of theories, while the dynamical time-scales referred to the barycentre of the Solar system are a family of time-scales resulting from the transformations of various theories and metrics of relativistic theories.

2. This recommendation specifies a particular dynamical time-scale for apparent geocentric ephemerides that is effectively equal to TAI + 32.184 s. (There are formal differences arising from random and, possibly, systematic errors in the length of the TAI second and the method of forming TAI, but the accumulated effect of such errors is likely to be insignificant for astronomical purposes over long periods of time.) The scale is specified with respect to TAI in order to take advantage of the direct availability of UTC (which is based on the SI second and is simply related to TAI), and to provide continuity with the current values and practice in the use of Ephemeris Time. Continuity is achieved since the chosen offset between the new scale and TAI is the current estimate of the difference between ET and TAI, and since the SI second was defined so as to make it equal to the ephemeris second within the error of measurement. It will be possible to use most available ephemerides as if the arguments were on the new scale. Before 1955, when atomic time is not available, the determinations of ET can be considered to refer to the new scale. The offset has been expressed in the recommendation as an exact decimal fraction of a day since the arguments of theories and ephemerides are normally expressed in days.

3. In view of the desirability of maintaining the continuity of TAI and of avoiding the confusion that could arise if it were to be redefined retrospectively, no step in TAI is proposed. Although the recommendation is in terms of TAI, in practice

astronomers will use UTC and convert directly to the dynamical time-scales.

4. The terminology and notation for dynamical time-scales require further consideration in due course.

5. Recognizing that the TAI second differed from the SI second between 1969 and the present by $(10\pm2)\times10^{-13}$, a step will be introduced in the scale interval of TAI. Therefore, the epoch of the dynamical time-scale for apparent geocentric ephemerides was adjusted to 1977 from 1958 at a subsequent meeting of Commissions 4 and 31.

IAU 1979

Resolution 5

of Commissions 4, 19 and 31 on the designation of dynamical times.

IAU Commissions 4, 19 and 31 recommend that the time-scales for dynamical theories and ephemerides adopted in 1976 at the 16th General Assembly be designated as follows:

(1) the time-scale for the equations of motion referred to the barycentre of the solar system be designated Barycentric Dynamical Time (TDB),

(2) the time-scale for apparent geocentric ephemerides be designated Terrestrial Dynamical Time (TDT).

IAU 1985

Resolution No. B1

Responsibility for Time

The International Astronomical Union,

recalling

1) that the establishment of International Atomic Time (TAI) and of Coordinated Universal Time (UTC) is one of the present tasks of the Bureau International de l′Heure (BIH), and

2) that the IAU is the main parent scientific Union of the BIH, the other parent unions being the International Union of Geodesy and Geophysics (IUGG) and the International Union of Radio Science (URSI), and

considering

1) that the atomic time scales, originally used mainly in astronomy, have now a much wider use, including numerous and important technical and public applications,

2) that TAI is based solely on physical measurements independent of astronomy,

3) that there exists an inter-governmental organization of which the Bureau International des Poids et Mesures (BIPM) is the Executive Body in charge of the unification of measurement of the major physical quantities,

4) that UTC is based both on TAI and on the astronomical time scale designated as Universal Time (UT1), and

5) the URSI recommendation A-1, 1984, relative to the transfer of TAI to the BIPM,

approves

of TAI being taken over entirely by the Bureau International des Poids et Mesures, under the responsibility of the International Committee of Weights and Measures (CIPM) and of the General Conference of Weights and Measures,

recommends

1) that the function of determining and announcing the leap seconds of the UTC system, as well as the function of determining and announcing the ΔUT1 corrections, be given to the new International Earth Rotation Service entrusted by the IAU and IUGG with the evaluation of the Earth rotation parameters, and

2) that a permanent committee, where the IAU will be represented, be created, under the sponsorship of CIPM in order to take care of the interest of TAI users, and

extends

to the Paris Observatory its thanks for the service provided to the international community by supporting the BIH.

Resolution No. C2
Reference Systems

Commissions 4 (Ephemerides), 7 (Celestial Mechanics), 8 (Positional Astronomy), 19 (Rotation of the Earth), 20 (Positions and Motions of Minor Planets, Comets and Satellites), 24 (Photographic Astrometry), 31 (Time) and 33 (Structure and Dynamics of the Galactic System)

recognizing

1) the existence of inconsistent reference systems based upon different theories and modes of observations,

2) the significant improvement in the accuracy of observations using new techniques,

and

3) the importance of a space-fixed reference system, independent of the mode of observation, for use in astronomy and geodesy and satisfying the requirements of relativistic theories,

invites

the Presidents of interested IAU Commissions (for example, 4, 7, 8, 19, 20, 24, 31, 33 and 40) to form an IAU Working Group, with appropriate subgroups devoted to specialized topics, under the overall chairmanship of the Chairman of the Joint Discussion on Reference Frames, which will report to the XXth General Assembly in 1988 with recommendations for

1) the definition of the Conventional Terrestrial and Conventional Celestial Reference Systems,

2) ways of specifying practical realizations of these systems,

3) methods of determining the relationships between these realizations, and

4) a revision of the definitions of dynamical and atomic time to ensure their consistency with appropriate relativistic theories, and

invites

the President of the International Association of Geodesy to appoint a representative to the Working Group for appropriate coordination on matters relevant to Geodesy.

IAU 1991

Resolution No. A4

Recommendations from the Working Group on Reference Systems

RECOMMENDATION I

considering,

that it is appropriate to define several systems of space-time coordinates within the framework of the General Theory of Relativity,

recommends.

that the four space-time coordinates $(x^0 = ct,\ x^1,\ x^2,\ x^3)$ be selected in such a way that in each coordinate system centered at the barycentre of any ensemble of masses, the squared interval ds^2 be expressed with the minimum degree of approximation in the form:

$$
\begin{aligned}
ds^2 &= -c^2 d\tau^2 \\
&= -\left(1-\frac{2U}{c^2}\right)(dx^0)^2+\left(1+\frac{2U}{c^2}\right)\left[(dx^1)^2+(dx^2)^2+(dx^3)^2\right],
\end{aligned}
$$

where c is the velocity of light, τ is proper time, U is the sum of the gravitational potentials of the above ensemble of masses, and of a tidal potential generated external to the ensemble, the latter potential vanishing at the barycentre.

Notes for Recommendation I

1. This recommendation explicitly introduces The General Theory of Relativity as the theoretical background for the definition of the celestial space-time reference frame.

2. This recommendation recognizes that space-time cannot be described by a single

coordinate system because a good choice of coordinate system may significantly facilitate the treatment of the problem at hand, and elucidate the meaning of the relevant physical events. Far from the space origin, the potential of the ensemble of masses to which the coordinate system pertains becomes negligible, while the potential of external bodies manifests itself only by tidal terms which vanish at the space origin.

3. The ds^2 as proposed gives only those terms required at the present level of observational accuracy. Higher order terms may be added as deemed necessary by users. If the IAU should find it generally necessary, more terms will be added. Such terms may be added without changing the rest of the recommendation.

4. The algebraic sign of the potential in the formula giving ds^2 is to be taken as positive.

5. At the level of approximation given in this recommendation, the tidal potential consists of all terms at least quadratic in the local space coordinates in the expansion of the Newtonian potential generated by external bodies.

RECOMMENDATION II

considering,

a) the need to define a barycentric coordinate system with spatial origin at the centre of mass of the solar system and a geocentric coordinate system with spatial origin at the centre of mass of the Earth, and the desirability of defining analogous coordinate systems for other planets and for the Moon,

b) that the coordinate systems should be related to the best realization of reference systems in space and time, and

c) that the same physical units should be used in all coordinate systems,

recommends that,

1. the space coordinate grids with origins at the solar system barycentre and at the centre of mass of the Earth show no global rotation with respect to a set of distant extragalactic objects,

2. the time coordinates be derived from a time scale realized by atomic clocks operating on the Earth,

3. the basic physical units of space-time in all coordinate systems be the second of the International System of Units (SI) for proper time, and the SI meter for proper length, connected to the SI second by the value of the velocity of light $c = 299\,792\,458 \ \mathrm{ms}^{-1}$.

Notes for Recommendation II

1. This recommendation gives the actual physical structures and quantities that will be used to establish the reference frames and time scales based upon the ideal definition of the system given by Recommendation I.

2. The kinematic constraint for the rate of rotation of both the geocentric and barycentric reference systems cannot be perfectly realized. It is assumed that the average rotation of a large number of extragalactic objects can be considered to represent the rotation of the universe which is assumed to be zero.

3. If the barycentric reference system as defined by this recommendation is used for studies of dynamics within the solar system, the kinematic effects of the galactic geodesic precession may have to be taken into account.

4. In addition, the kinematic constraint for the state of rotation of the geocentric reference system as defined by this recommendation implies that when the system is used for dynamics (e.g., motions of the Moon and Earth satellites). the time dependent geodesic precession of the geocentric frame relative to the barycentric frame must be taken into account by introducing corresponding inertial terms into the

equations of motion.

5. Astronomical constants and quantities are expressed in SI units without conversion factors depending upon the coordinate systems in which they are measured.

RECOMMENDATION III

considering,

the desirability of the standardisation of the units and origins of coordinate times used in astronomy,

recommends that,

1. the units of measurement of the coordinate times of all coordinate systems centered at the barycentres of ensembles of masses be chosen so that they are consistent with the proper unit of time, the SI second,

2. the reading of these coordinate times be 1977 January 1, $0^h\ 0^m\ 32.184^s$ exactly, on 1977 January 1, $0^h\ 0^m\ 0^s$ TAI exactly (JD = 2443144.5 TAI), at the geocentre,

3. coordinate times in coordinate systems having their spatial origins respectively at the centre of mass of the Earth and at the solar system barycentre, and established in conformity with the above sections (1) and (2), be designated as Geocentric Coordinate Time (TCG) and Barycentric Coordinate Time (TCB).

Notes for Recommendation III

1. In the domain common to any two coordinate systems, the tensor transformation law applied to the metric tensor is valid without re-scaling the unit of time. Therefore, the various coordinate times under consideration exhibit secular differences. Recommendation 5 (1976) of IAU Commissions 4, 8 and 31, completed by Recommendation 5 (1979) of IAU Commissions 4, 19 and 31, stated that Terrestrial

Dynamical Time (TDT) and Barycentric Dynamical Time (TDB) should differ only by periodic variations. Therefore. TDB and TCB differ in rate. The relationship between these time scales in second is given by :

$$TCB - TDB = L_B \times (JD - 2443144.5) \times 86400.$$

The present estimate of the value of L_B is 1.550505×10^{-8} ($\pm 1 \times 10^{-14}$) (Fukushima et al., Celestial Mechanics, 38, 215, 1986).

2. The relation TCB - TCG involves a full 4-dimensional transformation

$$TCB - TCG = c^{-2} \left[\int_{t_0}^{t} (v_e^2/2 + U_{ext}(x_e))dt + v_e \cdot (x - x_e) \right],$$

x_e and v_e denoting the barycentric position and velocity of the Earth′s centre of mass and x the barycentric position of the observer. The external potential U_{ext} is the Newtonian potential of all solar system bodies apart from the Earth. The external potential must be evaluated at the geocentre. In the integral, t = TCB and t_0 is chosen to agree with the epoch of Note 3.

As an approximation to TCB - TCG in seconds one might use :

$$TCB - TCG = L_C \times (JD - 2443144.5) \times 86400 + c^{-2} v_e \cdot (x - x_e) + P.$$

The present estimate of the value of L_C is 1.480813×10^{-8} ($\pm 1 \times 10^{-14}$) (Fukushima et al., Celestial Mechanics, **38**, 215, 1986). It may be written as $[3GM/2c^2 a] + \epsilon$ where G is the gravitational constant, M is the mass of the Sun, a is the mean heliocentric distance of the Earth, and ϵ is a very small term (of order 2×10^{-12}) arising from the average potential of the planets at the Earth. The quantity P represents the periodic terms which can be evaluated using the analytical formula by Hirayama et al., ("Analytical Expression of TDB-TDT_0", in Proceedings of the IAG Symposia, lUGG XIX General Assembly, Vancouver, August 10-22, 1987). For observers on the surface of the Earth, the terms depending upon their terrestrial coordinates are diurnal, with a maximum amplitude of 2.1 μs.

3. The origins of coordinate times have been arbitrarily set so that these times all coincide with the Terrestrial Time (TT) of Recommendation IV at the geocentre on 1977 January 1, 0^h 0^m 0^s TAI. (See Note 3 of Recommendation IV.)

4. When realizations of TCB and TCG are needed, it is suggested that these realizations be designated by expressions such as TCB(xxx), where xxx indicates the source of the realized time scale (e.g., TAI) and the theory used for the transformation into TCB or TCG.

RECOMMENDATION IV

considering,

a) that the time scales used for dating events observed from the surface of the Earth and for terrestrial metrology should have as the unit of measurement the SI second, as realized by terrestrial time standards.

b) the definition of the International Atomic Time, TAI, approved by the 14th Conférence Générale des Poids et Mesures (1971) and completed by a declaration of the 9th session of the Comité Consultatif pour la Définition de la Seconde (1980).

recommends that,

1) the time reference for apparent geocentric ephemerides be Terrestrial Time, TT,

2) TT be a time scale differing from TCG of Recommendation III by a constant rate, the unit of measurement of TT being chosen so that it agrees with the SI second on the geoid,

3) at instant 1977 January 1. 0^h 0^m 0^s TAI exactly, TT have the reading 1977 January 1, 0^h 0^m 32.184^s exactly.

Notes for Recommendation IV

1. The basis of the measurement of time on the Earth is International Atomic Time (TAI) which is made available by the dissemination of corrections to be added to the readings of national time scales and clocks. The time scale TAI was defined by the 59th session of the Comité International des Poids et Mesures (1970) and approved by the 14th Conférence Générale des Poids et Mesures (1971) as a realized time scale. As the errors in the realization of TAI are not always negligible, it has been found necessary to define an ideal form of TAI, apart from the 32.184 s offset, now designated Terrestrial Time, TT.

2. The time scale TAI is established and disseminated according to the principle of coordinate synchronization, in the geocentric coordinate system, as explained in CCDS, 9th Session (1980) and in Reports of the CCIR, 1990, annex to Volume VII (1990).

3. In order to define TT it is necessary to define the coordinate system precisely, by the metric form, to which it belongs. To be consistent with the uncertainties of the frequency of the best standards, it is at present (1991) sufficient to use the relativistic metric given in Recommendation I.

4. For ensuring an approximate continuity with the previous time arguments of ephemerides, Ephemeris Time, ET, a time offset is introduced so that TT-TAI = 32.184 s exactly at 1977 January 1, 0 h TAI. This date corresponds to the implementation of a steering process of the TAI frequency, introduced so that the TAI unit of measurement remains in close agreement with the best realizations of the SI second on the geoid. TT can be considered as equivalent to TDT as defined by IAU Recommendation 5 (1976) of Commissions 4, 8 and 31, and Recommendation 5 (1979) of Commissions 4, 19 and 31.

5. The divergence between TAI and TT is a consequence of the physical defects of atomic time standards. In the interval 1977-1990, in addition to the constant offset of 32.184 s, the deviation probably remained within the approximate limits of $\pm$ 10 μs.

It is expected to increase more slowly in the future as a consequence of improvements in time standards. In many cases, especially for the publication of ephemerides, this deviation is negligible. In such cases, it can be stated that the argument of the ephemerides is TAI + 32.184 s.

6. Terrestrial Time differs from TCG of Recommendation III by a scaling factor in seconds:

$$TCG - TT = L_G \times (JD - 2\,443\,144.5) \times 86400 .$$

The present estimate of the value of L_G is $6.969\,291 \times 10^{-10} (\pm 3 \times 10^{-16})$. The numerical value is derived from the latest estimate of gravitational potential on the geoid, $W = 62\,636\,860\,(\pm 30)\,\mathrm{m}^2/\mathrm{s}^2$ (Chovit, Bulletin Géodesique, **62**, 359, 1988). The two time scales are distinguished by different names to avoid scaling errors. The relationship between L_B and L_C of Recommendation III, notes 1 and 2, and L_G is, $L_B = L_C + L_G$.

7. The unit of measurement of TT is the SI second on the geoid. The usual multiples, such as the TT day of 86400 SI seconds on the geoid and the TT Julian century of 36525 TT days, can be used provided that the reference to TT be clearly indicated whenever ambiguity may arise. Corresponding time intervals of TAI are in agreement with the TT intervals within the uncertainties of the primary atomic standards (e.g., within $\pm 2 \times 10^{-14}$ in relative value during 1990).

8. Markers of the TT scale can follow any date system based upon the second, e.g., the usual calendar date or the Julian Date, provided that the reference to TT be clearly indicated whenever ambiguity may arise.

9. It is suggested that realizations of TT be designated by TT(xxx) where xxx is an identifier. In most cases a convenient approximation is:

$$TT(TAI) = TAI + 32.184\,\mathrm{s}.$$

However, in some applications it may be advantageous to use other realizations. The BIPM, for example, has issued time scales such as $TT(BIPM90)$.

RECOMMENDATION V

considering,

that important work has already been performed using Barycentric Dynamical Time (TDB), defined by IAU Recommendation 5 (1976) of IAU Commissions 4, 8 and 31, and Recommendation 5 (1979) of IAU Commissions 4, 19 and 31,

recognizes,

that where discontinuity with previous work is deemed to be undesirable, TDB may be used.

Note to Recommendation V

Some astronomical constants and quantities have different numerical values depending upon the use of TDB or TCB. When giving these values, the time scale used must be specified.

IAU 1994

Resolution No. C7

on the definition of J2000.0 and Time Scales

Considering that

1. the IAU has recommended the use of time-like arguments, Barycentric Coordinate Time (TCB), Geocentric Coordinate Time (TCG) and Terrestrial Time (TT);

2. the accuracy of the determination of sidereal time has significantly improved in recent years; and

3. there is the need for a well-defined realization of a uniform time scale prior to the establishment of TAI;

Recommends that

1. the event (epoch) J2000.0 be defined at the geocenter and at the date 2000 January 1.5 TT = Julian date 2451545.0 TT;

2. the Julian century be defined as 36525 days of TT;

3. beginning with February 26, 1997 (date subject to change based on additional information), the relationship between Greenwich Mean Sidereal Time (GMST) and Greenwich Apparent Sidereal Time (GAST), shall be:

$$GAST = GMST + \Delta\Psi \cos \varepsilon_0 + 0''.00264 \sin\Omega + 0.000063 \sin 2\Omega$$

   where $\Delta\Psi$ is the nutation in longitude, ε_0 is the mean obliquity of the ecliptic, and Ω is the longitude of the lunar node;

4. When possible new ephemerides should be developed in terms of the time-like arguments, TCB, TCG and a system of astronomical constants consistent with these relativistic time-like arguments;

5. TT is to be extended back prior to 1955 as a continuous time-like argument; and
6. when values of ΔT (=TT-UT) are given, the dependence upon the basis for the determination be specified, along with the means of properly correcting the values.

IAU 1997

Resolution No. B2

On the International Celestial Reference System (ICRS)

The XXIIIrd International Astronomical Union General Assembly

Considering

(a) That Recommendation VII of Resolution A4 of the 21st General Assembly specifies the coordinate system for the new celestial reference frame and, in particular, its continuity with the FK5 system at J2000.0;

(b) That Resolution B5 of the 22nd General Assembly specifies a list of extragalactic sources for consideration as candidates for the realization of the new celestial reference frame;

(c) That the IAU Working Group on Reference Frames has in 1995 finalized the positions of these candidate extragalactic sources in a coordinate frame aligned to that of the FK5 to within the tolerance of the errors in the latter (see note 1);

(d) That the Hipparcos Catalogue was finalized in 1996 and that its coordinate frame is aligned to that of the frame of the extragalactic sources in (c) with one sigma uncertainties of ± 0.6 milliarcseconds (mas) at epoch J1991.25 and ± 0.25 mas per year in rotation rate;

Noting

That all the conditions in the IAU Resolutions have now been met;

Resolves

(a) That, as from 1 January 1998, the IAU celestial reference system shall be the International Celestial Reference System (ICRS) as specified in the 1991 IAU Resolution on reference frames and as defined by the International Earth Rotation

Service (IERS) (see note 2);

(b) That the corresponding fundamental reference frame shall be the International Celestial Reference Frame (ICRF) constructed by the IAU Working Group on Reference Frames;

(c) That the Hipparcos Catalogue shall be the primary realization of the ICRS at optical wavelengths;

(d) That IERS should take appropriate measures, in conjunction with the IAU Working Group on reference frames, to maintain the ICRF and its ties to the reference frames at other wavelengths.

Note 1: IERS 1995 Report, Observatoire de Paris, p. II-19 (1996).

Note 2: "The extragalactic reference system of the International Earth Rotation Service (ICRS)", Arias, E.F. et al. A & A 303, 604 (1995).

IAU 2000

Resolution No. B1.1

Maintenance and establishment of reference frames and systems

The XXIVth International Astronomical Union General Assembly,

Noting

1. that Resolution B2 of the XXIIIrd General Assembly (1997) specifies that "the fundamental reference frame shall be the International Celestial Reference Frame (ICRF) constructed by the IAU Working Group on Reference Frames",

2. that Resolution B2 of the XXIIIrd General Assembly (1997) specifies "That the Hipparcos Catalogue shall be the primary realisation of the International Celestial Reference System (ICRS) at optical wavelength", and

3. the need for accurate definition of reference systems brought about by unprecedented precision, and

Recognising

1. the importance of continuing operational observations made with Very Long Baseline Interferometry (VLBI) to maintain the ICRF,

2. the importance of VLBI observations to the operational determination of the parameters needed to specify the time-variable transformation between the International Celestial and Terrestrial Reference Frames,

3. the progressive shift between the Hipparcos frame and the ICRF, and

4. the need to maintain the optical realisation as close as possible to the ICRF,

Recommends

1. that IAU Division I maintain the Working Group on Celestial Reference Systems

formed from Division I members to consult with the International Earth Rotation Service (IERS) regarding the maintenance of the ICRS,

2. that the IAU recognise the International VLBI service (IVS) for Geodesy and Astrometry as an IAU Service Organisation,

3. that an official representative of the IVS be invited to participate in the IAU Working Group on Celestial Reference Systems,

4. that the IAU continue to provide an official representative to the IVS Directing Board,

5. that the astrometric and geodetic VLBI observing programs consider the requirements for maintenance of the ICRF and linking to the Hipparcos optical frame in the selection of sources to be observed (with emphasis on the Southern Hemisphere), design of observing networks, and the distribution of data, and

6. that the scientific community continue with high priority ground- and space- based observations (a) for the maintenance of the optical Hipparcos frame and frames at other wavelengths and (b) for links of the frames to the ICRF.

Resolution No. B1.3

Definition of barycentric celestial reference system and geocentric celestial reference system

The XXIVth International Astronomical Union General Assembly,

Considering

1. that the Resolution A4 of the XXIst General Assembly (1991) has defined a system of space-time coordinates for (a) the solar system (now called the Barycentric Celestial Reference System (BCRS) and (b) the Earth (now called the Geocentric Celestial Reference System (GCRS)), within the framework of General Relativity,

2. the desire to write the metric tensors both in the BCRS and in the GCRS in a compact and self-consistent form,

3. the fact that considerable work in General Relativity has been done using the harmonic gauge that was found to be a useful and simplifying gauge for many kinds of applications,

Recommends

1. the choice of harmonic coordinates both for the barycentric and for the geocentric reference systems,

2. writing the time-time component and the space-space component of the barycentric metric $g_{\mu\nu}$ with barycentric coordinates (t, x) (t = Barycentric Coordinate Time (TCB)) with a single scalar potential $w(t, x)$ that generalises the Newtonian potential, and the space-time component with a vector potential $w^i(t, x)$; as a boundary condition it is assumed that these potentials vanish far from the solar system,

   explicitly,

$$g_{00} = -1 + \frac{2w}{c^2} - \frac{2w^2}{c^4},$$

$$g_{0i} = -\frac{4}{c^3} w^i,$$

$$g_{ij} = \delta_{ij}\left(1 + \frac{2}{c^2} w\right),$$

   with

$$w(t, x) = G\int d^3x' \frac{\sigma(t, x')}{|x - x'|} + \frac{1}{2c^2} G \frac{\partial^2}{\partial t^2} \int d^3x' \, \sigma(t, x')|x - x'|,$$

$$w^i(t, x) = G\int d^3x' \frac{\sigma^i(t, x')}{|x - x'|}.$$

   here, σ and σ^i are the gravitational mass and current densities respectively,

3. writing the geocentric metric tensor G_{ab} with geocentric coordinates (T, X) (T=

Geocentric Coordinate Time (TCG) in the same form as the barycentric one but with potentials $W(T, X)$ and $W^a(T, X)$; these geocentric potentials should be split into two parts - potentials W_E and W_E^a arising from the gravitational action of the Earth and external parts W_{ext} and W_{ext}^a due to tidal and inertial effects; the external parts of the metric potentials are assumed to vanish at the geocenter and admit an expansion into positive of X,

explicitly,

$$G_{00} = -1 + \frac{2W}{c^2} - \frac{2W^2}{c^4},$$

$$G_{0a} = -\frac{4}{c^3} W^a,$$

$$G_{ab} = \delta_{ab}\left(1 + \frac{2}{c^2} W\right),$$

the potentials W and W^a should be split according to

$$W(T, X) = W_E(T, X) + W_{ext}(T, X),$$
$$W^a(T, X) = W_E^a(T, X) + W_{ext}^a(T, X),$$

the Earth's potentials W_E and W_E^a are defined in the same way as w and w^i but with quantities calculated in the GCRS with integrals taken over the whole Earth,

4. using, if accuracy requires, the full post-Newtonian coordinate transformation between the BCRS and the GCRS as induced by the form of the corresponding metric tensors,

explicitly, for the kinematically non-rotating GCRS (T=TCG, t=TCB, $r_E^i = x^i - x_E^i(t)$, and a summation from 1 to 3 over equal indices is implied),

$$T = t - \frac{1}{c^2}\left[A(t) + v_E^i r_E^i\right] + \frac{1}{c^4}\left[B(t) + B^i(t) r_E^i + B^{ij}(t) r_E^i r_E^j + C(t, x)\right] + O(c^{-5}),$$

$$X^a = \delta_{ai}\left[r_E^i + \frac{1}{c^2}\left(\frac{1}{2} v_E^i v_E^j r_E^j + w_{ext}(x_E) r_E^i + r_E^i a_E^j r_E^j - \frac{1}{2} a_E^i r_E^2\right)\right] + O(c^{-4}),$$

where

$$\frac{d}{dt}A(t) = \frac{1}{2}v_E^2 + w_{ext}(x_E),$$

$$\frac{d}{dt}B(t) = -\frac{1}{8}v_E^4 - \frac{3}{2}v_E^2 w_{ext}(x_E) + 4v_E^i w_{ext}^i(x_E) + \frac{1}{2}w_{ext}^2(x_E),$$

$$B^i(t) = -\frac{1}{2}v_E^i v_E^2 + 4w_{ext}^i(x_E) - 3v_E^i w_{ext}(x_E),$$

$$B^{ij}(t) = -v_E^i \delta_{aj} Q^a + 2\frac{\partial}{\partial x^j}w_{ext}^i(x_E) - v_E^i \frac{\partial}{\partial x^j}w_{ext}(x_E) + \frac{1}{2}\delta_{ij}\dot{w}_{ext}(x_E),$$

$$C(t,x) = -\frac{1}{10}r_E^2(\dot{a}_E^i r_E^i),$$

here x_E^i, v_E^i, and a_E^i are the components of the barycentric position, velocity and acceleration vectors of the Earth, the dot stands for the total derivative with respect to t, and

$$Q^a = \delta_{ai}\left[\frac{\partial}{\partial x^i}w_{ext}(x_E) - a_E^i\right].$$

The external potentials, w_{ext} and w_{ext}^i, are given by

$$w_{ext} = \sum_{A \neq E} w_A, \quad w_{ext}^i = \sum_{A \neq E} w_A^i,$$

where E stands for the Earth and w_A and w_A^i are determined by the expressions for w and w^i with integrals taken over body A only.

Notes

It is to be understood that these expressions for w and w^i give g_{00} correct up to $O(c^{-5})$, g_{0i} up to $O(c^{-5})$, and g_{ij} up to $O(c^{-4})$. The densities σ and σ^i are determined by the components of the energy momentum tensor of the matter composing the solar system bodies as given in the references. Accuracies for G_{ab} in terms of c^{-n} correspond to those of $g_{\mu\nu}$.

the external potentials W_{ext} and W_{ext}^a can be written in the form

$$W_{ext} = W_{tidal} + W_{ier}, \quad W^a_{ext} = W^a_{tidal} + W^a_{ier},$$

W_{tidal} generalises the Newtonian expression for the tidal potential. Post-Newtonian expressions for W_{tidal} and W^a_{tidal} can be found in the references. The potentials W_i, W^a_{ier} are inertial contributions that linear in X^a. The former is determined mainly by the coupling of the Earth's nonsphericity to the external potential. In the kinematically non-rotating Geocentric Celestial Reference System, W^a_{ier} describes the Coriolis force induced mainly by geodetic precession.

Finally, the local gravitational potentials W_E and W^a_E of the Earth are related to the barycentric gravitational potentials w_E and w^i_E by

$$W_E(T, X) = w_E(t, x)\left(1 + \frac{2}{c^2}v^2_E\right) - \frac{4}{c^2}v^i_E w_E(t, x) + O(c^{-4}),$$

$$W^a_E(T, X) = \delta_{ai}(w^i_E(t, x) - v^i_E w^i_E(t, x)) + O(c^{-2}).$$

References

- Brumberg, V. A., Kopeikin, S.M., 1988, *Nuovo Cimento* B, **103**, 63.
- Brumberg, V. A., 1991, *Essential Relativistic Celestial Mechanics*, Hilger, Bristol.
- Damour, T., Soffel, M., Xu, C., *Phys. Rev. D*, **43**, 3273 (1991); **45**, 1017 (1992); **47**, 3124 (1993); **49**, 618 (1994).
- Klioner, S. A., Voinov, A. V., 1993, *Phys. Rev. D*, **48**, 1451.
- Kopeikin, S. M., 1989, *Celest. Mech.* **44**, 87.

Resolution No. B1.4

Post-Newtonian Potential Coefficients

The XXIVth International Astronomical Union

Considering

1. that for many applications in the fields of celestial mechanics and astrometry a suitable parametrization of the metric potentials (or multipole moments) outside the

massive solar-system bodies in the form of expansions in terms of potential coefficients are extremely useful, and

2. that physically meaningful post-Newtonian potential coefficients can be derived from the literature,

Recommends

1. expansion of the post-Newtonian potential of the Earth in the Geocentric Celestial Reference System (GCRS) outside the Earth in the form

$$W_E(T, X) = \frac{GM_E}{R}\left[1 + \sum_{l=2}^{\infty}\sum_{m=0}^{+l}\left(\frac{R_E}{R}\right)^l P_{lm}(\cos\theta)(C_{lm}^E(T)\cos m\phi + S_{lm}^E(T)\sin m\phi\right],$$

here C_{lm}^E and S_{lm}^E are, to sufficient accuracy, equivalent to the post-Newtonian multipole moments introduced by Damour *et al.* (Damour *et al.*, *Phys. Rev. D*, **43**, 3273, 1991). θ and ϕ are the polar angles corresponding to the spatial coordinates X^a of the GCRS and $R = |X|$, and

2. expression of the vector potential outside the Earth, leading to the well-known Lense-Thirring effect, in terms of the Earth's total angular momentum vector S_E in the form

$$W_E^a(T, X) = -\frac{G(X \times S_E)^a}{2R^3}.$$

Resolution No. B1.5

Extended relativistic framework for time transformations and realization of coordinate times in the solar system

The XXIVth International Astronomical Union

Considering

1. that the Resolution A4 of the XXIst General Assembly (1991) has defined systems of space-time coordinates for the solar system (Barycentric Reference System) and for the Earth (Geocentric Reference System), within the framework of General Relativity,

2. that Resolution B1.3 entitled "Definition of Barycentric Celestial Reference System and Geocentric Celestial Reference System" has renamed these systems the Barycentric Celestial Reference System (BCRS) and the Geocentric Celestial Reference System (GCRS), respectively, and has specified a general framework for expressing their metric tensor and defining coordinate transformations at the first post-Newtonian level,

3. that, based on the anticipated performance of atomic clocks, future time and frequency measurements will require practical application of this framework in the BCRS, and

4. that theoretical work requiring such expansions has already been performed,

Recommends

that for applications that concern time transformations and realization of coordinate times within the solar system, Resolution B1.3 be applied as follows :

1. the metric tensor be expressed as

$$g_{00} = -\left[1 - \frac{2}{c^2}(w_0(t, x) + (w_L(t, x)) + \frac{2}{c^4}(w_0^2(t,x) + \Delta(t, x))\right],$$

$$g_{0i} = -\frac{4}{c^3} w^i(t, x),$$

$$g_{ij} = \delta_{ij}\left(1 + \frac{2}{c^2} w_0(t, x)\right),$$

where ($t \equiv$ Barycentric Coordinate Time (TCB), x) are the barycentric coordinates, $w_0 = G\sum_A M_A / r_A$, with the summation carried out over all solar system bodies A, $r_A = x - x_A$, x_A are the coordinates of the center of mass of body A, $r_A = |r_A|$, and where w_L contains the expansion in terms of multipole moments [see their definition in the Resolution B1.4 entitled "Post-Newtonian Potential Coefficients"] required for each body. The vector potential $w^i(t, x) = \sum_A w^i_A(t, x)$ and the function $\Delta(t, x) = \sum_A \Delta_A(t, x)$ are given in note 2,

2. the relation between TCB and Geocentric Coordinate Time (TCG) can be expressed to sufficient accuracy by

$$TCB - TCG = c^{-2}\left[\int_{t_0}^{t}\left(\frac{v_E^2}{2} + w_{0ext}(x_E)\right)dt + v_E^i r_E^i\right]$$
$$- c^{-4}\int_{t_0}^{t}\left(-\frac{1}{8}v_E^4 - \frac{3}{2}v_E^2 w_{0ext}(x_E) + 4v_E^i w_{ext}^i(x_E) + \frac{1}{2}w_{0ext}^2(x_E)\right)dt$$
$$+ c^{-4}\left(3w_{0ext}(x_E) + \frac{v_E^2}{2}\right)v_E^i r_E^i$$

where v_E is the barycentric velocity of the Earth and where the index *ext* refers to summation over all bodies except the Earth.

Notes

1. This formulation will provide an uncertainty not larger than 5×10^{-18} in rate and, for quasi-periodic terms, not larger than 5×10^{-18} in rate amplitude and 0.2 ps in phase amplitude, for locations farther than a few solar radii from the Sun. The same uncertainty also applies to the transformation between TCB and TCG for locations within 50 000 km of the Earth. Uncertainties in the values of astronomical quantities may induce larger errors in the formulae.

2. Within the above mentioned uncertainties, it is sufficient to express the vector potential $w^i_A(t, x)$ of body A as

$$w^i_A(t, x) = G\left[\frac{-(r_A \times S_A)^i}{2r_A^3} + \frac{M_A v^i_A}{r_A}\right],$$

where S_A is the total angular momentum of body A and v^i_A is the barycentric coordinate velocity of body A. As for the function $\Delta_A(t, x)$, it is sufficient to express it as

$$\Delta_A(t,x) = \frac{GM_A}{r_A}\left[-2v_A^2 + \sum_{B \neq A} \frac{GM_B}{r_{BA}} + \frac{1}{2}\left(\frac{(r_A^k v_A^k)^2}{r_A^2} + r_A^k a_A^k\right)\right] + \frac{2Gv_A^k (r_A \times S_A)^k}{r_A^3},$$

where $r_{BA} = |x_B - x_A|$ and a_A^k is the barycentric coordinate acceleration of body A. In these formulae, the terms in S_A are needed only for Jupiter ($S \approx 6.9 \times 10^{38}$ $m^2 s^{-1} kg$) and Saturn ($S \approx 1.4 \times 10^{38}$ $m^2 s^{-1} kg$), in the immediate vicinity of these planets.

3. Because the present Recommendation provides an extension of the IAU 1991 recommendations valid at the full first post-Newtonian level, the constants L_C and L_B that were introduced in the IAU 1991 recommendations should be defined as $\langle TCG/TCB \rangle = 1 - L_C$ and $\langle TT/TCB \rangle = 1 - L_B$, where TT refers to Terrestrial Time and $\langle\ \rangle$ refers to a sufficiently long average taken at the geocenter. The most recent estimate of L_C is (Irwin, A. and Fukushima, T., 1999, Astron. Astroph. **348,** 642-652.)

$$L_C = 1.480\,826\,867\,41 \times 10^{-8} \pm 2 \times 10^{-17},$$

From Resolution B1.9 on "Redefinition of Terrestrial Time TT", one infers

$$L_B = 1.550\,519\,767\,72 \times 10^{-8} \pm 2 \times 10^{-17}$$

by using the relation $1 - L_B = (1 - L_C)(1 - L_G)$. L_G is defined in Resolution B1.9. Because no unambiguous definition may be provided for L_B and L_C, these constants should not be used in formulating time transformations when it would require knowing their value with an uncertainty of order 1×10^{-16} or less.

4. If $TCB - TCG$ is computed using planetary ephemerides which are expressed in terms of a time argument (noted T_{eph}) which is close to Barycentric Dynamical Time (TDB), rather than in terms of TCB, the first integral in Recommendation 2 above

may be computed as

$$\int_{t_0}^{t}\left(\frac{v_E^2}{2}+w_{0ext}(x_B)\right)dt=\frac{1}{1-L_B}\int_{T_{eph0}}^{T_{eph}}\left(\frac{v_E^2}{2}+w_{0ext}(x_E)\right)dt.$$

Resolution B1.8

Definition and use of Celestial and Terrestrial Ephemeris Origin

The XXIVth International Astronomical Union

Recognizing

1. the need for reference system definitions suitable for modern realizations of the conventional reference systems and consistent with observational precision,

2. the need for a rigorous definition of sidereal rotation of the Earth,

3. the desirability of describing the rotation of the Earth independently from its orbital motion, and

Noting

that the use of the "non-rotating origin" (Guinot, 1979) on the moving equator fulfills the above conditions and allows for a definition of UT1 which is insensitive to changes in models for precession and nutation at the microarcsecond level,

Recommends

1. the use of the "non-rotating origin" in the Geocentric Celestial Reference System (GCRS) and that this point be designated as the Celestial Ephemeris Origin (CEO) on the equator of the Celestial Intermediate Pole (CIP),

2. the use of the "non-rotating origin" in the International Terrestrial Reference System (ITRS) and that this point be designated as the Terrestrial Ephemeris Origin (TEO) on the equator of the CIP,

3. that UT1 be linearly proportional to the Earth Rotation Angle defined as the angle measured along the equator of the CIP between the unit vectors directed toward the CEO and the TEO,

4. that the transformation between the ITRS and GCRS be specified by the position of the CIP in the GCRS, the position of the CIP in the ITRS, and the Earth Rotation Angle,

5. that the International Earth Rotation Service (IERS) take steps to implement this by 1 January 2003, and

6. that the IERS will continue to provide users with data and algorithms for the conventional transformations.

Note

1. The position of the CEO can be computed from the IAU 2000A model for precession and nutation of the CIP and from the current values of the offset of the CIP from the pole of the ICRF at J2000.0 using the development provided by Capitaine et al. (2000).

2. The position of the TEO is only slightly dependent on polar motion and can be extrapolated as done by Capitaine et al. (2000) using the IERS data.

3. The linear relationship between the Earth's rotation angle θ and UT1 should ensure the continuity in phase and rate of UT1 with the value obtained by the conventional relationship between Greenwich Mean Sidereal Time (GMST) and UT1. This is accomplished by the following relationship:

$$\theta(\mathrm{UT1}) = 2\pi\ (0.7790572732640 + 1.00273781191135448 \times (\text{Julian UT1 date} - 2451545.0))$$

References

- Guinot, B., 1979, in D.D. McCarthy and J.D. Pilkington (eds.), Time and the Earth's Rotation, D. Reidel Publ., 7-18.

• Capitaine, N., Guinot, B., McCarthy, D.D., 2000, "Definition of the Celestial Ephemeris Origin and of UT1 in the International Celestial Reference Frame", Astron. Astrophys., 355, 398-405.

Resolution No. B1.9

Re-Definition of terrestrial time TT

The XXIVth International Astronomical Union General Assembly,

Considering

1. that IAU Resolution A4 (1991) of the XXIst General Assembly has defined Terrestrial Time (TT) in its Recommendation 4,

2. that the intricacy and temporal changes inherent to the definition and realisation of the geoid are a source of uncertainty in the definition and realisation of TT, which may become, in the near future, the dominant source of uncertainty in realising TT from atomic clocks,

Recommends

that TT be a time scale differing from TCG by a constant rate: $dTT/dTCG = 1 - L_G$, where $L_G = 6.969\,290\,134 \times 10^{-10}$ is a defining constant,

Note

L_G was defined by the IAU Resolution A4 (1991) in its Recommendation 4 as equal to U_G/c^2 where U_G is the geopotential at the geoid. L_G is now used as a defining constant.

Resolution No. B2

Coordinated universal time

The XXIVth International Astronomical Union General Assembly,

Recognising

1. that the definition of Coordinated Universal Time (UTC) relies on the astronomical observation of the UT1 time scale in order to introduce leap seconds,

2. that the unpredictability of leap seconds affects modern communication and navigation systems,

3. that astronomical observations provide an accurate estimate of the secular deceleration of the Earth's rate of rotation,

Recommends

1. that the IAU establish a working group reporting to Division I at the General Assembly in 2003 to consider the redefinition of UTC,

2. that this study discuss whether there is a requirement for leap seconds, the possibility of increasing leap seconds at pre-determined intervals, and the tolerance limits for UT1-UTC, and

3. that this study be undertaken in cooperation with the appropriate groups of the International Union of Radio Science (URSI), the International Telecommunications Union (ITU-R), the International Bureau for Weights and Measures (BIPM), the International Earth Rotation Service (IERS), and relevant navigational agencies.

IAU 2006

Resolution No. B3

Re-definition of Barycentric Dynamical Time, TDB

The XXVIth International Astronomical Union General Assembly,

Noting

1. that IAU Recommendation 5 of Commissions 4, 8 and 31 (1976) introduced, as a replacement for Ephemeris Time (ET), a family of dynamical time scales for barycentric ephemerides and a unique time scale for apparent geocentric ephemerides,

2. that IAU Resolution 5 of Commissions 4, 19 and 31 (1979) designated these time scales as Barycentric Dynamical Time (TDB) and Terrestrial Dynamical Time (TDT) respectively, the latter subsequently renamed Terrestrial Time (TT), in IAU Resolution A4, 1991,

3. that the difference between TDB and TDT was stipulated to comprise only periodic terms, and

4. that Recommendations III and V of IAU Resolution A4 (1991) (i) introduced the coordinate time scale Barycentric Coordinate Time (TCB) to supersede TDB, (ii) recognized that TDB was a linear transformation of TCB, and (iii) acknowledged that, where discontinuity with previous work was deemed to be undesirable, TDB could be used, and

Recognizing

1. that TCB is the coordinate time scale for use in the Barycentric Celestial Reference System,

2. the possibility of multiple realizations of TDB as defined currently,

3. the practical utility of an unambiguously defined coordinate time scale that has a

linear relationship with TCB chosen so that at the geocenter the difference between this coordinate time scale and Terrestrial Time (TT) remains small for an extended time span,

4. the desirability for consistency with the T_{eph} time scales used in the Jet Propulsion Laboratory (JPL) solar-system ephemerides and existing TDB implementations such as that of Fairhead & Bretagnon (*A&A* **229**, 240, 1990), and

5. the 2006 recommendations of the IAU Working Group on "Nomenclature for Fundamental Astronomy" (IAU Transactions XXVIB, 2006),

Recommends

that, in situations calling for the use of a coordinate time scale that is linearly related to Barycentric Coordinate Time (TCB) and, at the geocenter, remains close to Terrestrial Time (TT) for an extended time span, TDB be defined as the following linear transformation of TCB:

$$TDB = TCB - L_B \times (JD_{TCB} - T_0) \times 86400 + TDB_0,$$

where $T_0 = 2443144.5003725$,

and $L_B = 1.550519768 \times 10^{-8}$ and $TDB_0 = -6.55 \times 10^{-5}$ s are defining constants.

Notes

1. JD_{TCB} is the TCB Julian date. Its value is $T_0 = 2443144.5003725$ for the event 1977 January 1 00^h 00^m 00^s TAI at the geocenter, and it increases by one for each 86400 s of TCB.

2. The fixed value that this definition assigns to L_B is a current estimate of $L_C + L_G - L_C \times L_G$, where L_G is given in IAU Resolution B1.9 (2000) and L_C has been determined (Irwin & Fukushima, 1999, A&A **348**, 642) using the JPL ephemeris DE405. When using the JPL Planetary Ephemeris DE405, the defining L_B value effectively eliminates a linear drift between TDB and TT, evaluated at the geocenter. When realizing TCB using other ephemerides, the difference between TDB and TT,

evaluated at the geocenter, may include some linear drift, not expected to exceed 1 ns per year.

3. The difference between TDB and TT, evaluated at the surface of the Earth, remains under 2 ms for several millennia around the present epoch.

4. The independent time argument of the JPL ephemeris DE405, which is called T_{eph} (Standish, A&A, **336**, 381, 1998), is for practical purposes the same as TDB defined in this Resolution.

5. The constant term TDB_0 is chosen to provide reasonable consistency with the widely used $TDB - TT$ formula of Fairhead & Bretagnon (1990).
n.b. The presence of TDB_0 means that TDB is not synchronized with TT, TCG and TCB at 1977 Jan 1.0 TAI at the geocenter.

6. For solar system ephemerides development the use of TCB is encouraged.

부록 2 약어 정리

ACES	Atomic Clock Ensemble in Space	(ISS에 설치되는 원자시계들)
ADEV	Allan Deviation	알란편차
AOM	Acousto-Optic Modulator	음향-광 변조기
ATC	Airy Transit Circle	에어리 자오환
AVAR	Allan Variance	알란분산
BBR	Black Body Radiation	흑체 복사
BCD	Binary-coded decimal (code)	2진화 십진법 (코드)
BCRF	Barycentric Celestial Reference Frame	태양계 질량중심 천구기준좌표계
BCRS	Barycentric Celestial Reference System	태양계 질량중심 천구기준계
BDS	BeiDou Satellite Navigation System	중국 위성항법시스템
BVA	Boîtier à Vieillissement Amélioré (프) Enclosure with Improved Aging (영)	(무전극 공진기)
CDMA	Code Division Multiple Access	코드분할 다중접속
CEO	Celestial Ephemeris Origin	천구역표원점
CIO	Celestial Intermediate Origin	천구중간원점
CIP	Celestial Intermediate Pole	천구중간극
CPT	Coherent Population Trapping	결맞는 원자포획
CRF	Celestial Reference Frame	천구기준좌표계
CSAC	Chip-Scale Atomic Clock	칩스케일 원자시계
CSO	Cryogenic Sapphire Oscillator	초저온 사파이어 발진기
DBR	Distributed Bragg Reflector (Laser)	(레이저 다이오드 일종)
DCP	Distributed Cavity Phase	공진기 위상 공간분포
DM	Dichroic Mirror	이색성 거울
DORIS	Doppler Orbitography and Radio-positioning Integrated by Satellite	(지상의 비콘을 이용한 위성의 위치 측정시스템)
DGPS	Differential GPS	(GPS에서 SA 제거 기술)
ΔDOR	delta Differenced One-way Ranging	(퀘이사와 우주선 사이의 각도 측정기술)
DSAC	Deep Space Atomic Clock	심우주 원자시계
EAL	Echelle Atomique Libre (프) Free Atomic Time (영)	자유원자시

ECDL	Extended Cavity Diode Laser	확장 공진기 다이오드 레이저
ECEF	Earth Centered, Earth Fixed	지구중심, 지구고정
ECI	Earth-Centered Inertial	지구중심 관성 (좌표계)
EEP	Einstein's Equivalence Principle	아인슈타인의 등가원리
EGM 96	Earth Gravitational Model 1996	지구중력모델 96
EIT	Electromagnetically Induced Transparent	전자기 유도 투과
EOM	Electro-Optical Modulator	전기-광 변조기
EOP	Earth Orientation Parameter	지구방향 매개변수
ERA	Earth Rotation Angle	지구회전각
ET	Ephemeris Time	역표시
FDMA	Frequency Division Multiple Access	주파수분할 다중접속
FFN	Flicker Frequency Noise	플리커 주파수잡음
FK5	Fifth Fundamental Catalogue	(밝은 별의 목록)
F-P	Fabry-Perot (cavity)	파브리-페롯 (공진기)
FPN	Flicker Phase Noise	플리커 위상잡음
GAST	Greenwich Apparent Sidereal Time	그리니치 겉보기 항성시
GCRF	Geocentric Celestial Reference Frame	지심천구기준좌표계
GCRS	Geocentric Celestial Reference System	지심천구기준계
GLONASS	Global Navigation Satellite System (영)	러시아 위성항법시스템
GMST	Greenwich Mean Sidereal Time	그리니치평균항성시
GMT	Greenwich Mean Time	그리니치평균시
GN&C	Guidance, Navigation, and Control	유도-항법-조정 (시스템)
GNSS	Global Navigation Satellite System	전지구위성항법시스템
GOCE	Gravity Field and Steady-State Ocean Circulation Explorer	(중력 기울기 측정 위성)
GPS	Global Positioning System	미국 위성항법시스템
GRACE	Gravity Recovery And Climate Experiment	(지구중력 측정용 위성)
GRS 80	Geodetic Reference System 80	측지기준계 80
GST	Greenwich Sidereal Time	그리니치항성시
GTRF	Geocentric Terrestrial Reference Frame	지심지구기준좌표계
Hipparcos	High precision parallax collecting satellite	(천체 위치 측정 위성)
ICRF	International Celestial Reference Frame	국제천구기준좌표계
ICRS	International Celestial Reference System	국제천구기준계

IRM	International Reference Meridian	국제기준자오선
IRNSS	Indian RNSS	인도 지역 위성항법시스템
IRP	International Reference Pole / IERS Reference Pole	국제기준극 / IERS 기준극
ISS	International Space Station	국제우주정거장
ITOC	International Timescales with Optical Clocks	광시계를 이용한 국제 시간눈금 (프로젝트 이름)
ITRF	International Terrestial Reference Frame	국제지구기준좌표계
ITRS	International Terrestial Reference System	국제지구기준계
JD	Julian Date	율리우스일
KLM	Kerr-Lens Mode-locked	커-렌즈 모드잠김 (레이저)
LAGEOS	Laser Geodynamics Satellite	(SLR을 이용하는 측지 전용 위성)
LEO	Low Earth Orbit	저궤도 (위성)
LHA	Local Hour Angle	지방시간각
LLI	Local Lorentz Invariance	국소 로렌츠 불변
LLR	Lunar Laser Ranging	달 레이저거리측정
LOD	Length of Day	하루의 길이
LPI	Local Position Invariance	국소 위치 불변
LST	Local Sidereal Time	지방항성시
MDEV	Modified Allan Deviation	수정 알란편차
MICA	Multiyear Interactive Computer Almanac	(GAST 계산 소프트웨어)
MJD	Modified Julian Date	수정 율리우스일
MOT	Magnetic Optical Trap	자기-광 (원자) 포획
MTIE	Maximum Time Interval Error	최대 시간간격 오차
NAVIC	NAVigation with Indian Constellation	인도 위성항법시스템
NTP	Network Time Protocol	네트워크 시간 프로토콜
OCXO	Oven Controlled Crystal Oscillator	오븐 조절 수정결정 발진기
PHARAO	Projet d'Horloge Atomique par Refroidissement d'Atomes en Orbite (프)	ACES에 속한 저속 원자빔 시계 (원래 의미는 '냉각된 원자를 이용한, 궤도에 있는 원자시계 프로젝트')
PLL	Phase-Locked Loop	위상잠금 회로
PM	Phase Modulation	위상 잡음
PMT	Photo-Multiplier Tube	(광-증폭 검출기)
PPLN	Periodically Poled Lithium Niobate	(2차 조화파 발생 비선형 매질)

PPS	Pulse Per Second	초 펄스
PSFS	Primary and Secondary Frequency Standards	1차 및 2차 주파수표준기
QZSS	Quasi-Zenith Satellite System	일본 위성항법시스템
RF	Radio Frequency	라디오 주파수
RLC	Resistor(R) - Inductor(L) - Capacitor(C)	RLC (회로)
RNSS	Regional Navigation Satellite System	지역 위성항법시스템
RTLT	Round Trip Light Time	빛의 왕복시간
RWFN	Random Walk Frequency Noise	랜덤워크 주파수잡음
SA	Selective Availability	(고의적인 GPS 성능 저하)
SBAS	Satellite Based Augmentation System	위성기반 (GPS) 보강시스템
SFG	Sum Frequency Generation	합 주파수 생성
SHA	Sidereal Hour Angle	항성시간각
SHX	Second Harmonic Crystal	2차 조화파 결정
SI	Systéme international d'unités (프)	국제단위계
SLR	Satellite Laser Ranging	인공위성 레이저거리측정
SRS	Secondary Representation of the Second	초의 2차 표현(정의)
TA	Temps Atomique (프) Atomic Time (영)	원자시
TAI	Temps atomique international (프)	국제원자시
TCB	Barycentric Coordinate Time	태양계 질량중심 좌표시
TCG	Geocentric Coordinate Time	지심좌표시
TCXO	Temperature-Compensated Crystal Oscillator	온도보상 수정결정 발진기
TDB	Barycentric Dynamical Time	태양계 질량중심 역학시
TDMA	Time Division Multiple Access	시분할 다중접속
TDT	Terrestrial Dynamical Time	지구역학시
TEC	Thermo-Electric Cooler	열전 냉각소자
TEO	Terrestrial Ephermeris Origin	지구역표원점
TIO	Terrestrial Intermediate Origin	지구중간원점
Ti:S	Titanium : Sapphire (laser)	티타늄 : 사파이어 (레이저)
TRF	Terrestial Reference Frame	지구기준좌표계
TT	Terrestrial Time	지구시
TWSTFT	Two-Way Satellite Time and Frequency Transfer	양방향 위성 시간주파수 전송
UFF	Universality of Free Fall	자유낙하의 보편성

ULE	Ultra-Low Expansion (glass)	초저 팽창 (유리)
UT	Universal Time	세계시
UTC	Coordinated Universal Time	세계협정시
VCSEL	Vertical Cavity Surface Emitting Lasers	수직공진기 표면방사 레이저
VCXO	Voltage Controlled Crystal Oscillator	전압조정 수정결정 발진기
VLBI	Very Long Baseline Interferometry	초장기선 전파간섭계
WEP	Weak Equivalence Principle	약한 등가원리
WFN	White Frequency Noise	백색 주파수잡음
WG-PPLN	Wave Guided PPLN	광파이버 형 PPLN
WGS 84	World Geodetic System 1984	세계측지계 84
WPN	White Phase Noise	백색 위상잡음

부록 3 시공간 관련 조직 및 국제기구

BIH	Bureau international de l'heure (프) International Bureau of Time (영)	국제시간국
BIPM	Bureau International des Poids et Mesures (프) International Bureau of Weights and Measures (영)	국제도량형국
CCDS	The Comit´e Consultatif pour la D´efinition de la Seconde (프) The Consultative Committee for the Definition of the Second (영)	초정의자문위원회
CCL	Consultative Committee for Length	길이자문위원회
CCTF	Consultative Committee for Time and Frequency	시간주파수자문위원회
CGPM	Conférence Générale des Poids et Measures (프) General Conference on Weights and Measures (영)	국제도량형총회
CIPM	Comité International des Poids et Measures (프) International Committee on Weights and Measures (영)	국제도량형위원회
CODATA	Committee on DATA for Science and Technology	과학기술 데이터 위원회
DSN	Deep Space Network	심우주 네트워크
ESA	European Space Agency	유럽우주국
EVN	European VLBI Network	
FAGS	Federation of Astronomical and Geophysical Data Analysis Services	
FSWG	Frequency Standards Working Group	주파수 표준기 작업반
IAG	International Association of Geodesy	국제측지협회
IAU	International Astronomical Union	국제천문연합
IDS	International DORIS Service	
IERS	International Earth Rotation and Reference System Service	국제지구자전국
IGS	International GNSS Service	
ILRS	International Laser Ranging Service	국제레이저거리측정서비스
ILS	International Latitude Service	국제위도서비스
IRCC	International Radio Consultative Committee	(ITU-R의 전신)
ITU	International Telecommunication Union	국제통신연합
ITU-R	-Radiocommunication	-라디오 통신
IUGG	International Union of Geodesy and Geophysics	국제 측지학 및 지구물리학 연합
IVS	International VLBI Service for Geodesy and Astronomy	
JPL	Jet Propulsion Laboratory	제트추진연구소

KVN	Korea VLBI Network	한국 우주전파관측망
NASA	National Aeronautics and Space Administration	미국 항공우주국
NICT	National Institute of Information and Communication Technology	일본 정보통신연구기구
NIST	National Institute of Standards and Technology	미국 표준기술원
NGA	National Geospatial-Intelligence Agency	미국 지구공간 정보국
NPL	National Physical Laboratory	영국 물리연구소
NTSC	National Time Service Center	중국 시간서비스 센터
PTB	Physikalisch-Technische Bundesanstalt (독)	독일 연방물리청
URSI	Union Radio-Scientifique Internationale	
USNO	US Naval Observatory	미국 해군관측소
VGOS	VLBI Global Observing System	
VLBA	Very Long Baseline Array	
WRC-15	World Radiocommunication Conference 2015	세계 라디오 통신회의 2015

찾아보기

ㄱ---

ㅊ ---

시간눈금과 원자시계

2018년 12월 20일 1판 1쇄 펴냄
지은이 이호성
펴낸이 류원식 | 펴낸곳 (주)교문사(청문각)

편집부장 김경수 | 본문편집 김미진 | 표지디자인 유선영
제작 김선형 | 홍보 김은주 | 영업 함승형 · 박현수 · 이훈섭
주소 (10881) 경기도 파주시 문발로 116(문발동 536-2) | 전화 1644-0965(대표)
팩스 070-8650-0965 | 등록 1968. 10. 28. 제406-2006-000035호
홈페이지 www.cheongmoon.com | E-mail genie@cheongmoon.com
ISBN 978-89-363-1799-7 (93420) | 값 25,500원

* 잘못된 책은 바꿔 드립니다.　* 저자와의 협의 하에 인지를 생략합니다.

청문각은 ㈜교문사의 출판 브랜드입니다.